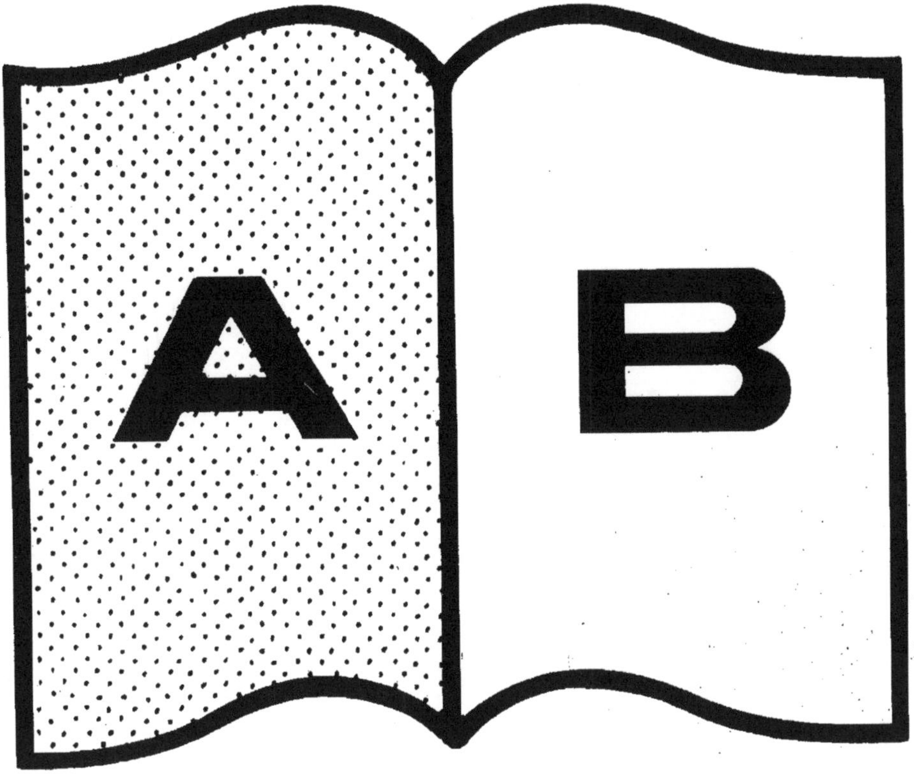

Contraste insuffisant

NF Z 43-120-14

NOUVEAU COURS DE [illegible]

GALLOUÉDEC [illegible]

GÉOGRAPHIE DE LA FRANCE

HACHETTE & C[illegible]

Géographie

DE LA FRANCE

A LA MÊME LIBRAIRIE

Nouveau Cours de Géographie rédigé conformément aux programmes officiels du 31 mai 1902, par MM. L. GALLOUÉDEC, Inspecteur général de l'Instruction publique, et F. MAURETTE, professeur agrégé d'histoire et de géographie. Sept volumes in-16, avec de nombreuses cartes en noir et en couleurs et un Index de tous les noms cités, cartonnés :

Géographie générale. Amérique. Australasie. Classe de Sixième. . . . 2 fr. 50
Atlas correspondant, 22 cartes, 2 fr. 50

Géographie de l'Asie, de l'Insulinde et de l'Afrique. Classe de Cinquième . . . . 2 fr. 80
Atlas correspondant, 22 cartes, 2 fr. 50

Géographie de l'Europe. Classe de Quatrième. . . . . »
Atlas correspondant, 18 cartes, 2 fr. 50

Géographie de la France et de ses Colonies. Classe de Troisième . . . 3 fr. 50
Atlas correspondant, 18 cartes, 2 fr. 50

Géographie générale. La Terre. — L'homme. — Géographie économique. Classe de Seconde . . . . 4 fr. »
Atlas correspondant, 20 cartes, 2 fr. 50

Géographie de la France. Classe de Première. . . . . 5 fr. »
Atlas correspondant, 41 cartes 3 fr. 50

Les Grandes Puissances du Monde. Classes de Philosophie et de Mathématiques . . . . 5 fr. »

Cours de Géographie par MM. SCHRADER et GALLOUÉDEC. Six volumes in-16, avec des cartes en noir et en couleurs, cartonnés

Géographie générale, Amérique. Australasie. Classe de Sixième. . . . 3 fr. »

Géographie de l'Asie, de l'Insulinde et de l'Afrique. Classe de Cinquième. . . . . 3 fr. »

Géographie de l'Europe. Classe de Quatrième. . . . . 3 fr. »

Géographie élémentaire de la France et de ses Colonies. Classe de Troisième. . . . . 3 fr. 50

Géographie générale. Classe de Seconde. . . . . 3 fr. 50

Géographie de la France. Classe de Première. . . . . 3 fr. 50

Texte-Atlas de Géographie, rédigé conformément aux programmes officiels, à l'usage des classes élémentaires, par MM. SCHRADER et GALLOUÉDEC. Deux vol. in-4°, cartonnés

Notions élémentaires de géographie générale. Classe de Huitième. Un volume avec 19 cartes en couleurs et 100 gravures en noir . . . . . . 1 fr. 50

Géographie élémentaire de la France et de ses colonies. Classe de Septième. Un volume. . . . . 2 fr. 50

Atlas classique de Géographie ancienne et moderne, par MM. SCHRADER et GALLOUÉDEC, comprenant 351 cartes en couleurs, 70 notices, 8 tableaux de statistique graphique en couleurs et de nombreuses figures. Un vol in-4°, cartonné toile. . . . . 8 fr

ON VEND SÉPARÉMENT

Géographie historique, 76 cartes, 3 fr. — *Géographie moderne*, 275 cartes. 6 fr 50
— Le même Atlas se vend également par Classes (*Voir ci-dessus*).

76381. — Imprimerie LAHURE, rue de Fleurus, 9, à Paris.

L. GALLOUÉDEC
Inspecteur Général
de l'Instruction publique

F. MAURETTE
Professeur agrégé
d'Histoire et de Géographie

Géographie DE LA FRANCE

CLASSE DE PREMIÈRE

OUVRAGE RÉDIGÉ CONFORMÉMENT AUX PROGRAMMES DU 31 MAI 1902
A L'USAGE DE L'ENSEIGNEMENT SECONDAIRE
ET CONTENANT 12 CARTES EN COULEURS ET 312 CARTES ET GRAVURES EN NOIR

LIBRAIRIE HACHETTE ET Cie
79, BOULEVARD SAINT-GERMAIN. PARIS

1918

EXTRAIT DES PROGRAMMES OFFICIELS

ARRÊTÉS LE 31 MAI 1902

POUR L'ENSEIGNEMENT SECONDAIRE

Géographie

CLASSE DE PREMIÈRE

(*Divisions A et B*)

La France

Constitution géologique. Le relief. Les climats. Le régime des eaux. Les côtes.

Formation de la nation française. Répartition de la population Langues et religions.

Etude de la France par grandes régions naturelles. Traits caractéristiques, du relief, du climat, du régime des eaux, de la géographie économique. Population et villes.

Régime administratif étudié particulièrement dans le département et dans la commune. Organisation militaire; traits essentiels dans la défense des frontières.

Géographie économique. Grands centres de production. Les moyens de communication.

Les colonies. L'Algérie ; le protectorat de la Tunisie ; l'Afrique française ; Madagascar ; l'Indo-Chine ; les colonies du Pacifique ; les colonies d'Amérique.

La France dans le monde ; rapports avec les grands pays du globe.

Géographie de la France

Classe de première.

PREMIÈRE PARTIE

LES ÉLÉMENTS DU SOL FRANÇAIS

(Revision et Complément du cours de Troisième[1])

I. — SITUATION, LIMITES, ÉTENDUE DE LA FRANCE

La France est un pays d'étendue et de population moyennes, destiné par sa situation et par sa configuration à servir d'intermédiaire entre l'Europe océanique et l'Europe méditerranéenne.

1. ***Superficie et population.*** — La France occupe une superficie de *536 408 kilomètres carrés,* c'est-à-dire 1/18e de l'Europe, 1/255e des terres émergées; un peu moins que l'Autriche-Hongrie et que l'Allemagne; un peu plus que l'Espagne, la Grande-Bretagne et l'Italie.

Elle a une population de *39 252 000 habitants,* inférieure à celle de l'Allemagne, de l'Autriche-Hongrie et de la Grande-Bretagne, supérieure à celle de l'Italie et de l'Espagne.

Ni par l'étendue ni par la population, la France ne peut être comparée aux États considérables du globe, comme la Russie, les États-Unis et la Chine; mais elle est au nombre des princi-

1. Voir *Cours de Troisième*, p. 1-175.

pales puissances européennes qui, au nombre de six, constituent ce qu'on appelle le concert européen.

2. ***Situation et limites.*** — La France est située dans l'*hémisphère boréal*, qui est le plus riche en terres émergées et en populations. Elle fait partie de l'*Europe*, c'est-à-dire de la partie du monde actuellement la plus civilisée. Elle s'étend *entre 42° et 51° latitude Nord*, à égale distance de l'Équateur et du Pôle, c'est-à-dire dans la zone climatique où l'activité de l'homme peut le plus librement se déployer.

Ses **limites** sont : la *Mer du Nord*, la *Manche* et l'*Océan Atlantique* ; les *Pyrénées*, qui la séparent de l'Espagne ; la *Méditerranée* ; les *Alpes*, le *Jura* et les *Vosges*, qui la séparent de l'Italie, de la Suisse et de l'Allemagne ; enfin une *ligne conventionnelle* entre elle, la Belgique et le Luxembourg.

La France a ainsi trois de ses faces tournées vers le continent, et elle se trouve en contact direct avec les deux principaux groupes de population de l'Europe Occidentale : le groupe germanique et le groupe latin.

3. ***Forme et dimensions.*** — Presque aussi étendue de l'Est à l'Ouest (largeur maxima : 888 kil. entre Brest et Saint-Dié), que du Nord au Sud (longueur maxima : 973 kil. entre Dunkerque et Perpignan), la France a une forme hexagonale régulière ; elle ne comporte point de région vraiment excentrique.

D'autre part, elle forme une sorte d'isthme dans l'Europe Occidentale : c'est sur son territoire que les distances sont le plus courtes entre l'Océan Atlantique et la Méditerranée. Ses massifs-frontières sont presque tous aisément franchissables ; ils sont séparés les uns des autres par des mers, par de larges trouées ou par des plaines, qui la mettent en rapports faciles avec les nations les plus riches et les plus cultivées de l'Europe : Grande-Bretagne, Belgique, États de l'Europe Centrale.

En résumé, la France est un pays d'étendue et de population moyennes, destiné par sa situation et sa configuration à servir d'intermédiaire entre l'Europe océanique et l'Europe méditerranéenne. Elle a un territoire assez vaste pour participer aux diverses civilisations de l'Europe, assez étroit pour nouer un lien entre elles.

II. — CONSTITUTION DU SOL FRANÇAIS

Par son histoire et par sa constitution actuelle, le sol de la France donne l'impression d'une grande variété, qui explique la diversité des formes du relief et des ressources naturelles.

1. ***Histoire de la formation du sol français.*** — L'histoire de la formation du sol français, depuis les temps primitifs, comprend quatre périodes : deux périodes de crise, chacune suivie d'une période de calme.

1re Période. Ère primaire. Crise. — Au début de l'ère primaire, la mer couvrait presque tout l'emplacement actuel de notre pays. Vers la fin de cette ère, les **plissements hercyniens** firent émerger un continent, qui, s'étendant des Iles Britanniques à la Russie, prenait la France en écharpe. Il était limité, au Nord et au Sud, par deux mers : la première couvrait la région parisienne; la seconde, une partie de l'emplacement actuel du Bassin Aquitain, des Pyrénées et des Alpes. Des plis sillonnaient ce continent, orientés du Nord-Ouest au Sud-Est dans la partie occidentale, du Sud-Ouest au Nord-Est dans la partie orientale. Le massif ainsi formé était déjà attaqué par l'érosion dès avant la fin des temps primaires.

2e Période. Ère secondaire. Calme. — Pendant l'ère secondaire, l'érosion continue d'user le continent hercynien, réduisant les massifs en plateaux bas et à peine ondulés. Cependant des **affaissements** et des **effondrements** partiels morcellent le continent : en France, ils séparent le *Massif Central* du *Massif Armoricain*, à l'Ouest, du *Massif Vosges-Forêt-Noire* et de l'*Ardenne* à l'Est, par les *détroits du Poitou, de Bourgogne, de Lorraine*, qui mettent en communication les mers du Nord et du Sud. Des couches épaisses de **sédiments** se déposent au fond de ces mers et de ces détroits.

3e Période. Ère tertiaire. Crise. — Pendant la première partie de l'ère tertiaire, les sédiments continuent de se déposer dans les mers, d'ailleurs en recul : celle du Nord, en particulier, ne forme à certaines époques qu'un lac, sur l'emplacement actuel du *Bassin Parisien*, dont les bords sont dès lors émergés. — Mais, vers le milieu de cette ère, commencent les **plissements alpins**, très étendus, qui font surgir en France les *Pyrénées*, les *Alpes* et le *Jura*, réduisant la mer du Sud à deux golfes : le *Bassin Aquitain*, au Sud-Ouest, le *Bassin rhodanien* au Sud-Est.

Cependant, des affaissements et diverses dislocations, soit antérieurs, soit postérieurs aux plissements, achèvent de démanteler le continent hercynien ; ils forment deux nouvelles mers : au Nord-Ouest, la *Manche* et l'*Atlantique Nord* ; au Sud-Est, la *Méditerranée Occidentale*. Le vieux continent qui existait sur l'emplacement de cette dernière, ne laisse plus, comme témoins sur territoire français, que le *Massif des Maures* et *de l'Esterel*, plus la *Corse*. Des effondrements plus localisés séparent les Vosges de la Forêt-Noire et brisent le Massif Central par deux sillons longitudinaux. De là la formation de bassins allongés, qui, une fois asséchés, ont formé la *vallée moyenne du Rhin*, en Alsace ; les *hautes vallées de la Loire* (Forez) et de l'*Allier* (Limagne). Sur les bords de ces fractures surgissent des volcans : *volcans d'Auvergne* et *volcans du Velay*.

4e Période. Début de l'ère quaternaire. Calme. — Pendant la fin de l'ère tertiaire et le début de l'ère quaternaire (la nôtre), après que la mer se fut retirée progressivement des Bassins Parisien, Aquitain et Rhodanien définitivement émergés, de grands glaciers ont couvert la plupart des hautes régions : il n'en reste aujourd'hui que des témoins fort réduits, dans les Alpes et les Pyrénées. L'érosion des eaux courantes et des glaciers a attaqué les massifs dus aux plissements alpins ; les alluvions ont commencé de combler les dépressions du sol et les rentrants des côtes. Cette œuvre se continue sous nos yeux.

2. *Division du sol de la France d'après l'âge des terrains.* — Le sol de la France, comme l'explique son histoire, comprend des terrains de tout âge, mais où dominent les terrains secondaires et tertiaires.

Les **terrains primitifs et primaires** constituent les restes du vieux continent hercynien : *Massif Armoricain, Massif Central, Vosges, Ardenne, Massif des Maures et de l'Estérel, Corse*. Ils apparaissent au milieu des *Pyrénées* et des *Alpes*, où des dislocations énergiques et une érosion très active les ont mis à nu, en enlevant leur couverture de terrains secondaires et tertiaires.

Les **terrains secondaires** (Triasique, Jurassique, Crétacique) bordent les restes du continent hercynien. Ils constituent donc les portions excentriques des *Bassins Parisien, Aquitain*,

Rhodanien, où ils ne sont pas plissés, et une partie des massifs d'origine alpine, *Pyrénées*, *Alpes*, *Jura*, où ils sont plissés.

Les **terrains tertiaires** (Eocène, Oligocène, Miocène, Pliocène) s'étendent largement dans les portions centrales des

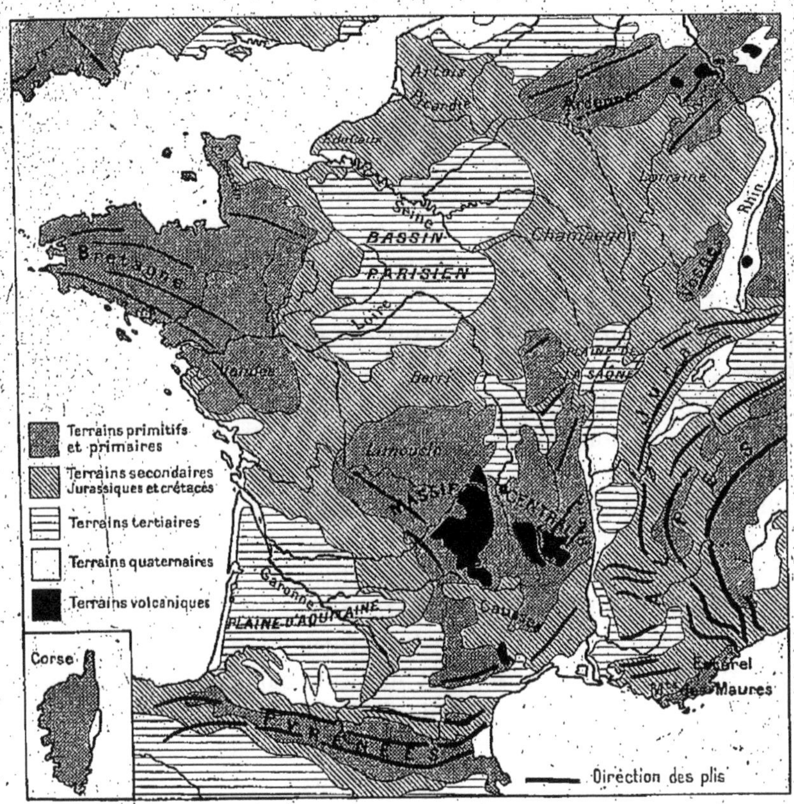

CARTE GÉOLOGIQUE DE LA FRANCE.

Bassins Parisien, *Aquitain*, *Rhodanien* et constituent les avant-monts et plateaux en bordure des Alpes et des Pyrénées.

Les **terrains quaternaires** couvrent de leurs alluvions certains plateaux ou plaines de l'intérieur (*Dombes*, *Lannemezan*, *Landes*) et des régions côtières (*côtes de l'Ouest*, *delta du Rhône*).

3. ***Division du sol de la France d'après la nature des terrains.*** — Le sol de la France comprend des terrains de toute nature; mais les terrains sédimentaires dominent.

Les **terrains cristallins** (gneiss, granite, granulite, porphyre, micaschistes, etc.), imperméables et généralement peu fertiles, constituent la majeure partie des régions primitives et primaires. Ils dominent dans la constitution du *Massif Armoricain*, du *Massif Central*, de l'*Ardenne* et des *Vosges*, ainsi que dans les zones centrales des *Alpes* et des *Pyrénées*.

Les **terrains éruptifs** (basalte, trachyte, phonolithe, laves, etc.), perméables et fertiles quand l'érosion les a décomposés, n'existent que dans la région des volcans tertiaires, c'est-à-dire *Velay* et *Auvergne*, au cœur du Massif Central.

Les **terrains sédimentaires**, qui se sont déposés au sein des mers, des lacs ou des lagunes, de toutes les époques géologiques, sont beaucoup plus abondants. Ils sont aussi plus variés, soit par le degré de résistance qu'ils opposent aux eaux qui coulent à leur surface, soit par les qualités qu'ils possèdent au point de vue agricole. — Les *sables* et les *grès* (qui sont des sables agglomérés et durcis), formés de silice, perméables et peu fertiles, abondent dans les régions primaires de la France; encore fréquents dans les régions secondaires, ils sont plus rares dans les régions tertiaires. — Les *argiles* et les *marnes*, fertiles et meubles, mais peu perméables, forment un certain nombre de bassins humides, de lignes de sources et de niveaux d'eau dans les régions de tout âge. — Les *calcaires*, très perméables et très fertiles quand ils ne sont pas trop secs, abondent dans les régions secondaires et tertiaires; ils y forment parfois de vastes plateaux ou plaines, où l'absence d'humidité superficielle entraîne l'absence d'arbres : on les appelle des *Campagnes* ou *Champagnes*. — La *craie*, perméable, mais peu fertile, se rencontre aux niveaux les plus récents de l'ère secondaire.

Enfin, les **formations superficielles** jouent un grand rôle dans la mise en cultures et, par conséquent, dans la géographie économique de la France. Tels sont les *graviers* et *sables* infertiles, amenés soit par d'anciens glaciers, soit par d'anciennes rivières, et qui couvrent le Lannemezan, la Dombes, la Sologne. Telles sont les *alluvions* fertiles qui s'étendent dans les vallées ou à l'embouchure des grands fleuves français (delta du Rhône). Tels sont surtout les *limons* qui couvrent le Nord du Bassin Parisien (Flandre, Picardie, Beauce, etc.) et dont l'origine est incertaine : ils sont très fertiles et enrichissent les pays qu'ils recouvrent et dont le sous-sol argileux, crayeux ou calcaire serait sans eux pauvre ou moins riche.

Lectures.

1. ***Malgré l'œuvre de l'érosion, les plissements hercyniens ont encore aujourd'hui une importance géographique.*** — Les plissements hercyniens datent du milieu de l'ère primaire: ils sont donc beaucoup plus anciens que les plissements alpins, qui datent du milieu de l'ère tertiaire. Les chaînes et les massifs qu'ils produisirent, aussi hauts et aussi continus peut-être que les Alpes à leur origine, ont peu à peu été usés, aplanis, fragmentés par l'érosion. Aujourd'hui, ce ne sont plus que des massifs bas et des plateaux, où la direction des anciens plis a presque complètement disparu. Par exemple, dans le Massif Central actuel, la direction des principaux groupements montagneux découpés par l'érosion des eaux courantes est Nord-Sud, tandis que la direction des anciens plissements était, soit du Nord-Ouest au Sud-Est, soit du Sud-Ouest au Nord-Est.

Pourtant, ces anciens plissements ont laissé leur trace dans la géographie physique des régions qu'ils ont affectées, et encore aujourd'hui ils exercent leur influence sur la vie humaine :

1° **Par la direction de certaines vallées.** — Une fois tout relief abaissé, les anciens plissements se manifestent encore par l'alternance en surface de bandes de terrains différents, orientés comme ils l'étaient eux-mêmes ; certaines bandes, moins résistantes, ont été creusées plus rapidement par les eaux et forment aujourd'hui des dépressions orientées dans le sens des anciens plissements. Exemple : la *dépression Dheune-Bourbince* ou *du Creusot* et la *dépression Furens-Giers*, ou *de Saint-Étienne*, orientées du Sud-Ouest au Nord-Est, dans la partie orientale du Massif Central ; elles facilitent les communications entre bassin de la Loire et bassin du Rhône. Par ces vallées passent aujourd'hui routes, canaux et voies ferrées.

2° **Par l'existence de bassins houillers.** — La houille est le résidu de végétaux qui se sont jadis accumulés décomposés dans l'eau dont furent comblés, à certaines époques, les dépressions, ou *synclinaux*, des plissements hercyniens. Aussi l'on comprend que, dans le Massif Central, les bassins houillers, si nombreux et si importants pour l'industrie, s'alignent comme les anciens plis dont ils figurent les anciens creux : dans la partie occidentale du Massif, les *bassins de Commentry*, *d'Ahun*, *de Decazeville*, *de Carmaux* sont orientés du Nord-Ouest au Sud-Est ; dans la partie orientale les *bassins d'Alais*, *de Saint-Étienne*, *du Creusot* sont orientés du Sud-Ouest au Nord-Est.

2. ***Le sous-sol et les formations superficielles contribuent également à la richesse des régions françaises.*** — On verra que, s'il y a des différences de détail entre les climats des diverses régions françaises, partout les conditions de température et d'humidité sont favorables à la végétation. Si toutes les régions ne sont pas également riches, également recherchées par l'homme, cela tient beaucoup moins à leur climat qu'à la fertilité de leur sol. Par

exemple, dans le Bassin de Paris, voici deux régions voisines : la Champagne et la Brie. Toutes deux ont, à quelques détails près, le même climat. Mais la Champagne a un sol de craie, peu fertile et très perméable, stérile et sec ; tout au plus est-elle propre, dans son état naturel, à la pâture des moutons; elle est pauvre et peu peuplée. La Brie est, au contraire, constituée par des calcaires et des limons fertiles ; l'argile sous-jacente maintient l'eau à un niveau peu profond; aussi la Brie a-t-elle des pâturages succulents, des champs de céréales et des cultures industrielles; la population y est dense, les fermes réputées pour leur richesse.

Mais ce qui importe pour les cultures, c'est surtout la couche arable, la partie proprement superficielle du sol. Par exemple, même dans les sols pauvres comme ceux que donnent les roches cristallines de la Bretagne et du Massif Central, le granite, qui se décompose superficiellement en une arène abondante formant un sol arable assez épais, est bien préférable au gneiss, qui résiste mieux à la décomposition. Mais là même où le sol est identique, la différence des formations superficielles entraîne la différence de fertilité. Ainsi, la Champagne crayeuse est pauvre ; à l'Ouest de la Champagne, la Picardie, est, comme la Champagne, consituée par la craie. Mais là, les plateaux crayeux sont recouverts d'un limon superficiel très riche. Conséquence : au lieu des maigres pâtures à moutons, ce sont les riches champs de céréales et de betteraves qui couvrent les ondulations des plateaux picards.

3. ***Beaucoup de noms de lieux tirent leur origine de la nature géologique du sol.*** — L'aspect et les ressources d'un pays dépendent en partie de la nature géologique de son sol. Il n'est donc pas surprenant que beaucoup de noms de lieux tirent leur origine de la nature géologique du sol.

De nombreux noms rappellent : le *sable* (Sablé, Sablon, Sablière, Sablonnière) ; — le *gravier* (Crau, Gravelle, Gravelotte, le Gravier) ; — l'*argile* (Argilly, Argilliers, Argelès, Argillières, Arzillières); l'*ardoise* (Ardenne, Ardoix) ; — la *marne* (Marne, Marnes, Marnay, les Marnettes, Marnas, Marnac, les Marnières); — le *grès* (Grèses, Grèzes, Grez, Gretz, Grezieux, Grezolle); — la *chaux* (pays de Caux, Causses); le *sel* (Salins, Salés, Salies, etc.).

Le mot de *Champagne* est très répandu dans presque toute la France, soit sous cette forme, soit sous une forme voisine : *Campagne*, *Campeigne*, *Champeigne*, etc. Il désigne en particulier l'ancienne province qui avait pour capitale Troyes, une région du Bas Berry, une région de la Normandie, une partie du Maine à l'Ouest du Mans, une partie de la Touraine, une région des Charentes. Il accompagne en suffixe le nom de localités nombreuses, Jarnac-Champagne, Cossé-en-Champagne, Mareil-en-Champagne. Tous ces pays, tous ces lieux présentent les mêmes caractères : plateaux étendus et généralement calcaires ou crayeux, perméables, secs, plus propres aux champs qu'aux pâturages. Au contraire, le mot *bray* (ou *braye*, *broye*, *brie*) dérivé d'un vieux mot celtique, signifie terre grasse, humide, et qu'on rencontre dans nombre de noms de lieux : Brie, Bray, Braye.

III. — LE RELIEF DU SOL FRANÇAIS

Entre un massif central compact et quelques massifs excentriques et discontinus, la France offre un agencement harmonieux de larges bassins et de passages, favorable à l'établissement des populations, à la circulation et aux échanges.

1. ***Traits généraux du relief.*** — La France a, dans son ensemble, un relief très varié. C'est dans les Alpes Françaises que se trouve le plus haut sommet de l'Europe, le *Mont Blanc* (4810 m.). Par contre, on trouve dans la Flandre française des points situés au-dessous du niveau des hautes marées.

Mais le relief de la France dans son ensemble est très favorable à la vie des Français, grâce aux traits suivants :

1° **Une altitude généralement médiocre.** En France, les hautes terres sont bien moins nombreuses que les basses. Plus de la moitié du territoire de la France est au-dessous de 200 mètres; plus des trois quarts, au-dessous de 500 mètres. L'altitude moyenne de la France est donc favorable à l'établissement des populations.

2° **Une distribution des massifs montagneux favorable à la circulation.** — Grâce à leur distribution géographique, les montagnes françaises n'opposent d'obstacle sérieux ni à la circulation intérieure, ni aux communications avec le dehors. En effet, un seul des cinq grands massifs français, le *Massif Central*, lui est inférieur; or, s'il est le plus étendu, il est le moins haut et le moins abrupt. Les quatre autres, *Pyrénées*, *Alpes*, *Jura*, *Vosges*, sont situés sur le pourtour de notre territoire.

Entre le Massif Central et les massifs-frontières s'étend une ceinture continue de larges plaines (*Bassins Parisien*, *Aquitain*, *Rhodanien*) et de passages commodes (*seuil du Poitou*, *seuil de Naurouze*, *seuil de Bourgogne*).

D'autres solutions de continuité s'ouvrent entre les massifs extérieurs. Entre les Alpes et le Jura, la *trouée du Rhône* ; entre le Jura et les Vosges, le *seuil de Belfort*; entre les Vosges et l'Ardenne, le *seuil de Lorraine*; au delà de l'Ardenne, la vaste *plaine du Nord* ouvre la France sur l'Europe Centrale.

3° **Une série de dépressions qui mettent la France en communication facile avec les pays du Nord de l'Europe.** — Il faut remarquer que la plupart des hautes terres sont au Sud-

Est : à l'Ouest d'une ligne allant de Mézières à Bayonne, aucun point ne dépasse l'altitude de 500 mètres. C'est au Sud et au Sud-Est que se trouvent les massifs les plus hauts, les Alpes et les Pyrénées. Ils séparent donc la France de l'Italie et de l'Espagne, pays de race latine comme la nôtre, de production surtout agricole comme notre propre patrie. Au contraire, il n'y a que des massifs peu élevés, de basses plaines ou des mers étroites pour séparer la France de la Suisse, de l'Allemagne, de la Belgique ou de l'Angleterre, pays de civilisation toute différente, de race en partie germanique et de production industrielle. Cette *ouverture de la frontière du Nord et de l'Est* présente, sans doute, des inconvénients politiques et militaires. Mais elle présente aussi des avantages sociaux et économiques : la France est surtout ouverte sur les pays avec lesquels l'échange des idées et des produits devait lui être le plus profitable.

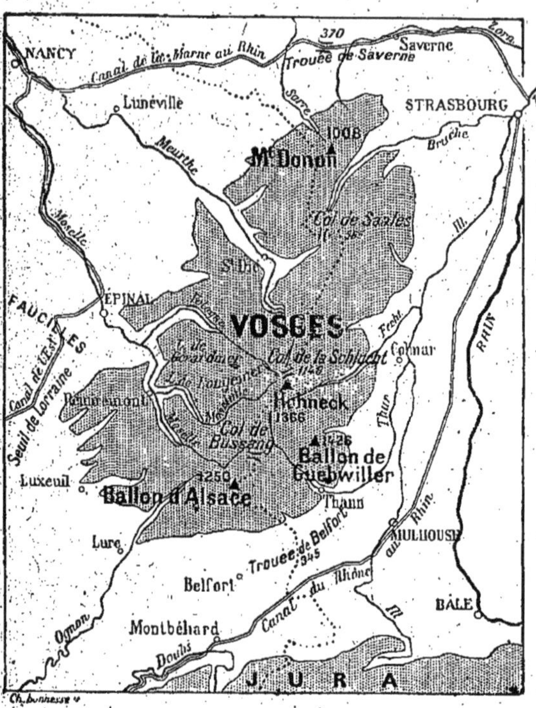

LES VOSGES.

Les Vosges, à l'Est de la France, sont des montagnes anciennes. Elles sont constituées de plissements usés, orientés du Sud-Ouest au Nord-Est, que séparent des dépressions parallèles aux plis. Point culminant : le ballon de Guebwiller (1426 m.), qui se dresse à l'extrémité orientale d'un plissement.

2. ***Les Vosges.*** — La seule portion des Vosges qui appartienne pour une fraction au territoire français comprend les Hautes et les Moyennes Vosges.

Les Vosges sont séparées du Massif de la Forêt-Noire, avec

laquelle elles formèrent jadis un même ensemble montagneux, par la *plaine du Rhin*, œuvre d'un effondrement tertiaire. Aussi, comme les Alpes et le Jura, elles ont un versant abrupt vers l'Est et l'Alsace, un versant doux vers l'Ouest et la Lorraine.

Les Vosges forment un massif compact, constitué par des plissements orientés du S.-O. au N.-E. (plissements hercyniens). L'érosion, qui s'y est exercée continûment depuis les temps primaires, a usé les granites et les grés qui les composent, adouci les pentes, arrondi ou aplani les sommets en *ballons* ou en

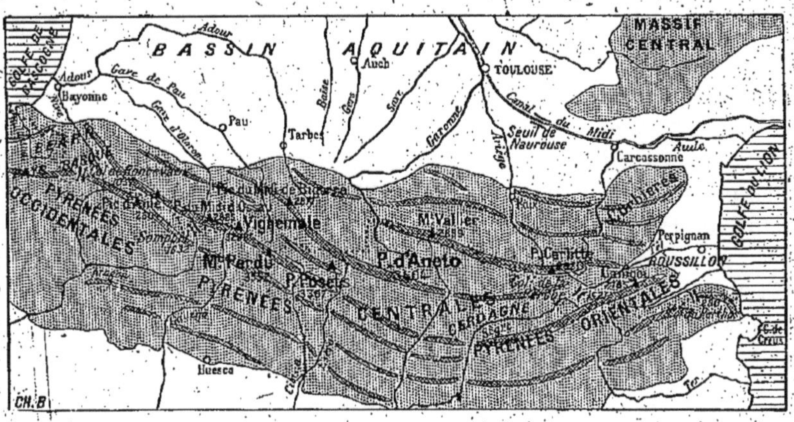

LES PYRÉNÉES.

Les Pyrénées sont constituées, au Sud-Ouest de la France, par une série de plissements datant de l'époque tertiaire. Les plissements sont orientés du Sud-Est au Nord-Ouest dans les Pyrénées occidentales et centrales, du Sud-Ouest au Nord-Est dans les Pyrénées orientales. Point culminant : le pic d'Aneto (3404 m.), dans les Pyrénées centrales.

chaumes. Ces sommets sont médiocrement élevés : ce sont le *ballon d'Alsace*, le *Hohneck* (1366 m.), le **ballon de Guebwiller**, point culminant (1426 m.).

Mais les **vallées** des Vosges sont étroites et courtes. Les **cols** sont relativement hauts et surtout d'accès difficile : ce sont les *cols de Bussang, d'Oderen, de Bramont, de la Schlucht, du Bonhomme, de Sainte-Marie-aux-Mines, de Saales*. Les communications ne sont aisées qu'aux deux extrémités de la chaîne : au Sud, par la *trouée de Belfort*; au Nord, par le *col de Saverne*.

3. ***Les Pyrénées.*** — Les Pyrénées forment une barrière continue entre la France et l'Espagne, sur une longueur de 435 kilomètres et sur une largeur qui varie de 60 kilomètres aux extrémités, à 120 kilomètres au centre. D'une altitude généralement haute, elles culminent en Espagne, au *pic d'Aneto* (3404 m.),

Issues des plissements alpins, elles décrivent une série de chaînes serrées les unes contre les autres, où dominent les formes de pics, de crêtes aiguës et de *Sierras* (dents de scie). Les vallées de pénétration sont rares ; quelques vallées intérieures (p. ex. le *val d'Aran*) manquent de débouchés commodes sur les plaines du Nord et du Sud. Les cols, ou *ports*, sont, pour la plupart, très hauts et difficilement accessibles en hiver. Les seules dépressions notables, situées à l'intérieur et sans ouverture sur le dehors, sont de vastes cirques (p. ex. le *cirque de Gavarnie*), creusés par l'érosion glaciaire. Les Pyrénées séparent donc réellement la France de l'Espagne ; elles séparent, non seulement deux États, mais deux natures, deux climats, deux civilisations.

Pourtant, ces caractères : hautes altitudes, vallées rares, cols élevés, sont plus atténués aux deux extrémités, et l'orientation des chaînes diffère à l'Ouest et à l'Est. Aussi peut-on distinguer dans les Pyrénées trois parties :

1° Les **Pyrénées Occidentales**, de l'Atlantique au col du Somport, ont leurs chaînes orientées de l'O.-N.-O. à l'E.-S.-E. Médiocrement élevées, elles culminent au *pic d'Anie* (2504 m.). Elles possèdent de nombreux cols ; les plus faciles sont le *col d'Idiazabal*, *le col de Roncevaux* (1067 m.) et le *Somport* (1632 m.).

2° Les **Pyrénées Centrales**, du Somport au col de la Perche, ont leurs chaînes orientées dans la même direction. Mais elles sont plus hautes et beaucoup plus épaisses. Les sommets dépassant 3000 mètres y abondent (*Balaïtous*, *Vignemale*, *Mont-Perdu*, *pic Posets*, *Maladetta* avec le **pic d'Aneto**, 3404 m., *pique d'Estats*). Quant aux cols, un seul passe au-dessous de 2000 mètres : le *col* ou *pla de Béret* (1880 m.) ; les autres vont de 2255 mètres (*port de Gavarnie*) à 3000 (*port d'Oo*).

3° Les **Pyrénées Orientales**, du col de la Perche à la Méditerranée, sont orientées différemment des Pyrénées Centrales : leurs chaînes vont de l'O.-S.-O. à l'E.-N.-E. Elles sont d'ailleurs moins hautes et n'atteignent jamais 3000 mètres (*Puigmal*, 2909 m. ; *Canigou*, 2785 m.). Les cols, assez bas, sont accessibles : *cols de la Perche* (1671 m.), *du Pertus* (279 m.). Enfin, une dépression presque continue, quoique élevée, la *Cerdagne*, fait communiquer, par les hautes vallées de la Têt et de la Sègre, le Roussillon français et la Catalogne espagnole.

Sur le versant français, les Pyrénées sont flanquées, dans leur partie orientale et centrale, d'une série d'avant-monts plus bas (*Corbières*, *Petites Pyrénées Ariégeoises*), ou de plateaux (*Lanne-

mezan). Ces derniers sont constitués par les alluvions des anciens glaciers de la montagne, aujourd'hui presque entièrement disparus.

4. ***Les Alpes.*** — Les Alpes Occidentales ou Françaises s'étendent entre la France, l'Italie et la Suisse, sur une longueur de 300 kilomètres et une largeur moyenne de 200 kilomètres. Plus hautes que les Pyrénées, elles culminent au **Mont Blanc** (4810 m.), le point le plus élevé de l'Europe.

Elles forment un massif dissymétrique : sur le versant italien, les hauts sommets cristallins des Alpes surplombent presque à pic la vaste plaine du Pô; au contraire, sur le versant français, les sommets vont en déclinant doucement vers l'extérieur et sont flanqués sur toute leur bordure par une zone de *Préalpes* calcaires, moins hautes et plus abordables.

Tout ce versant français est sillonné par de larges vallées, soit longitudinales et formant une dépression presque continue entre les hautes Alpes et les préalpes (*vallées de l'Isère moyenne*, ou *Grésivaudan, du Drac, de la Durance*), soit transversales et pénétrant jusqu'au cœur du massif (*vallées de la Haute Isère*, ou *Tarentaise*; *de l'Arc*, ou *Maurienne*; *de la Haute Durance*, *du Verdon, du Var*). Celles-ci rendent facile l'accès de cols, ou *monts*, d'ailleurs relativement bas, d'où l'on descend rapidement sur la plaine italienne; les principaux sont le *Petit Saint-Bernard*, le *Mont Cenis*, le *col de Fréjus*, le *Mont Genèvre*, le *col de Larche* et le *col de Tende*.

Ces caractères sont communs aux trois sections des Alpes françaises que l'on a coutume de distinguer, mais qui diffèrent beaucoup moins par les formes du relief que par le climat, le régime des eaux et la végétation.

1° Les **Alpes de Savoie**, au Nord, comprennent : *a*) GRANDES ALPES : le *Mont Blanc* (dôme du Mont Blanc, 4810 m.), les *Alpes Graies* et la *Vanoise* (3861 m.). — *b*) PRÉALPES : les massifs des *Bornes* et des *Bauges*, séparés par la dépression du *lac d'Annecy*.

2° Les **Alpes du Dauphiné**, au Centre, comprennent : *a*) GRANDES ALPES : les *Alpes cottiennes* (Mont Viso, 3843 m.), les *Grandes Rousses*, la *Chaîne de Belledonne*, le *Pelvoux* (Barre des Écrins, 4103 m,), le *Champsaur* et le *Dévoluy*. — *b*) PRÉALPES : le massif de la *Grande Chartreuse*, séparé des Bauges par la dépression du *lac du Bourget*, et le plateau du *Vercors*.

3° Les **Alpes de Provence** s'étendent au Sud. Dans les

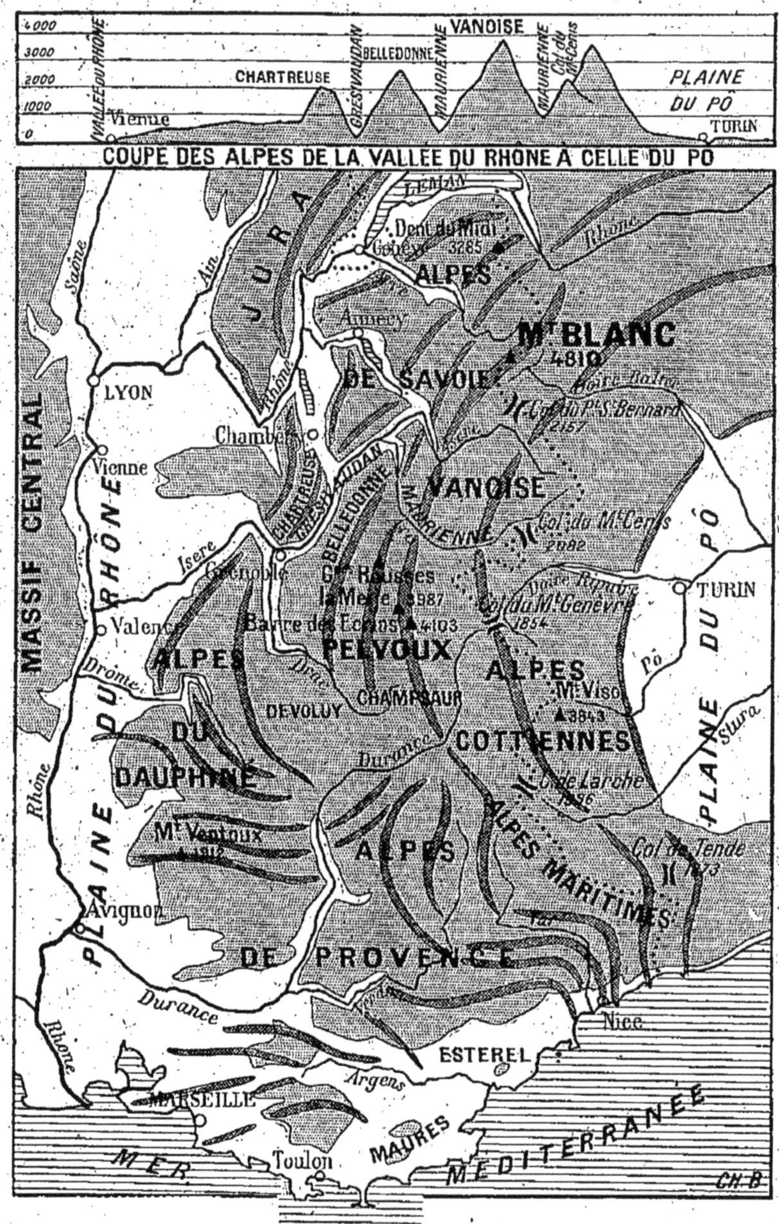

LES ALPES.

Montagnes relativement jeunes, datant de l'époque tertiaire, les Alpes sont formées de grands massifs que séparent de larges coupures longitudinales ou transversales. Principal sommet : le Mont Blanc (4810 m.), au Nord, dans les Alpes de Savoie.

Grandes Alpes, on peut citer les *Alpes Maritimes*, le *Massif de l'Enchastraye* et le *Mont Pelat* (3052 m.). — Les Préalpes (*Mont Ventoux*, *Monts du Diois*, *Petites Alpes de Provence*) ont leurs plis orientés de l'Ouest à l'Est, contrairement au reste des Alpes et parallèlement aux Pyrénées Orientales auxquelles elles se rattachaient jadis.

Enfin, au Sud des Alpes, le **Massif des Maures** et **de l'Esterel** aligne au bord de la mer ses dômes cristallins usés, restes d'un continent bien antérieur aux plissements alpins.

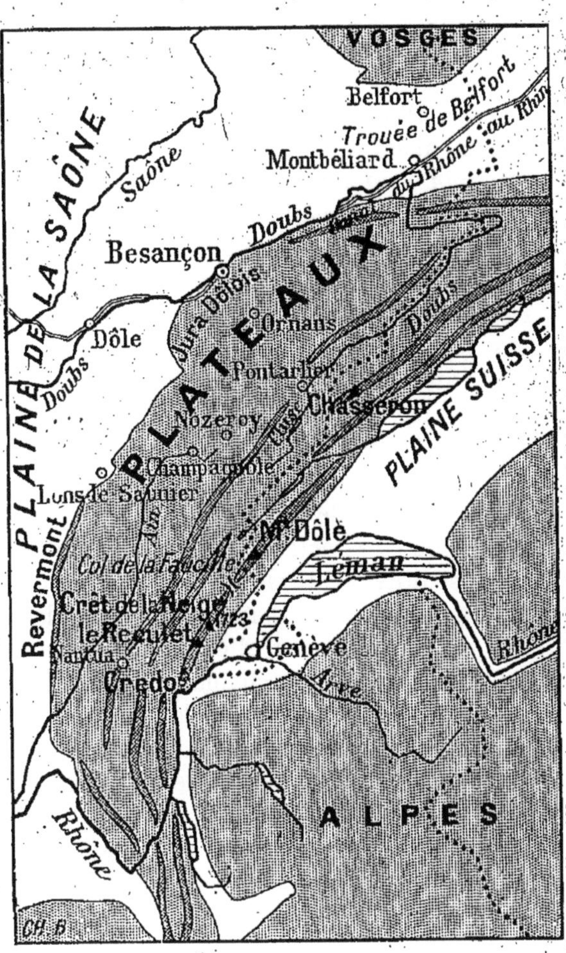

LE JURA.

Le Jura, à l'Est de la France, sur la frontière franco-suisse, est un type de montagnes plissées ; les plissements se sont pressés les uns contre les autres aux deux extrémités ; ils se sont étalés largement vers le centre qui comprend de vastes plateaux. La forme principale du massif du Jura est ainsi celle d'un croissant. Point culminant, le Crêt de la Neige (1723 m.) au Sud-Est du Jura, non loin de Genève.

5. ***Le Jura.*** — Le Jura est une sorte d'annexe septentrionale des Alpes : ses plissements datent de la même époque. Il s'allonge sur une longueur de 250 kilomètres, sur une largeur de 80 kilomètres au milieu, de 35 kilomètres aux extrémités, entre la Plaine Suisse et celle de la Saône. Son point culminant atteint 1723 mètres.

Le Jura est, en France, le type le plus parfait du massif plissé. Il est constitué par une série de chaînes calcaires parallèles, très nettes et très serrées dans la partie voisine des Alpes (d'où est venu l'effort des plissements), puis s'atténuant vers le bord extérieur jusqu'à former de larges plateaux. Les chaînons sont surtout serrés au sud dans le **Jura Bugésien** (point culminant, 1555 m.). Plus larges au Centre, dans le **Jura Franc-Comtois**, ils y sont aussi plus hauts (*Grand Crêt d'Eau*; *Reculet*, 1720 m.; *Crêt de la Neige*, point culminant, 1723 m.) et flanqués de larges plateaux qui dominent, par le *Revermont*, la plaine de la Saône. Les principaux sont : les *plateaux de Nozeroy*, *de Champagnolle*, *de Lons-le-Saunier* et *d'Ornans* (600 à 850 m.). Le **Jura Argovien**, au Nord, composé uniquement de chaînes, sans plateaux, est, en territoire suisse, le pendant de notre Jura Bugésien.

Par cette disposition, le Jura, comme les Alpes, domine en abrupt le pays dont il nous sépare, et s'incline doucement vers le nôtre : il y a 1000 mètres de dénivellation entre les sommets du Jura et la Plaine Suisse; il y en a 200 entre les plateaux du Jura et la plaine de la Saône.

L'érosion, très active et trouvant dans le calcaire un sol propice, a sculpté le Jura. Elle a approfondi les dépressions en *vals*, parallèles aux chaînes; quelquefois, elle a démantelé la voûte des chaînes, où elle a creusé des *combes*; quelquefois aussi, elle a coupé les chaînes et fait communiquer les vals par des *cluses*. Enfin, à la surface des plateaux, elle a creusé de nombreux entonnoirs, ou *emposieux*, analogues aux avens des Causses.

Les vals et les cluses facilitent la circulation dans le Jura.

6. ***Le Massif Central.*** — Le Massif Central est la plus étendue des masses montagneuses de notre pays; elle en occupe la septième partie. Malgré son altitude partout relativement faible, c'est aussi la masse montagneuse la plus variée. Il comprend, en effet, quatre portions assez différentes: à l'Est, au Centre, à l'Ouest et au Sud.

1° *A l'Est*, il forme une série de masses montagneuses généralement orientées, comme les vallées qui les séparent, du Sud-Ouest au Nord-Est: c'est la direction des plissements hercyniens, qui leur ont donné naissance. Tels sont, du Sud au Nord: la **Montagne Noire**, les **Cévennes** (Aigoual, 1567 m.), les **Monts du Vivarais** (Mézenc, 1754 m.), les **Monts du Lyonnais**, les **Monts du Beaujolais** (Saint-Rigaud, 1012 m.), les **Monts du Charolais** et la masse du **Morvan** (Bois-du-Roi, 902 m.). Tous se composent essentiellement de hautes croupes cristallines arrondies, parfois flanquées extérieurement de chaînes calcaires (*Bas Vivarais, Chalonnais, Mâconnais*) plus basses. Tous sont

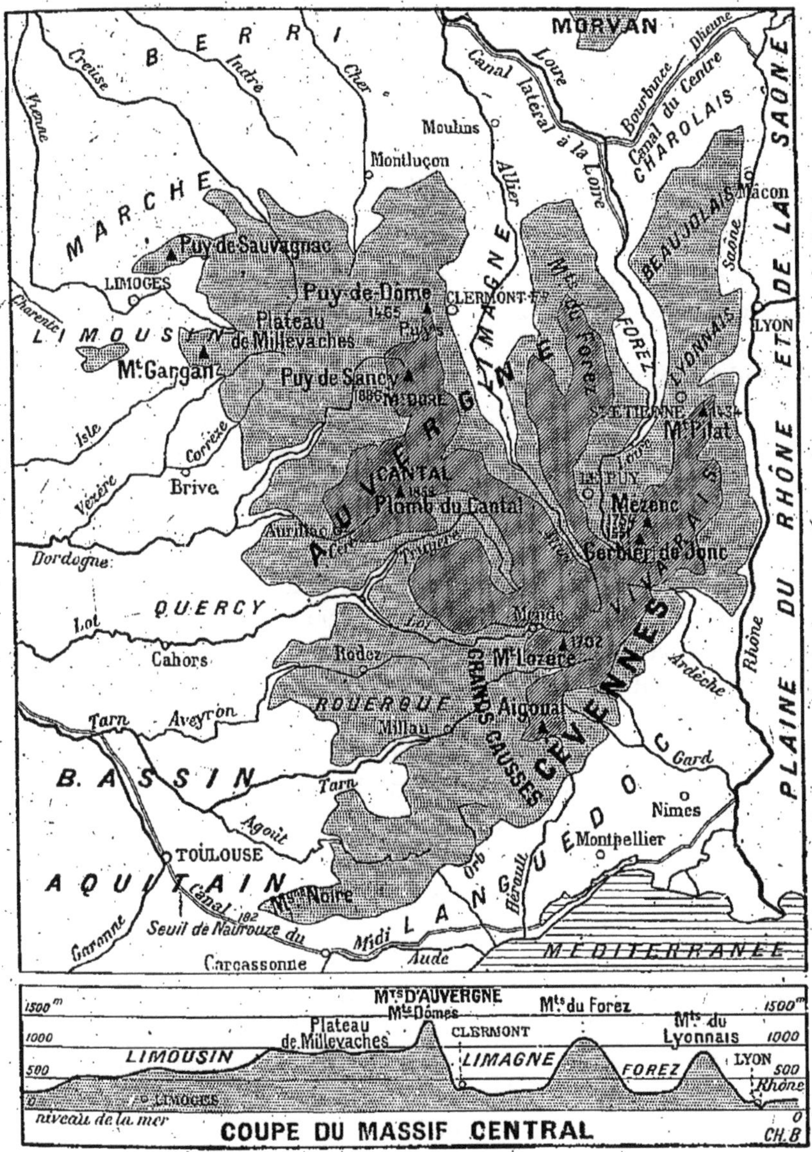

LE MASSIF CENTRAL.

Étendu sur un septième environ de la superficie du sol français, le Massif Central comprend : 1° à l'Est, des lignes de plissements séparées par des dépressions ; 2° au Centre, des massifs volcaniques séparés par les dépressions plus larges de la Loire (Forez) et de l'Allier (Limagne) ; — 3° à l'Ouest, de vastes plateaux sans reliefs bien accusés ; — 4° au Sud, les vastes tables calcaires des Causses.

séparés les uns des autres par des vallées unissant la vallée du Rhône à celle de la Loire : les plus importantes sont la *vallée du Furens et du Gier* (région de Saint-Etienne), et la *vallée de la Dheune et de la Bourbince* (région du Creusot).

2° *Au Centre*, les effondrements de l'époque tertiaire ont produit de vastes **plaines**, qui s'avancent profondément entre les croupes granitiques des *Monts du Forez* (1640 m.), du *Livradois*, de la *Lozère* (1703 m.) et de la *Margeride*. Telles sont la *plaine du Forez*, où coule la Loire, et les *Limagnes*, où coule l'Allier. De la même époque datent les **massifs volcaniques** qui occupent la majeure partie de cette région : à l'Est, les **Monts du Velay** (1423 m.) et, à l'Ouest, au delà du plateau basaltique de l'*Aubrac*, les **Monts d'Auvergne**, qui comprennent, du Sud au Nord, le *Cantal* (1858 m.), le *Mont-Dore* (*Puy de Sancy*, point culminant du Massif Central, 1886 m.) et la *Chaîne des Puys* (Puy de Dôme, 1463 m.). Dans cette seconde portion du Massif, les sommets, plus jeunes que dans la portion orientale, sont plus hauts et plus aigus. Mais les larges plaines y rendent la circulation plus aisée.

3° *A l'Ouest* s'étendent de vastes plateaux cristallins, usés continûment depuis l'époque hercynienne, à peine ondulés et accidentés par les vallées qui en divergent en éventail. Ce sont, autour du haut **plateau de Millevaches** (984 m.), les croupes de la *Marche*, du *Limousin* et des *Monédières*, qui s'inclinent doucement vers les plaines du pourtour.

4° *Au Sud*, enfin, s'étendent de hauts plateaux horizontaux. Ils sont taillés aux deux extrémités orientale et occidentale dans les calcaires jurassiques ; au milieu, ils sont taillés dans les roches cristallines. Tous sont profondément découpés par des vallées aux versants presque droits, à forme de *cañons*, qui les divisent en compartiments. La diversité des terrains qui les constituent introduit entre eux des différences de fertilité, mais non de forme. Toutefois, dans les plateaux calcaires, qui portent le nom de **Causses** (ce sont d'ailleurs les plus nombreux), l'eau en s'infiltrant a creusé des trous en surface, ou *avens*, et des grottes souterraines. Les principaux Causses sont, à l'Est, les *Causses de Sauveterre, Méjan, Noir, du Larzac*; le principal cañon est celui du Tarn. A l'Ouest, ce sont les *Causses du Quercy* (Causse de Gramat, Causse de Limogne); le principal cañon est celui du Lot. Au milieu s'étendent les plateaux granitiques du *Rouergue*, ou *Ségalas* (« terre à seigle »).

7. ***Hauteurs secondaires.*** — L'**Ardenne** appartient plus à la Belgique et au Luxembourg qu'à la France. Elle forme une haute **pénéplaine** schisteuse, presque plane, s'abaissant doucement de l'Est (700 m. en moyenne) vers l'Ouest (400 m.). Elle est découpée par des **vallées** profondément encaissées : la principale est la *vallée de la Meuse moyenne.*

Le **massif armoricain**, autre pénéplaine primaire, comprend deux hauts plateaux cristallins ou gréseux parallèles à la Manche et à l'Atlantique, et ne dépassant pas à leur point culminant 391 mètres. Ils encadrent une région schisteuse, généralement déprimée (*bassins de Rennes* et *de Châteaulin*) sauf en son centre, où des grès plus durs dessinent en relief le *plateau de Rohan.*

8. ***Le Bassin Parisien.*** — Le Bassin Parisien forme la plaine la plus vaste et la plus variée de la France. Encadré par les massifs hercyniens (Massif Armoricain, Massif Central, Vosges, Ardenne), il s'ouvre largement au Nord-Ouest, sur la Manche et sur la mer du Nord.

Sa forme est celle d'une cuvette : les régions excentriques s'élèvent jusqu'à 500 mètres; le centre (Paris) n'est qu'à 26.

Son relief est assez varié. Il est dû :

1° au Nord et à l'Ouest, à des mouvements de plissements à peine esquissés, qui se sont produits à la fin de l'ère tertiaire;

2° à l'Est, à l'action érosive des eaux courantes.

Dans la partie septentrionale et occidentale, en effet, on distingue une série de bombements et de dépressions parallèles, alignés du N.-O. au S.-E. Ce sont, du Nord au Sud : le bombement du *Boulonnais* et des *collines de l'Artois*, puis la dépression de la *vallée de la Somme*, puis le bombement du *Bray*, puis la dépression de la *vallée de la Seine*, enfin le bombement plus accentué des *collines de Normandie* et *du Perche* (point culminant : *Mont des Avaloirs*, 417 m.).

Dans la partie orientale, les accidents du relief sont orientés différemment. Les eaux ont, par l'effet de l'érosion, dessiné des lignes de hauteurs concentriques, plus ou moins continues, qui se trouvent au contact des terrains tendres et des terrains durs, ceux-ci ayant été moins creusés et formant un relief au-dessus de ceux-là. Telle est l'origine de certaines lignes de côtes, dont les courbes se succèdent depuis la bordure orientale jusqu'au centre du Bassin : *côtes de Moselle, côtes de Meuse, hauteurs de l'Argonne, hauteurs des Bar. falaise de l'Ile-de-France.*

9. ***Le Bassin Aquitain.*** — Le Bassin Aquitain, au Sud-Ouest, est moins étendu et beaucoup plus uniforme que le Bassin Parisien. Encadré par le Massif Central, par les Corbières et par les Pyrénées, il forme une vaste série de plateaux et de plaines descendant en gradins vers l'Océan Atlantique. Les plateaux les plus élevés sont situés sur le pourtour : ce sont les *terrasses du Quercy* et *du Périgord*, au Nord ; les *terrasses du Lauraguais*, à l'Est ; le *Lannemezan*, au Sud. Quant à la portion centrale, elle forme un vaste demi-cercle, bas, de pente très douce, s'ouvrant largement sur l'Atlantique.

10. ***Le Bassin Rhodanien.*** — Le Bassin Rhodanien, moins large que les précédents et peu homogène, comprend une série de bassins et d'étranglements, entre le Massif Central, d'une part, le Jura et les Alpes, de l'autre. Ce sont :

1° au Nord, la **plaine de la Saône**, ancien lac qui s'est vidé vers le Sud à la fin de l'ère tertiaire. Elle est bordée par les *terrasses du Mâconnais* et *de la Côte d'Or* à l'Ouest, *de la Dombes* et *de la Bresse*, à l'Est ;

2° au Centre, le **couloir du Rhône**, ancien golfe méditerranéen, très allongé et très étroit, qui fut peu à peu comblé par les alluvions du fleuve ;

3° au Sud, la **plaine méditerranéenne**, longue bande assez étroite, qui s'étend des Alpes aux Pyrénées, et qui comprend la *Crau*, le *delta du Rhône* et le *bas Languedoc*.

11. ***Les passages.*** — Séparant les massifs, unissant les plaines, il existe un agencement harmonieux de dépressions.

A l'intérieur : le Bassin Parisien et le Bassin Aquitain communiquent par le *Seuil du Poitou* ; le Bassin Aquitain et le Bassin Rhodanien, par le *Seuil du Lauraguais* ou *Seuil de Naurouze* ; le Bassin Rhodanien et le Bassin Parisien, par le *Seuil de Bourgogne* (Côte d'Or, plateau de Langres).

Vers l'extérieur : le Bassin Parisien s'ouvre sur le Nord, par la large *plaine du Nord*, commencement des *Pays-Bas* et de la grande *plaine européenne* ; le Bassin Rhodanien s'ouvre sur l'Est, par le *Seuil de Belfort*. Par là passèrent jadis les invasions des peuples de l'Europe Centrale (*Francs*, *Huns*, *Goths*, *Alamans*, *Vandales*, etc.) vers les pays latins de la Méditerranée. Par là se font aujourd'hui les échanges commerciaux entre la France et l'Europe du Centre et du Nord.

Lectures.

1. ***Les Vosges, l'Ardenne et le Massif Armoricain sont des massifs usés.*** — Issus des plissements hercyniens, émergés presque totalement et presque continûment depuis cette époque, les Vosges, l'Ardenne et le Massif Armoricain décèlent les traces d'une lente usure par l'érosion des eaux courantes.

1° **Leur altitude est basse.** — Les Vosges ont leur point culminant à 1426 mètres ; l'Ardenne, à 700 ; le Massif Armoricain, à 391 mètres.

2° **Leur relief est monotone.** — Les dents et les pics de jadis ont disparu. Dans les Vosges se présentent les formes arrondies des ballons et des chaumes, là où le granite, roche homogène, présentait partout la même résistance à l'érosion. C'est seulement sur les points où domine le grès, roche plus facilement pénétrée par les eaux, que l'érosion, agissant avec plus de fantaisie, creusant ici, laissant là des saillies, a découpé dans l'antique montagne des silhouettes semblables aux ruines des vieux « burgs ».

Dans l'Ardenne, l'œuvre des eaux est plus complète : la montagne est devenue un plateau presque absolument plan, une pénéplaine, où les seuls accidents, burinés en creux, sont les vallées aux méandres profondément encaissés qu'occupent la Meuse et ses affluents.

Dans le Massif Armoricain, il en est de même : si l'on distingue, au Nord et au Sud, deux alignements plus élevés (*Monts d'Arrée* et *Menez*, au Nord ; *Montagne Noire* et *landes de Lanvaux*, au Sud), dominant une dépression intérieure, ils ne sont point les restes des anciens plis, car sous l'action destructive de l'érosion toute trace de pli a disparu. Ils résultent simplement de ce que l'érosion a moins agi sur les roches dures qui y dominent (grès durs, granite, etc.) que sur les schistes tendres qui constituent les bassins intérieurs de Rennes et de Châteaulin.

2. ***Les Pyrénées, les Alpes et le Jura sont des massifs jeunes.*** — Montagnes jeunes, exposées seulement depuis le milieu des temps tertiaires à l'usure de l'érosion, les Pyrénées, les Alpes, et le Jura présentent des caractères opposés à ceux des vieux massifs hercyniens.

1° **Leur altitude est haute.** — Le point culminant atteint 4810 m. dans les Alpes, 3404 m. dans les Pyrénées, 1723 m. dans le Jura lui-même, qui, pourtant, doit n'être considéré que comme une annexe des Alpes, surgie dans la région où les plissements alpins furent le moins énergiques.

2° **Leur relief est très accidenté.** — L'érosion a commencé d'agir sur eux ; mais elle en est encore à cette période où, creusant énergiquement les parties tendres des roches et n'ayant pas encore eu le temps d'user les parties dures, elle sculpte et avive les détails du relief, tandis que plus tard elle les usera tous jusqu'à l'aplanissement final. De là l'aspect déchiqueté de ces montagnes jeunes, les *sierras* des Pyrénées, les *dents* des Alpes, les *crêts* du Jura. De là, leurs vallées profondes, qui, malgré l'altitude des sommets, facilitent les communications dans les Alpes et dans le Jura.

3. ***Le Massif Central est un massif ancien, rajeuni à l'époque tertiaire.*** — Le Massif Central n'est pas seulement la plus étendue des masses montagneuses qui se trouvent sur le sol français ; il est aussi la plus variée et la plus composite. C'est que, au lieu d'être, comme les massifs que nous avons déjà vus, le résultat d'une seule des péripéties qui ont traversé l'histoire géologique du sol français, il a participé à toutes, et de toutes il porte la trace.

1° **Aux temps primaires** et **aux plissements hercyniens** il doit son soubassement de roches cristallines, anciennes montagnes usées par l'érosion. Elles forment aujourd'hui des plateaux à peine ondulés, ou pénéplaines, comme l'Ardenne, dans le *Limousin* ; des croupes surbaissées et arrondies, comme les Vosges, dans les monts de la *Margeride* et du *Forez* ; des croupes analogues, mais redressées et faillées par le contre-coup des plissements alpins, dans les *monts de la bordure orientale*. Aux plissements hercyniens le massif doit encore, on l'a vu, l'orientation de certaines de ses vallées.

2° **Aux temps secondaires** et à leur période de calme il doit les plateaux relativement horizontaux des *Causses*, constitués par des calcaires qui se sont déposés dans les mers de l'époque jurassique et qui ont émergé dans la suite, par l'effet d'un relèvement en masse, sans que leur disposition horizontale ait presque été dérangée. Cette seconde région, plus jeune, découpée seulement par les vallées profondes, ou *cañons*, qu'y a creusées l'érosion, ne rappelle pas, comme les précédents, les Vosges et l'Ardenne, mais bien les plateaux du Jura, avec leurs vals et leurs cluses.

3° **Aux temps tertiaires** et au contre-coup des plissements alpins il doit, non seulement le redressement de ses monts de la bordure orientale, mais encore et surtout les failles longitudinales qui l'ont strié en son centre. Ce sont elles qui ont déterminé l'affaissement définitif des plaines du centre du massif (*Limagne*, *plaine du Forez*, etc.), si importantes pour sa vie agricole et commerçante. Ce sont elles, surtout, qui ont permis aux matières ignées de l'intérieur de la terre de se faire jour et d'édifier ces masses volcaniques des *Monts d'Auvergne* et *du Velay*, que l'érosion a pu démanteler, mais non encore aplanir. Elles constituent aujourd'hui dans le massif les montagnes les plus importantes par leur altitude et aussi les plus fertiles grâce à leur sol de basalte, de trachyte et de laves, bien supérieur au granite ou au gneiss des monts cristallins.

4. ***Le Bassin Parisien est sillonné par une série de crêtes, concentriques dans la portion orientale, longitudinales dans la portion occidentale.*** — Le Bassin Parisien est formé par des auréoles concentriques de terrains de toutes es époques des ères secondaire et tertiaire, les plus jeunes se trouvant au Centre. Ces terrains, de dureté différente, n'ont pas tous offert la même résistance aux eaux que la pente appelait du pourtour vers le Centre : l'érosion a creusé plus rapidement les terrains tendres, plus lentement les terrains durs. Ainsi s'explique l'existence des

crêtes concentriques qui caractérisent la portion orientale du Bassin Parisien.

Les principales sont : la *falaise tertiaire de l'Ile-de-France*, la *crête*

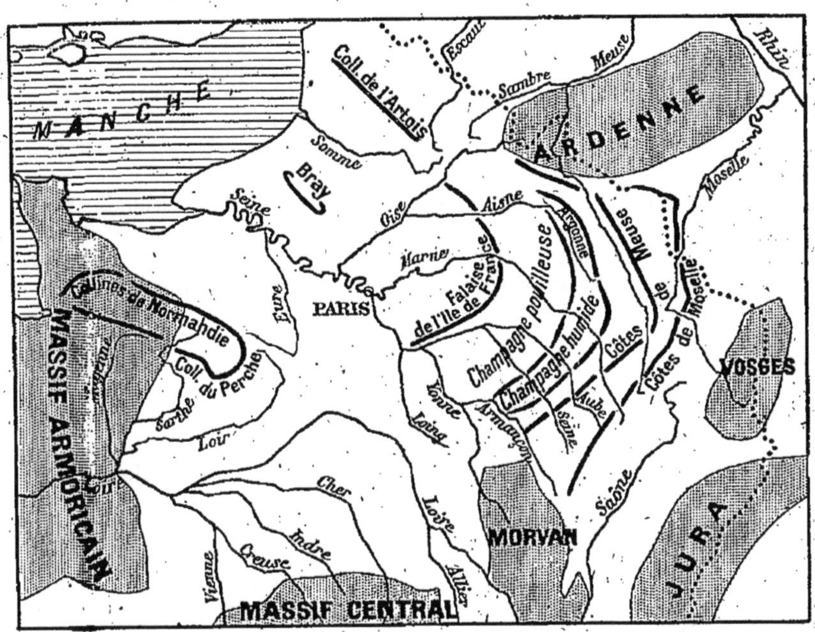

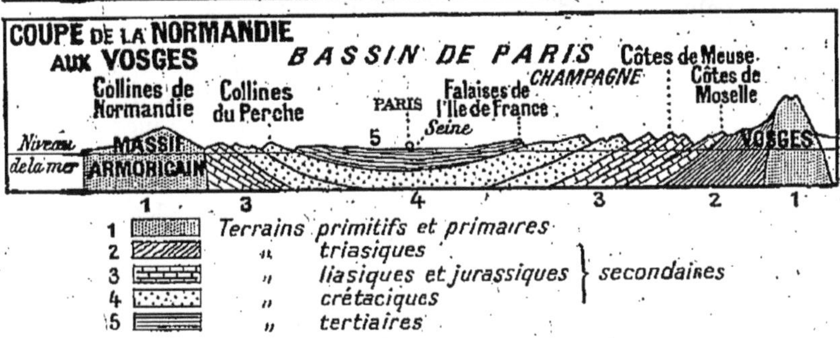

LE BASSIN PARISIEN.

Il occupe la plus grande partie de la France Septentrionale. Vers l'est, entre Paris et les Vosges, il comprend plusieurs lignes de hauteurs concentriques qui marquent les points de contact des bandes de roches dures, formant relief, et des bandes de terrains tendres, plus énergiquement creusés par l'érosion. A l'Ouest, le relief est moins régulier : quelques lignes de hauteurs orientées du Nord-Ouest au Sud-Est. Les terrains forment des couches s'emboîtant les unes dans les autres : les plus récents se trouvent encore former la surface, au centre ; vers l'extérieur, les terrains récents ont disparu, par l'effet de l'érosion, et ce sont des couches de plus en plus anciennes qui apparaissent vers l'extérieur.

des Bars (Bar-sur-Seine, Bar-sur-Aube, Bar-sur-Ornain ou Bar-le-Duc), l'*Argonne*, les *côtes de Meuse*, les *côtes de Moselle*, etc. Elles se trouvent sur les lignes où des terrains durs, demeurés en relief, sont en contact avec des terrains tendres creusés par l'érosion.

Ces crêtes ont une double importance géographique : au point de vue agricole, au point de vue stratégique.

1° **Au point de vue agricole.** — Leur versant oriental, exposé au soleil, est chaud et permet la culture de la vigne qu'on ne trouve guère à leur pied dans les plaines voisines, ni sur leur versant occidental. C'est sur le versant oriental de la falaise tertiaire de l'Ile-de-France qu'on récolte les vins servant à fabriquer les vins de Champagne. Les versants orientaux des côtes de Meuse et de Moselle produisent les vins gris de Lorraine.

2° **Au point de vue stratégique.** — Elles constituent autant de lignes de fortification naturelle garantissant Paris contre un ennemi venant de l'Est. Chacune d'elles a vu se livrer de terribles batailles chaque fois que la France a été envahie, notamment en 1792 et en 1814, ainsi que dans la grande guerre de 1914-1916. Auprès de la falaise de l'Ile-de-France, c'est *Montereau*, *Vauchamps*, *Montmirail*, *Berry-au-Bac*, *Craonne*, *Laon*, qui rappellent autant de batailles livrées au commencement du XIXe ou du XXe siècle. Au pied de la seconde falaise, se trouvent *Troyes*, *Brienne*, *la Rothière*, où l'on se battit avec acharnement pendant la campagne de 1814. Plus au Nord, au pied de l'Argonne, c'est *Valmy*, illustré par la victoire de Dumouriez sur les Prussiens en 1792 ; dans l'Argonne même, c'est *Vauquois*, *Cheppy*, *Montfaucon*, le *Bois Bolante*, etc., illustres depuis 1914-1916. Ces crêtes orientales du Bassin Parisien sont les murs de défense de notre capitale. Les côtes de Meuse et les côtes de Moselle sont couronnées de forts puissants qui, de Toul à Verdun, barrent l'une des principales routes d'invasion du Rhin vers Paris.

Dans sa portion occidentale, le Bassin Parisien, bien que les terrains se relèvent en général vers la Manche et l'Armorique comme vers les Vosges, n'a pas de lignes de relief concentriques : là, on trouve bien des lignes de hauteur, mais longitudinales, parallèles, et toutes orientées du Nord-Ouest au Sud-Est. C'est que, à l'époque tertiaire, cette portion du bassin a été légèrement plissée : les lignes de relief que l'on y trouve sont les restes des anticlinaux formés à cette époque : *hauteurs du Boulonnais* et *collines de l'Artois*, *hauteurs du Bray*, *collines de Normandie et du Perche*. Dans les synclinaux qui séparent les plis se sont installés les cours des rivières, qui ont toutes cette direction du Sud-Est au Nord-Ouest : c'est celle de la *vallée de la Somme*, de la *vallée de la Seine*, et même de la *vallée de la Loire* entre Nevers et Orléans, d'où l'on peut induire l'ancienne direction du fleuve vers la Manche avant qu'il ait été attiré par capture vers l'Océan (voir ci-dessous, p. 49-50).

Le relief de la portion occidentale du Bassin Parisien a également son importance géographique : c'est grâce à cette série de dépressions s'ouvrant sur la mer que les bienfaits du climat maritime pénètrent si profondément dans l'intérieur ; la richesse agricole du Bassin Parisien en est l'heureux résultat.

IV. — MERS ET COTES DE FRANCE

S'ouvrant sur les quatre principales mers européennes, la France a un grand développement de côtes. Comme son sol, ses côtes sont très variées; elles sont très inégalement favorables au développement de la vie maritime.

1. ***Les mers.*** — Les trois cinquièmes des frontières de la France sont constitués par des côtes : 3100 kilomètres de côtes, sur 5200 kilomètres de frontières. Ces côtes sont baignées par quatre mers, fort différentes.

La **Mer du Nord** est un vaste bassin, peu profond, à fond plat, qui sépare à peine la France, de la Grande-Bretagne, des Pays-Bas, et de la Scandinavie. Elle est sujette à de fortes tempêtes. Elle communique avec la Manche par le *Pas de Calais*, dont la largeur minima ne dépasse pas 31 kilomètres.

La **Manche** est un étroit couloir, très resserré à l'Est, entre la France et la Grande-Bretagne; nulle part sa largeur ne dépasse 250 kilomètres. Peu profonde, largement ouverte à l'Ouest aux vents fréquents et forts de l'Océan, qui s'y engouffrent comme dans un entonnoir, elle a des houles répétées et les plus fortes marées des mers européennes.

L'**Océan Atlantique** est un des grands bassins océaniques du globe. Il sépare largement l'Europe Occidentale de l'Amérique. Il est très profond au large; mais la côte atlantique de la France repose sur un socle de terrains faiblement immergé. L'Atlantique, dans nos régions, est presque constamment agité par les vents de Sud-Ouest, d'Ouest ou de Nord-Ouest.

La **Méditerranée** sépare la France de l'Italie, de l'Espagne et de l'Afrique du Nord, où se trouvent nos principales colonies. Elle est très profonde, sauf dans le *golfe du Lion*. Mer fermée, chaude et salée, la Méditerranée n'a que de très faibles marées; ses tempêtes sont assez rares, brèves, mais très violentes.

2. ***Côtes de la Mer du Nord.*** — Les côtes de la Mer du Nord, bordant une mer sans profondeur et une plaine sans relief, sont incertaines, constituées par des rivages souvent envahis par les eaux marines et pénétrés par elles dans leur sous-sol.

Chaque marée refoule vers la terre les sables et graviers que les vagues ont arrachés aux côtes voisines. Les courants les alignent en cordons littoraux, qui séparent de la mer des *marais*, dont certains ont été drainés ou asséchés par les habitants. Le vent les amoncelle sur le rivage en dunes. Ces côtes sont rectilignes : aucune échancrure, aucun port naturel.

3. ***Côtes de la Manche.*** — On peut distinguer dans les côtes françaises de la Manche deux portions distinctes :

1° Au Nord-Est, les **côtes du Bassin Parisien**, variées comme ce bassin même. Elles comprennent successivement : les falaises crayeuses du *Boulonnais*, où s'avancent les promontoires du *Gris-Nez* et du *Blanc-Nez* ; puis la côte basse et alluviale du *Marquenterre*, à peine échancrée par des estuaires ensablés comme l'*estuaire de la Somme*; puis, les falaises crayeuses de la *Normandie Orientale*, où s'ouvre le large et profond *estuaire de la Seine*; enfin, la côte rocheuse du *Calvados*, dont l'accès est entravé par des récifs.

2° Au Sud-Ouest, les **côtes du Massif armoricain**, creusées dans le granite, les schistes et les grés. Elle comprend de nombreux accidents, îles, presqu'îles et caps, golfes, estuaires et baies. Les principaux sont : la *presqu'île du Cotantin*, doublée à l'Ouest par les *Iles Anglo-Normandes* (Jersey, Guernesey, Chausey); la *baie du Mont-Saint-Michel*, ensablée et enfermant des îlots rattachés par des bancs de sable au continent; l'*estuaire de la Rance*; la *baie de Saint-Brieuc*; le *promontoire du Trécorrois*, bordé de nombreuses îles; la *baie de Morlaix*.

4. ***Côtes de l'Atlantique.*** — Les côtes françaises de l'Atlantique comprennent quatre portions différentes, qui sont :

1° La **côte armoricaine**, analogue à celle de la Manche. Elle est découpée surtout sur la face occidentale de la péninsule bretonne, ou *Finistère*, où les trois *presqu'îles de Léon*, *de Crozon* et *de Cornouailles* sont séparées par la *rade de Brest* et la *baie de Douarnenez*. Sur la face méridionale, on trouve quelques presqu'îles (*presqu'île de Quiberon*) et de larges anses (*golfe du Morbihan*), bordées par les *îles de Belle-Isle* et *de Groix*. Mais au delà de l'*estuaire de la Loire*, la côte est encombrée par les alluvions : elle forme le *Marais breton*, la *baie* ensablée de *Bourgneuf*, les îles basses de *Noirmoutier* et d'*Yeu*.

2° La **côte charentaise** reproduit certains aspects des côtes du Bassin Parisien : falaises crayeuses, rectilignes et assez basses doublées en mer par les *îles de Ré* et *d'Oléron*, anciens débris de la côte; d'autre part, alternant avec les falaises, les côtes alluviales du *Marais poitevin*, de l'*Aunis* et de la *Saintonge*.

3° La **côte landaise**, au Sud de l'*estuaire de la Gironde*, est la bordure rectiligne et plate d'une région basse et peu accidentée : la basse plate-forme des Landes, qui termine à l'Ouest le Bassin Aquitain. Elle présente une seule échancrure notable : le *bassin d'Arcachon*. Elle est bordée de dunes, isolant de la mer les eaux intérieures qui ont formé une ligne d'étangs.

4° La **côte pyrénéenne**, rocheuse, est riche en caps hardis, en baies ouvertes et mal abritées.

5. ***Côtes de la Méditerranée.*** — L'étendue des côtes méditerranéennes de la France dépasse 600 kil. On y distingue quatre portions, correspondant aux quatre régions qui y aboutissent.

1° La **côte pyrénéenne**, fort peu étendue, a les mêmes caractères que la côte pyrénéenne de l'Atlantique. On y trouve un bon port, dans la *baie de Port-Vendres*.

2° La **côte du Bas Languedoc**, comme celle des Landes, est plate, sableuse, rectiligne, et se prolonge par une pente insensible sous la mer. Mais, à la différence de celle-ci, elle a jadis été découpée, et son uniformité actuelle résulte de l'alluvionnement et de la formation de cordons littoraux. Ceux-ci ont transformé en étangs salés les anciens golfes marins qui la découpaient : *étangs de Salces, de Sigean, de Thau* et *de Mauguio*.

3° La **côte du delta du Rhône**, formée par les apports du fleuve, est aussi plate et aussi rectiligne que la côte du Bas Languedoc. Mais elle s'en distingue par la rapidité de ses gains sur la mer, due à la masse des alluvions qu'amènent, chaque année, les crues du Rhône. Elle enferme l'*étang de Vaccarès*.

4° La **côte des Alpes**, analogue sinon par sa constitution, du moins par sa forme aux côtes armoricaines, est très découpée. Elle est surtout remarquable par l'abondance de ses baies et de ses rades, vastes, profondes et bien abritées. Les principales sont, au delà de l'*étang de Berre*, les *rades de Marseille*, de *Toulon*, d'*Hyères* (celle-ci fermée par les *îles d'Hyères*) et de *Villefranche*.

La **côte de la Corse** présente, à l'Est, le type languedocien, aux côtes basses et plates, le long de la plaine marécageuse d'Alésia ; on y trouve un seul abri : le *port de Bastia*. A l'Ouest, au contraire, domine le type provençal, découpé, riche en abris ; les principaux sont les *golfes de Saint-Florent, de Calvi, d'Ajaccio* et le *port de Bonifacio*.

Lectures.

1. ***La France a deux de ses faces tournées sur les deux mers les plus importantes de l'Europe : la Manche et la Méditerranée.*** — L'hexagone que forme le territoire de la France a trois de ses faces tournées vers la mer, trois de ses faces tournées vers la terre. La France occupe donc, parmi les grands États de l'Europe, une situation moyenne, ni exclusivement maritime comme celle de la Grande-Bretagne, ni presque exclusivement continentale, comme celle de l'Autriche-Hongrie.

Parmi les puissances maritimes, même situation moyenne : tandis que les autres États de l'Europe Occidentale n'ont d'accès que sur les mers océaniques, tandis que l'Italie n'en a que sur la Méditerranée, la France, elle, est ouverte sur les deux grands systèmes marins de l'Europe.

1° Elle possède la moitié des côtes de la **Manche**; or c'est la mer la plus fréquentée du globe puisqu'elle a le trafic entre les deux centres de production et d'échange les plus actifs : l'Europe Occidentale et les États-Unis.

2° Elle a une très bonne place sur la **Méditerranée**; or cette mer est redevenue, depuis le percement de l'isthme de Suez, la grande route entre l'Europe Occidentale et les immenses réservoirs d'hommes, de produits et d'énergie que sont les pays de l'Extrême-Orient.

Entre pays atlantiques et pays méditerranéens la France forme l'isthme le plus court et le plus commode à franchir. Si certains travaux d'art, comme le percement du Simplon et du Saint-Gothard, ont créé des routes plus directes qui ne passent pas par le territoire français, d'autres travaux analogues, comme le percement de la Faucille dans le Jura, celui du Mont-Blanc dans les Alpes, pourront un jour prochain lui redonner l'avantage.

2. ***La diversité des côtes de la France est une conséquence de la variété de sa constitution géologique.*** — Les côtes de la France sont aussi variées que les formations géologiques dans lesquelles elles sont découpées.

1° Aux **terres plates et sableuses**, comme celles de la *plaine du Nord*, de *l'Aunis* ou *des Landes*, correspondent des côtes alluviales, basses, rectilignes, dont le sol se prolonge en pente douce sous la mer. Les courants ensablent facilement les rares indentations, à peine esquissées, et même les embouchures des rivières.

Ce sont des côtes peu favorables à la création de ports, à la vie des marins et des pêcheurs. Seules les portions de ces côtes situées à proximité de centres d'échanges importants ou de mers très poissonneuses ont vu s'établir sur leurs bords des populations nombreuses, qui y ont créé des ports artificiels : telle la côte de la mer du Nord, avec Dunkerque.

2° Dans les **plateaux crayeux**, comme ceux de la *Picardie*, de la *Normandie Orientale* et des *Charentes*, la mer a taillé de véritables murailles, des falaises à pic : les courants, lançant sans cesse galets et cailloux contre la base de la roche tendre, la creusent, la minent et la sapent en contre-bas; la partie supérieure de la plaine, désagrégée lentement par les eaux douces qui s'infiltrent dans la craie perméable, s'écroule par tranches avec le temps. Ainsi la falaise recule devant la mer; mais elle lui oppose toujours une muraille haute et continue.

Aussi, dans les régions des falaises, les ports peuvent seulement s'établir aux embouchures des rivières. Telle est la situation des ports normands : *Dieppe*, *Fécamp*, *Le Tréport*.

3° Dans les **roches calcaires,** plus dures, comme celles de la *Normandie centrale*, le même recul se produit, mais avec plus de lenteur, et certains témoins restent des anciennes lignes de côtes, sous forme de rochers, d'écueils et de récifs : tels les *rochers du Calvados*.

4° Dans les **roches cristallines,** moins homogènes, ici plus dures, comme le gneiss et le granite, là plus tendres, comme le schiste, l'attaque de la mer a sculpté puissamment la côte, détruisant plus vite les parties molles qui forment bientôt des retraits dans la ligne du rivage, détruisant moins vite les parties dures, qui restent en saillie, en avant du rivage, formant des presqu'îles et des caps, ou encore des îles. Elle a envahi les estuaires des rivières, les élargissant, les creusant, en faisant des sortes de *fjords* ou de *rias*, ce qu'on appelle en Bretagne des *abers* et des *rivières*, en Provence des *calanques*.

Ces mille indentations sont autant de ports naturels profonds et bien abrités où la vie maritime a trouvé tout naturellement d'excellentes conditions pour naître et se développer : telles sont les *côtes de la Bretagne* et d'une *partie de la Provence*.

5° Enfin, certaines côtes, jadis découpées, mais visitées par de forts courants marins, ont vu leurs golfes comblés, des cordons littoraux isoler de la mer les anciennes baies et les transformer en *étangs*. D'anciens ports se sont ainsi trouvés isolés dans l'intérieur; d'anciennes îles ont été rattachées au continent et sont devenues ce que l'on appelle sur ces côtes des *montagnes*.

Telle est la *côte du Bas Languedoc*, colmatée par les courants du golfe du Lion, qui y apportent les alluvions du Rhône : ses étangs sont d'anciens golfes; les *Montagnes de Cette* et d'*Agde* sont d'anciens îlots, aujourd'hui rattachés au continent; le seul grand port de cette côte, *Cette*, est un port artificiel, créé par l'industrie humaine.

V. — LE CLIMAT DE LA FRANCE

Grâce à la latitude et à l'influence des mers, la France a un climat généralement tempéré. Mais la variété de son relief et l'opposition qui existe entre le régime atlantique et le régime méditerranéen lui donnent toutes les nuances du climat tempéré.

1. ***Généralités.*** — Le climat de la France est généralement tempéré. La température moyenne de l'année à Paris est de 11° C. : elle est plus élevée que dans la plupart des pays situés à la même latitude ; les hivers y sont moins rudes, les étés moins chauds, et partout l'écart des uns aux autres moins ample.

De même pour les pluies. La France en reçoit une quantité annuelle qui varie, avec les régions, de 600 millimètres à 1 mètre, quantité modérée. S'il y a, dans la plupart des régions françaises, des saisons plus humides et des saisons plus sèches, il n'y a nulle part de saison absolument humide ou absolument sèche.

La France doit cette modération de son climat :

1° **A la latitude :** elle est située dans la zone tempérée ;

2° **A l'influence de la mer**, qui égalise la température et l'humidité.

Partout tempéré, le climat de la France est pourtant très varié. Les causes de cette diversité sont :

1° **Le relief.** — Avec l'altitude la température devient plus rigoureuse, les pluies deviennent plus abondantes sur les versants exposés aux vents humides ;

2° **La situation par rapport à la mer.** — Les régions les plus éloignées de la mer reçoivent moins complètement le bienfait de son influence adoucissante.

2. ***Température.*** — Il faut distinguer la zone océanique et la zone méditerranéenne.

1° La *zone océanique* comprend les régions qui sont, soit par leur proximité de l'Océan Atlantique, soit par leur exposition aux vents qui en viennent, plus ou moins directement soumises aux influences de cet Océan.

Sur la côte règne le *régime maritime* : étés frais, hiver tièdes. Type de ce régime : *Brest* (moyenne de janvier, 7° C. ; de juillet, 16 degrés).

Vers l'intérieur, on va lentement vers le *régime demi-continental*, l'influence de la mer devenant de moins en moins sensible : étés plus chauds, hivers plus froids. Type de ce régime : *Nancy* (moyenne de janvier, 1 degré; de juillet, 19 degrés).

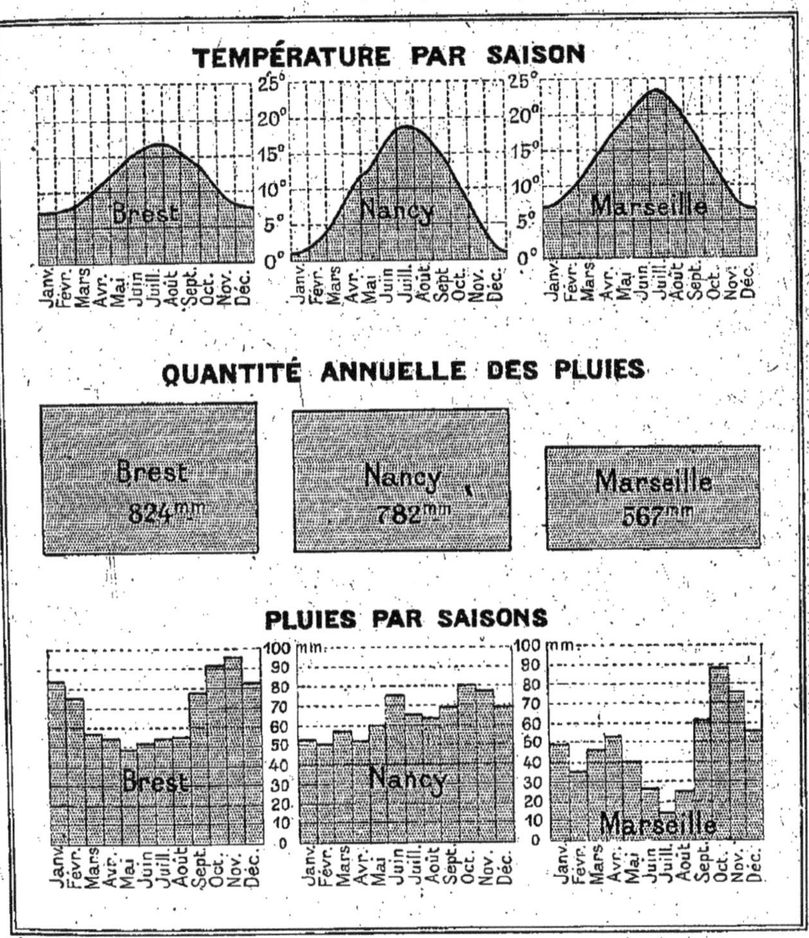

LE CLIMAT FRANÇAIS.

Les principaux types : climat maritime océanique (*Brest*); *climat demi-continental* (*Nancy*); *climat méditerranéen* (*Marseille*).

Dans les régions montagneuses, la rigueur des hivers augmente avec l'altitude; mais elle est bien moindre sur les versants exposés à l'Océan que sur ceux qui regardent vers l'intérieur. Dans le Massif Central, *Limoges*, exposé à l'Océan, a des hivers moins rudes que *Clermont-Ferrand*.

2° Dans la *zone méditerranéenne*, la Méditerranée, mer fermée et, d'ailleurs, plus basse en latitude, est plus chaude que l'Océan. Aussi ces régions ont-elles le **régime méditerranéen**, déjà presque subtropical : étés très chauds, hivers tièdes. Type de ce régime : *Marseille* (moyenne de janvier, 7 degrés ; de juillet, 22 degrés).

3. ***Vents.*** — La France est située dans une zone du globe où il n'existe ni vents réguliers, comme l'alizé, ni vents périodiques et saisonniers, comme la mousson ; elle est dans la zone des *vents variables*. Toutefois, on peut y distinguer certains *vents dominants*, qui soufflent plus fréquemment et plus continûment au cours de l'année, et qui par là exercent une action prépondérante sur la distribution des pluies et sur le climat.

Dans la **zone océanique,** les hautes pressions qui règnent le plus souvent sur l'Atlantique déterminent une prédominance des *vents marins* : vents de Sud-Ouest, d'Ouest ou de Nord-Ouest.

Dans la **zone méditerranéenne,** les basses pressions sont fréquentes, surtout en hiver. Les hautes pressions règnent à la même époque sur les massifs hauts et froids, qui l'entourent. Elles déterminent des *vents locaux*, violents, secs et froids, qui descendent de la montagne et balaient la côte : *mistral* de Provence, *cers* de Languedoc, *tramontane* du Roussillon. En été règne le calme, coupé par des *brises* fraîches de mer, qui alternent avec des coups de vent chauds du Sud (*sirocco*).

4. ***Pluies.*** — Dans la **zone océanique**, la pluie tombe partout avec abondance et fréquence. Toutefois, à relief égal, on peut dire que :

1° *Il tombe plus de pluie sur la côte qu'à l'intérieur* : Brest, 824 millimètres ; Nancy, 782.

2° *Les pluies sont inégalement réparties au cours des saisons.* — Sur la côte, il pleut surtout en hiver, époque où la vapeur d'eau, amenée par les vents marins, se refroidit, se condense et se précipite au contact du continent alors plus froid que la mer : c'est le *régime maritime*. Type de ce régime : *Brest*, où les mois d'hiver ont de 80 à 90 millimètres de pluie, et ceux d'été 50 au plus. — Dans l'intérieur, les vents maritimes, quand ils y arrivent, se sont déjà déchargés d'une partie de leur humidité, et les pluies d'hiver sont plus rares ; elles se précipitent d'ailleurs souvent sous forme de neige; les pluies principales tombent à la suite d'orages, en été et en automne : c'est le *régime continental*. Type de ce régime : *Nancy* (en janvier, 50 millimètres de pluie; en juin, 75; en octobre, 80).

La **zone méditerranéenne** a des pluies plus rares et, en moyenne annuelle, un peu moins fortes : *Marseille* reçoit 567 millimètres par an. Mais les précipitations, si elles sont rares, sont très abondantes. Elles tombent sous forme de grosses averses d'orage, et surtout en automne et au printemps : Marseille reçoi en octobre 90 millimètres; en juillet, 12.

5. ***Les climats de la France.*** — Partout modéré, le climat de la France n'est pas partout identique. On peut y distinguer plusieurs types de *climats secondaires*, en retenant toutefois que l'on passe des uns aux autres, non pas brusquement, mais par transitions insensibles.

Zone océanique.	CLIMAT TEMPÉRÉ MARITIME	*Climat breton* (Bretagne) : température modérée et égale; pluies d'hiver, très abondantes et très fréquentes.
		Climat girondin (région de l'Ouest et Bassin Aquitain) : mêmes caractères, mais avec un peu moins d'humidité et un peu plus de chaleur.
		Climat parisien (Bassin de Paris) : température modérée, avec écarts assez faibles; pluies abondantes et fréquentes, de printemps et d'automne.
	CLIMAT DEMI-CONTINENTAL	*Climat auvergnat* (Massif Central) : hivers rudes, étés chauds, pluies de relief et neige en hiver, pluies d'orage en été.
		Climat vosgien (Lorraine et Vosges) : hivers rudes, étés chauds, pluies d'orage en été et en automne; neige en hiver.
		Climat lyonnais (Jura, Alpes, plaines de Saône, plaine du Rhône jusqu'à Valence) : mêmes caractères que le précédent, mais moins accentués.
Zone méditerranéenne.	CLIMAT MÉDITERRANÉEN	*Climat méditerranéen* (région méditerranéenne). étés chauds et secs; hivers tièdes avec coups de vents froids. Pluies d'orage (printemps et automne).

Lectures.

1. ***Le climat de la France est tempéré.*** — Comparons le climat de la France avec celui des pays de même latitude : le caractère modéré du climat français apparaîtra mieux.

La France est sous la latitude de la Russie Centrale, de la région de Moscou. Or, à Moscou, les hivers sont très longs: la neige couvre le sol de novembre à avril; pendant des semaines et des mois le thermomètre reste au-dessous de o degré; on circule en traîneaux sur la neige durcie et sur les rivières glacées. Dans la Russie Méridionale, où l'on cultive la vigne, il faut, sous la latitude de Naples, enterrer les ceps sous deux ou trois pieds de terre pour les empêcher de geler l'hiver : la mer Noire reste gelée, en moyenne, un ou deux mois par an, le long des côtes russes. Par contre, les étés sont très chauds en Russie, même au Nord, en Finlande, où le soleil, à l'époque des plus longs jours, reste dix-huit ou vingt heures au-dessus de l'horizon.

On connaît la rigueur des hivers sibériens; leur renom est tel qu'on croirait la Sibérie voisine du pôle, alors que ses parties méridionales sont sous la latitude de la France. Ce qu'on sait moins, c'est que les étés sibériens, même au Nord, sont beaucoup plus chauds que les nôtres. Dans la Chine du Nord, à Pékin (latitude de Naples), le fleuve Peï-Ho reste gelée de quatre à cinq mois chaque hiver.

Il en est de même du Canada méridional : à Montréal (latitude de Tours), le Saint-Laurent est gelé 120 jours en moyenne par an : que dirions-nous si la Loire à Tours ou la Seine à Paris restaient gelées pendant quatre mois chaque hiver?

2. ***La France doit la variété de son climat au voisinage de deux mers fort différentes : l'Atlantique et la Méditerranée.*** — Située tout entière dans la zone tempérée, la France a un climat assez varié. Mais elle n'a pas toutes les nuances du climat de la zone tempérée : c'est ainsi que le climat continental, aux hivers très froids, aux étés très chauds, tels que celui de la Hongrie ou de la Russie Centrale, lui manque. Elle doit ce bienfait d'un climat tempéré à la proximité des deux grandes mers européennes : l'Atlantique et la Méditerranée. Elle doit la variété de son climat tempéré à la différence de régime qui existe entre ces deux mers.

L'**Atlantique** est un des plus vastes réservoirs d'eau du monde : l'eau s'échauffant et se refroidissant plus lentement que le sol, on conçoit que cet océan est aussi un des plus importants égalisateurs de température qui existent. Or, sur l'Atlantique Nord, de hautes pressions règnent presque tout le temps au cours de l'année, se déplaçant avec lenteur du Sud au Nord; de là la prédominance des vents marins, vents de Sud-Ouest ou de Nord-Ouest (le *surouet* et le *norouet* des marins), dans les régions exposées à l'Atlantique. Ces vents, relativement chauds en hiver, relativement frais en été par rapport à la température du sol voisin, agissent différemment sur celui-ci selon les saisons, mais toujours dans le même sens : ils égalisent la température, la rafraîchissent en été, la réchauffent en hiver. D'autre part, ils amènent des pluies abondantes, surtout en automne et en hiver, quand le sol plus froid condense la vapeur qu'ils ont prise à la surface de l'Océan et qu'ils lui apportent.

La **Méditerranée** est une mer beaucoup plus chaude que l'Atlantique Nord : 1° parce qu'elle est plus basse en latitude ; — 2° parce qu'elle constitue un réservoir moins large et moins profond ; — 3° et surtout, parce qu'elle est une *mer fermée* : ses fonds les plus bas sont à une température aussi élevée que le fond du détroit qui la fait communiquer avec l'Atlantique. — Aussi les régions exposées à son influence sont-elles plus chaudes que les régions atlantiques. Mais surtout elles sont plus sèches. Les vents qui viennent de la mer et qui soufflent en été, comme le *sirocco*, ont, en effet, leur première origine dans le Sahara. Secs à leur point de départ, ils n'ont point le temps de se charger de beaucoup d'humidité en passant sur une mer étroite ; cette humidité même ne se condense qu'en faible partie, en touchant un sol presque toujours chaud. Quant à l'hiver, il ne connaît sur les bords de la Méditerranée que des vents soufflant de l'intérieur du pays, des vents secs.

3. ***Si la France a plusieurs climats il n'y a pas passage brusque, mais transition progressive des uns aux autres.*** — Toutes les régions françaises sont soumises à l'influence de la mer : c'est pourquoi le régime absolument continental n'existe pas en France. Mais toutes ne sont pas également soumises à ces influences : de là les *nuances* du climat français.

Dans la zone méditerranéenne, de hautes montagnes se dressent brusquement au-dessus des plaines côtières, sauf dans le couloir du Rhône. Aussi y a-t-il un passage rapide et peu de transition entre le climat doux et égal du Roussillon, du Bas Languedoc et de la Basse Provence, et le climat excessif et rude des Pyrénées, des Cévennes et des Alpes. C'est seulement dans le couloir du Rhône que l'influence méditerranéenne se prolonge assez loin vers l'intérieur, s'atténuant par transitions insensibles, jusqu'à Valence, voire jusqu'à Lyon.

Dans la zone atlantique, au contraire, s'étendent de grandes plaines : Bassin Parisien, Bassin Aquitain. Les montagnes : Ardenne, Vosges, Jura, sont situées sur le pourtour ; le relief du Massif Central, plus rapproché de l'Océan, est tel que, l'attitude étant partout plus haute à l'Est qu'à l'Ouest, la pente générale est tournée vers l'Océan. Les influences océaniques parviennent donc partout jusqu'aux lignes de faîte qui dominent, presque à pic, les plaines du Rhône et de la Méditerranée. Sur les cinq sixièmes de la superficie de la France l'influence océanique se fait sentir en s'atténuant vers l'intérieur. On passe ainsi du climat franchement maritime des régions côtières au climat demi-maritime des Bassins Parisien et Aquitain, puis au climat demi-continental de l'Est et du Massif Central. La limite entre deux quelconques de ces climats ne saurait se marquer par une ligne, mais par une zone où les caractères du premier font peu à peu place au second : entre Rouen et Nancy, on passe *peu à peu* du climat maritime au climat *presque* continental, sans qu'il y ait une borne exacte qui délimite l'un et l'autre.

VI. — LES COURS D'EAU FRANÇAIS

La France possède de nombreux cours d'eau. Les quatre plus importants n'ont qu'une longueur et un débit moyens. Chacun d'eux, drainant un bassin de sol, de relief et de climat très spéciaux, a un régime très différent de celui des autres.

1. ***Caractères généraux des fleuves français.*** — La France a un réseau hydrographique multiple et varié.

Les fleuves sont nombreux et courts : le Massif Central, formant à l'intérieur un centre de dispersion, fait diverger les

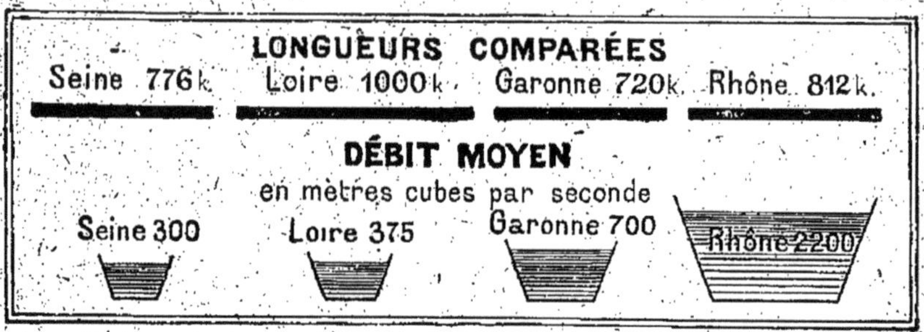

CARACTÈRES DES QUATRE GRANDS FLEUVES FRANÇAIS : LONGUEUR ET DÉBIT.

eaux vers toutes les plaines du pourtour, au lieu de favoriser leur concentration en un ou deux grands bassins fluviaux.

Ils ont un débit modéré, chacun d'entre eux ne drainant, en effet, qu'une portion relativement faible du sol français, et les pluies en France étant partout modérées.

Ils ont un régime très varié : chacun d'eux, en effet, draine un bassin très différent des autres par le relief, par la perméabilité du sol, par le climat et par la distribution des saisons de pluies.

2. ***La Seine.*** — La Seine est le fleuve du Bassin Parisien. Si elle n'en draine pas toutes les eaux, elle est le seul grand fleuve français qui y coule tout entier, ainsi que tous ses affluents moins un : l'Yonne.

Son *cours* peut se diviser en quatre parties.

1° **De la source à la falaise d'Ile-de-France.** — Elle n'est qu'une rivière de médiocre importance. Prenant sa source à 470 mètres, au *Mont Tasselot*, dans la Côte d'Or, elle n'est déjà plus qu'à 200 mètres au bout de 50 kilomètres de parcours. Rivière de débit modéré, de pente faible, elle longe la falaise d'Ile-de-France depuis le confluent de l'Aube jusqu'à celui de l'Yonne; après quoi elle la traverse.

2° **De la falaise d'Ile-de-France au centre.** — C'est là qu'elle prend de l'importance; les eaux de l'Yonne lui avaient déjà donné une certaine force, mais elles varient fortement avec les saisons; les eaux de la Marne et de l'Oise, qu'elle reçoit dans cette seconde section, en font un grand fleuve, à l'abondance permanente.

3° **Du centre à l'estuaire.** — A Paris, la Seine n'est plus qu'à 26 mètres d'altitude, et elle a encore 365 kilomètres à parcourir. Aussi son cours se ralentit; elle trace des méandres enfoncés dans les calcaires ou dans la craie de la portion occidentale de son bassin.

4° **L'estuaire.** — L'estuaire de la Seine est large (10 km.), mais il est encombré de bancs de sable sur nombre de points : la marée montante y produit le phénomène de la barre, ou *mascaret*.

Les ***affluents*** de la Seine, issus du pourtour du Bassin Parisien, tendent tous vers le centre, obéissant à la loi de la pente : les principaux confluents vers Paris. Ce sont : à droite, l'*Aube*, la **Marne** et l'**Oise** (principal affluent : l'*Aisne*); à gauche, l'**Yonne** (affluent : l'*Armançon*), le *Loing* et l'*Eure*. — Tous ces affluents ont leur source et tout leur cours dans les terres faiblement accidentées et en grande majorité perméables du Bassin Parisien, *sauf l'Yonne*, dont le cours supérieur est situé sur les hautes terres cristallines du Morvan.

Le ***débit*** de la Seine est moyen : 300 mètres cubes par seconde à Paris. Son ***régime*** est très régulier : la Seine et presque tous ses affluents traversent surtout des régions perméables, où une partie des eaux des crues s'infiltre et reste en réserve pour les temps secs; elles traversent des régions de pente médiocre, où la pesanteur n'entraîne pas les eaux de pluies dès qu'elles sont tombées et où la rareté des neiges d'hiver cause la faiblesse relative des crues de printemps.

Seul élément perturbateur : l'Yonne. Celle-ci doit aux hautes terres cristallines et imperméables de son cours supérieur des crues subites et fortes, surtout à la fonte des neiges.

Malgré cette exception, la Seine est naturellement navigable en toute saison sur la majeure partie de son cours.

3. ***La Loire.*** — La Loire est le plus long des fleuves français : 1 000 kilomètres. Elle n'est pas, comme la Seine, le fleuve d'une seule région, mais elle en traverse successivement plusieurs, de caractères fort différents : le *Massif Central*, la portion méridionale du *Bassin Parisien*, celle du *Massif Armoricain*.

Son ***cours*** comprend, par suite, trois sections très distinctes :

1° La **Loire du Massif Central**, ou *Loire supérieure*. — Elle descend du mont *Gerbier-de-Jonc* (source à 1 375 m.), coule à travers une série alternée de dépressions assez larges (*bassin du Puy*, *plaines du Forez*, *de Roanne*) et d'étroits défilés où son cours s'étrangle (*saut de Pinay*). Sa pente y est très forte; son cours, très rapide dans les parties resserrées.

2° La **Loire du Bassin Parisien**, ou *Loire moyenne*. — Elle décrit un grand coude dans la portion méridionale du Bassin Parisien et s'étale dans une série de larges vaux : *val de Loire*, *val d'Orléans*, *val de la Cisse*, *val de Touraine*, etc., creusés dans les terrains sédimentaires. Sa pente y est très faible, son cours ample, sinueux, semé d'îlots et de bancs de sable, lesquels affleurent aux époques de maigres.

3° La **Loire du Massif Armoricain**, ou *Loire inférieure*. — Elle coule dans une entaille profonde et large de la portion méridionale du Massif Armoricain et se termine par une vaste embouchure, où la marée remonte en amont de Nantes. Là encore, son cours est encombré d'îles et de bancs de sable.

Les ***affluents*** diffèrent par les caractères et aussi par l'importance, selon qu'ils viennent de gauche ou de droite. Les affluents de gauche sont de beaucoup les plus considérables; ce sont : l'**Allier**, analogue par sa longueur, son débit et son cours à la Loire supérieure; le **Cher**, l'**Indre** et la **Vienne** (principal affluent : la *Creuse*); tous ont leur source et leur cours supérieur dans le Massif Central. Les affluents de droite sont moins nombreux : le seul important est la **Maine** (réunion de la *Mayenne*, de la *Sarthe* et du *Loir*); ce réseau, situé aux confins du Massif Armoricain et du Bassin Parisien, a un régime intermédiaire

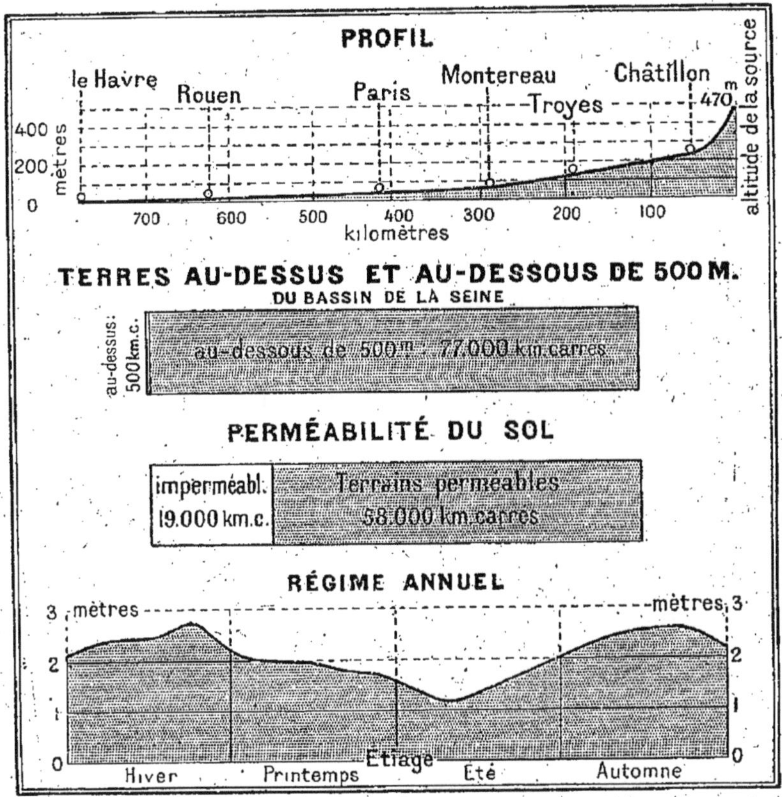

LA SEINE.

1. Profil du cours — 2. Relief du bassin. — 3. Nature des terrains.
4. Régime annuel.

La Seine réunit toutes les conditions favorables qui déterminent les cours d'eau réguliers et utiles.

1° *Elle n'a dans son bassin que des régions de faible relief : on n'y trouve que* 500 *kilomètres carrés, soit une étendue infime, ayant une altitude supérieure à* 500 *mètres ; la majeure partie est constituée par de vastes plaines, presque sans relief, dont l'altitude n'atteint pas ou dépasse à peine* 100 *mètres ;* — 2° *son bassin se compose de terrains imperméables (Morvan, etc.) pour un quart seulement de son étendue, tandis que les terrains perméables en occupent les trois quarts.*

Conséquences : 1° *la Seine a une très faible pente ; elle n'a pas parcouru* 100 *kilomètres que son altitude est déjà inférieure à* 200 *mètres ; à Paris, elle n'est plus qu'à* 26 *mètres au-dessus du niveau de la mer, et il lui reste encore plus de* 300 *kilomètres à parcourir avant de l'atteindre ;* — 2° *son régime est régulier : entre les deux périodes des plus fortes eaux (automne, printemps) et celle des plus basses eaux (été) la différence est relativement peu sensible. L'étiage, c'est-à-dire la hauteur moyenne des basses eaux, marque encore une hauteur d'eau d'environ* 1m,20, *et la hauteur maxima moyenne n'atteint pas plus de* 2m,80.

La Seine est donc un fleuve homogène et régulier ; il y a eu peu de travaux à faire pour la rendre navigable en toute saison sur la majeure partie de son cours. On a dit, et avec raison, que la Seine était le fleuve le plus égal et le plus civilisable de tous les fleuves français.

entre celui des affluents de la Seine (qui est celui du Loir) et celui des rivières bretonnes (qui est celui de la Mayenne).

Le *débit* de la Loire est médiocre : 375 mètres cubes en moyenne par seconde. Mais son *régime*, déterminé surtout par le Massif Central, d'où lui viennent presque toutes ses eaux, est très irrégulier. La Loire a près de la moitié de son bassin constituée par des monts à fortes pentes et par des terrains imperméables : de là des crues terribles aux époques de pluie (ce sont les crues d'automne) ou de fonte des neiges (ce sont les crues de printemps), alternant avec des maigres d'été, qu'accentue encore la perméabilité du sol des vaux de la Loire moyenne.

La Loire, navigable seulement dans son cours inférieur, est le plus dangereux et le moins utile des fleuves français.

4. La Garonne. — La Garonne est le fleuve du Bassin Aquitain : elle en draine toutes les eaux, sauf celles qui vont au petit réseau de l'Adour.

Son *cours* comprend quatre parties :

1° La **Garonne des Pyrénées.** — Elle prend sa source, dans le *val d'Aran* (1 872 m.). Torrent médiocre, elle sort rapidement de la montagne.

2° La **haute Garonne.** — Rivière de débit aussi médiocre que ses congénères pyrénéennes, elle contourne le plateau du Lannemezan. Son cours est orienté du S.O. au N.E.

3° La **Garonne moyenne.** — Artère médiane du Bassin Aquitain, c'est alors un vrai fleuve, enrichi par les eaux des grands affluents qui lui viennent du Massif Central. Elle trace, au milieu des terrains sédimentaires, une vallée large et presque rectiligne. A Toulouse, elle n'est déjà plus qu'à 122 mètres d'altitude. Sa pente est désormais faible, mais continue.

4° La **Gironde.** — La Gironde est un estuaire et même un véritable bras de mer, dont la largeur atteint jusqu'à 12 kilomètres et la profondeur 30 mètres.

Les *affluents* de la Garonne forment trois groupes, dont un seul est important :

1° Les **affluents du Lannemezan.** Sous un climat sec, ils traversent un sol de sable et de graviers perméables et sont pauvres. Ce sont les seuls affluents de gauche : le *Gers*, la *Save*, la *Gimone*, la *Baïse*.

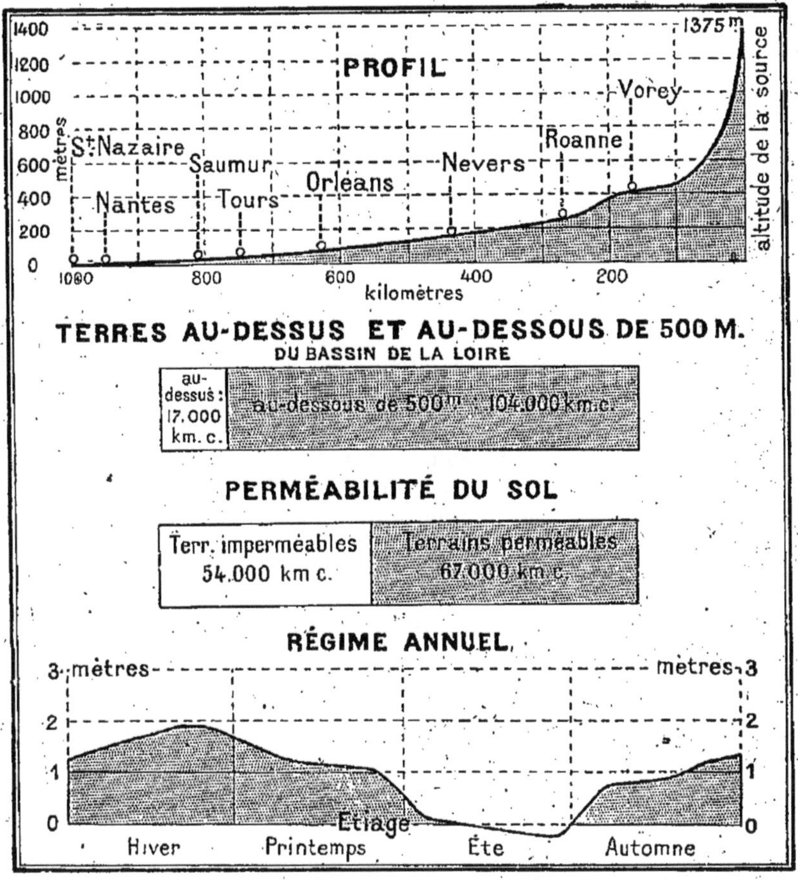

LA LOIRE.

1. Profil du cours. — 2. Relief du bassin. — 3. Nature des terrains. 4. Régime annuel.

Les conditions physiques de la Loire sont celles qui déterminent les cours d'eau torrentiels et médiocrement utilisables.

1° Tout son bassin supérieur se compose de terrains assez élevés, montagnes et hauts plateaux; un septième de l'étendue totale du bassin se compose de reliefs dépassant 500 mètres; — 2° les terrains imperméables occupent près de la moitié de la surface totale du bassin; ils composent presque tout le bassin supérieur. Dès le début, le caractère fortement marqué du relief et l'imperméabilité des terrains font prédominer des caractères torrentiels dans le régime de la Loire.

Conséquences: 1° la Loire a une pente très accusée; cette pente est très forte de la source jusqu'à Roanne (270 kil.); elle est relativement forte de Roanne jusqu'à Orléans (360 kil.); elle ne devient faible qu'à partir de Saumur, à moins de 200 kilomètres de l'embouchure; — 2° son régime est très irrégulier; la Loire a un débit moyen suffisant pendant la moitié froide de l'année (d'octobre à avril); son lit est presque à sec pendant l'été et descend même, chaque année, au-dessous de l'étiage officiel moyen.

La Loire est, de tous nos grands fleuves, à la fois le plus long et le moins utile pour les relations et les transports.

2° Les **affluents des Pyrénées** sont, comme la haute Garonne elle-même, de courts torrents de la montagne. Un seul se dégage de celle-ci et forme une grande rivière : l'*Ariège*, affluent de droite;

3° Les **affluents du Massif Central.** Seuls, ils ont de l'importance, par leur longueur et par leur débit. Ce sont le **Tarn** (principal affluent : l'*Aveyron*), le **Lot** (affluent : la *Truyère*), la **Dordogne** (affluents : l'*Isle* et la *Vézère*, grossie de la *Corrèze*).

Le ***débit*** de la Garonne est abondant : 700 mètres cubes. Son ***régime*** est irrégulier. En effet, presque toutes ses eaux lui viennent des hautes Pyrénées ou du Massif Central : de là des crues abondantes de printemps et d'automne. Toutefois, ni ses crues, ni ses maigres n'égalent ceux de la Loire.

La Garonne n'est naturellement navigable, d'une façon permanente, que dans la partie inférieure de son cours.

5. ***Le Rhône.*** — Le Rhône (812 kil.) a son cours supérieur en Suisse, où il n'est qu'un torrent alpestre. Il entre en France à sa sortie du *lac Léman*, où il s'est momentanément assagi et clarifié. Il draine, sur notre territoire, les eaux des Alpes françaises, du Jura français, de la plaine de la Saône et de la portion orientale du Massif Central.

Son ***cours***, en France, comprend trois parties :

1° **Du lac Léman au coude de Lyon.** — Il traverse les chaînons du Jura, les longeant parallèlement à leur axe, dans des vaux, où il coule à l'aise, en les coupant perpendiculairement par des cluses, où il s'étrangle et devient plus rapide. Sa pente est très forte. Traversant une région calcaire et perméable, il disparaît momentanément dans une perte, à Bellegarde.

2° **De Lyon au delta.** — A Lyon, il reçoit la Saône, qui lui donne ses eaux, mais non point son allure lente et sage. Toutefois, la barrière du Massif Central fait qu'il adopte la direction Nord-Sud de la Saône. Il coule ainsi entre celui-ci et les Alpes, franchissant parfois, par des défilés étroits (*défilé de Donzère*), leurs avant-monts qui se rapprochent, traversant directement et sans méandres les plaines alluviales qu'il a jadis formées. Sa pente est encore forte, son cours rapide et tumultueux.

3° **Le delta.** — Il y dépose l'énorme amas d'alluvions qu'il a

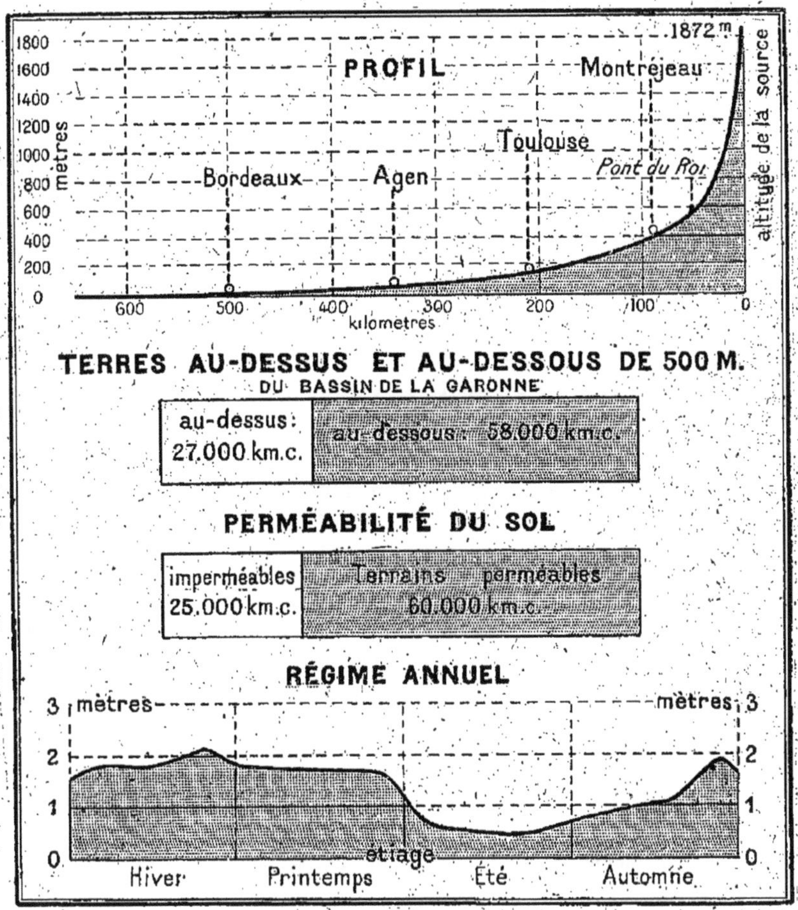

LA GARONNE.

1. Profil du cours. — 2. Relief du bassin. — 3. Nature des terrains.
4. Régime annuel.

Les conditions physiques qui déterminent la Garonne sont moyennement favorables :

1° Près d'un tiers de l'étendue du bassin, il est vrai, se compose de terres d'un relief supérieur à 500 mètres; — 2° près d'un tiers, d'autre part, se compose de terrains imperméables. Ce sont là des conditions assez mauvaises.

Mais ces terres à relief élevé et ces terrains imperméables se trouvent situés exclusivement dans les parties supérieures du bassin. Une fois cette partie supérieure franchie, la Garonne ne traverse plus que des plaines sans aucun relief accentué, et des régions formées de terrains perméables.

Conséquences : une pente régulière et modérée dans les deux tiers du cours; un régime relativement égal. La Garonne ne peut sans doute être comparée à la Seine pour l'égalité de sa pente et de son régime; mais elle l'emporte de beaucoup sur la Loire. Elle tient le milieu pour l'utilité entre ces deux autres grands fleuves.

triturées et entraînées et qui constituent la *Camargue*. Il s'y divise en plusieurs bras : *Petit Rhône*, *Grand Rhône*. Ce dernier, le seul qui ne s'encombre pas d'alluvions, porte à lui seul 86 pour 100 de ses eaux à la mer.

Les ***affluents*** du Rhône forment quatre groupes :

1° Les **affluents jurassiens.** — Le principal est l'*Ain*; mais il faut y comprendre le *Doubs*, dont les eaux vont au Rhône, par la Saône. Le sol de calcaire perméable où ils coulent accentue leurs maigres; il détermine parfois des pertes complètes de certains de ces cours d'eau dans des *emposieux*, ou trous du sol. Mais leur forte pente fait que, malgré la perméabilité du sol, leurs crues sont puissantes. Ce sont des crues de printemps, causées par la fonte des neiges, ou d'été, causées par les pluies.

2° La **Saône.** — Ses affluents sont le Doubs et quelques petits cours d'eau du Massif Central. Rivière de plaine, elle a un cours lent et égal, avec des crues qui se produisent surtout pendant l'hiver; elle est, en somme, très navigable.

3° Les **affluents alpins.** — Les principaux sont : **l'Isère** (affluents : l'*Arc* et le *Drac*), la *Drôme*, la **Durance.** Ils ont les mêmes caractères que les affluents jurassiens, les mêmes crues, mais plus fortes à cause du relief plus âpre, et se produisant plus tôt au printemps, plus tard vers l'automne, à mesure qu'on se rapproche du Midi, à cause des chaleurs prématurées et des pluies tardives.

4° Les **affluents du Massif Central.** — Les principaux sont l'*Ardèche*, la *Cèze* et le *Gard*. Ce sont des torrents courts, violents, irréguliers, ayant des crues énormes, surtout à l'époque des pluies méditerranéennes, en automne et en hiver.

Le Rhône a le ***débit*** le plus fort de tous les fleuves français : 2 200 mètres cubes par seconde. Son ***régime*** est d'ailleurs relativement régulier, parce que chaque groupe d'affluents qu'il reçoit lui apportent des eaux de crue à une saison différente. On pourrait donc dire, par une expression paradoxale, qu'il est en *crue permanente*. Seule la Saône constitue dans tout ce réseau un élément pondéré et propre à la navigation régulière.

6. ***Les cours d'eau secondaires.*** — Les cours d'eau secondaires de la France forment six groupes.

1° Les deux grandes ***rivières de l'Est*** sont la Meuse, qui va se

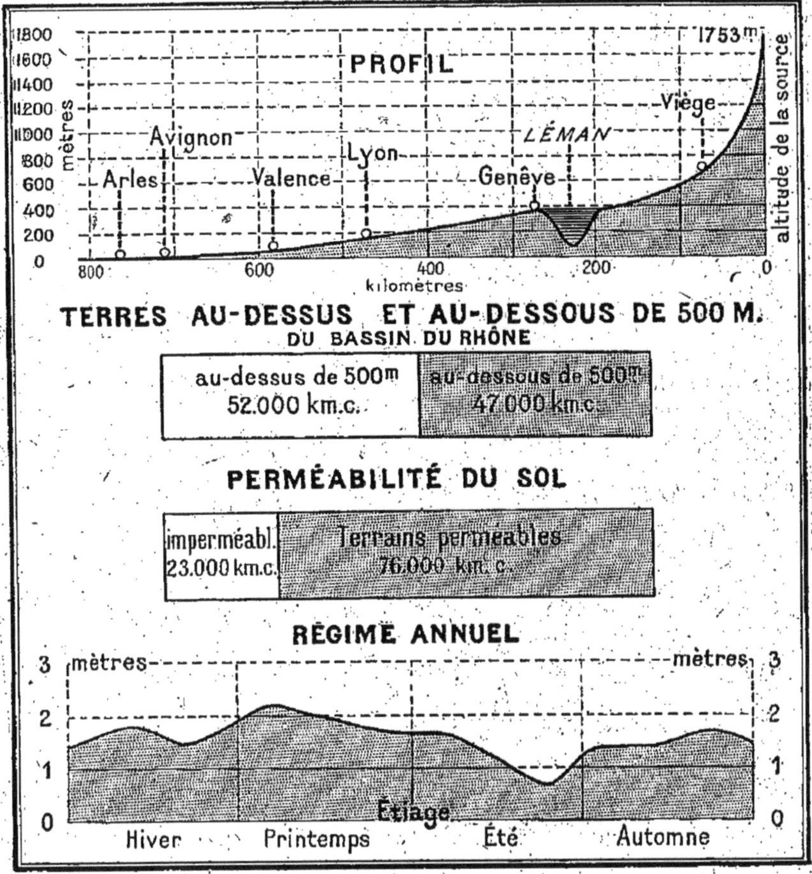

LE RHONE.

1. Profil du cours. — 2. Relief du bassin. — 3. Nature des terrains.
4. Régime annuel.

Le Rhône a des conditions générales assez médiocres : 1° plus de la moitié de son bassin se compose de montagnes élevées ou même très élevées, et est située à une altitude supérieure à 500 mètres ; — 2° d'un autre côté, le Rhône a son bassin composé de terrains perméables sur trois quarts environ de son étendue, ce qui serait une condition relativement favorable si la forte inclinaison des pentes dans une grande partie du bassin ne rendait illusoire l'avantage résultant de cette perméabilité.

De ces conditions il résulte : 1° que le Rhône est un fleuve à pentes très fortes pendant la majeure partie de son cours ; il ne s'apaise qu'aux approches de la mer à partir de son entrée dans les plaines du Comtat ; — 2° qu'il est très volumineux, de beaucoup le plus volumineux de tous les fleuves français, les hauts reliefs déterminant des pluies plus abondantes ; — 3° qu'il a un régime annuel relativement égal, les divers groupes d'affluents ayant, aux diverses saisons, des débits qui se compensent. On a pu dire, suivant une expression quelque peu paradoxale que le Rhône était toujours en crue.

Néanmoins, à cause de l'influence prépondérante de la pente, le Rhône rend peu de services : il est dangereux à la descente, presque inaccessible à la remonte.

jeter dans la mer du Nord par le même réseau d'embouchures que le Rhin, et la Moselle, affluent du Rhin. Elles n'ont de commun que leur direction Sud-Nord.

La **Moselle**, dont le principal affluent est la *Meurthe*, née dans les Vosges, a une pente assez forte, un débit moyen, un régime irrégulier, avec de fortes crues à la fonte des neiges : c'est une rivière de montagne.

La **Meuse française**, née dans le *plateau de Langres*, à une faible altitude, coule, sans avoir aucun affluent, sur des terrains peu inclinés et perméables, où elle a une perte. Son régime est assez régulier, son débit faible : c'est une rivière de plaine.

Les ***rivières du Nord*** sont la **Sambre**, affluent de la Meuse qu'elle rejoint en Belgique ; l'**Escaut** et ses tributaires, la *Scarpe* et la *Lys*. Coulant dans une région de climat humide, de sol généralement imperméable, mais de pente très faible, elles sont très abondantes et très régulières.

Les ***rivières du Bassin Parisien*** sont la *Somme* et l'*Orne*. Elles n'enlèvent qu'une faible partie des eaux de ce bassin à la Seine. Elles ont le régime régulier de celle-ci, mais leur débit très maigre les rend peu navigables.

Les ***rivières armoricaines*** sont la *Rance*, l'*Aulne*, le *Blavet* et la *Vilaine*, qui reçoit l'*Ille*, pour ne citer que les principales. Coulant en région surtout imperméable, elles sont très nombreuses ; aussi, malgré l'humidité du climat, leur débit est maigre, si leur régime est régulier.

Les ***rivières de l'Ouest***, *Sèvre Niortaise*, **Charente, Adour**, sont des rivières de plaines perméables, abondantes et régulières. Seul, l'Adour a son régime troublé par les torrents qui lui viennent des Pyrénées, les *gaves de Pau* et *d'Oloron*.

Les ***rivières méditerranéennes***, *Tech*, *Têt*, *Aude*, *Orb*, *Hérault*, *Var*, *Golo* (Corse), courtes et de pente forte, sont toutes des torrents, aux crues subites et violentes comme les pluies méditerranéennes qui les causent, coupant brusquement et brièvement de longues périodes de maigre excessif. Elles dévastent leurs vallées, dont elles arrachent arbres et terre végétale, et sont absolument inutilisables pour la navigation.

Lectures.

1. ***Le territoire de la France est, pour sa plus grande partie, fort bien drainé.*** — Le territoire de la France est *bien arrosé* : recevant une quantité moyenne de pluie sur tous les points de son territoire, elle n'a pas de région absolument sèche. Il est aussi *bien drainé* : presque partout les eaux stagnantes (lacs et étangs) sont moins abondantes que les eaux courantes.

Les ***lacs*** sont rares. Si l'on excepte le *Léman* ou *lac de Genève*, que nous partageons avec la Suisse, ils sont petits. Ils ont une double origine :

1° **Origine glaciaire.** — Dans des vallées anciennement occupées par des glaciers, les moraines terminales ont formé des barrages, en amont desquels les eaux de ruissellement, retenues, ont constitué des lacs. Telle est l'origine des lacs des Vosges : *lacs de Gérardmer, de Longemer, de Retournemer*.

2° **Origine volcanique.** — Au centre d'anciens cratères, aujourd'hui éteints et obstrués par les dernières laves et par les éboulis du cône volcanique, des vasques naturelles se sont formées, qu'ont remplies les eaux de pluie et de ruissellement. Ou bien les laves, barrant certaines vallées, jouent le même office que les moraines. Telle est la double origine des *lacs des monts d'Auvergne*.

Les ***étangs*** ne sont nombreux que dans trois régions, où le sol, à la fois imperméable et plat, ne permet aux eaux de s'écouler ni par infiltration, ni par ruissellement. Ce sont la *Dombes*, la *Sologne* et les *Landes*. Encore le travail humain a-t-il déjà supprimé un très grand nombre des étangs qui les parsemaient.

Aux ***cours d'eau*** va donc la presque totalité des eaux atmosphériques qui tombent sur le sol français.

Ces cours d'eau sont généralement moyens par leur longueur, par leur débit et par leur régime. Toutefois le régime varie de façon assez sensible selon que les régions drainées par le fleuve, ou *bassins*, ont des pluies plus ou moins abondantes et régulières, une pente plus ou moins forte, un sol plus ou moins perméable. A ce point de vue, il y a opposition complète entre une région de pluies moyennes, de pente moyenne, de sols en majorité perméables, comme le *Bassin Parisien*, et une région comme le *Massif Central*, où aux pluies s'ajoute la fonte des neiges du printemps, où la pente est forte, où domine le sol imperméable. Le premier a toutes ses rivières navigables ; le second n'en a aucune.

Dans les régions montagneuses, il est vrai, où la pente, la rapidité du cours, les chutes torrentielles rendent la navigation impossible, l'industrie a trouvé récemment une nouvelle utilisation de l'eau, comme force motrice et source d'énergie électrique : c'est la **houille blanche.** Nombre de torrents des Alpes du Dauphiné et de Savoie, des Vosges, des Monts du Beaujolais, des Pyrénées même, alimentent déjà des usines. Les rivières de plaines, plus paisibles et plus lentes, qui ne faisaient marcher jusqu'à ce jour que quelques moulins, commencent à rendre les mêmes services : c'est la **houille verte**, dont l'utilisation donne déjà de bons résultats en Normandie, et qui complétera heureusement l'action de la houille blanche.

2. ***Le régime de nos fleuves est varié comme notre sol.*** — Dans nos régions tempérées et de climat moyen, le régime des cours d'eau dépend surtout du sol de leur bassin, de son relief, de sa nature. La variété de régime des fleuves français, comparée avec la variété de leurs bassins, constitue l'exemple le plus frappant de cette loi géographique.

1° **La Seine est un fleuve très régulier,** parce que tout son réseau est très homogène et que (l'Yonne seule exceptée) le fleuve et ses affluents ont tous : *a*) une pente très faible : dans la superficie totale du bassin, on trouve 77 000 kilomètres carrés au-dessous de 500 mètres, pour 500 seulement au-dessus ; *b*) un bassin constitué surtout de terrains perméables : 58 000 kilomètres carrés, contre 19 000 imperméables.

2° **La Loire est un fleuve très irrégulier,** parce que son bassin, très hétérogène, partagé entre le Massif Central, le Bassin Parisien, et le Massif Armoricain, a : *a*) une pente moyenne très forte : sur 121 000 kilomètres carrés, 17 000 sont au-dessus de 500 mètres ; — *b*) une proportion de terrains imperméables plus grande : 54 000 kilomètres carrés, soit près de la moitié. Une circonstance aggrave ces conditions générales : la plupart de ces terrains imperméables et à forte pente appartiennent au Massif Central, c'est-à-dire à la région où coulent et la Loire supérieure et le cours supérieur de tous ses grands affluents : dès son origine, la Loire est un fleuve torrentiel ; son cours supérieur influe d'une manière néfaste sur le reste du cours.

3° **La Garonne est irrégulière** (moins que la Loire), parce que, bien que son cours proprement dit soit en plaine comme celui de la Seine, elle participe par ses sources et par ses principaux affluents aux mêmes caractères que la Loire : *a*) pente forte (27 000 kilomètres carrés de son bassin, sur 85 000, au-dessus de 500 m.) ; *b*) prédominance des terrains imperméables, non seulement dans la montagne, mais dans certaines portions du Bassin Aquitain.

4° **Le Rhône est plus rapide encore qu'irrégulier,** parce que la variété même de régions d'où lui viennent ses principaux affluents, fait que leurs crues ne coïncident pas, mais se succèdent au cours des saisons, n'en épargnant réellement qu'une : l'été. L'altitude très forte de tous ces affluents rend leurs crues très puissantes, leur cours très rapide et imprime ce double caractère au fleuve principal, qui, conciliant les extrêmes, est à la fois aussi régulier que la Seine et aussi fougueux que la Loire en temps de crue.

5° Enfin, la **Meuse**, grand fleuve dont le cours supérieur appartient seul à la France, donne, dans cette partie de son cours, l'exemple d'un fleuve dégénéré. Riche jadis en affluents, ses eaux abondantes lui ont permis de creuser dans un sol perméable la large vallée qu'elle occupe encore aujourd'hui. Mais des captures successives ont détourné soit vers le réseau de la Moselle, soit vers le réseau de la Seine les eaux de ses anciens affluents. Aujourd'hui elle traîne un cours appauvri dans son lit devenu trop large, qu'elle remblaie peu à peu de ses alluvions et où même, en un point, elle se perd. C'est le type de la rivière arrivée à la période de vieillesse.

3. ***La Seine a un bassin dont l'extension a singulièrement varié au cours des âges géologiques.*** — Au cours des âges géologiques, le bassin de la Seine a subi de grandes variations successives.

D'abord, il semble bien que le bassin de la Seine s'étendait, au début de l'ère tertiaire, jusqu'au Massif Central. Formant déjà une sorte de grande région d'affaissement, de cuvette, il attirait de l'Est et du Sud de nombreux cours d'eau qui, suivant la pente générale du sol, coulaient vers elle, les principaux venant de la France centrale actuelle. On retrouve dans la Beauce, dans l'Ile-de-France, et jusqu'en Normandie, des traînées de sables granitiques dont les éléments, enlevés au Massif Central, ont été charriés par les cours d'eau jusqu'à leur emplacement actuel.

Un peu plus tard, à l'époque miocène, des ondulations affectèrent le Bassin Parisien. Elles l'inclinèrent vers la Manche, déterminant l'écoulement des eaux de la région parisienne vers le Nord-Ouest; en même temps, elles le ridèrent de plis parallèles orientés du Sud-Est au Nord-Ouest. Le pays de Bray est l'un de ces plis en relief; les collines de l'Artois en sont un autre. Les vallées parallèles de la Canche, de l'Authie, de la Somme, de la Bresle, de la Basse Seine occupent les emplacements de quelques-uns de ces plis en creux. Les géologues disent qu'alors la région parisienne était arrosée par deux grands fleuves : l'un, formé par la réunion de la Loire Supérieure et de la Seine; l'autre, plus au Nord, comprenant l'Aisne et la Somme.

Enfin, les dernières oscillations tertiaires ayant ramené la mer jusqu'aux environs d'Orléans à travers le massif armoricain, de nouveaux changements importants se produisirent. La Loire, attirée par cette mer voisine, cessa de couler vers la Seine, qu'elle rejoignait sans doute par la vallée actuelle du Loing; elle prit la route de l'Ouest; la Seine se trouva amputée de la principale de ses branches supérieures. Toutefois, le mouvement de bascule vers le Sud lui facilita une revanche qui se fit aux dépens de la Somme : l'Oise, allongée vers l'amont, captura l'Aisne et l'amena à la Seine.

Le bassin de la Seine se trouva dès lors constitué dans son état actuel.

4. ***Comment s'est formé le bassin actuel de la Loire*** — La formation du bassin actuel de la Loire est principalement le résultat de la révolution qui, vers la fin de l'ère tertiaire, ramena la mer jusque vers Orléans, à travers le massif breton (voir ci-dessus). Auparavant, les rivières du Massif Central qui le constituent s'écoulaient, sans se rejoindre, dans deux directions très différentes, les unes au Nord, les autres à l'Ouest.

Vers le milieu de l'ère tertiaire, l'Allier, qui semble avoir été formé tel qu'il est maintenant dès une époque très reculée, puis la Loire, supérieure envoyaient leurs eaux vers la Seine, qu'ils rejoignaient on l'a déjà dit, sans doute par la vallée actuelle du Loing. Vers le même temps, les affluents inférieurs de la Loire, Cher, Indre, Creuse, Vienne, allaient se déverser vers l'Ouest dans l'Océan Atlantique d'alors.

L'affaissement qui ramena la mer jusque vers Orléans, à la fin de l'ère tertiaire, et le lent exhaussement d'ensemble qui suivit, entraînant le retirement de la mer d'abord en Anjou, puis à peu près dans sa situation actuelle, modifia toute cette disposition : 1° la Loire supérieure, attirée par la dépression profonde qui venait de se former à proximité de son cours moyen, fut captée par elle et, suivant pas à pas la mer dans son retrait vers l'Ouest, prit sa direction actuelle vers le Sud-Ouest (d'Orléans à Tours), puis vers l'Ouest (de Tours à la mer); 2° le Cher, l'Indre et la Creuse se trouvèrent insensiblement déviés à leur tour vers la dépression de l'Anjou, ainsi que la Vienne, qui, abandonnant la direction de l'Ouest, prit celle du Nord en formant un coude à angle droit : on trouve la même déviation sur la Gartempe, affluent de la Creuse.

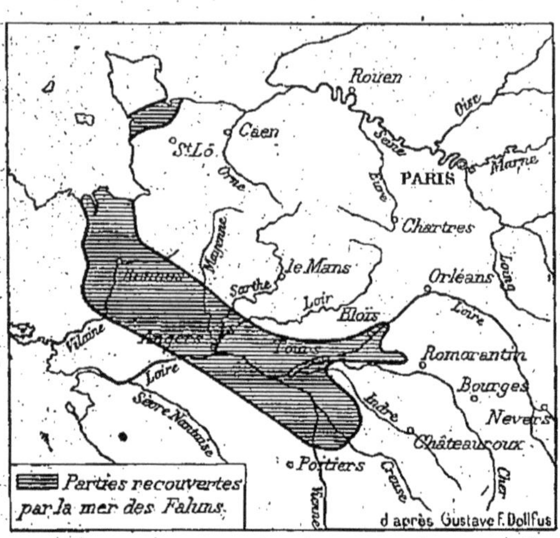

EXTENSION DE LA MER VERS ORLÉANS, A LA FIN DE L'ÈRE TERTIAIRE.

A la fin de l'ère tertiaire, un affaissement ramena la mer jusque vers Orléans. La Loire, qui auparavant coulait vers le Nord, se trouva attirée par cette dépression voisine, et prit la direction de l'Ouest qu'elle n'a plus quittée. C'est ainsi que l'océan Atlantique a capté la Loire qui, précédemment, se jetait dans une mer septentrionale.

Ainsi s'expliquent le coude de la Loire vers Orléans, le coude de la Vienne vers Confolens, ainsi que la disposition des cours inférieurs du Cher, de l'Indre et de la Vienne, qui longent la Loire longtemps avant de la rejoindre.

5. ***Le Rhône actuel est le résultat d'une série de captures.*** — D'après les géologues, la formation du bassin actuel et du cours du Rhône représente une histoire géologique bien plus compliquée encore que celle de la Seine ou de la Loire.

Il y eut jadis dans cette région trois régimes hydrographiques absolument distincts : 1° Les eaux du Valais (vallée du Rhône suisse), se dirigeaient au Nord, vers le Rhin. — 2° A la place de la vallée de la Saône s'étendait la dépression bressane, barrée au Sud par le prolongement des plis hercyniens du Massif Central, puis, vers la fin de l'époque tertiaire, par une accumulation de matériaux détritiques provenant des glaciers alpestres : un grand lac la recouvrait. — 3° Enfin, au Sud de l'emplacement où s'élève maintenant Lyon, un grand couloir Nord-Sud était tour à tour, suivant son niveau plus ou moins relevé, occupé par une sorte de fjord marin ou par un fleuve se déversant vers les mers méridionales.

Pour passer de cet ancien état de choses à l'état actuel, il a fallu les modifications suivantes :

1° La mer ayant évacué définitivement le couloir, vers le milieu de l'ère tertiaire, le Bas Rhône se constitue, suivant progressivement la mer dans son retrait et héritant des cours d'eau (rivières alpestres et rivières cévenoles) qui venaient s'y jeter.

2° A mesure qu'il s'allonge et que l'abaissement de son niveau de base s'accentue, il menace de plus en plus les régions d'amont de son érosion régressive. Le barrage glaciaire qui fermait, au Sud, la dépression lacustre de la Saône est percé; le lac bressan se vide dans le Rhône, tandis que les eaux des hauteurs encadrantes s'organisent et constituent le réseau fluvial actuel de la Saône.

3° Remontant toujours de plus en plus vers l'amont et s'aidant de cours d'eau du Jura méridional qu'un à un il annexe, et dont il emprunte en partie le cours, il arrive jusqu'à la région suisse et y capte les eaux du Valais. Que de vicissitudes, d'ailleurs, au cours de cette marche conquérante dont on ne peut donner qu'un large aperçu! Au Sud-Est de Lyon, la vallée de la Bourbre représente sans doute un ancien lit du Rhône. La trouée du lac du Bourget et de Chambéry qui mène si facilement du Rhône vers l'Isère, aurait été également déblayée par le Rhône à une époque ancienne.

De là le cours du Rhône actuel, si contourné, si cassé. C'est, en réalité, la réunion de plusieurs tronçons de rivières fort différentes. De sa source au Léman, c'est le Rhône alpestre, qui coule dans une de ces vallées longitudinales des Alpes formées en même temps que le soulèvement lui-même. Du Léman à Lyon, c'est le Rhône jurassien, formé de soudures fortuites, coulant de val en val à travers des cluses où parfois sa largeur est réduite à quelques mètres. Puis, en aval de Lyon, c'est le Rhône de l'ancien fjord, tantôt élargi en petits bassins où il s'apaise, tantôt étranglé entre des monts à pic qui semblent l'éperonner et au pied desquels il passe en grondant. C'est ainsi que tant de faits de la géographie actuelle trouvent leur explication dans une histoire géologique souvent très reculée.

VII. — APTITUDES VÉGÉTALES ET MINÉRALES DU SOL FRANÇAIS

Pourvue de richesses minérales moyennement abondantes et étroitement localisées, de richesses végétales très abondantes et très variées, la France est dans son ensemble un pays de destination plutôt agricole.

1. ***Aptitudes minérales.*** — La France est bien pourvue en *matériaux de construction*: granite des régions primaires, ardoises de l'Ardenne et de l'Anjou, grès des Vosges et d'Armorique, surtout pierre de taille des régions calcaires. Elle est riche en *sel* (salines des Vosges et du Jura, marais salants) et en *eaux minérales.*

Les **métaux** y sont rares : pas de minerai précieux; peu de *plomb*, de *cuivre*, de *zinc* ou d'*étain*. Seul le **fer** est très abondant, soit dans des mines très anciennement exploitées du Nord, de la Champagne Humide, du Berry et du Nivernais, du Massif Central, de l'Ariège, soit surtout dans des mines beaucoup plus riches et récemment mises en exploitation de la Lorraine et de la Normandie. Pas de pétrole.

La **houille**, assez abondante, est localisée : 1° dans le *bassin du Nord*; 2° dans les *bassins du Massif Central.* — A ce point de vue, la France est moins favorisée que la Grande Bretagne, l'Allemagne, ou les États-Unis.

2. ***Aptitudes végétales.*** — La France doit le nombre et la variété de ses aptitudes végétales :

1° **A son climat.** — La température permet partout la végétation ; de même le régime des pluies. Mais à la variété des nuances de climat correspond une égale variété des formes de végétation et des cultures. Celles du Nord ressemblent à celles de l'Angleterre et des Pays-Bas. Celles du Centre ont beaucoup de traits communs avec celles de la Bavière ou de la Hongrie. Celles du Midi annoncent celles de la péninsule Ibérique et de l'Italie.

2° **A son sol.** — Les terrains riches en éléments fertilisants (carbonate et phosphate de chaux, etc.), c'est-à-dire les *terrains volcaniques*, les *calcaires* et les *marnes*, sont plus nombreux que les terrains pauvres, contenant surtout de la silice, c'est-à-dire les *terrains cristallins*, les *grès* et les *sables*. Mais surtout, les grandes plaines de la France possèdent, sur la majeure partie de leur surface, soit une épaisse couche de *terre végétale*, résultat de la décomposition des roches sous-jacentes par un régime de pluies fréquentes et peu violentes, soit des *limons* très fertiles (Bassin Parisien), apportés jadis par le vent ou par les eaux.

La variété des sols contribue également à la variété des formations végétales (forêt, mâquis, bocage, prairie, etc.).

3. ***Zones de végétation.*** — La division de la France en trois zones de végétation se fonde sur le climat, et surtout sur la répartition des pluies au cours de l'année.

1° La *zone méditerranéenne*, au climat sec et chaud, a peu de prairies, peu de forêts, mais de nombreux buissons ou *mâquis*. Plantes caractéristiques : l'**olivier**, le *mûrier*, l'*oranger* et le *citronnier*, la **vigne**. La limite de cette zone, la même que celle du climat méditerranéen, est la limite de culture de l'olivier.

2° La *zone atlantique*, qui comprend tout le reste de la France sauf la Bretagne et la région de la Manche et de la Mer du Nord, dotée d'une température moyenne et de pluies moyennes, admet également, selon les altitudes et selon les sols, les forêts, les prairies et les cultures.

Les **arbres** principaux sont, en allant des climats les moins rigoureux aux climats les plus rigoureux, des altitudes les plus basses aux altitudes les plus hautes : le *peuplier* (sur les points humides), et le *pin* (dans les sables) ; le *châtaignier* (dans les terrains siliceux : granite, grès) ; le *chêne* et le *hêtre* ; le *sapin*.

Les **céréales** y abondent : **blé**, *orge*, *avoine* (dans les régions de calcaire et sur les limons) ; *seigle* et *sarrasin* (dans les régions siliceuses) ; *maïs* (dans les régions humides et chaudes). La *betterave*, le *chanvre*, le *lin*, le *houblon* y réussissent.

La **vigne** y pousse sur les calcaires exposés au soleil. La limite Nord de cette zone est la limite de culture de la vigne.

3° La *zone proprement maritime* (Bretagne, portion occidentale du Bassin Parisien et région du Nord) est trop humide et trop brumeuse pour admettre la vigne. Elle admet les *céréales*, mais elle est riche surtout en **prairies**. Cultures caractéristiques : le *lin*, le *pommier* (cidre) et le *houblon* (bière).

Lectures.

1. ***Les aptitudes minérales de la France sont limitées.*** — La France ne manque pas de **houille** autant que la plupart des pays méditerranéens, Italie, Espagne, pays balkaniques, Afrique du Nord, etc.; mais elle en a beaucoup moins que ses rivaux en industrie de l'Europe Occidentale: Grande-Bretagne, Allemagne, etc. En cela comme pour les autres traits de la géographie économique, elle tient le juste milieu entre les États situés tout entiers dans l'Europe septentrionale et les États situés tout entiers dans l'Europe méditerranéenne.

D'autre part, ses mines de houille sont presque entièrement en exploitation : c'est tout au plus si l'on prévoit l'exploitation de mines de houille qui prolongeraient, à l'Ouest jusqu'au Pas-de-Calais, le bassin houiller du Nord actuellement exploité. Au contraire, sans parler des houillères de la Chine, dont l'exploitation nait à peine, celles de la Russie commencent seulement à produire, et déjà elles donnent plus que les mines françaises; quant à celles des États-Unis, leur productivité semble illimitée.

Ainsi, pour la richesse en charbon, la France occupe une *position moyenne* entre les grands producteurs et les régions totalement dépourvues du précieux combustible. Sa production ne peut suffire à alimenter son industrie : il lui faut faire appel aux pays voisins, à l'Allemagne, à la Belgique et surtout à l'Angleterre, ce « bloc de houille ».

Il en est de même pour les **métaux**: comme presque tous les pays d'Europe, sauf l'Angleterre et la Russie, elle produit peu de cuivre; comme tous les pays d'Europe, sauf la Russie, elle n'a presque pas d'or ; elle manque d'argent, de pétrole, etc. Pour presque tous les métaux que transforme son industrie, pour un grand nombre de substances et d'engrais chimiques, il lui faut faire appel soit aux pays de l'Europe Centrale, soit à l'Algérie-Tunisie, soit à ses autres colonies comme la Nouvelle-Calédonie ou la Guyane, soit aux pays de l'Amérique du Nord ou de l'Amérique du Sud.

Uue seule exception : le **fer**. La surabondance des gisements de fer de Lorraine, la mise en exploitation, pleine de promesse, des gisements de la Normandie centrale, ont mis la France, pour la production du minerai de fer, à un rang très haut, immédiatement après les États-Unis, avant l'Allemagne et l'Angleterre. C'est le seul produit minéral dont notre pays puisse exporter d'assez fortes quantités à l'état brut. C'est là une raison de plus pour que les terres de la Lorraine soient pour la France d'un prix inestimable.

2. ***La caractéristique essentielle de la végétation du sol français, c'est la variété.*** — De tous les grands États civilisés, si l'on excepte les États-Unis, qui, grâce à leur extension en latitude, possèdent aussi bien les fruits des Tropiques que ceux de la zone froide, la France est celui qui, sur un territoire restreint, possède les produits agricoles les plus variés.

Elle doit cette variété à son climat : de tous les grands États européens, la France est le seul qui touche à la fois à la mer du Nord, à l'Atlantique et à la Méditerranée. Ses forêts sont peuplées, au Nord, de sapins, de chênes, de hêtres, comme celles de la Scandinavie et de l'Allemagne; au Sud, de chênes-lièges, de pins sylvestres, de cèdres, comme celles de l'Algérie ou de la Grèce. Elle produit, dans le Midi, le blé dur, comme l'Afrique du Nord; dans le Centre et dans le Nord, le blé tendre, comme l'Europe Centrale. Elle possède des plateaux secs pour l'élevage du mouton, des prairies humides pour l'élevage des bovins. C'est à la fois un pays de vigne et de houblon, de vin et de bière, comme aussi de fruits à cidre.

Mais elle doit aussi la variété de sa végétation à la diversité de son relief et de son sol. Point de massifs trop épais, point de plaines immenses et monotones. Le plus épais de ses massifs, qui est le Massif Central, possède, à l'intérieur même de ses montagnes, des plaines basses, chaudes, alluviales, qui fournissent en abondance blé et fruits, au pied des pâturages montagnards où les paysans élèvent des bœufs de boucherie et des vaches laitières. Dans la plus large des plaines françaises, dans le Bassin Parisien, la variété du sol, la succession des calcaires et des craies, des argiles, des grès et des sables, fait que partout, en un bref espace, alternent les paysages au pittoresque le moins monotone, les ressources les plus diverses. Comparez la plaine de l'Allemagne du Nord avec le Bassin Parisien, qui est beaucoup moins étendu qu'elle : dans la première, une vaste étendue de landes continues au Nord, juxtaposée à une bande de campagnes fertiles au Sud; dans le second, on ne peut parcourir en ligne droite 100 kilomètres sans que se succèdent champs de blé et de betteraves, forêts et pâturages. On verra, en étudiant les régions naturelles du Bassin Parisien, l'admirable variété agricole qu'offrent la Champagne, la Picardie, la Normandie, les pays de la Loire, la Beauce, la Brie, etc. ; elle explique, sinon la naissance de Paris, du moins la facilité relative que trouve à s'alimenter cette ville géante.

Si l'on dressait une carte gastronomique de la France, si, dans un ordre d'idées plus relevé, on organisait une galerie des paysages caractéristiques de notre beau pays, aucun autre au monde ne pourrait présenter une carte plus abondante dans la diversité, un musée d'une variété plus somptueuse.

VIII. — LA NATION FRANÇAISE

La nation française est formée d'un ensemble très composite de races fondues, par des siècles d'histoire commune et de commerce ininterrompu.

1. ***Le " carrefour " français.*** — On a pu dire que la France a été le « *carrefour* » où ont convergé la plupart des émigrations européennes. En effet, par sa situation à l'extrémité de l'Europe Occidentale, au point où se terminent en s'amincissant la grande plaine septentrionale et les grands systèmes montagneux de l'Europe, elle est l'aboutissant naturel des grands mouvements qui, au cours des siècles, ont porté tant de peuples de l'Orient vers l'Occident.

D'autre part, grâce à ses aptitudes agricoles abondantes, variées comme son sol et comme son climat, elle a réussi à fixer sur son territoire une partie de ces peuples, auparavant nomades par accident ou par habitude, et qui tous ont trouvé une région de notre sol convenant à leurs goûts et à leurs coutumes.

2. ***Peuplement de la France.*** — Le territoire de la France a donc reçu au cours de l'histoire de nombreuses couches de populations diverses, qui se sont juxtaposées, superposées ou amalgamées.

Partiellement habité avant l'âge de la pierre polie et même au temps des dernières éruptions du Massif Central par des êtres humains de civilisation très primitive, il a été successivement peuplé, aux temps historiques :

1° Par les **Ibères**, dont on retrouve des descendants dans le pays basque ;

2° Par les **Ligures**, dont on retrouve des descendants à l'Est du Rhône, en Provence ;

3° Mais surtout par les **Celtes**, qui comprenaient, probablement, deux groupes : les premiers en date, à tête ronde, petits et bruns ; les seconds, à tête oblongue, grands et blonds. Les seconds refoulèrent une partie des premiers dans les régions excentriques, comme la Bretagne, ou peu accessibles, comme le Massif Central. Ils se mêlèrent à l'autre partie dans les plaines, pour former les **Gaulois**.

La France a été, dans la suite, partiellement occupée et colonisée :

1° Par les *Phéniciens* et les *Grecs*, marins et commerçants qui occupaient quelques points de la côte méditerranéenne;

2° Par les **Romains**, beaucoup plus nombreux que les précédents, qui firent, en entrant par le Midi, la conquête militaire et politique de tout le pays (1er siècle av. J.-C.), le civilisèrent et se mêlèrent aux indigènes, surtout dans le Sud, pour former les **Gallo-Romains**;

3° Par les **Germains**, dont les tribus, assez nombreuses mais contenant chacune un assez faible nombre d'hommes, vinrent du Nord et du Nord-Est. Ainsi s'établirent successivement sur notre territoire des *Wisigoths*, qui se fixèrent dans le Bassin Aquitain; des *Burgondes*, qui se fixèrent dans l'Est, et surtout, au VIe siècle, les *Francs*, qui enlevèrent la domination politique aux Romains, en s'assimilant leurs institutions;

4° Par les *Normands*, venus de Scandinavie par mer et établis sur les bords de la Manche;

5° Par les *Arabes*, venus d'Espagne, qui, après leur défaite à Poitiers, laissèrent certains des leurs établis dans le Bassin Aquitain, dans les Pyrénées, et jusque dans les Alpes.

3. *Les éléments actuels de la nation française*. — Il est difficile de distinguer, à l'heure actuelle, les caractères primitifs des races qui ont peuplé la France. A peine discerne-t-on, çà et là, quelques éléments demeurés purs; par exemple, outre les *Ibères* du pays basque et les *Ligures* de Provence :

1° Une race d'hommes petits, trapus, au crâne rond, au teint pâle, qui doit rappeler les *premiers Celtes*, et qui domine encore en Bretagne et dans le Massif Central;

2° Une race d'hommes grands, aux cheveux blonds ou roux, aux yeux bleus, au crâne rond, au teint vermeil, rappelant les *Gaulois*, les *Francs* et les *Normands*. Ils dominent encore dans le Nord de la France;

3° Une race d'hommes petits, au teint, aux cheveux et aux yeux bruns, *Greco-latins* ou *Gallo-Romains*, dont le type domine dans le Midi de la France.

Mais depuis longtemps et de plus en plus avec le progrès des échanges, les races se mêlent, et leurs caractères spécifiques s'amalgament, se fondent et s'atténuent pour donner le type moyen du **Français** moderne.

4. ***L'unité de la France.*** — Les éléments disparates qui constituèrent la France ont d'abord été réunis en une unité artificielle par la guerre. C'est par la conquête que les *rois de France*, petits princes des bords de la Seine, étendirent leur suzeraineté, puis leur souveraineté, d'abord sur le Bassin Parisien, ensuite sur les régions orientales, occidentales et méridionales. La conquête de leur royaume a duré du IXᵉ au XVIᵉ siècle.

Mais ces éléments se sont progressivement fondus dans une unité réelle et vivante :

1° **Par la vie politique.** — Jusqu'au XIXᵉ siècle, la *centralisation monarchique*, en dirigeant de la capitale l'administration de toutes les provinces selon un même esprit, leur a donné une certaine unité de vie et de coutumes. C'est pour assurer son bon fonctionnement que fut créé un admirable réseau de routes, qui ont facilité les communications et les échanges. Au XIXᵉ siècle, le *régime démocratique*, en faisant participer par l'élection tous les Français au gouvernement de l'État, a rendu consciente la solidarité entre toutes les régions françaises, qui existait déjà, mais qu'elle a renforcée.

2° **Par l'histoire.** — L'histoire : c'est-à-dire les traditions, le souvenir des gloires et des détresses communes, le tribut que chaque région a donné par ses enfants au patrimoine moral, scientifique, littéraire, artistique de la France.

3° **Par la vie économique.** — Les liens créés par l'intérêt sont devenus de plus en plus puissants. Des échanges se sont produits de bonne heure sur tous les points de la France entre bonnes et mauvaises terres, entre hauts et bas pays, entre côtes maritimes et arrière-pays, entre régions agricoles et régions industrielles, entre France du Nord et France du Midi. L'heureuse disposition des plaines et des dépressions, qui avait facilité l'unification politique et intellectuelle, a aussi favorisé l'échange des produits et la circulation des hommes.

La diversité des sols, des climats et des produits, loin de nuire à l'unification de la nation, l'a fortifiée par les liens de la solidarité économique.

On voit donc que la géographie, autant que l'histoire, a contribué à unifier notre pays, à créer le **type français**, de caractères physiques peu déterminés, mais doué d'un certain esprit et s'affirmant d'une façon pour ainsi dire matérielle par l'emploi d'une langue unique, la **langue française**, où se sont fondus les apports des divers *dialectes locaux* et qui n'a laissé subsister, aux extrémités du territoire, que quelques langues d'ailleurs en recul : langue *bretonne*, *flamande*, *provençale*.

5. ***La diversité de la France.*** — L'unification politique, morale, intellectuelle et économique de la France n'a pourtant pas supprimé l'originalité des régions qui la composent.

La France n'a d'unité ni par sa nature (sol, relief, climat, eaux) ni par sa population. Dans les diverses parties de son territoire, les éléments de sa géographie se sont combinés de façon différente et ont donné à chacune de ses **régions naturelles** une vie spéciale, où l'action de la nature sur l'homme et de l'homme sur la nature s'exerce avec originalité. Chacune de ces régions exerce, pour ainsi dire, une fonction spéciale dans la vie de la grande nation.

Il est donc nécessaire d'étudier séparément la vie particulière des régions naturelles pour comprendre celle de notre patrie considérée dans son ensemble.

Ces régions naturelles comprennent :

1° Des **régions de dispersion**, où les populations n'ont été attirées ni par la richesse des produits, ni par la facilité de la circulation. Exemple : le Massif Central ;

2° Des **régions de concentration**, où les populations ont été attirées par la richesse de la terre, par les ressources du sous-sol. Exemple : le Bassin Parisien, le Nord ;

3° Des **régions de passage**, où les populations ont trouvé les ressources d'un grand trafic entre régions différentes. Exemple : la Champagne.

Souvent, d'ailleurs, ces grandes régions naturelles comprennent des zones de concentration et de dispersion. Exemple : la Bretagne, dont les côtes sont une zone de concentration, l'intérieur une zone de dispersion.

Lecture.

La géographie a influé sur la répartition actuelle des races en France et sur leur degré de fusion. — Notre pays s'est peuplé au cours de l'histoire par l'invasion de races très diverses. Ces migrations ont eu des causes extérieures à notre pays, dictées parfois par des circonstances où la géographie n'a rien à voir.

Mais la géographie joue un rôle dans la direction qu'ont prise les peuples migrateurs en abordant ou en sillonnant notre pays, dans le choix des sites où ils se sont établis :

1° *Certaines régions ont naturellement favorisé l'accès et le passage des nouveaux venus.* — La large plaine du Nord et le seuil de Bourgogne ont permis les invasions de tous les peuples germaniques venus de l'Europe Centrale : Goths, Alamans, Burgondes, Francs. La côte de Normandie, regardant vers le Nord et faisant face, pour ainsi dire, au détroit du Pas de Calais, a été l'étape naturelle où se sont trouvé portées les tribus de Northman, ou Normands, venus des régions scandinaves par mer. La côte de la Méditerranée, et surtout de la Provence, offrait des ports naturels propices aux établissements commerciaux, et c'est par cette côte, plus encore que par les Alpes, que, après les Phéniciens et les Grecs, les Latins ont colonisé notre Midi.

2° *D'autres régions, plus isolées et moins abordables, furent des lieux de refuge.* — Refuges tout indiqués pour les premiers occupants de notre sol, refoulés par les nouveaux venus. C'est ainsi que les Pyrénées Occidentales et Centrales devinrent le domaine des Ibères ; le Massif Central et le Massif Armoricain, celui des Celtes, tandis que les plaines du Nord étaient occupées par les peuples germaniques, celles du Sud par les peuples latins.

Mais les plaines et les dépressions sont des lieux d'échange et de circulation active, où les hommes se mêlent, comme les produits et les idées : aucune race n'y est demeurée à l'état pur. Au contraire, dans les massifs indiqués plus haut, à l'écart des grands courants de circulation, on trouve encore aujourd'hui des représentants des premières races qui occupèrent notre pays : *Ibères*, sous le nom de Basques, *Celtes*, sous le nom d'Auvergnats, de Bretons, etc. De leurs ancêtres ils ont gardé le type, le costume, les traditions et même la langue.

DEUXIÈME PARTIE

LES RÉGIONS NATURELLES DE LA FRANCE

I. — LA RÉGION DE L'EST

La région de l'Est a une altitude élevée, un climat continental, des ressources agricoles médiocres, des ressources industrielles plus abondantes. Elle a pour toutes ces causes une certaine unité, qu'accentue encore son caractère de région-frontière.

Toutefois, les différences de relief, ainsi que les contrastes qui en résultent dans la végétation et dans la vie des habitants, permettent d'y distinguer trois régions.

1° Les Vosges, ancien massif hercynien. Elles offrent aux habitants peu de facilités de séjour et de circulation, et elles ont longtemps formé une zone d'isolement entre deux races. La population, lorraine dans le Nord et à l'Ouest, alsacienne dans le Sud et à l'Est, vit un peu d'élevage et beaucoup d'industrie.

2° La Lorraine, nom d'origine historique, qui s'applique aujourd'hui à un pays peu uniforme, mais assez bien délimité. Une par son climat et par son réseau hydrographique, elle comprend deux régions naturelles très différentes par la nature et les ressources du sol : le plateau, région de cultures maigres et d'élevage ; les côtes, région de vignobles et de cultures. Entre les deux régions s'allongent de riches bassins industriels.

3° L'Ardenne, plateau inculte, dont les vallées, profondes et abritées, nourrissent une population surtout industrielle.

Caractères généraux. — La région de l'Est n'est pas une région naturelle, mais un ensemble de régions différentes par la nature du sol et par le relief. Elles ont, toutefois, certains **carac-**

tères communs, qui expliquent leur vie commune et les distinguent des régions plus centrales du Bassin Parisien :

1° Leur *climat*, rude et continental ;

2° Leur *réseau hydrographique*, orienté vers le Nord et n'obéissant pas à l'attraction vers l'Ouest, comme les cours d'eau du centre du Bassin Parisien ;

3° Leurs *ressources agricoles*, maigres, et leurs *ressources industrielles*, plus abondantes ;

4° Leur *situation de marche-frontière*, entre deux États et deux civilisations.

On peut y distinguer trois régions différentes :

1° Les Vosges ;

2° La Lorraine ;

3° L'Ardenne.

1. LES VOSGES.

1. *Structure et relief du massif vosgien.* — Le massif des *Vosges* fait partie d'un fragment des plissements hercyniens, érodé et usé depuis l'époque primaire à la fin de laquelle ces plissements se sont produits. Il a été scindé en deux, à l'époque tertiaire, par l'effondrement qui a produit la *plaine d'Alsace*. Les Vosges ne sont donc que la portion occidentale d'un massif, dont le centre est effondré et dont la portion orientale est représentée, en Allemagne, par le massif de la *Forêt-Noire*, qui lui est symétrique.

De ces faits géologiques, résultent pour le massif vosgien les principaux traits de sa structure :

1° **La dissymétrie des versants.** — Du côté où s'est produit l'effondrement, c'est-à-dire sur la plaine d'Alsace, la pente est brusque. De l'autre côté, c'est-à-dire sur le plateau lorrain, la pente est douce.

2° **L'ancienneté des roches vosgiennes.** — La plus grande partie des Vosges est constituée par des roches primitives ou primaires, principalement par des roches cristallines, granite et porphyre. Ces roches dures ont bien résisté à l'érosion; elles constituent les plus hauts massifs : ce sont les *Vosges Cristallines*. Sur les flancs occidental et septentrional du massif, on trouve des terrains plus jeunes, d'âge triasique, composés surtout de grès; ils forment des massifs moins élevés : ce sont les *Vosges Gréseuses*.

Roches cristallines et grès sont des roches également siliceuses

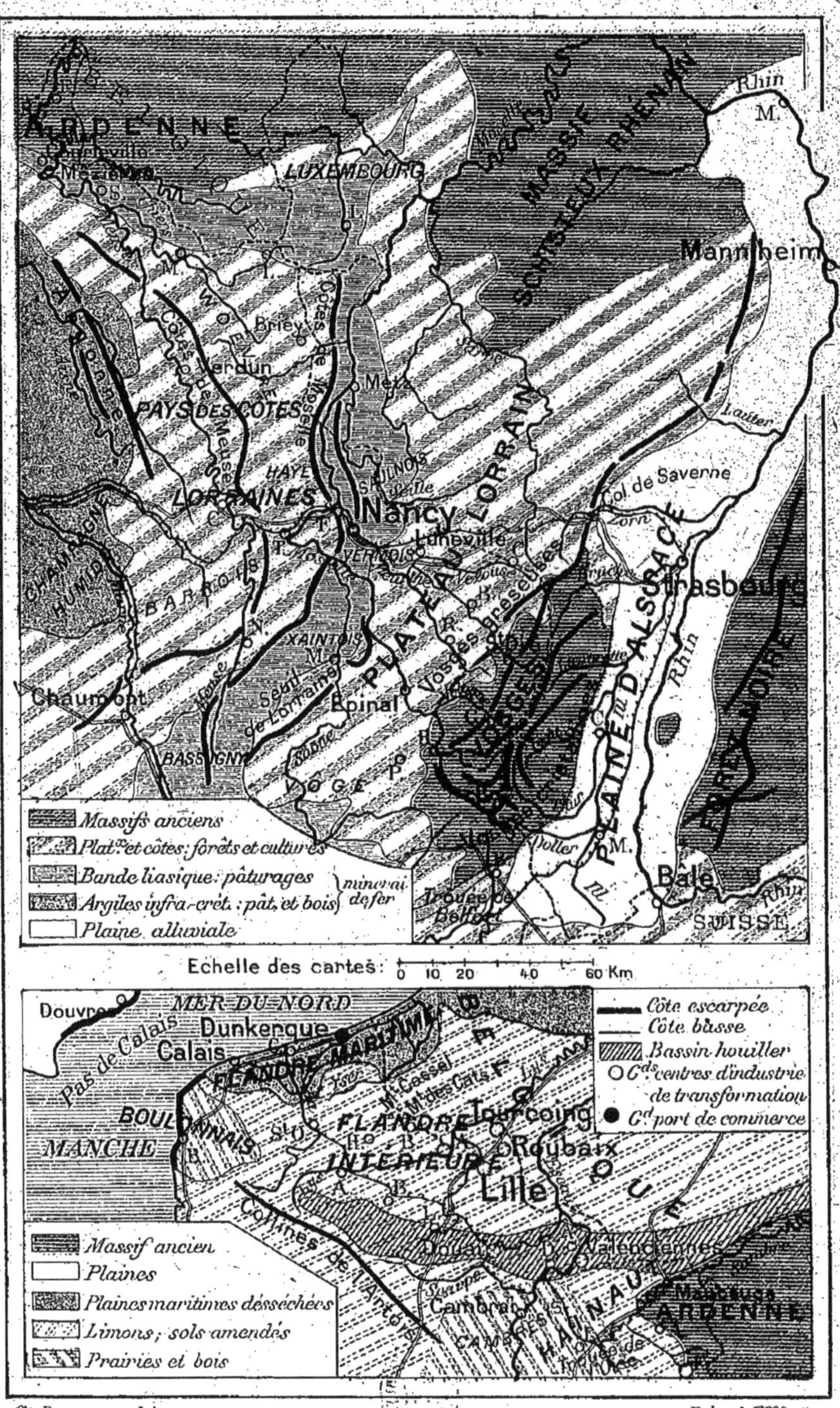

RÉGIONS DE L'EST ET DU NORD.

peu favorables à la culture. Toutefois, les grès triasiques possèdent des ressources minérales : un peu de fer, des eaux thermales.

3° **L'orientation des reliefs et des vallées.** — Les plis hercyniens étaient, dans cette région, orientés du Sud-Ouest au Nord-Est. Malgré l'usure des plis, c'est dans cette direction que s'alignent les principales hauteurs, ainsi que les vallées qui les séparent et qui descendent les unes vers le Rhin, par l'Ill, les autres vers la Moselle.

4° **Le caractère d'usure des reliefs et des vallées.** — Plissements très anciens, les Vosges ont été longuement érodées. Cette érosion a été particulièrement forte à l'époque glaciaire, où elles furent entièrement recouvertes de glaces.

Les ***montagnes*** forment des croupes arrondies ou même des sommets absolument plans : ce sont les *ballons* et les *chaumes*. Plus sculptés dans les Vosges Gréseuses, plus compacts dans les Vosges cristallines, ballons et chaumes opposent un obstacle moins par leur hauteur que par leur épaisseur. Les principaux sont situés dans les Vosges cristallines ; ce sont : le *Bœrenkopf*, les *Ballons d'Alsace*, *de Servance* et *de Guebwiller* (1426 m.), le *Hohneck*, le *Climont*, le *Champ du Feu*, les *hauteurs de Sainte-Odile* et le *Donon*.

Les ***vallées***, élargies par une longue érosion et par un lent alluvionnement de leur fond, ont été approfondies par les glaciers qui y ont laissé des moraines transversales. Elles forment des séries de bassins larges et habitables, séparés entre eux et isolés de l'extérieur par des étranglements et par des barrages : ce sont les restes des moraines édifiées jadis par les glaciers. Les principales vallées sont : sur le versant alsacien, celles de la *Doller*, de la *Thur*, de la *Fecht*, de la *Lièvrette*, de la *Bruche* et de la *Zorn* ; sur le versant lorrain, celles de la *Moselle*, de la *Moselotte* et de la *Vologne* ; de la *Meurthe*, de la *Mortagne*, de la *Fave* et de la *Vezouse* ; enfin, de la *Sarre*.

Les ***cols*** qui relient les vallées des deux versants sont peu accentués et presque aussi élevés que les chaînons qu'ils séparent : *cols de Bussang*, *de la Schlucht*, *du Bonhomme*, *de Sainte-Marie-aux-Mines*, *de Saales*. La traversée des Vosges est difficile entre la *trouée de Belfort*, qui limite les Vosges Cristallines au Sud, et le *col de Saverne*, qui limite les Vosges Gréseuses au Nord.

En somme, le sol et le relief des Vosges offrent à l'homme un séjour peu hospitalier, une circulation difficile.

2. ***Le climat, les eaux et la végétation.*** — Le **climat** vosgien est rude, à cause de l'altitude et de la situation continentale du massif. Les précipitations, sous forme de pluies d'orage en été, de neiges en hiver, sont abondantes. Elles le sont, toutefois, beaucoup plus sur le versant lorrain, qui est exposé aux vents humides de l'Océan, que sur le versant alsacien. Les vallées du versant alsacien, ouvertes à l'Est, sont plus chaudes et plus cultivables que les vallées du versant lorrain.

Les **eaux** dans les Vosges sont abondantes. Les *rivières* dont on a vu les noms plus haut (p. 65), malgré le caractère d'usure de leurs vallées, ont un cours assez brusque, rapide et torrentiel, à cause de la pente forte et aussi, en bien des points, à cause des anciennes moraines qu'il leur faut franchir par des *rapides* ou par des *chutes*. Des *lacs*, formés par ces moraines qui retiennent les eaux, émaillent certaines vallées : tels les fameux *lacs de Gérardmer, de Longemer* et de *Retournemer*, dans les vallées de la Vologne et d'un de ses affluents.

La **végétation**, grâce à l'humidité du climat, est très touffue. Seuls les hauts sommets sont dénudés et ne portent que de maigres *alpages*. Mais les pentes sont couvertes de belles *forêts* de sapins, de pins, puis, plus bas, de hêtres et de chênes. Quant aux fonds des vallées, leurs larges bassins sont d'excellentes *prairies naturelles*.

Si, par leur sol siliceux, par leur climat rude et humide, les Vosges sont peu aptes aux cultures, elles offrent ainsi aux habitants deux ressources végétales appréciables : l'exploitation du bois et la facilité d'élever les bestiaux.

3. ***Peuplement des Vosges.*** — Malgré ces ressources, la hauteur des cols, l'épaisseur des forêts et la rareté du sol cultivable ont longtemps fait des Vosges une région presque déserte. La population primitive, peu nombreuse, se composait de **Celtes**, qui menaient une vie pastorale.

Les **invasions germaniques**, venant de l'Est et contournant le massif au Nord et au Sud, n'ont jamais atteint le versant lorrain des Vosges.

Au Moyen Age, des *monastères* (Bussang, Saint-Dié, Sainte-Odile) ont commencé le défrichement des vallées vosgiennes, l'exploitation des forêts.

Au XVIIIe siècle se sont développées les industries du bois et

1. HAUTES CHAUMES DU DRUMONT.

Les Vosges sont un massif ancien, usé par l'érosion. Pas de pics aigus, mais des sommets aplanis, dont les bombements cristallins, à peine accusés, se nomment ici ballons, *là* chaumes. *Au-dessus des forêts des versants, ils portent de gras pâturages, où viennent estiver, avec leurs troupeaux, les habitants des vallées.* (Photo Weick.)

2. VALLÉES DE LONGEMER ET DE RETOURNEMER.

Les vallées des Vosges sont largement évasées par l'érosion des eaux courantes, qui les sculpte sans arrêt depuis les temps primaires : de là les larges fonds où s'installent maisons et villages. Mais, occupées par des glaciers à la fin de l'ère tertiaire, elles en portent la marque : les moraines qu'ils y ont laissées retiennent les eaux et forment des chapelets de lacs pittoresques. (Photo Weick.)

sont nées les industries du fer, grâce au minerai qui se trouvait dans les Vosges Gréseuses et à l'abondance du bois qui était le combustible alors employé pour la fonte. Ces industries ont déterminé un peuplement notable des basses vallées.

De nos jours, la création de nouvelles industries, importées par des réfugiés alsaciens après la guerre de 1870, a accru le peuplement de toutes les vallées vosgiennes.

4. *La vie dans les Vosges.* — La principale ressource agricole des Vosges est l'**élevage**, principalement celui des vaches laitières, qui sont nourries en hiver à l'étable, grâce au foin récolté dans les prairies des vallées, et en été dans les hauts alpages (fabrication des *fromages de Gérome*).

Mais ce sont surtout les **industries** qui font vivre la population vosgienne. Elles sont multiples et s'expliquent soit par des causes géographiques, soit par des circonstances historiques. On peut y distinguer trois groupes :

1° **Les industries nées du sol**. — Si l'industrie du fer a presque disparu en même temps que le minerai et que l'usage de la fonte au bois, la silice, qui abonde dans les grès vosgiens, a déterminé la *verrerie à Baccarat* et *à Cirey*. De même, dans les régions de grès, la *céramique*. D'autre part, les *eaux thermales* donnent de bons profits à *Bussang*, à *Plombières*, etc.

2° **Les industries nées de la forêt**. — Les Vosges ont, de tout temps, exporté du bois. On le descendait jadis des forêts de la montagne par flottage ; aujourd'hui on le descend par des traîneaux ou *schlittes*, et, quand c'est possible, par les voies ferrées. Mais le bois est utilisé dans le pays même par des *scieries*, pour la *menuiserie*, la *fabrication de meubles*, et surtout pour la *papeterie*. Les principales papeteries sont celles d'*Étival*, près de Saint-Dié, et d'*Épinal* : à Épinal la papeterie a déterminé l'*imagerie*, de réputation ancienne.

3° **Les industries nées de l'émigration alsacienne**. — Après l'annexion de l'Alsace par l'Allemagne en 1871, des manufacturiers de Mulhouse ont émigré dans les Vosges et y ont établi leur industrie : la *filature* et le *tissage du coton*. C'est aujourd'hui l'industrie la plus active de la montagne, celle qui emploie le plus d'ouvriers.

Toutes ces industries, utilisant la force motrice des rivières, se sont naturellement installées dans les parties hautes des vallées.

1. SCHLITTEURS DANS LES VOSGES.

Au-dessous des hautes pâtures, des ballons et des chaumes, s'étagent de belles forêts de sapins et de hêtres. Le bois est une des grandes ressources des Vosges. Une fois abattus et coupés en morceaux, les bois sont placés sur des traîneaux, qu'on fait glisser sur des chemins formés de traverses. Un homme, à l'avant, retient le traîneau pour qu'il ne descende pas trop vite. Ce traîneau s'appelle une schlitte.

2. SCIERIE DANS LES VOSGES.

Le bois ne sert pas seulement au chauffage et aux constructions dans les Vosges, mais il est la matière première d'industries très florissantes : menuiserie, ébénisterie, papeterie, etc. De nombreuses scieries, mues par la force vive des cours d'eau, débitent les arbres en planches ; elles ont remplacé les scieurs de long qui, jadis, visitaient par équipes la montagne en hiver. (Photo Weick.)

5. ***Les villes et les routes.*** — C'est l'industrie qui explique la densité de la population dans les Vosges : cette densité est plus forte que celle du plateau lorrain, qui se trouve au pied de la montagne. Les bourgs industriels de 4000 et 5000 habitants ne sont pas rares. Chaque vallée a sa ville.

Les villes les plus importantes sont situées au confluent de deux vallées ou au débouché des vallées sur la Lorraine. Telles sont : *Cirey*, sur la Vezouse; *Saint-Dié* et *Baccarat*, sur la Meurthe; *Rambervillers*, sur la Mortagne; *Gérardmer*, près de la Vologne; *Remiremont*, au confluent de la Moselotte et de la Moselle; enfin et surtout, **Épinal**, au débouché de la Moselle sur le plateau lorrain, centre industriel important et camp retranché de premier ordre, commandant tout le pays entre Belfort et Toul.

La **situation politique et militaire**, qui fait l'importance d'Épinal, a nui jusqu'en 1914 au commerce des autres villes en les isolant de l'Alsace. Presque toutes les vallées, sur les deux versants, sont remontées par des voies ferrées que la situation politique a empêché de raccorder par-dessus la frontière. Les Vosges ne sont pas traversées, mais tournées par deux couples de voies ferrées et de voies navigables :

1° Au nord, la *voie ferrée Paris-Strasbourg* et le *canal de la Marne au Rhin*, qui utilisent le col de Saverne;

2° Au Sud, la *voie ferrée Paris-Bâle* et le *canal du Rhône au Rhin*, qui utilisent la trouée de Belfort.

2. LA LORRAINE.

1. ***La dénomination et la délimitation de la Lorraine.*** — Le nom de Lorraine, qui vient de *Lotharingie*, ou royaume de Lothaire, fils de l'empereur carolingien Louis le Débonnaire, s'est jadis appliqué à une longue bande de territoire, sans unité géographique, qui unissait le Hainaut à la Bourgogne.

Aujourd'hui il désigne la région de plateaux et de côtes qui s'étend entre les massifs primaires et forestiers des *Vosges*, à l'Est, et de l'*Ardenne*, au Nord-Ouest, le *Rhin*, au Nord-Est, et la bande argileuse, couverte de forêts et d'étangs, de la *Champagne Humide*, à l'Ouest. — Au Sud, la limite est plus vague.

2. ***Traits communs à toute la Lorraine.*** — Au point de

1. LA HAUTE VALLÉE DU BOUCHOT SOUS LA NEIGE.

Avant l'époque moderne, les Vosges ont formé une zone d'isolement entre deux races : cela tenait à la hauteur des cols, à l'épaisseur des forêts, à l'abondance des neiges d'hiver. Si, de nos jours, des routes traversent les Vosges, la neige les encombre en hiver, arrêtant le commerce, isolant les villages. (Photo Homeyer et Ehret.)

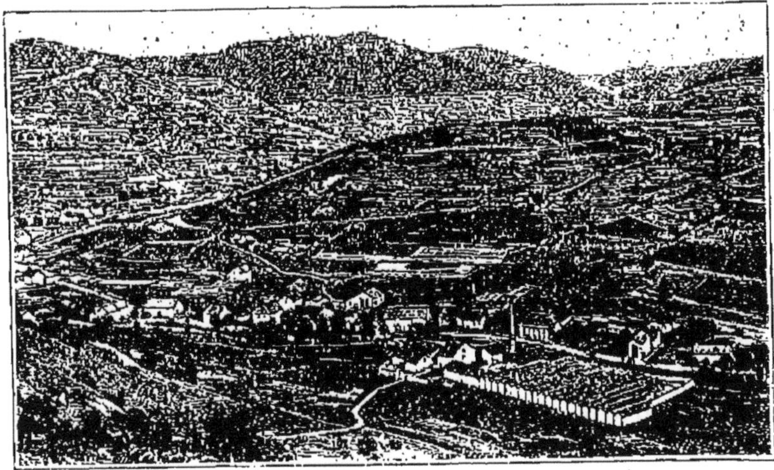

2. USINE DE NOIREGOUTTE (VALLÉE DE PLAINFAING).

Les Vosges ont une population relativement dense : dans les basses vallées, cette population dépasse de beaucoup la densité moyenne de la population française. C'est que ces basses vallées forment presque toutes une suite d'agglomérations industrielles. Le tissage du coton, importé de la plaine alsacienne et notamment de Mulhouse après 1871, est une des industries les plus florissantes. Plainfaing est à quelques kilomètres de Saint-Dié. (Photo Weick.)

vue géologique, la Lorraine appartient au Bassin Parisien. Elle comprend, en effet, la portion orientale des trois bandes de terrains les plus extérieures et les plus anciennes parmi celles qui constituent ce bassin. Ce sont, en allant des Vosges vers la Champagne, les trois zones de terrains secondaires : les terrains triasiques, à l'Est; les terrains liasiques, au milieu; les terrains jurassiques, à l'Ouest.

Mais, quelles que soient les différences de sol, de relief et de ressources qui caractérisent ces trois bandes englobées dans la Lorraine, elles ont certains traits communs, qui les unissent entre elles et qui les distinguent nettement du reste du Bassin Parisien. Ces traits communs sont :

1° **Le climat.** — Tandis que le climat du Bassin Parisien est tempéré, le climat lorrain est rude; il est plus proche du climat continental que du climat maritime : les hivers y sont froids et secs, avec des neiges assez abondantes; les étés y sont très chauds, avec des averses orageuses.

2° **Les cours d'eau.** — Les autres cours d'eau du Bassin Parisien se dirigent soit vers le centre déprimé du Bassin pour confluer dans la Seine (c'est le cas des plus importants), soit vers la Loire ou vers l'Ouest, pour aller, directement ou indirectement, se jeter dans la Manche ou dans l'Atlantique. Au contraire, les cours d'eau de la Lorraine se dirigent du Sud vers le Nord, et, soit par le Rhin, soit directement, leurs eaux se jettent dans la mer du Nord.

Ces cours d'eau sont au nombre de deux :

a) La **Moselle**, grossie de nombreux affluents vosgiens, de la *Meurthe*, de la *Seille* et de la *Sarre*, est un fleuve puissant, ayant des crues marquées au printemps (fonte des neiges), en été et en automne (pluies de régime continental), mais possédant en toute saison assez d'eau pour être navigable. Elle unit la Lorraine aux pays rhénans.

b) la **Meuse**, fleuve plus lent, a, tout au moins dans sa portion lorraine (il se continue ensuite à travers l'Ardenne et la Hollande), des eaux beaucoup moins abondantes, car des captures successives l'ont, au cours des âges géologiques, privée de tous ses affluents au profit de la Moselle ou de la Seine. Coulant presque continûment sur un sol calcaire et perméable, elle a des pertes, dont une la fait presque devenir entièrement souterraine en amont de Neufchâteau. Elle met en rapports la Lorraine de l'Ouest avec l'Ardenne.

1. SAINT-DIÉ.

Saint-Dié est une des villes qui, comme Épinal, sont situées au débouché des vallées vosgiennes sur le plateau lorrain, servant aux échanges entre les populations de la montagne et celles du plat pays. Elle est au débouché de la vallée de la Meurthe, entre la montagne d'Ormont et la côte Saint-Martin. (Photo Franck.)

2. LA VALLÉE DE LA MOSELLE PRÈS DE LIVERDUN.

Une vallée dans le plateau lorrain : la table calcaire ou gréseuse, couverte de bois, est profondément entaillée par la rivière, dont la vallée, à moitié comblée par les alluvions, porte de beaux pâturages. Ce pays boisé et vert est le pays de Haye, aux environs de Nancy. (Photo Magasins Réunis.)

Ainsi les deux fleuves lorrains ne favorisent pas les relations de la Lorraine avec le reste du Bassin Parisien, mais avec les pays du Nord.

3° **Les forêts et les mines.** — Dans le Trias et dans le Lias dominent les grès et les argiles, favorables aux forêts, peu favorables aux cultures. Dans le Jurassique, si certains calcaires marneux sont plus fertiles, la majorité des terrains est également boisée. De là ces deux caractères que l'on trouve, plus ou moins accentués, dans toute la Lorraine : 1° la médiocrité de la culture; 2° l'isolement, la difficulté de circulation et d'accès, déterminés par les forêts.

D'autre part, certains étages du Trias, très riches en sel, ont déterminé de bonne heure l'exploitation de salines; les argiles y ont favorisé la poterie. Mais surtout le minerai de fer, qui existe en surabondance dans certains étages du Lias, a déterminé à notre époque la grande métallurgie. L'industrie a donné à certaines parties de la Lorraine ce que l'agriculture ne pouvait leur donner : la richesse, une population dense, de grandes villes.

3. ***Les régions naturelles de la Lorraine.*** — Malgré ces traits communs à tout le pays lorrain, la nature du sol et plus encore le relief permettent d'y distinguer deux groupes de pays assez différents :

1° A l'Est, le *plateau lorrain*, où dominent les grandes étendues boisées et les prairies;

2° A l'Ouest, le *pays des côtes*, où, entre les échelonnements de plateaux, boisés ou cultivés, s'alignent des côtes, difficilement franchissables;

3° Entre les deux régions, une zone où se trouvent les ressources minières, l'industrie et les grandes villes.

4. ***Le plateau lorrain.*** — Le plateau lorrain est constitué par des grès et des marnes, appartenant au Trias et au Lias. Les grès, terrains résistants, étant de beaucoup les plus étendus, l'érosion a peu agi sur ce plateau, et l'on n'y trouve presque pas de hauteurs : la seule ligne à signaler est le *Seuil de Lorraine*, il divise les eaux allant à la Meuse de celles qui vont à la Marne et à la Saône. Pour la même raison, les forêts, qui poussent bien dans les terrains siliceux, l'emportent sur les cultures, et celles-ci sont surtout des cultures pauvres : seigle et pomme de terre. Seules, les formations marneuses et les vallées

(Moselle et affluents) sont plus fertiles; elles permettent l'élevage et les industries laitières.

Telles sont les maigres ressources agricoles des pays qui composent le plateau lorrain : *Bassigny, Vôge, Xaintois, Vernois, Saulnois, pays de Lunéville* et *pays de la Seille*.

Toutefois, quelques **ressources minières et industrielles** s'y ajoutent : 1° les *eaux minérales* (à *Contrexéville*, à *Vittel*); 2° les *salines*, qui ont fait jadis la richesse du Vernois et qui permettent encore l'industrie prospère de la soude, près de Nancy; 3° la *poterie*, dite poterie de *Sarreguemines*, dans les régions argileuses; 4° le *fer*, qui existait dans plusieurs formations du sol et qui, à l'époque de la fonte au bois, était disséminée dans presque tout le pays. Elle s'est concentrée aujourd'hui dans la région industrielle que l'on étudiera par la suite (§ 6). Sauf cette dernière industrie, aujourd'hui concentrée dans une seule région, les autres ne peuvent enrichir la contrée.

Aussi la population, très dispersée, est-elle de densité faible, inférieure à celle des vallées des Vosges. Hors des stations thermales, les villes sont rares : en France, *Mirecourt* et surtout **Lunéville**, sur la Meurthe, entre les Vosges et la région industrielle de Nancy.

5. ***Le pays des côtes.*** — A l'Ouest, les différents étages du Jurassique présentent une alternance de marnes tendres et de calcaires ou de grès durs, qui ont inégalement résisté à l'érosion : partout où roches dures succèdent aux marnes, elles forment des lignes de côtes abruptes qui les dominent. Comme les bandes se succèdent de l'Est à l'Ouest, les côtes s'allongent entre elles, du Sud au Nord. Les cours d'eau coulent au pied de ces côtes, dans la même direction. Les principales côtes sont :

1° Les **côtes de Moselle**, qui vont d'abord des sources de la Marne et de la Meuse dans une direction Nord-Est, jusqu'au confluent Meurthe-Moselle, puis longent la Moselle jusque dans le Luxembourg;

2° Les **côtes de Meuse**, qui ont leur origine presque dans la même région et longent la Meuse jusqu'à l'Ardenne.

Les unes et les autres ne sont pas absolument continues, mais comportent un certain nombre de *trouées*, pratiquées jadis soit par des rivières qui ont aujourd'hui disparu, soit par la Moselle et la Meuse. Ces dernières coulent tantôt à droite, tantôt à gauche des côtes qui portent leur nom.

Cette région a une importance agricole et une importance militaire et économique.

1° **Une importance agricole.** — Entre les côtes s'allongent des plateaux, couverts de forêts ou de pâturages dans les parties gréseuses ou marneuses, de cultures assez riches (blé, orge) dans les parties calcaires. De là une vie agricole plus aisée qu'en Lorraine Orientale. Ces plateaux intermédiaires forment la *Woëvre*, la *Haye*, le *Barrois*. D'autre part, sur les pentes ensoleillées des côtes, bien exposées à l'Est, réussissent la vigne et le houblon, qui permettent à ces pays de produire également le vin et la bière.

2° **Une importance militaire et économique.** — Les côtes défendent l'accès de la région parisienne par l'Est. De tous temps les routes de commerce, et, en temps de guerres, les invasions n'ont eu d'autres passages possibles que les **trouées** dans les côtes.

C'est par les trouées que passent les grandes **voies ferrées** : *Paris-Nancy-Strasbourg* et *Paris-Chaumont-Belfort*, — les **canaux** de jonction qui suppléent, d'Est en Ouest, les rivières, dont le cours Sud-Nord ne peut rendre aucun service au trafic entre Paris et l'Est : *canal de la Marne au Rhin, canal de la Marne à la Saône.*

C'est au voisinage des trouées que se sont installées, perchées sur les crêtes, les villes, marchés permanents, anciennes forteresses, dont certaines sont devenues les centres de grands camps retranchés modernes : près des passages des côtes de Moselle, *Longwy*, *Briey*, *Frouard* et le grand camp retranché de **Toul** ; près des passages des côtes de Meuse, au nord de *Langres*, qui commande les confins de Lorraine et de Bourgogne (voir p. 344), **Chaumont**, *Neufchâteau*, *Commercy*, et le grand camp retranché de **Verdun**. Sur les plateaux, on ne trouve qu'une ville secondaire, *Montmédy*.

6. ***La Lorraine industrielle. Nancy.*** — La Lorraine a connu de vieilles industries, qui subsistent, plus ou moins transformées, dans la région de la Sarre, en territoire annexé, comme dans la région de Nancy, en territoire demeuré français : sels chimiques, poterie, faïencerie, etc. Mais aujourd'hui, grâce à l'exploitation des riches minerais de fer de certaines couches liasiques, c'est l'**industrie métallurgique** qui fait la grande richesse du pays : elle consiste surtout dans l'extraction

1. HATTONCHATEL ET LES COTES DE MEUSE.

Hattonchâtel est situé sur un escarpement des côtes de Meuse, non loin de Saint-Mihiel, dans la région où, au Nord de cette ville, les côtes de Meuse, qui longeaient plus au Sud la rive gauche du fleuve, bordent sa rive droite. On voit nettement ici la côte calcaire dominant les argiles liasiques du plateau lorrain.
(Photo Marchal.)

2. VIGNOBLE LORRAIN DE LA MOSELLE, A REMBERCOURT.

Ce vignoble s'étend sur une annexe des côtes de Moselle, qui borde le Rupt de Mad, petit affluent de celle-ci, à Rembercourt, entre Thiaucourt et Arnaville. Là encore la côte calcaire domine les marnes liasiques. Le calcaire et aussi l'exposition favorable au Sud-Est ont déterminé sur les pentes la culture de la vigne.

et dans la fonte du minerai, dans la forge des grosses pièces.

Se continuant dans l'Ardenne Française, dans le Luxembourg et dans la région de Metz, elle comprend, en Lorraine française, trois bassins principaux : le *bassin de Longwy*, le *bassin de Briey* et le *bassin de Nancy* (forges de Pompey) qui se prolongent en Lorraine annexée, au delà de *Metz*, par le *bassin de la Sarre*.

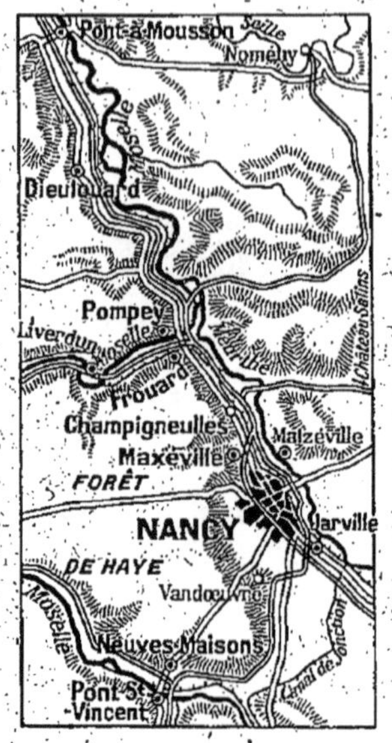

NANCY ET SES ENVIRONS.

Nancy est située dans la vallée de la Meurthe, au voisinage du confluent de celle-ci avec la Moselle. Elle est, au pied des côtes de Moselle, parfaitement accessible de tous les points de la Lorraine grâce à la convergence des vallées et à la monotonie du plateau qui s'étend entre la Moselle et les Vosges. C'est à ce fait qu'elle doit son importance économique et politique, sinon militaire. Elle est le grand marché de la Lorraine et son premier centre d'industrie : forges (Pompey), brasseries (Maxéville, Champigneulles), menuiseries, etc.

Nancy (119 000 hab.), l'ancienne capitale des ducs de Lorraine, ville cultivée et artistique, est devenue, après 1870, grâce à l'émigration d'industriels lorrains venus de Metz et à la mise en exploitation des mines de fer, un centre industriel de premier ordre.

3. L'ALSACE

La plaine d'Alsace, qui nous a été enlevée en 1871, est formée par les alluvions du **Rhin**. Abritée par les *Vosges* et la *Forêt Noire*, de climat doux (étés très chauds), l'Alsace est un pays de riches cultures : céréales, vigne, betteraves, houblon. D'autre part, l'élevage des moutons y a déterminé jadis le tissage de la laine auquel a succédé, dès le XVIIIe siècle, le tissage du coton, de plus en plus prospère. Enfin, le Rhin, corrigé et rendu très navigable en amont jusqu'à Bâle, relie l'Alsace à la mer du Nord et favorise un trafic par eau intense.

Très prospère, l'Alsace est très peuplée. A côté de l'ancienne capitale du pays, **Strasbourg** (178 891 hab.), demeurée très grande ville, on peut citer un grand centre industriel, *Mulhouse*, d'importants marchés agricoles comme *Colmar*.

1. LE PLATEAU HUMIDE : MORTEAU (HAUTE-MARNE).

Morteau, la plus petite commune de France, se trouve sur les terrains liasiques du Sud du plateau lorrain, c'est-à-dire en Bassigny. Le sol imperméable et humide explique l'abondance des bois, les scieries, les charbonniers et aussi l'antique métallurgie, grâce au minerai de fer, que l'on trouve dans le sol liasique, et au bois, combustible qui servait jadis à le fondre.

2. LE PLATEAU SEC : LANGRES.

Au Sud, le plateau lorrain se termine par des masses de calcaires jurassiques, dominant en abrupt le bassin de la Saône, et qui se raccordent aux plateaux et aux côtes calcaires de la Bourgogne. Langres est à la limite de la Lorraine et de la Bourgogne : la métallurgie, jadis pratiquée en Bassigny, s'y est concentrée.

4. L'ARDENNE.

Le plateau et les vallées. — La France ne possède que la portion Sud, la plus basse (400 m. d'altitude en moyenne) de l'ancien massif primaire de l'Ardenne, transformé en pénéplaine par l'érosion.

CARTE DE L'ARDENNE.

L'Ardenne est un plateau schisteux de 400 à 500 mètres d'altitude. Les schistes en font un pays pauvre, l'altitude en fait un pays froid. Des prairies vaseuses, des forêts couvrent sa surface; il est peu habité. Les vallées des rivières, encaissées et sinueuses, décomposent le plateau en compartiments qui communiquent difficilement entre eux. Les vallées, moins élevées et mieux abritées que le plateau, concentrent presque tous les habitants. Des agglomérations, bourgs, villages, villes se succèdent le long de la Meuse « comme les grains d'un chapelet ». On y pratique des industries métallurgiques de Mézières jusque Monthermé; au delà, vers Fumay, on exploite des ardoisières, les plus importantes de France après celles d'Angers.

Le **plateau** est de sol surtout schisteux, et de climat rude. Il est couvert de forêts, de prairies tourbeuses, ou *fagnes*, impropres aux cultures, et de landes à moutons. Il est très peu peuplé. Il est bordé au Sud par une dépression de terrains liasiques, analogues à ceux de la Lorraine et riches en fer.

Les **vallées**, profondément encaissées, sont creusées soit dans le plateau, soit dans la dépression liasique. Elles sont plus abritées, plus chaudes que le plateau. Les alluvions des rivières y forment un sol fertile. Les habitants s'y sont réfugiés et y ont créé des industries. En France, les méandres de la *Meuse* et de son affluent, la *Chiers*, enserrent ainsi des villes prospères : les principales sont *Sedan*, qui vit de l'industrie du drap, née et entretenue grâce à la laine des moutons de l'Ardenne, le groupe **Mézières-Charleville** (22 000 hab.), où se continue l'industrie métallurgique de Lorraine. *Fumay*, *Rocroi*, *Givet*, ont quelques usines et des ardoisières.

1. LES DAMES DE MEUSE, ENTRE MONTHERMÉ ET REVIN.

Voilà comment se présente le plateau d'Ardenne, vu des rivières qui le traversent. La pénéplaine, encore élevée, domine la rivière; sa masse de roches dures et infertiles est couverte de bois, de buissons (c'est l'antique « Forêt d'Ardenne »). Dans les portions les plus hautes, on trouve des landes encore plus pauvres.

(Photo Winling.)

2. JOIGNY-SUR-MEUSE, AU PIED DE L'ARDENNE.

Ce village est situé sur la Meuse, entre Mézières et Monthermé. Le méandre que décrit la rivière élargit la vallée : tandis que la rive concave est dominée par le plateau, dans la convexité de la boucle, la rivière a déposé une nappe d'alluvions riches, qui, abritée du vent par le plateau, porte des prés, des cultures, des maisons.

Lectures.

1. ***Les Vosges ont longtemps formé une zone d'isolement entre deux races.*** — Les Vosges offraient à l'homme peu de facilités de séjour et de circulation. La hauteur des cols, le manteau continu de forêts qui couvrait à l'origine les hauteurs, la pauvreté du sol en ont fait longtemps une barrière entre deux peuples et deux civilisations, une région presque déserte.

La population primitive, très rare, était composée de *Celtes*, vivant surtout de pâturages. Les invasions germaniques du début du Moyen Age contournèrent le massif, sans y pénétrer, soit par le Nord (*Francs*), soit surtout par le Sud (*Goths, Burgondes, Alamans*). C'est bien plus tard que les populations de langue germanique ont remonté peu à peu de la plaine alsacienne qu'elles occupaient, vers les hautes vallées du versant oriental. Mais encore aujourd'hui, malgré l'annexion de 1870 et une occupation allemande de 44 années, la ligne de délimitation des langues ne coïncide pas avec la ligne de faîte, et certaines vallées du versant alsacien sont de langue française.

Le peuplement relatif des Vosges et leurs rapports commerciaux avec les régions environnantes n'ont commencé qu'au Moyen Age, grâce aux *monastères de Luxeuil, de Remiremont, de Bussang, de Saint-Dié, de Sainte-Odile*, etc., qui ont entamé le défrichement et la mise en cultures ou en pâturages des montagnes, et surtout, au XVIIIe siècle, grâce au développement de l'industrie du bois et du fer, qui a attiré une partie de la population des basses vallées.

De nos jours, les Vosges ont vu de nouvelles industries s'établir dans leurs vallées, notamment la fabrication du papier de pâte de bois et l'industrie cotonnière. Il n'est guère de vallée qui n'ait ses manufactures, ses usines ou ses tissages, actionnés par la force motrice des rivières qui descendent des Vosges. Et, devenues ainsi industrielles, les Vosges sont relativement très peuplées; la densité de la population y est supérieure à la moyenne de la population générale de la France.

Il faut noter dans les Vosges un phénomène, commun d'ailleurs à presque tous les pays de montagnes : les maisons d'habitation s'échelonnent sur les pentes tournées vers le soleil, non sur celles qui regardent vers l'ombre.

2. ***Lorraine est un nom d'origine historique et non géographique.*** — Le nom de *Lorraine* a une origine historique. Il désignait primitivement le royaume de *Lothaire*, fils de l'empereur *Louis le Pieux*, successeur de Charlemagne, qui divisa son empire entre ses trois fils : à l'un, la France ; à l'autre, l'Allemagne ; au troisième, une bande, s'étendant de la mer du Nord à la Méditerranée, comprenant les Pays-Bas, notre Est français, la Bourgogne et la région du Rhône. Telle fut la *Lotharingie* primitive, dont le nom devint *Lothraine*, puis *Lorraine*. Ainsi, dès ses origines, ce nom

désignait une sorte de « marche », d'état-tampon entre l'empire germanique et le royaume franc, destiné, par sa situation, à servir tour à tour de champ de bataille et de champ de partage à l'un et à l'autre. A mesure que le royaume de Lothaire, né non viable, trop allongé, trop étroit, dépourvu de centre, se démembrait, la portée du nom de Lorraine se restreignait pour s'appliquer enfin seulement à la petite Lorraine actuelle. Ainsi, au cours des siècles, ce nom, d'origine purement historique, a fini par désigner une région géographique assez nettement individualisée.

La Lorraine n'a jamais perdu son caractère d'état-tampon. « C'est le *border* français entre nous et l'empire », dit Michelet. Deux races et deux langues y sont en présence, empiétant tour à tour l'une sur l'autre : d'une part, la race celtique et les mots en *ange* (Bezange, Gondrexange, Morhange, Fenestrange); de l'autre, le type tudesque et les mots en *ingen* (Rixingen). Une éternelle bataille fut la vie de la Lorraine au Moyen Age. Cet état perpétuel de lutte a gravé son empreinte sur le caractère des habitants qui est sérieux, brave, héroïque, quelque peu âpre et batailleur, avec cette flamme de patriotisme qu'avive le contact permanent de l'étranger. Notre Lorraine porte un chardon dans ses armes.

3. ***Grâce au minerai de fer, la Lorraine est devenue une grande région industrielle.*** — L'industrie du fer en Lorraine, tout au moins avec l'extension qu'elle a atteinte aujourd'hui, est un fait assez récent. Avant 1870, la Lorraine française n'avait, pour ainsi dire, aucune industrie. Mais, après l'annexion de l'Alsace, des industriels alsaciens, qui voulaient garder la nationalité française, apportèrent avec eux en Lorraine des capitaux et l'habitude de les employer dans des travaux d'industrie.

Or, bientôt après, une partie de ces capitaux trouvait son usage dans la métallurgie. L'existence de minerais de fer abondants était connue dans la région de Briey; mais, jusqu'alors, on n'avait pu les employer, parce que ces minerais de fer sont très phosphoreux et que l'on ne savait pas en ce temps-là faire la fonte de ces sortes de minerais. Au contraire, vers 1880, un nouveau procédé, dit *de déphosphorisation*, fit désormais rechercher les minerais phosphoreux. Ce fut la fortune pour la région qui s'étend entre Lunéville et Briey, par Nancy.

Aujourd'hui, dans la région de Meurthe-et-Moselle, les mines de fer emploient plus de 12,000 ouvriers; les établissements métallurgiques, près de 60 000. Métallurgie assez restreinte et spéciale, d'ailleurs, et qui s'explique par le manque de houille. Il faut acheter le combustible soit à la région du Nord, qui, pour le moment, n'est reliée à la Lorraine que par des voies ferrées et par aucun canal, soit à la région de la Moselle moyenne et de la Sarre, reliée à la Lorraine par une voie navigable. Ces deux faits nous expliquent deux traits de la métallurgie lorraine :

1°. *Elle ne transforme pas tout le minerai de fer que fournit son sol.* — Une partie du minerai de fer est exportée dans les pays qui envoient, en échange, du charbon à la Lorraine : c'est-à-dire le Nord Français, la Belgique, et surtout les pays de la Sarre et même les pays rhénans, où ce lourd produit peut être envoyé par la voie d'eau, qui est la moins coûteuse ;

2° *Elle pratique plus la fonte que la métallurgie proprement dite.* — En effet, la fonte du minerai de fer dans les hauts-fourneaux se fait au moyen du coke, combustible léger et moins coûteux à transporter

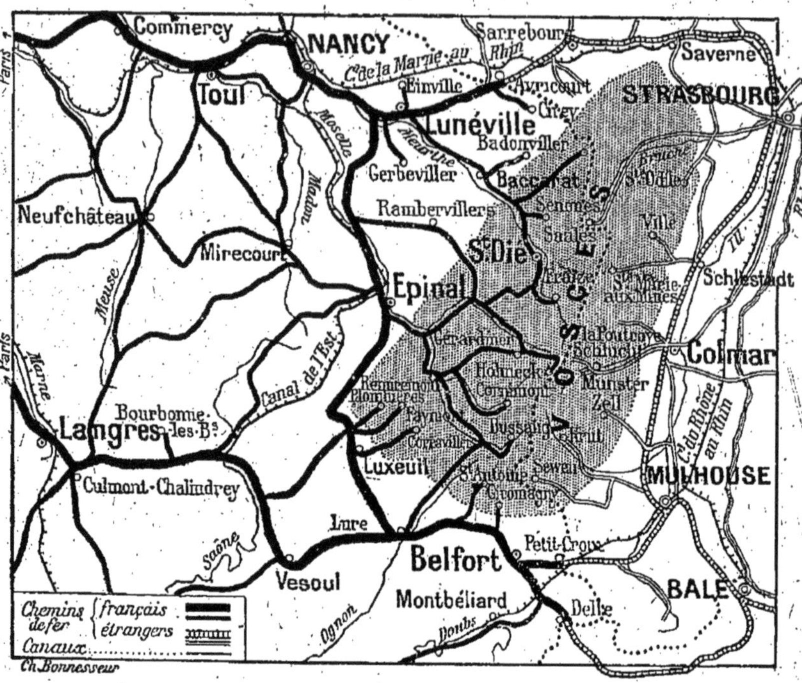

LES VOIES DE COMMUNICATION DANS LA RÉGION DE L'EST.

Ces voies de communication sont diverses (canaux, chemins de fer), et nombreuses. 1° Noter le canal de la Marne au Rhin qui l'unit au Bassin Parisien; le canal de l'Est qui la traverse parallèlement à la frontière et l'unit aux pays de la Saône et du Nord; le canal du Rhône au Rhin qui l'unit à la Bourgogne. — 2° Noter principalement les voies ferrées de Paris à Strasbourg par Saverne, et de Paris à Bâle par Belfort. — 3° Noter enfin les nombreuses amorces qui, de part et d'autre, s'enfoncent dans les hautes vallées vosgiennes presque jusqu'à la frontière qui coïncide généralement avec la ligne de faîte.

Deux raisons expliquent cette abondance de voies de communication : 1° l'importance économique de la région (industries nombreuses et variées); 2° son importance stratégique comme pays frontière.

que la houille. Aussi la production de fonte en Lorraine atteint-elle près de 200 millions de francs par an. Au contraire, le travail du fer, la fabrication de l'acier, de la tôle, etc., qui emploie de la houille, est très faible. Seule, la fabrication des rails, des pièces de forge, etc., est assez active : elle dépasse 100 millions de francs. La métallurgie fine n'existe pas.

4. **La région de l'Est dans son ensemble est une**

« *marche* » *entre la France et l'Allemagne*. — Située entre la France et l'Allemagne, la région de l'Est se différencie assez bien de celle-ci et même de celle-là, pour former entre les deux une région de transition. On a vu que les Vosges ont longtemps formé un môle d'isolement entre elle et l'Allemagne. Vers la France même, bien que le plateau lorrain fasse géologiquement partie du Bassin de Paris, ses voies naturelles, les vallées de la Meuse et de la Moselle, sont orientées du Sud au Nord; ce sont les seules du bassin qui ne convergent pas vers son centre : aussi, avant la formation de l'unité française, les rapports de l'Est français furent plus étroits avec les pays rhénans qu'avec Paris.

Le travail humain a modifié cette situation par la création de voies multiples de communication :

1° **La région de l'Est a été reliée au Bassin Parisien** par le *canal de la Marne au Rhin*, par la *voie ferrée de Paris à Strasbourg* qui franchit les Vosges par le col de Saverne, au Nord, et enfin par la *voie ferrée de Paris à Bâle*, qui les tourne au Sud par la trouée de Belfort; le prolongement de ces lignes vers l'Est unit également la région de l'Est à l'Europe centrale.

2° **Les Vosges ont été pénétrées par les voies ferrées**, d'importance d'ailleurs plus stratégique que commerciale, qui remontent les principales de leurs vallées, la Meurthe jusqu'à Saint-Dié, la Vologne jusqu'à Gérardmer, la Moselle jusqu'à Bussang.

Ainsi, un grand courant commercial d'Ouest en Est traverse aujourd'hui la région. Mais la **situation politique** empêche de raccorder les voies vosgiennes par les cols, par-dessus la ligne frontière. De sorte que l'industrie de l'Est, malgré l'aliment fourni à la métallurgie par les nécessités de la défense, souffre plus encore qu'elle ne profite de cette situation. Du côté français, la défense, avant 1914, ne pouvant s'organiser dans les Vosges, dont les hauts sommets étaient à l'Allemagne, se limita au « passage » du Sud (*Épinal*, *Belfort*) et aux trouées des côtes lorraines, dont les principaux camps retranchés sont *Toul* et *Verdun*. Ces places fortes ont excellemment joué leur rôle de barrières lors de la grande guerre

II. — LA RÉGION DU NORD[1]

La plaine du Nord a bien des traits uniformes : relief plat, climat maritime, rivières égales, abondantes et nombreuses ressources, que ses habitants, Flamands et Wallons, ont su accroître. Elle comprend pourtant, grâce à des différences de sol et de sous-sol, cinq régions différentes : le Hainaut, la région houillère, la Flandre intérieure, la plaine maritime et la côte.

Pays également propre à la culture intensive et à la grande industrie, la plaine du Nord est une des régions les plus peuplées de France, les plus riches en villes. C'est, après Paris et sa banlieue, celle où la circulation commerciale est la plus active.

1. ***Caractères généraux.*** — Séparée, au Nord, par une frontière toute conventionnelle de la *Belgique*, où elle se continue; s'inclinant à l'Ouest vers la *mer du Nord*, sous laquelle sa faible pente se prolonge en s'inclinant très doucement; adossée, vers l'Est, à l'*Ardenne*, plus haute et de sol plus ancien, la **plaine du Nord** est très basse. Elle est limitée au Sud par un bombement peu accentué, orienté N.O-S.E., résultat d'un pli qui s'est formé à l'époque tertiaire dans les terrains du Bassin de Paris (voir p. 19 et 24) : ce sont les *collines de l'Artois*.

Mal limitée sauf à l'Est, la région du Nord a pourtant son caractère propre. Grâce aux ressources de son sol et à sa situation, elle est une grande région de concentration et de circulation, la plus riche de la France après la région parisienne. Son territoire, également apte à la culture intensive et à la grande industrie, est surpeuplé.

2. ***Formation du sol de la région du Nord.*** — Comme la Basse et la Moyenne Belgique qu'elle prolonge, la région du Nord est à la fois l'œuvre de la nature et l'œuvre de l'homme.

1° **L'œuvre de la nature.** — Au nord du pli de l'Artois, qui la sépare du Bassin Parisien, entre ce pli et le massif de l'Ardenne, la plaine du Nord a, à l'époque tertiaire, formé un grand golfe marin, où se sont déposés des sédiments. Lorsque, par suite d'une surélévation du sol, le golfe a disparu, il a laissé la place à une plaine inclinée de l'Ardenne vers la mer du Nord.

1. Voir la carte en couleurs, p. 63.

La portion la plus haute, dans l'intérieur, énergiquement érodée par les eaux courantes, a perdu sa couverture tertiaire et laisse apparaître la craie qui se trouvait jadis sous cette couverture. Une bande de gisements houillers, formée à l'époque hercynienne dans un synclinal qui s'allongeait au pied de l'Artois et de l'Ardenne, est maintenant assez proche de la surface pour que les puits de mine puissent l'atteindre.

La portion plus proche de la mer, plus basse, a été moins énergiquement érodée. Elle a gardé sa couverture tertiaire, composée ici d'argiles, que recouvrent d'épais et riches limons.

Enfin, entre la plaine et la mer proprement dite, s'est formée une plage de sables, plus ou moins envahie par les eaux marines suivant les époques et suivant les points, comprenant des golfes à fond plat, des lagunes, des marécages, des dunes. Elle constitue, en somme, une région côtière très indécise.

2° **L'œuvre de l'homme.** — Les habitants ont drainé les marécages, comblé les lagunes, régularisé et consolidé par des digues la côte contre les invasions marines. Ils ont ajouté à leur pays, en avant de la zone tertiaire, une zone véritablement quaternaire, puisqu'elle est en grande partie leur œuvre.

3. ***Unité de l'ensemble. Divisions naturelles.*** — La plaine du Nord, dans son ensemble, donne une grande impression d'unité. Elle doit son unité :

1° **A son relief**, plat, à peine accidenté de quelques buttes, ou « monts » (*Mont Cassel, Mont des Cats*), qui ne doivent leur importance relative qu'à la platitude de l'ensemble ;

2° **A son climat**, très nettement maritime, grâce à l'influence des vents océaniques, qui ne rencontrent aucun obstacle vers l'intérieur jusqu'à l'Ardenne. La température est peu excessive ; l'humidité est surabondante, se manifestant par des pluies, par des brouillards et par une nébulosité intense ;

3° **A son réseau hydrographique**, dont les rivières abondantes et régulières sont toutes dirigées vers le Nord ou vers le Nord-Ouest : l'*Aa* et l'*Yser* ; l'**Escaut** avec ses affluents, *Lys* et *Scarpe* ; la **Sambre**, affluent de la Meuse.

Pourtant, d'après la nature du sol et du sous-sol, on peut distinguer, du Sud-Est au Nord-Ouest, cinq régions différentes :

1° La **plaine du Hainaut et du Cambrésis**, constituée en partie par un sous-sol crétacé. Elle est plus haute, plus vallonnée, moins humide et moins abondamment pourvue de limons que la plaine flamande, qui se trouve en contre-bas au Nord-Ouest. Des plaques de forêts la parsèment, mais traversées par le large sillon fertile de la *vallée supérieure de la Sambre.*

2° La **région houillère**, fragment français du *bassin franco-belge*, qui s'étend du Boulonnais jusqu'aux confins hollandais de l'Ardenne, le long des vallées de la Sambre et de la Meuse. Elle recèle, sous des dépôts tertiaires analogues à ceux de la plaine flamande qu'elle borde au Sud-Est, la houille, jadis formée sur les bords du continent hercynien.

3° La **Flandre intérieure**, constituée par des argiles tertiaires, recouvertes en général de limons superficiels très épais et très fertiles : c'est une région de grasses cultures. Dans cette plaine, partout humide, les vallées, creusées dans l'argile, tracent des sillons marécageux.

4° La **plaine maritime**, « terre amphibie », dont certaines parties sont au-dessous du niveau des hautes marées. Elle est garantie de l'invasion de la mer par des *dunes*, œuvre de la nature, et par des *digues*, œuvre de l'homme. Mais dans le sous-sol, des eaux marines la pénètrent et l'imprègnent ; il faut les drainer pour rendre la culture possible.

5° La **côte**, basse, plate, alluviale et rectiligne, se distingue mal d'une mer peu profonde. Elle est pauvre en ports naturels. Un cordon de *dunes*, aujourd'hui fixées par la végétation, et de *digues* la borde ;

4. Le peuplement du pays. Flamands et Wallons. — Vaste dépression entre l'Ardenne et la mer, la plaine du Nord livra passage à de nombreuses invasions. Les **Flamands** s'y sont fixés au Nord-Ouest; les **Wallons**, au Sud-Est.

Les premiers ont asséché la plaine maritime, en la drainant par un système de canaux, ou *wateringues*, et en la garantissant des invasions de la mer par des *digues*. Ils ont amendé les parties sableuses, développé l'élevage dans les régions les plus humides et les cultures dans les régions les plus sèches, fondé l'industrie textile dans les vallées humides où poussait le lin, puis au voisinage. Enfin, au XIXe siècle, la houille y a permis le développement de la grande industrie.

Aussi, riche dès le Moyen Age, la plaine du Nord fut-elle le centre de deux puissants États féodaux : le **comté de Hainaut** et surtout le **comté de Flandre**, dont la prospérité s'affirmait par des villes populeuses et industrieuses. Plus que jamais aujourd'hui elle est un pays de *population dense* (250 hab., en moyenne, au kilomètre carré) et *urbaine* (14 villes de plus de 20 000 habitants).

5. ***Divisions régionales.*** — Ainsi transformée et vivifiée par les fortes races qui l'habitent, la région du Nord est devenue une des plus riches régions françaises. Mais sa richesse comporte des degrés et revêt des aspects différents dans les cinq régions que nous avons distinguées : *Hainaut-Cambrésis, région houillère, Flandre intérieure, plaine maritime, côte.*

6. ***Le Hainaut et le Cambrésis.*** — Le Hainaut et le Cambrésis sont constitués par des plateaux crayeux. Ils sont couverts partiellement de limons, partiellement d'argiles produites par la décomposition de la craie. Ils sont profondément découpés par les vallées quelque peu marécageuses de l'*Escaut supérieur*, de la *Sambre* et de ses affluents, les *Helpes*. Par tous ces caractères, ils annoncent les plateaux de Picardie, qui leur font suite dans le Nord du Bassin Parisien.

Le Hainaut et le Cambrésis forment :

1° **Une région agricole.** — Certaines portions argileuses des plateaux sont couvertes par des forêts assez épaisses (*forêt de Mormal*). Mais d'autres possèdent de bons pâturages, ainsi que les vallées ; ils permettent l'élevage et l'industrie fromagère. Enfin les portions limoneuses du plateau portent des cultures de céréales et de betteraves.

2° **Une région industrielle.** — Comme dans tout le Nord, la facilité de se procurer de la laine en Flandre et en Angleterre et même en Ardenne, où paissent de nombreux moutons, a fait naître de bonne heure le tissage de la laine, qui, grâce au voisinage du bassin houiller, a pu devenir une grande industrie. Cette industrie rayonne autour de *Fourmies* jusqu'à *Avesnes* et à *Hirson*. D'autre part, dans le Cambrésis fleurit l'industrie du tulle, importée de Calais. Enfin, la métallurgie, qui prospère dans le bassin houiller, s'est étendue jusqu'à *Maubeuge*.

3° **Une région de passage.** — Entre les hauteurs boisées de l'Ardenne et le bombement crayeux de l'Artois, qui se prolonge par des forêts, un passage se dessine entre Belgique et région parisienne, par une dépression sans arbres, dite *trouée de l'Oise*, qu'utilisent la Sambre, pour couler vers le Nord, et l'Oise, pour couler vers Paris. Elle est également traversée par un canal, qui, unissant l'Escaut à la Somme et à l'Oise, met en communication les Flandres et la région houillère avec Paris.

De là l'importance économique et politique du Hainaut et du Cambrésis. Les villes, anciennes forteresses, se sont pour la plupart transformées : tandis que quelques-unes étouffent encore dans leurs fortifications pittoresques, mais démodées et inutiles, les autres se sont agrandies, soit en devenant des camps retranchés, comme **Maubeuge**, soit en devenant des marchés agricoles et des centres d'industrie, comme **Cambrai**, *le Cateau*, *Avesnes* et *Fourmies*.

7. ***La région houillère.*** — La région houillère s'étend depuis l'extrémité occidentale du versant Nord de l'Artois jusqu'au pied de l'Ardenne, le long de laquelle elle se continue en territoire belge jusqu'à Liége.

En surface, elle a les mêmes caractères que le Hainaut : plateaux crayeux, plus ou moins couverts de limons, coupés de vallées humides (*Aa*, *Lys*, *Scarpe*, *Escaut*) et produisant en abondance céréales, betteraves et bétail.

Mais c'est la houille du sous-sol qui explique les deux traits essentiels de sa géographie :

1° **Ses industries.** — D'abord l'extraction même de la houille : non seulement elle fournit le combustible aux industries du Nord, mais elle s'exporte dans tout le Bassin Parisien, et surtout vers Paris, grâce aux canaux et à l'Oise. D'autre part, la métallurgie (fabrication de machines, de locomotives, etc.) fleurit surtout dans la région de Douai et de Valenciennes.

2° **Son surpeuplement.** — Jadis moins peuplée que la Flandre, cette région a aujourd'hui, sans posséder aucune grande ville, la densité de population la plus forte du Nord. Sa population est composée surtout de mineurs et d'ouvriers, groupés autour des puits de mines et des usines, en agglomérations médiocres, mais nombreuses et serrées. Il n'y a que deux sortes de villes assez importantes : certains foyers miniers ou industriels particulièrement considérables, comme *Lens*, *Anzin*, *Denain*, et surtout des villes plus anciennes, à la fois marchés agricoles, lieux de foires et de magasins, centres d'industrie, comme *Béthune*, **Douai** et **Valenciennes**.

8. ***La Flandre Intérieure.*** — La Flandre Intérieure est à la fois la plus riche terre de cultures, le principal foyer d'industrie et la principale région urbaine du Nord.

1° **La plus riche terre de cultures.** — Constituée dans sa portion intérieure par des argiles tertiaires assez marneuses et recouvertes de limons très fertiles, dans sa portion extérieure par des lits sableux mais amendés par des siècles de travail patient, elle possède aujourd'hui partout un sol meuble, sans arbres, facile à travailler et extraordinairement productif. La campagne flamande produit en abondance des céréales (blé, orge), des betteraves, du bétail et certaines cultures industrielles comme le houblon, la chicorée, le chanvre et le lin. La culture est intensive et savante : elle utilise les machines perfectionnées et les engrais chimiques ; elle donne de gros rendements.

2° **Le principal foyer d'industrie.** — L'industrie flamande est née de l'initiative et de la patience de ses habitants, qui ont su transformer de bonne heure les matières premières que leur offrait leur pays : la laine, le lin, le chanvre. Quand la grande industrie est née grâce à l'exploitation de la houille voisine, les tissages sont demeurés la première ressource de la contrée : tissage de la toile entre Armentières et Lille, de la laine et du coton entre Lille, Roubaix et Tourcoing. A ces industries s'en sont ajoutées d'autres, comme la métallurgie, à Lille, et les industries alimentaires (sucrerie, brasserie, fabrication de chicorée, de beurre, de fromages), un peu partout.

3° **La principale région urbaine.** — De population moins continûment dense que la région houillère, la Flandre Intérieure comporte, cependant, un grand nombre de marchés agricoles, où l'on trouve aussi des industries alimentaires ; les principaux sont : *Aire*, *Saint-Omer*, *Hazebrouck* et *Bailleul*.

Mais surtout, entre la Lys et la Deule, entre la Flandre purement agricole et la région houillère, l'industrie a favorisé le développement de villes très anciennes et suscité des villes nouvelles : sur la Lys, *Armentières* ; dans la région de la Deule, **Lille** (217 000 hab.), la capitale intellectuelle et économique des Flandres ; **Roubaix** (122 000 hab.), **Tourcoing** (82 000 hab.). Ces trois villes ne forment, avec leurs faubourgs industriels, qu'une énorme agglomération de 600 000 habitants.

9. ***La Plaine Maritime.*** — La plaine alluviale, composée de sables, colmatée autant par le travail de l'homme que par la nature, constitue aujourd'hui une série de prairies asséchées depuis longtemps, ou *polders*, et de praries plus marécageuses, asséchées à une époque plus récente, ou *moeres*. Les unes et

les autres sont drainées par des *wateringues*. Elles ont comme unique ressource l'élevage, d'ailleurs très prospère, du bétail, notamment des vaches laitières.

La population, éparse, n'a comme marché que les villes de Flandre Intérieure qui se trouvent à la limite de la plaine maritime, comme Saint-Omer, ou les ports de la côte.

10. ***La Côte.*** — Droite, basse, plate, constituée par des cordons littoraux et des dunes, la côte ne présente qu'un seul avantage naturel : la ligne des dunes, qui, reliées entre elles par quelques digues, forment la meilleure route de la plaine maritime et le meilleur site pour les habitations. De là l'existence d'un certain nombre de petites villes, à la fois marchés agricoles et ports de pêche, comme *Gravelines*.

Mais la proximité de l'Angleterre, qui est le meilleur client de la France, et de la grande région industrielle du Nord a, malgré les désavantages de la côte, fait naître deux grands ports : **Calais** (72 000 hab.), port de voyageurs vers l'Angleterre (ligne *Calais-Douvres*), port de pêche et ville industrielle (fabrication des tulles), et surtout **Dunkerque**, grand port de commerce, dont l'importance s'explique par les voies de communications qui l'unissent à toute la région du Nord.

11. ***Rapports de la région du Nord avec l'extérieur.*** — Région surpeuplée, douée d'une grande industrie, la plaine du Nord absorbe elle-même une grande partie des produits de son sol et de son sous-sol. Mais elle exporte aussi, soit dans le reste de la France soit à l'étranger, une part de sa houille et de ses produits sucriers, textiles ou métallurgiques.

Elle est sillonnée par un réseau très serré de **voies ferrées**, analogue à celui de la Belgique, qui se trouve dans les mêmes conditions physiques et économiques. Les grandes lignes sont celles de *Paris-Calais*, *Paris-Lille*, *Paris-Maubeuge*. D'autre part, une grande ligne transversale de **canaux** relie les unes aux autres ses rivières qui sont, d'ailleurs, naturellement navigables : elle a son débouché sur Paris par l'Oise, sur l'Est par l'Aisne.

Enfin, par le grand port de **Dunkerque**, situé au débouché de cette ligne de canaux sur la mer, elle importe les matières premières nécessaires à sa propre industrie, *minerai*, *laine*, *coton*, et elle introduit dans la France entière les produits du Nord de l'Europe : *poissons* de la grande pêche islandaise, *bois* et *goudrons* de Norvège.

1. « CLAIR » DANS LES MARAIS D'ARDRES.

La plaine maritime de Flandre, ancien golfe marin, récemment et imparfaitement comblé par les alluvions, est encore aujourd'hui une « terre amphibie », trempée d'eau douce en surface et d'eau marine en profondeur. Les parties basses sont couvertes de mares, ou, comme on dit, de « clairs », qui sont d'anciennes tourbières. Pour rendre cette plaine propre aux cultures ou aux prés d'élevage, il a fallu la drainer et l'assécher par tout un système de canaux.
(Photo Blanchard.)

2. LE MONT AIGU EN FLANDRE.

Sur la plaine de Flandre intérieure se détachent quelques buttes, témoins de l'ancien niveau de la plaine avant que les eaux courantes l'aient déblayée. Aucune n'atteint 200 mètres. Mais elles se détachent si nettement sur l'horizon monotone, et leurs pentes sont si raides qu'elles méritent le nom de monts : *Mont Aigu, mont Cassel, mont des Cats.* (Photo Blanchard.)

Lectures.

1. ***La plaine du Nord est la portion terminale de la grande plaine européenne.*** — Au point de vue physique, la plaine du Nord de la France ne se rattache pas au Bassin Parisien : elle est l'extrémité occidentale de la grande plaine européenne, qui commence en Russie, englobe l'Allemagne du Nord et le Jutland, le royaume des Pays-Bas et la Belgique, et se termine aux approches du Pas de Calais.

De cette grande plaine elle a presque tous les caractères physiques : alternance, sur le sol de sables et de graviers infertiles dans la partie maritime, de limons épais et fertiles dans la partie continentale ; côtes basses, plates, rectilignes et peu articulées, bordant une mer peu profonde. Les seules différences avec le centre et l'est de la plaine sont : 1° ses *dimensions*, beaucoup plus restreintes, la grande plaine s'amincissant vers l'Ouest, entre les anciens plissements hercyniens et la mer ; — 2° son *climat*, ici très maritime, comme en Belgique et en Hollande, alors qu'il devient de plus en plus continental vers l'Est, jusqu'à la Russie.

Cette plaine basse du Nord de la France fut une route d'invasions, un champ de batailles entre Gallo-Romains et Germains envahisseurs, plus tard une « marche » entre l'État français et les États du Nord ; témoins ces noms de batailles, dont quelques-uns se retrouvent plusieurs fois dans notre histoire : *Bouvines, Lens, Denain, Fleurus, Wattignies, Hondschoote.* La route de la Meuse, de la Sambre et de l'Oise, au contact de la plaine basse et du massif hercynien de l'Ardenne, forme l'une des principales voies de circulation européenne, pour les armées comme pour le commerce. C'est la grande route qui unit la France à l'Allemagne du Nord et à la Russie.

La limite actuelle entre les « Pays-Bas » français et belges n'a aucun fondement dans la géographie physique ou dans les conditions de la vie humaine, lesquelles sont identiques de part et d'autre de la frontière. C'est la même région agricole et industrielle. La distinction entre France et Belgique est purement politique ; la distinction entre Flandre (Flamands) et Hainaut (Wallons) est surtout ethnique : ni l'une ni l'autre n'est naturelle.

2. ***La plaine du Nord a été profondément transformée par la « colonisation » des Flamands.*** — Parmi toutes les régions, si peuplées, si actives, si vivantes, du Nord de la France, la région occidentale présente un intérêt spécial : elle est l'œuvre de l'homme. Tandis qu'à l'Est des limons épais et fertiles et la houille du sous-sol offrent des ressources naturelles à l'agriculteur et à l'industriel, à l'Ouest le sol était surtout composé de sables et de graviers stériles, les eaux stagnaient en marécages sur une terre plate et imperméable. Plus près de la mer, l'eau salée pénétrait le sous-sol et le rendait impropre à la végétation ; les invasions marines rendaient précaire tout établissement humain sur ces « terres amphi-

1. PAYSAGE MINIER DANS LE NORD. UNE FOSSE A DENAIN.

Tel est le « paysage » ordinaire que l'on voit dans la région du bassin houiller : le canal, avec les péniches qui viennent charger la houille; les puits d'aération de la mine et les cheminées d'usine; au fond, les « terris », formés par les déchets accumulés de l'extraction. (Photo Beck.)

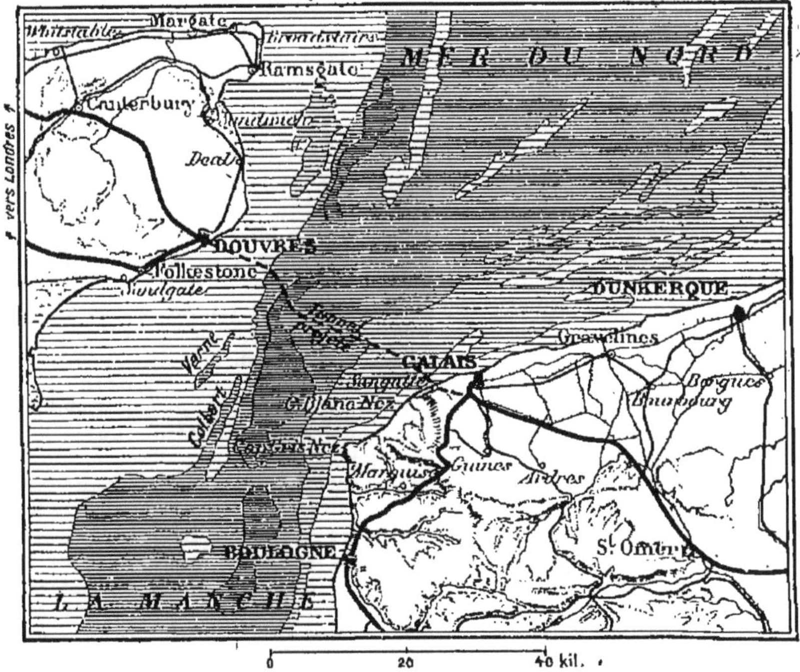

2. CARTE DU PAS DE CALAIS.

Le Pas de Calais a 31 kilomètres de largeur; sa profondeur maxima est de 54 mètres. On le franchit en une heure environ de Calais à Douvres.

bies » où l'on ne pouvait discerner de limite exacte entre le sol et l'eau. Encore au VIIe siècle, de véritables golfes marins échancraient le pays, et un bras de mer presque continu allait de Calais à Bruges.

Les Flamands ont transformé cette contrée : par un travail opiniâtre de plusieurs siècles, ils en ont fait une des plus riches terres de l'Europe.

Par des *digues*, qui unissent les dunes entre elles et en font une muraille continue, ils ont garanti le pays contre les invasions marines. Cette muraille est seulement échancrée pour laisser aux rivières un passage, que ferment d'ailleurs des *écluses* au moment de la marée. A l'abri de ces digues, par un système de canaux de drainage, ou *wateringues*, ils ont asséché le sol et transformé les marécages, ou *moeres*, en pâturages fertiles, ou *polders*. Ce travail a été long ; il est à peine terminé : la *Grande* et la *Petite Moere* n'ont été asséchées qu'au début du XIXe siècle. Enfin, le long de la côte, ils ont créé des *ports artificiels*.

Dans l'intérieur, ils ont patiemment amendé les parties sableuses, créé peu à peu un humus fertile, développé l'élevage dans les régions les plus humides, les cultures dans les plus sèches ; fondé le tissage du lin dans les vallées très humides où cette plante poussait bien, le tissage de la laine près des pâturages à moutons, et préparé ainsi la place au tissage du coton et à la grande industrie textile, quand les progrès économiques ont permis l'apport des matières premières exotiques et l'usage de la houille.

Les Flamands ont aujourd'hui une réputation universelle pour les travaux de drainage et d'amendement des sols sableux. Au XVIIe siècle les souverains du Brandebourg faisaient venir des Flamands pour assécher et assainir ses landes marécageuses ; on trouve en pleine Allemagne une région qui a gardé leur nom : *le Flæming*. Dans les marais de Charente, des Flamands ont fait là même œuvre. Aujourd'hui, c'est à eux qu'a fait appel la Camargue pour s'assainir et s'enrichir.

3. *Le bassin houiller du Nord est un centre d'activité très intense.* — La limite de l'ancien continent hercynien est marquée, dans l'Europe Occidentale, par une longue bande de terrains houillers, qui commence en Allemagne (bassin de la Ruhr), traverse la Belgique par Liége, Charleroi et Mons, au pied de l'Ardenne, se poursuit en France à travers les départements du Nord et du Pas-de-Calais, et se continue, par delà le détroit du Pas de Calais, jusque dans le Pays de Galles. L'ensemble de ces bassins forme la région houillère la plus importante de l'Europe.

En France, ce bassin houiller est orienté du Nord-Est au Sud-Ouest dans le *bassin d'Anzin* et *de Valenciennes* ; il l'est ensuite du Sud-Est au Nord-Ouest, dans les *bassins de Lens* et *de Béthune*. Les couches, peu profondes à l'Est (40 mètres à Anzin, 160 mètres près de Douai), s'enfoncent progressivement vers l'Ouest (plus de 600 mètres près de Béthune) ; en outre, elles vont en s'amincissant. Ce bassin houiller produit, à lui seul, les deux tiers de notre production nationale.

Plusieurs circonstances favorables ont favorisé l'utilisation de la houille sur place ou dans la région : médiocrité du relief, déterminant des rivières lentes et navigables, facilitant l'établissement de canaux et de voies ferrées; abondance de matières premières industrielles dans le pays (céréales, lin, betterave, laine); proximité de la mer permettant l'approvisionnement en matières premières étrangères (laine, coton, minerai).

De là un développement industriel remarquable : industries textiles (lin, laine, coton), industries alimentaires (fabriques de sucre, raffineries), industries mécaniques (fonderies, aciéries, forges). De là une concentration d'hommes groupés moins en de très grandes villes qu'en un grand nombre de villes moyennes, où les corons des mineurs se suivent, tous pareils, en files monotones.

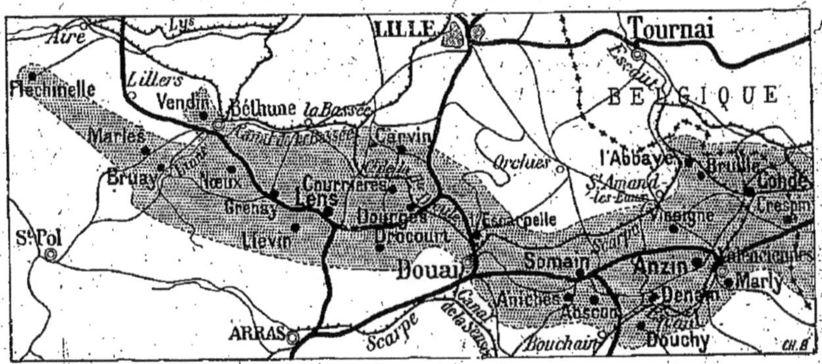

LE BASSIN HOUILLER DU NORD ET DU PAS-DE-CALAIS.

La France septentrionale est traversée par une bande de terrain houiller, prolongement des bassins houillers de l'Allemagne occidentale et de la Belgique. Orientée d'abord du Nord-Est au Sud-Ouest, cette bande houillère forme le bassin de Valenciennes et de Douai (Condé, Anzin, Denain, Aniche, Somain, Douai). Orientée ensuite du Sud-Est au Nord-Ouest, elle forme le bassin de Lens et de Béthune (Carvin, Courrières, Lens, Liévin, Nœux, Bruay, Béthune, Marles). Au delà de Fléchinelle, vers l'Ouest, les couches houillères s'enfoncent, et ne sont pas pour le moment exploitées. Ce bassin de la France septentrionale, le plus important des bassins houillers français, produit près des deux tiers de la houille qu'on extrait chaque année dans la France entière. De là, le grand nombre de villes, de canaux et de voies ferrées.

4. La région Lille-Roubaix-Tourcoing est la première région industrielle de la France, après Paris. — L'agglomération populeuse et industrielle dont Lille, Roubaix et Tourcoing constituent le centre, est, comme toute la Flandre, une très vieille région d'industrie. Là comme partout, depuis Douai et Cambrai jusqu'à Bruges, Gand et Anvers, dès l'époque des communes au Moyen Age, la population avait pris le goût du travail industriel et l'habitude de risquer sa fortune dans les affaires commerciales. Là, la Flandre avait montré le chemin à sa voisine d'outre-mer, à sa rivale d'aujourd'hui, l'Angleterre.

De nos jours, les grandes usines se sont facilement substituées aux modestes ateliers de jadis, parce que la région Lille-Roubaix-Tourcoing possède ces trois conditions nécessaires à l'industrie moderne :

1° un riche bassin houiller au voisinage, qui l'alimente en combustible; 2° un riche réseau de voies de communications, voies de fer et voies d'eau; 3° une population urbaine très nombreuse. Si les départements du Nord et du Pas-de-Calais représentent à eux seuls le treizième de la population française, l'agglomération Lille-Roubaix-Tourcoing, qui forme aujourd'hui, avec ses faubourgs, une ville presque continue, est la plus forte agglomération urbaine de France, après Paris.

Que travaille-t-on dans cette immense usine? Comme dans la région

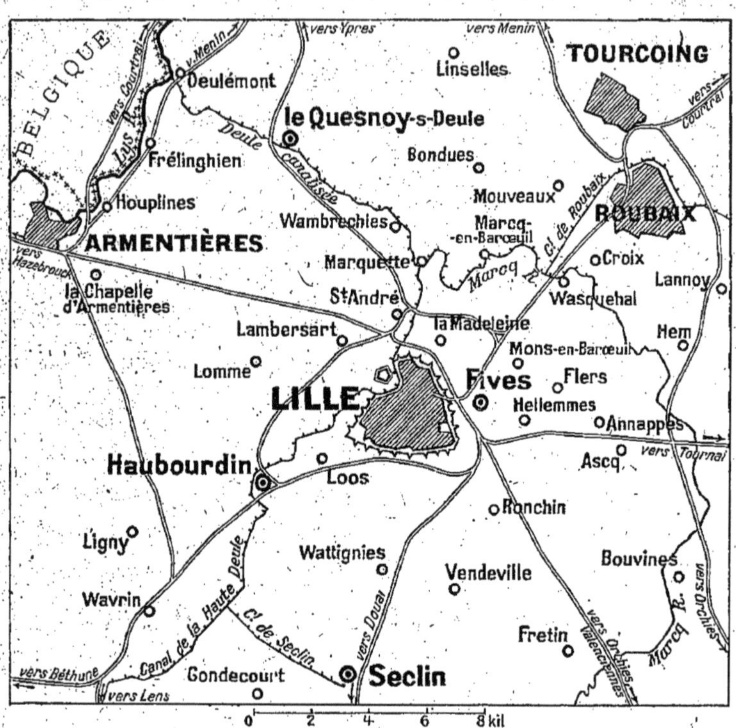

LA GRANDE RÉGION INDUSTRIELLE DE LILLE-ROUBAIX-TOURCOING.

du bassin houiller et pour les mêmes raisons, on pratique d'abord la métallurgie, la fabrication des machines à vapeur, des locomotives, etc. Fives, près de Lille, possède des ateliers métallurgiques très importants.

Mais ce sont surtout les industries textiles qui l'emportent. D'abord, la fabrication des lainages, née très anciennement grâce à la laine des moutons de Flandre et d'Angleterre, a pris aujourd'hui d'énormes proportions, grâce aux importations de laine d'Argentine et d'Australie : cette région possède plus de 75000 ouvriers de la laine; elle a le tiers des broches qui travaillent la laine dans toute la France. Puis la fabrication des cotonnades, le travail du coton s'étant implanté là où l'on avait l'habitude de travailler la laine. Enfin, au voisinage, à Armentières, le tissage de la toile, très ancien, comme dans toute la Flandre, favorisé ici par les eaux de la Lys, qui facilitent le rouissage du lin, est devenu une grande entreprise, grâce à l'importation des lins russes et argentins par Dunkerque. Aujourd'hui, la région Lille-Armentières possède les neuf dixièmes des ouvriers qui filent le lin en France, la moitié de ceux qui le tissent.

En somme, cette industrie textile, la richesse de la région, doit sa prospérité à des *circonstances géographiques* : la présence de la houille, l'abondance de l'eau, l'existence de routes naturelles, — à des *circonstances historiques* : l'habitude du travail industriel, né dans les communes flamandes dès le Moyen Age, — mais aussi à *l'activité des habitants*, — à leur *intelligence*, qui leur a permis de se spécialiser dans la fabrication des produits de qualité, beaux lainages, belles étoffes, fils et toiles fines, et de soutenir la concurrence des produits anglais, — à leur *esprit d'initiative*, qui les pousse à utiliser les sous-produits des matières qu'ils emploient (par exemple, les huiles de coton et de lin, les boutons faits avec les os des moutons, les stéarines faites avec leur suif, etc.) et surtout à faire le grand commerce. C'est ainsi que, grâce aux capitaux sagement utilisés de ses commerçants, l'agglomération Lille-Roubaix-Tourcoing-Armentières centralise presque toutes les matières premières qui viennent de l'étranger pour le tissage, même celles qui sont expédiées ensuite vers les autres usines de France : Roubaix est le marché de la laine pour une grande partie de notre pays ; Tourcoing, du coton ; Armentières, du lin.

Aussi cette région, la plus riche et la plus populeuse du Nord, n'est pas seulement la plus industrieuse, mais la plus *commerçante* de France, après Paris : son négoce est particulièrement actif avec les autres régions industrielles de France et avec l'Amérique du Nord et du Sud. Son port, Dunkerque, ne lui suffit pas. Elle s'approvisionne aussi par le port normand du Havre et par le port belge d'Anvers.

5. ***Dunkerque est un port artificiel, qui doit son importance à la puissance industrielle de son arrière-pays*** — Le port de Dunkerque ne doit pas son importance à la structure de la côte flamande, mais à l'existence d'un arrière-pays industriel des plus puissants et aux multiples voies de fer et d'eau qui le relient à lui.

Autrefois, la région du Nord tirait soit de son propre sol, soit du voisinage les matières premières nécessaires à son industrie (laine et lin, fer, etc.), de même que les aliments nécessaires à sa population.

Aujourd'hui, à cause de l'extension de son industrie, à cause de la multiplication de ses habitants, elle doit acheter des matières premières et même des aliments à l'étranger : il lui faut du bois, qui lui vient de Scandinavie ; du fer, qui lui vient de Scandinavie et d'Espagne ; du pétrole, des États-Unis ; de la laine, d'Argentine et d'Australie ; du coton, des États-Unis et d'Égypte ; des viandes, des grains, des fruits, etc. D'autre part, tandis que la région du Nord vendait jadis la plus grande partie de ses produits fabriqués au reste de la France, elle en exporte aujourd'hui dans le monde entier, et notamment en Amérique.

C'est la nécessité de ces exportations et de ces importations qui a, sinon fait naître le port de Dunkerque (il existait déjà au XVIIIe siècle comme port de commerce), du moins déterminé sa grandeur. C'est la nécessité du commerce flamand qui a créé un grand port moderne sur cette côte rectiligne, en face de cette mer peu accessible et sans profondeur. Des chenaux, dont les principaux sont la *Passe de Zuydcote* et la *Passe de l'Est*, ont été approfondis entre les *Bancs de Flandre* (v. la carte, p. 95), qui semblent défendre l'accès de la côte; la rade, envasée, a été approfondie, garantie par une digue puissante. Surtout les canaux, qui peuvent recevoir des chalands longs de 40 mètres, ayant 1 m. 80 de tirant d'eau, et pouvant charger 300 tonnes de marchandises, donnent accès à ceux-ci dans le port même, où le transbordement se fait directement des navires de mer aux bateaux d'eau douce.

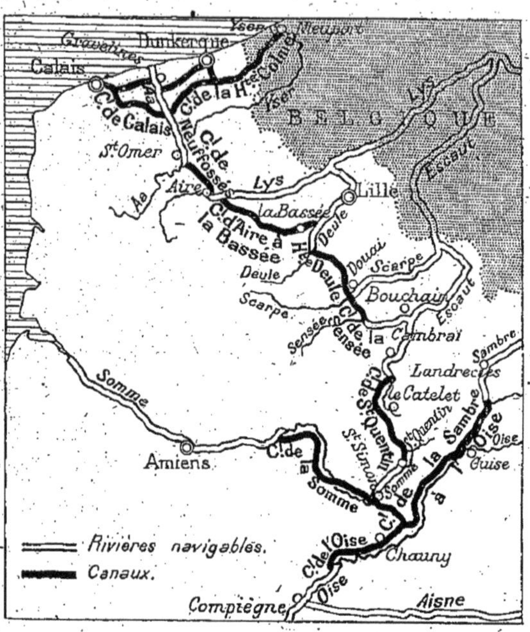

RÉSEAU NAVIGABLE DE LA FRANCE DU NORD.

Nulle région n'est mieux pourvue de voies navigables que la France du Nord : fleuves (Oise, Sambre, Escaut, Aa), naturellement navigables ou canalisés ; canaux de jonction (de l'Oise, de la Sambre à l'Oise, de la Somme, de Saint-Quentin, etc.), reliant entre eux quatre grands bassins fluviaux (Seine, Somme, Escaut, Meuse), et les mettant en relation avec la mer du Nord.

Dunkerque, port de pêche secondaire, est ainsi devenu un grand port de commerce, dont le mouvement commercial dépasse 1 million de tonnes.

6. ***La navigation intérieure est un élément essentiel de la prospérité économique du Nord.*** — Dans le Nord, l'eau est partout. Dans l'atmosphère, elle se manifeste non seulement par des pluies fréquentes, mais par une nébulosité presque continue et une humidité de l'air très abondante. Sur le sol et dans le sol, elle se montre, non seulement par des rivières nombreuses et abondantes,

mais par des étangs, par des nappes souterraines abondantes. Aussi, pour les cultures, la question de l'eau ne se pose nulle part, et les rivières jouent un rôle secondaire. Au contraire, dans ce pays industriel où se transportent tant de matières lourdes, houille, bois, fer, etc., les rivières jouent un rôle essentiel comme voies de communication.

Les cinq centres principaux d'industrie ou de commerce qu'il s'agit de relier entre eux sont : la côte et la région de Dunkerque, la région des tissages de la Lys, la région de Lille-Roubaix-Tourcoing, le bassin houiller, la région des tissages de la Sambre ; ajoutons-y la vallée de l'Oise, par laquelle Paris reçoit du Nord une grande partie du charbon qu'il consomme. Or, ces différents centres s'échelonnent du Nord-Ouest au Sud-Est ; au contraire la plupart des rivières vont du Sud-Ouest au Nord-Est : c'est la direction de l'Aa, de la Lys, de la Deule, de la Scarpe, de la Sensée, de l'Escaut, de la Sambre.

D'autre part, à l'état naturel, ces rivières, malgré l'abondance de l'humidité locale, ne sont pas des voies navigables sans défaut : venant de l'Artois, elles ont une pente forte à la source ; coulant sur la plaine du Nord, elles ont une pente insuffisante dans leur cours moyen ; et elles coulent presque toutes sur un lit d'argile imperméable. De là une double tendance, également nuisible à la navigation, à avoir des crues et des inondations très fortes au moment des pluies d'hiver, et à s'étaler dans des marais au lieu de garder un cours régulier et bien continu.

Ces deux faits suffisent à nous expliquer qu'il ait fallu, pour organiser le réseau navigable du Nord, que le travail des hommes s'ajoutât à l'œuvre de la nature. Ce travail s'est fait, ici, continûment et assidûment, du XVIe au XIXe siècle. Aujourd'hui toutes les rivières du Nord sont canalisées et navigables ; toutes sont unies entre elles par des canaux de jonction, qui constituent une voie navigable continue de Dunkerque à l'Oise, formée par le canal de Bourbourg et de la Haute Colme, qui part de Dunkerque, l'Aa, le canal de Neuffossés ou d'Aire, la Lys, le canal de la Bassée, la Haute Deule, les canaux de la Haute Deule et de la Sensée, l'Escaut, les canaux de Saint-Quentin, de la Somme et de l'Oise. Ces routes d'eau douce voient, sur les péniches, passer beaucoup plus de marchandises que la plupart des eaux marines de la France sur les *cargo-boats* et les barques : pour le canal de la Bassée, plus de 3 millions et demi de tonnes par an ; pour la Haute Deule, plus de 5 millions ; pour le canal des houillères ou de la Sensée, plus de 2 millions. Il y a là des ports qui, s'ils étaient situés sur la mer, compteraient parmi les principaux ports de France : si Dunkerque a un mouvement commercial de 1 million et demi de tonnes, Pont-à-Vendin, sur la Deule, atteint presque un million (tandis que Lyon n'en a que 800 000) ; Lille, également sur la Deule, 700 000 ; Denain, sur l'Escaut, 800 000 ; Béthune, sur le canal d'Aire, près de 800 000 également.

III. — LE BASSIN PARISIEN. — 1° L'EST. LA CHAMPAGNE

Entre la région proprement parisienne et l'Est lorrain, la portion orientale du Bassin de Paris se décompose en une série de bandes de terrains parallèles, orientées Nord-Sud, dont les plus importantes constituent la Champagne.

Semblables par leur climat demi-continental, unies par les vallées des rivières, qui les traversent d'Est en Ouest, ces bandes, grâce à la variété des sols, constituent différentes régions naturelles : le Barrois et l'Argonne, la Champagne Humide et la Champagne Pouilleuse, la Falaise d'Ile de France, les Pays de l'Yonne.

Dans cet ensemble, qui, grâce à son orientation et à son relief, a été de tout temps un lieu de passage pour les invasions ou pour les voies de commerce, il n'y a que deux groupes économiques très prospères : la Falaise et les Vallées ; deux industries très actives : celle de la bonneterie et celle des vins.

1. ***La diversité du sol.*** — Entre la Lorraine, constituée par les premiers étages secondaires, et le centre du Bassin Parisien, constitué par les terrains tertiaires, la zone champenoise est essentiellement constituée par deux bandes de terrains, appartenant à l'âge crétacé (fin du Secondaire), qui s'allongent, parallèlement l'une à l'autre, du Nord au Sud :

1° *A l'Est*, une bande plus étroite : celle du **Crétacé inférieur**. Les sols qui y dominent sont des *argiles* et des *sables* imperméables et humides ; ils sont peu fertiles.

2° *A l'Ouest*, une bande plus large : celle du **Crétacé supérieur**. Le sol que l'on y trouve presque exclusivement est la *craie* blanche, tendre, perméable et sèche ; elle est encore moins fertile que les sols précédents.

Ces deux zones, non plissées et offrant peu de résistance à l'érosion, ne comportent pas de hauteurs ; ce sont, en général, des **plaines**, dont l'altitude s'abaisse, comme celle du Bassin Parisien, de l'Est vers le Centre : on les appelle des Champagnes ou Campagnes. Ces plaines sont bordées à l'Est et à l'Ouest, par deux **lignes de hauteurs** l'une et l'autre orientées Nord-Sud :

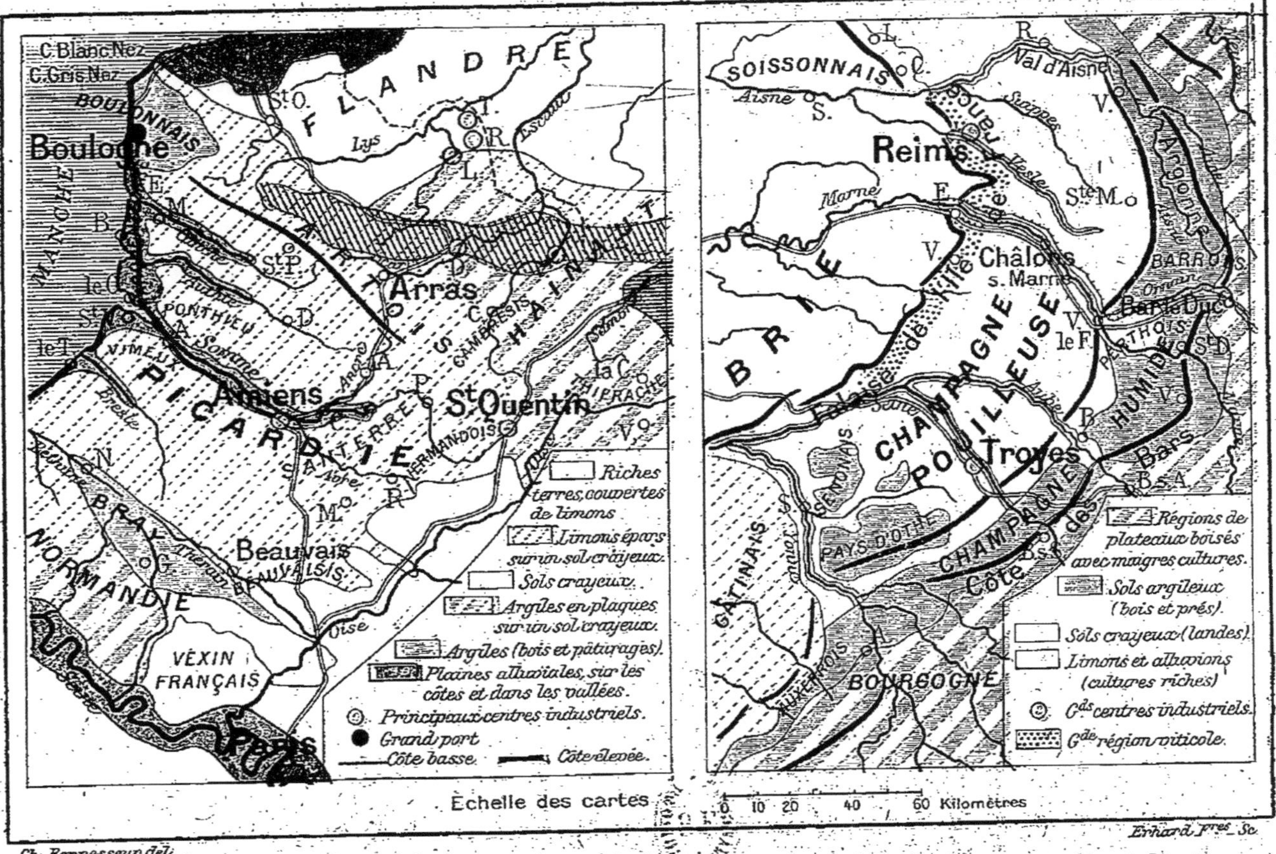

BASSIN PARISIEN : NORD ET EST.

1° *A l'Est*, les **hauteurs du Barrois**, assez basses et discontinues, formées par le dernier étage résistant du Jurassique lorrain ; elles se continuent, plus au Nord, par les hauteurs de l'**Argonne**, plus hautes et continues, formées par une certaine argile du Crétacé Inférieur, très dure : la *gaize* ;

2° *A l'Ouest*, la **falaise d'Ile-de-France**, constituée par les calcaires tertiaires de la région parisienne : plus durs que la craie champenoise, ils ont mieux résisté qu'elle à l'érosion et forment une ligne abrupte qui la domine.

2. ***L'unité du climat et du réseau hydrographique.*** — Ces régions, tellement opposées entre elles par le relief et par les qualités du sol, ont pourtant deux traits communs :

1° Le **climat**, intermédiaire entre le climat déjà continental de la Lorraine et le climat déjà maritime de Paris : hivers rudes et neigeux, avec prédominance des vents froids de l'Est ; étés chauds et fertiles en orages.

2° Le **réseau hydrographique.** — La Champagne n'a pas de grands cours d'eau qui lui appartienne en propre ; mais elle est traversée, d'Est en Ouest, par la plupart des grandes rivières dont les eaux affluent, directement ou indirectement, vers le Centre du Bassin Parisien : aux limites Sud et Nord, l'**Yonne** et l'**Aisne** (qui y reçoit la *Suippes* et la *Vesle*) ; dans la zone médiane, la **Seine**, l'**Aube** et la **Marne**, qui y reçoit l'*Ornain*.

Ces cours d'eau, puissants et (sauf l'Yonne) réguliers, exercent sur la contrée une triple influence :

1° Entre des régions disparates, ils établissent, par leurs cours et surtout par leurs vallées, de multiples liens, des *routes naturelles*.

2° Sur ces sols, pour la plupart infertiles, leurs eaux ont amené des *alluvions fertiles*, qui occupent toutes les vallées et même en certains points forment de larges bassins.

3° Dans la zone de la craie, perméable et sèche, l'eau, qui filtre à travers le sol, se concentre dans le sous-sol et reparaît dans le fond des vallées, qui forment ainsi des *lignes de sources*.

3. ***Les régions naturelles.*** — Malgré ces liens, dont on verra en terminant, l'importance, chaque région champenoise a un aspect, un ensemble de ressources qui lui est propre et qu'elle doit à son sol. Il faut donc étudier séparément :

1° A l'Est, les *hauteurs du Barrois* et *de l'Argonne* ;

2° et 3° Au centre, les plaines de la *Champagne Humide* et de la *Champagne Sèche* ;

4° A l'Ouest, la *falaise d'Ile-de-France* ;

5° Enfin, au Sud et au Nord, les *pays de l'Yonne* et *de l'Aisne*.

3. *Les hauteurs du Barrois et de l'Argonne.* — Entre le plateau lorrain et les plaines champenoises s'allonge une série discontinue de hauteurs linéaires, crêtes au Sud et au Centre, masses épaisses au Nord, qui n'ont d'ailleurs rien de commun entre elles, ni l'origine, ni le sol, ni les ressources.

1° Au Sud et au Centre, les ***Bars***, taillés par l'érosion dans les dernières assises du calcaire jurassique, forment une série de crêtes fragmentaires, séparées par la coupure des rivières. Elles comportent quelques bois, mais leurs pentes, orientées vers l'Est, portent des cultures et même des vignes. Les villes se sont bâties au passage des vallées, qu'elles dominent; ce sont à la fois des positions fortes et des lieux d'échange. La principale est **Bar-le-Duc**, sur l'Ornain, affluent de la Marne ; les autres, *Bar-sur-Aube* et *Bar-sur-Seine*.

Le Barrois, grâce à sa forte position, a été au Moyen Age une seigneurie militaire ; mais il a été assez rapidement partagé entre ses deux puissants voisins, Lorraine et Champagne.

2° Au Nord, l'***Argonne*** forme une masse plus épaisse et plus abrupte. Elle est constituée par une argile du Crétacé inférieur, la *gaize*, qui, très dure, a résisté à l'érosion. Elle ne compte que quelques **dépressions** : les passages des *Islettes*, de la *Chalade*, de *Grandpré*, de la *Croix-au-Bois* et du *Chêne Populeux*. Grandpré, large de plusieurs kilomètres et déboisé (de là son nom), est le passage le plus commode.

Son sol imperméable, son climat rude rendent l'Argonne peu propre aux cultures. Elle est couverte par une forêt presque continue, et ses habitants vivent surtout de l'exploitation du bois (scieries, charbon de bois, etc.); en été, ils vont faire la moisson dans les plaines de l'Est et de l'Ouest. Elle est peu peuplée. Les seules villes sont des marchés, au pied de la montagne, au débouché des passages. La principale est *Sainte-Menehould*, au pied des Islettes.

4. *La Champagne Humide.* — La Champagne Humide est une plaine longue et étroite, essentiellement constituée par des argiles imperméables et peu fertiles, couvertes de bois et d'étangs. Elle possède une population rurale assez pauvre, dont les seules ressources sont la fabrication du charbon de bois, grâce aux forêts, et la poterie, grâce à l'argile.

Toutefois, on trouve dans la Champagne Humide deux catégories de régions privilégiées :

1° **Les bassins et les vallées alluviales.** — Les rivières actuelles et plus encore les rivières qui ont jadis parcouru le pays ont étalé en certains points de vastes plaques d'alluvions, sèches et fertiles, où réussissent l'élevage et la culture des céréales. La population y est plus dense que dans le reste du pays, et l'on y trouve de petites villes prospères : telles sont la *plaine de Brienne*, formée par l'Aube, dont le centre principal est *Brienne* ; le *Perthois*, formé par la Marne, dont le centre principal est *Vitry-le-François* ; enfin, le *Val d'Aisne*, au pied de l'Argonne, dont le centre principal est *Vouziers*.

2° **Les régions de sables ferrugineux.** — Surtout entre l'Aube et la Marne, certains étages sableux du sol comportent un minerai de fer assez pauvre, mais qui fut exploité de bonne heure, grâce aux bois qui fournissaient le combustible pour la fonte. Bien que, de nos jours, on emploie la houille et que l'on exploite en France des minerais plus riches et plus abondants, l'industrie du fer s'est maintenue en Champagne ; mais, comme dans le Bassigny, elle s'est spécialisée (fabrication d'outils, etc.) et concentrée dans certaines villes : *Saint-Dizier* et *Vassy*.

5. ***La Champagne Sèche.*** — La Champagne Sèche, ou *Champagne Pouilleuse*, est une vaste plate-forme, faiblement ondulée, de craie perméable, sèche et pauvre. Elle est couverte de landes, qui, à l'état naturel, ne peuvent servir qu'à la pâture des moutons. Elle est largement découpée par les vallées des rivières, dont les alluvions sont fertiles et où l'eau abonde. Ce contraste entre les vallées et la plaine explique le rôle commercial, industriel et même agricole de la Champagne Sèche.

1° **Rôle commercial.** — Grâce à ses plaines crayeuses, dénudées et sèches, la Champagne, pays pauvre, a été, dès le Moyen Age, sillonnée par des routes qui unissaient entre eux les pays riches du pourtour : Flandre et Bourgogne, au Nord et au Sud ; Lorraine et Ile-de-France, à l'Est et à l'Ouest. De là les foires célèbres de ses villes, leur richesse et la constitution d'une population commerçante qui a su s'adapter à la vie moderne.

2° **Rôle industriel.** — L'élevage du mouton a de bonne heure déterminé l'industrie de la laine. A celle-ci s'est ajoutée et même substituée, depuis cent ans, l'industrie du coton, et principalement la bonneterie, pour laquelle la Champagne tient le premier rang parmi les provinces françaises.

3° **Rôle agricole même.** — Entre les plateaux, trop secs, la culture est longtemps demeurée localisée dans les vallées. Mais

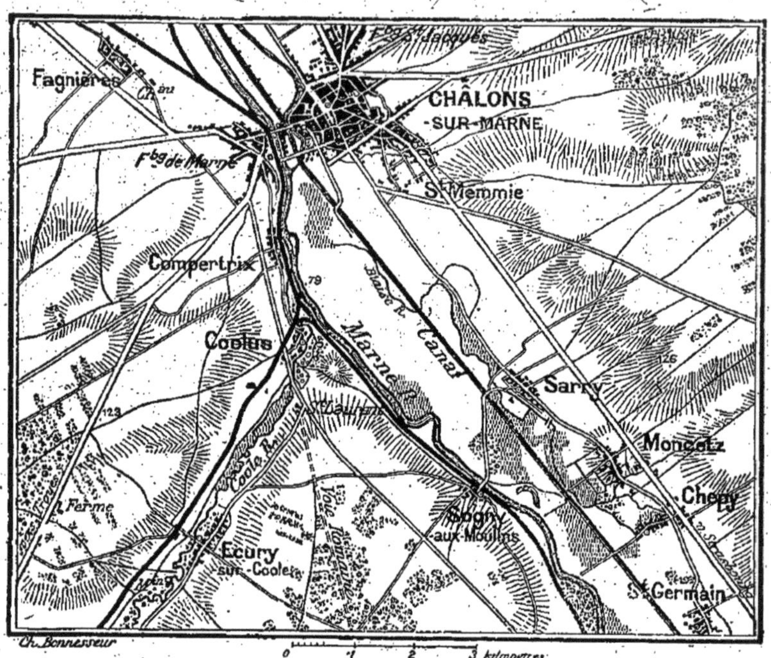

GROUPEMENT DES POPULATIONS EN CHAMPAGNE.

Rien sur les plateaux; les villes, les bourgs, les habitations isolées s'alignent le long des vallées dans les parties les moins marécageuses.

aujourd'hui la population champenoise a commencé la transformation des plaines crayeuses par des plantations de pins, qui, au bout de quelques années, enrichissent la craie avec leur humus et la rendent capable de culture. La Champagne Pouilleuse est en voie de transformation.

La population est, naturellement, groupée dans les vallées. C'est là que se trouvent les villes : **Troyes** (55 000 hab.), sur la Seine, ancienne capitale des comtes de Champagne, ancien lieu de foires célèbres, aujourd'hui centre important de bonneterie; *Arcis-sur-Aube*, *Châlons-sur-Marne*, sur les rivières qu'indi-

1. LA PLAINE CHAMPENOISE.

Champagne Pouilleuse : plaine de craie très poreuse et landes à moutons. Amendement naturel : la marne qui donne de la consistance. Plantations de pins. (Cl. Hitier.)

2. LA HALLE DE BRIENNE-LE-CHATEAU.

Un marché agricole d'un des riches bassins de la Champagne Humide (Cl. Gillot.)

3. MONTIER-EN-DER.

Village de la Champagne Humide : terres humides, arbres nombreux. (Cl. Humbert.)

quent leurs noms ; enfin *Rethel*, sur l'Aisne, centre de draperie.

A l'extrémité méridionale de la Champagne Pouilleuse, entre Seine et Yonne, le **Pays d'Othe**, grâce à une couche d'argile qui recouvre la craie, constitue une région toute différente, très humide et très boisée. Toutefois, les habitants sont rattachés à la Champagne, et notamment à Troyes, par l'industrie de la bonneterie de laine, qu'ils pratiquent dans chaque village pour le compte des fabricants de cette ville.

6. ***La Falaise et le Vignoble.*** — La falaise qui sépare la Brie de la Champagne domine de ses pentes assez raides la Champagne Pouilleuse. Ses caractères essentiels sont :

1° La **continuité de la côte**, qu'interrompent seulement les vallées et que flanquent, en avant, certains promontoires, comme la *Montagne de Reims* ;

2° La **perméabilité** des terrains qui la constituent : calcaires dans le haut, craie apparaissant dans le bas ;

3° **L'exposition au Levant**, qui explique la sécheresse relative du climat, à l'abri des vents d'Ouest, et surtout l'échauffement du sol pendant les journées d'été.

Toutes ces conditions expliquent le succès de la culture de la **vigne** sur ces pentes. Les vins qu'elle donne, transformés par un procédé spécial, la « champanisation », conservés dans d'immenses et excellentes caves creusées dans la craie, sont les fameux vins de Champagne.

Ils font la principale fortune du pays et expliquent la richesse des villes qui s'y trouvent : *Epernay*, *Vertus* et surtout **Reims** (115 000 hab.), où l'industrie plus ancienne de la draperie s'ajoute à l'industrie relativement récente des vins de Champagne.

7. ***Les pays de l'Yonne et de l'Aisne.*** — Au Sud-Ouest et au Nord-Ouest de la Champagne on trouve les pays de l'Yonne et les pays de l'Aisne. Ils forment transition entre la Champagne et les pays de la Loire, d'une part, les pays picards de l'autre.

A. Les ***Pays de l'Yonne*** sont constitués : 1° soit par des argiles analogues à celles du Pays d'Othe : c'est le **Sénonnais**, dont la capitale est *Sens*, pays de bois, de pâturages, annonçant déjà la Brie ; 2° soit par des calcaires analogues à ceux des côtes lorraines : c'est l'**Auxerrois**, dont la capitale est *Auxerre*, pays de culture et surtout de vigne, annonçant déjà la Bourgogne, province dont ils ont fait partie (v. ci-dessus, p. 344).

1. BAR-SUR-AUBE.

Vue de ce qu'on appelle la crête des Bars : une série de croupes calcaires et boisées, dominant les passages que les rivières s'y sont creusés. Ici, c'est le passage de l'Aube. Les villes, Bar-sur-Aube, Bar-sur-Seine, Bar-sur-Ornain ou Bar-le-Duc, se sont installées sur ces passages. (Photo Lévy.)

2. LA COTE DE VERTUS.

Vue de la falaise d'Ile-de-France, ou de Champagne, dont les côtes calcaires, orientées vers l'Est, dominent la plaine crayeuse de la Champagne Pouilleuse. Sur les pentes de la falaise, bien exposée, s'étendent les célèbres vignobles.

Outre leurs ressources propres, ces pays doivent la densité de leur population et la prospérité de leurs marchés :

1° *A la Seine et à son affluent, l'Yonne inférieure*, qui, dans cette partie de son cours, est navigable. Elle porte vers Paris les bois du Morvan, la pierre de taille de l'Auxerrois.

2° *A leur situation entre la Brie et la Bourgogne, entre Bassin de la Seine et Bassin de la Saône.* — Ils sont traversés par la route et la voie ferrée de Paris à Lyon Le *canal de Bourgogne*, qui unit l'Yonne à la Saône, s'y amorce. C'est une des grandes voies commerciales de la France. Pays de transition, ils ont été jadis partagés entre le comté de Champagne et le duché de Bourgogne.

B. Les *Pays de l'Aisne* sont constitués, comme la Champagne, par une plaine de craie, traversée d'Est en Ouest par la vallée de l'Aisne, et dominée à l'Ouest par une côte, suite de la falaise champenoise. Ils s'en distinguent pourtant :

1° *Par un climat plus humide*, à cause de l'orientation de la falaise, qui va ici du Nord-Ouest au Sud-Est et ne les garantit pas des vents océaniques : les prés et les cultures maraîchères y prennent la place de la vigne ;

2° *Par l'existence de limons fertiles*, qui cachent en bien des points la craie : les cultures de betteraves y prennent la place des landes à moutons.

Aussi ces régions forment-elles la transition entre la pauvre Champagne et la riche Picardie, avec laquelle elles ont plus d'affinités. Les principaux marchés sont *Laon* et *Craonne*.

8. ***La formation et le rôle de la Champagne.*** — Le nom de Champagne, qui signifie plaine, s'est d'abord uniquement appliqué aux plaines, sèches et assez pauvres, qui constituent le centre de la région. C'est là qu'est né un état féodal, le *comté de Champagne*.

Son importance est née des grandes routes qu'il offrait au colportage entre les riches pays du pourtour.

Sa richesse s'est accrue par l'annexion des portions voisines de ces riches pays : Champagne Humide, portion du Barrois, portion des pays de l'Yonne et de l'Aisne, totalité du vignoble.

Son unité se maintient par le rôle que jouent les grands marchés industriels du pays, dont toutes les populations rurales dépendent, plus ou moins directement : Reims, marché des vins et des draps ; Troyes, marché des cotonnades et de la bonneterie.

Lectures.

1. *Le nom de Champagne est d'origine géographique et d'extension historique.* — Le nom de *Champagne*, ou de *Campagne*, s'applique, dans le langage rural, à un grand nombre de régions; citons, par exemple, la *Campagne de Caen*, la *Champagne berrichonne*, la *Champagne charentaise*, enfin, ici, la *Champagne Pouilleuse*. Ce terme désigne toujours de vastes étendues relativement planes, composées de terrains perméables (calcaire ou craie), plus sèches que les régions environnantes et s'en distinguant par une végétation moins abondante ou moins verte et par la rareté des arbres. Ce sont des régions à champs, par opposition avec les régions plus humides qui sont des régions à prairies ou à bois.

En Champagne, ce terme désignait donc au début uniquement la plaine crayeuse, sèche, aride et nue, qui porte aujourd'hui le nom de Champagne Pouilleuse. Mais, au cours de l'histoire, les seigneurs du pays, les **Comtes de Champagne**, ayant par la conquête agrandi leurs possessions vers l'Est et vers l'Ouest, le nom de Champagne s'est également appliqué à des régions qui n'avaient pas les caractères de la Champagne primitive : la *falaise d'Ile-de-France*, riche et viticole, et la *Champagne Humide*, verte et boisée. Pour cette dernière, son nom est formé de deux termes dont la juxtaposition est presque paradoxale.

D'ailleurs, si ces trois régions ne forment pas une seule région naturelle, elles doivent pourtant être étudiées ensemble, car elles sont unies par les liens que créèrent entre elles, au cours des siècles, des rapports commerciaux étroits et continus, provenant surtout du caractère complémentaire de leurs produits.

2. *L'industrie du fer, très ancienne dans la Champagne Humide, n'a pu subsister qu'en se spécialisant et en se concentrant.* — L'industrie métallurgique est très ancienne en Champagne Humide, et notamment dans cette région boisée qui s'étend entre l'Aube et la Marne, entre les plaines de Brienne et de Vitry-le-François et qu'on appelle le *Vallage*. Elle doit son origine au minerai que contiennent les sables ferrugineux de cette région, minerai sans forte teneur métallique, mais précieux pourtant dans un pays qui possédait en surabondance l'ancien combustible : le bois. Jusqu'au milieu du XIXe siècle, la fonte du minerai au feu de bois se pratiquait dans toute la région : vers 1830, il y avait une cinquantaine de hauts-fourneaux, une centaine de forges dans la région. Aujourd'hui, il n'y en a presque plus : la grosse métallurgie s'est déplacée vers les régions houillères, la fonte se pratique dans les régions où le minerai est plus abondant, comme la Lorraine, et elle se fait au feu de coke. Ici, des amas de scories demeurent les seuls témoins de l'antique prospérité d'une industrie disparue. Au milieu des bois, la seule fumée qui se montre sort maintenant des huttes des charbonniers; dans les villages, la seule industrie demeurée vivante est celle de la poterie.

Pourtant on travaille toujours le fer dans le pays. Mais ici, de même qu'en Bassigny, l'industrie métallurgique s'est concentrée dans les villes, près de la Marne et des voies ferrées par où arrive la houille : en Bassigny, c'est Chaumont et Langres; en Champagne, c'est Saint-Dizier et Vassy qui ont monopolisé le travail du fer. Et, pour résister à la concurrence des pays mieux dotés en houille et en minerai, il a fallu abandonner la fonte et la grosse métallurgie, — il a fallu « se spécialiser » : ce que la Champagne fabrique, ce sont des articles intermédiaires entre la métallurgie et la quincaillerie, par exemple des outils, des lits de fer, etc.

3. ***Troyes, l'ancienne ville des lainages, est devenue le centre de la bonneterie de coton.*** — Troyes est installée dans un site très favorable, au point où la vallée de la Seine s'élargit en passant des argiles de la Champagne Humide dans la craie de la Champagne Pouilleuse. Au contact des deux Champagnes, sur une des routes naturelles les plus accessibles entre l'Est et le Centre du Bassin de Paris, elle fut la capitale des comtes de Champagne, et ses monuments (églises, vieilles maisons) témoignent de sa grandeur passée. Au temps des comtes de Champagne, elle était le rendez-vous des commerçants de France, de Flandre et de Bourgogne; ses foires étaient presque aussi célèbres que celles de Beaucaire dans le Midi.

Avec l'établissement de la centralisation monarchique et la suppression de l'autonomie des anciennes provinces féodales, entre le XVIIe et le XIXe siècle, Troyes subit une éclipse, comme toutes les autres villes trop rapprochées de la capitale, où se concentraient l'activité politique et administrative, la vie artistique et intellectuelle. De là une période de sommeil, pendant laquelle la ville dépérit lentement : au début du XIXe siècle, elle n'avait guère que 23 000 habitants.

Or aujourd'hui, avec ses faubourgs, elle en a plus de 70 000. Ses progrès sont continus depuis le milieu du XIXe siècle, accélérés depuis 1870. Elle les doit à l'industrie : d'abord à celle de la laine, ensuite et surtout à celle du coton. Dès que, avec les progrès de la vapeur, la grande industrie naît en France, Troyes l'adopte et se met à transformer la matière première qu'elle trouve à ses portes : la laine des moutons champenois. Ici, on ne fabriquait pas le drap comme à Reims, mais la bonneterie de laine, telle qu'on la tisse encore aujourd'hui dans le Pays d'Othe. De toute la Champagne les fabricants apportaient leurs produits à la Halle aux Tricots de Troyes. Ce fut la première étape de la fortune. Mais, après 1870, à l'exemple des Vosges vivifiées par l'exode des industriels mulhousiens, Troyes a adopté le coton. Elle est le principal centre français pour la bonneterie de coton. L'industrie s'est concentrée : c'est à Troyes et dans ses faubourgs que le coton, expédié du Havre ou de Tourcoing, se transforme, grâce aux très curieuses « machines à tricoter », en bas, en gants, en gilets, etc. La vieille industrie de la bonneterie de laine ne subsiste plus aujourd'hui que dans le Pays d'Othe.

4. ***Reims, l'ancienne ville des draps, est devenue la capitale de la Champagne vinicole.*** — Reims est, avec Troyes, l'autre capitale de la Champagne; elle se trouve, elle aussi, à

la limite de la Champagne Pouilleuse, mais à la limite occidentale, contre la falaise dont les vignobles ont fait sa fortune.

Par la coupure de la Vesle, affluent de l'Aisne, Reims commandait une route importante entre la Lorraine et les pays de l'Oise, Compiègne, l'Ile-de-France et Paris. Elle aussi eut de bonne heure des foires célèbres. Grand marché dès l'époque gallo-romaine (c'est par là que passait la voie romaine de Lyon aux pays belges), évêché puissant dominé par sa splendide cathédrale, Reims fut, en outre, de bonne heure un centre d'industrie, grâce à Colbert qui favorisa par toutes sortes de mesures la fabrication des draps dans sa ville natale. Cette industrie était autrefois uniquement familiale : le drapier n'avait guère plus d'un ou deux ouvriers tisserands et quelques apprentis ; toutefois, le marchand drapier de Reims achetait aussi le drap qui se tissait dans les petites villes voisines, à Suippes, à Rethel, à Châlons même ; Reims était un marché de draps autant qu'un centre de fabrication. Aujourd'hui, ici comme partout, l'industrie s'est concentrée dans la ville et autour de la ville, grâce à l'apport facile des charbons du Nord par le canal de l'Aisne à la Marne, qui passe à Reims.

CARTE DU VIGNOBLE CHAMPENOIS.

La Champagne est connue surtout pour ses vins. La région vinicole occupe les coteaux voisins de Reims et Epernay. Les crus les plus renommés sont ceux de Sillery, de Verzy, d'Ay, d'Avize, de Vertus. On les emploie à la fabrication des vins mousseux dans d'immenses caves creusées dans la craie assez profondément pour que la température y soit constante d'un bout de l'année à l'autre. Epernay, Reims et Châlons-sur-Marne sont les trois principaux centres du commerce des vins de Champagne, dont la renommée remonte au XIe siècle. Une grande partie de ces vins s'exporte à l'étranger, surtout en Angleterre, en Allemagne, en Russie, aux Etats-Unis. Le nombre des bouteilles ainsi exportées dépasse 2 millions par an.

Toutefois, Reims est surtout la capitale des vins de Champagne. Sans doute, la fabrication des vins enrichit tout le pays, depuis l'Aisne jusqu'à Vertus et jusqu'à Dormans ; grâce à elle, Épernay, qui n'était, il y a cent ans, qu'un bourg infime, est une ville cossue, de près de 30 000 habitants. Mais les caves de Reims sont plus riches encore que celles d'Épernay : elle est devenue la capitale du vignoble.

5. ***La Champagne, voie d'invasions.*** — La grande plaine nue de la Champagne Pouilleuse, entre les bois de la Champagne Humide et les falaises de l'Ile-de-France, est la voie naturelle de

l'envahisseur venant du Nord et visant le Centre de la France, les pays de la Loire. Les larges vallées de cette même Champagne offrent les seules percées accessibles à l'envahisseur venant de l'Est et visant le cœur de la France, Paris. Aussi, à chaque fois qu'au cours de son histoire, la France fut envahie, de grandes batailles se sont livrées en Champagne.

C'est en Champagne, près de Châlons, que le barbare Attila fut arrêté par la victoire des Champs Catalauniques. C'est en Champagne qu'en 1814 Napoléon mena, contre les Coalisés, la plus grande partie de cette admirable campagne de France, et livra les batailles de Brienne et de la Rothière, de Champaubert et de Montmirail. Si, en 1870, à cause des capitulations de Metz et de Sedan, l'envahisseur ne trouva aucune armée devant lui entre la Meuse et Paris, hier encore, c'est en Champagne, par l'éclatante victoire de la Marne, que plus tard, en septembre 1914, les armées franco-anglaises ont arrêté l'invasion allemande venue du Nord et inauguré leur retour triomphal vers la Belgique et vers le Rhin.

6. ***La Champagne, voie de commerce.*** — Au Moyen Age, la Champagne se distinguait des régions environnantes, Ile-de-France et Lorraine, Bourgogne et Hainaut, Flandre ou Picardie, par sa pauvreté : le Vignoble était loin de l'extension qu'il a atteinte aujourd'hui, et la Champagne Pouilleuse, décourageant des initiatives moins entreprenantes et surtout moins bien armées que celles de notre époque, était tout à fait inculte.

Pourtant, la Champagne occupait une place importante dans la géographie économique de cette époque. Placée entre de riches contrées aux produits très divers, Flandre et Bourgogne, Ile-de-France et Empire germanique, elle était la grande route de colportage; elle était aussi le lieu des échanges. Les grandes foires annuelles de Brienne, de Troyes, de Provins, de Lagny, de Reims étaient les plus importantes de France. La Champagne devint l'un des carrefours de l'Europe occidentale. D'autre part, grâce à l'afflux d'étrangers que ces foires attiraient, l'industrie indigène put se développer plus facilement, trouvant des clients assurés : c'est ainsi que se développèrent la draperie de Reims, la bonneterie de Troyes.

C'est donc grâce surtout à sa situation que la Champagne, peu favorisée par la nature, acquit une grande prospérité économique, d'où découla sa puissance politique et le rôle qu'elle a joué dans l'ancienne France.

IV. — LE BASSIN PARISIEN — 2° LE NORD. LA PICARDIE[1]

Le Nord du Bassin Parisien est constitué par une série de plateaux crayeux, d'altitude et de relief médiocres, qu'entourent des régions qui en diffèrent, soit par l'altitude, soit par le sol.

Les régions environnantes sont : 1° au Nord, les hautes régions du Boulonnais et de l'Artois; 2° à l'Est, les régions basses et humides de la Thiérache; 3° au Sud, la haute région du Bray et la basse région du Beauvaisis. Elles ont des ressources végétales variées comme leur altitude et leur sol : céréales et pâturages, bois et oseraies.

Les plateaux crayeux constituent la Picardie. Ils sont partiellement couverts de limons et par conséquent partiellement fertiles : champs de céréales et de betteraves y alternent avec des bois et des pâturages à moutons. Ils sont coupés par une série de vallées tourbeuses, propres aux cultures maraîchères : la principale est la vallée de la Somme. Ils sont limités à l'Ouest par des falaises, qui dominent une côte plate, sableuse, rectiligne, plus propre aux cultures qu'à la vie maritime.

Pays essentiellement agricole, la Picardie possède néanmoins un certain nombre d'industries : les principales sont l'industrie sucrière et l'industrie textile.

1. ***Structure du Nord du Bassin Parisien.*** — Le Nord du Bassin Parisien est, comme la Champagne, constitué essentiellement par des plateaux de craie. Mais il doit une physionomie spéciale aux traits suivants de sa structure :

1° **A des ondulations régulières du relief.** — Ces ondulations, orientées du Nord-Ouest au Sud-Est, ont formé une série de **plis** et de **dépressions** peu accentués. Les plis apparaissent sous forme de plateaux crayeux ; les plus élevés sont, aux limites Nord et Sud, le *pli du Boulonnais et de l'Artois* et le *pli du Bray*. Les dépressions ont canalisé les eaux, qui y ont creusé leurs vallées; la plus profonde est, au Centre, la *vallée de la Somme.*

2° **A l'existence de limons sur les plateaux.** — Ces limons, analogues par l'origine et par la nature à ceux du Nord, donnent aux plateaux, malgré le sous-sol crayeux, une grande fertilité

1. Voir la carte en couleurs, p. 103.

3° **Au voisinage de la Manche.** — La Manche exerce sur cette région une double influence. D'abord, elle lui donne un climat maritime, égal, nébuleux, humide. D'autre part, elle permet aux populations la vie maritime, grâce à l'existence d'une côte découpée en falaises au Nord (*Boulonnais*) et au Sud (*Vimeux*) mais ennoyée dans les alluvions au Centre (*Marquenterre*).

Cette région, grâce aux accidents du relief, aux formations superficielles, à la mer, est donc assez variée. Autour des plateaux crayeux qui forment la portion principale, ou **Picardie**, on distingue les **régions limitrophes** : *Artois* et *Boulonnais*, au Nord; *Thiérache*, à l'Est; *Bray* et *Beauvaisis*, au Sud.

2. ***L'Artois.*** — L'Artois est un vaste bombement crayeux, allongé de l'*Escaut* à l'*Aa*, entre la région du Nord, vers laquelle descendent les eaux de la *Lys* et de la *Scarpe*, et la Picardie, vers laquelle descendent les eaux de la *Canche* et de l'*Authie*. Ce bombement est plus haut dans l'Est que dans l'Ouest; des limons épais le recouvrent, plus épais à l'Est qu'à l'Ouest.

Pays agricole, jadis presque uniquement cultivé en céréales, l'Artois a aujourd'hui des cultures plus variées. L'Est, de sol plus riche et plus perméable, produit des betteraves, du froment, élève des bœufs de boucherie. L'Ouest, de sol moins riche, plus marneux et plus humide, produit de l'avoine, des fourrages et élève des vaches laitières. Dans les vallées, on cultive le lin.

Cette opulente région fournit aux régions industrielles qui l'entourent des aliments et des matières premières pour les sucreries et les tissages. La population habite dans des villages groupés autour des puits. Les villes sont des marchés agricoles, très anciens et très prospères : **Arras**, *Saint-Pol*.

3. ***Le Boulonnais.*** — Le Boulonnais est la continuation occidentale du pli de l'Artois. Mais ici le pli est amplifié : il est plus haut et plus large. Aussi l'érosion des eaux courantes l'a-t-elle sculpté plus énergiquement : au Centre, elle a fait disparaître toute la craie de la surface, mettant à jour les terrains jurassiques, qui se trouvaient au-dessous du crétacé : ici ce sont des argiles. Le Boulonnais est donc une plaine argileuse, entourée par des crêtes crayeuses ; l'eau qui filtre à travers la craie jaillit sur l'argile imperméable de la plaine, dont elle fait une région de pâturages, où l'on élève chevaux et vaches laitières.

La **côte boulonnaise** s'explique par le relief intérieur du Bou-

1. LE CAP GRIS-NEZ.

Type de côte élevée du Boulonnais. Les assises crayeuses dominent de haut la mer. Toutefois, elles reculent lentement, en s'écroulant sous l'assaut des marées et des vagues, laissant, comme des témoins sur leur ancien domaine, des amas de galets, roulés chaque jour par les flots au moment des hautes eaux.

2. LES DUNES DE BERCK.

Type de côte basse, au Sud du Boulonnais, au Nord de la côte picarde. Le courant marin qui se dirige de la Manche vers le Pas de Calais y a étalé les alluvions produites par les débris arrachés aux falaises normandes et entraînés jusqu'ici. Les parties les plus fines de ces alluvions, les sables, ont été accumulées en dunes par les vents du large, autour des moindres obstacles. Pour « fixer » ces dunes, que le vent marin pousse vers l'intérieur et dont le sable menace d'envahir cultures et maisons, les habitants ont planté des ajoncs, des oyats et surtout des pins.

lonnais. L'effondrement qui a produit le *Pas de Calais*, a sectionné le pli du Boulonnais et produit une côte à l'aspect double : aux crêtes crayeuses correspondent des promontoires, les *caps Gris-Nez* et *Blanc-Nez*; à la dépression argileuse correspond une côte basse, où alternent les prés salés et les dunes. La vie maritime y est peu active, sauf dans le port de **Boulogne** (53000 hab.), qui est à la fois le principal marché intérieur du Boulonnais, un port de voyageurs entre France et Angleterre (*ligne Boulogne-Folkestone*) et un grand port de pêche, armant pour l'Islande et concentrant aussi la marée fraîche qui s'expédie vers Paris.

4. ***La Thiérache***. — La Thiérache marque la fin du pli de l'Artois. A l'Est de celui-ci, une dépression livre passage aux cours supérieurs de la *Somme*, qui va vers l'Ouest, de la *Sambre*, qui va vers le Nord, et de l'*Oise*, qui va vers le Sud (voir p. 89). De part et d'autre de l'Oise supérieure, s'étendent les plaines de la Thiérache, où la craie du sol, décomposée en surface par les eaux de pluie, forme des argiles très imperméables.

Pays vallonné, aux plaines boisées ou occupées par des prés, aux vallées marécageuses et occupées par des oseraies, la Thiérache vit surtout d'élevage; nulle autre industrie que la vannerie. Principaux marchés : *Vervins* et *la Capelle*.

Les grandes routes entre le Nord et la région parisienne passent par la trouée Sambre-Oise-Somme : c'est là, à la limite orientale de la Picardie, que se trouve la grande ville de la région : Saint-Quentin (v. ci-dessous, § 7).

5. ***Le Bray et le Beauvaisis***. — Le Bray appartient déjà à la Normandie : on verra au chapitre suivant (p. 131) que cette dépression argileuse, entourée de hauteurs crayeuses, est une région d'élevage et d'industrie fromagère.

A l'Est du Bray, s'étendent des plateaux crayeux qui annoncent déjà la Picardie, et dont les limons portent des cultures de céréales et de betteraves; la vallée du Thérain, qui les traverse, est une région d'élevage et d'oseraies. L'ensemble constitue le **Beauvaisis**, qui possède un grand nombre d'industries campagnardes encore vivantes : fabrication de boutons, de brosses, de peignes. La capitale, **Beauvais**, est un riche marché agricole et commande la route de Paris à la Picardie par les vallées de l'Oise et du Thérain.

6. ***La Picardie. Les plateaux***. — Entre ces régions limi-

1. LE PORT DE BOULOGNE.

Le grand port du Boulonnais est situé au pied des falaises qui encadrent le pays, à l'embouchure d'un petit fleuve, la Liane, qui draine le bassin intérieur. C'est un des principaux ports de passage entre la France et l'Angleterre (service régulier avec le port anglais de Folkestone). C'est aussi un de nos premiers ports de pêche et le plus grand de nos marchés de poisson frais. (Photo Lévy.)

2. L'HOTEL DE VILLE D'ARRAS.

Dans les villes de la Flandre agricole et de l'Artois, la « place », centre des échanges, des marchés et des réunions, est le lieu le plus important, et l'Hôtel de Ville symbolise les très anciennes libertés communales. L'Hôtel de Ville d'Arras et son beffroi étaient des joyaux d'architecture. Un féroce et inutile bombardement des Allemands les a détruits en 1914.

(Photo Bouvry.)

trophes, assez variées et toutes riches, la Picardie est constituée par une série d'amples bombements crayeux, sillonnés de rides en gradins, ou *rideaux*, séparés par des vallées.

Des **surfaces plates** couronnent ces bombements : elles sont en général couvertes de limons et par conséquent de cultures. Celles-ci varient selon l'épaisseur des limons et selon la nature du sous-sol : là où il est de craie très perméable, on cultive céréales, betteraves, chanvre ; là où la craie est décomposée en argile imperméable, l'humidité ne permet que l'élevage.

Les **pentes** des bombements n'ont plus de limons : l'érosion les a entraînés. La craie, qui y apparaît à nu, est stérile : elle ne porte que des genévriers, des bois, des pacages à moutons.

Telles sont les ressources agricoles variées des plateaux picards. A l'Ouest, le *Vimeu* et le *Ponthieu*, pauvres en limons et de sol humide, sont surtout des pays d'élevage. A l'Est, le *Santerre* et le *Vermandois*, où les limons sont très épais et le sol sec, produisent en abondance froment et betteraves.

La population est groupée en villages, qui, outre l'exploitation des terres environnantes, ont la ressource de multiples industries campagnardes (serrurerie, tissage à domicile, etc.), dont les produits s'exportent vers les villes des vallées.

7. ***La Picardie. Les vallées.*** — Les vallées qui strient le plateau de Picardie sont : au Nord, les vallées de la *Canche* et de l'*Authie* ; au Sud, la vallée de la *Bresle* ; au Centre, la plus importante, la vallée de la **Somme**, et celles de ses deux affluents, l'*Ancre* et l'*Avre*.

Toutes ces vallées, et notamment la vallée de la Somme, ont les caractères suivants :

1° **Elles ont un sol d'alluvions.** — Entraînées des pentes des plateaux, ces alluvions forment des couches épaisses et permettent de riches cultures là où l'eau peut être drainée.

2° **Elles ont des eaux surabondantes.** — Les eaux filtrant à travers la craie des plateaux réapparaissent au pied des versants des vallées sous forme de sources. Elle sont difficilement drainées par des rivières de faible pente. Une partie reste stagnante sous forme de *marécages* ou alimente des *tourbières*.

3° **Elles possèdent surtout des cultures maraîchères.** — Dans les régions où le drainage de l'eau a pu se faire, le sol, riche et bien irrigué, est surtout favorable aux cultures maraîchères : c'est là le produit des jardins-potagers entourés de ca-

1. LE PLATEAU PICARD PRÈS DE WAILLY.

En Picardie, tandis que les versants découpés par les rivières dans la craie des plateaux sont stériles et boisés, la surface des plateaux, où la craie est le plus souvent recouverte d'un épais et riche limon, porte de belles cultures : céréales, betteraves, chanvre. C'est le cas de la région que l'on voit ici. Seules, les parties du plateau privées de limons et où la craie apparaît à nu n'ont pas de cultures, mais des landes à moutons piquetées de bouquets de genévriers et de bois.

2. LES HORTILLONS DE LA VALLÉE DE LA SOMME.

Dans toute sa portion moyenne et inférieure, surtout dans la région d'Amiens, la large et humide vallée de la Somme est couverte de potagers que l'on appelle des hortillons. Ils sont entourés et irrigués par des bras dérivés de la Somme: le sol, constitué par les alluvions de la rivière, est enrichi par les boues grasses qu'en tirent les cultivateurs. On y circule sur de longs bateaux plats, qui apportent chaque jour la provision de légumes au marché.

(Photo Berthaud.)

naux qui parsèment la vallée de la Somme, et que l'on appelle des *hortillons*. On y produit aussi le chanvre et le lin.

4° **Ce sont des lignes de défenses naturelles.** — Ces dépressions, par leurs marécages et par leur orientation d'Est en Ouest, s'opposent à une attaque menaçant Paris par le Nord; elles furent souvent des lieux de batailles.

5° **Elles abritent presque toutes les villes de la Picardie.** — Anciennes *places fortes* devenues *marchés*, les villes concentrent les produits agricoles des plateaux, les produits maraîchers des vallées, les objets fabriqués dans les campagnes. Elles y ajoutent des **industries** de forme plus moderne, nées des ressources locales et développées par le commerce avec les pays d'outre-mer : draps, grâce à l'élevage des moutons sur les plateaux; cotonnades et velours de coton, grâce à la substitution d'un textile à l'autre; toiles de lin et de chanvre, grâce aux produits des vallées, et aujourd'hui toiles de jute, grâce à l'importation; enfin et surtout sucreries.

Ces ressources de la Picardie industrielle sont en grande partie concentrées dans les grandes villes, mais les villes secondaires en bénéficient aussi pour leur part. Ces villes sont : *Montreuil*, sur la Canche; *Doullens*, sur l'Authie; *Albert*, sur l'Ancre; *Roye* et *Montdidier*, sur ou près de l'Avre; *Eu*, sur la Bresle, — et surtout, dans la vallée de la Somme, **Saint-Quentin** (55 000 hab.), la ville de la toile et du sucre; *Péronne*; *Corbie*; **Amiens** (93 000 hab.), capitale de la Picardie, la ville du drap et du velours; *Abbeville*.

8. ***La Picardie. La côte.*** — La côte picarde est surtout une côte de *falaises mortes*. Le plateau crayeux s'est terminé jadis par une falaise, qui, battue par les vagues et par les marées, a peu à peu reculé, laissant devant elle une plate-forme rocheuse. Sur cette plate-forme les courants marins venant de l'Ouest ont étalé et continuent d'étaler les alluvions qu'ils arrachent sans cesse au pays de Caux. Ainsi s'est constituée, entre les falaises et la mer, une plaine alluviale, marécageuse et bordée de dunes : ce sont les **Bas Champs du Marquenterre**.

En les asséchant les habitants ont pu y établir des pâturages et des cultures maraîchères. Mais la vie maritime y est pauvre; les seuls ports sont sur les estuaires ensablés des rivières : *Étaples, Berck, le Crotoy, Saint-Valéry-sur-Somme*. Au *Tréport* commence la *falaise vive*, la côte normande.

Lectures.

1. ***Sur la côte picarde, une région de « Bas-Champs » s'étend entre les falaises et la mer.*** — La côte picarde comporte parmi ses habitants plus d'agriculteurs que de pêcheurs. Ce fait s'explique par la nature même de cette côte.

La haute plaine crayeuse de Picardie qui se continue en Normandie par le pays de Caux (v. p. 131) se termine vers la mer par des falaises rectilignes. Certaines de ces falaises (au Sud de la Somme et dans tout le pays de Caux) surplombent encore directement la mer à marée haute; celle-ci les attaque, les érode et les fait reculer sans cesse : on les appelle des *falaises vives*. Elles possèdent peu de bons ports naturels. La plupart des vallées qui entaillent leurs murailles ont eu leurs parties inférieures tronquées par le recul de la falaise; par suite, aujourd'hui elles ne se raccordent plus avec le rivage et débouchent à plusieurs mètres au-dessus du niveau de la mer : ce sont des *vallées suspendues*, ou *valleuses*; elles ne peuvent servir aux communications entre la mer et l'intérieur; elles ne sont pas favorables à l'établissement de ports. Les autres, qui se terminent par des estuaires, comme l'estuaire de la Somme, sont ensablées par les alluvions que la mer arrache sans cesse aux falaises et que les courants y déposent. Aussi les ports y sont-ils rares et peu importants; la vie maritime n'y existe presque pas. Les pêcheurs se bornent à la pêche dans les eaux voisines; ils vont vendre le poisson frais aux grands marchés de marée du Nord et du Sud, à Boulogne-sur-Mer, au Tréport, à Dieppe. Au contraire, sur le plateau, les cultures s'étendent jusqu'au bord de la falaise.

A côté des falaises vives, on trouve des *falaises mortes*. Ce sont les plus nombreuses en Picardie. Par suite de l'érosion marine qui les a fait reculer et de l'alluvionnement considérable que la mer a produit à leur pied, celle-ci ne les atteint plus. Entre la falaise et la mer s'étend une bande d'alluvions plus ou moins large terminée par une côte rectiligne, et que l'on appelle les *Bas-Champs*. Là encore la vie maritime est peu favorisée. Mais, par contre, ces alluvions fertiles, sous un climat humide, forment d'excellentes prairies et de bonnes terres à culture, à condition qu'on puisse les irriguer. Ces Bas-Champs ont vu leurs marais desséchés par les habitants et transformés en polders, en prés salés, en vergers à légumes. C'est une petite Hollande. Là encore, comme en Flandre, la vie agricole s'étend jusqu'au bord de la mer.

2. ***La vallée de la Somme est l'artère vitale de la Picardie.*** — La vallée de la Somme a toujours été l'artère vitale de la Picardie. Occupée jadis par un fleuve de débit considérable, comparable à la Seine actuelle (voir p. 49), elle est trop large aujourd'hui pour la rivière qui y coule; celle-ci constitue toutefois une voie navigable, de pente faible, de régime régulier et de débit suffisant. Cette vallée était, au Moyen Age, presque tout entière occupée par

des *marécages*, qui y rendaient la circulation fort difficile et en faisaient la meilleure ligne naturelle de défense entre la Flandre et Paris. Aussi l'on comprend l'importance que les souverains français attachèrent toujours à la possession de la **ligne de la Somme.** Elle vit les luttes de Louis XI et de Charles le Téméraire, et c'est à Péronne que celui-ci humilia celui-là. La prise de Corbie, au temps de Richelieu, au début de la « période française » de la guerre de Trente Ans, marqua le plus grand danger qu'ait couru Paris au XVIIe siècle. De là venait l'importance des places fortes commandant cette ligne marécageuse : *Abbeville*, *Corbie*, *Péronne*; de là aussi la première importance d'*Amiens*, grande place forte gauloise (*Samarobriva*) établie sur un gué de la Somme.

A l'époque moderne, le rôle militaire de la vallée de la Somme est passé au second plan, jusqu'à la guerre de 1914, qui lui a, pour un temps, redonné son importance (grandes batailles de l'Ancre, de l'Avre et de la Somme, Albert, Thiepval, Bapaume, Combles, Péronne, Chaulnes, Roye, etc.). Mais son rôle économique a grandi.

La vallée est encore, sur beaucoup de points, marécageuse, couverte de tourbières et de roselières; les bourgs et les villes restent établis sur les flancs du plateau, au bord de la vallée qu'ils surplombent. Mais, en nombre d'endroits, spécialement aux abords des villes, le travail patient de l'homme a aménagé les marécages inutiles : on a drainé le sol, on l'a divisé en parcelles séparées les unes des autres par des levées de terre et des canaux, où l'on ne laisse arriver que la quantité d'eau strictement nécessaire aux **cultures maraîchères.** Celles-ci y prospèrent pleinement; les boues retirées de la rivière forment l'engrais principal et renouvellent sans cesse la force productive du sol. Ainsi s'est constituée une sorte de petite Venise rurale, de champs mous, « amphibies », où l'agriculteur se rend en bateau : ce sont les *hortillons*. Ils font la richesse de la vallée. Ils ajoutent un élément à la prospérité du marché d'Amiens, l'ancienne place forte, devenue centre de draperie grâce à la laine des moutons du plateau, puis marché agricole, grâce aux cultures maraîchères de la vallée.

V. — LE BASSIN PARISIEN — 3° L'OUEST. LA NORMANDIE

Coupée perpendiculairement par l'affaissement de la Manche, sillonnée par des plissements perpendiculaires aux couches de terrains qui la constituent, la portion occidentale du Bassin de Paris n'a, ni dans son relief, ni dans son réseau hydrographique, la même symétrie et la même unité que la portion orientale.

Aussi comporte-t-elle un très grand nombre de bandes de sol différentes, toutes coupées par la mer, chacune bordée par une côte d'un type spécial.

Malgré cette variété, la portion occidentale du Bassin Parisien constitue une seule région naturelle, porte un seul nom : la Normandie. Elle le doit à une unité réelle, qui lui vient de son climat maritime, de la prédominance de la vie agricole, enfin de la race qui s'y est établie et y a maintenu son originalité.

En Normandie, la région de la Basse Seine a une importance spéciale, tant commerciale qu'industrielle, grâce à l'estuaire de la Seine et à la route qu'il amorce entre Paris et la mer.

1. ***Originalité et variété de la nature et du relief du sol normand.*** — La Normandie est constituée par la portion occidentale du Bassin Parisien. Toutefois, son sol se distingue des autres portions de ce bassin par suite de trois faits :

1° **L'affaissement de la Manche.** — Les auréoles de terrains concentriques, si régulières dans la portion orientale, existaient jadis avec une égale régularité dans l'Ouest. Mais l'affaissement, qui, à la fin de l'ère tertiaire, a produit la Manche, les a scindées en deux parties : l'extrémité de ces auréoles subsiste en Angleterre, dans le Bassin de Londres; en Normandie, on en trouve des fragments parallèles, tous coupés perpendiculairement par la mer. L'érosion marine les a attaqués avec un succès variable, suivant la dureté du sol qui les constitue.

La Normandie est donc constituée par une série de bandes de terrains variées, bordées par une série de côtes également variées.

2° **Des plissements orientés Nord-Ouest-Sud-Est.** — Tandis que, dans l'Est du Bassin Parisien, on ne trouve que des lignes de hauteurs concentriques, uniquement dues à l'érosion des eaux courantes, l'Ouest de ce Bassin fut soumis, à la fin de l'ère tertiaire, à divers mouvements de terrains, dont le résultat a été la formation de plis anticlinaux et de plis synclinaux, orientés du Nord-Ouest au Sud-Est (voir p. 19, 24). Parmi les premiers, au Nord, le *Bray*, et au Sud, les *collines du Perche* et *de Normandie*; parmi les seconds, la *vallée de la Seine*.

La Normandie a donc un relief assez varié : plaines et plateaux, coupés par des hauteurs et des dépressions.

3° **Le voisinage du Massif Armoricain.** — A l'Ouest de cette portion du Bassin Parisien se trouve le Massif Armoricain, qui en diffère essentiellement par la nature de son sol, où dominent les roches cristallines et les schistes primaires. Or, la portion orientale de ce massif a été liée de bonne heure à la Normandie par la conquête des Normands et plus encore par les courants d'échange qui se produisent toujours entre sols voisins et dissemblables : c'est ainsi que la Normandie a absorbé le *Cotentin* et le *Bocage Normand*.

La Normandie présente donc une variété de sols encore accrue par ce fait que son territoire appartient en partie au Bassin Parisien, en partie au Massif Armoricain.

2. ***Unité du climat et du peuplement. Les régions naturelles.*** — Cependant, toutes ces régions possèdent deux traits communs, qui leur viennent, directement ou indirectement, du voisinage de la mer :

1° **Le climat maritime.** — Grâce au voisinage de la mer, les vents marins d'Ouest peuvent pénétrer profondément dans le pays, les hauteurs n'étant pas parallèles mais perpendiculaires à la côte. Aussi le climat de la Normandie entière est-il maritime : étés frais, hivers doux et très pluvieux. De là les traits communs à la végétation et à l'agriculture de tous les pays normands, quels que soient leurs sols et leurs produits spéciaux : absence de la vigne, abondance des graminées et des pâturages.

2° **Le peuplement par les Normands.** — Ceux-ci sont les descendants d'une peuplade maritime, de race germanique, venue par mer de Scandinavie. Ils ont envahi le pays par la côte et par les estuaires des rivières et y sont devenus des agriculteurs. Ils y ont conservé la pureté de leur type, fort et haut en couleur, et de leur caractère : audace, ténacité, aptitude au commerce.

Ces deux traits suffisent à créer un lien naturel et moral entre les diverses régions naturelles de la Normandie, qui sont demeurées unies entre elles depuis la conquête normande, d'abord

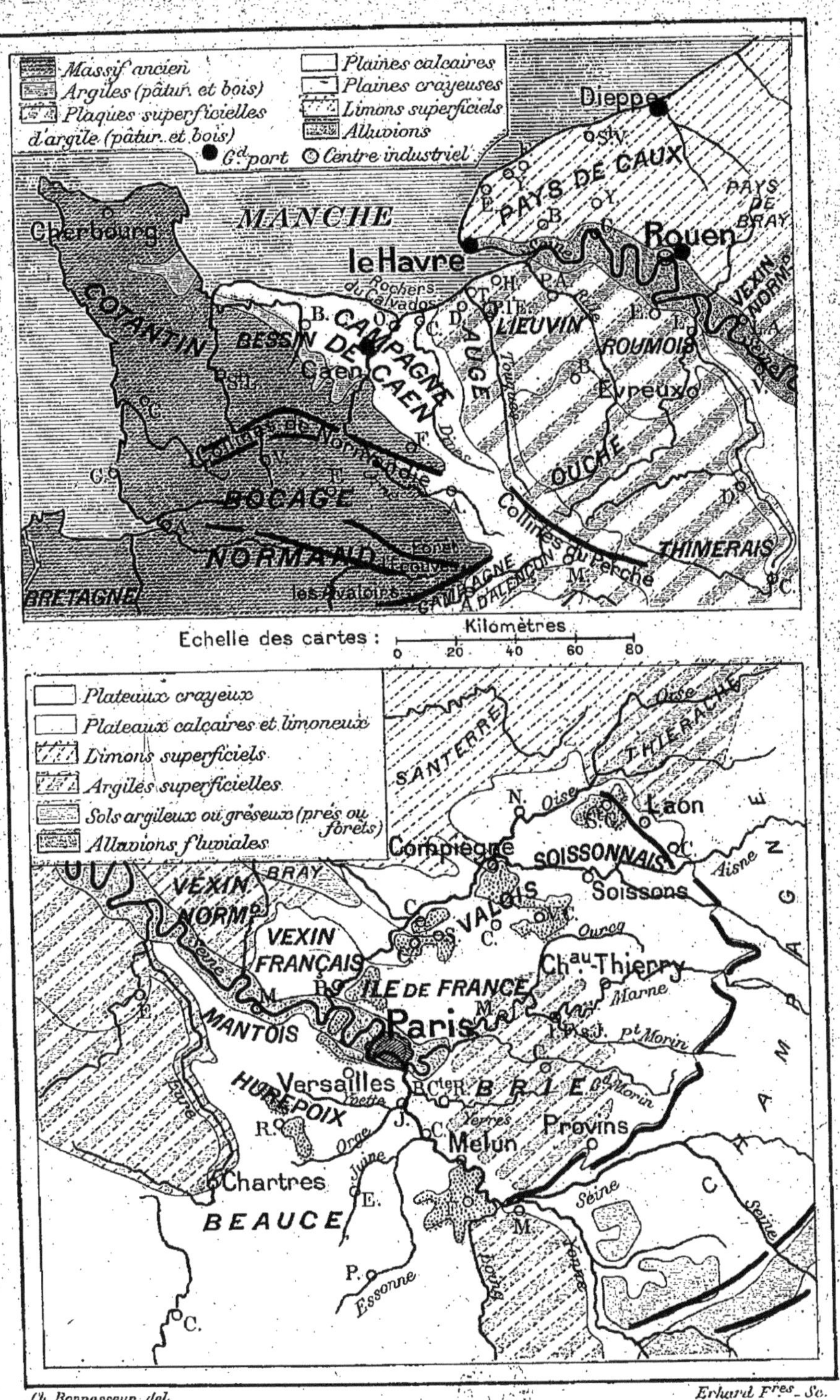

Ch. Bonnesseur, del. — Erhard Fres Sc.

BASSIN PARISIEN : NORMANDIE ET CENTRE.

sous la forme de **duché de Normandie**, puis sous la forme d'une province de l'État français. Ces régions naturelles, assez nombreuses, forment trois groupes :

1° La *Normandie Orientale*, ou *Haute Normandie*.

2° La *Normandie Occidentale*, ou *Basse Normandie*.

3° Au milieu de la première, la *vallée de la Basse-Seine* mérite une étude à part.

3. ***La Normandie Orientale***. — La Normandie Orientale, ou Haute Normandie, située de part et d'autre de la vallée et de l'estuaire de la Seine, est constituée par une série de plateaux de craie, plus ou moins hauts, plus ou moins attaqués par l'érosion des eaux courantes, plus ou moins recouverts de limons fertiles. Tous ne sont donc point parfaitement identiques ; on peut y distinguer les régions suivantes : au Nord de la Seine, le *Pays de Bray*, le *Pays de Caux*, le *Vexin Normand* ; au Sud de la Seine, le *Roumois* et le *Lieuvin*, le *Pays d'Ouche* et le *Thimerais*.

1° Le **Pays de Bray** (voir p. 121) est une région longue et étroite, formée par un bombement de craie orienté du Nord-Ouest au Sud-Est. La voûte du bombement a été enlevée par l'érosion ; elle est remplacée aujourd'hui par une dépression, où apparaissent les terrains sous-jacents du Crétacé Inférieur et du Jurassique : ces terrains sont des argiles imperméables et humides.

Ainsi le Pays de Bray enferme une dépression argileuse, drainée par le *Thérain*, qui porte ses eaux à l'Oise, et par la *Béthune*, qui va se jeter dans la mer par l'*Arques*. Cette dépression est couverte d'herbages. Les hauteurs crayeuses qui l'entourent, sèches et stériles, sont couvertes de bois. Dans la dépression, on pratique l'élevage des vaches laitières, et l'on fabrique des beurres et surtout des fromages. Les principaux marchés sont *Gournay* et *Neuchâtel-en-Bray*.

2° Le **Pays de Caux** est un plateau de craie horizontal et monotone, dont l'altitude varie entre 120 et 200 m. Il se termine sur la mer par une série de falaises crayeuses qui forment, entre la *Bresle* et la *Seine*, une muraille presque continue, seulement interrompue par les valleuses des rivières. C'est à leur débouché que s'est concentrée la vie maritime, dans quelques ports de pêche : *Saint-Valery-en-Caux*, *Fécamp*, *Yport* et *Etretat*. Le seul port important t **Dieppe**, à l'embouchure de l'Arques, grande station balnéaire et tête de ligne de communication avec l'Angleterre (*ligne Dieppe-Newhaven*).

Au contraire, à l'intérieur, la vie agricole est intense, favorisée par l'épaisseur de la couche de limons, qui surmonte ici la craie. La culture du blé, jadis unique, est encore essentielle : le Caux est le grenier de la Normandie. Toutefois, de plus en plus, on y pratique, à l'exemple du Bray, l'élevage des vaches laitières et aussi celui des moutons à l'étable. La population est disséminée dans de grosses fermes. Dans les vallées qui descendent vers la Seine se trouvent des bourgs industriels où l'on tisse le drap et les cotonnades pour le compte des fabricants de Rouen.

3° Le **Vexin Normand** rappelle le Caux malgré l'altitude plus basse et la moindre épaisseur des limons. Sur certains points même, les limons manquent absolument et l'on trouve des bois. Là où les limons existent, on cultive le lin, le colza et la betterave. Quelques tissages et des sucreries enrichissent ce pays, dont *Gisors* et *les Andelys* sont les principaux marchés.

4° Au Sud de la Seine, à une altitude plus basse, les plateaux du **Lieuvin** et du **Roumois**, d'une part, de l'**Ouche** et du **Thimerais**, de l'autre, sont l'analogue du Caux et du Vexin.

Dans les deux premiers, grande extension des limons et prédominance des prairies d'élevage, de part et d'autre de la *Rille*; fabrication de beurres et de fromages; principaux marchés : *Bernay* et *Pont-Audemer*. La côte, aux falaises plus basses, aux anses bordées de plages, comporte, entre *Honfleur* et *Trouville*, nombre de ports de pêche et de stations balnéaires.

Dans les deux autres, rareté des limons, grande extension des bois (*forêt de Conches*, *forêt d'Évreux*). Toutefois les vallées (*Seine*, *Eure*, etc.) comportent de belles cultures. Les principaux marchés sont *Évreux*, *Louviers*, *Vernon* et *Dreux*.

4. ***La Normandie Occidentale.*** — La Normandie Occidentale, ou Basse Normandie, se distingue de la Normandie Orientale par une plus grande variété de sols et de relief. Elle appartient non seulement au Bassin Parisien, mais au Massif Armoricain. Elle comprend non seulement des basses vallées et des plaines comme l'*Auge*, la *Campagne de Caen* et le *Bessin*, mais des plateaux, comme le *Cotentin* et le *Bocage Normand* et des groupes de hauteurs, comme les *collines de Normandie* et *du Perche*.

1° Le **Pays d'Auge** est la partie la plus basse, la plus tempérée et la plus humide de la Normandie. Il est constitué par

1. LES FALAISES D'ÉTRETAT.

Type de falaise du Pays de Caux: la haute muraille de craie domine en abrupt la mer. Les assauts de celle-ci, par les marées et par les vagues, ont lentement sapé la falaise au cours des siècles. Celle-ci a laissé, entre elle et la mer, comme le témoin de son ancienne extension, une plage de galets, où s'est établi le port.

(Photo Lévy.)

2. UNE FERME DANS LE PAYS DE CAUX.

Les multiples bâtiments de la ferme cauchoise, en briques ou en bois et argile, couverts de tuiles ou de chaumes, forment une petite colonie, entourée de toutes parts par une levée de terre garnie de hêtres, qui l'abrite du rude vent de mer. C'est le « fossé ». De loin, la ferme n'est signalée que par le rideau des arbres.

de larges vallées alluviales (*Touques, Dives*, etc.), dont la largeur a considérablement réduit l'étendue du plateau crétacé primitif, et qui sont couvertes de grasses prairies et de pommiers. C'est le plus riche producteur de cidre et de fromages de la Normandie. Les principaux marchés sont *Pont-l'Evêque, Livarot, Camembert*. La côte, plus découpée que les précédentes, plus riche en plages, forme un chapelet de stations balnéaires fameuses : *Trouville, Deauville, Houlgate, Cabourg*, etc.

2° La **Campagne de Caen** s'oppose au Pays d'Auge par la nature de son sol. C'est une plaque de calcaire jurassique, qu'entaille la vallée de l'*Orne*. Plus sèche, mais également fertile, elle est plus un pays de culture (blé, betterave), que d'élevage. Toutefois dans les vallées, plus humides que la plaine, prospère l'élevage du cheval. Le pays est donc riche. Les villes, aux beaux monuments, bâtis dans la pierre de taille qui constitue le sol calcaire (*pierre de Caen*), sont d'opulents marchés agricoles : *Falaise, Lisieux* et surtout **Caen**, marché intérieur, ville industrielle et port grâce à l'Orne, canalisée entre Caen et l'avant-port maritime d'*Ouistreham*.

Si la côte, hérissée de récifs calcaires (les *rochers du Calvados*) est peu hospitalière, le port de Caen exporte vers l'Angleterre les produits agricoles de la Normandie (beurres, œufs, légumes), et surtout aujourd'hui le minerai de fer. D'importants gisements, récemment découverts et mis en exploitation dans les terrains jurassiques de la Campagne, ont, en effet, modifié et accru la valeur économique de la région et de sa métropole.

3° Le **Bessin**. — Le Bessin correspond à une dépression d'argiles, qui appartiennent à un des étages les plus bas du Secondaire : le Lias. Avec les argiles reparaissent les grasses prairies, l'élevage des vaches laitières et les industries du lait, particulièrement la fabrication du beurre d'*Isigny*. Le principal marché de la région, au voisinage de la Campagne de Caen, est *Bayeux*.

4° Les **Collines de Normandie et du Perche**. — Elles correspondent à un anticlinal analogue aux plis du Bray et de l'Artois-Boulonnais, mais plus ample et plus énergique. De là une série d'alignements, qui culminent au *Mont des Avaloirs* (417 m.) et dont les portions les plus hautes sont couvertes de bois, tandis que les vallées abritent pommiers et gras pâturages (élevage des vaches et surtout des chevaux). Entre les collines s'étalent des campagnes à céréales, dont la principale est la

1. LA VALLÉE DE LA SEINE PRÈS D'ELBEUF

Vallée large, creusée jadis par un fleuve beaucoup plus puissant, et où le fleuve actuel trace des méandres. Les portions abandonnées par les eaux et couvertes d'alluvions sont des champs fertiles, de gras pâturages.

(Photo Neurdein.)

2. LA VALLÉE DE LA DIVES.

Une vallée du Pays d'Auge. Sur le plateau crayeux, au fond, quelques bois et quelques cultures. Mais sur le large fond de la vallée, gras et humide, parmi les pommiers qui entourent les fermes, s'étalent les pâturages où l'on engraisse les bêtes de boucherie et où l'on fabrique beurres et fromages.

Campagne d'Alençon. Les principaux marchés sont : *Alençon*, *Mortagne*, *Argentan*, *Flers* (tissage) et *Vire*.

5° Le **Cotentin** et le **Bocage Normand**. — Ces régions appartiennent géologiquement au Massif Armoricain. Elles sont constituées par des terrains primaires : 1° au Nord, par des schistes tendres dans la péninsule du Cotentin, qui est basse, usée par l'érosion. Ses côtes sont pauvres en saillants et ses baies en partie ensablées par les alluvions qu'amènent les courants de l'Ouest ; 2° au Sud, dans le Bocage, par des phyllades (ou schistes durcis) et par des granites, qui ont mieux résisté à l'érosion et dessinent des hauteurs. Mais partout le terrain est pauvre : le sarrasin et l'avoine réussissent mieux que le blé ; dans les herbages, on peut élever, non engraisser le bétail. La petite industrie (à Villedieu, Saint-Hilaire-du-Harcouët) a été mise à contribution pour fournir des ressources.

La population, plus rare et plus pauvre que dans le reste de la Normandie, émigre en partie, au temps de la moisson, dans la campagne voisine. Les principaux marchés sont : *Saint-Lô*, *Avranches*, *Coutances*.

Quant à la vie maritime, elle se localise dans un port de grande pêche, *Granville*, et dans un port de guerre, **Cherbourg** (43 000 hab.) à l'extrémité du Cotentin. Cherbourg était depuis 1905 une escale pour les paquebots allemands allant en Amérique.

5. *La vie agricole et maritime de la Normandie.*

— La Normandie est principalement un pays agricole. Sauf dans la vallée maritime de la Seine, où la grande industrie a trouvé des conditions spécialement favorables, sauf dans la région de Caen où l'on a commencé récemment l'exploitation des mines de fer, les petites industries normandes (tissage de la toile, etc.) n'apportent qu'un appoint secondaire aux ressources de l'agriculture.

Les ***ressources agricoles*** varient avec chaque région :

1° **Culture** de *froment* et d'*orge* sur les plateaux secs et limoneux du Caux et du Vexin, sur les calcaires des Campagnes de Caen et d'Alençon ; de *sarrasin*, *d'avoine* et de *seigle*, sur les terrains pauvres du Bocage et du Cotentin.

2° **Élevage** des *moutons* dans les parties les plus crayeuses, des *bœufs* dans les parties les plus limoneuses de la Normandie Orientale ; des *vaches laitières*, sur les terrains humides du Bray, de l'Auge, du Bessin, du Bocage, avec les industries laitières qui en sont la conséquence ; des *chevaux* dans les Cam-

1. UN PATURAGE NORMAND.

Au fond, les bâtiments de la ferme; en avant, le pâturage, où paissent les vaches laitières au milieu des pommiers : les deux richesses du pays. Au premier plan, les peupliers dénoncent l'humidité du sol. (Photo Darnault.)

2. PAYSAGE DU PERCHE.

Encore une vue de pâturages, mais avec plus d'arbres, un aspect de « bocage » qui annonce le voisinage du Massif Armoricain. Ici on élève le cheval. (Photo Darnault.)

pagnes et dans le Perche. Partout, il y a coexistence de l'élevage et de la culture, le premier augmentant aux dépens du second.

Un seul produit est commun à toutes les parties de la Normandie : le **pommier**, qui borde partout les prairies et les champs, et qui fournit le *cidre*, boisson indigène d'un pays où l'humidité du climat a toujours interdit l'extension de la vigne.

La *vie maritime*, elle, est moins intense que la vie agricole, sauf dans la vallée maritime de la Seine. Sur la côte, la population vit de la grande pêche vers l'Islande et Terre-Neuve, du cabotage et de l'exploitation des stations balnéaires, très fréquentées, grâce à la proximité de Paris. Le manque d'articulations des côtes fait que les ports sont plus puissants que nombreux. Outre Rouen (voir ci-dessous, § 6) et Caen, véritables ports fluviaux, Cherbourg et Le Havre (voir ci-dessous, § 6), les seuls ports qui méritent la peine d'être cités (ports de pêche surtout) sont : *Dieppe*, *Honfleur* et *Granville*.

6. ***L'industrie et le commerce normands. La région de la Basse-Seine.*** — La vallée et l'estuaire de la Seine occupent une situation capitale en Normandie. Grande voie naturelle entre Paris et l'Océan, sa prospérité commerciale a crû avec le développement de Paris, avec les progrès économiques des États-Unis et l'accélération des échanges entre ceux-ci et l'Europe.

Aussi cette région est-elle :

1° **Une région de commerce intensif.** — Ce commerce se concentre dans deux grands ports : **Rouen** (124 000 hab.), sur la Seine, au point où la navigation maritime s'arrête et où la navigation fluviale commence, entrepôt pour les marchandises qui s'échangent entre Paris et les pays de l'Atlantique (houille anglaise, cotons et métaux des États-Unis, articles de Paris, etc). **Le Havre** (136 000 hab.) à l'extrémité de l'estuaire, le second port maritime de la France, le premier sur les côtes atlantiques, foyer principal du transit entre la France et l'Amérique.

2° **Une région de grande industrie.** — L'industrie textile est née très anciennement, grâce à la laine des moutons du Caux : encore aujourd'hui *Elbeuf* et *Louviers* fabriquent des draps ; Rouen jadis faisait de même. Mais surtout, grâce aux facilités des importations de coton, la fabrication des cotonnades s'est développée à **Rouen** et dans toutes les petites villes de la vallée, qui lui forment une banlieue usinière : *Sotteville*, *Darnétal*, et même *Yvetot*, *Caudebec* et *Bolbec*.

Photo Neurdein.

1. ENVIRONS DE COUTANCES : LE BOCAGE.

Photo Neurdein.

2. VUE DE GRANVILLE : UN PORT DE PÊCHE.

Photo Neurdein.

3. LE PORT MILITAIRE DE CHERBOURG.

Lectures.

1. ***Le nom de Normandie est d'origine historique.*** — La Normandie n'est pas une région naturelle ; le seul trait physique qui soit commun à toutes ses parties, c'est son *climat maritime*. Par le sol, le Caux se rattacherait plus naturellement à la Picardie ; tout le centre, au Bassin Parisien ; le Bocage, à la Bretagne. D'où vient l'unité de la Normandie ?

Le nom de Normandie est d'origine historique. Les **Normands**, ou **Northmans** (« hommes du Nord »), venus de Scandinavie par mer au Moyen Age, ont tout naturellement atterri sur la côte française qui « regardait » vers le Pas de Calais. Ils ont fondé des établissements maritimes du Caux au Cotentin, puis, en remontant les rivières, ils ont pénétré vers l'intérieur. On a donc appelé **Normandie** tout le territoire occupé par les Normands : ce fut le *duché de Normandie*, un des plus puissants de l'ancienne France. L'unité normande fut ainsi, tout d'abord, uniquement politique et ethnique.

Mais peu à peu des liens plus puissants, d'origine économique, consolidèrent cette union nouée par le hasard de l'histoire. A l'Est, les populations du *Caux* et du *Vexin* prirent l'habitude de porter leurs produits vers la *vallée de la Seine*, où ils trouvaient des acheteurs nombreux : leurs céréales et leurs bestiaux nourrirent les populations industrielles et commerçantes ; la laine de leurs moutons alimenta l'industrie drapière qui y prospérait. A l'Ouest, un lien d'une autre sorte se nouait entre le *Bocage* et la *Campagne* : du premier, trop pauvre pour nourrir tous ses habitants, partent soit des émigrants définitifs, qui viennent se louer comme domestiques ou s'établir dans la Campagne plus riche, soit surtout des émigrants saisonniers, qui viennent y faire la moisson et la fenaison.

Ainsi, entre régions agricoles et régions industrielles, entre régions pauvres et régions riches s'est cimentée une union réelle, qui se manifeste par des mœurs et par des manières de s'exprimer communes. Ainsi s'est constitué un *esprit normand* fait d'amour de la terre, de finesse, d'âpreté au gain, de goût pour la procédure.

2. ***Le Havre est le premier port et le premier marché de notre côte atlantique.*** — Le Havre n'est pas un port normand, c'est un port national et international.

1° *Ce n'est pas un port normand.* — Bâti à l'extrémité Nord de l'estuaire de la Seine, il est très mal relié au reste de la Normandie. Il est complètement séparé de la rive gauche de la Seine : on ne peut atteindre celle-ci par chemin de fer qu'en faisant un grand détour par le pont de Rouen. Il est adossé aux falaises du pays de Caux, leque n'achète et ne vend qu'à l'intérieur de la France, non à l'étranger d'outre-mer. Le seul rôle que le port du Havre joue dans la Normandie, c'est d'importer la houille anglaise, les bois du Nord dont elle a besoin, et surtout les cotons américains qui se tissent à Rouen.

2° *Au contraire, l'importance du Havre est grande dans notre vie nationale.* — Il est situé au débouché maritime de cette grande avenue

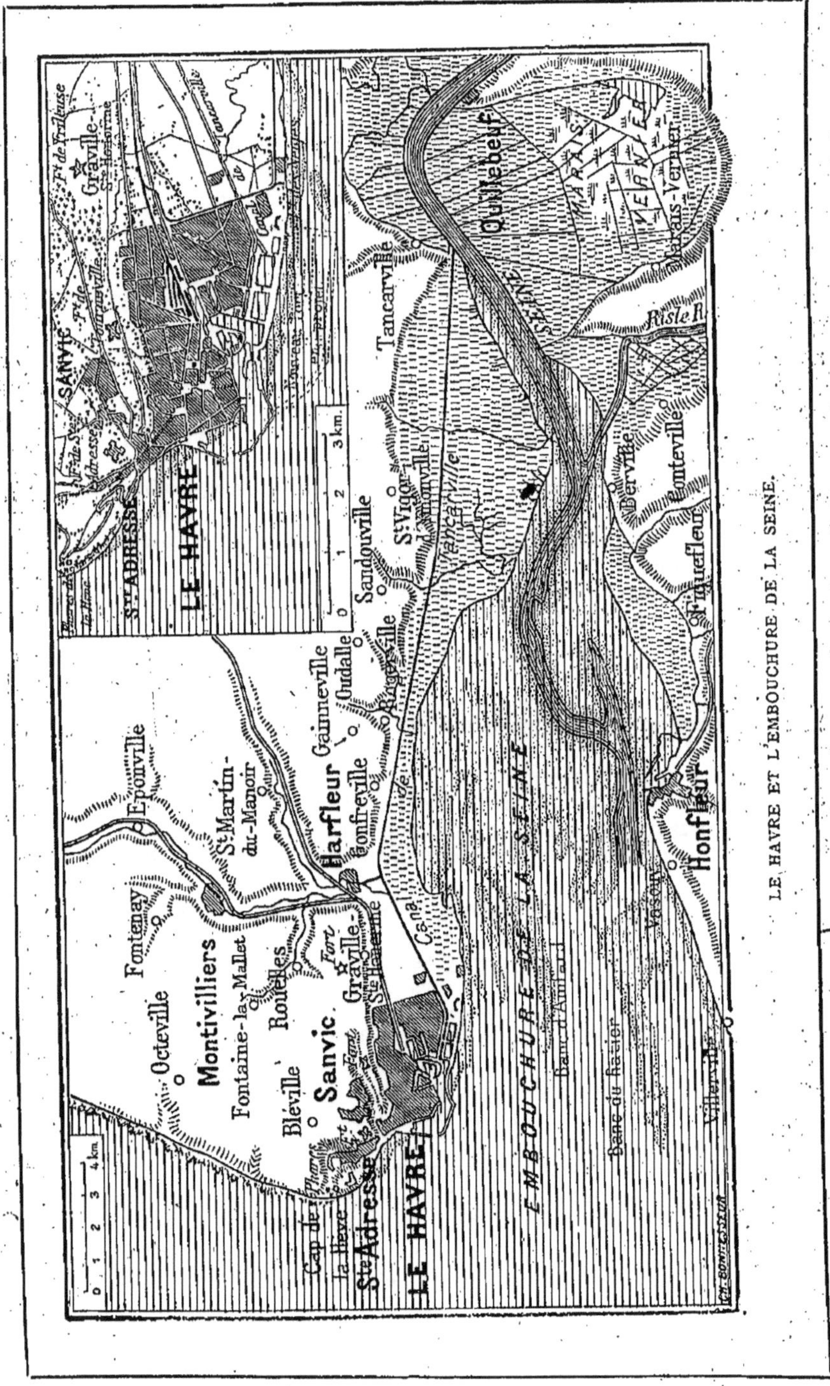

LE HAVRE ET L'EMBOUCHURE DE LA SEINE.

qui mène au cœur de notre pays : la vallée de la Seine. C'est là que les Français du Nord de la France s'embarquent à destination de l'Amérique. Surtout, c'est là que débarquent les innombrables Américains qui se rendent à Paris : le Havre est le siège principal de la Compagnie Transatlantique. De même pour les produits : les cotons à destination du Nord, de Troyes et même de Mulhouse arrivent en partie par le Havre ; les articles de Paris à destination de l'Amérique y sont embarqués.

3° *Le Havre est encore plus un marché international.* — Grâce à ses rapports suivis avec les deux Amériques, grâce à l'excellente organisation de ses docks et à l'esprit avisé de ses commerçants, le Havre est devenu un grand entrepôt, où se concentrent certains produits des régions tropicales avant d'être revendus dans toute l'Europe : les entrepôts du Havre contiennent 3 millions de sacs de café, soit près de 200 000 tonnes ; 3600 tonnes de cacao, d'énormes stocks de poivre, d'indigo, etc. A ce titre, le Havre est un port mondial, comme Londres, Anvers ou Hambourg.

3. ***Bien qu'essentiellement agricole, la Normandie possède deux industries : l'une ancienne, le tissage ; l'autre récente, l'extraction du fer.*** — La Normandie est un pays surtout agricole. Toutefois, l'industrie y est née dans certaines régions, favorisée soit par une situation privilégiée pour les échanges, soit par les ressources longtemps méconnues du sous-sol.

1° Du premier ordre est une industrie très anciennement pratiquée dans le pays : le tissage.

Dans la Normandie Occidentale, on ne la rencontre que sous la forme de petite industrie. Là où les conditions agricoles étaient médiocres, dans le Bocage, dans les Collines, on a demandé à l'industrie un complément de ressources. Elle s'est développée grâce aux rivières qui fournirent jadis toute la force motrice, qui en fournissent encore une partie. Elle consiste en teintureries, ateliers de blanchissage, filatures, fabriques de coutils et de cotonnades. Le travail du coton a pris presque partout la place de celui du lin et du chanvre. L'industrie de la dentelle à main, jadis très prospère à Alençon et à Bayeux, déclina par suite de la concurrence des dentelles mécaniques, moins fines mais moins chères de cinq à dix fois. D'ailleurs, en dehors de cette petite industrie rattachée au textile, on en trouve quelques autres. Dans le Cotentin, dans le Bocage, dans le Perche, de nombreux villages fabriquent des clous, du laiton, etc.

La grande industrie textile s'est établie dans la Normandie Orientale, autour de la Basse-Seine, grâce au fleuve navigable qui amène les matières premières et emporte les produits fabriqués. Au début, les populations des plateaux voisins fournissaient comme matière première la laine de leurs moutons. Quand celle-ci devint insuffisante avec les progrès de l'industrie drapière, on fit venir par le fleuve des laines d'Angleterre et des Flandres. Puis, quand le coton devint en usage dans la grande industrie, ce fut par le fleuve encore qu'on put recevoir les cotons d'Amérique.

Aujourd'hui, les lainages se fabriquent surtout à *Louviers*, qui a la spécialité des draps à bon marché, et à *Elbeuf*, qui fait surtout l'article « nouveautés ». L'industrie des cotonnades, beaucoup plus importante, a pour centre *Rouen et sa banlieue* : au Sud, la confection des cotonnades ou rouenneries s'étend le long de la Seine, par Sotteville, Saint-Étienne-du-Rouvray, Oissel, jusqu'à la vallée de l'Andelle,

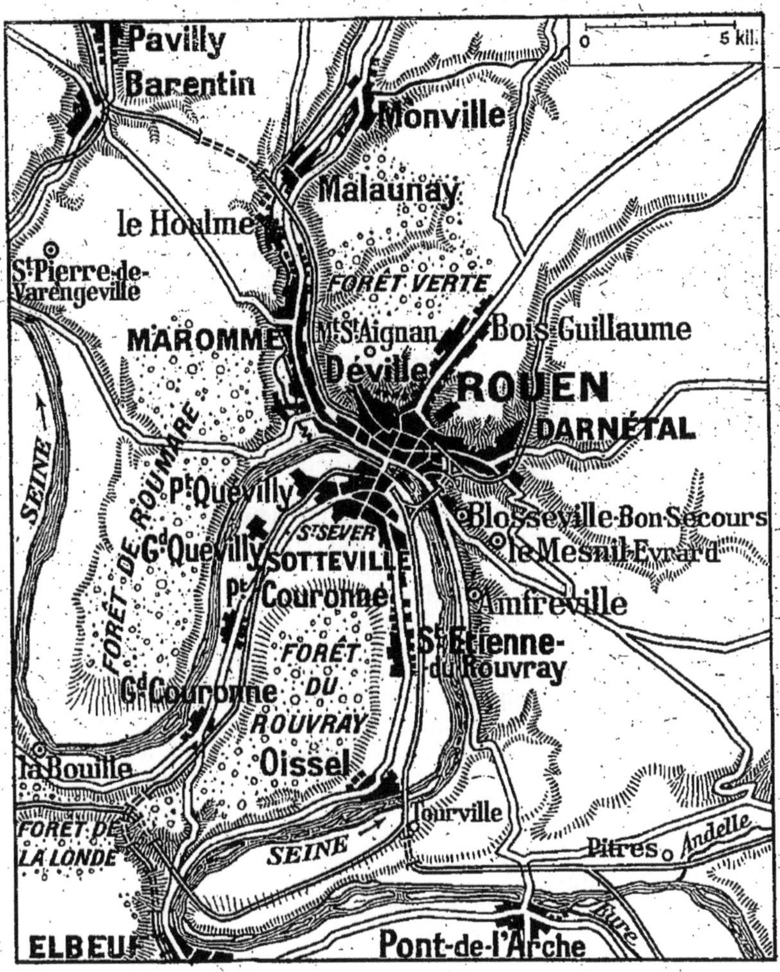

ROUEN ET SES ENVIRONS.

Rouen forme un centre industriel extrêmement actif. Chacune des vallées qui y aboutissent à travers les plateaux boisés avoisinants donnent passage à une route le long de laquelle les agglomérations industrielles se succèdent. Le tissage du coton est la principale industrie de toute cette agglomération.

bordée elle-même de filatures ; à l'Est, elle va jusqu'à Darnétal ; au Nord, jusqu'à Déville, Maromme, Pavilly, Barentin ; à l'Ouest, jusqu'à Petit-Quevilly. Chacune des vallées qui entourent Rouen forme une rue industrielle très active. Par Yvetot, Lillebonne et Bolbec, cette activité s'étend jusqu'au Havre. Le département de la Seine-Inférieure possède plus du tiers des filatures de coton de la France.

2° Quant au fer, ce n'est qu'à une époque toute récente qu'on a découvert le précieux minerai dans certains étages du Secondaire de la Campagne de Caen. Dès aujourd'hui, la Normandie est la région de France qui produit la plus grande quantité de fer, après la Lorraine. Par manque de houille, le minerai n'est, pour la plus grande partie, transformé ni en fonte ni en objets dans le pays même. Il est exporté à l'état brut, surtout en Angleterre. C'est l'exportation du fer qui a donné une vie nouvelle au port de Caen.

4. ***Rouen est un « port de mer situé sur la Seine ».*** — Un géographe du XVIIIe siècle, Nicolas de Fer, définit ainsi Rouen : « Rouen, capitale de Normandie, port de mer, sur la rivière de Seine ». Cette définition est encore aujourd'hui très exacte.

Rouen est capitale de Normandie, non seulement par son influence intellectuelle et artistique, mais plus encore par le rôle prépondérant qu'elle joue dans l'industrie régionale. A la différence du Havre, Rouen commande ponts et routes qui unissent les pays normands de part et d'autre du fleuve. Une grande partie des produits qui se consomment dans tout le pays sont fabriqués à Rouen et dans sa banlieue : raffineries de pétrole, entrepôts de vins, usines de produits chimiques et d'énergie électrique, papeteries, etc., se trouvent à Rouen, sans parler de cette grande industrie cotonnière, dont on a vu plus haut l'importance, et qui fait vivre les trois quarts des ouvriers d'usines habitant en Normandie.

Mais cette primauté industrielle n'est que secondaire. Elle est, d'ailleurs, le résultat de cet autre fait, qui est essentiel : la situation intermédiaire de Rouen entre la Seine et la mer. Rouen est situé en amont de l'estuaire de la Seine; mais le fleuve y est large et profond; le flot marin remonte jusque-là à toutes les marées, même en morte eau, et avec elle les grands navires de mer. Toutefois, ceux-ci ne peuvent remonter plus haut, et ils débarquent sur les quais de Rouen les marchandises que reprennent, soit les trains de chemins de fer, soit les péniches fluviales pour les conduire dans l'intérieur. C'est ainsi que Rouen peut facilement recevoir des pays d'outre-mer le coton, la laine, le bois, le pétrole, les minerais et la houille dont s'alimente son industrie.

Surtout c'est par là que Rouen est devenu l'intermédiaire entre Paris et la mer. Tout ce que Paris reçoit des pays d'outre-mer, la houille anglaise, le bois norvégien, le pétrole américain, les vins d'Algérie, etc., est débarqué à Rouen. C'est l'avant-port de Paris. Une nombreuse flotte de chalands fait la navette entre les deux villes et vient débarquer dans les ports parisiens les sacs de houille, les madriers, les fûts de vins et les bidons de pétrole que les navires de mer ont débarqués sur les quais rouennais.

VI. — LE BASSIN PARISIEN. — 4° LE SUD. LES PAYS DE LA LOIRE

Les Pays de la Loire forment le Sud du Bassin Parisien. Ils s'étendent depuis le Morvan jusqu'au Massif Armoricain, dont les extrémités sont en rapports commerciaux avec eux et font partie du même ensemble régional. Ils sont plus variés encore que les autres parties du Bassin Parisien.

Sur la rive droite de la Loire, on distingue : 1° à l'Ouest, deux pays qui font la transition entre le Bassin Parisien et le Massif Armoricain : le Maine et l'Anjou; 2° à l'Est, un pays qui fait la transition entre le Bassin Parisien et le Morvan : le Nivernais; 3° au Centre, un pays qui fait la transition entre la Loire et la Seine : l'Orléanais.

Sur la rive gauche de la Loire, on distingue : 1° au Sud, un pays où dominent les campagnes calcaires : le Berry; 2° au Nord, un pays où dominent les landes sableuses : la Sologne; 3° à l'Ouest, un pays où dominent les riches vallées alluviales : la Touraine,

Entre tous ces pays, de ressources également agricoles mais inégalement abondantes, la Loire crée un lien réel, moins par le cours de ses eaux que par sa vallée, suite de vaux abrités et fertiles, route entre Paris et les pays océaniques, site des principaux marchés.

1. ***Constitution des Pays de la Loire***. — Si l'on considère simplement la **nature du sous-sol**, on constate que le Sud du Bassin Parisien est constitué, comme l'Est de ce bassin, par une série de bandes concentriques de terrains, continuant d'ailleurs celles de l'Est, les plus anciennes appuyées aux terrains primaires et primitifs du Massif Central et du Massif Armoricain, les plus récentes se trouvant les plus rapprochées du Centre du Bassin et de Paris.

C'est ainsi que, du Massif Central et du Massif Armoricain vers le Centre du Bassin, se succèdent, avec plus ou moins d'ampleur selon les points : 1° une bande d'argiles et de marnes de l'étage liasique, très imperméables et humides, propres aux pâturages; 2° une bande de calcaires jurassiques, perméables et secs, assez fertiles; 3° une bande de craies de l'étage crétacique, plus perméables et plus sèches encore, mais moins fertiles; 4° une bande de calcaires tertiaires, perméables, secs et assez fertiles. Tous ces sols forment des plaines peu accidentées.

D'autre part, si l'on considère la **nature du sol superficie** et le **modelé du terrain par les eaux**, cette régularité géologique est altérée par deux faits qui expliquent la grande variété géographique de la région :

1° **L'existence de formations superficielles.** — Celles-ci masquent en bien des points le sous-sol et en modifient le caractère. Les unes, sur la rive droite de la Loire, sont des *limons*, analogues à ceux de la Picardie (v. ci-dessus, p. 122) et des plateaux qui entourent Paris (v. ci-dessous, p. 165-166): ils donnent au sol une grande fertilité. Les autres, que l'on trouve surtout sur la rive gauche mais aussi sur certains points de la rive droite, sont des argiles plus ou moins sableuses, formées par la décomposition du granite, et amenées jadis par les eaux qui descendaient du Massif Central vers le Bassin Parisien : elles sont imperméables et très stériles.

2° **L'existence de la Loire, de ses affluents et de leurs vallées.** — La *Loire* et ses grands affluents et sous-affluents : au Nord, *Maine* (*Mayenne*, *Sarthe* et *Loir*); au Sud, *Allier*, *Cher*, *Indre*, *Vienne* et *Creuse*, forment des couloirs larges et profonds, ouverts surtout vers l'Ouest, qui permettent aux influences océaniques de pénétrer dans toute la contrée et de la doter d'un climat assez égal et assez humide. Chaudes et abritées, couvertes d'un épais manteau d'alluvions, naturellement irriguées par les eaux qui les parcourent, ces vallées sont des lieux de culture intensive, des voies fréquentées. Elles forment le réseau des artères vivantes du pays.

Ces faits expliquent, d'une part la diversité des Pays de la Loire, d'autre part le lien que noue entre eux la vallée du fleuve. Avant d'étudier la **vallée de la Loire,** il faut caractériser ces pays eux-mêmes. Ce sont :

1° **Sur la rive droite de la Loire :** le *Maine* et l'*Anjou*, l'*Orléanais*, le *Nivernais*;

2° **Sur la rive gauche de la Loire :** le *Berry*, la *Sologne* et la plus grande partie de la *Touraine*, qui s'étend aussi sur la rive droite.

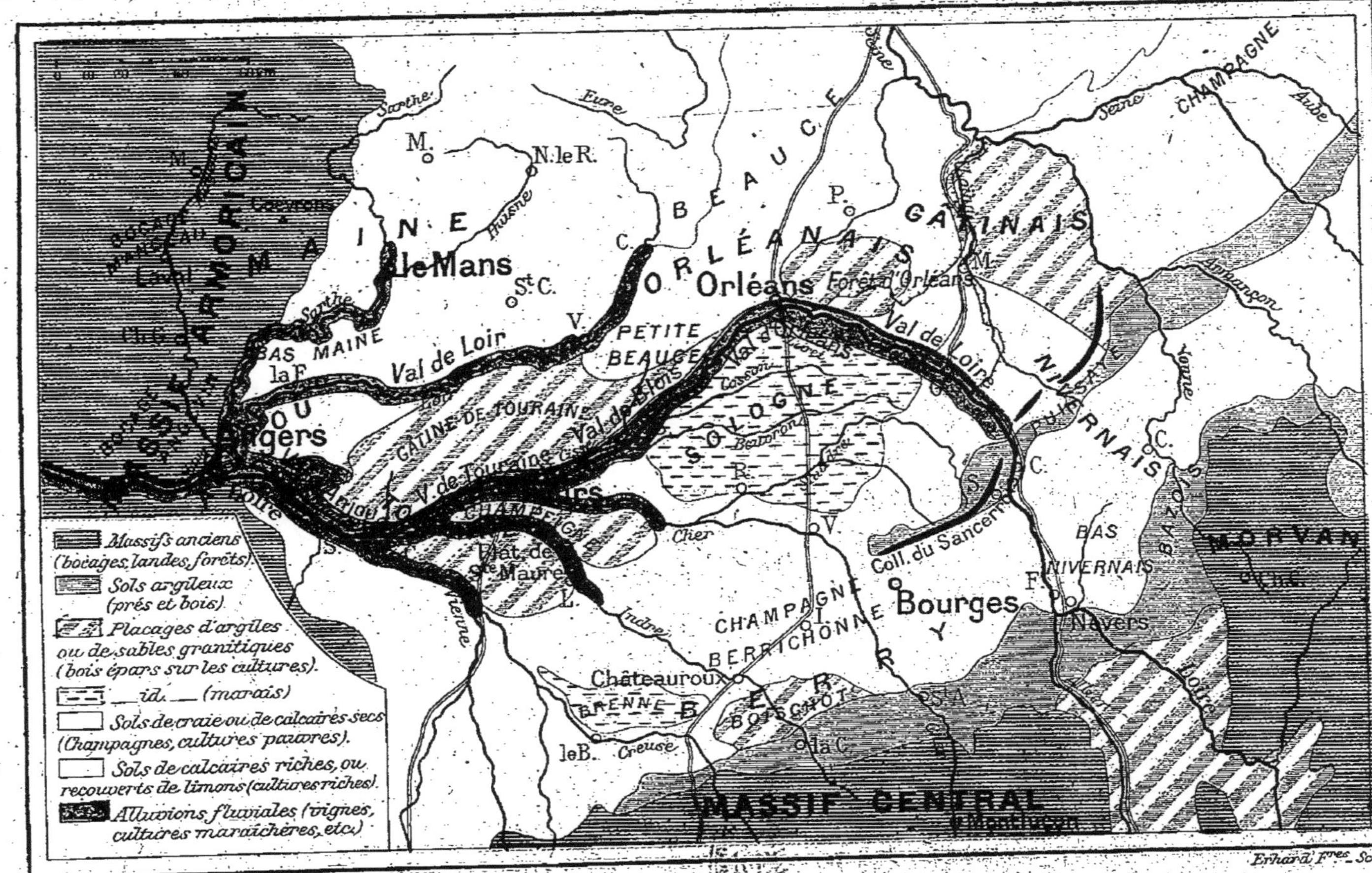

BASSIN PARISIEN : PAYS DE LA LOIRE

2. ***Le Maine et l'Anjou***. — Comme la Normandie Occidentale, qu'ils prolongent au Sud, le Maine et l'Anjou forment la transition entre le Massif Armoricain et le Bassin Parisien : ils possèdent à la fois une zone de terrains primaires, appartenant au premier, et une zone de terrains secondaires, faisant la bordure du second. Le Maine et l'Anjou sont donc doubles.

A. Le *Maine* comprend ainsi :

1° Le **Bocage Manceau,** ou **Bas-Maine,** à l'Ouest. — Il est constitué par un haut plateau granitique, culminant aux *Coëvrons*, et de sol infertile. Ce plateau domine un bassin schisteux que traverse la *Mayenne*. Le sol de ce dernier, humides et imperméable, porte des prairies, coupées de bois et ombragées de pommiers. Parmi les cultures, longtemps le sarrasin domina. Les seules industries sont le tissage du lin, auquel a succédé celui du coton, et l'exploitation d'anthracites. Les villes sont situées dans la vallée de la Mayenne : *Mayenne*, **Laval**, *Chateau-Gontier*.

2° Le **Haut-Maine,** à l'Est. — Il appartient au Bassin Parisien. Entre deux plateaux de calcaires, l'un jurassique à l'Ouest, l'autre tertiaire à l'Est, où l'on cultive les céréales, le Haut-Maine est surtout constitué par une vaste étendue de terrains crétacés, très sableux, perméables, secs et infertiles. Ces terrains sont boisés et pauvres. Mais la *Sarthe* et ses affluents, l'*Huisne* et le *Loir*, s'y sont creusé de larges vallées, couvertes de riches alluvions, bien irriguées par les eaux qui filtrent du plateau, chaudes grâce à leur basse altitude et à leur ouverture vers le Sud. Aussi y cultive-t-on le froment et même la vigne ; la population, concentrée dans de gros bourgs ou dans de grosses fermes, y élève des volailles réputées.

La principale ville du pays est **Le Mans** (69 000 hab.), au confluent de la Sarthe et de l'Huisne. Quatre autres villes sont des marchés agricoles importants, l'une dans la vallée du Loir : *La Flèche*, les trois autres sur les plateaux calcaires du pourtour : *Mamers*, sur celui de l'Ouest ; *Nogent-le-Rotrou* et *Saint-Calais*, sur celui de l'Est.

B. L'*Anjou*, lui aussi, comprend :

1° Le **Bocage Angevin.** — Il continue au Sud le Bocage Manceau. Il est traversé également par la Mayenne. Constitué par un bassin schisteux, c'est une région d'élevage et de pommiers, où l'on retrouve aussi quelques ressources minières des ardoisières (les principales sont à *Trélazé*) et quelques mines de fer nouvellement exploitées et très productives. Principale ville : *Segré*.

2° Le **Val d'Anjou**. — La zone crétacée qui continue le Bas Maine au Sud du Loir est largement creusée par la Loire, qui y forme un val très large, couvert d'alluvions fertiles, où le climat très doux favorise les cultures : les céréales, les primeurs, les fruits et surtout la vigne, qui produit des vins réputés (*vins d'Anjou, vins de Saumur*).

Les principales villes de cette région, aux cultures riches, sont *Saumur*, sur la Loire, et surtout **Angers** (83 000 hab.), à la limite du Bocage et du Val, au croisement des deux routes qui unissent, par le réseau de la Maine, la Normandie et le Maine au Poitou, et, par la vallée de la Loire, Paris et l'Orléanais à Nantes.

5. ***L'Orléanais***. — L'Orléanais, entre les terres très riches de la Beauce, au Nord (v. ci-dessous. p. 170), et les terres beaucoup plus pauvres de la Sologne, au Sud (v. ci-dessous, p. 156), constitue une région de transition entre les pays de la Seine et les pays du Centre ; c'est ce qui lui a donné, à toutes les époques de notre histoire, une importance politique bien supérieure à celle que pouvaient faire prévoir les ressources naturelles de son sol.

Ce sol, uniformément calcaire en profondeur, est recouvert en surface par des formations très diverses, qui font la variété du pays :

1° A l'Ouest, la **Petite Beauce** a les calcaires de son sous-sol recouverts d'un limon épais et fertile. Ce limon explique la richesse des champs de blé qui couvrent presque tout le pays, à l'exception de quelques forêts. La Petite Beauce s'étend entre la *vallée de la Loire*, qui la limite au Sud-Est, et la riche *vallée du Loir*, qui la limite au Nord-Ouest. Outre les villes de la vallée de la Loire, que l'on étudiera ci-dessous (voir § 8), ses marchés agricoles sont situés dans la vallée du Loir : ce sont *Châteaudun* et *Vendôme*.

2° Au Centre, l'immense **Forêt d'Orléans** a les calcaires de son sous-sol recouverts par des sables granitiques amenés du Massif Central. Ces sables expliquent l'infertilité du sol, qui a empêché de défricher la forêt, sauf quelques clairières au long des routes, que jalonnent quelques bourgs bien groupés, ayant

1. ARDOISIÈRES DE TRÉLAZÉ.

L'Anjou, comme le Maine, comporte deux parties : l'une pauvre, le Bocage ; l'autre riche, le Val. Malgré sa pauvreté, le Bocage, formé de terrains schisteux, a une richesse : l'ardoise. Les ardoisières de Trélazé, aux portes d'Angers, sont les plus importantes de toute la France. Elles occupent plus de 2000 ouvriers et fournissent les deux tiers environ des ardoises qui sont employées dans notre pays. Tout l'Ouest et le Centre de la France sont tributaires des ardoisières de Trélazé (autre centre ardoisier : l'Ardenne).

2. LE VAL D'ANJOU ET LA LOIRE A MONTSOREAU.

A Montsoreau, entre le confluent de la Vienne et Saumur, la Loire pénètre en Anjou. Le Val a plus de 10 kilomètres de large. (Photo Woelckar.)

conservé la forme que leur imposa, au moyen âge, une ceinture de murailles aujourd'hui disparue.

3° A l'Est, le **Gâtinais** a les calcaires de son sous-sol recouverts par des plaques alternantes de limons analogues à ceux de la Petite Beauce, et de sables analogues à ceux de la Forêt d'Orléans. De là un paysage plus varié, coupé de bois, où, à côté de champs de céréales, on trouve quelques landes servant à la pâture des moutons. Les principaux marchés sont *Montargis*, sur le Loing, et *Pithiviers*, sur l'Essonne, à la limite de la Grande Beauce.

4° Au Sud, les **vaux de Loire** forment le lien entre ces régions disparates. Ce sont : le *val de Loire* proprement dit, le *val d'Orléans* et le *val de Blois*, cœur du Blésois. Largement entaillée entre les plateaux de Beauce et les plateaux du Berry et de la Sologne, cette suite de vaux, à la surface d'alluvions légères et au sous-sol mouillé, forme une suite de terrains frais, de cultures et de jardins (arbres fruitiers et d'ornement, légumes, fleurs), de vignobles. Elle forme la grande voie de communication de la France Centrale, par où passent toutes les relations de Paris avec l'Ouest et le Sud-Ouest de la France; elle noue le lien entre le système de la Loire et le système de la Seine par e *canal d'Orléans* et le *canal de Briare*, qui tous deux s'y amorcent et aboutissent au Loing.

De là la double importance, à la fois agricole et commerciale, de cette dernière portion de l'Orléanais; de là le rôle très actif des marchés qui s'y trouvent : *Gien*, à l'Est; *Blois*, à l'Ouest, et surtout, dans la portion médiane, **Orléans** (72 000 hab.), au sommet du coude de la Loire, au point où le cours de celle-ci est le plus proche de Paris.

4. *Le Nivernais.* — Symétrique du Maine et de l'Anjou, le Nivernais s'étend sur la portion occidentale du Morvan et sur la zone de terrains sédimentaires comprise entre ce massif et la Loire.

1° La **région morvandelle**, dont on étudiera plus loin les caractères avec tout le Morvan (v. ci-dessous, chap. X, 1°), forme un haut pays de bois et de prairies d'élevage, dont la ville est *Château-Chinon*.

2° Le **Bas Nivernais** est plus varié. Il comprend d'abord, au pied du Morvan, une plaine de marnes liasiques, sol riche et humide, couvert de très belles prairies et de bois : c'est le *azois*. Les habitants y vivent de l'exploitation des bois et

1. PAYSAGE DE BEAUCE.

La Beauce est un plateau de calcaire très perméable, qui absorbe rapidement et presque complètement les eaux de pluie. Pas de rivières : pour avoir de l'eau, il faut creuser des puits très profonds; certains descendent à 70 mètres et plus. Les villages (on en voit un sur cette vue, au fond) se groupent serrés autour du puits communal. Pas de prés ni de bois : des champs de blé, de betteraves, des cultures fourragères. Peu de gros bétail, mais des troupeaux de moutons. La Beauce est un des greniers de Paris.

2. LE LOING A CEPOY.

Un paysage du Gâtinais, qui s'oppose à la Beauce. Ici, aux calcaires secs se mêlent les argiles et les sables imperméables et humides. Des arbres et des eaux courantes : deux traits du paysage qui manquent à la Beauce.

surtout de l'engraissement des bœufs du Morvan, qui y descendent et y séjournent pendant une saison, avant d'être vendus aux grands abattoirs urbains et principalement à ceux de Paris. D'autre part, l'abondance et la bonne qualité de l'argile a déterminé l'industrie de la poterie.

Plus à l'Ouest, s'étend jusqu'à la Loire un plateau de calcaires jurassiques, propres aux cultures et à la vigne (*vins de Pouilly-sur-Loire*) et qui contiennent certains lits riches en minerai de fer. Il est limité, au Nord-Ouest, par une bande d'argiles du Crétacé inférieur, qui continuent celles de la Champagne humide (voir p. 106-107), et qui, comme elle, sont couvertes de bois : c'est la *Puisaye*, pays de bûcherons et de potiers.

De la présence réunie du bois et du minerai de fer est née très anciennement l'industrie métallurgique, jadis éparpillée dans les bois, où se trouvait le combustible que l'on employait alors, aujourd'hui concentrée dans la vallée de la Loire, à *Fourchambault*, près du canal latéral par où la houille peut arriver. Le principal marché agricole est *Clamecy*.

De ressources variées, le Nivernais est un pays riche, dont l'artère vitale est, encore ici, la **vallée de la Loire**, grâce surtout au *canal latéral* qui l'unit, d'une part à Briare et aux pays de la Seine, d'autre part au Creusot et aux pays de la Saône. C'est là que se trouvent les principales villes : **Nevers** et *Cosne*.

5. ***Le Berry***. — Sur la rive gauche de la Loire, le Berry prolonge exactement le Nivernais : comme lui, il s'appuie et s'étend sur une bande externe du Massif Central ; comme lui, il possède la portion essentielle de son territoire sur les terrains sédimentaires du Bassin de Paris.

1° La **zone cristalline**, dont on étudiera plus loin les caractères avec tout l'Ouest du Massif Central (v. ci-dessous, chap. X, 3°) comprend la *région industrielle de Montluçon*, où la métallurgie est alimentée par le bassin houiller de Commentry.

2° La **zone sédimentaire** comprend essentiellement une grande plaine de calcaires jurassiques qu'entourent des régions moins importantes : à l'Est, les *collines du Sancerrois*, avec la ville de *Sancerre* ; au Sud, une bande de marnes liasiques, humides et fertiles, région de pâturages et d'élevage dont les marchés sont *Saint-Amand* et *La Châtre* ; enfin, au Sud-Ouest, deux régions recouvertes de sables granitiques apportés par les eaux du Massif Central et par conséquent infertiles. La plus

1. LA PUISAYE. LES POTERIES DE MYENNES.

Une partie du Nivernais, la Puisaye, est constituée par une argile très plastique, qui a fait naître, en Puisaye et dans le reste du Nivernais, de multiples fabriques de poterie : poteries communes de Myennes, porcelaines et faïences de Nevers et de Gien, boutons de porcelaine de Briare et de Cosne. (Photo Cannier.)

2. LA PUISAYE. MARGOTTINS, A SUIGY.

L'argile humide de la Puisaye porte des bois épais. Ils sont la vraie richesse du pays. Bûches et margottins, planches et poteaux s'exportent vers Paris.

sèche est couverte de bois : c'est le *Boischot*. La plus humide est couverte de marais et d'étangs : c'est la *Brenne*. L'une et l'autre sont improductives et peu peuplées.

Au contraire, la grande plaine de calcaires jurassiques, ou **Champagne Berrichonne**, découpée par les vallées du *Cher*, de l'*Indre* et de la *Creuse*, perméable, sèche et nue, porte des champs et surtout de vastes pâtures à moutons. Quant aux vallées, elles abritent de riches cultures. C'est là que la population agricole est le plus dense, et que l'on trouve les principales villes, situées pour la plupart sur les cours d'eau : **Bourges**, *Issoudun*, **Châteauroux**, *Le Blanc*.

6. ***La Sologne***. — La Sologne, au Nord du Berry, est une plaine au sous-sol calcaire, mais recouvert par des argiles et des sables granitiques, qui ont la même origine et la même nature que ceux de la forêt d'Orléans.

Imperméable et infertile, mal drainée par de pauvres rivières (*Sauldre*, *Cosson*, *Beuvron*), la Sologne fut longtemps couverte d'étangs et de landes, insalubre, presque déserte. Mais, depuis soixante ans, des travaux de drainage en ont asséché une bonne partie ; des amendements et des chaulages l'ont fertilisée. L'œuvre, encore imparfaite, est en bonne voie. La population augmente lentement. Sur la bordure se trouvent les deux villes principales, *Vierzon* et *Romorantin*, marchés d'échanges avec les régions limitrophes.

Le commerce agricole, qui se développe de plus en plus dans la Sologne, la relie lentement aux vaux de Loire, à Orléans et à Blois : des chemins de fer locaux drainent ses nouveaux produits vers ces villes.

7. ***La Touraine***. — La Touraine, telle que l'a faite l'histoire, déborde, pour une partie de son territoire, au Nord des vaux de la Loire ; mais ce n'est pas pour la partie la plus importante. En effet, entre le Loir et la Loire, à l'Ouest de la Petite Beauce, les calcaires du sous-sol sont recouverts par des argiles plus ou moins sableuses, parsemées de bois, peu fertiles et peu habitées : c'est la *Gâtine de Touraine*.

C'est sur la rive gauche que s'étend la région essentielle de la Touraine. Ce sont des plateaux de craie, perméables et secs, en somme peu favorables à la culture et semés de bois : la *Champeigne*, le *Plateau de Sainte-Maure*, etc. Mais ils sont lar-

1. LA CHAMPAGNE BERRICHONNE.

Comme toutes les régions de France qui portent le nom de Champagne ou de Campagne, celle-ci est une vaste plaine de terrains secs et perméables : ici, le terrain est du calcaire ; ailleurs, c'est de la craie. La Champagne Berrichonne porte des champs de céréales ; mais, comme la Champagne Pouilleuse, on y trouve encore en plus grand nombre des landes où paissent les moutons. Seules les vallées ont de l'eau, des prés, des arbres. (Photo Lefèvre.)

2. LES TROGLODYTES DES ROCHES.

Dans la craie des plateaux où se sont entaillées les larges vallées de la Loire et de ses affluents, l'eau, en s'infiltrant, a creusé jadis des cavernes spacieuses, qui, aujourd'hui qu'elles sont sèches, constituent les meilleures caves pour les vins réputés de l'Anjou et de la Touraine. Même, des habitants peu fortunés en font leurs maisons, au moyen de quelques aménagements de façades : ce sont des troglodytes (habitants des cavernes). Ils sont nombreux dans la vallée du Cher, dans celle du Loir et dans celle de la Loire (de Montlouis, en amont de Tours, à Saumur). (Photo Neurdein.)

gement découpés par la *vallée de la Loire* et par les *vallées du Cher, de l'Indre* et *de la Vienne*, qui y confluent.

Ces **vallées** font la richesse de la Touraine. Abritées, chaudes, couvertes d'alluvions fertiles et bien irriguées, elles possèdent de riches pâturages dans les parties les plus humides, au voisinage des rivières. Dans les portions plus sèches des fonds et sur les pentes crayeuses, on cultive les céréales, les fruits et surtout la vigne, dont les vins réputés (*vins de Vouvray, de Bourgueil, de Chinon*) se bonifient dans les caves taillées en pleine craie. Ce sont ces vallées riches et aimables qui, jadis, ont valu à la Touraine le surnom de *Jardin de la France*.

Elles abritent la majeure partie d'une population rurale très prospère. Chaque vallée a sa ville, son marché agricole : *Chinon*, pour la Vienne ; *Loches*, pour l'Indre, et surtout **Tours** (73 000 hab.), sur la Loire, qui commande les deux vallées conjuguées de la Loire et du Cher.

8. ***Unité des pays de la Loire. La vallée.*** — Malgré leur diversité, les pays de la Loire ont une physionomie commune et une unité réelle, qui leur vient :

1° **De leur vie surtout agricole** : les rares industries (métallurgie du Nivernais et de Montluçon, ardoisières de l'Anjou) se trouvent surtout dans des parties excentriques ;

2° **De la vallée de la Loire moyenne**, dont le double coude les traverse. Partout large, elle est parfois étendue jusqu'à former de vrais pays distincts : *val de Loire, val d'Orléans, val de Blois, val de Touraine, val d'Anjou*. Constituée par les riches alluvions du fleuve, elle est couverte de cultures et de vignes, qui y ont, de tout temps, attiré les populations. Mais surtout, elle est une grande voie de communication : du centre du Bassin Parisien elle conduit vers l'Auvergne, par sa partie supérieure ; vers le Bassin Aquitain, par sa partie inférieure. A défaut du fleuve, qui n'est point navigable, le commerce se fait par un canal partiellement latéral et surtout par les deux grandes *voies ferrées de Paris à Clermont-Ferrand* et *de Paris à Bordeaux*.

Aussi est-ce dans la vallée de la Loire que se trouvent la plupart des villes les plus actives et les plus prospères du pays : **Nevers**, *Sancerre, Cosne, Gien*, **Orléans**, *Beaugency, Blois, Amboise*, **Tours**, *Saumur* et **Angers**.

1. PAYSAGE DE SOLOGNE.

Voilà le paysage de l'ancienne Sologne, le seul que l'on trouvait dans le pays il y a soixante ans : des marécages et des étangs, parsemant les argiles imperméables; quelques bois, poussés sur les sables infertiles. Aucun produit agricole. C'était le pays de la fièvre et le pays de la faim. (Photo Neurdein.)

2. FABRICATION DU CHARBON DE BOIS EN SOLOGNE

Les plantations de pins ont, depuis soixante ans, assaini une grande partie de la Sologne : en bien des points, on a pu déjà les arracher et, sur l'humus qu'ils ont formé, faire naître gras pâturages et champs de blé. Mais là même où les pins subsistent, et c'est sur de grandes étendues, ils sont une richesse : on en tire de la résine, du bois et du charbon de bois. (Photo Henri Rivet.)

Lectures.

1. ***Plus que le fleuve lui-même, la vallée de la Loire est l'artère vitale des régions qu'elle unit.*** — Les pays de la Loire sont très dissemblables d'aspects et de ressources, comme toutes les régions du pourtour du Bassin Parisien. Le seul lien qui les unit, c'est la vallée de la Loire.

Nous disons *la vallée* et non *le fleuve*. Celui-ci, en effet, n'est, pour ainsi dire, pas navigable : outre que sa pente, toujours assez forte, le

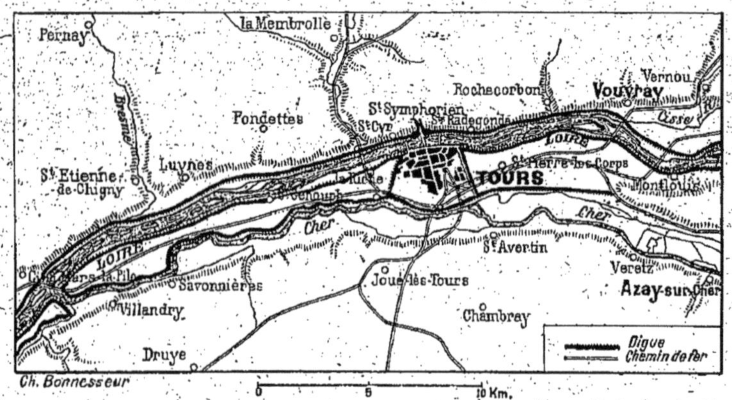

DIGUES DE LA LOIRE EN TOURAINE.

Pour se protéger contre les débordements de la Loire, les riverains ont depuis longtemps construit, le long de la rive basse du fleuve, des digues insubmersibles dont la hauteur a été portée successivement à 5, 7 et 9 mètres. Mais ces digues insubmersibles ne résistent pas à la poussée des très fortes crues qui les crèvent et qui envahissent alors les vals riverains.

rend difficile à la remonte, dangereux à la descente, il a un débit trop irrégulier. Pendant plus de la moitié de l'année, au moment de la saison chaude, son lit presque sans eau ne laisse voir que d'immenses bancs de sable traversés de minces chenaux. La vallée, au contraire, est très propre à attirer et à retenir les hommes.

Cette vallée est presque partout très large : au *val d'Orléans*, elle atteint 6 à 8 kilomètres du Nord au Sud. Entre des parties légèrement étranglées, elle comprend de larges bassins, ou vaux : le *val de Loire*, de Nevers à Cosne ; le *val d'Orléans*, de Sully-sur-Loire en aval d'Orléans ; le *val du Cosson* ou *Blésois*, en aval de Blois ; le *val de la Cisse* ou *de Touraine*, et enfin le *val d'Anjou*, depuis Port-Boulet jusqu'au confluent de l'Authion. Grâce à leur largeur, l'influence adoucissante et égalisatrice de l'Océan Atlantique pénètre profondément dans les terres : les hivers sont moins rudes dans la vallée que sur le plateau de la Beauce ou dans la plaine du Berry.

1. CHINON.

La Touraine forme un « jardin », dont les riches allées sont la vallée de la Loire et les vallées des affluents qui y débouchent ; telle la Vienne. Sur la rive droite de celle-ci, se dresse Chinon, sur une rive escarpée de craie tuffau, où sont creusées de belles caves. Une rue de vieilles maisons pittoresques conduit aux ruines du château, où Jeanne d'Arc fut présentée à Charles VII.

(Photo Neurdein.)

2. TOURS.

Sur la rive gauche de la Loire, entre celle-ci et le Cher, Tours était déjà une des villes importantes de notre pays à l'époque gallo-romaine. C'est qu'elle est au point de convergence des larges vallées qui constituent le cœur de la Touraine.

D'autre part, les alluvions que le fleuve a, au cours des siècles, déposées dans toute l'étendue de son lit majeur, constituent un sol léger, frais, fertile. Les cultures maraîchères, les arbres fruitiers, les pépinières d'horticulteurs y réussissent très bien et font la fortune des populations du val d'Orléans, de la Touraine et du val d'Angers. Sur le versant escarpé de la vallée, et dans les parties du sol plus sèches et plus caillouteuses, la vigne réussit à merveille : les *vins de l'Orléanais, de Vouvray* (près Tours), *de Bourgueil, de l'Anjou* (Saumur) sont réputés. Aussi la population agricole de la vallée de la Loire est-elle beaucoup plus riche et beaucoup plus dense que celle des régions environnantes.

D'autre part, la vallée de la Loire est une grande voie de communications, le lien le plus ancien et le plus solide entre nos *pays de langue d'oïl* et *nos pays de langue d'oc*. Elle fut un *champ de batailles* aux heures d'invasion, du temps d'Attila, pendant la guerre de Cent ans, en 1814, en 1871. Elle est surtout une grande *voie commerciale*, utilisée vers le S.-O. par la grande *ligne Paris-Bordeaux*, vers le S.-E. par la grande *ligne* dite *du Bourbonnais*, qui unit Paris, par Clermont et l'Auvergne, aux Cévennes et à Nîmes. Les villes qui la jalonnent vivent de son commerce. Elles étaient très prospères à l'époque où la Loire moyenne était navigable et où la batellerie unissait Nantes à Tours, à Blois, à Orléans, à Nevers.

Malgré de nombreux travaux (digues au milieu du fleuve pour rétrécir son cours et augmenter sa profondeur; épis destinés à drainer les eaux vers un chenal central et à retenir les alluvions sur les bords), le fleuve reste pauvre et ensablé, comme perdu dans un lit trop vaste; il ne retrouve qu'aux périodes de crues une vigueur alors excessive, et, de ce fait, il est inutilisable. Par suite, les villes de la vallée de la Loire sont stationnaires. La création d'un canal latéral à la Loire moyenne, prolongeant celui de la Haute Loire, en voie de construction, sera seule capable de leur donner un regain d'activité économique.

2. ***Les vaux de Loire présentent un intérêt particulier, non seulement par la nature de leurs alluvions, mais par le régime de leurs eaux.*** — La constitution physique des vaux de la Loire explique leur importance agricole de premier ordre. Celle-ci leur vient, en effet, de l'abondance des alluvions et de l'irrigation naturelle qui les fertilisent.

1° **Abondance des alluvions.** — La vallée de la Loire moyenne est, en réalité, composée de deux vallées. D'abord, elle comprend ce que les géologues appellent une *vallée majeure*, creusée jadis par le fleuve à une époque où il était plus puissant, mais qu'il n'occupe plus qu'en partie; il ne la remplit complètement qu'aux époques de grandes inondations. Ce sont les portions les plus larges de cette vallée majeure qui portent le nom de vaux : ils ont été jadis parcourus par la Loire; ils peuvent encore l'être accidentellement lors des crues.

Ensuite la vallée de la Loire comprend une *vallée mineure*, creusée dans la vallée majeure et plus étroite qu'elle; elle est occupée par le lit du fleuve actuel. Or cette vallée mineure est encombrée par les sables ; ils y forment des grèves qui apparaissent sur les deux bords et même au centre lors des sécheresses. C'est que la Loire et ses affluents du Massif Central charrient chaque année une masse énorme d'alluvions : on estime que la Loire en apporte annuellement plus de 900 000 mètres cubes ; le Cher, plus de 100 000 ; l'Allier *plus de deux millions et demi.*

Ce que la Loire actuelle fait pour sa vallée mineure, l'ancien fleuve l'a fait pour la vallée majeure : les vaux de Loire sont de vastes bassins alluviaux, où la roche n'apparaît nulle part.

2° **Irrigation naturelle.** — Les vaux de Loire ont la forme de bassins à fond plat. Sur le fond, à la base de chaque talus, il y a une rivière : d'un côté, la Loire elle-même ; de l'autre, un affluent, qui coule parallèlement au fleuve sur un assez long parcours avant de s'y jeter. Regardez une carte des vaux de Loire, et vous verrez nettement ces longs affluents parallèles : le *Loiret*, le *Cosson* et le *Beuvron*, la *Cisse*, le *Cher inférieur*, l'*Indre inférieure*, la *Vienne inférieure*, l'*Authion*. Ces affluents sont alimentés (surtout les petits) par le fleuve lui-même. Son lit, en effet, est constitué, sous la masse d'alluvions, par des calcaires perméables, où les eaux s'infiltrent, circulent, forment des cavernes ; parfois le toit de ces cavernes s'effondre et les transforme en *gouffres*. Par ces gouffres, la Loire perd des eaux. Perte temporaire dans certains cas, car elles lui reviennent parfois par d'autres gouffres de sortie ; mais souvent aussi perte plus prolongée, lorsqu'elles vont à la « rivière satellite » qui, la plupart du temps, n'a pas d'autre source et n'existerait pas sans elles : ce sont des sources de ce genre, augmentées par des eaux venues de la Sologne, qui créent le Loiret.

Les gouffres atténuent les crues de la Loire. Les rivières secondaires elles-mêmes atténuent les inondations, car elles servent de bassins de réserve : aux époques de crues, l'eau du fleuve *remonte* de la Loire dans la Cisse et dans l'Authion : à ce moment-là, les eaux de ces rivières vont de l'aval à l'amont et non de l'amont à l'aval. D'autre part, en temps de sécheresse, gouffres, circulation souterraine et rivières satellites ne sont pas capables de rendre navigable le fleuve ; mais ils maintiennent dans les vaux une humidité suffisante pour les cultures.

3. ***Les pays de la Loire sont le berceau de l'histoire de France.*** — On a vu plus haut que la vallée de la Loire a été la grande route par laquelle, au Moyen Age, les pays du Nord, ou de *langue d'oïl*, sont entrés en contact avec les pays du Sud, ou de *langue d'oc*. C'est parce qu'elle s'y est fortement établie de bonne heure que la monarchie capétienne, née dans l'Ile-de-France, a pu conquérir le Midi Aquitain.

Les rois de France sont toujours demeurés fidèles à ce berceau de leur histoire : seuls les derniers Bourbons, après que Louis XIV eût créé Versailles, l'ont quelque peu négligé. Mais les Valois, surtout à l'époque de la Renaissance, l'ont aimé et se sont plu sous son doux climat, au milieu des « Jardins » de ses vallées, non loin des chasses que leur offraient les forêts des plateaux et les landes de Sologne. Ils ont bâti de magnifiques résidences, qui comptent parmi les plus purs joyaux architecturaux de la France. En descendant la vallée de la Loire, d'Orléans à Angers, et en faisant quelques incursions dans les vallées secondaires qui y aboutissent, on rencontre toute une série de ces merveilles : *Chambord*, *Blois*, *Chaumont*, *Amboise*, *Chenonceaux* et *Valençay*, *Azay-le-Rideau* et *Loches*, *Chinon*, *Langeais*, etc. Tous attestent le rôle éminent joué par les pays de la Loire dans l'histoire de la vieille France.

4. *La vie urbaine et la vie rurale dans les pays de la Loire subissent également et profondément l'influence du voisinage de Paris.* — Dans les pays de la Loire, on se sent déjà très près de Paris : c'est que, de nos jours, Paris exerce une attraction extraordinairement puissante sur les régions agricoles qui l'environnent et qui lui envoient leurs produits. Les autres zones extérieures du Bassin Parisien dépendent moins de la capitale parce qu'elles ont au voisinage d'autres centres industriels à approvisionner comme la région du Nord, la Lorraine métallurgique, ou qu'elles possèdent elles-mêmes des centres industriels comme Troyes, Amiens, Rouen et Le Havre. Ici, au contraire, presque aucune industrie, mais du blé, qui alimente les minoteries de Corbeil, près de Paris; des vins, qui s'exportent presque tous sur les entrepôts de Bercy, à Paris; des légumes et des fruits, qui prennent le chemin des Grandes Halles de Paris.

Le voisinage de Paris fait la prospérité des campagnes de la Loire : il explique en partie le faible progrès de ses villes. Pour trouver des marchés dotés de quelque activité, il faut aller sur le pourtour, au contact des régions primaires, Massif Armoricain et Massif Central, où l'on trouve des ressources minières, des industries, le commerce actif qui se fait toujours au contact de deux régions de nature différente et de produits dissemblables : de là l'activité du Mans, d'Angers, de Montluçon. Mais les villes de la Loire, Tours, Blois, Orléans, Gien, qui eurent jadis des industries très importantes dont celles d'aujourd'hui ne sont plus que l'ombre, bien que marchés agricoles prospères, restent des villes stationnaires. Leur originalité intellectuelle ou artistique souffre de la trop grande proximité et de l'accaparement de la capitale. Elles ont, plus que toute autre ville, été victimes de la centralisation excessive qui caractérise la France moderne.

VII. — LE BASSIN PARISIEN. — 5° LE CENTRE. LA RÉGION PARISIENNE[1].

La région parisienne est formée par une série de plateaux s'inclinant tous vers le centre, où est Paris.

Ces plateaux ont des ressources exclusivement agricoles. Ils sont constitués soit par des calcaires, partout fertiles, mais particulièrement riches dans les régions où des limons les recouvrent, soit par des sables, beaucoup moins fertiles. Dans le premier cas, ce sont d'excellentes terres à céréales ou à élevage; dans le second cas, ils sont couverts de belles forêts.

Ils sont découpés par une série de larges vallées qui aboutissent toutes au centre ou dans la direction du centre, c'est-à-dire près de Paris. Couvertes d'alluvions, larges, sillonnées de rivières navigables, elles produisent en abondance fruits et légumes et sont d'excellentes routes naturelles vers la capitale.

Paris doit son importance à sa situation géographique et à son rôle historique. Capitale politique d'un État très centralisé, elle est la plus forte agglomération d'habitants, le plus puissant foyer industriel, le plus riche marché de la France.

1. ***Constitution de la région parisienne.*** — La portion centrale du Bassin Parisien est constituée par des terrains tertiaires, d'âge et de nature variés, dont les couches plongent du pourtour, où ils atteignent une altitude de 200 m., vers le Centre, où Paris est à une altitude de 26 m. Vers l'extérieur, ils dominent par une crête les terrains crétacés de Champagne, depuis l'Oise jusqu'à l'Yonne. Au Nord-Ouest, à l'Ouest et au Sud, ils se raccordent, sans accident de relief, aux plateaux de la Picardie, de la Normandie et de l'Orléanais.

Ces terrains tertiaires forment des plateaux, découpés par des vallées profondes, et où il faut distinguer trois catégories de pays :

1° **Les calcaires et limons des plateaux.** — Les calcaires forment, dans les terrains tertiaires du Bassin de Paris, trois lits épais : les *calcaires grossiers*, qui affleurent au Nord; les

1. Voir la carte en couleurs, p. 129.

calcaires de Brie, qui affleurent à l'Est; les *calcaires de Beauce*, qui affleurent au Su . Ces calcaires constituent des plateaux horizontaux, dont le sol est fertile et généralement perméable, sauf quand leur surface, décomposée par les eaux d'infiltration, est transformée en *argiles à meulières*. Leur fertilité est accrue en bien des points par des couches de limons, qui les surmontent, et qui sont analogues, par la nature et par l'origine, à ceux des plaines du Nord et de Picardie. Ce sont d'excellentes terres à culture, et notamment à céréales; dans les portions argileuses, on peut y pratiquer l'élevage.

2° **Les sables et grès des plateaux.** — Trois lits de sable alternent avec les trois lits de calcaire, dans la région parisienne. Là où les sables affleurent, le sol des plateaux est perméable, mais siliceux et par conséquent stérile. En certains points, les sables sont agglomérés en grès, plus résistants à l'érosion : ils forment des massifs plus élevés, mais tout aussi infertiles. Ils sont en général recouverts par des forêts.

3° **Les alluvions des vallées.** — La *Seine* et ses affluents : *Oise* et *Aisne*; *Marne*, *Ourcq* et *Morins*; *Loing*, *Essonne*, *Orge*, ont découpé les plateaux calcaires ou gréseux par de larges vallées, tapissées de riches alluvions. Elles convergent vers le Centre Parisien, où les méandres de la Seine ont creusé, entre des buttes calcaires, un véritable bassin alluvial. Les alluvions de ces vallées sont favorables à toutes les cultures, notamment aux cultures maraîchères.

Tels sont les trois éléments qui s'entremêlent, en proportions variables, dans toutes les parties de la région parisienne.

2. ***La vie agricole dans la région parisienne.*** — De climat tempéré, demi-maritime, aux hivers sans rudesse, aux pluies assez bien réparties dans le cours de l'année; de ressources minérales presque nulles se bornant à la pierre de taille, la région parisienne a une vie surtout agricole : elle est le grenier et le potager de Paris. Elle n'a d'autres industries que celles qui ont été favorisées par le voisinage de Paris.

Ainsi, sur les plateaux et dans les vallées, presque toute la population vit de la terre : culture des céréales et de la betterave, dans les régions calcaires à limons; élevage mêlé à la culture et suscitant l'industrie laitière, dans les parties les plus humides; cultures maraîchères, dans les alluvions des vallées et notamment dans la vallée de la Seine.

La **population** est assez dense, pour un pays purement agricole. Elle est groupée en villages dans les régions perméables, où l'eau est loin dans le sol et où les puits sont coûteux à forer. Elle est disséminée dans des fermes sur les sols imperméables, où l'eau s'obtient facilement.

Les villes sont presque toutes des marchés agricoles d'importance moyenne, situés dans les vallées.

Tels sont les caractères communs à toutes les parties de la région parisienne. On peut y distinguer :

1° Au Nord, le *Soissonnais* et le *Valois* ;

2° A l'Est, la *Brie* ;

3° Au Sud, la *Beauce* et le *Hurepoix* ;

4° A l'Ouest, le *Mantois* et le *Vexin Français* ;

5° Au Centre, l'*Ile-de-France*.

3. ***Le Nord. Le Soissonnais et le Valois.*** — Le Nord de la région parisienne est constitué par des plateaux de calcaire grossier. Ils forment au-dessus de la Champagne et de la Thiérache des côtes morcelées, qui continuent au Nord la Falaise d'Ile-de-France. Ils s'inclinent vers le Sud et vers Paris. Ils sont limités par les *vallées de l'Oise* et *de la Marne* et traversés par les *vallées de l'Aisne* et *de l'Ourcq*.

1° Le ***Soissonnais*** étend ses plateaux de part et d'autre de la vallée de l'*Aisne*. Les calcaires, recouverts sur une grande partie par des limons, portent des champs de céréales et de betteraves. Les parties sableuses, assez rares, portent des forêts : au Nord, la *forêt de Saint-Gobain* ; au Sud, les *forêts de Compiègne* et *de Villers-Cotterets*. Les vallées, aux pentes sableuses, mais au fond argileux et alluvial, humide et fertile, produisent des cultures maraîchères (artichauts dits de Laon, haricots dits de Soissons).

Presque aucune industrie, sauf la verrerie de Saint-Gobain, qui profite de la silice du sol. Mais le Soissonnais joint à ses ressources agricoles des avantages dus à sa situation : ses plateaux, solides et secs, tracent une route naturelle entre Champagne et Picardie ; ses côtes extérieures forment une ligne de défense sur la route de Paris.

Les villes, situées soit sur la ligne des côtes, soit dans les vallées, sont soit des positions fortes, soit des marchés, soit l'un et l'autre. Dans la première situation, il faut citer *Laon* et *Craonne* ; dans la seconde, *Soissons*, sur l'Aisne ; *Noyon* et *Com-*

piègne, sur l'Oise ; celle-ci est, en outre, grâce à sa forêt, un centre de villégiature.

2° Le **Valois** est, de part et d'autre de l'Ourcq, l'analogue du Soissonnais. Toutefois les étendues calcaires et les étendues sableuses alternent plus fréquemment sur le plateau : les forêts, plus petites, y sont plus nombreuses (*forêts de Halatte, de Senlis, de Chantilly*) ; les champs, tout aussi fertiles, y sont plus morcelés. Ce morcellement, joint à la rareté des vallées (une seule vallée, celle de l'*Ourcq*, orientée du Nord au Sud) fait que le Valois n'est pas, comme le Soissonnais, une région d'échanges entre Est et Nord du Bassin de Paris, mais simplement un des greniers de la capitale. C'est également la proximité de la capitale et ses besoins qui expliquent les ressources dont vivent ses principales villes, à l'exception de *Senlis* et de *Crépy-en-Valois*, marchés purement agricoles : *Creil*, ville industrielle (forges de *Montataire*) ; *Chantilly* et *Villers-Cotterets*, centres de villégiature.

4. L'Est. La Brie. — La Brie est un plateau qui s'incline de la Falaise de Champagne vers Paris. Il est constitué par le calcaire qui porte le nom du pays. Toutefois, ce plateau calcaire se distingue de ceux du Nord et du Sud, par les traits suivants :

1° **La répartition inégale des limons.** — Dans la portion occidentale, ces limons sont continus et épais : c'est la *Brie Française*, voisine de l'Ile-de-France, très fertile et produisant en abondance les produits énumérés ci-dessous. Dans la portion orientale, ils sont moins épais et n'existent pas partout : c'est la *Brie Pouilleuse*, voisine de la Champagne Pouilleuse, moins fertile que la Brie Française, mais beaucoup plus fertile que la Champagne.

2° **L'existence d'argiles dans le sol et dans le sous-sol.** — En bien des points, l'infiltration des eaux a décomposé le calcaire de la surface en argiles à meulières. Partout, sous le calcaire, peu épais, s'étend un lit de marnes et d'argiles qui arrête les eaux. Aussi le sol est-il plus humide, l'eau plus facile à atteindre que sur les plateaux calcaires du Nord et du Sud. De là l'abondance des arbres ; de là l'aptitude égale de la Brie pour les cultures de céréales (dans les parties les plus sèches) et pour l'élevage (dans les parties les plus humides).

3° **L'abondance des vallées humides.** — Ces vallées sont, outre les deux grandes vallées de la *Marne*, au Nord, et de la

1. LA FORÊT DE VILLERS-COTTERETS. ROUTE DU FAITE.

Une forêt des environs de Paris née sur les sables et les argiles, sols tendres et imperméables. Pas de relief; des arbres serrés et poussés droit; le gazon partout, ou bien un épais tapis d'humus. (Photo Maten.)

2. LA FORÊT DE NEMOURS. ROCHERS BEAUREGARD.

Une forêt des environs de Paris née sur les grès, sols durs et perméables. Ses lignes de platières sont séparées par des vallées et des précipices; les arbres plus espacés, ont souvent acquis des formes tordues pour se tourner vers la lumière; entre eux, la roche apparaît à nu.

Seine, au Sud, celles de leurs affluents : le *Grand Morin* et le *Petit Morin*, pour la Marne ; l'*Yerres*, pour la Seine. Atteignant les marnes du sous-sol, très humides, parfois occupées par des marécages et par des oseraies, elles produisent des légumes.

L'agriculture est la seule ressource de la Brie. Mais, grâce à la variété de son sol, à l'alternance des limons, des calcaires et des marnes, cette agriculture est à la fois très riche et très variée : la Brie est, non seulement un grand producteur de céréales, de betteraves, de légumes, mais un pays d'élevage : anciennement élevage du mouton, qui l'emporte encore dans la Brie Pouilleuse ; aujourd'hui, élevage des vaches laitières, exportation du lait vers Paris et industrie des fromages de Brie, qui sont une grande ressource de la Brie Française.

La population, riche et dense, est surtout éparpillée dans des fermes. Les villes sont des marchés. Elles sont situées : 1° soit au contact de la Champagne, comme *Provins* ; 2° soit au débouché des vallées secondaires vers l'Ile-de-France, comme *la Ferté-sous-Jouarre* (débouché du Petit Morin dans la Marne), *Coulommiers* (vallée du Grand Morin), *Brie-Comte-Robert* (vallée de l'Yerres) ; 3° soit aux limites Nord et Sud, dans les deux grandes vallées : *Château-Thierry* et *Meaux*, sur la Marne ; *Montereau*, **Melun** et *Corbeil* (minoteries), sur la Seine.

5. ***Le Sud. La Beauce et le Hurepoix.*** — Le Sud de la région parisienne est formé par un plateau qui s'incline, comme ceux du Nord et de l'Est, vers Paris, et qui est constitué par une table de calcaire de Beauce surmontée de limons. Au Sud, cette table est intacte et continue : c'est la *Beauce*. Au Nord, elle est plus mince, coupée par des rivières, et même en certains points elle disparaît complètement, laissant apparaître sables et grès de l'étage inférieur : c'est le *Hurepoix*.

1° La ***Beauce*** est donc un plateau de calcaire horizontal, monotone, perméable et sec. Les eaux, filtrant en profondeur, vont alimenter les rivières du pourtour : *Seine, Eure, Loir, Loire, Loing, Essonne*. Les sources sont rares : l'eau ne peut s'atteindre qu'en forant des puits très profonds ; les arbres sont également rares ; les pâturages, maigres, suffisent à peine à l'élevage des moutons. Mais l'extraordinaire épaisseur des riches limons qui couvrent le plateau en font une excellente terre à céréales et à betteraves : la Beauce est un des greniers de la France (voir le *Paysage de Beauce*, p. 153).

1. LA VALLÉE DU GRAND MORIN A LA CHAPELLE-SUR-CRÉCY.

Les vallées de la Brie, creusées dans le calcaire, sont larges et profondes. Mais la rivière qui les creusa a atteint le lit d'argiles qui partout s'étend sous le calcaire de Brie. Aussi, le fond de ces vallées, très humide, porte-t-il des prés. La rivière trace ses méandres au milieu de marécages. (Photo Neurdein.)

2. UNE FERME DE BRIE.

La ferme de Brie, énorme et opulente, est un petit monde. Formée de bâtiments nombreux qui encadrent une cour intérieure, sur laquelle donnent presque toutes les ouvertures, elle comprend la maison d'habitation, les écuries et les étables, la basse-cour, les greniers et les granges. De l'extérieur, ses murs nus et sans ouverture lui donnent l'aspect d'une forteresse; on n'y accède que par la porte charretière. A l'intérieur, elle est gaie, vivante, animée comme une ruche en travail. (Photo Brodard.)

La population agricole est agglomérée dans des villages groupés autour du puits communal ou dans de très grosses fermes, qui peuvent faire les frais d'un puits particulier. Point de villes, sauf des marchés à céréales sur le pourtour : *Pithiviers*, qui est déjà en Gâtinais (v. p. 152) ; *Châteaudun*, qui appartient au pays du Loir (v. p. 150) et surtout **Chartres**, sur l'Eure.

2° Le ***Hurepoix*** contient encore des lambeaux de plateaux calcaires surmontés de limons, riches terres à céréales. Mais ils sont découpés par de nombreuses vallées qui descendent vers le centre parisien : l'*Essonne*, la *Juine*, l'*Orge*, l'*Yvette*. Ces vallées, aux flancs sableux et boisés, ont un fond argileux et humide, très favorable aux cultures maraîchères.

Enfin, aux plateaux calcaires se mêlent des zones de sables ou de grès, qui sont couverts de belles et pittoresques forêts, dont le voisinage de Paris a fait des lieux de villégiature. Telles sont, aux limites Ouest et Est du Hurepoix, la *forêt de Rambouillet* et la *forêt de Fontainebleau*. *Fontainebleau* et *Rambouillet* sont, non seulement des marchés agricoles, mais surtout des villes de plaisance.

Pays varié et pittoresque, producteur de céréales, de légumes et de fruits, le Hurepoix vit de Paris, qu'il alimente et dont les habitants viennent lui demander les plaisirs de la villégiature. Chaque vallée a sa petite ville. Les principales sont, outre les villes indiqués ci-dessus : *Étampes*, sur la Juine, et *Dourdan*, sur l'Orge.

6. ***L'Ouest. Le Mantois et le Vexin Français.*** — Le **Mantois**, sur la rive gauche de la Seine, et le **Vexin Français**, sur la rive droite, sont des plateaux de calcaires grossiers, couverts soit de limons et de cultures, soit de sables et de bois. Les courtes vallées, qui descendent vers la Seine, sont creusées jusqu'à la craie qui s'étend sous les calcaires ; leurs versants sont stériles et boisés, mais les fonds alluviaux sont humides et couverts de pâturages qui annoncent la Normandie.

La **vallée de la Seine**, très large, où le fleuve trace des méandres dont chaque boucle enserre des plaines alluviales propres à toutes les cultures, est le cœur de la contrée. La ville principale est *Mantes*.

7. ***Le Centre. L'Ile-de-France.*** — L'Ile-de-France est la portion la plus centrale et la plus déprimée des plateaux cal-

1. CHANTILLY.

La région parisienne, grâce à ses forêts et à ses riantes vallées, est pour la capitale une région de plaisance. Elle l'est et l'a toujours été. Comme les pays de la Loire, elle est semée d'anciennes et somptueuses résidences royales. En voici une : le château de Chantilly, entre l'Oise et la forêt de Chantilly. Il appartient aujourd'hui à l'Institut de France. (Photo Hachette.)

2. LES MOULINS DE MEAUX.

La région parisienne, grâce à ses plateaux limoneux, est pour la capitale une région d'alimentation. La Brie, comme la Beauce, lui fournit une grande partie des blés qu'elle consomme. De là la création de grands moulins à proximité : ceux de Meaux, sur la Marne; ceux de Corbeil, sur la Seine.

caires, dans lesquels la *Seine*, la *Marne*, et l'*Oise* confluent. Ces rivières ont suivi, selon les époques géologiques, des chemins différents, creusant ainsi une multiplicité de vallées : les unes sont aujourd'hui abandonnées ; les autres sont encore occupées par des rivières ; toutes sont humides et couvertes de cultures maraîchères. Entre les vallées, les débris du plateau ne forment plus que des buttes, aux sommets plats, calcaires, couverts de limons, propres aux cultures, tandis que les pentes, creusées dans les sables sous-jacents, sont couvertes de bois : *forêts de l'Isle-Adam*, *de Montmorency*, *de Saint-Germain*, etc.

Région agricole, ses principaux marchés sont situés dans les vallées, comme *Pontoise* (dans la vallée de l'Oise), ou à proximité de la dépression de Paris, comme *Versailles* (60 000 hab.). L'Ile-de-France n'est que la banlieue agricole de cette immense agglomération urbaine dont le centre est Paris.

8. **Paris.** — Paris, capitale de la France, située au centre du Bassin Parisien, a grandi à mesure que ses maîtres, les *ducs de France*, devenus *rois*, étendaient leur pouvoir sur tout le bassin, puis sur tout notre pays. Il est non seulement le centre politique et administratif de la France, mais son centre industriel et commercial, son centre intellectuel et artistique.

En ne considérant que les traits géographiques de Paris, on peut dire que :

1° Paris est le **point de concentration** le plus important de la France. Merveilleusement situé au centre du Bassin Parisien, au point de convergence des vallées qui le sillonnent, il fut d'abord le point de concentration de la France septentrionale ; il est aujourd'hui celui de la France entière. L'amélioration des rivières, l'établissement des canaux et des voies ferrées en ont fait le plus grand centre industriel et commercial, la première agglomération de population.

2° Paris est le **premier centre industriel** de la France. Née de la nécessité d'alimenter la capitale en produits manufacturés, son industrie s'est développée, grâce au renom qu'elle a acquis dans la fabrication des produits de luxe. Aussi, à côté des grandes industries de la banlieue (*métallurgie*, *sucrerie*, *textile*, *papeterie*), doit-on citer les industries de luxe (*orfèvrerie*, *vêtements* et *parures*, *articles* dits *de Paris*, etc.), qui prospèrent dans la ville même, et pour lesquelles notre capitale tient de loin la tête sur le marché mondial.

1. LA SEINE AU PORT SAINT-NICOLAS.

Paris est le premier port intérieur de la France. Sur les deux bras du fleuve qui enserrent l'île Saint-Louis, de même qu'en amont ou en aval de celle-ci, et encore sur le canal Saint-Martin, on trouve de nombreux ports, dont chacun a sa spécialité : tel le port de Bercy pour les vins. Ici, le port Saint-Nicolas, au pied du Louvre, débarque souvent des marchandises venues d'Angleterre : porcelaines et grès, cordes, tonneaux de goudron, etc. (Photo Cosson.)

2. L'AVENUE DES CHAMPS-ÉLYSÉES ET L'ARC DE TRIOMPHE.

La réputation mondiale de Paris lui vient des merveilles artistiques qu'elle possède, et parmi lesquelles les beaux monuments et les belles voies sont celles qui saisissent d'abord le regard de l'étranger. Voici la promenade la plus fameuse de la grande ville : elle est sans cesse sillonnée, jusqu'à une heure avancée de la nuit, par deux rangées serrées de voitures qui montent vers le célèbre Arc de Triomphe ou en descendent. (Photo Neurdein.)

3° Paris est le **premier centre commercial** de la France. Il importe surtout des *produits alimentaires* (farines et légumes, viandes et poissons, vins et liqueurs, fruits) et des *matières premières* pour son industrie. Il exporte surtout des *produits manufacturés* de luxe.

4° Paris est la **première agglomération de population** de la France, une des plus considérables du monde. La **ville** proprement dite a 2 888 000 habitants; mais il faut y comprendre la **banlieue**, qui ne fait qu'un avec elle : l'ensemble de l'une et de l'autre atteint près de *quatre millions d'habitants*. Une immigration incessante, formée à la fois de provinciaux venus de toutes les parties de la France et d'étrangers, augmente rapidement ce total. Les principales villes de la banlieue sont pour la plupart des centres industriels : au Nord, *Saint-Denis*, *Saint-Ouen*, *Clichy*, *Aubervilliers*, *Pantin*; à l'Ouest, *Boulogne*, *Neuilly*, *Levallois*, *Puteaux*, *Asnières*; au Sud, *Ivry*.

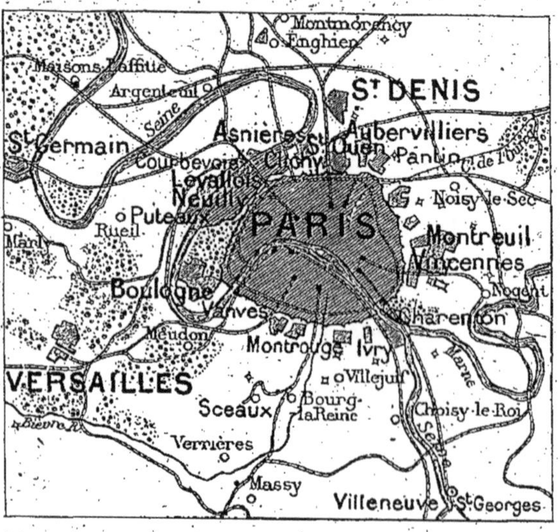

PARIS ET SA BANLIEUE.

Paris se continue, en dehors de ses murailles, par une banlieue très peuplée à laquelle elle est unie par de nombreuses voies ferrées et par des lignes de tramways. Les principales agglomérations sont : Boulogne, Puteaux, Neuilly, Levallois, Clichy, Courbevoie, Saint-Ouen et Asnières, à l'Ouest ; Saint-Ouen, Saint-Denis, Aubervillers et Pantin, au Nord ; Montreuil et Vincennes, à l'Est. C'est la banlieue sud qui renferme les agglomérations les moins populeuses, Montrouge, Ivry, Charenton, Sceaux, Bourg-la-Reine.

Lectures.

1. *L'importance géographique du sous-sol apparaît nettement dans une comparaison entre la Brie et la Beauce.* — Au Sud et au Sud-Est de la région parisienne proprement dite, la *Beauce* et la *Brie* forment deux régions également riches : le sol y est constitué par d'épaisses couches de limons très fertiles. Mais, sous ces limons, la diversité de la roche constitutive entraîne des différences dans les produits, dans la vie des habitants, dans le mode de leurs groupements.

Le **sous-sol de la Beauce** est un calcaire lacustre oligocène, dit *calcaire de Beauce*, très perméable et laissant filtrer les eaux à de grandes profondeurs. Aussi, sur ce plateau monotone, les cours d'eau sont très rares et très pauvres; les arbres manquent totalement. Les céréales poussent bien, et la Beauce est un des principaux greniers à blé de la France; de même pour les betteraves. Mais l'humidité manque pour l'établissement de bonnes prairies, et le seul élevage qui réussisse est celui du mouton, le plus sobre de nos animaux domestiques. Pour trouver l'eau nécessaire à leur alimentation et à leur entretien, les habitants sont obligés de creuser des puits très profonds, très coûteux; aussi se groupent-ils en villages serrés autour du puits communal, qui, servant à tous, coûte moins à chacun. En dehors de ces villages, très agglomérés, on ne trouve que de très grandes fermes, d'ailleurs peu nombreuses, qui sont assez riches pour faire les frais d'un puits particulier. Quant aux villes proprement dites, elles manquent en Beauce; on ne les trouve qu'à la périphérie : *Chartres*, *Châteaudun*, *Dourdan*, *Étampes* et *Pithiviers*; ce sont des marchés où les Beaucerons échangent leurs produits (blé, betterave, moutons) contre ceux des régions voisines (bois, bœufs, vin, cidre, etc.).

Le **sous-sol de la Brie** est également composé par un calcaire lacustre oligocène, dit *calcaire de Brie*. Mais la partie supérieure de ce calcaire s'est décomposée en *argiles* et en *marnes* beaucoup moins perméables et qui retiennent les eaux. On trouve d'autres argiles sous le calcaire. L'eau se trouve donc presque à fleur de sol. Les cours d'eau abondent : *Seine*, *Marne*, *Grand Morin*, *Petit Morin*, *Yerres*, etc.; des bouquets d'arbres agrémentent le paysage, ainsi que les lignes de peupliers et de saules signalant de loin les vallées. A côté des céréales et de la betterave, qui réussissent merveilleusement dans les parties plus sèches, comme en Beauce, des cultures fourragères et de bonnes prairies permettent l'élevage des bêtes à cornes et le développement des industries laitières : beurres, fromages. L'eau se trouvant partout, les cultivateurs, au lieu de se grouper comme en Beauce, habitent de grandes fermes, au milieu de leurs champs, près de leur travail. Les villes, marchés agricoles ou centres d'industries qui transforment les produits du sol, au lieu d'être situées seulement à la périphérie, se trouvent aussi à l'intérieur même du pays, dans les riches vallées : *Melun*, *Meaux*, *Provins*, *Coulommiers*; Meaux possède des moulins très importants.

2. ***La situation géographique explique en partie l'importance de Paris.*** — Paris est bâti dans un site et au milieu d'une région où toutes les conditions géographiques étaient favorables à la naissance d'une grande ville. Elle est, en effet, située :

1° **Au point de convergence de nombreuses vallées.** — Ces vallées, qui ont leur origine dans toutes les parties du Bassin Parisien, débouchent au voisinage de la dépression centrale, où la Seine ne se trouve plus qu'à 26 mètres d'altitude : vallées de la *Seine*, du *Loing*, de l'*Yonne*, de la *Marne*, de l'*Oise*, grands affluents du fleuve,

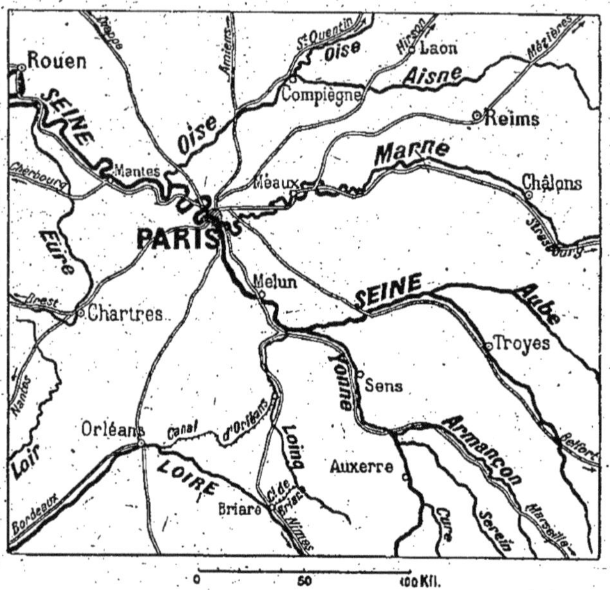

CONVERGENCE VERS PARIS DES VOIES DE FER ET D'EAU.

sans compter une série d'affluents secondaires : *Bièvre, Yvette, Orge, Essonne, Yerres*, etc.

Si l'on s'éloigne de Paris autrement que par le cours de la Seine, que l'on aille à l'Est, au Sud, au Nord ou à l'Ouest, de tous les côtés il faut monter : cela est sensible sur les voies ferrées, et principalement : sur celle d'Orléans, vers Étampes; sur celle d'Amiens, dès qu'on a dépassé Saint-Denis; sur celle de Versailles. A l'Est, la Brie a 180 mètres d'altitude moyenne; au Sud, la Beauce a 140 mètres; à l'Ouest, Versailles est à 102 mètres, la Normandie à 180 mètres; au Nord, le Valois et la Picardie sont à 200 mètres.

2° **Au point où la Seine devient une grande rivière navigable.** — La Seine, dès qu'elle est augmentée par les eaux de l'Yonne, de la Marne, du Loing, devient un grand fleuve navigable. Au confluent de l'Oise, son importance s'accroît encore. Ceci explique l'importance de la navigation fluviale dans la naissance de Paris : la ville primitive née dans l'île de la Cité, eut comme première cause de prospérité la confédération des mariniers, ou *nautes* parisiens.

3° **Dans une plaine alluviale entourée de buttes qui la défendent.** — Les calcaires qui constituent le centre du Bassin Parisien ont été largement déblayés, au cours des âges géologiques, par la Seine et par la Marne, qui y ont suivi plusieurs cours successifs. De là ce vaste bassin central où la Marne décrit sa boucle finale, où la Seine étale des méandres, que le plateau du Sud domine immédiatement, mais dont le plateau du Nord est très éloigné. Il ne reste,

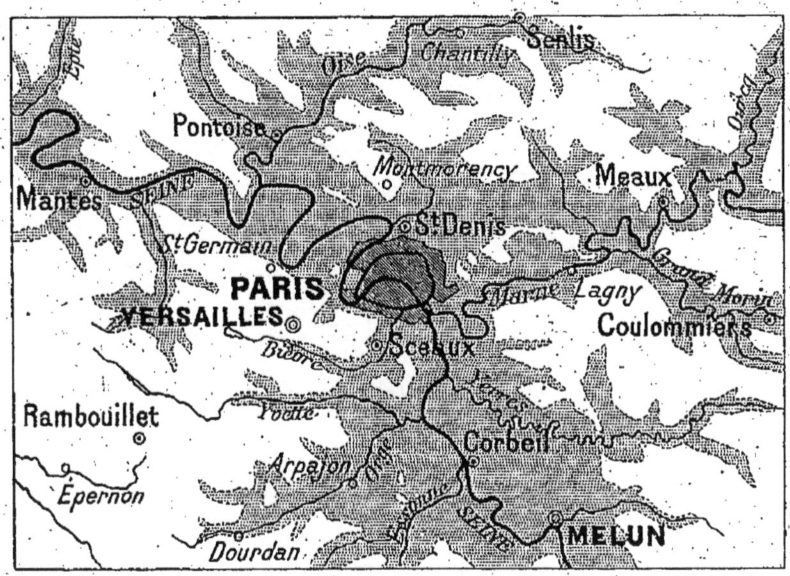

LA DÉPRESSION PARISIENNE.

Paris occupe le fond du Bassin Parisien dont la forme générale est celle d'une cuvette : son altitude ne dépasse pas 26 mètres au Champ de Mars. Aussi, les eaux du Bassin Parisien convergent-elles vers Paris. Là, sans pente très forte, elles s'attardent : longtemps elles y formèrent des marais (c'est encore le nom d'un quartier de la capitale); la Seine y dessine de grands méandres (notamment, en aval de Paris, ceux de Saint-Cloud, Saint-Denis, Argenteuil, Saint-Germain, etc.).

comme trace de l'ancienne extension du plateau, que des buttes : *buttes de Montmorency, de Sannois, de Cormeilles.*

D'autres causes géographiques ont encore favorisé le développement de Paris : abondance des pierres et des matériaux de construction, dans les régions environnantes ; greniers de la Beauce et de la Brie, aux portes de la ville.

Le berceau de Paris fut l'île de la Cité, à l'époque gallo-romaine. Dès la fin du XIIᵉ siècle, sous Philippe-Auguste, Paris, débordant sur les deux rives de la Seine, comprenait le quartier de l'Hôtel de Ville et des Halles, d'une part, et s'étendait, de l'autre, jusqu'au

Luxembourg et au Panthéon. Au XIVe siècle, sous Charles V, Paris engloba le quartier du Marais jusqu'à la Bastille; c'est dans le Marais que se trouvait le fameux hôtel de Saint-Pol, où la cour séjourna longtemps. À la fin du XVIIIe siècle, l'enceinte des Fermiers Généraux étendit Paris jusqu'aux boulevards extérieurs actuels : elle marque la limite de la capitale au moment de la Révolution. L'enceinte actuelle, beaucoup plus étendue encore, date de la moitié du XIXe siècle, mais elle est encore trop petite, et Paris déborde tout autour sur une banlieue très peuplée, dont les habitants vivent en partie de la

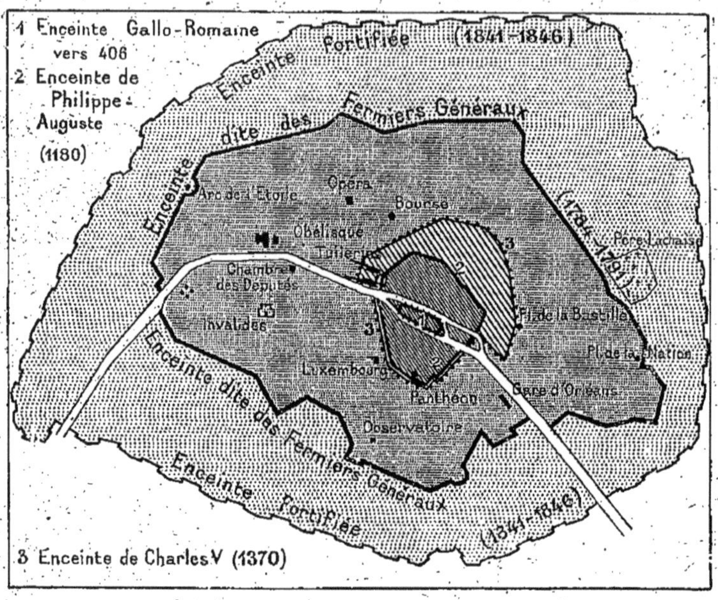

LES AGRANDISSEMENTS SUCCESSIFS DE PARIS.

vie de la capitale (voir la carte, p. 176). Il est, du reste, question d'abattre cette dernière enceinte fortifiée, et la démolition en est décidée en principe.

La croissance de Paris s'est faite beaucoup moins sur la rive gauche, où les plateaux du Sud, très rapprochés de la rivière, arrêtaient l'extension de la ville, que sur la rive droite, sur les espaces plats du Nord et de l'Ouest que sillonne la boucle de la Seine. C'est là, encore aujourd'hui, que se développe avec le plus de rapidité la banlieue parisienne, banlieue industrielle au Nord (*Levallois-Perret*, *Clichy*, *Saint-Denis*, *Aubervillers*, *Pantin*), banlieue de villégiature au Nord-Ouest et à l'Ouest, de *Montmorency* à *Saint-Germain* et à *Marly*.

Malgré cela, ce sont autant des causes historiques et politiques, et d'abord la fortune des souverains de l'Ile de France, les ducs capétiens devenus rois, qui ont contribué à faire la fortune de la ville : elle a grandi avec leur puissance et avec l'extension progressive de leur pouvoir sur notre pays. C'est la **centralisation administrative** qui, faisant partir de Paris toutes les impulsions et tous les organes de transmission (routes, puis chemins de fer et télégraphes), en a fait peu à peu non seulement le *centre politique*, mais le *centre intellectuel* et *artistique*, le véritable cerveau de la France.

De là la croissance régulière de sa population : 250 000 habitants environ au XVIe siècle, 500 000 au début du XVIIIe siècle, 714 000 en 1817, c'est-à-dire à l'époque du premier recensement digne de foi; plus d'un million en 1851 ; puis, après l'annexion des communes suburbaines (1860), 1 696 000 en 1861, 2 344 000 en 1886, 2 763 090 en 1906, 2 888 000 en 1911.

3. *Paris est le premier centre industriel de la France.* — Par suite de l'obligation d'alimenter en produits de première nécessité son immense population, Paris est devenu un centre industriel de premier ordre. C'est ainsi que dans la grande banlieue parisienne, on trouve un grand nombre de minoteries, de sucreries, de fabriques de conserves, de brasseries, de cordonneries, etc. De même, la circulation intense, qui se produit dans Paris et dans sa banlieue, en a fait le premier centre de France et l'un des premiers du monde pour la carrosserie et pour la fabrication des voitures automobiles. Enfin, la construction de maisons toujours plus nombreuses (l'agglomération parisienne représente environ 120 000 maisons) a donné un essor magnifique à toutes les industries du bâtiment : charpente, menuiserie, serrurerie, métallurgie, tôlerie, plomberie, ferblanterie, travail du cuivre, fabrication du gaz, des engins d'électricité, verrerie, fabrication de toiles et de papiers de tenture, etc. Il n'est pas jusqu'aux déchets de l'énorme agglomération qui n'aient créé des industries particulières : fabriques de noir animal, de produits chimiques divers.

Toutes ces industries sont localisées dans la banlieue parisienne et notamment dans le Nord et dans l'Est, où les vastes plaines alluviales qui s'étalent entre la Seine et la Marne favorisent l'établissement de grosses agglomérations industrielles ; les principales sont : *Levallois-Perret*, *Saint-Denis*, *Clichy*, *Saint-Ouen*, *Aubervillers*, *Pantin*. Nées de la grande ville et pour la grande ville, certaines de ces industries n'ont pas tardé à produire également pour le reste de la France et pour l'extérieur : les fabriques d'automobiles, notamment, exportent dans une bonne partie de l'Europe et jusqu'en Amérique et en Extrême-Orient.

Mais, à côté de cela, il y a les industries nettement parisiennes, qui sont l'effet du rôle que joue Paris comme capitale des sciences et des arts en France : imprimerie et librairie, établissements électriques et chimiques, ateliers d'ébénisterie, de ciselage, fabrication d'instruments de musique, bijouterie, établissements de modes, etc., et enfin, la fabrication de ces multiples *riens* qui font le tour du monde sous le nom d'*articles de Paris* ; voilà ce qui fait vivre une grande partie de la population *intérieure* de Paris et ce qui fait sa principale réputation comme centre industriel.

La population d'ouvriers et d'artisans des deux sexes de la région parisienne dépasse, par le nombre, celle du Nord et celle de la région lyonnaise réunies.

4. **Paris est le premier marché et le premier port de France.** — Pour son alimentation et pour son industrie, Paris fait appel à la plupart des régions de France et en outre à un grand nombre de pays du monde : il leur achète beaucoup; il leur vend encore plus.

Pour sa nourriture, il fait appel aux terres à blé de la Beauce et du Nord; aux pâturages de Brie, de Normandie, de Bretagne, du Limousin, d'Auvergne et du Morvan; aux vignobles de Bourgogne et du Bordelais, de la Loire, du Midi et de l'Algérie; aux vergers aux potagers et aux « jardins » de sa banlieue, aux champs de primeurs bretons, aux « marais » de l'Ouest, aux plaines irriguées du Roussillon, de la Provence et de l'Algérie; aux marchés à poissons de Boulogne et de Dieppe, etc. Rien que pour certains commerces de denrées, des trains spéciaux quotidiens ont dû être organisés : trains de marée, pour le transport rapide des poissons frais; trains frigorifiques, pour le transport des « denrées périssables », fruits, fleurs, œufs, primeurs, beurre; trains-glacières pour les viandes congelées qui arrivent, par nos ports, des pays d'outre-mer, Argentine, Australie, etc. L'afflux de ces denrées est tellement abondant que Paris, qui concentre tous ses produits dans d'immenses magasins centraux, les *Halles*, les *Abattoirs de la Villette*, les *Magasins à vins de Bercy*, peut en distribuer une partie sur les régions environnantes : il réexpédie du beurre et des œufs jusqu'en Picardie, de la viande jusqu'en Champagne, du poisson jusque dans certains ports de mer!

Mais ce n'est là qu'un des aspects du commerce parisien. Il lui faut, pour le chauffage et pour l'industrie, acheter énormément de combustible : la houille du Nord lui arrive par les canaux et par l'Oise; celle d'Angleterre, par Rouen et par la Seine. Il lui faut des bois de construction, du ciment, de la pierre, du pétrole, des huiles, des métaux qui lui arrivent également par les multiples voies d'eau qui confluent dans sa « cuvette ». Il lui faut des tissus, lainages, cotonnades, rubans, velours et soieries, pour ses articles de mode, du carton et du papier, une énorme multiplicité de produits chimiques, etc., etc.

Si l'on ajoute les multiples exportations que fait l'industrie parisienne, dont les branches sont innombrables, on comprendra que Paris soit le premier marché de France et peut-être du monde. De là ces organisations spéciales qui caractérisent cet immense marché : des *grands magasins*, qui vendent toutes espèces d'objets et dont le chiffre d'affaires quotidien dépasse un million de francs; une *bourse du commerce*, qui fixe le prix courant de bien des denrées et objets manufacturés; enfin, un *port*, dont le tonnage annuel dépasse 10 millions de tonnes.

5. **La circulation est intense dans Paris et autour de Paris.** — La densité de la population, l'ardeur de la vie artistique et mondaine (théâtres, musées, etc.), l'activité de l'industrie et du

commerce déversant chaque matin de la banlieue vers le centre un flot immense d'artisans et d'employés : telles sont les principales raisons de l'intensité de la circulation dans Paris et dans sa banlieue.

Dans Paris, elle est facilitée par le développement rapide de la traction mécanique : automobiles, autobus, tramways, chemins de fer métropolitains à voie souterraine ou aérienne. Hors de Paris, elle est facilitée par un chemin de fer de ceinture, par des voies ferrées de banlieue et par tout un réseau de tramways suburbains, qui vont loin

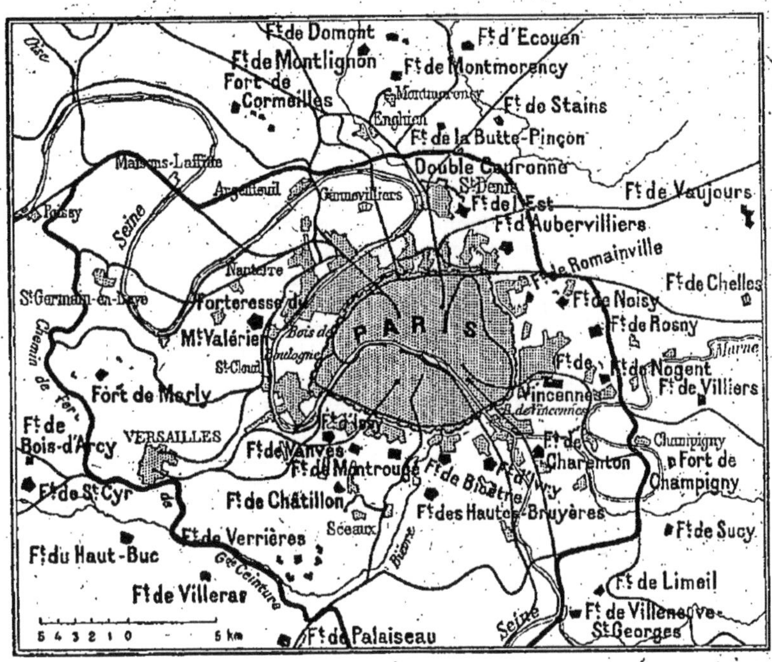

LA DÉFENSE DE PARIS.

Elle comprend principalement deux ceintures de forts : 1° les anciens forts situés à quatre ou cinq kilomètres des fortifications (Aubervilliers, Romainville, Noisy, Nogent, Charenton, Ivry, Montrouge, Vanves, Issy, Mont-Valérien; 2° les forts construits après la guerre de 1870-1871, et beaucoup plus éloignés de la capitale (Écouen, Stains, Vaujours, Chelles, Champigny, Villeneuve-Saint-Georges, Palaiseau, Saint-Cyr, Cormeilles, etc.)

dans la campagne. Grâce à cette organisation, un artisan qui travaille dans Paris peut, chaque soir, regagner une demeure éloignée du centre et même de la banlieue proprement dite : tout ce qui se trouve à moins de 45 minutes de distance en chemin de fer, est ainsi compris dans le rayon de la grande banlieue parisienne. Au Nord, elle s'étend jusqu'à Creil; à l'Ouest, jusqu'à Mantes; au Sud, jusqu'à Juvisy; à l'Est, jusqu'à Nogent, Joinville, Champigny et Montfermeil. Il y a là, parmi les champs, les bois et les cultures maraîchères, une vaste *région urbaine*, peuplée de gens qui, pour la plupart, vivent *de Paris, pour Paris* et même, pendant les jours ouvrables, *à Paris*.

6. Paris camp retranché. — Paris est l'objectif de toute armée ennemie qui envahit la France; la capitale prise, la défense devient difficile. Comme elle est, du reste, assez voisine de la frontière du Nord-Est, on a dû se préoccuper de la mettre le plus possible à l'abri d'une attaque brusquée.

Avant 1870-1871, la défense de Paris comportait une ceinture de forts détachés, situés à 1 ou 5 kilomètres en moyenne des fortifications. Les principaux étaient les forts d'*Issy*, de *Vanves*, de *Montrouge*, de *Bicêtre*, d'*Ivry*, de *Charenton*, de *Nogent*, d'*Aubervilliers*, etc., et, à l'Ouest de Paris, près de Suresnes, celui du *Mont-Valerien*, qui était le plus important de tous. Les canons à longue portée ont rendu ces défenses insuffisantes; en 1870, elles ne purent empêcher Paris d'être bombardé par l'artillerie allemande.

Pour rendre plus difficile un bombardement nouveau, on a construit, plus loin des murailles, une seconde ligne de forts détachés embrassant un périmètre très étendu, qui couvre toute la hauteur de Paris. Les principaux forts de cette seconde ligne sont : au Nord, *Cormeilles*, *Montmorency-Ecouen*, *Stains*; à l'Est, *Vaujours*, *Chelles*, *Villeneuve-Saint-Georges*; au Sud, *Palaiseau*; à l'Ouest, *Saint-Cyr*. Tous ces fort sont à une distance moyenne de 15 à 20 kilomètres de la capitale. Avec les canons énormes, à longue portée en usage au début du XX siècle, ils ne mettent plus la capitale absolument à l'abri d'un bombardement. Toutefois le périmetre de la zone fortifiée qui, avant la dernière guerre, était de 55 kilomètres, et qui est maintenant de 130 kilomètres, demanderait une armée de plus de 600 000 hommes pour l'investir.

VIII. — LA BRETAGNE

La Bretagne est une grande péninsule, témoin usé et réduit d'un continent très ancien.

A l'ancienneté de ses origines elle doit son relief atténué, son sol cristallin ou siliceux, peu fertile. A son caractère péninsulaire elle doit ses côtes étendues, son climat maritime, sa situation excentrique, qui nuit à son commerce, mais qui a préservé la pureté de la race, l'originalité de la langue et des mœurs chez ses populations.

Une par sa structure, par son climat et par sa civilisation, la Bretagne comprend, pourtant, deux zones qui s'opposent dans une certaine mesure : la zone intérieure, ou Arcoat, et la zone maritime, ou Armor. Dans la première, vie agricole médiocre, population clairsemée; dans la seconde, vie agricole et maritime prospère, population dense.

1. ***Structure du sol breton.*** — La Bretagne est la portion péninsulaire du Massif Armoricain. Elle forme, entre la Manche et l'Atlantique, une vaste presqu'île, dont la longueur d'Est en Ouest dépasse 200 km., et dont la largeur du Nord au Sud est de 170 km. au maximum (à l'Est), de 100 km. au minimum (à l'Ouest). La Bretagne est donc massive; mais, baignée par la mer sur trois faces, elle est pénétrée par l'influence maritime.

La structure du sol breton, comme celle de tout le massif Armoricain, s'explique par les anciens plissements hercyniens, qui, sur l'emplacement actuel de la péninsule, formèrent deux anticlinaux parallèles, allongés d'Ouest en Est, et enserrant un synclinal central. Depuis, l'érosion des eaux courantes a peu à peu usé les anticlinaux et transformé les anciennes montagnes en pénéplaines. Mais, en détruisant les roches primaires qui formaient la surface des anticlinaux, elle a mis à jour des roches primitives et cristallines, qui se trouvaient en dessous. Au contraire, dans le synclinal médian, qui était plus bas et où les pentes étaient moins fortes, l'érosion fut moins active; elle a respecté en partie les roches primaires de la surface.

On distingue donc trois zones géologiques dans la Bretagne :

1° **La zone du Nord**, correspondant à l'ancien anticlinal du Nord. A côté de quelques bandes de roches primaires très dures, et qui ont résisté, comme le *grès armoricain*, on y trouve des masses épaisses de roches cristallines, de *granites* et de *granulites*, de *porphyres*, de *gneiss*. Toutes ces roches sont très dures, sauf quelques lits étroits de roches tendres.

2° La **zone centrale**, correspondant à l'ancien synclinal. Nulle part, les roches cristallines n'apparaissent. Parmi les roches primaires qui partout constituent le sol, les unes sont tendres : ce sont des *schistes*; les autres dures : ce sont des *grès armoricains*.

3° La **zone du Sud**, correspondant à l'ancien anticlinal du Sud. Presque nulle part les roches primaires n'y ont subsisté; presque partout se montrent les roches cristallines, dures.

La diversité de ces roches explique la variété relative du relief. Mais toutes sont également siliceuses, par conséquent peu fertiles et presque toutes sont imperméables.

2. ***Le relief de la Bretagne***. — Le relief de la Bretagne est, en général, usé et bas : le point culminant ne dépasse pas 391 m. Mais les roches cristallines ainsi que les grès primaires, qui sont très durs, ont beaucoup mieux résisté à l'érosion que les schistes. Aussi, dans les zones où il n'y a que des roches dures, on trouve une série ininterrompue de hauteurs, monts, collines ou hauts plateaux. Au contraire, dans les zones où alternent roches dures et roches tendres, on trouve des bassins déprimés entre des plateaux. De là le relief de la Bretagne, qui découpe la péninsule en trois zones longitudinales :

1° Une **bande de massifs septentrionaux**, correspondant à la zone cristalline et gréseuse du Nord : massifs des *Monts d'Arrée* (*Mont Saint-Michel de Brasparts*, 391 m.; massif granitique du *Huelgoat*), du *Menez*; du *Penthièvre*;

2° Une **bande de massifs méridionaux**, correspondant à la zone cristalline et gréseuse du Sud : *Montagne Noire*, *Landes de Lanvaux*, *Sillon de Bretagne*;

3° Une **bande de dépressions centrales**, qui correspondent aux schistes tendres que l'érosion a creusés. Elles alternent avec des grès durs qui ont résisté et forment un **plateau**. Ce sont le *bassin de Chateaulin* et le *bassin de Rennes*, séparés par le *plateau de Rohan*.

L'influence maritime est en partie arrêtée par les massifs du Nord et du Sud. Elle ne se fait sentir qu'imparfaitement dans les dépressions centrales.

1. CAMPAGNE BRETONNE A BOSMÉLEAC.

Pays de roches anciennes, ayant subi une longue usure, la Bretagne ne donne nulle part l'aspect d'une région montagneuse, mais celui d'une pénéplaine, où les reliefs sont atténués, les vallées larges et évasées. (Photo Waron.)

2. LA VALLÉE DU LÉGUER, PRÈS DE LANNION.

Pourtant, aux approches de la côte, les vallées s'enfoncent, le plateau les domine. Les rivières, assez faibles, laissent dans le fond de ces vallées une large place aux pâturages, qui sont installés sur les alluvions, humides et très fertiles. (Photo Neurdein).

3. ***Les côtes de la Bretagne.*** — Les côtes de la Bretagne sont très découpées. Leurs formes sont très variées : elles dépendent de la nature des massifs ou des dépressions qu'elles bordent.

1° La **côte septentrionale** est, de beaucoup, la plus découpée. Les roches dures y abondent : granites, porphyres, grès ; aussi la côte n'a-t-elle reculé devant la mer qu'en laissant de nombreux témoins de son ancienne extension sous forme d'**îles** : les principales sont l'*île de Batz*, l'*île de Bréhat*, les *Sept-Iles*, les *îles Chausey*.

Mais les bancs de roches dures ne sont pas seuls dans la zone du Nord ; on y trouve quelques bancs de roches plus tendres. Les uns et les autres se présentent obliquement à la côte. La mer a donc pu creuser les bancs de roches tendres en **baies** : les principales sont les *baies de Saint-Brieuc*, *de Saint-Malo*. Elle a laissé subsister les roches dures sous forme de **presqu'îles** et de **caps**, comme la *péninsule du Trécorrois* et le *cap Fréhel*. Parmi les rentrants de la côte, il faut citer les **estuaires des rivières**, ou *abers* : les principaux sont les *estuaires de la Rance*, *du Gouet*, *du Trieux*, *du Léguer*.

Aucune de ces indentations de la côte n'est ensablée, parce qu'un courant marin, dirigé Ouest-Est, entraîne sans cesse les débris que la mer arrache à la côte et les dépose au point où il se heurte à la côte du Cotentin, c'est-à-dire dans la *baie du Mont Saint-Michel* : c'est la seule baie qui s'envase.

2° La **côte occidentale**, ou **côte du Finistère**, est de structure beaucoup plus simple. Elle comprend, au Nord et au Sud, deux presqu'îles massives et longues, correspondant aux deux zones cristallines : c'est, au Nord, la *péninsule du Léon*, prolongée au large par les *îles Ouessant* et *Molène* ; au Sud, la *péninsule de la Cornouaille*, qui se termine par deux pointes, les *pointes du Raz* (celle-ci prolongée par l'*île de Sein*) et *de Penmarch*, encadrant la *baie d'Audierne*.

Entre ces deux presqu'îles la côte correspondant au bassin de Châteaulin, moins résistante, dessine un golfe, que coupe en deux parties la *presqu'île de Crozon* : au Nord, c'est la *rade de Brest* ; au Sud, la *baie de Douarnenez*.

3° La **côte méridionale** correspond, comme celle du Nord, à une zone de roches cristallines. Aussi la côte a-t-elle, en reculant devant la mer, laissé des témoins sous forme d'**îles** : l'*île de Groix*, *Belle-Ile*.

Mais ici, les alignements de hauteurs cristallines sont paral-

1. LA CÔTE BRETONNE A SAINT-BRIAC.
Côte découpée. Certaines îles deviennent presqu'îles à marée basse.

2. LES ROCHES DE DINANT, PRÈS BREST.
L'érosion marine a déchiqueté la côte : caps aigus, baies profondes.

3. ENVIRONS DE SAINT-LUNAIRE.
Deux richesses de la Bretagne Maritime : les moutons de pré-salé et les céréales; le moulin a ses ailes orientées vers le vent de mer. (Photo B. L. M.)

lèles et non obliques à la mer. Aussi les accidents côtiers sont-ils moins nombreux et les **baies** plus évasées : les principales sont la *baie d'Audierne*, la *baie de Lorient*, la *baie de Quiberon.*

Enfin, un courant marin Ouest-Est, analogue à celui du Nord, se brise sur la côte qui, ici, lui est oblique et non parallèle. Il y dépose les alluvions arrachées au Finistère ; il rattache peu à peu les îles à la Bretagne et en fait des **presqu'îles**, comme la *presqu'île de Quiberon* ; il ferme les baies par des sables et en fait des **lagunes intérieures**, *Morbihan.*

4. *Le climat et le régime des eaux.* — Le *climat* breton est, grâce à la forme péninsulaire de la Bretagne, le plus océanique des climats français. La Bretagne est exposée presque continuellement aux vents océaniques, qui soufflent surtout du Sud-Ouest en hiver, du Nord-Ouest en été. De là résultent :

1° **Une grande égalité de température.** — Il n'y a pas, à Brest, 10 degrés d'écart entre la température moyenne du mois le plus chaud et celle du mois le plus froid (à Nancy il y en a 18). La *moyenne* des mois d'été ne dépasse pas 17° ; celle des mois d'hiver ne s'abaisse pas au-dessous de 7°.

2° **Une grande humidité.** — Les pluies tombent en toute saison : il n'y a pas de mois à Brest où il tombe moins de 50 mm. de pluie. Mais les grandes saisons des pluies sont l'automne et l'hiver. Les pluies bretonnes sont plus remarquables encore par leur fréquence que par leur abondance : à Brest, pour 824 mm. de pluie qui tombent annuellement, il y a 221 jours pluvieux.

Les caractères maritimes du climat sont sensibles partout en Bretagne. Toutefois, ils sont atténués dans les bassins intérieurs, où la température est moins modérée, l'été plus chaud, l'hiver plus froid, la pluie moins abondante et moins fréquente que sur les côtes.

Les *cours d'eau* de la Bretagne sont très nombreux, assez courts, mal coordonnés entre eux et peu puissants. Les principaux sont : allant au Nord, le *Couesnon*, la *Rance*, le *Gouet*, le *Trieux* et le *Léguer* ; allant vers l'Ouest, l'*Élorn* et l'*Aulne* ; allant au Sud, l'*Odet*, le *Scorff*, le *Blavet*, et la **Vilaine**, grossie de l'*Ille*. Sauf cette dernière, ces rivières ont peu d'importance. Elles se caractérisent, comme toutes les rivières de sols imperméables, par le grand nombre de petits affluents et par des crues, sinon fortes, du moins nombreuses et rapides, après chaque grande pluie.

Comme voies de communications, elles ne comptent guère,

1. LA VALLÉE DES TROIEROU.

Une vallée secondaire en Bretagne. La vallée des Troierou, près de Perros-Guirec, dans la région des Côtes-du-Nord, est creusée dans le granite : les blocs, séparés par l'érosion, s'accumulent sur les pentes. La vallée, droite et raide, a l'aspect d'une vallée de torrent. Elle ne peut servir ni à la navigation, ni à la circulation. (Photo Lespinasse.)

2. LA RIVIÈRE DE LOCTUDY, PRÈS DE QUIMPER.

Ruisseaux insignifiants, les rivières bretonnes s'élargissent et se creusent aux approches de la mer. Leurs estuaires, que l'on appelle des « rivières » ou des « abers », rappellent un peu les rias d'Espagne et les fjords de Scandinavie. Ils permettent aux petits et aux moyens bateaux de remonter de plusieurs kilomètres dans l'intérieur. (Photo Gruyer.)

parce qu'elles sont faibles de débit et de profondeur et mal raccordées entre elles. Mais la plupart se terminent par des *estuaires* profonds, qui rendent de multiples services aux habitants de la région côtière (v. ci-dessous § 7).

5. ***La végétation.*** — L'égalité du climat breton est favorable aux plantes qui craignent les durs hivers : de là la riche végétation florale (camélias) que l'on rencontre sur les côtes bretonnes. Mais elle nuit à celles qui ont besoin d'un été chaud et ensoleillé pour mûrir : la culture de la vigne, si elle n'est pas impossible, y est précaire et ne peut être d'un bon rapport.

Quant au sol, presque partout siliceux et imperméable, il se refuse à la plupart des cultures riches s'il n'est pas amendé par des engrais. Les parties les plus humides sont encore occupées par des marécages et par des ajoncs. Les sols granitiques sont recouverts de quelques *forêts* où dominent les chênes, et surtout de *bocages*. Les grès et les gneiss sont seulement couverts de *landes* de bruyère, sèches et pauvres. Quant aux schistes, plus meubles, ils peuvent porter de belles *prairies*, que l'on trouve également sur le sol alluvial des vallées.

Il ressort de ces traits de la végétation bretonne :

1° Qu'à l'état naturel, elle offre plus de ressources à l'élevage qu'à la culture ;

2° Qu'à l'état naturel, elle permet plutôt la culture du sarrasin, du seigle, de la pomme de terre, que celle du blé.

6. ***La population de la Bretagne.*** — Le Bretagne est habitée par une population d'origine celtique, très anciennement établie dans le pays. Elle est analogue à celle qui occupe la Cornouaille anglaise, de l'autre côté de la Manche. Isolée, elle est demeurée presque pure de tout élément étranger.

Cette population a presque partout gardé ses dialectes, dont l'ensemble forme une langue aux consonnances rudes qui n'a rien de commun avec la langue française. Elle a conservé également ses croyances superstitieuses, ses mœurs, ses coutumes, ses vêtements nationaux.

La fidélité au passé est surtout sensible chez les habitants de la portion la plus occidentale et la plus isolée de la Bretagne, c'est-à-dire de la **Basse Bretagne**, qui s'étend depuis le Finistère jusqu'au bassin de Rennes. Dans la **Haute Bretagne**, qui se trouve à l'Est, en contact avec la France, la pénétration de

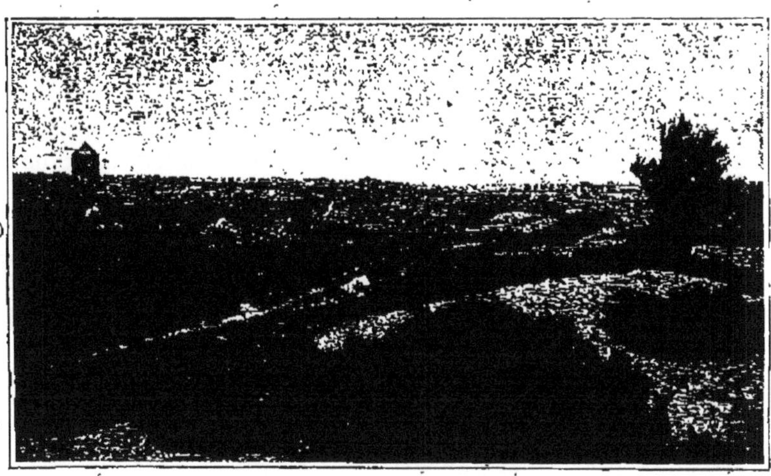

1. LES LANDES DE LANVAUX.

Les massifs usés de la pénéplaine bretonne, constitués par des granites, des gneiss ou des grès, toutes roches siliceuses et stériles, sont couverts de landes et d'ajoncs, au milieu desquels perce la roche. (Photo Gruyer.)

2. UN CHAMP DE SARRASIN EN FLEURS EN BRETAGNE.

Sur ces terres pauvres, le sarrasin, ou blé noir, est la céréale la plus naturellement cultivée. Il se sème tard, ce qui permet de recourir à lui, si des intempéries ont compromis les autres récoltes. Le sarrasin a fait place à des cultures plus riches dans la zone maritime, où l'on peut facilement apporter les engrais; mais il est encore très répandu dans la Bretagne intérieure. (Photo Gruyer.)

la civilisation et de la langue françaises est plus ancienne et plus forte.

La Bretagne ne forme, d'ailleurs, pas une province une et centralisée, mais plutôt une série de cantons juxtaposés, ayant peu de rapport entre eux, chacun demeurant fidèle à un dialecte et à des usages particuliers.

Toutefois, la situation géographique permet de distinguer dans la péninsule deux zones, qui s'opposent l'une à l'autre par les genres de vie, par la prospérité économique, par la densité de la population. Ce sont :

1° La zone maritime, ou *Armor* ;

2° La zone intérieure, ou *Argoat*.

7. ***La zone maritime ou Armor.*** — La zone maritime, ou Armor, ne comprend pas seulement la côte proprement dite, mais encore les versants extérieurs des bombements du Nord et du Sud et la portion du bassin occidental qui sont exposés à l'influence de la mer. Les traits communs à tous ces pays sont :

1° Une **côte déchiquetée,** riche en îles et en baies. Cette côte est naturellement favorable à la vie maritime, et notamment à la pêche côtière ;

2° Un **climat très maritime**, très tempéré, très humide. Ce climat est naturellement favorable à la vie agricole, et notamment à l'élevage ;

3° Des **avantages de situation,** dus au voisinage de la mer. Tout d'abord, dans cette région montueuse, coupée de vallées transversales, où la circulation par terre est difficile, elle crée un lien entre les pays côtiers par le cabotage. D'autre part, à ces sols siliceux et pauvres elle offre le seul engrais qui soit proche et facilement transportable : le calcaire des sables et des coquillages, le riche fumier des goëmons, varechs et autres plantes marines.

Aussi, non seulement l'Armor a-t-il sur l'Argoat l'avantage de la vie maritime proprement dite, de la pêche lointaine ou locale, mais il a une agriculture beaucoup plus riche : le blé, les primeurs, l'élevage des bêtes à cornes, des chevaux et des moutons y réussissent. De là une population très nombreuse, une des plus denses qui soient en France. Une partie est disséminée en un grand nombre de petites fermes ; une autre est groupée dans de gros bourgs et marchés agricoles ainsi que dans des ports de pêche actifs.

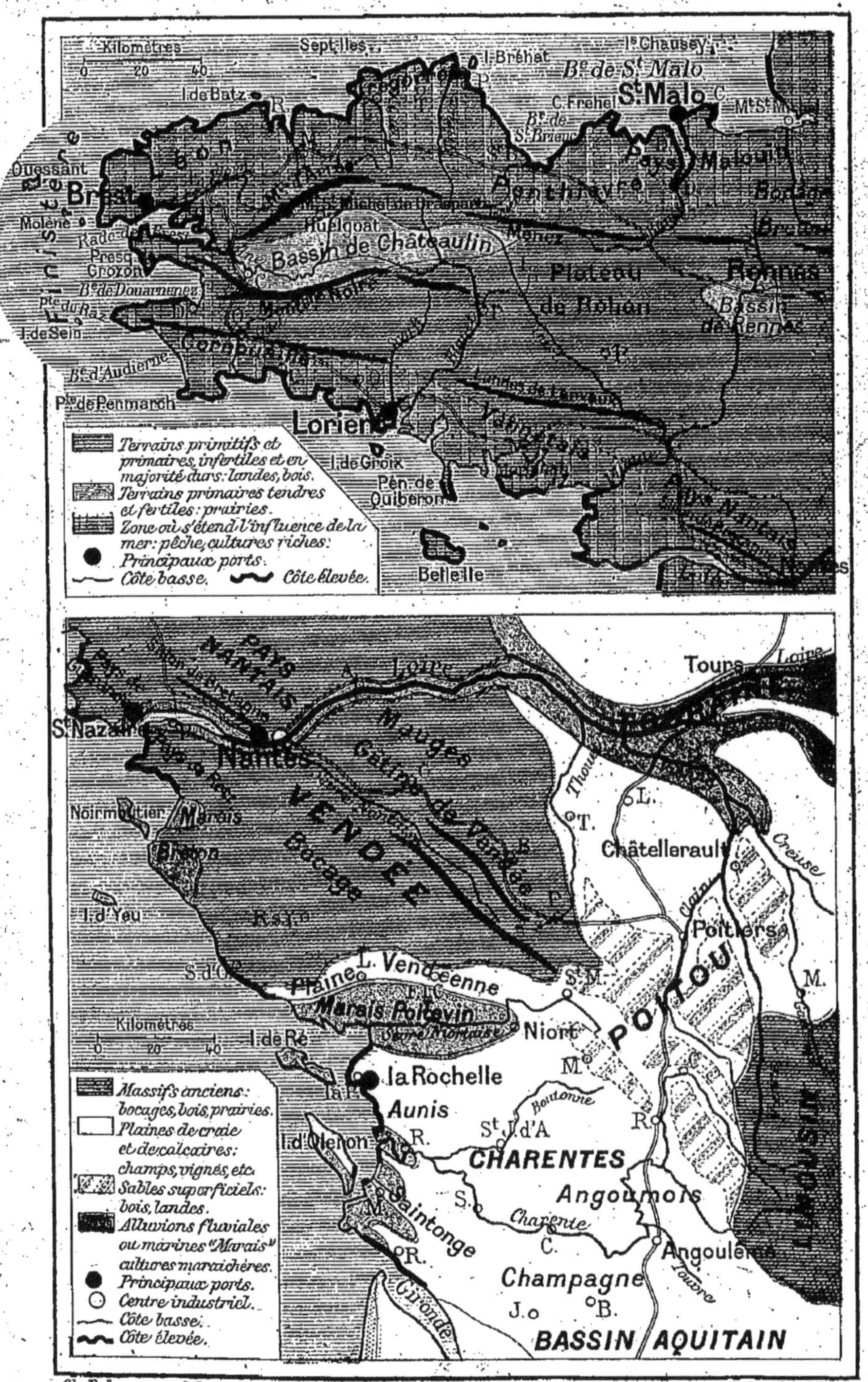

LA BRETAGNE. — LES PAYS DE L'OUEST.

1° La ***côte septentrionale*** ajoute aux avantages communs à toute la côte bretonne, d'autres avantages qui lui sont propres. Plus découpée, plus profondément pénétrée par les baies et par les estuaires, elle reçoit plus facilement les engrais marins, et la culture y est très prospère. Faisant face à l'Angleterre, elle a à sa portée un riche acheteur pour toutes les denrées agricoles qu'elle produit : beurre. légumes, etc.. Enfin, regardant vers les mers du Nord (Islande, etc.), sa population a pris l'habitude de la pêche lointaine de la morue ou du hareng.

De là la richesse particulière de tous les pays de la côte septentrionale : le **Bocage breton**, avec *Fougères*, petite ville industrielle (cordonnerie); le **pays de Saint-Malo**, avec *Dinan*, le grand port de pêche de **Saint-Malo**, *Saint-Servan*; *Cancale*, (parcs à huîtres) et des stations balnéaires dont la principale est *Dinard* ; le **Penthièvre**, avec *Saint-Brieuc* ; le **Trécorrois**, avec les ports de *Paimpol*, *Tréguier* et *Lannion* ; le **pays de Morlaix**, avec le port de *Morlaix* ; le **Pays de Léon**, avec *Landerneau*, *Saint-Pol* et le port de *Roscoff*.

2° La ***côte occidentale***, plus largement découpée, plus difficilement accessible, tournée vers la haute mer, est beaucoup moins riche et un peu moins peuplée. On y trouve de nombreux villages de pêche locale, dont les principaux sont *Douarnenez* et *Audierne*, centres de pêche à la sardine et de fabrication de conserves. Une seule région, dont le marché est *Plougastel*, cultive intensément les légumes, parce qu'elle trouve au voisinage un client puissant : le grand port de guerre de **Brest** (90 000 hab.), un de nos premiers arsenaux maritimes.

3° La ***côte méridionale*** présente les mêmes traits que la côte septentrionale. Mais la production agricole y est moins prospère parce que les indentations moins profondes de la côte y facilitent moins l'apport de l'engrais marin et surtout parce que l'on n'y trouve aucun pays acheteur à portée. D'autre part, on y pratique presque exclusivement la pêche à la sardine, qui alimente l'industrie des conserves à l'huile, et qui, selon les années, passe par des alternatives de surabondance et de disette excessive.

Tels sont les caractères du **pays de Cornouaille**, avec *Quimper*, *Quimperlé*, le port de pêche de *Concarneau*, et du **Vannetais**, avec *Vannes* et le port militaire de *Lorient*.

La zone intérieure ou Argoat. — L'Argoat comprend :

1° le versant intérieur des deux hauts plateaux du Nord et du Sud, c'est-à-dire les *Monts d'Arrée*, le *Huelgoat*, les *Mené* et le *Bocage breton*, au Nord; la *Montagne Noire*, les *Landes de Lanvaux* et le *Sillon de Bretagne*, au Sud;

2° la zone déprimée de l'intérieur, c'est-à-dire les *bassins de Chateaulin* et *de Rennes*, assez bas et découpés, séparés par un dos de pays plus élevé et plus compact : le *plateau de Rohan*.

Les **plateaux**, cristallins ou gréseux, sont occupés par quelques forêts et surtout par des landes. Les cultures y sont pauvres : seigle et sarrasin. L'élevage se réduit surtout à celui des moutons et d'une race de petits chevaux.

Sauf la ville industrielle de *Fougères* (cordonnerie), dans le Bocage, on ne trouve que quelques petites villes-marchés, aux croisements de routes : *Ploërmel*, *Loudéac*, *Pontivy*, sur le plateau de Rohan.

Les **bassins**, schisteux ou argileux, plus bas et plus humides, abrités et fertiles, possèdent de bonnes prairies. Les ressources, plus abondantes que sur les plateaux, sont surtout l'élevage des vaches laitières (beurre) et les pommes à cidre. La population, éparse dans des manoirs et des fermes, est moins rare que sur les plateaux, notamment dans le bassin de Rennes, amendé par les chaux du Maine voisin.

Les villes sont des marchés agricoles assez prospères : 1° *Châteaulin* (ardoisières), dans le bassin de ce nom; 2° dans le bassin de Rennes ou aux abords, *Chateaubriant*, *Redon*, *Montfort*, *Vitré*, et surtout **Rennes** (79 000 hab.), point de contact entre Bretagne et France, qui doit à sa situation le rôle commercial et intellectuel important qu'elle joue depuis que la Bretagne fait partie de la France.

9. ***L'isolement de la Bretagne.*** — La situation excentrique, la difficulté des communications, même à l'intérieur, ont maintenu la Bretagne isolée et fidèle à ses vieilles mœurs. Cet isolement et ce particularisme subsistent, malgré le *canal de Nantes à Brest*, peu utilisable, et malgré les lignes ferrées *de Brest à Paris*, par Rennes, et *de Brest à Nantes*, par Lorient. Du Sud au Nord, on communique peu facilement.

La Bretagne s'est développée à l'écart de la vie intellectuelle et économique de la nation française.

1. UNE VILLE DE L'INTÉRIEUR : DINAN.

Dinan est une de ces petites villes de l'intérieur de la Bretagne qui, bien qu'éloignée de la mer (celle-ci est à une trentaine de kilomètres), peuvent être considérées comme faisant partie de la Bretagne maritime, grâce à la profondeur des rivières qui les unissent à la côte. La Rance peut être remontée par des bateaux moyens de Saint-Malo jusqu'à Dinan. (Photo Neurdein.)

2. UNE VILLE DE LA CÔTE : SAINT-MALO.

Saint-Malo est située sur la baie de Saint-Malo, à la sortie de l'estuaire de la Rance. Un peu en amont, sur cet estuaire, s'étend une ville-sœur Saint-Servan. Saint-Malo, ancienne ville de corsaires, encore entourée de ses antiques remparts, est un des principaux ports de la Bretagne : il arme pour la pêche en Islande et à Terre-Neuve. (Photo Gruyer.)

Lectures.

1. ***La Bretagne ne comprend que la portion péninsulaire et excentrique du Massif Armoricain.*** — La Bretagne est tout entière située dans le Massif Armoricain, mais elle ne coïncide pas exactement avec lui. Toute la portion orientale du massif, *Bocage Normand*, *Bocage Manceau*, *Bocage Vendéen*, située dans le voisinage des riches pays de la Normandie, de la Loire, du Poitou, a noué de très bonne heure avec eux les rapports commerciaux qui s'établissent toujours entre « bonnes terres » et « mauvaises terres » situées au voisinage les unes des autres : les premières donnent ordinairement aux secondes le complément de ressources alimentaires qu'elles ne peuvent produire ; les secondes fournissent aux premières le complément de main-d'œuvre dont elles ont besoin aux saisons de fort travail agricole, moisson, fenaison, etc. De sorte que, physiquement semblables à la Bretagne (le climat étant, toutefois, un peu moins humide), ces Bocages doivent en être séparés dans une étude qui comprend la géographie économique.

La Bretagne est, au contraire, la portion proprement péninsulaire du Massif Armoricain. C'est parce qu'elle est une presqu'île, exposant trois de ses faces sur quatre à la mer, que la mer joue un rôle essentiel dans sa vie : elle rend le climat plus doux et plus humide, permettant sur certaines côtes les cultures maraîchères, nourrissant, d'autre part, toute une population de pêcheurs ; elle est la seule richesse d'un pays dont le sol est presque partout aride. Mais c'est aussi sa situation de péninsule très excentrique qui a laissé la Bretagne isolée et longtemps étrangère à la vie de la France. Les populations bretonnes groupées sur la côte regardent vers la mer, et non vers le continent ; les relations, encore aujourd'hui, sont plus faciles par cabotage que par voie de terre, malgré le développement des voies ferrées. Isolé et presque autonome, le Breton a gardé, plus longtemps que les habitants des autres provinces, sa langue, ses coutumes, ses manières propres de croire, de penser et de sentir. La « petite patrie » commence à peine de se fondre dans la grande, sous l'influence irrésistible des grands courants économiques du monde moderne.

2. ***L'Armor est la région essentielle et vivante de la Bretagne.*** — La portion essentielle de la Bretagne, c'est l'**Armor**, le pays de la mer, c'est-à-dire, non seulement la côte proprement dite, mais les versants des deux bombements septentrional et méridional qui regardent vers la mer : *pays de Saint-Malo*, *Trécorrois*, *Léon*, au Nord ; *Cornouaille*, *Vannetais*, au Sud.

Les côtes sont merveilleusement articulées. Les estuaires profonds des rivières et les anses larges des côtes septentrionales et méridionales ont favorisé la vie maritime. La pêche a toujours été une des grandes ressources de la Bretagne : pêche quotidienne dans les eaux bretonnes, pêche lointaine dans le golfe de Gascogne et sur les côtes du Portugal et du Maroc, dans les mers septentrionales et les eaux de Terre-Neuve. Mais surtout la vie agricole, de tout temps prospère sur la côte, a pris une extension plus considérable de nos jours. Dans certaines parties de la côte, comme la *baie du Mont-Saint-Michel*, le *Morbihan*, etc., des courants côtiers ont déposé des alluvions qui ont, à la longue, substitué à la côte primitive des plaines alluviales très humides, analogues aux Bas-Champs picards, à la Plaine Maritime du Nord, des *prés-salés* très favorables à l'élevage du mouton. D'autre part, les régions voisines de la mer, constituées de grès ou de roches cristallines, et de ce fait stériles, ont pu être amendées facilement avec les engrais calcaires que fournit l'Océan : coquillages, algues riches en carbonate de chaux. Grâce aux longs estuaires, ces engrais ont pu être apportés assez loin dans l'intérieur. Ainsi est née, tout autour de la péninsule, une ceinture de riches cultures favorisées d'autre part par le climat très doux et très humide : pommes de terre, oignons, choux, choux-fleurs, artichauts sont dès maintenant l'objet d'une culture intensive et d'une exportation très active vers Paris et vers l'Angleterre, laquelle consomme beaucoup plus de produits alimentaires qu'elle n'en saurait produire.

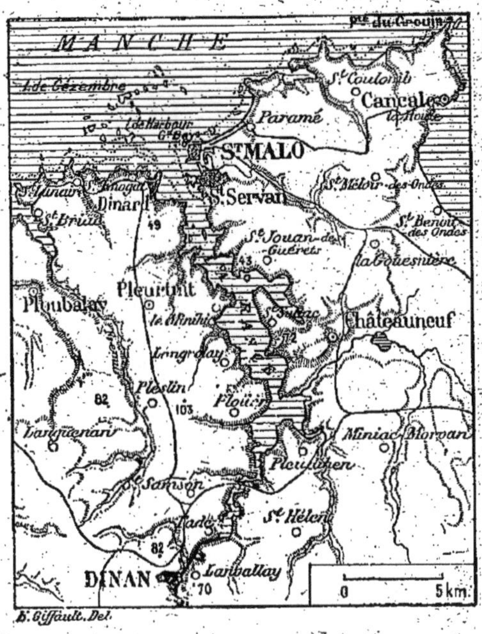

L'ESTUAIRE DE LA RANCE.

Estuaire très caractéristique : une sorte de golfe étroit, profond et long, une sorte de fiord permettant aux navires moyens de remonter jusqu'à Dinan

La vie commerçante a crû avec la vie agricole. Au cabotage le long des côtes, qui a toujours été et qui est encore le principal moyen de communication, s'est ajouté, surtout pour la côte septentrionale, un courant d'échanges réguliers avec l'Angleterre. Les ports bretons sont, parmi les grandes villes de la Bretagne, les seules qui soient en progrès, si l'on excepte la capitale administrative, Rennes. Les plus favorisés, ceux qui se développent le mieux, sont les ports situés à l'entrée ou dans le fond des estuaires, voies naturelles de pénétration vers l'intérieur : *Saint-Malo*, *Saint-Servan*, *Saint-Brieuc*, *Paimpol*, *Tréguier*, *Lannion*, *Morlaix*, *Roscoff*, *Brest*, *Quimper*, *Quimperlé*, *Lorient*, *Vannes*.

La **population** est en Bretagne beaucoup plus dense dans la région côtière que dans l'intérieur. Les côtes bretonnes sont, parmi les côtes de France, de beaucoup les plus peuplées. Chaque anfractuosité de la côte renferme son port, petite ville, hâvre, groupement d'humbles maisons de pêcheurs, avec quelques bâtiments de faible tonnage ou de simples barques qui se balancent au flot. Sur certains points de ces côtes la densité de la population s'élève à 150 habitants par kilomètre carré, et même au-delà.

En somme les côtes bretonnes sont très favorisées. Elles ne souffrent que de deux défauts naturels :

1° L'**absence d'un arrière-pays** actif et peuplé, qui serait pour

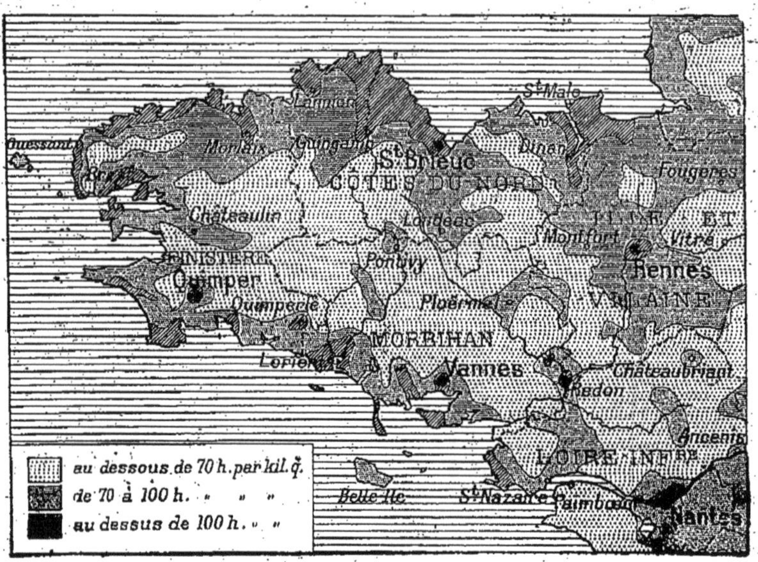

DENSITÉ DE LA POPULATION DE LA BRETAGNE.

Dans l'ensemble, la Bretagne est très peuplée. Mais la densité y est beaucoup plus faible dans l'intérieur du pays qui est pauvre et qui forme le centre de l'émigration; sur les côtes on compte presque partout plus de 100 habitants en moyenne par kilomètre carré.

elle l'occasion d'un actif commerce d'importation, pour l'alimenter, et d'exportation pour écouler les produits de son industrie;

2° L'**isolement** : de là l'absence de très grands ports de commerce; de là, à mesure que l'on va vers l'Ouest, la diminution de la prospérité que nous signalons. Sur les péninsules du Finistère, qui n'ont en face d'elles que l'Océan, et qui sont presque aussi loin de Rennes que Rennes l'est de Paris, la population de pêcheurs isolés, groupée dans de petits villages, est beaucoup plus pauvre et beaucoup plus arriérée que celle de la côte méridionale et surtout que celle de la côte septentrionale, favorisée par sa situation en face de l'Angleterre.

3. ***La pêche est une ressource importante de la Bretagne. Elle est très variée.*** — Il n'y a pas de côtes en France

où la population vivant de la pêche soit aussi nombreuse qu'en Bretagne. En fait, le nombre de pêcheurs vivant exclusivement de la pêche n'y est pas très considérable, mais on ne trouve presque aucun habitant de cette côte qui ne pratique la pêche à certains jours, pendant plusieurs heures. C'est ainsi que beaucoup, mi-terriens et mi-pêcheurs, partagent leur vie entre la pêche en vue du rivage, lorsque le temps est favorable, et la culture de quelques champs. C'est ainsi qu'aux jours de grande marée, la population entière, hommes, femmes, enfants, se précipitent vers les grèves que la mer vient de vider pour s'y livrer à la pêche fructueuse des coquillages et des crustacés. Chaque terrien se double ainsi, pour quelques heures, d'un marin.

Parmi cette population de pêcheurs, toutes les sortes de pêches sont pratiquées : cueillette des coquillages, petite pêche côtière, grande pêche lointaine dans les mers septentrionales ou encore dans le golfe de Gascogne et jusque sur les côtes du Maroc. Saint-Malo et Saint-Servan, Paimpol, Binic arment des bateaux pour la pêche de la morue et du hareng à Terre-Neuve et en Islande : ce sont les Terre-Neuvas et les Islandais qui partent au printemps pour revenir vers l'équinoxe d'automne. Mais il faut retenir que, malgré une réputation produite surtout par le succès mérité de quelques belles œuvres littéraires, le Breton pratique beaucoup plus la pêche locale que la pêche lointaine. De nos jours, en effet, cette pêche lointaine se fait de plus en plus au moyen de véritables escadres de gros chalutiers à vapeur; or, si Saint-Malo, comme Boulogne et comme les grands ports anglais, hollandais ou norvégiens, en possède, les autres ports bretons sont demeurés, faute de capitaux, forcément fidèles à la fragile goëlette de l'ancien temps, dont les campagnes sont plus hasardeuses et la cargaison moins importante. Aussi la plupart des pêcheurs bretons demeurent-ils fidèles à la pêche dans leurs eaux; ils pêchent en vue de leur clocher, sans s'éloigner hors de la vue de leur rivage. Tout au plus s'aventurent-ils sur les côtes du pays basque et de la Biscaye, dans le golfe de Gascogne.

Quels poissons pêchent-ils? Tous les poissons et crustacés qu'ils trouvent dans ces eaux. Encore préfèrent-ils ceux dont on peut fabriquer des conserves, car l'éloignement de la Bretagne et l'imperfection du réseau ferré ne permettent pas la création de grands marchés de marée fraîche, comme Boulogne ou Dieppe, reliés par des trains rapides avec Paris. Les *homardiers* de Paimpol et de Saint-Malo, qui vont jusqu'en Espagne et même aujourd'hui sur la côte du Maroc; les *thoniers* de Groix; enfin et surtout les *sardiniers* de Concarneau, de Douarnenez, de Guilvinec, apportent aux usines de conserves une matière première abondante, — trop abondante parfois.

Au sujet de la pêche à la sardine, la plus importante, rappelons ce que nous avons déjà vu, dans le cours de Géographie Générale, au sujet de la crise sardinière. (Voir *Cours de Seconde*, Troisième partie) : « Il y a quelque vingt ans, quand l'industrie des conserves « alimentaires prit un grand essor, les fabriques de sardines à l'huile « s'installèrent en nombre dans le pays, et tous les gens de la côte « s'employèrent soit au travail des usines, soit à la pêche de la sar- « dine. Or, il faut, pour la pêche à la sardine, des engins et des filets « spéciaux, qui ne peuvent servir à la pêche des autres poissons;

« nos pêcheurs se trouvaient donc dorénavant astreints à une seule « pêche : leur genre de vie présentait les mêmes inconvénients que « la culture unique pour des agriculteurs. Ces inconvénients apparaissent aujourd'hui : pour une raison mal connue, les passages « de bancs de sardines sur la côte bretonne deviennent capricieux. « Certaines années, ils sont trop abondants, et les sardines, surabondantes, baissent de prix à un tel point que les pêcheurs ne « peuvent faire des économies pour les années à venir; en un mot, « il y a mévente par surabondance de pêche. Certaines années, au « contraire, il y a disette : les bancs ne passent pas; la pêche est « nulle; armés seulement pour la pêche à la sardine, les marins de « Concarneau restent dans la misère, auprès de leurs filets inutiles. « Comme les planteurs de café du Brésil ou les vignerons du Languedoc, ils éprouvent l'inconvénient qu'il y a à n'avoir qu'une « corde à son arc. »

4. ***Il y a beaucoup plus de Bretons terriens et agriculteurs que de Bretons marins et pêcheurs.*** — La vie de la mer joue un grand rôle, mais elle n'est pas tout en Bretagne. Même, on l'a vu plus haut, la plupart des habitants de la côte sont plus encore terriens que marins.

C'est que, dans la région côtière bretonne, le voisinage de la mer est très favorable au développement intensif de la vie agricole. S'il y a une *Ceinture dorée* en Bretagne, l'or de cette ceinture, d'ailleurs inégalement réparti, est beaucoup moins produit par la vente des sardines, des thons et des homards que par les exportations vers la France intérieure et l'Angleterre des pommes de terre du Pays Malouin, du Penthièvre et du Léon, des oignons, choux-fleurs et artichauts de Roscoff, des fraises de Plougastel, des œufs, du beurre et de tant d'autres « denrées périssables », produit des « marais » et des fermes, sans parler de l'exportation du gros bétail, et notamment des chevaux.

Quant à l'intérieur, malgré son sol pauvre, c'est de ce sol que les *terriens* bretons tirent toute leur subsistance personnelle et toute la matière de leur commerce extérieur. Jadis, quand la rareté des routes rendait illusoire tout commerce avec la France, on cultivait surtout les produits nécessaires à l'alimentation locale (le sarrasin, ou blé noir), on élevait surtout les animaux qui, avec le moins de frais, rendaient le plus de services à l'alimentation du Breton (le porc, le mouton) ou à la circulation intérieure (des chevaux peu élégants, rustiques, mais résistants, comme les *bidets de Briec*). Aujourd'hui, grâce aux routes et aux voies ferrées, le cultivateur se tourne de plus en plus vers les produits d'exportation, qui demandent plus de soin, mais qui donnent au pays de l'argent liquide : les vaches laitières, qui permettent le commerce du beurre, les grands chevaux carrossiers du Léon très demandés en Amérique et en Allemagne, et les pommes à cidre, qui s'exportent jusqu'en Suisse et en Allemagne. Après la cueillette, une gare importante comme celle de Rennes a pu voir passer, en quelques jours, plus de 11 000 wagons chargés de pommes destinées aux pays de l'Est.

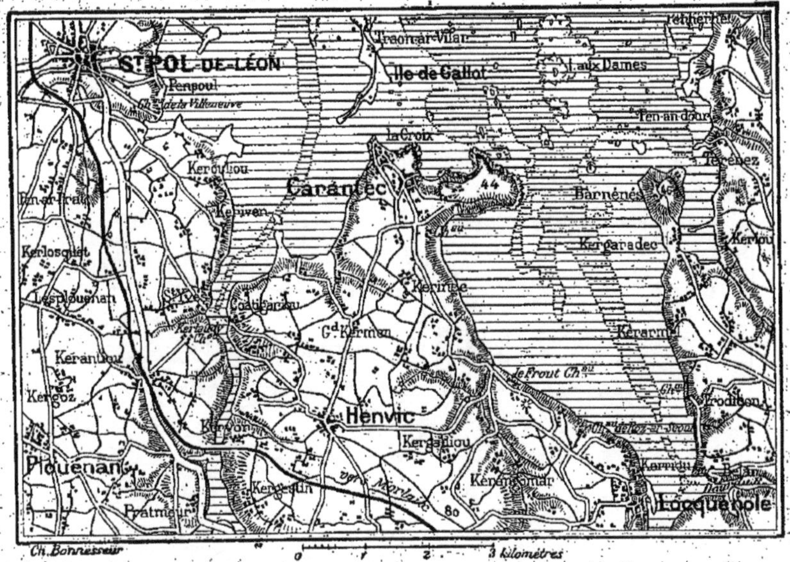

LE GROUPEMENT DES POPULATIONS EN BRETAGNE.

Deux formes d'habitat dominent : le village et, éparpillement facilité par la multitude des sources et des eaux courantes, les fermes dispersées. D'où une multitude de chemins pour les desservir, chemins de servitude, d'exploitation.

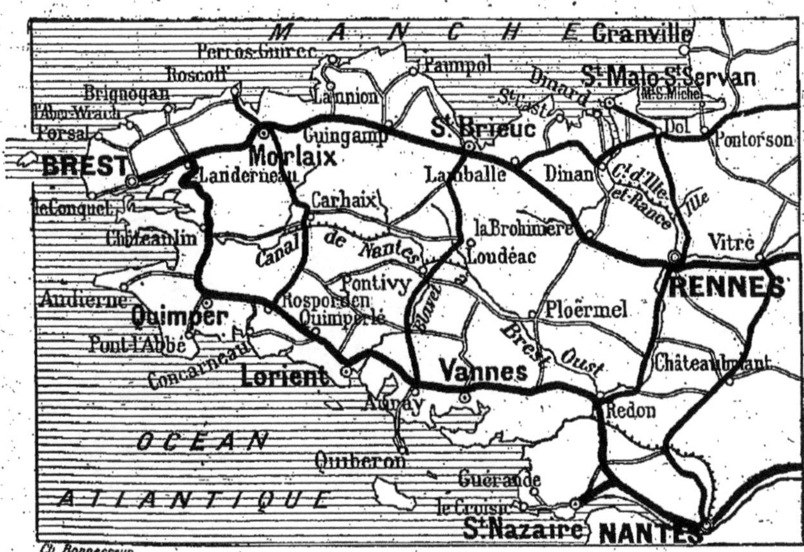

LES CHEMINS DE FER EN BRETAGNE.

On déclara d'abord impossible l'établissement des chemins de fer en Bretagne; mais, en multipliant les travaux d'art, on a pourtant réussi à y construire un réseau sans doute peu serré, mais qui rend des services. Il comprend principalement deux grandes artères qui sont parallèles l'une à la côte septentrionale (Rennes à Brest), l'autre à la côte méridionale (Nantes à Brest). Plusieurs lignes transversales relient ces deux artères (Vitré à Nantes, Rennes à Redon, Saint-Brieuc à Auray, Morlaix à Rosporden).

1. BREST.

Le port militaire de Brest est situé sur l'estuaire de la Penfeld, au fond d'une baie que défend un goulet très étroit. Des deux côtés de la Penfeld, sur une longueur de 3 kilomètres, se succèdent des arsenaux, des casernes, des ateliers, des cales de travail et de réparation pour les navires. (Photo Lévy.)

2. LE PHARE DE SEIN.

En avant de la pointe du Raz, à l'extrémité du Finistère (la « fin de la terre »), l'île de Sein est située dans une zone très dangereuse pour la navigation : de là son phare très puissant. Pas d'arbres ; les murs de pierre sèche protègent les maigres cultures contre les vents, presque toujours violents.

5. ***Brest est notre premier arsenal maritime sur la côte atlantique.*** — Ce qui fait l'importance militaire de Brest c'est non seulement sa situation à l'extrémité du Finistère (la « fin de la terre »), qui commande à la fois la Manche et l'Atlantique, mais surtout sa situation sur une des rades les mieux abritées de France. Point d'aboutissement de trois rivières : la Penfeld ou rivière de Brest, l'Elorn ou rivière de Landerneau, et l'Aulne ou rivière de Châteaulin, cette rade, profonde, entourée de massifs épais et escarpés, n'est accessible que par un goulet étroit, aux abords abrupts, qui sépare à peine les hautes terres du pays de Léon et celles de la presqu'île de Crozon. Le chenal est commandé par de nombreux forts, bas, tapis, *cachés* partout; les constructions, plus anciennes, qui le dominent, ne sont plus aujourd'hui la partie importante de la

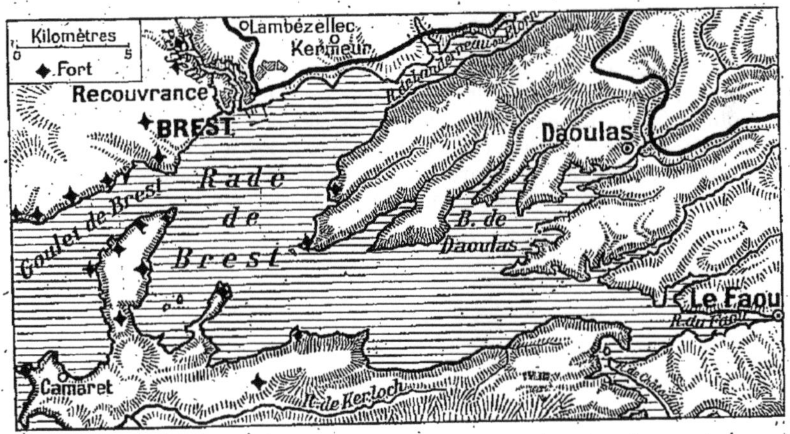

LA RADE DE BREST.

défense. Brest est considéré comme imprenable par mer et offre le plus sûr abri à une flotte.

Bien que, par suite de nos alliances politiques, la portion la plus importante de notre flotte de guerre soit dans la Méditerranée, et non plus dans l'Atlantique, Brest joue encore dans notre organisation militaire un rôle très important, grâce à son arsenal. C'est à lui que la ville doit sa population ouvrière, qui, plus encore que ses éléments militaires, a contribué à faire de Brest et de ses faubourgs une agglomération de plus de 110 000 habitants, la seule grande ville de la Basse Bretagne. Les campagnes des environs, depuis Lesneven jusqu'à Landivisiau, Plougastel et Daoulas envoient presque tous leurs produits, viande, lait, beurre, légumes et fruits, vers ce centre de consommation voisin.

Brest est donc pour cette région de la Bretagne une source de prospérité, non seulement industrielle, mais agricole.

6. ***Comme tous les sols pauvres, comme tous les pays ruraux, la Bretagne est un foyer d'émigration.*** —

Malgré les ressources de la mer, malgré les améliorations agricoles, la Bretagne, où les naissances sont très nombreuses chaque année, est trop pauvre pour nourrir tous ses enfants. Un grand nombre émigrent dans les régions mieux dotées de la France.

Comme dans les autres pays pauvres et de vie rurale (Massif Central, Alpes, Pyrénées, etc.) cette émigration est, soit prolongée (sinon définitive), soit purement saisonnière.

Parmi les émigrants qui quittent le pays pour un long temps, sinon pour toujours, il faut citer les hommes qui vont travailler aux ardoisières de l'Anjou (en général, originaires de la région de Châteaulin, où il y a aussi des ardoisières), les employés des chemins de fer, les femmes qui vont se louer comme domestiques dans les grandes villes normandes et surtout à Paris. Il y a d'importantes colonies bretonnes à Angers, le Hâvre, Versailles, Saint-Denis et à Paris (quartier de Vaugirard, autour de la gare Montparnasse, la gare d'où partent les trains de Bretagne).

Parmi les « saisonniers » les plus nombreux, il faut citer les moissonneurs, qui vont dans la Campagne de Caen et la Normandie méridionale, dans la Beauce et les pays de la Loire, jusqu'en Ile-de-France; les terrassiers, qui vont surtout à Paris et dans sa banlieue, seulement l'été, et les marchands d'oignons de Roscoff, qui partent en bateau vendre leur marchandise en Angleterre.

IX. — LA RÉGION DE L'OUEST

La région de l'Ouest n'a pas d'autre unité que celle qu'elle doit à son climat océanique, très humide, qui fait transition entre le climat frais de la Bretagne et le climat chaud de l'Aquitaine. Mais elle comporte des régions dont le sol et les conditions économiques sont très variées :

1° La Vendée, où, au Nord d'une « Plaine » et de « Marais » favorables aux cultures et aux produits maraîchers, la plus grande partie du pays est constituée par un plateau cristallin : le Bocage, extrémité méridionale du Massif Armoricain ;

2° Le Poitou, où, malgré l'existence de sables granitiques couverts de bois, la vie économique est facilitée par la fertilité des plateaux calcaires et surtout par la route qui y passe et qui, entre Massif Central et Massif Armoricain, unit les deux grandes plaines de la France ;

3° Les Pays Charentais, plus variés, mais où dominent, dans l'intérieur, les Campagnes ou Champagnes calcaires, favorables à la vigne, et, sur la côte, les « Marais », favorables à l'élevage.

La côte, presque partout ensablée, rend la vie maritime plus précaire que la vie agricole. Toutefois, l'estuaire de la Loire constitue un excellent abri, où se sont installés deux grands ports : Nantes et Saint-Nazaire, et où sont nées récemment des industries très actives.

1. ***Constitution de la région de l'Ouest.*** — La région dite de l'Ouest n'a point d'unité physique. Son sol, qui est très morcelé, a une formation très composite ; elle est le résultat combiné de presque tous les grands événements géologiques qui ont constitué le territoire de la France. Les grands faits géologiques qui ont formé le sol de l'Ouest sont, en effet :

1° L'aplanissement et la fragmentation des plis hercyniens depuis l'ère primaire. — Il en est résulté la formation de deux pénéplaines, le Massif Armoricain et le Massif Central : or, l'extrémité sud-orientale du premier fait partie de la région de l'Ouest ; l'extrémité occidentale du second, le Limousin, entretient un commerce actif avec elle.

2° **L'existence du détroit du Poitou, durant l'ère secondaire.** — Entre les deux mers qui occupaient alors l'emplacement du Bassin Parisien et celui du Bassin Aquitain, la communication se faisait par le détroit du Poitou, qui séparait les deux pénéplaines primaires. Des formations sédimentaires s'y déposèrent, à l'époque jurassique: après émersion, elles ont donné naissance aux calcaires du Poitou, qui font partie de la région de l'Ouest.

3° **L'émersion lente des Bassins Parisien et Aquitain à la fin de l'ère secondaire et pendant l'ère tertiaire.** — Elle détermina d'abord l'émersion du Centre, le *Poitou*, qui ne comporte que des terrains jurassiques; ensuite, l'émersion des régions situées au Nord et au Sud, et qui sont recouvertes par des terrains plus récents, de l'époque crétacée: au Nord, les *plateaux crétacés de la Touraine*, qui appartiennent au Bassin Parisien (v. ci-dessus); au Sud, les *plateaux des Charentes*, qui appartiennent à la région de l'Ouest et font la transition vers le Bassin Aquitain (v. ci-dessous, p. 218).

4° **Certains faits d'érosion et d'alluvionnement récents.** — Deux sont essentiels. Les eaux descendant des massifs anciens ont étalé des sables granitiques, qui recouvrent en partie les calcaires du Poitou, diminuant en certains points les qualités agricoles de l'intérieur. D'autre part, les courants marins ont comblé, avec des alluvions entraînées de la côte bretonne, une partie des découpures de la côte, créant des marais, emplissant les baies, empâtant les caps, diminuant les avantages maritimes de la côte.

2. ***Division de la région de l'Ouest.*** — Le seul caractère commun à toutes les régions de l'Ouest, c'est leur climat, qui est humide, uniformément tempéré par l'influence de la mer et assez tiède surtout dans les pays charentais, au voisinage du Bassin Aquitain. Son sol et son relief, très variés, permettent d'y distinguer quatre régions :

1° Le **Pays Nantais**, formé par les régions environnant l'*estuaire de la Loire*, qui sépare le Massif Armoricain proprement dit de son annexe méridionale, le Plateau Vendéen ;

2° La **Vendée**, dont la portion essentielle est le *Plateau Vendéen*, fragment subsistant des anciens plissements hercyniens, bordé de terrains bas et sédimentaires, et surtout d'alluvions quaternaires, ou *Marais* ;

3° Le **Poitou**, dépression causée par un affaissement des

plissements hercyniens, entre Vendée et Massif Central, et comblée par des sédiments de l'époque jurassique ;

4° Les **Pays Charentais**, dont les *Terres chaudes*, constituées par des sédiments calcaires ou crayeux, s'opposent aux *Terres froides* du Massif Central. Ils sont, comme la Vendée, frangés par une bande de marais du côté de la mer.

Toutes ces régions, très différentes les unes des autres, étaient trop peu étendues et trop peu productives pour que chacune pût se suffire à elle-même et avoir sa vie propre. Unies par le climat, elles l'ont été de très bonne heure par les échanges de leurs produits, par les liens du commerce.

3. ***Le Pays Nantais.*** — Le Pays Nantais a comme centre la vallée de la Loire Inférieure et l'estuaire de la Loire, qui coupent en deux l'extrémité méridionale du Massif Armoricain. Vallée et estuaire séparent les hauteurs cristallines et les dépressions schisteuses du *Sillon de Bretagne* et du *Pays de Guérande*, qui appartiennent à la Bretagne, du *Bocage* et du *Pays de Retz*, qui appartiennent à la Vendée. De part et d'autre de la dépression de la Loire, ces régions sont boisées ou couvertes de landes peu fertiles. Seule leur zone côtière, riche en engrais marins, porte des cultures maraîchères et des prés salés.

Mais la **vallée de la Loire Inférieure** a des causes de prospérité nombreuses :

1° La même *fertilité* s'y retrouve que dans les zones côtières des pays environnants ; la vigne y croît (vins de Vallet).

2° Par la route de Paris vers l'Océan, qui s'y termine, elle est un lieu de *commerce* important. Celui-ci se faisait jadis par la voie du fleuve, qui est de moins en moins navigable. En attendant sa renaissance, il se fait par la voie ferrée.

3° Comme sur tous les points commerciaux de nos côtes, des *industries* y sont nées, grâce aux réserves d'argent que le commerce très ancien a laissées dans le pays, aux facilités d'exportation et surtout aux facilités d'importation des matières premières et du combustible.

Ces trois circonstances expliquent l'existence de certaines petites villes anciennes et assez prospères, *Ancenis*, *Paimbœuf*. Mais elles ont surtout déterminé l'activité des deux ports de la Loire Inférieure : Nantes et Saint-Nazaire.

1° **Nantes** (170000 hab.), le plus ancien entrepôt de notre commerce avec les Antilles et l'Amérique Centrale, a subi une éclipse quand ce commerce est devenu secondaire dans la vie de la France. Mais il a repris sa grandeur grâce à de multiples industries que ses armateurs et ses commerçants ont su créer, en utilisant, d'une part, certains besoins de la marine, et, d'autre part, les ressources locales de la pêche ou de la culture, ainsi que les denrées d'importation exotiques. De là les industries qui font la fortune de Nantes, plus encore que le commerce du port : construction de navires à voile et forges pour la fabrication des pièces et coques de navires en fer; fabrication de conserves de poissons et de légumes; savonneries, huileries, raffineries de sucre de canne, etc.

2° **Saint-Nazaire**, port plus récent, a pour lui sa situation à la sortie de l'estuaire et les grands travaux qui en ont fait un port moderne, en y permettant l'accès des navires de fort tonnage. Aussi les importations y sont-elles plus considérables qu'à Nantes : houilles anglaises, bois du Nord, minerai de fer d'Espagne, sucre, etc. Moins industriel que Nantes, Saint-Nazaire est le complément de ce premier port, débarquant et expédiant vers celui-ci les matières lourdes que Nantes utilise et transforme.

Aussi Nantes et Saint-Nazaire ne sont pas deux ports rivaux mais deux ports complémentaires l'un de l'autre.

4. ***La Vendée.*** — Au Sud de la Loire, la Vendée comprend l'extrémité meridionale du Massif Armoricain et les régions sédimentaires qui la bordent et qui sont en rapports économiques avec elle. Il faut y distinguer :

1° le *Bocage*, qui se trouve dans le Massif;

2° la *Plaine* et les *Marais*, qui se trouvent au pied du Massif.

1° Le **Bocage**, portion primaire de la Vendée, est une pénéplaine constituée, dans son milieu, par une bande de granites durs, orientée du Nord-Ouest au Sud-Est (comme les anciens plissements qui traversèrent jadis cette région). C'est un pays de landes pauvres, pâturées par les moutons : on l'appelle la *Gâtine de Vendée*.

La Gâtine est flanquée de part et d'autre par des plateaux moins hauts, constitués surtout par des schistes, qui sont moins stériles que les granites de la Gâtine : leurs prairies, coupées de haies et de buissons, sont favorables à l'élevage aux plantations de pommiers. De là le nom de *Bocage Vendéen* donné

1. UN CHEMIN DANS LE BOCAGE.

Le Bocage Vendéen rappelle par sa végétation le Bocage Normand. Des chemins le sillonnent, très larges, comme dans les pays où la terre a peu de valeur. Des haies séparent de la route les champs et les prés, où l'on entre par des barrières à claire-voie. Sur les haies, quelques arbres, et surtout des têtards de chênes, dont on coupe les menues branches tous les deux ou trois ans, pour en faire du bois de chauffage, du tan, ou même de la litière pour le bétail. (Photo Robuchon.)

2. UN CANAL DANS LE MARAIS.

Cette vue rappelle un peu les hortillons de la Somme. — Le Marais Poitevin est presque entièrement consacré aux cultures maraîchères. Les canaux lui apportent l'eau nécessaire et servent de routes aux maraichins *pour gagner leurs potagers et transporter leurs légumes.*

au plateau du Sud-Ouest, qui est le plus étendu. Celui du Nord-Est, analogue au premier, mais plus proche de la Loire et mieux exploité, porte le nom de *Mauges*.

Longtemps inculte par l'effet d'un sol pauvre et malgré l'eau partout ruisselante, le Bocage est en train de devenir grâce à des amendements judicieux, une bonne terre d'élevage et d'industrie laitière; les cultures mêmes commencent à s'y étendre.

2° La ***Plaine***, au Sud du Bocage, est une mince bande de calcaire jurassique; on y cultive surtout les céréales; c'est la partie riche de la Vendée.

3° Les ***Marais***, *Marais Breton* à l'Ouest, *Marais Poitevin* au Sud, sont d'anciens golfes en partie comblés par des alluvions durant l'époque quaternaire. Sortes de terres amphibies, jadis sans ressources, ces marais ont été transformées (surtout le Marais Poitevin) par les dessèchements: aujourd'hui, ils disputent à la Plaine la première place pour la richesse. On y trouve des marais salants, des parcs à huîtres, des prés salés où l'on élève des moutons et surtout d'abondantes cultures maraîchères. Sur la côte, alluviale, plate et rectiligne, très peu de vie maritime.

La ***population*** est encore assez peu dense dans le Bocage, dans la Gâtine et dans les Mauges; surtout elle y est peu agglomérée, de même qu'en Bretagne et pour les mêmes raisons. Une seule ville dans le Bocage: *La Roche-sur-Yon*; une autre dans les Mauges: *Cholet*. Sur la côte, un seul port: les *Sables-d'Olonne*, qui est une plage balnéaire plutôt qu'un port.

Au contraire, la Plaine et le Marais sont bien peuplés; de même, on le verra plus loin, le Poitou. Aussi les villes principales sont des marchés, situés soit au contact du Bocage et du Poitou: *Parthenay*, *Bressuire*, soit, surtout, au contact de la Plaine, riche en céréales, et du Marais Poitevin, riche en légumes: *Luçon*, *Fontenay-le-Comte*, et enfin **Niort**. Cette ville est bâtie sur le calcaire du Poitou, mais c'est la capitale réelle de la Vendée, qui y concentre ses produits grâce à la rivière principale du Marais, la ***Sèvre Niortaise***.

5. ***Le Poitou***. — Entre le Limousin et la Vendée, le Poitou dessine un seuil déprimé de calcaire jurassique, qui se distingue des pénéplaines cristallines qui l'encadrent, non seulement par

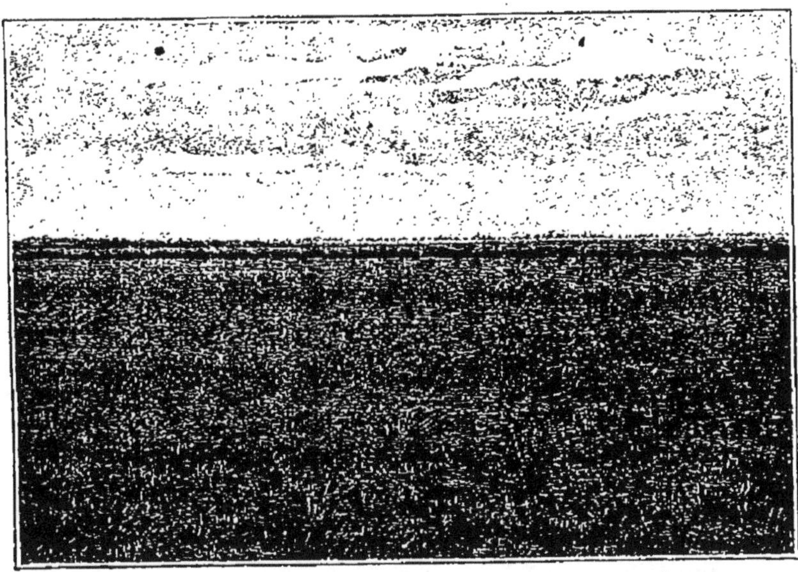

1. LA PLAINE DE VENDÉE.

La plaine de Vendée est une bande de calcaires jurassiques qui s'allonge entre le Bocage et le Marais. Pas de relief, pas d'eau, pas d'arbres, sauf ceux qui jalonnent les routes (on en voit une, ici, au fond, qui va de Fontenay-le-Comte vers la côte). C'est une terre à céréales.

2. ANGOULÊME ET LA PLAINE CHARENTAISE.

La plaine charentaise est également une région basse constituée par des calcaires jurassiques et de la craie. Mais elle est sillonnée par des anticlinaux qui esquissent des bombements et qui dominent des vallées assez profondément creusées. C'est ainsi que le site d'Angoulême domine la vallée de la Charente.

un climat plus chaud, mais par un sol plus riche. Il forme des *Terres Chaudes*, par opposition aux prairies et aux bocages de ces hautes régions primaires, que l'on appelle dans le pays des *Terres Froides*.

Le Poitou s'oppose, en effet, aux Terres Froides par deux qualités essentielles :

1° **Ses productions agricoles.** — Sans doute le Poitou n'est pas entièrement fertile. Les eaux descendues des massifs primaires y ont étalé des plaques de sables granitiques, qui, là où elles subsistent encore (surtout au voisinage du Limousin), sont occupées par des lambeaux de forêts ou par des landes incultes, pâturées par les moutons : ce sont les terres de *groie*.

Mais, là où le calcaire apparaît, soit qu'il n'ait jamais été recouvert de sables granitiques (surtout au voisinage de la Vendée), soit que les rivières qui parcourent le pays les aient entraînés, le pays est fertile et produit des céréales et des vins appréciés : ce sont les terres de *brandes*.

En outre, les rivières (*haute Charente*; *Vienne*, *Gartempe* et *Clain*; *Thouet*), qui sont rares, comme dans tout pays calcaire, sont en revanche larges, profondes et riches en sources alimentées par les eaux qui filtrent dans le plateau. Leurs vallées sont humides et riches en pâturages; on achève d'y engraisser les bestiaux achetés en Vendée ou en Limousin, après qu'ils ont servi pendant quelque temps au labour.

2° **Sa situation.** — Mais c'est surtout par sa situation entre Bassin Parisien et Bassin Aquitain que le Poitou joue un rôle important dans la géographie de la France. Ancienne route d'invasions, ancien champ de batailles entre France du Nord et France du Midi avant la constitution de l'unité nationale, le Poitou est aujourd'hui le trajet d'un commerce important, entre la France du Nord d'une part, l'Aquitaine et l'Espagne de l'autre. Ce commerce se fait par la *grande voie ferrée de Paris à Bordeaux*.

Les **villes** sont, pour la plupart, d'anciennes positions fortifiées, sur des buttes qui commandent des parties de plaines ou des vallées; elles servent aujourd'hui surtout de marchés agricoles. Telles sont : *Thouars* et *Loudun*, au Nord; *Saint-Maixent*, *Melle* et *Civray*, au Sud; et surtout, à l'Est, dans la zone des grandes vallées qui descendent du Limousin, **Poitiers**, la capitale du pays, dont le rôle historique fut important; **Châtellerault**, centre d'industrie coutellière, et *Montmorillon*.

1. LA ROCHELLE.

La Rochelle fut, au XVIIe siècle, un des principaux ports de France! Elle a perdu beaucoup de son importance au siècle dernier. Elle en a beaucoup regagné, dans les vingt dernières années, grâce à la pêche lointaine, à son marché de poissons, à son avant-port de La Pallice et aux industries qu'elle a créées autour d'elle. (Photo Lévy.)

2. LA DÉFENSE CONTRE LA MER, AUX ENVIRONS DE ROYAN.

La mer est très active dans l'Ouest. Ici elle ensable les baies, les transforme en marais; là elle ronge la côte et la détruit. Sur la Grande Côte, près de Royan, on a établi contre l'érosion marine une ligne de pieux brise-lame et disposé des feuillages qui empêchent l'entraînement des sables. (Photo Neurdein.)

6. ***Les pays Charentais.*** — Les Pays Charentais sont constitués par de vastes plateaux qu'ondulent des bombements orientés du Nord-Ouest au Sud-Est. Ces plateaux forment deux zones, l'une de calcaires jurassiques au Nord, l'autre de craie au Sud, séparées par la **vallée de la Charente**. Les plateaux de calcaires jurassiques sont l'**Angoumois** et l'**Aunis**. Les plateaux de craie sont la **Champagne Charentaise** et la **Saintonge**.

Ces **plateaux**, perméables et secs, sont médiocrement fertiles. Au Nord, le calcaire est favorable aux céréales. Au Sud, sur la craie, les bois abondaient jadis; ils ont été presque anéantis, dès avant le XIXe siècle, par la fabrication de navires en bois, de tonneaux, etc. Mais les coteaux crayeux qui bordent la vallée de la Charente sont couverts d'un riche vignoble, qui produit les renommées *eaux-de-vie de Cognac*.

La **côte** forme deux saillants qui correspondent aux deux plateaux d'Aunis et de Saintonge, prolongés par les *îles de Ré* et *d'Oléron*; ils sont séparés par un rentrant qui correspond à la vallée de la Charente. D'ailleurs, ici comme dans la Vendée, les alluvions ont ensablé presque toutes les baies, et la vie maritime est peu active. Sur les *Marais* d'Aunis et de Saintonge la production du sel, l'élevage et les industries laitières dérivées, enfin l'ostréiculture (huîtres de Marennes, moules de la Rochelle) sont les grandes ressources. Sauf à la Rochelle, la vie maritime est relativement peu importante.

Toutes ces régions, de richesse et de population moyennes, sont liées par la **Charente**, rivière de plaine et de sol perméable, lente et sinueuse, claire, régulière et abondante; elle est alimentée, en pays calcaire, par les sources de la *Boutonne* et de la *Touvre*. La Charente est navigable depuis Angoulême.

Les villes, assez nombreuses, sont toutes situées dans les vallées ou dans la région maritime. Dans la vallée de la Charente : *Ruffec*, **Angoulême**, où s'est fondée très anciennement l'industrie du papier; *Cognac* et *Saintes*, les grands marchés d'eau-de-vie. Dans des vallées secondaires : *Saint-Jean-d'Angély*, *Barbezieux*, *Jonzac*. Dans la région maritime : *Royan*, *Marennes*, où se trouvent des parcs à huîtres très prospères; *Rochefort*, port militaire, sur la Charente; enfin, **La Rochelle**, qui fit jadis un grand commerce avec l'Amérique, qui est toujours un grand port de pêche, et qui retrouve une vie commerciale nouvelle grâce à l'organisation d'un avant-port profond et sûr : *La Pallice*.

Lectures.

1. ***Nantes, grand port très ancien, a su renouveler les conditions de sa prospérité par des industries nouvelles.*** — Situé sur la Loire Inférieure, Nantes est devenue un grand port peu de temps après la découverte de l'Amérique, dès le XVIe siècle. Il fit, jusqu'au milieu du XIXe siècle, un commerce actif avec l'Amérique Centrale et avec les Antilles, soit pour la traite des noirs tant qu'elle fut permise, soit pour l'importation des denrées que l'Europe achetait alors aux Indes Occidentales : les épices (poivre, cannelle), l'indigo, le sucre, le rhum, le café, le tabac. Ce fut la belle époque du commerce nantais.

Au XIXe siècle, plusieurs causes de décadence apparurent. La Loire ensablée était insuffisammen profonde pour le tonnage des navires qui augmentait avec la navigation à vapeur, l'accès du port devenait difficile. D'autre part, certaines matières du commerce nantais disparaissaient : la traite des noirs était interdite : le sucre se fabriquait maintenant avec les betteraves en Europe même, et l'importation du sucre de canne diminuait. L'ouverture du canal de Suez, l'organisation d'un grand empire colonial français en Afrique et en Extrême-Orient détournaient le commerce français de l'Amérique Centrale. Enfin, à une é oque où la grandeur d'un port dépend surtout de la richesse industrielle du pays qui se trouve en arrière, Nantes n'a derrière lui qu'une région agricole, qui ne vend ses céréales, ses vins, ses fruits qu'à l'intérieur, et qui n'a guère besoin d'un port maritime.

Malgré cela; grâce à l'initiative et à l'intelligence des commerçants nantais, Nantes a conjuré la crise et est redevenue un grand port :

1° **En améliorant son port.** — Le *canal maritime de la Basse-Loire*, avec approfondissement du fleuve en aval et en amont des points où s'amorce et où débouche le canal, perm t aux navires calant 8 mètres d'atteindre le port.

2° **En devenant un centre d'armement** — Les armateurs de Nantes entretiennent une flotte de grands voiliers, qui, même à notre époque de navigation à vapeur, peuvent rendre des services soit pour le cabotage, soit pour les transports de matières non pressées qu'il est expédient de transporter avec le moins de frais possible : houille, bois, engrais chimiques du Chili, etc. Certains de ces grands voiliers ont des coques en fer.

3° **En devenant un centre industriel.** — Parmi les industries nées à Nantes, il faut indiquer d'abord la *métallurgie*, qui est née de l'armement des navires (fabrication de coques de bateaux, de pièces diverses). De là l'activité des forges de *Trignac*, de la *Basse-Indre*, d'*Indret*. Elles nécessitent l'importation de houille anglaise, de minerais de fer espagnols, suédois, etc.

Ensuite est venue la *transformation des matières originaires des pays tropicaux* d'outre-mer : engrais gricoles (nitrates du Chili, phosphates d'Algérie); huileries et savonneries alimentées par le coprah, l'arachide, l'huile de palme du Soudan et du Congo. Elle a fait renaître le commerce de Nantes avec les pays tropicaux.

Enfin, Nantes est devenu un grand centre d'*industries alimentaires* : chocolateries alimentées avec le cacao américain ; raffineries de sucre de canne (sucre candi), que l'on emploie encore pour certains usages, notamment pour le traitement des vins de Champagne ; rizeries, qui préparent le riz d'Amérique et d'Indochine ; conserves de poissons (thons à l'huile, sardines à l'huile), dont la matière première est fournie par les pêcheurs bretons ; conserves de légumes et biscuiteries, dont la matière première (légumes, farine, œufs) est fournie par les campagnes environnantes.

Le marché de Nantes occupe une place honorable dans le commerce français.

2. ***Saint-Nazaire n'est pas le concurrent, mais le complément de Nantes.*** — Au milieu du XIXe siècle, Saint-Nazaire avait une centaine de maisons ; en 1911, elle avait près de 40 000 habitants. En 1856, au moment des premiers travaux du port, son mouvement commercial représentait 120 000 tonneaux ; aujourd'hui il représente quinze fois plus. Saint-Nazaire, au contraire de Nantes, est donc un port nouveau.

Sa naissance et son développement sont dus à la renaissance de Nantes, à la nécessité d'adjoindre un port profond à son port, à une époque où, le tonnage des navires augmentant, il était difficile d'approfondir la Loire qui y donnait accès. Située à l'ouverture de l'estuaire, très profond dès l'origine, encore approfondi en 1891-1894, Saint-Nazaire pouvait recevoir dès cette époque les navires jaugeant 8 m. 50 deux fois par jour, au moment de la marée, et, à toute heure du jour, les navires jaugeant 6 m. 50. Aujourd'hui, le tirant d'eau à l'heure de la marée est de 9 m. 50.

Saint-Nazaire peut donc recevoir toutes sortes de navires et se trouve ainsi le port complémentaire de Nantes. Il deviendrait difficilement un centre industriel : il est trop en avant dans la mer, trop mal relié à l'intérieur. Mais il est l'*avant-port* de Nantes, lié à sa fortune. Certains navires y déchargent toute leur cargaison, qui s'achemine ensuite par le canal ou par voie ferrée vers Nantes : houille et goudrons anglais, minerais de fer espagnols, bois scandinaves, denrées coloniales. D'autres qui, chargés à plein, ne pourraient remonter la Loire, déchargent une partie de leur cargaison à Saint-Nazaire, puis vont à Nantes décharger le reste et prendre des matières d'exportation que cette ville possède grâce à ses industries.

Aussi, loin de se nuire l'une à l'autre et de se faire concurrence, Nantes et Saint-Nazaire forment un organisme commercial unique. La prospérité de l'une dépend de la prospérité de l'autre.

3. ***La région côtière de l'Ouest est plus agricole que maritime.*** — La région côtière de l'Ouest fut jadis découpée en presqu'îles et en baies par l'érosion. Mais certains affaissements du sol ont transformé les presqu'îles en îles (Ré, Oléron), pendant que les courants côtiers, arrachant d'abondantes alluvions à la côte composée de roches très friables, comblaient peu à peu les anses et les remplaçaient par des *Marais*.

Iles et côtes sont également peu favorables à la vie maritime. La

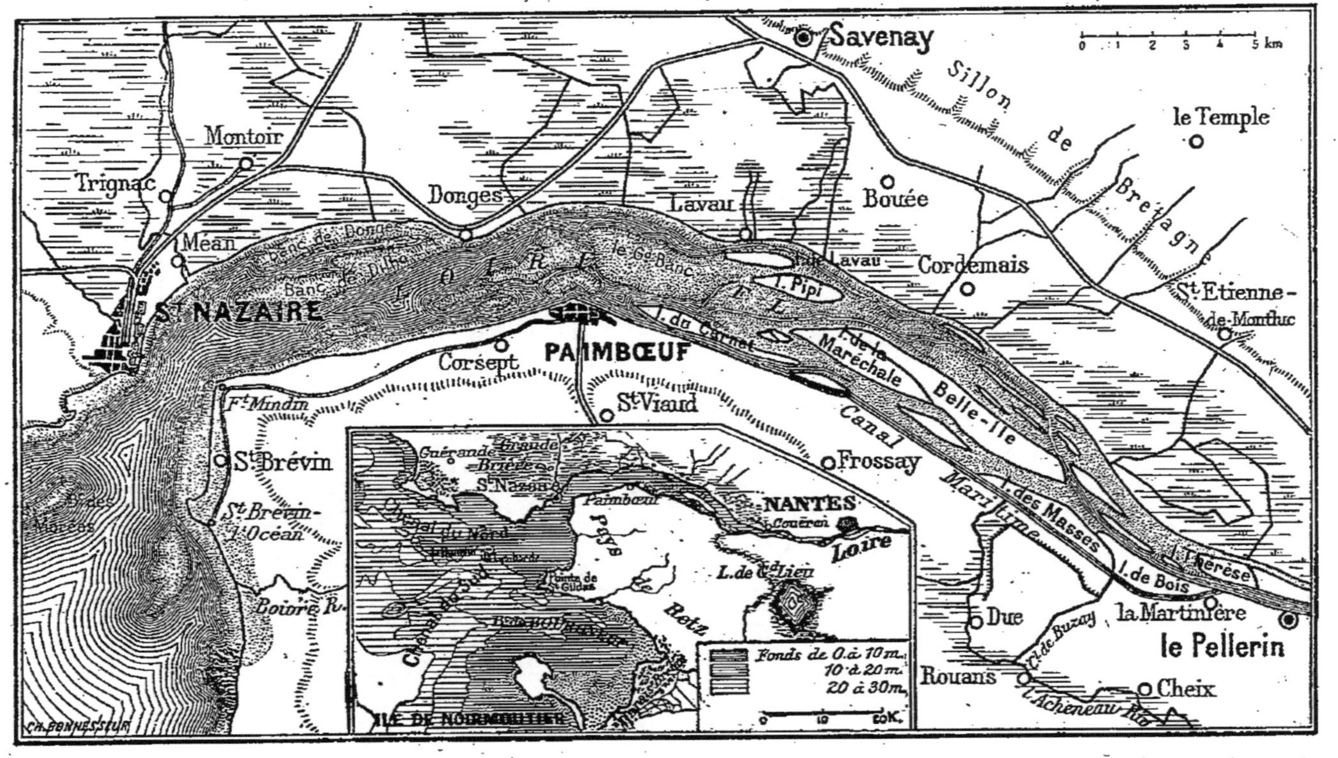

SAINT-NAZAIRE ET L'ESTUAIRE DE LA LOIRE. NANTES.

pêche est pourtant active à la Rochelle, qui vient comme port de pêche au second rang des ports français (après Boulogne). Mais les principales ressources qu'offre la mer sont les marais salants et l'ostréiculture : les *parcs à huîtres de Marennes* sont des plus prospères; de même l'élevage des moules aux environs de la Rochelle.

Mais ce qui domine dans cette région maritime, c'est la vie agricole.

LA CÔTE DE L'ATLANTIQUE AU NORD DE LA GIRONDE.

La vigne réussit dans les parties crétacées, grâce à la latitude basse et malgré l'humidité de l'air. Les Marais, une fois drainés, constituent d'excellents potagers à légumes, comme les hortillons de la Somme; l'élevage des moutons de pré salé réussit comme aux environs du Mont-Saint-Michel. Tels sont les éléments de la prospérité du *Marais Breton* et surtout du *Marais Poitevin*. La ville de *Niort*, sur le bord de ce dernier, est un marché important de légumes.

Un seul port de commerce important : **La Rochelle**.

La Rochelle est, comme Nantes, et pour les mêmes raisons, un port très ancien, qui fut très florissant. Les mêmes causes en amenèrent la décadence au milieu du XIXe siècle, et d'autant plus rapidement que le port, peu profond, n'admettait guère les navires modernes de fort tonnage. La Rochelle a su se créer une vie nouvelle, comme Nantes, d'abord en améliorant son port et en fondant, à 4 kilomètres à l'Ouest, un avant-port en eaux plus profondes : La Pallice.

Quant aux matières d'importation, ce sont surtout la houille et le bois, dont l'arrière-pays manque, et qui sont nécessaires aux établissements industriels des pays charentais; puis les matières premières d'Amérique, pour certaines industries qui se sont créées autour de la Rochelle (pétrole, jute, engrais chimiques); enfin et surtout les poissons. La Rochelle est demeurée, en effet, un grand centre d'armement pour la pêche de la morue à Terre-Neuve. C'est aussi le plus important marché à poissons frais de cette côte : les pêcheurs de Ré, d'Oléron, d'Yeu, de Royan, de Fouras, même d'Arcachon, viennent y vendre leur pêche. Enfin, La Rochelle est encore une escale pour certains navires qui, des ports de la Manche et de Nantes, vont au Mexique, dans l'Amérique du Sud ou au Sénégal.

4. *Le Poitou doit sa prospérité moins à son sol qu'à sa situation entre les deux grandes plaines de France.* — Le sous-sol du Poitou est surtout constitué par des calcaires jurassiques, assez riches en éléments fertilisants. Mais il s'en faut que le Poitou soit partout également fertile. Là encore apparaît l'importance géographique des formations superficielles. Dans toute la partie du Poitou voisine du Massif Central, les eaux courantes ont étalé des alluvions tirées du sol de ce dernier, c'est-à-dire des sables granitiques identiques aux sables de la Sologne, infertiles comme eux. De là, surtout dans la portion orientale, de nombreuses plaques de landes humides ou de forêts entrecoupant les champs de céréales propres au calcaire.

Mais ce qui fait la richesse du Poitou, c'est, plus que son sol, sa situation entre les deux grandes plaines de la France. Le Poitou fut jadis une route d'invasion, comme l'attestent les noms de *Poitiers* où les Arabes livrèrent bataille en 732, quand ils voulaient envahir la France du Centre en venant d'Espagne, et où ils furent battus par Charles Martel; où les Anglais, maîtres de la Guyenne, livrèrent bataille en 1356, et où ils battirent Jean le Bon; de *Vouillé*, où Clovis, maître de la France du Nord, battit les Wisigoths et devint ainsi maître de la France du Sud en 507; de *Moncontour*, à l'époque de la Ligue.

Le Poitou fut le point de contact entre les populations de *langue d'oïl*, venues du Nord, et celles de *langue d'oc*, venues du Midi, et c'est aux marchés des villages de la plaine que, pour la première fois, se mêlèrent les dialectes différents; c'est dans ces villages que les linguistes trouvent aujourd'hui la zone de transition où l'on passe peu à peu du parler du Midi à celui du Nord.

Et de nos jours la route du Poitou, avec la grande route nationale et la ligne ferrée de Paris à Bordeaux, est plus que jamais la grande voie d'échanges entre Bassin Parisien et Bassin Aquitain.

X. — LE MASSIF CENTRAL

Le Massif Central est le seul massif important qui soit intérieur à la France et lui appartienne en entier.

Malgré un certain nombre de traits communs, qui sont tous l'effet direct ou indirect de son altitude, le Massif Central, dont les divers éléments sont nés d'événements très différents de l'histoire géologique de la France, comporte des régions très variées par le relief, par la nature du sol, par le climat, par les ressources et par la vie des populations.

Aussi l'étude du Massif Central doit-elle y distinguer quatre régions : 1° l'Est; 2° le Centre; 3° l'Ouest; 4° le Sud.

Chacune de ces régions a sa vie particulière. Chacune a des relations par l'émigration, le travail industriel, le commerce, etc. plus étroites avec la région basse qui l'avoisine qu'avec les autres montagnes du Massif.

1. ***L'ensemble du Massif. Son unité.*** — S'étendant sur plus de 85000 kil. carrés (un sixième de la France) et situé à l'intérieur, sinon au centre géométrique de notre pays, le Massif Central est le seul ensemble montagneux qui lui appartienne tout entier en propre. Malgré de notables différences entre les parties qui le composent, l'ensemble du Massif Central se distingue nettement des régions qui l'entourent par certains *caractères communs* :

1° **L'altitude.** — Altitude nettement saillante au-dessus des plaines du pourtour, surtout à l'Est, au Sud-Est et au Sud;

2° **Le climat.** — C'est le climat des régions élevées : vents fréquents et forts, humidité; hivers longs et rudes, avec des neiges abondantes et des gelées tardives d'arrière-saison, nuisibles à la culture; étés courts, avec des journées très chaudes et des nuits presque toujours fraîches. L'influence océanique, très sensible à l'Ouest, s'efface de plus en plus vers l'Est.

3° **L'hydrographie.** — Région de pluies abondantes et centre de dispersion des eaux, le Massif Central envoie ses eaux aux quatre grands fleuves français, à l'Océan et à la Méditerranée : l'Yonne, va à la Seine; la Loire et ses principaux affluents, Allier, Cher, Indre, Vienne et Creuse descendent du Massif; la Charente va à l'Océan; la Dordogne, le Lot et le Tarn vont à la

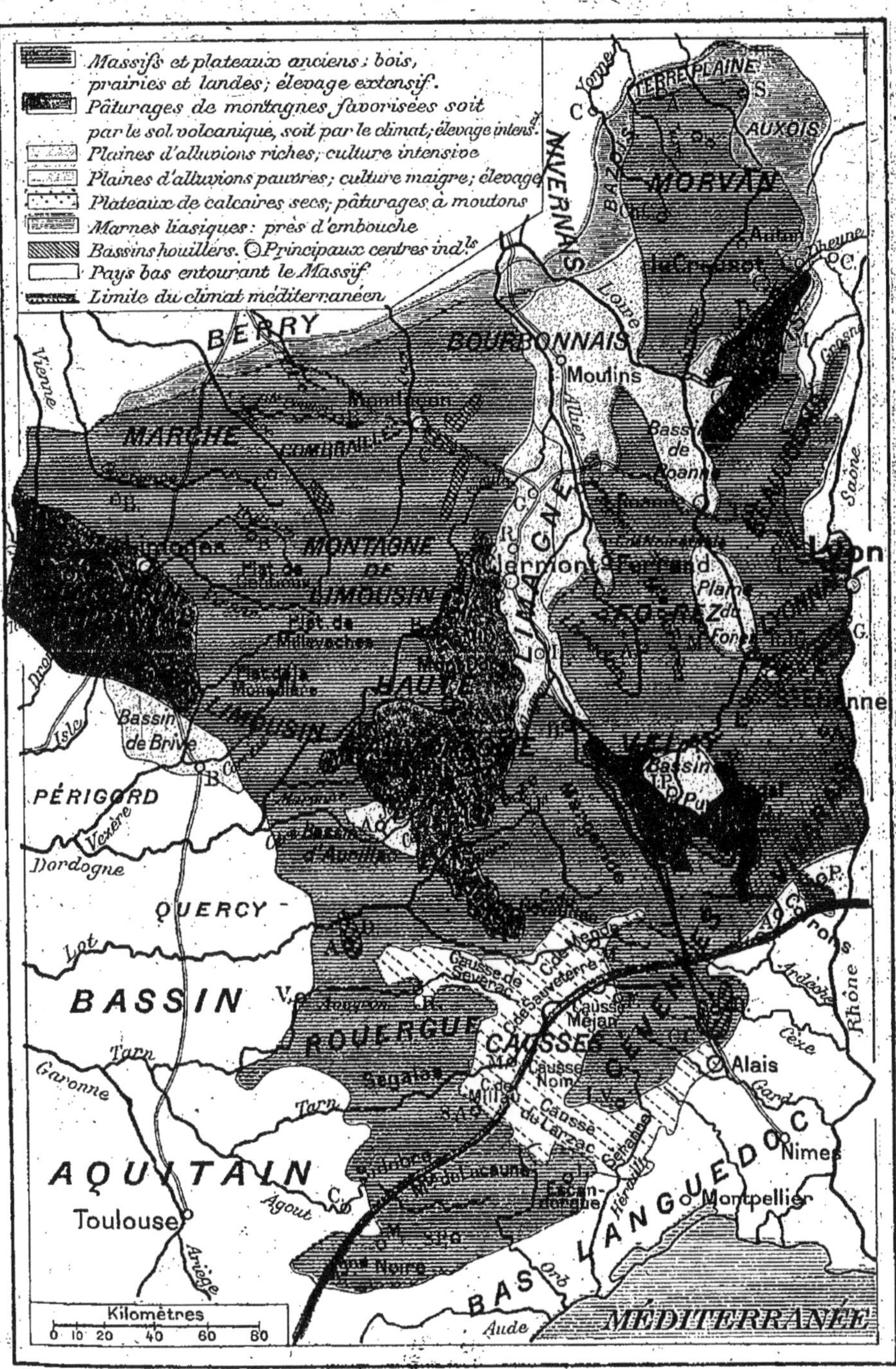

Ch. Bonnesseur, del. Erhard Frès Sc.

LE MASSIF CENTRAL.

Garonne; l'Ardèche, le Gard, vont au Rhône; l'Hérault, l'Orb, directement à la Méditerranée. Ces rivières, coulant partout sur des pentes fortes, presque partout sur des terrains imperméables, sont nombreuses, mais peu importantes ; leur régime est torrentiel, irrégulier; aucune n'est navigable dans son parcours à travers le Massif.

2. ***Les régions naturelles du Massif. Leurs différences.*** — Malgré ces traits communs à tout le Massif, les différences entre les diverses régions du Massif l'emportent peut-être sur les similitudes. La cause en est dans l'histoire très mouvementée de la formation de ce massif : soulèvements anciens, usés par l'érosion; éruptions récentes, qui ont érigé de grands massifs volcaniques presque intacts ; effondrements, qui ont sillonné de dépressions le cœur même du Massif (v. ci-dessus, p. 22, l'histoire géologique du Massif).

Il résulte de là que le Massif Central ne possède :

1° **Ni unité de relief.** — A côté de massifs très anciens, usés et réduits à l'état de pénéplaines (exemple : le *Limousin*), on y trouve des massifs jeunes, élevés et de relief âpre (exemple : le *Cantal*), des dépressions larges (exemple : la *Limagne*) ou étroites et profondes (exemple : la *dépression de Saint-Étienne*) et même de hauts plateaux (exemple : les *Causses*).

2° **Ni unité de sol.** — A côté de massifs cristallins, comme la *Montagne limousine*, on trouve des massifs volcaniques, comme les *Monts d'Auvergne*. A côté de plaines couvertes d'alluvions fertiles, comme la *Limagne d'Auvergne*, on trouve des plaines d'alluvions stériles, comme la *Limagne forézienne*. A côté de plateaux granitiques, comme les *Ségalas du Rouergue*, on trouve des plateaux calcaires, comme les *Grands Causses*.

3° **Ni unité de climat.** — Tandis que l'influence océanique se fait sentir à l'Ouest en s'atténuant vers l'Est, mais sans y disparaître, le versant Sud-Est a un climat méditerranéen. Si toutes les rivières du Massif Central sont des torrents, celles qui descendent de ce dernier versant ont un régime encore plus irrégulier que les autres.

Ainsi l'unité n'existe pas dans le Massif Central. On y distingue quatre principaux groupes de régions naturelles : 1° L'Est ; 2° Le Centre ; 3° L'Ouest ; 4° Le Sud.

1. L'EST DU MASSIF CENTRAL

1. ***Alternance des massifs et des dépressions.*** — Dans cette partie du Massif Central, l'œuvre très ancienne des plissements hercyniens se manifeste encore par l'alternance de massifs (qui marquent la place des anciens anticlinaux) et de dépressions (qui marquent la place des anciens synclinaux). Massifs et dépressions sont orientés du Sud-Ouest au Nord-Est.

Le contre-coup des plissements alpins plus récents a surélevé les massifs, que l'érosion avait lentement usés et abaissés, il a accentué leur altitude au-dessus des dépressions. De là les différences de climat et de production qui opposent aujourd'hui les massifs aux dépressions qui les séparent.

En parcourant du Nord au Sud la portion orientale du Massif on passe donc par une série de contrastes assez saisissants.

2. ***Le Morvan.*** — Le Morvan est la portion la plus avancée du Massif Central vers le Nord. Par ses relations commerciales, il se rattache autant au Bassin Parisien qu'au reste du Massif. Il se compose d'une masse cristalline épaisse, entourée de dépressions marneuses.

1° Le **massif cristallin**, usé par l'érosion depuis l'époque hercynienne, mais relevé et faillé à l'époque tertiaire, est une masse granitique aux formes molles, dont les points les plus hauts atteignent ou dépassent 900 m. (points culminants : le *Bois-du-Roi*, 902 m. ; le *Mont Beuvray*); il s'abaisse lentement vers l'extérieur.

De sol imperméable et infertile, ce massif est couvert de bois, de marécages ou de prairies. Les deux grandes ressources sont, avec quelques cultures de seigle et de sarrasin, l'élevage des bœufs et l'exploitation du bois : coupe pour l'exportation, transport par flottage sur l'*Yonne*, la *Cure*, etc. ; fabrication du charbon de bois. La population, peu dense, est éparse en de nombreux hameaux ; chaque année, elle demande un supplément de profit à l'émigration saisonnière (moisson et vendange en Bourgogne. etc.). D'heureux amendements transforment actuellement une partie du pays et le rendent propre aux cultures.

2° Les **dépressions extérieures** sont constituées par des marnes secondaires appartenant à l'étage du Lias ; elles sont mperméables, humides, mais très fertiles. Sur leurs riches pâtu-

1. ENVIRONS DE SAINT-MORÉ.

Autour du massif granitique du Morvan s'étend une dépression argileuse, couverte de bois et de riches prairies d'élevage, que dominent, vers l'extérieur, des crêtes calcaires, plus sèches, couvertes de vignes et de cultures. Tels sont le Bazois, à l'Ouest; la Terre-Plaine, au Nord; l'Auxois, à l'Est. La région de Saint-Moré, où l'on voit ici dépression argileuse et crêtes calcaires, est en Terre-Plaine.

2. LE MORVAN VU D'AUTUN.

Le Morvan est un vieux massif très usé, une pénéplaine. Les anciens plis ont disparu sous l'action de l'érosion. De vastes croupes cristallines, aux contours arrondis et peu accusés : voilà le Morvan. (Photo Neurdein.)

rages, les bestiaux, élevés dans le Morvan, sont engraissés avant l'exportation. Vers l'extérieur, ces marnes sont dominées par des escarpements de calcaires également secondaires appartenant à l'étage du Jurassique. Ils sont perméables, secs et fertiles. Ils sont couverts de cultures et de vignobles.

Partout les populations des dépressions marneuses et des escarpements calcaires sont associées, car leurs ressources agricoles se complètent. Cette formation double caractérise, au Nord du Morvan, l'*Avallonnais* ou *Terre Plaine*; à l'Est, l'*Auxois*; à l'Ouest, le *Bazois*.

De ressources presque uniquement végétales (la seule industrie est celle des poteries), le Morvan et ses abords ne possèdent guère comme villes que des marchés agricoles et surtout des marchés à bois et à bétail. Tels sont, dans le Morvan, *Autun*, *Château-Chinon* et *Saulieu*; en Bazois, *Clamecy*; en Terre-Plaine, *Avallon*; en Auxois, *Semur*.

5. ***La dépression du Creusot.*** — La dépression du Creusot est située, au Sud du Morvan, sur l'emplacement d'un ancien synclinal hercynien. L'existence de ce synclinal se manifeste aujourd'hui dans la géographie du pays par deux faits essentiels :

1° L'**existence d'un bassin houiller**, orienté du Sud-Ouest au Nord-Est, résultat de l'accumulation et de la décomposition des végétaux aux époques géologiques où le synclinal était envahi par les eaux;

2° L'**existence d'une dépression**, véritable couloir, orienté de même, que drainent la *Dheune*, dont les eaux vont à la Saône, et la *Bourbince*, dont les eaux vont à la Loire.

Ces deux faits expliquent le double rôle que joue le bassin du Creusot dans la vie nationale. Il est à la fois :

1° **Une grande région industrielle.** – Grâce à la houille et aussi au minerai de fer que l'on trouve dans certains terrains voisins, une puissante industrie métallurgirque est née, à laquelle le fer local est aujourd'hui loin de suffire. A côté des exploitations houillères de *Montceau-les-Mines*, de *Couches-les-Mines*, etc., on trouve les forges, les fonderies et surtout les ateliers d'artillerie du **Creusot**, de *Blanzy*, de *Montchanin*. Cette région est une des rares régions de la France où l'on trouve encore des ouvriers d'usine qui, en été, redeviennent agriculteurs.

2° **Une grande région commerciale.** — A l'état naturel, la dépression était marécageuse et peu favorable à la circulation.

1. LA CAMPAGNE AUTOUR DE CHATEAU-CHINON.

Le sol du Morvan est peu favorable aux céréales. Mais l'humidité du climat et l'imperméabilité du sol mettent l'eau à fleur de terre. De là la richesse des prairies coupées de haies et de rideaux d'arbres. Le Morvan est un pays d'élevage.

2. FLOTTAGE DU BOIS SUR L'YONNE.

Outre ses prairies, le Morvan possède une autre richesse : ses bois. Chaque année, en hiver, le bûcheron travaille. Puis, troncs et branches des arbres abattus sont jetés dans les cours d'eau, qu'on a munis de vannes et aménagés pour augmenter la force de leur courant. Ils sont ainsi charriés jusqu'à l'Yonne inférieure, où on les retire, les trie et les empile. C'est ce qu'on appelle le flottage.

(Photo Goulet.)

Mais aujourd'hui, grâce au dessèchement du sol, grâce à la canalisation et à la réunion de la Dheune et de la Bourbince par le *Canal du Centre*, elle est le lieu de passage d'un important transit entre bassins de la Loire et de la Saône, par voie d'eau ou par voie ferrée (gare de transit : *Chagny*).

4. ***Charolais. Beaujolais. Lyonnais.*** — Au Centre de la zone orientale du Massif, entre les deux dépressions du Creusot et de Saint-Étienne, s'allongent une série de croupes, plus ou moins hautes, plus ou moins cristallines. La masse centrale, le Beaujolais, est plus haute et plus cristalline que les deux masses septentrionale et méridionale, le Charolais et le Lyonnais.

1° Le **Charolais** est double. Il comprend, à l'Est, une croupe granitique analogue au Morvan : c'est le *Mauvais Charolais*, boisé et peu fertile; à l'Ouest, des calcaires et des marnes jurassiques et liasiques, plus fertiles : c'est le *Bon Charolais*, flanqué à l'Ouest du *Brionnais*. Cette seconde portion a vu, de toute antiquité, prospérer l'élevage des bœufs du Charolais, grâce à des prés excellents. Peu à peu, l'élevage s'est étendu sur la portion granitique, où il est, toutefois, resté moins prospère. Les principaux marchés à bestiaux se trouvent dans la région des calcaires et des marnes : *Charolles* et *Semur-en-Brionnais*.

2° Le **Beaujolais**, plus haut que le Charolais (*Mont Saint-Rigaud*, 1 012 m.) et presque entièrement cristallin, n'a que des bois et des pâturages pauvres. Toutefois, à l'intérieur, une vaste dépression, creusée par l'*Azergues* et par la *Grosne*, dont les eaux vont à la Saône, possède de riches pâturages. D'autre part, sur les terrasses moins élevées qui dominent la plaine de la Saône, prospèrent de bons vignobles, rivalisant avec ceux du Châlonnais et du Mâconnais voisins (v. ci-dessous). Enfin, dans la montagne même, la majeure partie de la population vit du tissage, soit à domicile, soit dans des usines qui deviennent de plus en plus nombreuses : on y tisse la soie et le coton pour les grandes manufactures de Lyon. Les principaux centres industriels sont : *Tarare* et *Thizy*.

3° Le **Lyonnais**, un Beaujolais plus bas, et en partie calcaire, est également le tributaire industriel de la grande ville voisine. Principale ville : *Villefranche*.

5. ***La dépression de Saint-Étienne.*** — La dépression de Saint-Étienne a la même origine et, dans un cadre plus ample,

1. PAYSAGE DU CHAROLAIS.

Le Charolais est le pays d'élevage et d'embouche du plus beau bétail de France. C'est un des principaux fournisseurs des abattoirs de Paris. (Photo Boulanger.)

2. TROUPEAUX TRANSHUMANTS AU COL DE LA SERREYRÈDE (CÉVENNES).

Dans les régions montagneuses de climat méditerranéen, chaud et sec, le mouton remplace le bœuf. Le col de la Serreyrède est dans les Cévennes, près du mont Aigoual. Les habitants du Bas Languedoc, où les étés sont chauds et secs, envoient leurs troupeaux passer l'été dans les hauts pâturages des Cévennes, pays plus frais et plus humides. C'est la transhumance.

les mêmes traits que la dépression du Creusot: c'est également un synclinal houiller et une dépression sillonnée par le *Gier*, affluent du Rhône, et le *Furens*, affluent de la Loire. Elle est donc à la fois :

1° **Une région de grand commerce.** — Une des voies ferrées les plus importantes qui partent de Lyon passe par cette dépression, pour unir la grande métropole du Sud-Est aux grandes villes du Massif Central (Clermont-Ferrand, Limoges) et à Bordeaux.

2° **Une grande région industrielle.** — Le bassin de Saint-Etienne est une des premières régions industrielles en France : il doit son importance à la proximité de Lyon. Non seulement, en effet, on y trouve l'extraction de la houille et la métallurgie (manufactures d'armes, coutellerie, quincaillerie), qui sont nées des ressources du sol, mais l'industrie qui tient aujourd'hui le premier rang est le tissage, qui s'est développé à l'exemple et avec l'aide de Lyon : tissage des soieries, des velours de soie et de coton, et surtout des rubans.

Cette dernière industrie s'est répandue de là dans les montagnes environnantes, dont les usines travaillent pour les fabricants de Saint-Étienne. Mais surtout elle a déterminé la grande prospérité du bassin lui-même et l'afflux d'émigrants qui a surpeuplé ses villes : **Saint-Étienne** (148 000 hab.), *Givors*, *Rive-de-Gier*, *Saint-Chamond*, *Firminy*, forment, entre Loire et Rhône, une « rue industrielle » de plus de 300 000 habitants.

6. ***Le Vivarais et les Cévennes. Le Bassin d'Alais.*** — Le Sud de la portion orientale du Massif a les mêmes traits de relief que les portions du Centre et du Nord. Mais il s'en distingue par l'influence du climat méditerranéen, de plus en plus sensible vers le Sud. Elle modifie les ressources végétales du pays et la vie des habitants.

1° Le *Vivarais*, analogue par son origine et par sa forme, au Morvan ou au Beaujolais, s'en distingue d'abord par son altitude plus élevée ; il culmine au *Mont Pilat* (1 434 m.), au *Mont Mézenc* (1 754 m.) et au *Gerbier de Jonc* (1 551 m.). Il s'en distingue aussi par l'existence de terrains volcaniques, qui constituent le sommet de ces montagnes et qui s'étendent même jusqu'au Rhône par la *chaîne des Coirons*. L'ensemble des hauteurs volcaniques et cristallines forme une masse haute, épaisse

1. LE MÉZENC VU DES ESTABLES.

Si les grands massifs volcaniques du Massif Central sont en Auvergne et en Velay, on trouve des témoins du volcanisme dans la bordure orientale du Massif, notamment en Vivarais. Le mont Mézenc, point culminant du Vivarais (1754 mètres), représente les ruines d'un ancien volcan. Le Gerbier de Jonc est également d'origine volcanique; la Loire prend sa source à son pied.

2. LES ESTABLES.

Les croupes des anciens volcans du Vivarais portent de bons alpages, propres à l'élevage des bêtes à cornes. Au pied des alpages, entre eux et la zone inférieure de la montagne, où l'on peut établir quelques cultures, s'alignent les villages. Tel le village des Estables, dont le nom est significatif.

et peu pénétrable. Elle est, toutefois, assez ravinée sur le versant oriental par les torrents qui dévalent rapidement vers le Rhône, entraînant la terre végétale et laissant la roche à nu.

Dans l'ensemble du pays, les hivers sont rudes, et le sol pauvre. L'élevage des bœufs et les châtaigniers sont les ressources communes à tout le Vivarais. Mais le climat, déjà méditerranéen, permet, surtout dans le Sud (*Bas Vivarais*), la culture du mûrier et l'élevage des vers à soie. C'est la principale ressource du pays : elle est menacée par la concurrence des soies étrangères. La soie, filée sur place, est expédiée aux tissages de Lyon ou des environs. Dans le Nord (*Haut Vivarais*), au voisinage de Lyon et de Saint-Étienne, se sont installées des usines de tissage (soierie, rubanerie), tributaires de ces deux centres. Principales villes : *Aubenas*, *Annonay* (papeteries), *Largentière* et *Privas*.

2° Les ***Cévennes***, que prolonge, au delà des Causses, la *Montagne Noire*, sont physiquement semblables au Vivarais. On y cultive le mûrier, on y élève les vers à soie, on y file leurs produits. Toutefois on y trouve en plus grand nombre l'olivier et les autres cultures propres aux régions méditerranéennes. Ces cultures se font en terrasses sur les pentes, où la terre végétale est rare et a besoin d'être retenue.

Vers l'intérieur, les hauteurs de l'*Aigoual* et du *Lozère*, de climat rude, ont comme seule ressource la pâture des moutons qui y montent, en été, du Bas-Languedoc. Leur voracité fait disparaître les jeunes pousses et aggrave le déboisement de la contrée, dont les conséquences sont désastreuses, notamment pour les cours d'eau : *Ardèche*, *Gard*, *Hérault*, *Tarn*, qui sont de véritables torrents.

Population faible ; villes médiocres : on peut citer *Le Vigan*.

3° Le ***Bassin d'Alais***, au pied des Cévennes, est le dernier synclinal houiller que l'on trouve au Sud-Est du Massif. L'industrie est limitée à l'extraction de la houille et à quelques entreprises métallurgiques. Principaux centres : **Alais**, *La Grand'-Combe*, *Bessèges*.

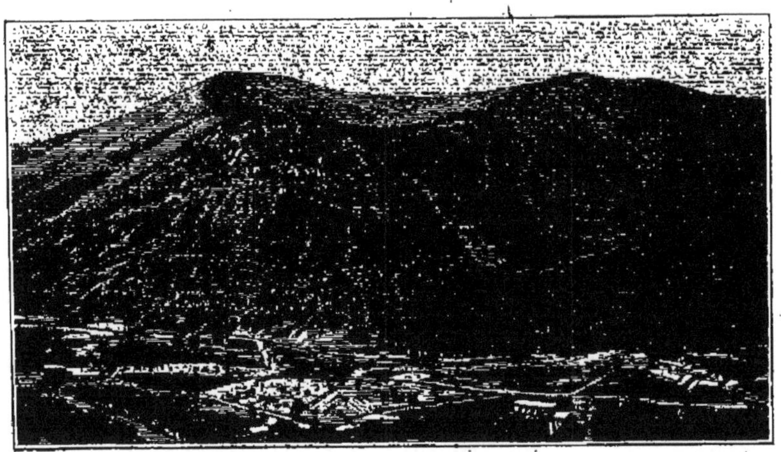

1. LA GRAVENNE DE MONTPEZAT.

Comme le Vivarais, les Cévennes comprennent une série de hauts plateaux cristallins surmontés par quelques hauteurs volcaniques beaucoup plus élevées. En voici une : la Gravenne de Montpezat, située non loin du Mézenc. Elle représente un ancien cratère de volcan assez bien conservé jusqu'à ce jour. Il faut aller jusque dans les puys d'Auvergne pour trouver en France un volcan aussi peu démantelé. (Photo Bouvrain.)

2. LE BRÉAU, PRÈS DU VIGAN.

Les chaînes des Cévennes, surtout les alignements les plus bas et les plus proches de la Méditerranée, portent la marque du climat sec qui caractérise toutes les régions méditerranéennes : des bois rares, des buissons et des garrigues, ou taillis de chênes rabougris ; quelques cultures en terrasses, où des murs retiennent la précieuse terre végétale, que les grosses pluies d'orage pourraient entraîner.

2. LE CENTRE DU MASSIF.

1. ***Massifs volcaniques et cristallins. Plaines fertiles et stériles.*** — La portion centrale du Massif se distingue très nettement de la portion orientale par les trois traits suivants :

1° **Le caractère volcanique de certains massifs.** — Ceux-ci se distinguent des massifs cristallins par la jeunesse de leur relief. Aussi leur altitude est plus élevée, par conséquent leur climat plus froid, leurs pluies plus abondantes. Mais, de plus, leur sol de laves est infiniment plus fertile que les sols cristallins.

2° **L'existence de vastes dépressions.** — Déterminées par des accidents antérieurs aux éruptions volcaniques, ces dépressions de climat plus chaud et d'accès plus facile sont, dans cet âpre massif, des lieux naturels de concentration pour les hommes. Mais leur sol présente des qualités très variables : il est fertile dans les plaines où les alluvions qui le recouvrent ont été apportées par les cours d'eau des montagnes volcaniques ; il est stérile, dans les plaines où ces alluvions viennent des montagnes cristallines.

3° **L'absence de bassins houillers.** — Ici, en effet, les anciens synclinaux de l'époque hercynienne ont été détruits par les effondrements de l'époque tertiaire ou masqués par les éruptions volcaniques.

2. ***Le Forez.*** — Dans le Forez, les événements de l'ère tertiaire ont produit des effondrements, sans aucune éruption. Aussi le Forez renferme-t-il une large plaine ; mais toutes les montagnes sont cristallines.

1° **La Plaine.** — La plaine forézienne s'allonge entre les Monts du Beaujolais et du Charolais, à l'Est, et les Monts du Forez, à l'Ouest. Elle comporte deux bassins principaux : le *bassin du Forez proprement dit*, au Sud, et le *bassin de Roanne*, au Nord. L'un et l'autre sont couverts d'alluvions, amenées par les eaux des monts du pourtour. Or ces monts sont en majorité cristallins, et leurs alluvions (graviers, sables et argiles) sont imperméables et infertiles. Aussi les ressources sont-elles maigres : quelques bois, quelques prés ; la vigne sur les pentes.

Mais la proximité de Lyon et de Saint-Etienne, la facilité des communications avec ces villes par la dépression de Saint-Etienne, ont permis à l'industrie du tissage de s'implanter dans ces plaines : on y fabrique des tissus de velours, et surtout des

I. LA LOIRE A SAINT-VICTOR.

Dans le Velay et dans le Forez, la Loire passe par une série d'étranglements entre des croupes cristallines qui la dominent, comme à Saint-Victor, et de larges bassins où elle s'étale, comme au Puy (v. ci-dessous, p. 241). Les étranglements sont une des causes qui rendent le fleuve impropre à la navigation : car l'eau y coule plus rapide. Les bassins sont une des causes qui rendent la région habitable : car des alluvions fertiles y permettent la culture des céréales.

THIERS.

Thiers est bâti sur la Durolle, affluent de la Dore. Grâce à la force motrice développée par ce torrent, des usines importantes se sont établies le long de sa vallée et font de Thiers un centre industriel assez actif. On y fabrique principalement des articles de coutellerie et du papier. (Photo Neurdein.)

rubans et des cotonnades pour Lyon. **Roanne** (35 000 hab.) est le centre florissant de cette industrie; c'est la capitale économique de cette région, dont *Montbrison* (dans la plaine du Forez) est la capitale administrative.

2° **La Montagne**. — Les *Monts du Forez*, qui se prolongent au Nord par les *Bois Noirs* et par les *Monts de la Madeleine*, et à l'Ouest par les *Monts du Livradois*, sont de hautes croupes granitiques (point culminant : la *Pierre Surhaute*, 1640 m.), âpres, de climat rude, couvertes de sombres forêts et de hautes pâtures que l'on appelle Hautes Chaumes. La population, composée de bucherons et d'éleveurs, est assez rare.

Seul, au milieu des monts, un bassin d'effondrement, le *bassin d'Ambert*, couvert d'alluvions, abrité et chaud, est un centre de culture et de petite industrie : *Ambert* en est la capitale. D'autre part, grâce à la force motrice et à la limpidité des torrents qui dévalent de la montagne (*Dore*, *Sichon*, etc.), certaines industries se sont installées à leur débouché vers la Limagne. Telle est la coutellerie, qui fait la fortune de la ville de *Thiers*.

Malgré son relief ardu, la Montagne forézienne est traversée par deux importantes lignes de communication : les voies ferrées qui unissent Lyon et Roanne à Clermont-Ferrand et à Limoges; elles passent par les *dépressions de Noirétable* et de *Saint-Martin d'Estreaux*.

3. *Le Velay*. — Le Velay, situé au Sud du Forez, s'en distingue par ce fait que les événements de l'ère tertiaire y ont produit, non seulement des effondrements, mais aussi des éruptions. A côté de massifs cristallins, qui sont les témoins du vieux massif, et de plaines, qui sont le résultat des effondrements, on y trouve des massifs volcaniques.

1° **Les massifs cristallins.** — On les trouve surtout au Nord et à l'Est. Ce sont, comme dans le Forez, des masses assez hautes, mais planes, monotones, ayant l'aspect d'un massif usé. La forme qui domine est celle de hauts plateaux : *plateau de Craponne*, *plateau de Montfaucon*, *plateau du Monastier*. Le sol y est pauvre et nu; les hivers, rudes. La seule ressource à tirer de la terre est l'élevage, assez peu rémunérateur. Aussi la population a-t-elle toujours cherché un supplément de profit dans les travaux exécutés pour les pays du voisinage. Aujourd'hui, le tissage des rubans, dans des usines qui sont les filiales de celles de Saint-Étienne et de Lyon, enrichit ces terres froides.

1. SAINT-JULIEN CHAPTEUIL.

Le Velay riche, c'est le Velay volcanique. Il est constitué par les restes d'anciens volcans et par des planèzes de basalte, au milieu desquels les eaux ont creusé de vastes bassins, abrités et chauds, bien arrosés. Tel est le paysage que l'on voit ici : un bassin de cultures ; des montagnes et des plateaux aux riches pâtures ; au pied des montagnes, à la limite des cultures, le village.

2. LE PUY EN VELAY.

Certains de ces bassins, entourés de volcans, possèdent eux-mêmes, au milieu de leurs alluvions des témoins encore debout d'autres volcans. Tels sont, dans le bassin du Puy, le rocher Corneille, que surmonte la statue de la Vierge (au Centre), et le roc Saint-Michel, ou Aiguille, portant une église romane (à gauche).

2° **Les massifs volcaniques.** — On les trouve surtout à l'Ouest et au Sud. Ce sont de hautes masses de basalte ou de trachyte, œuvre de volcans aujourd'hui disparus, dont les laves furent assez fluides pour se répandre en larges nappes. Celles-ci, une fois refroidies et solidifiées, sont devenues de hauts plateaux : *plateau du Velay, plateau de Cayre, plateaux du Mézenc et du Mégal*. Mais, si la forme rappelle celle des plateaux cristallins, si le climat est aussi rude, le sol est plus riche et porte de bons pâturages : on y pratique l'élevage des bœufs et des vaches laitières. Ces régions, plus éloignées de Saint-Étienne et de Lyon, ne participent pas à leur industrie. Les seules industries pratiquées sont, pour les hommes, l'émigration vers les grandes villes; pour les femmes, la fabrication de la dentelle.

3° **Le bassin du Puy.** — Les effondrements qui ont déterminé les éruptions du Velay, ont laissé, au milieu des masses éruptives, une plaine : les éruptions ne l'ont jamais recouverte qu'en partie, d'un mince manteau de laves, qui a été facilement déblayé par les eaux de la Loire. De là le bassin du Puy. Il se compose de deux plaines : le *bassin du Puy* proprement dit, et l'*Emblavès*; toutes deux sont encore parsemées de quelques rochers, derniers restes des masses volcaniques disparues (exemple : le *Rocher Corneille*, près du Puy). Basses et chaudes, couvertes d'alluvions volcaniques fertiles, ce sont d'excellentes terres à blé. Elles constituent la portion riche du Velay; là se trouve son véritable centre, avec les deux villes importantes du pays : **Le Puy** et *Yssingeaux*.

4. ***La Margeride.*** — Entre Velay et Auvergne s'allongent les croupes cristallines de la Margeride (point culminant : *Truc-de-Randon*, 1554 m.), qui, par leur forme, par leur climat et par leur végétation, rappellent les Monts du Forez. Quelques forêts, mais surtout des herbages assez maigres, plus favorables à la pâture des moutons qu'à l'élevage des bœufs. C'est une des régions les plus pauvres et les moins peuplées de la France.

5. ***La Haute Auvergne.*** — Dans la Haute Auvergne, à l'Ouest de la Margeride, reparaît l'influence bienfaisante du volcanisme. Les effondrements tertiaires y ont déterminé une série d'éruptions, qui se sont prolongées jusqu'au début de la période quaternaire : les dernières seraient peut-être contemporaines de l'homme.

1. LES ORGUES D'ESPALY. — 2. ESPALY.

Espaly est situé près de la ville du Puy, en plein Velay. Les fameuses « Orgues » que l'on trouve non loin sont des roches éruptives, (des basaltes, cristallisés sous forme de prismes parallèles. Cette disposition, qui rappelle celle des tuyaux d'orgues, se rencontre à Saint-Flour, à Bort, (Cantal), comme aussi en Irlande (Chaussée des Géants) et en Écosse (Grotte de Fingal). (Ph. Neurdein.)

Le village d'Espaly lui-même est dominé par un filon de roches volcaniques dures qui rappelle ceux du Puy; il est taillé à pic au-dessus de la rivière Borne, et son sommet porte une chapelle et les ruines d'un château fort.

Ces éruptions ont produit trois catégories de hautes terres :

1° De hauts volcans anciens et démantelés. — Ce sont le *massif du Cantal* et le *massif du Mont-Dore*. Anciens volcans aux cratères immenses, l'érosion les a démantelés depuis longtemps. Mais il en reste de puissants témoins, sous forme de *puys*, ou pics, aigus et élevés : dans le Cantal, le *Plomb du Cantal*, le *puy Mary*, le *puy Griou*, le *puy Chavaroche*, etc.; dans le Mont-Dore, le *puy de Sancy*, le géant du Massif Central (1886 m.). Ces massifs sont découpés par de nombreuses vallées : dans le Cantal, les vallées de la *Cère* et de la *Jordanne*, de l'*Alagnon* et de la *Maronne* ; dans le Mont-Dore, la vallée de la *Dordogne*, etc.). Elles sont couvertes de riches alluvions et, en certains points, forment de véritables bassins ; tel est, au pied du Cantal, le *bassin d'Aurillac*. D'autre part, même dans les régions les plus hautes, la circulation est facilitée par certaines dépressions, comme le *col du Lioran*, dans le Cantal.

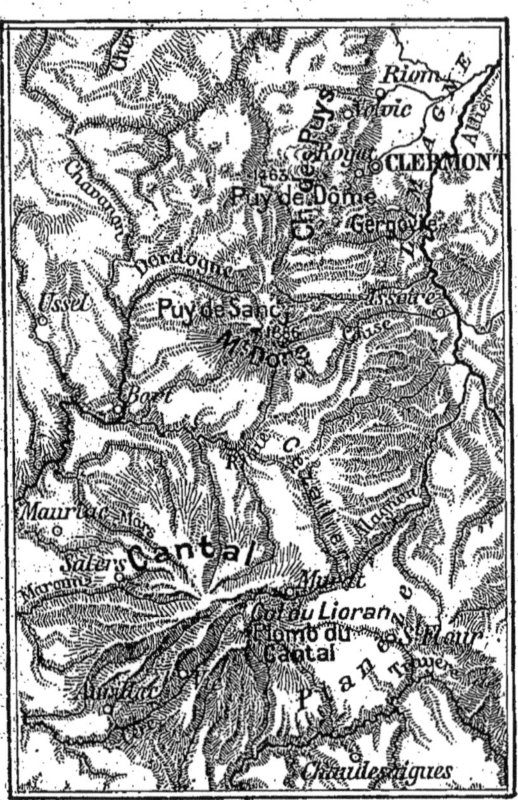

Ch Bonnesseur

LES MONTS D'AUVERGNE.

Limités par l'Allier vers l'Est, par le Cher et la Dordogne vers l'Ouest, les monts d'Auvergne comprennent des masses volcaniques reposant sur un socle de roches anciennes. Il y a trois de ces masses volcaniques principales, savoir du Sud au Nord : le Cantal, dominé par le Plomb du Cantal; le Mont Dore dominé par le Puy de Sancy (1886 m.), et la chaîne des Puys dominée par le Puy de Dôme. Les monts d'Auvergne renferment les points les plus élevés de toute la France centrale.

1. LA VALLÉE DE MANDAILLES, DANS LE CANTAL.

Le Cantal est un vaste massif, ancien volcan de 60 kilomètres de diamètre. Les bords du cratère ont été démantelés par l'érosion, et les parties saillantes qui en subsistent sont les puys actuels. Du cirque de Mandailles on aperçoit trois de ces puys : le plus haut (au milieu) est le Puy Griou (1694 mètres).

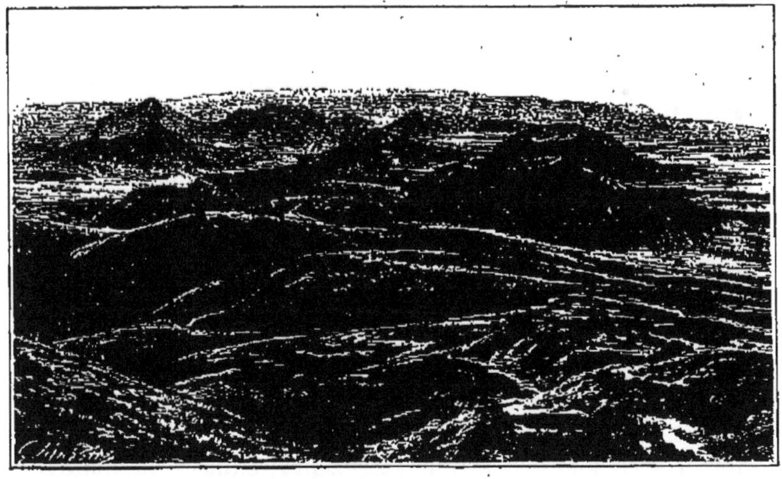

2. LA CHAINE DES PUYS.

Comme tous les monts volcaniques d'Auvergne, la chaîne des Puys repose sur un plateau de roches cristallines anciennes que continuent à l'Ouest les plateaux du Limousin. Sur ce plateau les éruptions volcaniques ont construit une soixantaine de cônes plus ou moins régulièrement dessinés, qui le dominent de quelques centaines de mètres. Certaines éruptions datent de l'époque quaternaire et sont contemporaines de l'homme; aussi les volcans sont-ils bien conservés.

(Photo David.)

Mais le climat y est rigoureux, à cause de l'altitude, et humide, à cause de l'exposition aux vents de l'Atlantique : d'abondantes neiges tombent en hiver.

2° **De hauts plateaux basaltiques.** — Ceux-ci sont l'œuvre de nappes de laves fluides, émises jadis par les volcans dont on vient de parler, et qui se sont solidifiées autour d'eux. Ils entourent donc le Cantal et le Mont-Dore de masses presque aussi hautes qu'eux, de sol fertile et de climat rigoureux comme eux, mais où la forme dominante est celle de *planèze*, ou de plateau. Ces plateaux sont : sur les flancs du Cantal, l'*Aubrac*, qu'entoure la vallée de la *Truyère*, et la *Planèze de Saint-Flour* ; entre le Cantal et le Mont-Dore, le *Cézallier* et l'*Artense*.

3° **Des volcans récents.** — C'est, au Nord du Mont-Dore, la *Chaîne des Puys* ou *des Monts Dômes* (point culminant, le *Puy de Dôme*, 1465 m.). Plus jeune, de relief plus âpre, ces monts, bien que plus bas, ont encore peu subi l'action de l'érosion : on y trouve encore des cratères intacts, des coulées de lave, ou *cheyres*, non décomposées par l'érosion et sur lesquelles la végétation n'a encore pu pousser. Si le caractère récent des éruptions diminue la fertilité de ces montagnes, celles-ci leur doivent une autre ressource : celle des eaux thermales.

L'altitude, la rigueur du climat et son humidité rendent la Haute Auvergne surtout propre à l'élevage des bêtes à cornes. On y élève une excellente race : la *race de Salers*). La Haute Auvergne exporte des bœufs de boucherie et fabrique avec le lait de ses vaches les fromages dits du Cantal. Certaines régions, plus basses et mieux abritées des vents océaniques, comme le Cézallier et la Planèze de Saint-Flour, produisaient naguère des céréales, du seigle notamment ; aujourd'hui, l'élevage tend à remplacer la culture. Il enrichit toute la montagne, dont les habitants trouvent, d'ailleurs, depuis des siècles, un supplément de ressources dans l'émigration saisonnière vers les grandes villes et surtout vers Paris.

La population est assez dense ; elle est groupée dans chaque vallée, en une série de bourgs. Les seules villes de quelque importance sont des marchés agricoles, situés à la limite de la montagne : *Aurillac*, *Mauriac*, *Murat*, *Saint-Flour*. Quelques stations thermales prospères : *La Bourboule* et le *Mont-Dore*, dans le massif de ce nom ; *Royat*, dans les Monts Dôme.

6. ***La Basse Auvergne.*** — Au Nord-Est de la Haute

1. LE LAC DE GUÉRY.

Le lac de Guéry est situé près du Mont-Dore. C'est un type de lac de cratère tel qu'on en trouve un certain nombre en Auvergne : les eaux occupent le fond de l'ancien entonnoir volcanique, dont l'orifice inférieur est comblé. En Auvergne, d'autres lacs doivent leur origine à une coulée de lave qui a barré une vallée et formé digue, retenant les eaux qui descendent la pente.

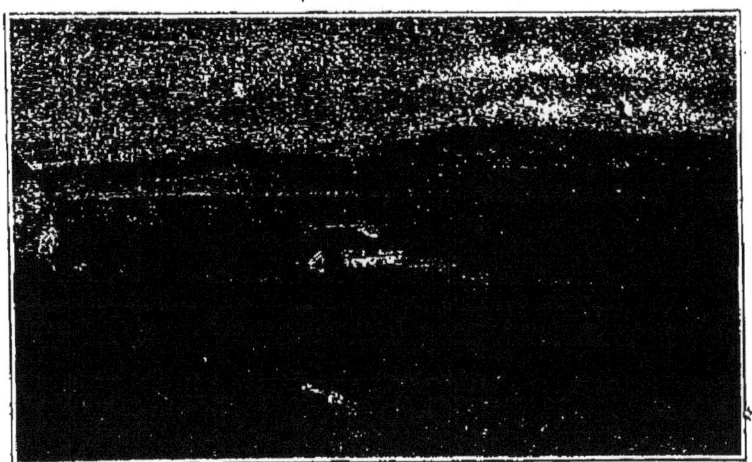

2. LA PLANÈZE DE SAINT-FLOUR.

Les volcans du Massif Central ont couvert les régions voisines d'épaisses coulées de laves, qui, une fois refroidies, ont constitué de hauts plateaux de basaltes : tels sont, au Nord du Cantal, le Cézallier et l'Artense ; tel est, au Sud, l'Aubrac ; telle est, à l'Est, la Planèze de Saint-Flour. La vie est rude sur ces plateaux, que les vents balaient sans cesse et où l'hiver dure six mois. Mais les roches volcaniques donnent un sol propice aux céréales et aux pâturages.

Auvergne, entre celle-ci et les Monts du Forez, les dépressions produites par les effondrements tertiaires n'ont pas été comblées par les éruptions volcaniques. Elles forment une série de plaines, ou *limagnes*, basses, abritées et chaudes, drainées par l'*Allier* et par ses affluents (*Sioule*). Mais il y faut distinguer entre l'Est et l'Ouest.

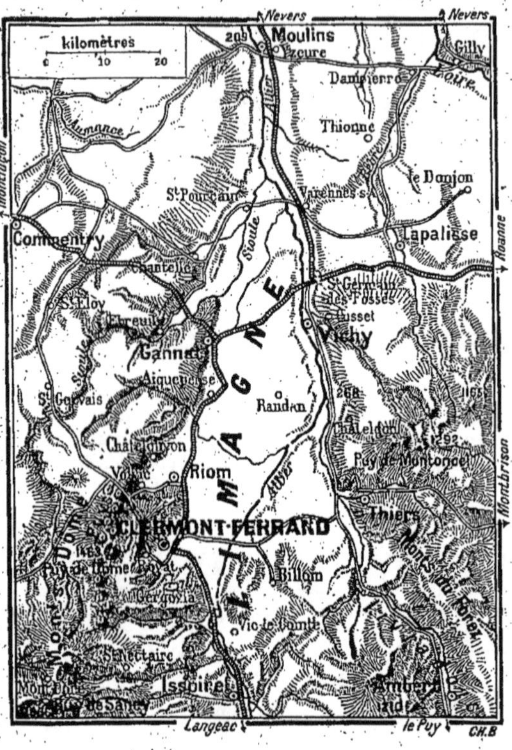

1° **A l'Est, c'est la Mauvaise Limagne.** — Son sol est recouvert par des alluvions descendues des Monts du Forez, aux roches cristallines : ce sont des graviers et des sables, imperméables et sans fertilité. Elle comporte des marécages, des bois et de maigres cultures. On peut seulement citer, à la limite de la montagne, des stations thermales, dont la principale est *Vichy*.

CARTE DE LA GRANDE LIMAGNE.

C'est la principale plaine du Massif Central; l'Allier l'arrose; les monts d'Auvergne et les monts du Forez l'encadrent; les alluvions volcaniques descendues de la chaîne des Puys la fécondent. Sa capitale est Clermont-Ferrand qui est bâtie sur une butte, à mi-chemin entre l'Allier et les Puys.

2° **A l'Ouest, ce sont les Bonnes Limagnes.** — Les bassins de plus en plus bas que traverse successivement l'Allier : la *Limagne de Brioude*, la *Limagne d'Issoire* et surtout la *Grande Limagne*, ont un sol constitué par les alluvions apportées des monts volcaniques d'Auvergne par les eaux ou les vents ; ce sont des terres grasses et fertiles. On y cultive les produits riches : blé, betterave, fruits. La population agricole y est très prospère ; les villes sont de bons marchés agricoles : *Brioude*, *Issoire*,

Riom, *Gannat*, et surtout **Clermont-Ferrand** (65000 hab.), la capitale de l'Auvergne, qui est devenue un centre industriel important : on y utilise les fruits de la plaine et le lait de la montagne pour fabriquer des pâtes de fruits et du chocolat ; d'autre part, l'initiative de ses habitants a su y installer et y développer l'industrie du caoutchouc, pour laquelle Clermont-Ferrand est devenue, de beaucoup, le premier centre de France.

7. ***Le Bourbonnais.*** — Au confluent de la Loire et de l'Allier, au point de convergence de la Limagne et du Forez, la plaine du Bourbonnais, couverte de sables granitiques, est marécageuse et infertile au point de mériter le nom de *Sologne bourbonnaise*. Toutefois, elle tire une certaine importance de sa situation, à la tête des lignes de pénétration vers l'intérieur du massif, par les deux plaines dont elle est l'issue. Peu peuplée, elle n'a qu'une grande ville : **Moulins**.

3. L'OUEST DU MASSIF.

1. ***Les deux zones de la pénéplaine.*** — Par les traits de sa structure et de son climat, l'Ouest du Massif Central a beaucoup plus d'homogénéité que le Centre et l'Est. Il se caractérise en effet :

1° **Par la monotonie du sol et du relief.** — Partout le sol est cristallin et pauvre. Depuis l'époque hercynienne, cette portion du Massif Central n'a pas subi de grand bouleversement. Les plis hercyniens n'ont laissé d'autre trace que quelques bassins houillers. Usée par l'érosion, la région ne forme plus qu'un massif bas, aux reliefs monotones, aux vallées peu accusées et encombrées par les alluvions, donnant, comme le relief lui-même, l'impression de la sénilité. C'est une *pénéplaine* aussi parfaite que l'Ardenne.

Toutefois, le relief est plus haut au Centre (600-800 m.) que sur le pourtour (400-500 m.). De là la divergence des cours d'eau en éventail, autour de ce Centre, soit vers la Loire (*Cher*, *Indre*, *Creuse*, *Vienne*), soit vers la mer (*Charente*), soit vers la Garonne (*Isle*, *Vézère*, *Corrèze*). D'autre part, par suite de mouvements assez récents d'exhaussement en bloc, les eaux courantes, dont le niveau de base avait été abaissé par ces mouvements, ont recommencé de creuser leurs vallées. Ce travail est accompli dans la portion inférieure des vallées, sur le pourtour de la pénéplaine : là elles sont profondes. Au contraire, il n'est pas commencé dans leur portion supérieure, au centre de la pénéplaine : là elles sont sans profondeur, encombrées par les alluvions.

2° **Par l'uniformité du climat.** — La proximité de l'Atlantique, l'absence d'obstacle entre cet océan et les plus hauts sommets de cette région, déterminent partout le climat océanique, assez égal, mais très humide, surtout en hiver.

Toutefois, l'inégalité d'altitude fait que les hivers sont beaucoup plus rudes dans la portion centrale.

Aussi, malgré l'uniformité de la région occidentale du massif, il y faut distinguer deux zones différentes :

1° le **centre** : c'est ce que les habitants appellent la *Montagne Limousine.*

2° le **pourtour**, c'est-à-dire la *Marche* et la *Combrailles*, le *Limousin Occidental* et le *Bas Limousin.*

2. ***La Montagne Limousine.*** — La Montagne Limousine, qui s'appuie aux Monts d'Auvergne, se distingue de ces derniers par son altitude, qui est plus faible, par son relief qui est moins accidenté et surtout par son sol qui est uniquement cristallin et très pauvre. La partie la plus élevée est le *plateau de Millevaches* (point culminant, 978 m.) flanqué au Nord par le *plateau de Gentioux*, au Sud par les *hauteurs de Monédière.*

Le sol imperméable, l'humidité du climat et la faible pente encombrent le fond des vallées de marécages. Les hauteurs, balayées par le vent, n'ayant qu'un sol stérile, sont pauvres en bois. Leurs maigres pâturages servent à l'élevage des moutons et aussi des bœufs, mais ceux-ci sont vendus très jeunes dans les pâturages du bas pays, où on les engraisse.

La Montagne est peu peuplée, malgré le supplément de ressources que la population demande à l'émigration saisonnière vers les grandes villes (émigration des ouvriers du bâtiment).

Point de ville importante; quelques marchés, au voisinage des bas pays du pourtour. Le plus important est, *Ussel.*

3. ***La Marche et la Combrailles.*** — La Marche et la Combrailles flanquent la Montagne au Nord et forment des gradins plus bas entre celle-ci et les plaines du Berry. Le sol est aussi pauvre que celui de la Montagne; mais, outre que l'altitude plus basse adoucit le climat, diverses circonstances rendent ces pays plus habitables et plus peuplés.

1. LE CONFLUENT DU CHER ET DE LA TARDES. — 2. LA VÉZÈRE AU SAILLANT.

Dans toutes les parties granitiques du Massif, les caractères sont les mêmes. Les anciennes montagnes, usées par une érosion prolongée, ont pris l'aspect d'une pénéplaine, où les principaux accidents du terrain sont formés par les vallées que les rivières se sont taillées en contre-bas : la vue qui représente le confluent du Cher et de la Tardes, montre bien l'aspect de cette pénéplaine. De même, dans le Limousin méridional, la vallée de la Vézère, dont les bords à pic montrent les blocs de granite, surmontés de maigres bois de pins.

Au fond de ces vallées, il n'y a guère place pour les villages ou pour les fermes. (Photo Boulanger.)

1° **L'utilisation possible des vallées.** — Les vallées ont une pente plus forte, des eaux moins stagnantes. On peut les drainer et y installer des prairies pour l'élevage du gros bétail. Telles sont les vallées du *Cher* et de la *Tardes*, de la *Petite Creuse* et de la *Grande Creuse*, de la *Gartempe* et du *Thaurion*.

2° **La facilité relative des communications.** — Plus basses, plus proches des plaines, plus accessibles, ces régions sont traversées par des routes et par des voies ferrées. Grâce à ces dernières, le pays peut recevoir la chaux qui fertilise son sol stérile et exporter des produits que ce sol ne donnait pas auparavant. C'est ainsi que les landes des hauteurs, pâturées naguère uniquement par des moutons (qui sont, d'ailleurs, encore la principale ressource) ont été transformées partiellement en champs de céréales ou de pommes de terre. Les principaux marchés agricoles sont : *Guéret*, *Bourganeuf* et *Boussac*.

3° **Une certaine vie industrielle.** — Au Centre même de la Marche, on peut citer la vieille industrie des tapis, tissés à *Aubusson*, avec la laine des moutons marchois. Mais surtout, au Nord, à la limite du Massif Central et du Bassin Parisien, grâce à l'existence du *bassin houiller de Commentry* et du minerai de fer que l'on trouvait jadis dans le Berry, l'industrie métallurgique est née. Alimentée maintenant par les minerais venus de loin, elle est la principale ressource de la ville de **Montluçon**, sur le Cher, à la limite du Massif Central et du Berry.

4. ***Le Limousin Occidental et le Bas Limousin.*** — A l'Ouest et au Sud de la Montagne, le Limousin Occidental et le Bas Limousin ont la même structure que la Marche : croupes cristallines découpées par les vallées larges et profondes, celles de la *Vienne*, de la *Tardoire*, de la *Dronne* et de l'*Isle*, de la *Vézère*, de la *Corrèze* et de la *Dordogne*.

Mais, si le sol granitique et siliceux désavantage ces *Terres Froides*, par opposition aux *Terres Chaudes* du Poitou, des Charentes ou du Périgord, qui les avoisinent, elles ont sur la Marche l'avantage d'un climat plus humide et plus doux. Aussi les ressources agricoles sont-elles supérieures à celles de la Marche. Les deux principales sont : 1° le *châtaignier*, qui fournit le grand aliment de la population rurale en hiver; 2° et surtout l'élevage intensif des *bœufs limousins*, dans des prairies bien irriguées. Les principaux marchés à bestiaux sont : *Bellac*, *Confolens*, *Rochechouart*, *Saint-Yrieix* et *Tulle*.

1. LIMOGES.

Limoges est la vieille capitale du Limousin. Elle doit son antique importance au pont qui conduisait de la Marche vers le Sud et qui a déterminé la grande route, suivie par les pèlerins et par les commerçants de jadis, entre la France du Nord et les pays de langue d'oc ou l'Espagne. Aujourd'hui, c'est un centre d'industries importantes : tanneries, fabriques de porcelaines.

2. BRIVE-LA-GAILLARDE.

Au pied de la pénéplaine cristalline, haute, froide et stérile, le bassin déprimé de Brive étale son sol fertile, sous un climat plus chaud, vivifié déjà par les effluves du Midi. C'est une terre de céréales, de fruits, de volailles. Brive est le marché de ces riches produits. C'est en outre un nœud important de voies ferrées entre Limousin, Auvergne, Guyenne et Languedoc.

Dans ce pays, qui doit surtout sa richesse à l'élevage, deux régions se distinguent par une richesse plus grande et de caractère différent :

1° Au Sud du Bas-Limousin, le **bassin de Brive,** du nom de sa capitale, dépression sédimentaire que traverse la Corrèze. Son sol est riche, son climat est très doux. On y cultive les céréales, et surtout les légumes et les fruits.

2° En Limousin Occidental, la grande ville de **Limoges** (92 000 hab.), qui doit son importance : 1° au commerce des bestiaux du Limousin et aux industries qui en dérivent : *boucherie, tannerie*; 2° à la fabrication des *émaux* et des *porcelaines*, qui se font avec le kaolin que l'on trouve dans le sol. Autour de Limoges, s'étend une véritable région industrielle, dont la principale ville est *Saint-Junien*; 3° à sa situation près du passage du Poitou, à l'extrémité occidentale du Massif Central, au nœud des communications Nord-Sud (*chemin de fer de Paris à Toulouse* et *de Paris à Périgueux et Agen*) et Est-Ouest (*chemin de fer de Lyon à Angoulême*) de la région.

4. LE SUD DU MASSIF CENTRAL

1. ***Causses et Ségalas.*** — Le Sud du Massif Central n'a presque nulle part l'apparence de montagne. Les régions cristallines, jadis plissées, ont été depuis longtemps usées par l'érosion et transformées en *pénéplaines*. Elles sont flanquées à l'Est et à l'Ouest, de masses de calcaires jurassiques qui n'ont jamais été plissés et qui ont toujours eu une surface horizontale; ce sont des *plateaux*.

Dans ces régions également planes, les seules différences viennent des inégalités d'altitude, qui déterminent des inégalités de climat, et de la variété des sols qui détermine la variété des produits. Aussi distingue-t-on :

1° Les **Ségalas,** c'est-à-dire les pénéplaines cristallines, dont la silice permet surtout la culture du seigle (de là leur nom).

2° Les **Causses,** c'est-à-dire les plateaux calcaires, où la chaux permet la culture du blé. Deux zones de Causses flanquent, à l'Est et à l'Ouest, la zone des Ségalas.

2. ***Les Causses de l'Est.*** — Les Causses sont des plateaux de calcaire jurassique très perméable, élevés de 800 à 1000 mètres. Leur climat est rude, leur sol sec; les eaux, s'infiltrant

1. LE CAUSSE DU BRAMABIAU (Photo Neurdein fr.). — 2. MONTPELLIER LE-VIEUX. — 3. LES GORGES DU TARN : LES DÉTROITS.

Plateaux de calcaires aux strates horizontales, à la surface monotone, parfois sculptée par l'érosion en roches pittoresques, partout découpée par des vallées profondes et étroites : tels sont les Causses, dont les trois aspects sont résumés par les trois vues ci-contre.

(Photo Neurdein et Labouche.)

par les fissures du sol, disparaissent dans des *avens*, trous situés à sa surface, et ne reparaissent qu'au fond des vallées, sous forme de sources généralement abondantes. Les principales de ces **vallées** sont celles du *Lot*, du *Tarn* et de l'*Aveyron*. Avec leurs affluents, elles découpent et isolent les uns des autres les **Causses**, dont les plus hauts et les plus étroits se

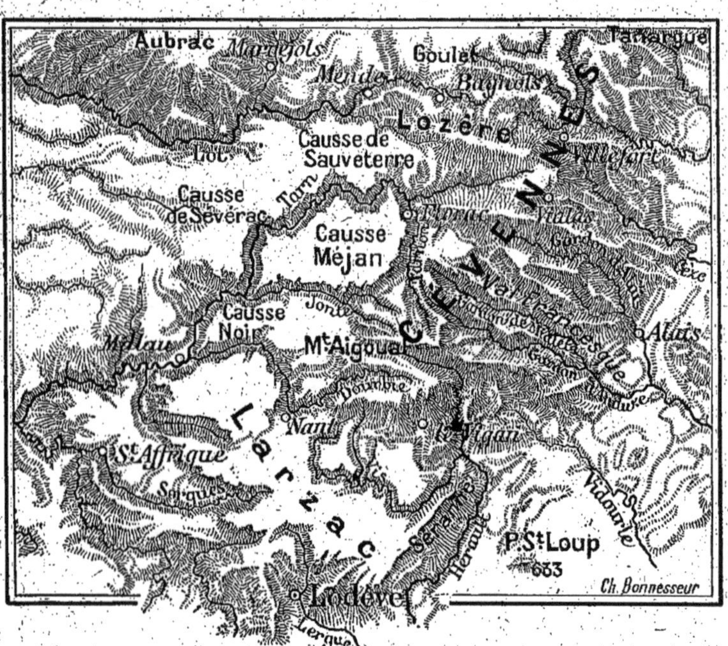

CARTE DES CAUSSES.

Les Causses sont adossés aux Cévennes et au Mont Lozère; ils sont arrosés par le Lot, le Tarn et leurs affluents (Tarnon, Jonte, Dourbie, Sorgues); le Gard et l'Hérault en descendent. Ces rivières décomposent la région en compartiments presque complètement séparés les uns des autres par d'étroites et profondes vallées.

trouvent au Nord (*Causse du Gévaudan* ou *de Mende*, *Causse de Séverac*, *Causse de Sauveterre*, *Causse Méjan*, *Causse Noir*), tandis que les plus bas et les plus vastes sont situés au Sud (*Causses du Lévezou*, *de Millau*, *du Larzac*).

La surface des Causses, couverte d'herbes maigres mais aromatiques, sert à l'élevage des moutons ; elle est presque déserte. Dans les vallées, plus chaudes et couvertes d'alluvions fertiles, s'est concentrée la population, qui vit de cultures et des indus-

1. UNE CAVE DE ROQUEFORT.

En Auvergne et en Limousin c'est l'élevage des bœufs et des vaches laitières qui enrichit le pays. Sur les Causses, secs et âpres, ce sont les moutons et les brebis : le fromage de Roquefort, qui se fabrique dans de fraîches caves taillées dans le calcaire, est fait presque exclusivement avec le lait des brebis.

2. MILLAU.

Peu de villes dans les Causses. Elles se sont installées dans les rares régions où les vallées s'élargissent : telle Millau à la jonction de la Dourbie et du Tarn. Millau possède des industries, dont la matière première est fournie par les moutons et par les chèvres des Causses : les lainages, la ganterie. (Photo Gaillard.)

tries dérivées de l'élevage du mouton : les lainages, les fromages de Roquefort faits avec le lait des brebis. C'est dans les vallées que se trouvent les villes : *Millau, Mende, Florac, Saint-Affrique.*

3. ***Les Ségalas et la Montagne Noire.*** — La région centrale est surtout composée de terrains cristallins, hauts et horizontaux. On y trouve, du Nord au Sud :

1° **Le Rouergue.** — S'il comprend quelques petits causses calcaires, le Rouergue est, pour la plus grande partie, une pénéplaine granitique, ancien témoin du massif hercynien, analogue aux plateaux de l'Ouest, mais beaucoup plus sèche. Les seuls produits sont la châtaigne et le seigle. Mais, là encore, les vallées, alluviales, abritées, ouvertes à l'influence du Midi, riches en arbres fruitiers, sont beaucoup plus peuplées que la pénéplaine ; c'est là que se trouvent les villes : *Rodez* et *Villefranche-de-Rouergue*. Au Nord, le *bassin houiller d'Aubin et de Decazeville* est un centre métallurgique.

2° **La zone de la Montagne Noire.** — Au Sud, la région cristalline est plus élevée, plus accidentée, découpée par des torrents qui descendent rapidement vers la Méditerranée : le *Vidourle*, l'*Hérault*, l'*Orb*, etc. Tel est l'aspect des montagnes de la *Séranne* et de l'*Escandorgue*, des *Monts de Lacaune*, de la *Montagne Noire* (le massif le plus important) et du pittoresque massif granitique du *Sidobre*.

Beaucoup plus sèches que les Ségalas, à cause de l'influence méditerranéenne, couvertes de landes, de maigres arbustes qui annoncent le mâquis méditerranéen, ces montagnes servent surtout de pâturages d'été aux moutons du Languedoc. La vente et le tissage de la laine sont la principale ressource des villes qu'on y trouve : *Lodève, Saint-Pons, Mazamet, Castres*. La population vit en étroits rapports avec le Bas Languedoc, où elle va faire la vendange en automne (voir ci-dessous).

4. ***Causses du Quercy et du Périgord. Le Bassin Aquitain.*** — Par leur sol et par leur relief, les Causses du Quercy et du Périgord appartiennent au Sud du Massif Central. Mais, par leur altitude plus basse, par leur climat plus chaud, par leurs produits et par leur commerce, ils se rattachent plus étroitement encore au Bassin Aquitain.

Ils entreront donc dans l'étude de ce dernier.

Lectures.

1. ***Dans la portion orientale du Massif Central, les dépressions sont des régions de circulation d'industrie et de villes.*** — Dans la portion orientale du Massif Central, les anciens synclinaux hercyniens, dirigés du Sud-Ouest au Nord-Est, sont les régions les plus prospères et les plus peuplées :

1° Parce qu'ils forment des **dépressions,** sortes de couloirs qui mettent en communication la vallée Saône-Rhône avec la vallée de la Loire : *dépression de la Dheune,* affluent de la Saône, et *de la Bourbince,* affluent de la Loire ; *dépression du Furens,* affluent de la Loire, et *du Gier,* affluent du Rhône. Il a été facile d'y établir des voies ferrées et des canaux : le canal du Centre dans la première ; la grande ligne de Paris à Lyon par Saint-Étienne, dans la seconde.

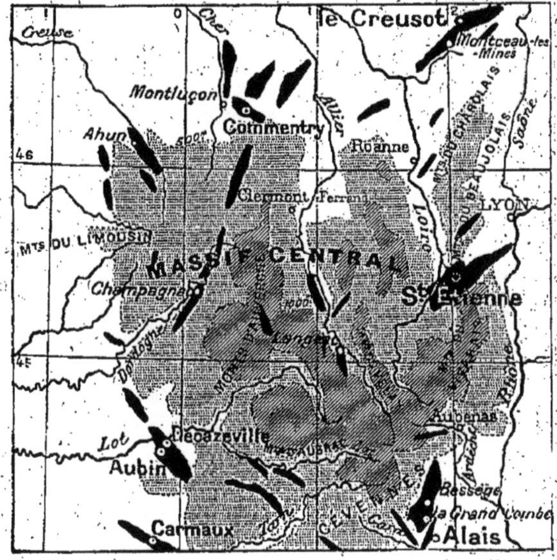

LA HOUILLE DANS LE MASSIF CENTRAL.

Noter la disposition des gisements : ils forment des lignes parallèles orientées les unes du Sud-Ouest au Nord-Est, les autres du Nord-Ouest au Sud-Est. Les trois plus importants sont situés sur le rebord oriental du Massif : celui du Creusot au Nord-Est, celui de Saint-Étienne à l'Est, celui d'Alais au Sud-Est.

2° Parce qu'ils contiennent des **bassins houillers,** formés à l'époque hercynienne, qui sont les plus importants du Massif Central, et même de la France après celui du Nord : le *bassin du Creusot* dans la dépression Dheune-Bourbince ; celui *de Saint-Étienne* dans la dépression Furens Gier ; celui *d'Alais.*

De là la double activité, commerciale et industrielle, la double richesse de la région. De là l'agglomération des populations dans ces anciens synclinaux, devenus de grandes rues industrielles : **Le Creusot,** *Montceau-les-Mines, Conches-les-Mines,* dans la première ; **Saint-Étienne,** *Rive-de-Gier, Firminy, Saint-Chamond,* dans la seconde ; **Alais,** *La Grand'Combe, Bessèges,* dans la troisième.

A ces deux causes naturelles de prospérité il faut ajouter, surtout pour le bassin de Saint-Étienne, une cause d'ordre historique et économique : la **proximité de Lyon,** grand centre du tissage de la soie

Cette industrie s'est étendue de Lyon dans toute la région stéphanoise; dans les montagnes même du Beaujolais et du Lyonnais, des usines, utilisant la force motrice des torrents, et de nombreux artisans, travaillant à domicile, tissent pour le compte des grands « fabricants » de Lyon ou de Saint-Étienne (v. ci-dessous, § 2).

Mais ces trois causes de prospérité n'ont vraiment donné leur plein effet qu'au XIXe siècle. Auparavant, les dépressions, encore marécageuses et mal drainées, au lieu de former des voies naturelles entre Loire et Rhône, étaient évitées par les grandes routes, qui passaient

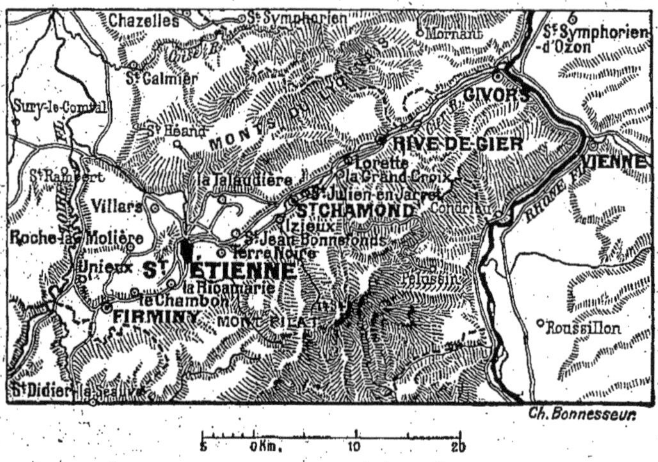

GROUPE INDUSTRIEL DE SAINT-ÉTIENNE.

Du Rhône à la Loire, entre les monts du Lyonnais et le massif du mont Pilat, s'ouvre une longue dépression où coulent en sens contraires le Gier, vers le Rhône, et le Furens, vers la Loire : celle dépression porte le nom de Jarez ou Jarret. C'est une importante voie de passage : de là la première importance de Saint-Étienne: aujourd'hui, la grande voie ferrée de Paris à Lyon par le Bourbonnais l'emprunte. En outre, comme un bassin houiller l'occupe, un groupe industriel important s'y est créé autour de Saint-Étienne. Des agglomérations se succèdent sans interruption le long de cette dépression qui, entre ses deux murs de montagnes, apparaît comme une grande rue industrielle.

par les hauteurs du Morvan ou du Beaujolais. La houille était peu employée comme combustible. La grande industrie ne date que de la fin du XVIIIe siècle. C'est donc au XIXe siècle que s'est produit l'essor merveilleux de ces grandes villes du travail : Saint-Étienne était, en 1800, une petite ville de 17000 hab.; en 1911, elle en avait plus de 150000. Le Creusot, en 1830, avait 2700 hab.; en 1911, près de 40000.

2. ***Lyon et Saint-Étienne jouent un rôle important dans la vie de la zone orientale du Massif Central.*** — Si le Massif Central comporte quelques régions riches, il ne possède presque que des ressources agricoles. Or, à notre époque, la grande industrie est un des éléments essentiels de la prospérité d'un pays :

c'est elle qui crée le commerce intensif, les agglomérations d'usines, les grandes villes. La population des riches campagnes elle-même, à plus forte raison celle des pauvres montagnes, est attirée vers ces centres d'activité et de prospérité. Aussi toute la portion orientale du Massif dépend plus ou moins directement de cette double agglomération industrielle qui s'étend autour de Lyon et de Saint-Étienne.

D'abord, elle leur fournit des ouvriers. Tandis qu'Auvergnats et Limousins émigrent surtout vers Paris, c'est vers les fabriques de Lyon, vers les usines et les mines du bassin de Saint-Étienne que se rendent les montagnards du Vivarais, du Velay, du Forez, du Charolais. Certains même, surtout parmi les mineurs, ne s'y rendent que pour l'hiver; en été, ils reviennent chez eux pour les travaux des champs. Jusqu'à Annonay, au Puy, à Thiers et au Creusot, on connaît de nombreux « Lyonnais », émigrant pour une longue période ou pour une saison.

Mais il y a mieux. L'industrie soyère ou rubanière est devenue si puissante que les nombreuses et grandes usines lyonnaises et stéphanoises ne lui suffisent plus. Dans les montagnes les plus voisines, les « fabricants » lyonnais et stéphanois font travailler de nombreux tisserands, qui ont leur métier dans leur maison (métier, le plus souvent, actionné par la force électrique distribuée à domicile) et qui, par un intermédiaire, reçoivent du fabricant la matière première, soie ou coton, et lui livrent le produit fabriqué, soierie, velours, ruban ou passementerie. En outre, au cours des vingt dernières années, de nombreuses usines se sont installées en pleine montagne, pour utiliser la force des torrents; autour d'elles, d'anciens villages sont devenus de vraies villes ouvrières, d'autres sont nées et se sont formées de toutes pièces. Telle est l'histoire de Tarare, de Panissière, de Thizy, d'Annonay et de cinquante autres villes du Beaujolais et du Lyonnais, du Vivarais Septentrional et du Velay Oriental.

Un fait prouve bien l'importance de l'industrie lyonnaise pour la région voisine du Massif Central. Le Velay Oriental, de sol cristallin, est stérile; le Velay Occidental, de sol volcanique, est fertile. Tant que, dans l'un et dans l'autre, l'agriculture fut la seule ressource, la population du second l'emporta sur celle du premier. Mais, depuis que les fabricants lyonnais et stéphanois ont installé des usines dans les montagnes les plus voisines, le Velay Oriental, plus proche du Rhône, en a vu naître plusieurs. Aujourd'hui, il est plus peuplé que le Velay Occidental.

3. ***Dans la partie centrale du Massif, la richesse agricole est en proportion directe de l'abondance des terrains d'origine volcanique.*** — Les terrains d'origine volcanique, basaltes, trachytes, domites, etc., possèdent en abondance ce qui manque presque absolument aux terrains cristallins : la *potasse*, la *chaux*, le *phosphore*, tous éléments riches en principes fertilisants et favorables à l'agriculture. Il n'est pas jusqu'à leur couleur, généralement brune, qui, leur permettant de s'échauffer plus facilement, ne leur donne l'avantage dans un pays accidenté, où, avec les hautes altitudes, règnent des froids rigoureux, des étés courts. Enfin, ils sont perméables.

Aussi, dans toute la région centrale du Massif, on constate partout une grande différence entre les cantons volcaniques et les cantons cristallins. Dans le Velay, les montagnes et les plateaux basaltiques et trachytiques qui entourent le bassin du Puy contiennent d'excellents pâturages; les basses pentes et le bassin lui-même, formé par les alluvions descendues de ces montagnes et riches comme elles en principes fertiles, possèdent de bonnes terres à cultures : le blé et l'orge y réussissent; on y trouve même des vignes à plus de 600 mètres d'altitude. Au contraire, à l'Est, les plateaux granitiques du Velay Oriental ne présentent, sur une arène maigre, que des landes dénudées, des terres à seigle ou à sarrasin.

Même opposition plus à l'Est, entre les Monts d'Auvergne, d'une part, les Monts du Forez et du Livradois, de l'autre. Les premiers, d'origine volcanique, possèdent les excellents pâturages du Mont-Dore, du Cantal, de l'Aubrac; l'élevage des bêtes à corne pour la boucherie ou pour les industries laitières progresse tous les jours. Le pays se partage entre « montagnes à lait » et « montagnes à graisse ». La population atteint son maximum de densité vers 800 ou 900 mètres, c'est-à-dire dans la zone même de ces riches pâturages. Au contraire, les montagnards du Livradois et du Forez sont peu nombreux; la majorité, jadis, se composait de bûcherons et de sabotiers; le déboisement inconsidéré leur a enlevé le meilleur de cette unique ressource. La lande du Forez s'oppose aux verts pâturages du Cantal.

Il n'est pas jusqu'à la plaine, la Limagne, qui ne témoigne des qualités différentes des deux sols. A l'Ouest, elle est couverte par les alluvions volcaniques descendues des Monts d'Auvergne et par les poussières, également volcaniques, que les vents d'Ouest dominants y répandent : c'est là que l'on trouve la Limagne classique, la Limagne de Clermont, d'Issoire et de Brioude, riche sans engrais, portant des céréales, des cultures industrielles, de la vigne et des arbres fruitiers. A l'Est, la Limagne est couverte par les alluvions granitiques, descendues des Monts du Forez et du Livradois : c'est la Limagne de Thiers et d'Ambert, beaucoup moins féconde et rappelant en certains points avec ses étangs, ses terres maigres et incultes, le Bourbonnais et la Sologne.

4. ***Les Auvergnats émigrent beaucoup.*** — Le montagnard d'Auvergne vit aisément aujourd'hui de l'élevage, de l'exportation de son bétail et de ses fromages. Mais il n'en a pas toujours été ainsi. La Haute Auvergne n'a été pourvue de bonnes routes qu'au XIXe siècle. Auparavant, la difficulté de la circulation rendait tout commerce presque impossible, surtout en hiver. D'autre part, le commerce du bétail était beaucoup moins actif, à une époque où n'existaient point encore les grandes villes modernes, ces grands consommateurs de viande fraîche. Et pourtant, il fallait d'abord vivre, ensuite payer l'impôt royal.

De cette double nécessité est née, il y a très longtemps, chez les Auvergnats, l'habitude d'émigrer, au moins pendant la mauvaise saison, qui rendait tout travail de la terre impossible, pour aller chercher ailleurs l'argent que leur sol ne pouvait leur fournir. Ils partaient en

1. PATURAGE DU PUY DE SANCY A L'ENTRÉE DE LA GORGE D'ENFER.

L'élevage est la richesse de la Haute-Auvergne. Les hautes vallées du Cantal et du Mont-Dore possèdent de superbes pâturages d'été, où les bêtes restent en plein air pendant toute la belle saison. La race dite de Salers est une des plus belles races de bêtes à cornes que nous possédions. (Photo Lévy.)

2. UN BURON DANS LE CANTAL.

Les montagnards d'Auvergne distinguent, dans les hauts pâturages de leurs pays, entre les « montagnes à graisses », où l'on élève surtout les bœufs pour la boucherie, et les « montagnes à lait », où l'on élève surtout les vaches laitières. Sur ces dernières, au milieu du pâturage d'été, on trouve toujours une maison basse : c'est le « buron », où l'on fabrique le fromage du pays, la « fourme ».

octobre pour revenir en mars. — Où allaient-ils? Là où il y avait de l'argent à gagner : à Paris, dans toutes les villes, mais surtout en Espagne; elle était alors, grâce à ses colonies d'Amérique, le pays le plus riche en métaux précieux et en monnaie. — Que faisaient-ils? Tous les métiers, et surtout les plus durs, auxquels répugnaient les citadins plus fortunés : chaudronniers, étameurs, frotteurs, porteurs d'eau, portefaix, ramoneurs, etc. Mais ce qui les tentait surtout, c'était le négoce : ils vendaient les objets les moins précieux, avec le bénéfice le plus minime, mais ils allaient partout et vendaient tout. Le colporteur auvergnat apparaissait dans toutes les campagnes.

Aujourd'hui, malgré la vie plus aisée dans la montagne, l'habitude a subsisté. L'Espagne, qui n'est plus la grande source de l'or, ne connaît plus guère les auvergnats; mais les foires et les routes de nos provinces les connaissent toujours, encore que les colporteurs se servent du chemin de fer pour réapprovisionner leurs voitures en pacotille. A Paris, ils sont plus nombreux que jamais; aux métiers de jadis, qui ont le plus souvent disparu, ils en ont ingénieusement substitué d'autres : ils sont marchands de vin, marchands de lait, marchand de charbon, souvent les trois ensemble; ils étaient cochers, ils sont devenus chauffeurs d'automobiles. Sans doute, chaque été ne les voit pas tous revenir fidèlement à leur montagne, comme jadis; mais bien rares sont ceux qui n'emploient pas leurs économies à y arrondir les parcelles de leurs champs et qui n'y viennent pas finir leurs jours. Comme les « Espagnols » de l'ancien temps, les « Parisiens » d'aujourd'hui restent fidèles à leurs montagnes.

5. ***Les Limousins de même.*** — Un vieux proverbe français, en honneur dans le Centre de la France, disait : « Les Auvergnats et Limousins font leurs affaires, puis celles des voisins ». On a vu que le proverbe ne ment pas pour les Auvergnats; pour les Limousins, il est aussi véridique.

Les émigrants du Limousin sont, pour le plus grand nombre, maçons ou, d'une façon plus générale, ouvriers du bâtiment. Et cela ne date pas d'hier : la cathédrale d'Upsal, en Suède, au XIIe siècle, fut bâtie par une compagnie de maçons marchois. De même, sous Louis XIII, la fameuse digue imaginée par Richelieu, lors du siège de la Rochelle, fut bâtie par des maçons limousins. Ceux-ci, au contraire des Auvergnats, partaient en été (la belle époque pour les travaux du bâtiment) et revenaient en hiver se reposer dans leurs montagnes. Ils voyageaient en « bandes », sous la direction d'un chef, qui signait les contrats avec les entrepreneurs, traitait avec les logeurs (car ils vivaient en commun), touchait et répartissait les salaires, etc.

Aujourd'hui, il n'y a plus de « bande » ni de vie commune. On ne s'en va pas à pied, mais par chemin de fer. Comme les travaux du bâtiment ne chôment guère en hiver, on ne revient pas chaque année au pays. Mais le retour définitif a toujours lieu quand va sonner la cinquantaine, et la plus grande partie des gains est, comme en Auvergne, consacrée à l'achat de terres.

Sont maçons le plus grand nombre des émigrants limousins, mais non la totalité. D'autres sont paveurs, terrassiers, charpentiers, couvreurs. Il y avait jadis, dans la Montagne limousine, beaucoup

1. LE COL DU LIORAN SOUS LA NEIGE.

Le massif du Cantal est découpé par une série de vallées qui en divergent dans tous les sens, comme les rayons d'une roue. Deux de ces vallées, la Cère, affluent de la Dordogne, et l'Alagnon, affluent de l'Allier, ont leurs portions supérieures unies par une dépression située au pied septentrional du Plomb du Cantal : le col du Lioran. Celui-ci donne passage, sous un tunnel, à la voie ferrée qui unit Murat, sur l'Alagnon, à Aurillac, sur la Jordane, affluent de la Cère.

2. VUE DE CLERMONT-FERRAND.

La capitale de l'Auvergne est située aux confins de la Haute et de la Basse Auvergne, sur les derniers gradins du plateau qui supporte la chaîne des Puys, en vue de la riche Limagne.

d'émigrants scieurs de long; mais l'installation des scieries mécaniques a fait du tort à ce métier. Aujourd'hui, les centres qui fournissaient des scieurs de long envoient surtout à Paris des cochers et des chauffeurs, à l'exemple de l'Auvergne. Encore à l'exemple de cette dernière, les Limousins les plus voisins du pays auvergnat, depuis Ussel jusqu'à Tulle, ont appris le négoce : ils sont colporteurs, marchands en boutique, voire placiers en vins de Bordeaux.

6. ***Dans les Causses, la population se concentre dans les vallées.*** — Les plateaux du Sud du Massif Central, qu'ils soient constitués par des calcaires jurassiques (*Causses*) ou par des granites (*Ségalas* du Rouergue), sont secs et arides. Il sont bons tout au plus au pâturage des moutons, bétail peu difficile. Ceux-ci constituent pourtant, à l'heure actuelle, une double richesse pour le pays :

1° **La transhumance.** — En été, des milliers de moutons montent du Bas-Languedoc, alors complètement desséché, pâturer sur les hauts plateaux qui, jusqu'à la fin de la saison chaude, à cause de l'altitude, conservent des prairies vertes. Leur passage séculaire sur le même itinéraire, de la plaine à la montagne, a peu à peu formé ces *drailles*, ou longs rubans de pistes dénudées, qui longent les flancs des monts et où l'herbe ne pousse plus (v. p. 233). L'estivage dure de mai à octobre.

2° **La fabrication du fromage de Roquefort.** — Le lait des brebis transhumantes ou indigènes sert à fabriquer le fromage de Roquefort. Le lait est « ramassé » dans tout le pays et concentré dans des « laiteries » où se fabrique le fromage. On estime à 7 millions de kilogrammes le fromage ainsi fabriqué, chaque année, dans 325 laiteries, utilisant 320 000 hectolitres de lait par an.

Les Causses ne servent donc qu'à la pâture des moutons. La population y est rare; elle est surtout concentrée dans les longues vallées (Tarn, Aveyron, Lot, etc.), largement et profondément découpées dans les plateaux : la température y est moins rude et les sources plus abondantes, alimentées par l'eau infiltrée à travers l'épaisseur des plateaux; là seulement les cultures de céréales et les vignes sont possibles, sur les flancs abrupts des vallées, où elles s'étagent en terrasses, dont les murs retiennent la terre végétale, trop rare. Cette population vit donc des cultures et de l'élevage des brebis. Il faut y ajouter certaines industries, comme la ganterie de Millau, qui utilise les peaux de chevreaux et d'agneaux des Causses, comme la draperie (Castres, Mazamet, née de l'existence, au voisinage, de nombreux moutons, à une époque où l'industrie drapière ne s'alimentait pas surtout des laines de l'Australie et de l'Argentine. Elle est en décadence.

XI. — LES PYRÉNÉES

Les Pyrénées forment, entre la France et l'Espagne, une masse haute, épaisse, continue et complexe.

De leur hauteur et de leur continuité résulte une opposition entre le climat, la végétation et les ressources des versants Nord et Sud.

De leur épaisseur et de leur complexité résulte non seulement la difficulté des échanges à travers le massif, mais, à l'intérieur de ce massif, l'existence de groupes de populations isolés, indépendants, qui ont su préserver de l'influence française ou espagnole la pureté de leur race (Basques, Catalans, etc.), leur genre de vie (pastorat) et même leur organisation politique.

Malgré ces traits communs à toutes les Pyrénées, on peut y distinguer trois régions : les Pyrénées Occidentales, les Pyrénées Centrales et les Pyrénées Orientales.

1. ***Traits généraux de la structure et du relief pyrénéens.*** — La structure et le relief des Pyrénées expliquent la vie très particulière des populations qui les peuplent.

A. — **Trois causes essentielles** ont déterminé ce relief.

1° *Une série de plissements.* — Ces plissements se sont succédés depuis la fin des temps primaires jusqu'au milieu des temps tertiaires. Très nombreux et très compliqués, ils ont été surtout énergiques vers le Nord. Très violents, ils se sont accompagnés de manifestations volcaniques au moins souterraines. Très anciens, ils ont déjà subi l'action intense de l'érosion.

2° *Une série d'effondrements.* — Non seulement ils ont fait disparaître une portion importante du plissement qui, sur l'emplacement actuel du golfe du Lion, unissait les Pyrénées aux Alpes de Provence, mais ils ont formé, entre les plis pyrénéens eux-mêmes, des bassins d'effondrement.

3° *L'existence de grands glaciers*, qui, à l'époque glaciaire, ont couvert le massif et l'ont sculpté.

B. — Les **traits généraux de structure et de relief** déterminés par ces faits donnent à la montagne pyrénéenne un aspect spécial.

1º **Des bandes de terrains variés,** parallèles entre elles, orientées Est-Ouest, se succèdent du Nord au Sud, les terrains les plus jeunes au Nord et au Sud, les plus anciens au Centre. Ces bandes sont plus serrées et moins régulières au Nord, sur le versant français, où le plissement fut plus intense; elles sont plus amples et plus régulières sur le versant espagnol. Elles comportent des terrains très différents : des *granites*, surtout au Centre ; des *calcaires*, dont certains transformés en *marbres*, surtout en bordure. Dans les calcaires, on trouve du *minerai de fer*. Un peu partout, par suite des anciennes manifestations volcaniques, abondance des *eaux thermales*.

2º **La jeunesse relative du relief**. — Elle est la cause de la continuité et de la hauteur des lignes montagneuses, de leur déchiquètement en crètes, en pics aigus, en *Sierras* (dents de scie), que l'érosion n'a pas eu le temps d'aplanir. Elle est ainsi la cause de l'étroitesse des vallées, de la rareté et de la hauteur des cols.

Ces lignes de relief sont multiples. Elles sont, en général, orientées du Nord-Ouest au Sud-Est, dans la portion occidentale et centrale du massif; du Nord-Est au Sud-Ouest, dans la portion orientale. On verra ci-dessous (§ 2) l'influence de cette double orientation sur le climat des différentes régions pyrénéennes.

3º **La forme spéciale de ce relief, due à l'ancienne action des glaciers.** — Au sommet des croupes granitiques, on trouve parfois de grands espaces plans, ou *plats*, contrastant avec les sierras. Entre les hautes cimes, on trouve de vastes cirques, ou *oules*, déprimés, abrités, sans communications avec l'extérieur. Dans les portions supérieures des vallées, on trouve des *dépressions* vastes et profondes, barrées à leur partie inférieure par d'anciennes moraines, qui les isolent également du bas pays. Tout cela est l'œuvre des glaciers, qui ont usé les sommets, approfondi et élargi les vallées, accumulé les débris de roches partout où ils se sont étendus.

4º **La différence de structure entre les deux versants.** — Le versant français, formé de bandes jurassiques et crétacées plus étroites et plus énergiquement plissées, domine presque en abrupt le Bassin Aquitain : vues de France, les Pyrénées présentent l'aspect d'une muraille. Le versant espagnol descend vers le Bassin d'Aragon par des plateaux étagés.

La structure et le relief des Pyrénées ont déterminé chez les

1. LES PYRÉNÉES VUES DE PAU.

Les Pyrénées sont beaucoup moins élevées que les Alpes; elles ont moins de neiges et de glaciers; mais leur forme est celle d'un mur en dents de scie. Résultat : on les franchit malaisément. La facilité de traversée d'une montagne dépend non seulement de l'altitude des sommets, mais de la hauteur des cols et de la commodité d'accès des vallées. (Photo Lévy.)

2. CAUTERETS.

Dans ces montagnes jeunes, âpres et aiguës, les vallées sont rapides, étroites et raides. Mais les glaciers y ont creusé des bassins profonds et abrités, larges et plats, où se sont installés les villages. Là où les eaux thermales jaillissent, ces villages sont devenus des stations réputées : telle Cauterets.

populations l'habitude de vivre isolées des plaines du pourtour et isolées entre elles, chaque cirque, chaque vallée, chaque dépression formant un canton indépendant.

2. ***Climat. Cours d'eau. Végétation.*** — Le ***climat*** des Pyrénées n'est pas partout identique. Non seulement il varie *avec l'altitude*, comme dans toutes les montagnes, mais il varie *avec l'orientation* (le versant français diffère du versant espagnol) et *avec la situation* (la région orientale diffère des régions centrale et occidentale).

1° **A l'Ouest et au Centre**, les chaînes, orientées du Nord-Ouest au Sud-Est, permettent à l'influence océanique de pénétrer dans toutes les vallées du versant français. Aussi les pluies sont-elles très abondantes sur ce versant. Au contraire, le versant espagnol s'ouvre sur les régions sèches de l'Aragon et des Castilles : sur ce versant le climat est sec.

2° **A l'Est**, c'est de la Méditerranée que dépendent les pluies. Elle sont déterminées par les vents lorsque ceux-ci soufflent de la mer et de la région des Baléares. Or, comme les plis sont orientés du Sud-Ouest au Nord-Est dans cette zone des Pyrénées, seul le versant espagnol reçoit les vents humides : il est bien arrosé. Au contraire, le versant français est sec.

Cette double opposition des climats influe sur l'abondance des cours d'eau et sur le caractère de la végétation.

Les ***cours d'eaux*** sont : 1° abondants et réguliers sur le versant français des Pyrénées Occidentales et Centrales. Ce sont des torrents limpides et puissants, alimentés même en été par des lacs et par la fonte des neiges et des glaciers : *Bidassoa*, *Nivelle* et *Nive; gaves de Pau*, *d'Oloron*, *Adour; Neste*, *Pique*, *Garonne*, *Ariège*. Même abondance et même régularité sur le versant espagnol des Pyrénées Orientales (*Ter*, *Sègre*). 2° Ils sont pauvres et très irréguliers sur le versant français des Pyrénées Orientales (*Tech*, *Têt*, *Agly*) et sur le versant espagnol des Pyrénées Centrales et Occidentales (*Gallego*, *Aragon*, etc.).

La ***végétation*** comporte des arbres aux altitudes moyennes, des alpages aux hautes altitudes. Mais, pour s'en tenir à la région française, tandis que, dans les Pyrénées Occidentales et Centrales, la zone des arbres est représentée par de riches **forêts** (*chênes* et *châtaigniers*; plus haut : *hêtres*; plus haut : *sapins* et *mélèzes*), quand toutefois l'homme les a épargnées, dans

Ch. Bonnesseur, del. Erhard Fres Sc.

LE BASSIN AQUITAIN. — LES PYRÉNÉES.

les Pyrénées Orientales, elle n'est représentée que par des **mâquis** ou des **garrigues** d'arbres propres aux pays secs : *pin sylvestre* et *pin pignon*, *chêne vert* et *chêne-liège*. Les **alpages**, à l'Ouest et au Centre, sont verts et propres à l'élevage des bovins ; à l'Est, ils sont secs et propres seulement à la pâture des moutons.

3. ***Division régionale des Pyrénées.*** — Malgré les traits communs à l'ensemble, il y a, entre les différentes parties des Pyrénées, des différences assez notables dans la facilité des communications, dans la nature du climat, des eaux et de la végétation, pour que l'on étudie à part :

1° Les *Pyrénées Occidentales* ;
2° Les *Pyrénées Centrales* ;
3° Les *Pyrénées Orientales*.

4. ***Les Pyrénées Occidentales.*** — Terminaison des Pyrénées vers l'Atlantique, la région des Pyrénées Occidentales comporte, comme le reste du massif, de hautes montagnes, surtout granitiques à l'intérieur (*Massif du Labourd*, *pic d'Orhy*, *pic d'Anie*, *pic du Midi d'Ossau*), surtout calcaires à l'extérieur (*Rhune*, etc.). Cette région montagneuse se termine sur la mer par une côte escarpée et très découpée. Elle se distingue des Pyrénées Centrales par le nombre de ses vallées, par leur largeur, par la douceur de leurs versants et de leurs pentes, œuvre de torrents bien alimentés par les pluies du climat océanique. Les principales vallées sont celles de la *Bidassoa*, de la *Nivelle*, et de certains affluents ou sous-affluents de l'Adour : *Nive*, *Bidouze*, *Saison*, *gaves d'Oloron*, *d'Aspe*, *d'Ossau* et *de Pau*. Ces vallées communiquent facilement avec celles du versant espagnol par des cols relativement accessibles : *cols d'Idiazabal*, *de Roncevaux*, *Somport*. Enfin, bien arrosées, elles sont couvertes d'une riche végétation et très fertiles.

Plus morcelées, moins pauvres, moins impénétrables que le centre pyrénéen, les Pyrénées Occidentales ont vu se développer dans leurs vallées une vie plus intense, qui se caractérise :

1° **Par la communauté du peuplement.** — Sur les deux versants se sont répandues deux races : 1° à l'Ouest, les **Basques**, d'origine ibérique, groupés en petites républiques ; ils ont gardé leurs mœurs, leurs superstitions et même leur langue très antique (la langue *euskuara*) ; 2° à l'Est, les **Béarnais**, qui s'apparentent aux Gascons de la plaine aquitaine. Le Pays Basque et le Béarn s'étendent également sur les hautes montagnes de l'intérieur, sur les collines et sur les vallées des deux versants. Malgré l'esprit de liberté qui anime la population de chaque vallée, la facilité des relations et la communauté des intérêts ont souvent groupé en un seul organisme politique toute la contrée : c'est ainsi que, jadis, le royaume de *Navarre* comprenait le Béarn et une partie du Pays Basque.

2° **Par la facilité de la vie agricole et pastorale.** — Sans doute, la côte basque comporte des ports de pêche ; mais, aujourd'hui, ceux-ci, abandonnés en partie par leurs habitants qui émigrent dans l'Amérique du Sud, sont devenus uniquement des stations balnéaires : *Hendaye*, *Saint-Jean de Luz* et surtout *Biarritz*, à la limite de la côte pyrénéenne et de la côte landaise. Au contraire, l'agriculture et l'élevage sont en pleine prospérité dans l'intérieur : dans les basses vallées et dans les plaines qui les terminent (*plaines du Labourd* et *du Béarn*), on cultive le maïs, on élève le gros bétail et des volailles, même on cultive la vigne ; dans les hautes vallées, on élève des bœufs, des mulets et des moutons, qui transhument en hiver dans la Chalosse et jusque dans le Bordelais (v. p. 294 et 298).

3° **Par l'activité du commerce et la prospérité des villes.** — Grâce à la facilité de circulation, grâce surtout à l'opposition des ressources entre les hautes et les basses régions, le Pays Basque et le Béarn font un grand commerce de bétail et de produits agricoles. Les routes sont accessibles : un chemin de fer traverse la montagne près de la mer ; un autre la longe au pied du versant français, unissant les basses vallées entre elles. De là une série de marchés, les uns dans les vallées intérieures, les autres, plus importants, au contact de la montagne et de la plaine aquitaine. Les marchés intérieurs sont : en Béarn, *Oloron* ; en Pays Basque, *Mauléon* et *Saint-Jean-Pied-de-Port*. Les marchés situés au voisinage de la plaine aquitaine sont : en Béarn, *Orthez* et surtout **Pau**, l'antique capitale du royaume de Navarre ; à la limite du Pays Basque, **Bayonne**, port prospère situé à l'embouchure de l'Adour ; il exporte le bois des Landes et importe d'Angleterre la houille nécessaire aux forges du *Boucau*.

5. ***Les Pyrénées Centrales.*** — Les Pyrénées Centrales, qui s'étendent depuis la vallée du gave de Pau jusqu'à la Cerdagne, forment la portion la plus haute, la plus épaisse, la plus

1. FALAISES PRÈS DE SAINT-JEAN-DE-LUZ.

Le long des Landes, la côte est plate, bordée de dunes; mais dès qu'on approche des Pyrénées, au sud de l'Adour, elle s'accidente; de hautes falaises la forment. Celles de Saint-Jean-de-Luz sont constituées par des schistes inclinés: par la taille de l'homme photographié au sommet, on peut juger de leur hauteur.

2. LES PYRÉNÉES VUES DE CAMBO.

Les Pyrénées Occidentales, et surtout leur portion la plus basse et la plus voisine de l'Atlantique, ont un climat océanique et non méditerranéen, c'est-à-dire chaud, mais non sec. Du golfe de Gascogne montent des nuages qui se déversent sur le pays basque. Aussi, point de vignes comme dans le Roussillon, mais des chênes superbes, des champs, des prairies. L'élevage des chevaux, des mulets et du petit bétail est une des ressources principales du pays basque. (Photo Hutier.)

compliquée et la moins pénétrable du massif. Pourtant, l'âpreté du relief s'atténue dans une zone d'avant-monts et de larges dépressions qui flanque les Pyrénées sur le versant français ; la nature plus douce y détermine une vie plus facile. Il faut donc distinguer entre la haute montagne et les avant-monts, qu'unissent, d'ailleurs, des rapports économiques.

1° La ***haute montagne*** comprend une série de **massifs cristallins** : *Balaïtous, Néouvielle, Vignemale, Maladetta, Montcalm.* Ces massifs ont été usés par l'érosion glaciaire ; ils forment de très hauts plateaux, ou *plats.* Ils sont flanqués par des **sierras** aiguës de calcaires. L'âge de ces calcaires est primaire au Centre et au Nord (*pic Gabizos, pic du Midi de Bigorre, pic Posets, Grandes Pyrénées Ariégeoises*) ; il est secondaire, surtout au Sud (*Mont Perdu*). L'altitude de ces massifs dépasse presque partout 3000 m. : le point culminant est au *pic d'Aneto,* dans le massif de Maladetta (3404 m.).

Les **cols** (*Somport, port de Venasque, port de Salau*) sont élevés et inaccessibles en hiver. Les **vallées**, creusées par les glaciers en larges entonnoirs, comme le *val d'Aran*, le *val d'Andorre,* ont quelquefois leur origine dans de véritables **cirques,** comme le *cirque de Gavarnie*, le *cirque de Troumouse*, le *cirque de Luchon*. Mais, avant leur sortie de la haute montagne, toutes s'étranglent : les communications avec l'avant-pays sont difficiles.

De climat rude, la haute montagne n'est guère favorable qu'à l'élevage des bœufs, des mulets et des moutons : ces derniers transhument en été des vallées du bas pays. Elle est peu peuplée, Chaque cirque ou chaque vallée forme une communauté pastorale presque autonome ; l'une d'entre elles est même indépendante : c'est la *république d'Andorre.*

A l'époque moderne, l'exploitation des eaux thermales est devenue une ressource importante. Principales stations thermales : *Cauterets, Saint-Sauveur, Barèges, Luchon, Ax.*

2° Les ***avant-monts*** forment une série de lignes parallèles de **hauteurs calcaires**, d'âge secondaire, basses et fragmentées : les *Petites Pyrénées Ariégoises*, le *Plantaurel.* Elles sont séparées entre elles par des dépressions assez larges unies entre elles par les rivières qui descendent vers la plaine aquitaine : *Adour, Neste, Garonne, Salat, Ariège.*

Ces **vallées**, alluviales et chaudes, sont fertiles : on y pratique la culture des céréales (notamment du *maïs*), l'élevage des bœufs,

1. GAVARNIE. LA BRÈCHE DE ROLAND. — 2. LE CHAOS, SUR LA ROUTE DE GAVARNIE.

Le cirque de Gavarnie est une de ces dépressions intérieures, qui furent jadis creusées au cœur des Pyrénées par les anciens glaciers. C'est une des plus vastes parmi ces dépressions, auxquelles on donne le nom de cirques. Il est dominé par le Marboré. On n'y accède que par une route tracée péniblement au milieu d'un « chaos » de blocs brisés, transportés et amoncelés jadis par les glaciers, au travers de cols très hauts et très étroits, comme la Brèche de Roland. La circulation dans la portion centrale des Pyrénées présente partout les mêmes difficultés.

des moutons et surtout des mulets et des chevaux (*race tarbaise*). D'autre part, l'existence dans le sol du minerai de fer a fait naître des forges, dont les bois pyrénéens fournissaient jadis le combustible (c'était les forges dites *à la catalane*). Aujourd'hui elles se sont maintenues et même développées grâce à l'importation du minerai et de la houille.

Telles sont les diverses ressources des populations assez denses de ces dépressions et de ces vallées. Elles ont, de bonne heure, constitué de petites individualités politiques, longtemps jalouses de leur autonomie, actives et commerçantes : ce sont le *Bigorre*, sur le haut Adour ; le *Comminges*, sur la haute Garonne ; le *Couserans*, sur le haut Salat et le haut Ariège.

Intermédiaires entre la haute montagne et le Bassin Aquitain, faisant du commerce avec l'une et avec l'autre, les avant-monts possèdent une double ligne de marchés. La première, moins importante, est située à la sortie de la haute montagne : *Argelès*, *Arreau*, *Saint-Béat*, *Tarascon-sur-Ariège*. La seconde, plus importante, est située près de leur entrée dans la plaine : *Bagnères-de-Bigorre*, *Saint-Gaudens*, *Saint-Girons*, et surtout, aux deux extrémités, **Tarbes**, près du Béarn, **Foix** et **Pamiers**, près du Toulousain.

6. *Les Pyrénées Orientales.* — Les Pyrénées Orientales constituent une région de relief plus compliqué et plus disparate que les Pyrénées Centrales et Occidentales. C'est là l'effet de l'orientation de leurs plis et des effondrements qui les ont fragmentées. Aussi on doit y distinguer deux régions.

1° *Une double zone montagneuse.* — La **première zone** au Sud, proprement pyrénéenne, est constituée par une série de massifs, orientés du Sud-Ouest au Nord-Est, de nature cristalline ou calcaire : le *Carlitte*, le *Canigou*, les *Aspres*, les *Albères*, Ils sont coupés par des cols relativement accessibles : les *cols de Puymorens*, *de la Perche*, *du Perthus*. Ils se terminent par une côte rocheuse (*cap Cerbère*) et riche en baies (*baies de Port-Vendres*, *de Banyuls*, etc.). Entre les massifs, de hautes vallées descendent vers le versant français ou vers le versant espagnol, et communiquent assez facilement entre elles. Telles sont, sur le versant français, les hautes vallées de l'Aude, ou *Capcir* ; de la Têt, ou *Conflent* ; de la Tech, ou *Vallespir* : sur le versant espagnol, la haute vallée de la Sègre, ou *Cerdagne*.

La seconde zone, au Nord, unie à la première par les plateaux

1. LE CAPCIR.

Les hautes vallées des Pyrénées Orientales portent de beaux alpages presque plans. Ce sont de grandes tables de granite ou de calcaire, qui furent usées jadis par les glaciers. Les pâturages que l'on voit ici sont ceux de la Llagone, situés à 1700 mètres d'altitude. Les bêtes à cornes y transhument du bas de la vallée et y passent tout l'été.

2. AX-LES-THERMES.

Comme les autres régions des Pyrénées, les Pyrénées Ariégeoises et Orientales abondent en sources thermales. Ax-les-Thermes, dans la haute vallée de l'Ariège, a des eaux sulfureuses très recherchées. (On peut encore citer, dans les Pyrénées Orientales, Amélie-les-Bains. (Photo Labouche.)

calcaires et secs du *Fenouillet*, est constituée par le *massif des Corbières*, de même origine et nature que les Pyrénées.

Ces montagnes ont un climat méditerranéen, très sec. Les hautes pâtures sont le domaine des moutons; la végétation arbustive, naturellement maigre et endommagée par le passage annuel de ces animaux et par un déboisement inconsidéré, ne forme qu'une espèce de mâquis. De petites communautés pastorales se trouvent à l'intérieur de la montagne : *Montlouis*, *Bourg-Madame*, *Prats de Mollo*, anciennes forteresses; on y trouve aussi quelques stations thermales (*Amélie-les-Bains*).

Mais les seules villes de quelque importance se trouvent à la sortie des vallées vers le bas pays : *Prades*, à la sortie du Conflent; *Céret*, à la sortie du Vallespir. Quant à la côte, ses baies abritent quelques petits ports de pêche (*Banyuls*, *Collioures*) et un port de commerce assez important, **Port-Vendres**, qui fait le commerce des vins et le transit des voyageurs avec l'Algérie.

2° ***Une vaste plaine : le Roussillon.*** — Les Pyrénées Orientales encadrent un vaste bassin d'effondement, ancien golfe comblé par les alluvions des torrents qui en descendent : l'*Agly*, la *Têt*, le *Tech*. Le golfe est devenu une plaine de cailloux et de sable, bordée par une côte rectiligne et plate : c'est le Roussillon.

Le Roussillon a un climat méditerranéen, sec et chaud, avec des hivers humides et tempérés, troublés parfois par le vent froid de la montagne, ou *Tramontane*. On y cultive tous les produits méditerranéens, et notamment la vigne : certains crus sont renommés (vins de *Rivesaltes* et de *Banyuls*). On y élève des moutons; on y cultive aussi l'olivier et surtout les arbres fruitiers, les produits maraîchers et les primeurs, grâce à une irrigation bien entendue. De là une grande prospérité agricole et une population très dense, dont le grand marché et la capitale est **Perpignan**, au centre de la plaine.

Entre plaine et montagne les rapports ont toujours été intimes : ils s'affirment aujourd'hui, non seulement par un commerce actif, mais, en été, par la transhumance des moutons roussillonnais qui vont pâturer dans la montagne, et en automne, par l'émigration des montagnards, qui vont se louer en Roussillon pour la vendange.

Très unies entre elles, toutes ces régions des Pyrénées Orientales sont peuplées par une race unique, répandues sur le versant français comme sur le versant espagnol : la *race catalane*.

Lectures.

1. ***Les Pyrénées sont une véritable barrière entre France et Espagne.*** — Les Pyrénées, surtout les Pyrénées Centrales, sont le pays des hauts sommets, des cols rares et très élevés. La plupart des cols, qu'on nomme *ports*, *portets* ou *portillons*, ne sont que des échancrures étroites de la crête, s'ouvrant à une altitude voisine des neiges éternelles : aucune grande route carrossable ne les emprunte. D'autre part, les Pyrénées n'ont pas, comme les Alpes, de ces longues et larges vallées pénétrant jusqu'au cœur du massif et offrant aux populations, avec un climat plus doux, des facilités pour la circulation et le commerce. L'érosion des eaux courantes n'y a produit que des vallées abruptes, caillouteuses, torrentielles. A l'intérieur, les anciens glaciers ont creusé des cirques plus larges et plus profonds, mais sans débouché vers l'extérieur. Le val d'Aran et le cirque de Gavarnie sont deux types qui se reproduisent fréquemment dans les Pyrénées.

De cette structure spéciale résulte ce fait que les Pyrénées constituent un monde à part entre la France et l'Espagne. Cet isolement se manifeste :

1° **Par le climat et la végétation.** — L'un et l'autre sont très *océaniques* sur le versant français (humidité, grandes forêts là où le déboisement n'a pas agi, verts pâturages), sauf dans la région orientale (Roussillon et pays catalan), où les grandes vallées qui s'ouvrent vers la Méditerranée permettent à son climat et à son influence desséchante de s'exercer; — très *méditerranéens* sur le versant espagnol (sécheresse, pluies brusques et torrentielles, montagnes et plateaux dénudés, maquis, essences toutes méridionales et déjà presque africaines), sauf dans la portion orientale, où l'orientation des chaînons les expose aux vents du Sud-Est et des Baléares, les seuls qui, dans cette région, apportent la pluie.

2° **Par l'organisation politique et sociale.** — Longtemps chaque vallée fermée des Pyrénées Centrales forma une communauté de paysans, vivant de l'exploitation de leurs bois et de leurs troupeaux. Bois et pâturages étaient groupés pour chaque village en propriété collective. De là l'existence de nombreux petits États indépendants entre la France et l'Espagne : *Couserans, Comminges, Bigorre*, etc. L'un d'eux, la *République d'Andorre*, placée sous le contrôle administratif de la France et sous la tutelle religieuse de l'évêque espagnol d'Urgel, subsiste encore de nos jours. Ces communautés vivaient sans rapports avec la plaine, sans relations entre elles, sauf pour quelques cas très limités. Encore aujourd'hui, les mœurs des habitants sont restées fort particularistes.

3° **Par la rareté des voies de communication.** — Nullité des voies navigables, petit nombre des routes carrossables, rareté des chemins de fer : les seuls ont été, jusqu'à une époque toute récente les deux voies *Bordeaux-Madrid*, par *Bayonne*, et *Narbonne-Barcelone*, par *Perpignan*, qui longent les deux extrémités côtières.

Aujourd'hui, une autre voie est achevée dans les Pyrénées Orientales, qui, par le *tunnel de Puymorens* et la Cerdagne, unit directement Toulouse à Barcelone. D'autres projets de transpyrénéens sont à l'étude : leur exécution seule atténuera le caractère de barrière des Pyrénées Centrales.

2. *Les Pyrénées sont la patrie des races pures et des sociétés indépendantes.* — D'accès difficile, comportant une série de bassins et de vallées intérieures séparées entre elles et séparées de l'extérieur, les Pyrénées abritèrent des populations très an-

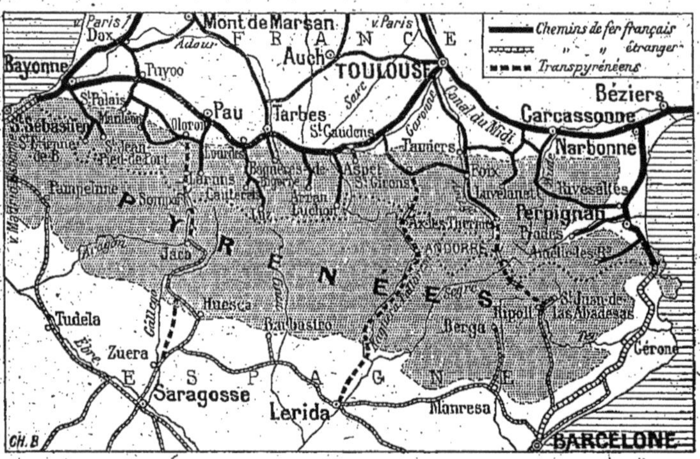

LES PROJETS DE VOIES FERRÉES TRANSPYRÉNÉENNES.

Il y en a trois principaux : 1° de Toulouse à Barcelone, par Foix, Ax-les-Thermes et Ripoll, achevé ; — 2° de Toulouse à Lérida, par Saint-Girons et la vallée du Salat, en voie d'exécution ; — 3° de Pau à Saragosse, par le Somport.

ciennes de l'Europe Occidentale qui reculaient devant les invasions submergeant les plaines environnantes : celles-ci venaient battre le pied des montagnes comme une muraille inaccessible. Ibères, Basques et Vascons, Catalans sont demeurés les maîtres de la montagne, gardant leurs langues, leurs mœurs, craignant l'étranger. L'invasion qui menaça le plus fortement le pays fut, il y a 1500 ans, celle des Goths ; aujourd'hui encore on n'y connaît pas d'injure plus sanglante que le terme de *cagot* (« chien de Goth »).

Indépendance à l'égard de l'extérieur, indépendance à l'égard les uns des autres : telle fut toujours la double loi des habitants des Pyrénées. Chaque vallée formait comme une petite république ; les républiques voisines avaient souvent leurs pâturages de montagne en commun, et elles étaient unies par des traités de *lies* et *passeries* qui réservaient pour leurs troupeaux, à l'exclusion de tout autre, l'usage des chemins de leurs montagnes.

Sans doute, ces républiques se groupèrent en États plus puissants, sous la suzeraineté d'un seul seigneur : Béarn ou Navarre, Aragon ou Catalogne. Mais cette suzeraineté était presque nominale; chaque commune tenait à garder ses libertés (*fueros*). Celles qui dépendaient d'Aragon prêtaient serment à leur suzerain, lors de son investiture, selon cette formule, qui définit exactement leur esprit d'indépendance : « Nous qui valons chacun autant que vous et qui, réunis, pouvons plus que vous, nous vous établissons notre seigneur, à condition que vous respectiez nos droits et privilèges; sinon, non. »

3. ***Les Pyrénées souffrent d'un déboisement ancien et prolongé.*** — Si les Pyrénées Orientales n'ont jamais eu, sur le versant français, de bois bien touffus, à cause de leur climat méditerranéen, les Pyrénées Centrales et Occidentales, jouissant sur le même versant du climat océanique, eurent jadis de très belles forêts. Mais, pendant mille ans, depuis le dixième siècle jusqu'à nos jours, diverses causes, très puissantes, ont poussé les habitants des Pyrénées à détruire les arbres.

1° **L'élevage des moutons**. — Jusqu'au XIX° siècle, la rareté des routes entravait, même dans les beaux alpages humides, l'élevage du gros bétail, à cause des difficultés de la circulation ou de l'exportation. Au contraire, on pouvait élever des moutons, parce que le mouton a le pied plus sûr et « qu'il porte lui-même sa laine au marché ». Or le mouton détruit l'arbre et même l'herbe. Les républiques pyrénéennes obtinrent de bonne heure de leurs seigneurs le droit de faire paître les moutons partout sur les montagnes qui les entouraient; plus tard, les ordonnances royales qui restreignaient leurs droits restèrent toujours lettre morte. Le mouton demeura le roi de la montagne, et, devant les pacages, chaque année la forêt reculait.

2° **Les forges**. — Pour fournir le combustible aux forges nées dans les avant-monts de l'Ariège, riches en fer, on fit, dès le XIII° siècle, une grande consommation de bois. Or, encore sous Louis-Philippe et même sous Napoléon III, les *forges catalanes* étaient en pleine action.

3° **La marine**. — Jusqu'à notre époque, où le fer le remplace, le bois a été la principale matière pour la construction des navires, coques, mâts, etc. Aux belles époques de notre ancienne marine de guerre, sous Louis XIV, sous Louis XVI, sous la Révolution et jusque sous Louis-Philippe, le gouvernement français fit de fréquents appels aux vieilles « forêts de la mâture », parmi lesquelles celles des Pyrénées comptaient pour les plus belles.

Aujourd'hui, les trois causes essentielles du déboisement ont disparu : plus de navires de bois, plus de forges au bois; et les routes plus commodes permettent l'élevage du bœuf et du cheval. Mais les Pyrénées restent déboisées et souffrent des maux qui accablent toutes les montagnes dénudées : inondations dangereuses des torrents, disparition de la terre végétale, etc. C'est seulement à une époque toute récente que l'œuvre du reboisement a commencé; il faudra en attendre encore longtemps les effets.

4. ***La vie du Roussillon est liée à celle de la montagne environnante.*** — La plaine du Roussillon, bassin d'effondrement

entre les Pyrénées Orientales proprement dites et les Corbières forme avec elles une unité géographique, tant au point de vue physique qu'au point de vue économique et politique.

1° **Au point de vue physique**, les Pyrénées Orientales possèdent ce que ne possèdent pas les Pyrénées Centrales : des vallées. Le *Conflent*, le *Capcir*, le *Vallespir*, la *Cerdagne* permettent aux influences du climat méditerranéen de se faire sentir jusqu'au cœur de la montagne et aident aux communications et aux échanges entre les deux versants.

2° **Au point de vue économique**, ces vallées permettent aux cultures méditerranéennes, qui font la richesse de la plaine (*vigne*, *olivier*), de s'avancer assez profondément dans l'intérieur de la montagne. Surtout elles facilitent en été la *transhumance* des troupeaux de moutons des basses régions vers les pâturages des hauteurs. De même, elles facilitent en automne l'arrivée en Roussillon des vendangeurs, qui viennent non seulement des hautes vallées françaises, mais de la Cerdagne et de l'Espagne. C'est une véritable « armée de réserve » qui descend, à cette époque de l'année, pour aider les paysans du Roussillon. Aujourd'hui, ils viennent surtout pour la vendange. Jadis, quand la vigne était moins répandue et la culture des céréales plus en honneur, ils venaient pour la moisson. La facilité des relations est encore affirmée par les deux voies ferrées, qui, par le Perthus et par le col de Puymorens, unissent les vallées françaises aux vallées espagnoles. Elles ne font que ressusciter les routes fréquentées de tout temps par les émigrants montagnards et par les troupeaux transhumants.

3° **Au point de vue politique**, cette facilité des communications à travers le massif, cette solidarité des intérêts économiques entre gens de la plaine et gens de la montagne, ont permis l'extension sur tout le pays, français comme espagnol, d'une seule race, la *race catalane*, une d'esprit et de langue, d'autant plus largement représentée dans notre Roussillon que celui-ci appartint à l'Espagne jusqu'au traité des Pyrénées, sous Louis XIV (1659).

5. ***La nature destinait le pays basque au particularisme.*** — Comme les Pyrénées Orientales, les Pyrénées Occidentales se distinguent du centre du massif par la facilité d'accès entre les deux versants, grâce aux vallées plus larges et aux cols plus bas. Un seul peuple les occupe : le *peuple basque*, que l'isolement relatif de la montagne a poussé à vivre isolé.

La **race basque**, qui se rattache aux anciens Ibères, compte environ 650000 représentants, trois quarts en Espagne, un quart en France. Les Basques ont gardé leur langue : la lange *Euskuara*, qui n'a aucun caractère commun avec les autres idiomes de l'Europe occidentale. Ils ont gardé leurs mœurs indépendantes : ils s'appellent fièrement eux-mêmes la race des *Eskualdunac*. Ils ont gardé aussi leur organisation sociale, où la famille est une petite république dont le père est le chef, où le village est une république plus grande dirigée par le conseil des chefs de famille. Rien de changé, enfin, dans leur genre de vie, plus pastoral qu'agricole, et où l'élevage des mulets et des moutons tient la première place.

1. LA RADE DE PORT-VENDRES.

Comme la côte des Pyrénées Occidentales, celle des Pyrénées Orientales est rocheuse et découpée : à côté de caps et de récifs, les baies profondes et vastes y sont nombreuses. La rade de Port-Vendres est remarquablement abritée. Dès l'antiquité, un port important, Portus-Veneris, y était installé. Aujourd'hui certains paquebots partent de Port-Vendres pour l'Algérie, pour Oran et aussi pour le Maroc.

2. LA PLAINE DU ROUSSILLON A ELNE.

La plaine du Roussillon, plate et chaude, a les mêmes produits que toute la région méditerranéenne : oliviers, mûriers, arbres fruitiers divers (pêchers) et même orangers. Mais le principal est la vigne : les vins de Banyuls et de Rivesaltes sont des vins de liqueur très réputés. (Photo Brun.)

L'existence de ce peuple indépendant, de cette race antique restée pure, est d'autant plus frappante que ce pays n'est pas isolé. Il est traversé par deux des routes les plus anciennes et les plus fréquentées des Pyrénées : celle de la côte, de Bayonne à Irun, qu'emprunte aujourd'hui la voie ferrée ; celle de Roncevaux, de Bayonne à Pampelune, par où passèrent, quand les Basques-Ibères occupaient déjà le pays, les Celtes, puis les Goths, puis les Arabes, puis les Francs de Charlemagne ; par où passèrent ensuite les milliers de pèlerins qui se rendaient au fameux pèlerinage de Saint-Jacques-de-Compostelle. Mais, si « tous les peuples ont traversé cette contrée, aucun ne s'y est fixé » (P. Vidal de la Blache). Les Basques y sont restés, solitaires et indépendants.

Leur particularisme, leur « esprit du pays » n'empêchent pas les Basques d'émigrer. Depuis bientôt un siècle, l'émigration est très forte vers les pays tempérés de l'Amérique du Sud, Uruguay et Argentine, où ils se consacrent surtout à l'élevage des grands troupeaux qui font la richesse de ces contrées. Mais ils ne partent jamais sans esprit de retour, et ceux qui ont amassé un pécule viennent passer leur vieillesse dans leur vallée natale. — L'émigration agit surtout sur les populations côtières : la plupart des villages de pêcheurs qu'abrite la côte océanique des Pyrénées sont décimés par l'émigration.

XII. — LE BASSIN AQUITAIN[1]

Le Bassin Aquitain est une vaste plaine, qui, par son sol et par son relief, par son climat et par son réseau hydrographique, par ses ressources et par sa population, a plus d'unité que le Bassin Parisien, mais n'a pas comme lui un centre.

Il constitue la région essentielle du Midi Océanique, aussi chaud, mais plus humide que le Midi Méditerranéen.

De ressources presque uniquement agricoles, il est toutefois plus riche dans sa partie médiane que sur ses bords. Cette partie médiane est traversée par la vallée de la Garonne, artère vitale de la région, aux extrémités de laquelle se trouvent les deux capitales : Toulouse et Bordeaux.

1. *Caractères essentiels du Bassin Aquitain. Simplicité de la constitution.* — Le Bassin Aquitain est la plus vaste plaine de la France après le Bassin Parisien. Sa forme est encore plus régulière que celle du Bassin Parisien : c'est un vaste hémicycle, presque entièrement bordé par le Massif Central et les Pyrénées, largement ouvert sur l'Océan. Sa constitution est encore plus simple que celle du Bassin Parisien, sans aucun plissement, même atténué. Elle s'explique par les trois faits suivants :

1° **L'existence d'une mer secondaire et tertiaire.** — Cette mer s'étendait au Sud-Est du Massif Central. Dans cette mer, peu profonde, se déposèrent des calcaires (calcaires jurassiques, crétacés, tertiaires). Dans la région voisine du Massif Central, ces calcaires furent surélevés en masse, à l'époque des mouvements tertiaires. Ils formèrent ainsi, au Nord-Est du bassin, des **hauts plateaux**, s'étageant de 600 à 200 m., analogues aux Causses du Sud-Est.

2° **L'existence de vastes lagunes à la fin de l'ère tertiaire.** — Ces lagunes s'étendaient entre les plateaux émergés du Nord-Est et les Pyrénées. Différents dépôts s'y formèrent : des *sables* et des *graviers*, près de la mer ; des *argiles* et des *marnes*, dans l'intérieur. Quand la mer se fut retirée, il en résulta

1. Voir la carte en couleurs, p. 271.

des **plaines**, descendant de l'intérieur vers l'Atlantique, plaines de relief uniforme mais de sols variés.

3° **L'action des glaciers et des eaux courantes à l'époque quaternaire.** — Les eaux de fonte des glaciers pyrénéens ont entraîné une masse de graviers, qui ont constitué, au pied des Pyrénées Centrales un immense cône de déjections, ou **haut plateau**, d'où les eaux divergèrent en éventail : c'est le *Lannemezan*. Ces eaux contribuèrent à former deux réseaux : l'un peu important, le réseau de l'*Adour*; l'autre plus important, le réseau de la *Garonne*, qui traverse la partie médiane et déprimée du bassin, entre les plateaux du Nord-Est et ceux du Sud.

2. ***Uniformité et régularité.*** — L'uniformité et la régularité caractérisent le Bassin ainsi constitué.

1° **Régularité du relief.** — De hauts plateaux (*Périgord*, *Quercy*, *Albigeois*, *Lauraguais*, *Lannemezan*) encadrent la plaine et s'appuient aux montagnes. Toutefois, le demi-cercle montagneux n'est pas continu; il comporte deux brèches : le *Seuil de Naurouze*, ou *du Lauraguais*, qui permet les communications avec les pays de la Méditerranée; le *Seuil du Poitou* et *des Charentes*, qui permet les communications avec les pays du Nord. Quant à la plaine intérieure, elle descend presque continûment de 130 mètres, altitude de Toulouse, jusqu'au niveau de la mer, sous laquelle elle se prolonge au loin par une plate-forme à la pente insensible.

2° **Uniformité de la côte.** — La côte, rectiligne, bordée de dunes, coupée seulement en son milieu par le *bassin d'Arcachon*, n'a qu'une voie de pénétration vers l'intérieur : l'*estuaire de la Gironde*.

3° **Uniformité du climat.** — Le climat est chaud, grâce à la latitude, mais suffisamment humide, grâce à l'influence de l'Océan, qui se fait sentir jusqu'au fond oriental du Bassin, car aucun relief ne s'y oppose.

4° **Régularité du réseau hydrographique.** — Il est constitué presque exclusivement par l'artère centrale de la **Garonne**, vers laquelle affluent toutes les eaux du pourtour, sauf la minime partie qu'en détourne, au Sud-Ouest, l'*Adour*.

5° **Uniformité des ressources.** — Presque aucune richesse minière dans ces sols sédimentaires. Le pays n'a que des aptitudes agricoles.

6° **Uniformité de peuplement.** — Isolé du Nord, le Bassin

Aquitain est peuplé de populations de dialectes communs, dont l'ensemble forme la *langue d'oc*. Il a été le foyer d'une civilisation particulière, qui ne s'est fondue que tardivement et partiellement dans celle de la France du Nord.

3. ***Les six groupes de régions de cultures.*** — Le seul élément qui introduise de la variété dans ce pays uniformément agricole, c'est le sol : il est perméable ou imperméable, fertile ou stérile selon les dépôts. A la variété des sols correspond une certaine variété dans les productions et dans le genre de vie. On peut ainsi distinguer six groupes de régions de cultures :

1° Le *Périgord* et le *Quercy* ;
2° L'*Albigeois* et le *Lauraguais* ;
3° Le *Lannemezan* et l'*Armagnac* ;
4° La *Chalosse* et les *Landes* ;
5° Les *Plaines de la Garonne* ;
6° Les *Plaines du Bordelais*.

Ces deux derniers groupes constituent l'élément vital du pays. On y trouve les deux capitales : *Toulouse* et *Bordeaux*.

4. ***Le Périgord et le Quercy.*** — Le Périgord et le Quercy forment la transition entre le Massif Central et les plaines de la Garonne. Ils sont constitués par une série de plateaux, d'âge jurassique ou crétacé, de sol calcaire ou crayeux, qui descendent en s'étageant du Bas Limousin jusqu'aux plaines de la Garonne.

1° Le ***Périgord*** (*Périgord Blanc*, au Nord-Ouest; *Périgord Noir*, au Sud-Est) est constitué par des **plateaux calcaires**, d'altitude assez faible (200-250 m.), très perméables et très secs. Ils portent quelques maigres champs de céréales, des pâtures à moutons et surtout des bois de chênes, au pied desquels se trouve le produit essentiel du pays : la truffe.

Ces plateaux sont bordés au Sud-Ouest par une plaine basse, où les torrents descendant du Massif Central ont jadis accumulé des sables granitiques, imperméables et stériles : c'est la **Double**, région de marais et de landes, qu'un lent travail de drainage et d'assainissement transforme peu à peu en terre d'élevage.

Mais la partie vivante et peuplée du Périgord se trouve dans les **vallées**, qui se creusent largement dans les plateaux. Elles sont riches en sources qu'alimentent en permanence les eaux filtrant à travers les calcaires, et elles s'ouvrent toutes au Sud-

Ouest, au climat océanique, doux et humide. De là leur richesse agricole : elles produisent en abondance le blé et le maïs, qui permet l'élevage de la volaille, la vigne, les fruits. Telles sont les vallées de la *Dronne*, de l'*Isle*, de la *Vézère* et de la rivière maîtresse qui les reçoit toutes : la *Dordogne*.

Conservant dans les grottes de *Cro-Magnon*, de la *Madeleine* et du *Moustier* les traces des plus anciens habitants de la France, le Périgord est assez peu peuplé aujourd'hui, parce qu'il n'a pas de ressources industrielles et qu'il n'est pas traversé par les deux routes qui unissent le Nord de la France à Toulouse et à Bordeaux. La plus grande partie de la population rurale est établie dans les vallées, ainsi que la plupart des villes : **Périgueux**, *Bergerac*, *Ribérac*, *Sarlat*.

2° Le *Quercy* est constitué, lui aussi, par des plateaux de calcaire jurassique, mais plus âpres, plus élevés (400-600 m.) et formant de véritables **Causses** : *Causse de Martel*, *Causse de Gramat*, *Causse de Limogne*. Comme dans les Causses de l'Est, le climat y est rude, le sol perméable, sec et nu. L'humidité apparaît seulement autour de dépressions, ou *cloups*, et de *gouffres* (*gouffre de Padirac*), où l'on peut cultiver le blé. Partout ailleurs paissent des moutons et des brebis : avec leur lait on fabrique les *fromages de Rocamadour*.

Le contraste entre les causses et les **vallées** qui les creusent est plus grand qu'en Périgord, presque aussi grand que dans les Causses du Sud-Est. Très profondes, ces vallées sont abritées et chaudes ; leur sol est alluvial, humide et fertile. On y cultive le maïs, la vigne et les fruits. Les fermes et les villages agricoles y abondent, : ils envoient en été leurs troupeaux de moutons transhumer sur le plateau. Telles sont les vallées de la *Dordogne* et de la *Cère*, du *Lot* et du *Celé*. C'est là qu'on trouve les villes : *Souillac*, *Gourdon* et **Cahors**.

A la limite des Causses du Quercy et des Ségalas du Rouergue, s'allonge une dépression de marnes liasiques fertiles, analogue au bassin de Brive : c'est la **Limargue**. Très riche en céréales et en pâturages, elle possède deux marchés agricoles importants : *Saint-Céré* et *Figeac*.

5. ***L'Albigeois et le Lauraguais***. — L'Albigeois et le Lauraguais, comme le Périgord et le Quercy, forment, avec leurs hautes terrasses, la transition entre l'extrémité Sud du

Massif Central et les plaines de la Garonne. Mais leur altitude est moins forte (200 m. au plus), et les calcaires tertiaires qui les constituent sont plus fertiles.

1° L'*Albigeois* est constitué par des **plateaux** calcaires fertiles, producteurs de blé et de bétail. Ils sont coupés par les **vallées** de l'*Aveyron*, du *Tarn* et de l'*Agout*, sur les pentes desquelles on cultive la vigne (*vins de Gaillac*) et dans le fond desquelles on cultive les légumes, les fruits et l'on engraisse le bétail. Elles possèdent de bons marchés agricoles : *Gaillac*, *Lavaur*, et, à la limite de la montagne du Sidobre, *Castres*.

Grâce au *bassin houiller de Carmaux*, cette région possède quelque activité industrielle (verrerie, métallurgie). C'est de cette double activité, agricole et industrielle, qu'**Albi** est le centre.

2° Le *Lauraguais* a, lui aussi, des **plateaux** calcaires et des **vallées** alluviales : vallées de l'*Hers Mort* et de l'*Hers Vif*, dont les eaux vont à la Garonne et à l'Ariège; vallée de l'*Aude supérieure*. Il produit aussi des céréales, des légumes, des fruits et des vins (*vins de Limoux*). Les marchés sont : *Villefranche-de-Lauraguais*, *Castelnaudary*, *Mirepoix*, *Limoux*.

En outre, grâce au passage que le **Seuil du Lauraguais** ouvre entre Midi Océanique et Midi Méditerranéen, cette région unit les pays de la Garonne et ceux du golfe du Lion. C'est grâce à elle que, jadis, la province du *Languedoc* s'est constituée de Toulouse à la Méditerranée, et que, aujourd'hui, un courant commercial existe, par la voie ferrée et par le *canal du Midi* (v. ci-dessous) depuis Bordeaux jusqu'à Cette. C'est à sa situation sur ce passage que **Carcassonne** doit son ancienne importance militaire et son importance commerciale actuelle.

6. ***Le Lannemezan et l'Armagnac.*** — Ces deux régions constituent deux terrasses étagées entre les Pyrénées et les plaines de la Garonne. Dans la première dominent les caractères géographiques dus aux Pyrénées; dans la seconde dominent les caractères géographiques qui la rapprochent des pays de la Garonne.

1° Le *Lannemezan* est un **plateau de graviers et de cailloux** amoncelés jadis par les eaux de fonte des grands glaciers pyrénéens. Il est haut (600 m.), âpre, sec et nu. On n'y trouve que des landes à moutons. Pays presque désert. Les pentes qui s'abaissent sur les bords font diverger les eaux en éventail vers l'Adour et vers la Garonne.

Dans le Lannemezan, les rivières formées par ces eaux ne sont que des torrents, déchaînés au moment des pluies, presque à sec aux autres saisons. Cette irrégularité influe sur le cours inférieur de ces rivières, en Armagnac.

2° L'*Armagnac* est constitué par des **terrasses** tertiaires, où dominent des sables et des argiles. Ces terrasses sont striées par l'éventail de **vallées** que tracent vers la Garonne les rivières descendues du Lannemezan : *Save*, *Gimone*, *Gers*, *Baïse*, etc.

Les vallées présentent un **double avantage** : 1° Leur fond alluvial se prête aux pâturages, aux cultures de céréales comme le maïs (élevage de la volaille), aux cultures maraîchères et fruitières. Leurs versants caillouteux se prêtent à la culture de la vigne, qui donne les réputées *eaux-de-vie d'Armagnac*. Ce sont les seules régions de l'Armagnac vraiment productives; 2° Par leur direction, ces vallées favorisent les relations commerciales avec les plaines de la Garonne.

Mais elles présentent aussi un **double inconvénient** : 1° Leurs rivières, au régime très irrégulier, sont, en période d'inondation, un danger pour les maisons et les cultures. En sécheresse, elles ne peuvent suffire à alimenter le sol : il lui faut une sage irrigation, qui emprunte de l'eau, par des canaux, même aux torrents des Pyrénées; 2° Elles opposent un obstacle multiplié à la circulation d'Est en Ouest.

Vallées et flancs de coteaux sont les seules régions productives, les seules peuplées. Chaque vallée a ses villes, perchées sur les versants, à l'abri des inondations : **Auch**, ancienne capitale de la Gascogne, et *Lectoure*, *Mirande* et *Condom*, *Lombez*.

7. *La Chalosse et les Landes.* — Entre les Pyrénées et le Bordelais, s'étendent deux régions, très différentes l'une de l'autre par les caractères géographiques, par les ressources et par la vie des habitants, mais unies par des liens commerciaux étroits, comme tous Bons Pays et Mauvais Pays voisins. Le bon pays est la *Chalosse*; le mauvais pays, la *plaine des Landes*.

1° La ***Chalosse*** est, comme l'Armagnac, située en contrebas du Lannemezan et de son annexe occidentale le *plateau de*

1. UN ÉTANG DANS LES LANDES. — 2. BERGER LANDAIS.

Les Landes forment une plaine d'une horizontalité presque parfaite ; en outre, le sous-sol est constitué par une sorte de grès imperméable, l'alios, formé de sables agglutinés par des oxydes venus des plantes. Ne pouvant s'écouler, les eaux pluviales séjournaient à la surface en étangs et marécages. Le pays était malsain, infertile. Depuis le milieu du siècle dernier, on s'est mis à le dessécher par le creusement de rigoles d'écoulement, ou crastes. La plupart des anciennes mares ont ainsi disparu, et les Landes assainies forment aujourd'hui une immense forêt de pins. La population, encore faible, a augmenté.

Avec les marécages et la lande proprement dite, tendent à disparaître les troupeaux de moutons et les bergers montés sur les échasses, pour laisser la place aux agriculteurs et aux résiniers. (Photo Lalanne et Neurdein.)

Ger. Mais le climat y est plus humide, les rivières (l'*Adour* et ses affluents) plus abondantes, l'irrigation plus facile. Les principales ressources agricoles sont la culture du maïs, l'élevage des volailles, les fruits. Les principaux marchés sont : *Dax*, *Saint-Sever* et *Mont-de-Marsan*, à la limite des Landes.

2° La ***plaine des Landes*** est vaste, basse, plate, couverte de sables. Ces sables sont agglutinés en profondeur avec l'oxyde de fer produit par la décomposition des racines de certaines plantes : ils forment ainsi un ciment dur, l'*alios*, qui est imperméable. A l'état naturel, les Landes étaient couvertes soit de sables arides, soit d'étangs analogues à ceux qui se trouvent encore près de la côte, dont une ligne de dunes les sépare : *étangs de Lacanau, de Hourtin, de Sanguinet, de Parentis*.

Plaine inculte terminée par une côte rectiligne, la région des Landes fut longtemps improductive et déserte. Mais, au cours du XIXᵉ siècle, on en a entrepris l'assèchement par des canaux, l'assainissement et l'amendement par des plantations de pins résiniers, qui fournissent en outre deux excellentes matières d'exportation : la résine et le bois. Ce dernier s'exporte dans toute la France et même à l'étranger, par Bordeaux et Bayonne.

La population landaise, groupée en villages au milieu des *pinadas*, s'est accrue. Une seule ville à citer : *Arcachon* et sa station balnéaire, centre d'ostréiculture.

8. ***Les plaines de la Garonne. Toulouse.*** — Les plaines de la Garonne, entre les terrasses du Bas-Quercy, de l'Albigeois, du Lauraguais et de l'Armagnac, forment un large couloir où descendent la *Garonne* et le cours inférieur de ses affluents : *Ariège*, *Tarn* et *Aveyron*, *Lot*. De climat tempéré, presque aussi doux et moins humide que celui de la région maritime, ces plaines offrent à la vie agricole d'abondantes ressources, aussi variées que les sols qui les constituent.

Ces **sols** sont essentiellement de trois sortes : 1° les *calcaires* tertiaires, analogues à ceux de l'Albigeois, fertiles et perméables, terrains d'élection des céréales (blés durs), de la vigne et de certains arbres fruitiers; 2° les *argiles*, *mollasses* et *marnes*, également tertiaires, terres fortes et tenaces, dures à labourer, mais très productives, excellentes pour la culture du blé et du maïs, comme pour l'élevage; ces terres s'appellent des *boulbènes*; 3° les *alluvions* des larges vallées de la Garonne

1. LA VALLÉE DE LA GARONNE A PUYMIROL.
(Photo Cavaillé.)

2. LA VALLÉE DE LA GARONNE A AGEN.

La vallée de la Garonne forme, en amont et en aval de Toulouse, un large val, dont le fleuve n'occupe qu'une portion modeste, et dont les riches alluvions portent toutes sortes de cultures : maïs et blé, vigne et fruits. Dans ces alluvions, le fleuve s'est creusé une vallée secondaire, qu'il occupe en entier et que dominent des terrasses alluviales sur lesquelles sont établies villes et fermes, à l'abri des inondations. Telles sont les situations d'Agen et de Toulouse, qui ne souffrent des inondations que par exception et uniquement dans les quartiers bas.

et de ses affluents, qui furent largement étalées à une époque où le fleuve était beaucoup plus puissant qu'aujourd'hui.

De là la production agricole intensive de ces plaines, semées de *bordes*, ou fermes opulentes, et de marchés agricoles. On peut y distinguer trois régions :

1° L'**Agenais**, au Nord de la Garonne. — Les plateaux calcaires y dominent, coupés et limités par les vallées du Lot et de l'Aveyron. Principaux produits : les vins et eaux-de-vie (*eaux-de-vie de Marmande*), les fruits (*prunes d'Agen*). Principaux marchés : *Villeneuve-sur-Lot* et, dans la vallée de la Garonne, **Agen**, *Tonneins*, *Marmande*.

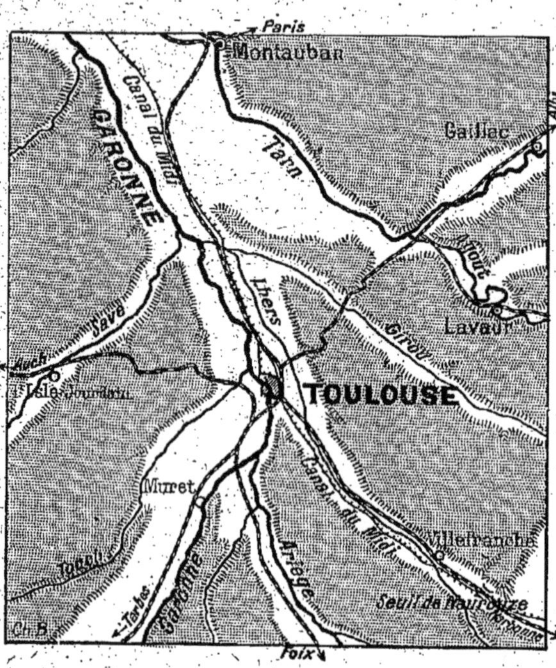

CONVERGENCE DES ROUTES VERS TOULOUSE.

Toulouse doit sa fortune à sa situation au point de convergence de plusieurs routes : celles de la Garonne supérieure, du Salat et de l'Ariège, qui viennent des Pyrénées; celle du Seuil de Naurouze, qui vient de la Méditerranée; celle du Tarn moyen, qui vient du Massif Central; celle enfin de la Garonne moyenne.

2° La **Lomagne**, au Sud de la Garonne. — Les plaines marneuses y dominent. Principaux produits : le maïs, le blé dur, le bétail. Plus de fermes que de bourgs; pas de villes.

3° Le **Toulousain**. — C'est une vaste plaine alluviale, qui s'étend de l'Ariégeois à l'Agenais, constituée par les apports de la Garonne, de l'Ariège et du Tarn. Malgré la menace perpétuelle des inondations de la Garonne, elle est si fertile qu'elle est très peuplée. D'autre part, au débouché du Seuil de Lauraguais, elle occupe une excellente situation commerciale. De là la prospérité de ses villes : *Muret*, au Sud; *Montauban*, *Moissac* et *Castelsarrasin*, au Nord, et surtout, au Centre, **Toulouse**

1. VUE DE TOULOUSE.

Toulouse concentre l'activité de la partie orientale du Bassin Aquitain, qui est d'une si grande richesse agricole. Toulouse est la capitale du Languedoc : son influence a rayonné par la Garonne jusqu'à Agen et Montauban, et jusqu'à la Méditerranée par le Seuil de Naurouze.

2. VUE DE BORDEAUX : LES QUAIS ET LA BOURSE.

Bordeaux concentre l'activité économique de la partie occidentale du Bassin Aquitain. Elle doit son importance à la Garonne, qui draine vers Bordeaux tous les produits du Sud-Ouest, et qui, large et profonde, remontée par la marée, est le site d'un grand port : port unique, puisque la côte des Landes est plate et inhospitalière et que la Gironde ouvre le seul accès vers la mer. (Ph. Terpereau.)

(149000 hab.), près du Seuil du Lauraguais, au point de contact entre Midi Océanique et Midi Méditerranéen, capitale politique et intellectuelle de l'ancien Languedoc, qui s'étendait sur une portion des deux Midis. Aujourd'hui, Toulouse est demeurée le centre intellectuel et artistique le plus actif du Midi. C'est un marché agricole et un centre d'industries agricoles (minoteries, etc.).

9. ***Les plaines du Bordelais. Bordeaux.*** — Les plaines du Bordelais s'étendent entre les Landes et les pays des Charentes et du Périgord. Elles sont traversées par le vaste et profond estuaire où se joignent la Garonne et la Dordogne : la *Gironde*.

Constituées par des calcaires et par des graviers, coupées par des *côtes* alternant avec des *p aines*, de climat doux, égal, maritime, les plaines du Bordelais ont deux sources de richesses :

1° **Les vins.** — Les vignobles réputés du Bordelais se répartissent en cinq régions : *Médoc*, *Graves*, *Entre-Deux-Mers*, *Côtes* et *Palus*, qui produisent de nombreux crus célèbres. L'exportation des vins de Bordeaux se fait surtout en France, en Angleterre, en Belgique et en Allemagne. En Bordelais, les villes qui ne sont pas des ports, sont surtout des marchés de vins : *Coutras*, *Libourne*, *Blaye*, *La Réole*, *Bazas*, *Lesparre*.

2° **Bordeaux.** — Située sur la Garonne, mais en un point où la marée remonte, Bordeaux (261000 hab.), avec son avant-port de *Pauillac*, est un des ports les plus considérables de la France, dont il fait une bonne partie du commerce avec l'Amérique du Sud (embarquement des émigrants), le Maroc, l'Afrique Occidentale et l'Océanie. Outre les produits fabriqués à destination de ces pays, Bordeaux exporte les bois des Landes. Outre les matières provenant des pays exotiques (graines oléagineuses, huile de palme, fruits, etc.), il importe dans tout le Midi Océanique la houille d'Angleterre. Il est un centre important d'armement pour la pêche à la morue. Enfin, il est le principal marché des vins de Bordeaux.

10. ***La route de la Garonne.*** — Par son débit rapide et par ses fortes crues, la Garonne est peu propre à la navigation. Mais sa vallée unit, par le Lauraguais, l'Océan à la Méditerranée. Elle est utilisée par le **canal des Deux Mers** et par le **chemin de fer du Midi**, qui joignent Bordeaux à Cette par Toulouse. Cette double voie commerciale a pris une activité nouvelle depuis le développement des vignobles de l'Hérault.

Lectures.

1. ***Les Landes actuelles sont l'œuvre de l'homme.*** — Les Landes forment une étendue plate de près de 15000 kilomètres carrés, qui partout a les mêmes caractères :

1° **Sur la côte** rectiligne, une ligne de *dunes* sableuses, jadis boisées, déboisées inconsidérément par les pâtres et qui, rendues de ce fait mobiles, menaçaient de reculer vers l'intérieur. En arrière des dunes, à leur pied, des étangs, formés par les eaux de l'intérieur que les dunes empêchent d'atteindre la mer.

2° **A l'intérieur,** une plaine constituée par des *sables marins*, dont l'épaisseur atteint en certains points 50 mètres et qui comporte à sa base une bande d'*alios*, ou ciment rougeâtre très dur et imperméable, formé par l'agglutination du sable au moyen des substances végétales que les eaux de pluies ont entraînées en profondeur. Aussi les caractères primitifs des Landes étaient la stérilité, l'imperméabilité, l'insalubrité : d'innombrables *étangs* alternaient avec les landes; la fièvre décimait les rares habitants.

L'homme a transformé le pays. Depuis la fin du XVIIIe siècle, des *plantations de pins maritimes* ont fixé les dunes et rendu la côte, sinon plus hospitalière, du moins plus habitable; à l'ombre des pins, de petites *stations balnéaires* se sont installées, comme *Arcachon*, qui est en même temps une ville d'hiver; au Nord, *Soulac*; au Sud, *Cap Breton*. Le nom de *Brémontier* s'attache à cette œuvre de fixation des dunes.

Mais surtout l'intérieur a été drainé par tout un système de *canaux*, ou *crastes*, dont la longueur totale dépasse 2000 kilomètres. Le pays a été assaini. Les échasses, dont l'usage était jadis indispensable pour circuler, ont presque disparu. On a fait des plantations dans les landes défrichées. La moitié des Landes est aujourd'hui couverte de *forêts de pins sylvestres*, qui, peu à peu, forment un humus dont le sol s'enrichit: déjà, dans certaines parties défrichées, on a pu établir de bonnes prairies, où l'élevage des bêtes à cornes est possible. D'ailleurs, le pin par lui-même est une ressource importante; il alimente plusieurs industries, *industrie résinière*, fabrication des *allumettes chimiques*, *bois de construction* et *de charpente*. L'étendue plantée en pins atteint aujourd'hui presque 700000 hectares.

Ainsi l'œuvre d'assainissement et d'exploitation, commencée, vers 1850, par *Chambrelent*, donne aujourd'hui son plein effet. Les Landes sont, de toutes les campagnes du Bassin Aquitain, les seules dont la population augmente. Des groupements nouveaux y sont nés : *Labouheyre*, *Morcenx*. Les villes voisines, soit du côté du Bordelais, soit du côté de la Chalosse, ont beaucoup gagné à commercer avec ces terres nouvelles : c'est le cas de Lesparre, de Castets, de Dax et de Mont-de-Marsan. Enfin, on sait la place que le bois des Landes tient dans les exportations de Bordeaux et de Bayonne.

2. ***Le Bordelais possède un des vignobles les plus***

vieux et les plus réputés de France. — Le Bordelais est avant tout le pays du vin. Non point que le pays soit, comme par exemple le Bas Languedoc, entièrement consacré à la culture de la vigne. Il en fut ainsi, jadis, avant les méfaits du phylloxéra. Mais, après la crise qui, entre 1860 et 1880, atteignit le Bordelais comme tous les vignobles de France, on consacra à l'élevage, surtout à l'élevage des chevaux, les terres trop froides ou trop humides pour produire de bons crus, et seules sont demeurées vignobles les terres capables de produire un vin bon pour l'exportation, après avoir été traité pendant plusieurs années dans de bonnes caves.

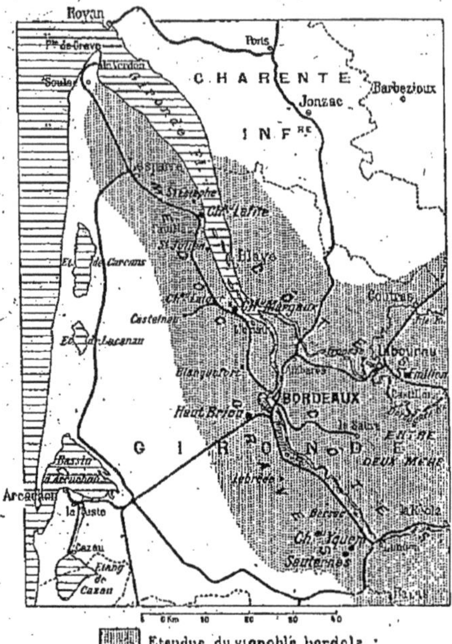

LE VIGNOBLE BORDELAIS.

Bordeaux est le centre du commerce des vins du Bordelais. La culture de la vigne dans cette région remonte à une très haute antiquité. Le vignoble couvre: le pays de Grave et le Médoc, à l'ouest de la Garonne et de la Gironde; l'Entre-Deux-Mers, les Côtes et les Palus à l'est de la Garonne et de la Gironde et sur les bords de la Dordogne. La renommée des vins de Bordeaux est universelle; elle fait la richesse de tout le pays depuis le moyen âge. Aujourd'hui l'hectare d'un vignoble supérieur, comme le Château-Laffitte, y vaut jusqu'à 60 000 francs.

Les crus célèbres du Bordelais se répartissent en cinq régions géographiques différentes : le **Médoc** (*Saint-Estèphe*, *Saint-Julien*, *Château-Laffitte*, *Château-Margaux*), les **Graves** (*Haut-Brion*, *Sauternes*, *Château-Yquem*, *Barsac*, etc.), les **Côtes** (*Saint-Émilion*, etc.), les **Palus** et l'**Entre-Deux-Mers.** Tous les crus n'ont pas, dans tout le vignoble, une valeur marchande égale. A côté des *crus classés* (dont nous venons d'indiquer un certain nombre), d'autres, très bons encore, mais moins cotés, se dénombrent en *crus bourgeois*, *crus artisans*, *crus paysans*. Parmi les derniers même, il en est encore de fort estimés.

Le commerce des vins est la richesse du Bordelais. Si Bordeaux en est le grand entrepôt, toutes les villes du Bordelais ont leur part de ce commerce. Celui-ci est double, non seulement d'exportation, mais d'importation, car certains vins de bonne qualité, produits par la Languedoc, le Roussillon et l'Algérie, font le voyage du Bordelais, où, convenablement traités, ils acquièrent le bouquet des « Bordeaux » authentiques, de qualité moyenne. Quant au commerce d'exportation, s'il fut de tout temps très actif vers la France du Nord et vers l'Angleterre (où il rencontre aujourd'hui la concurrence des vins d'Espagne, d'Australie, du Cap), il avait pris, dans les dernières années, des proportions exceptionnelles vers la Belgique, la Hollande et surtout l'Allemagne.

3. *Les plaines de la Garonne sont riches, mais d'une richesse purement agricole.* — Il y a en France des pays dont l'agriculture est aussi riche que celle des plaines de la Garonne; il n'y en a pas dont la production soit aussi variée. Cette variété, l'Agenais, le Toulousain et la Lomagne la doivent à la diversité des sols qui les constituent et dont la seule qualité commune est une égale fertilité. Vins et eaux-de-vie produits par les coteaux calcaires de l'Agenais, légumes, prunes et autres fruits des vergers abrités dans les vallées alluviales, blés et maïs des *boulbènes* riches en éléments marneux, gros bétail et animaux de basse-cour des mêmes régions et de la vallée de la Garonne, — rien ne manque dans ces riches contrées, dont l'agriculture a fait la prospérité dès le Moyen Age.

Tous les traits économiques de la contrée portent la marque de cette prédominance de la vie agricole. Peu de grandes villes, à l'exception de la capitale, Toulouse; mais, sauf les grands marchés agricoles comme Montauban et Agen et les villes du fleuve, beaucoup de gros bourgs. La plupart sont des *villes neuves* (Villeneuve-sur-Lot, Villefranche, etc.), nées au XIVe siècle, à cette époque du Moyen Age qui vit une véritable prospérité des communes et des campagnes en France. A côté des gros bourgs, beaucoup de grosses fermes, ou *bordes*, tassent au milieu des champs leurs bâtiments multiples, de briques dans les pays de marnes, de pierres de taille dans les pays de calcaire. Pas d'autre industrie que les industries agricoles, minoteries, usines de conserves de volailles, de fruits, de légumes, fabrication des vins et des eaux-de-vie, etc.

Hélas! un troisième trait inhérent, en France, à toutes les régions exclusivement agricoles, vient assombrir le tableau : c'est le dépeuplement lent des campagnes. A l'exception des Landes (on a vu plus haut pourquoi) et de la Gironde, *tous* les départements du Bassin d'Aquitaine accusent une diminution de population à chaque recensement : dans les trente dernières années, cette diminution a été du huitième environ.

4. *La vallée de la Garonne est une grande route commerciale.* — La vallée de la Garonne est l'artère vitale du Midi Océanique : non pas tant grâce au fleuve lui-même, trop rapide et trop irrégulier pour constituer une bonne voie naturelle, que grâce à sa vallée, très large depuis Toulouse, et unissant l'Océan à la Méditerranée par le Seuil du Lauraguais.

Grande route stratégique, puis commerciale, elle est, on l'a vu, le site des principales villes du Bassin Aquitain. Peu nombreuses sont celles qui furent bâties sur le bord même du fleuve : les inondations l'interdisaient. La plupart ont eu leur berceau sur les coteaux ou les terrasses qui bordent la vallée proprement dite.

Elles jalonnent une des principales voies commerciales de France, la première du Midi. Cette voie est double aujourd'hui : elle comprend le *chemin de fer du Midi*, de Bordeaux à Cette par Toulouse, et le *canal des Deux-Mers*, qui suit la même route. Ces deux voies ont trouvé une cause de prospérité nouvelle dans le développement des vignobles de l'Hérault et dans les échanges qui se sont établis entre eux et les chaix de vinification du Bordelais. Leurs relations ont connu aussi des péripéties diverses. D'abord, elles se sont fait une concurrence, où le chemin de fer, aux tarifs plus élevés, n'avait pas toujours l'avantage. Puis, la Compagnie du Chemin de fer du Midi acheta le canal et devint maîtresse, par conséquent, de l'empêcher de faire une guerre de tarifs aux chemins de fer. Pendant cette période, le trafic sur le canal baissa rapidement au profit du trafic par voie ferrée. Depuis 1898, l'État a racheté le canal, et l'on s'est aperçu enfin que ces deux moyens de communication pouvaient vivre côte à côte et se compléter.

Toutefois, il ne faut pas s'exagérer l'importance du canal des Deux-Mers. Au regard du tonnage des deux ports qu'il unit : Bordeaux (1 900 000 t.) et Cette (500 000 t.), celui des meilleurs ports du canal est peu de chose : le plus important, Toulouse, dépasse à peine 100 000 t., — ce qui montre bien que les relations des ports de mer avec l'arrière-pays se font surtout par les voies ferrées. Une région agricole a moins besoin de canaux qu'une région industrielle, parce qu'elle importe beaucoup moins de ces matières lourdes nécessaires à l'industrie : bois, minerai, houille. Le canal sert à l'importation dans le Midi de la houille anglaise venue par Bordeaux : il sert au transfert des vins d'Algérie ou du Languedoc, puis de Cette jusqu'à Bordeaux, — et c'est tout. Quant aux seuls bois d'exportation du pays, ce sont les pins des Landes, qui sont expédiés vers Bordeaux par voie ferrée.

5. ***Bordeaux, port très ancien et encore très puissant, a changé de caractère à notre époque.*** — Au XVIIe et au XVIIIe siècle, Bordeaux a été un des plus grands ports de la France sur l'Atlantique, le rival de La Rochelle et de Nantes.

Il avait, en effet, tout d'abord les mêmes causes de prospérité que ceux-ci : l'importation des denrées coloniales acquises dans les Indes Occidentales, sucre et rhum, épices, etc., la traite des esclaves noirs qu'on emmenait d'Afrique en Amérique, enfin l'armement de navires pour la pêche de la morue à Terre-Neuve. Or, sauf la pêche de la morue, dont l'importation est, en somme, secondaire, ces causes de prospérité disparurent au milieu du XIXe siècle, par suite de plusieurs circonstances, dont les plus notables furent la suppression de l'esclavage, la fabrication du sucre de betterave en Europe, qui supprima l'importation du sucre de canne, enfin l'ouverture du canal de Suez, qui détourna une forte part du commerce français vers les ports méditerranéens.

En outre, Bordeaux avait une source spéciale de richesse : l'exportation des vins. Or l'exportation des vins de Bordeaux *par mer* a diminué à mesure qu'à l'ancien client de choix : l'Angleterre, se substituaient d'autres clients, ceux-là continentaux : la Belgique, la Hollande et l'Allemagne.

Tout cela fit que le port de Bordeaux, à la fin du XIXe siècle, subit une crise grave, et que son mouvement commercial baissa de moitié en vingt ans, entre 1870 et 1890.

Mais, depuis, Bordeaux a repris l'avantage ; il est redevenu un grand port. Comment cela ? D'abord, en conservant de l'ancien commerce ce qui pouvait en être sauvé : le commerce de la morue. Ensuite, en trouvant d'autres produits lourds à importer : la houille anglaise, — ou à exporter : le bois des Landes. Enfin et surtout, en nouant les relations les plus actives avec les marchés nouveaux du monde que la géographie mettait le plus directement à sa portée, c'est-à-dire l'Amérique du Sud et l'Afrique Occidentale. Pour la première, notamment, Bordeaux est entré en commerce suivi avec l'Uruguay et la République Argentine, où il envoie les Basques émigrants (voir p. 286), où il achète de la laine, des conserves de viande, et, certaines années, du blé. Pour l'Afrique, les commerçants bordelais ont établi des comptoirs sur les côtes de Guinée (à Konakry) et du Sénégal (à Dakar), d'où ils importent les fruits, le coprah, l'arachide. Ils alimentent avec ces matières premières des industries qu'ils ont créées de toutes pièces autour de leur port : huileries, savonneries, etc. Enfin, notre récent établissement au Maroc a ouvert un nouveau champ à leur activité : pêcheries sur la côte, entrepôts à Casablanca et dans les autres ports sont en grande partie leur œuvre. Il n'y a point de doute que notre protectorat au Maroc ne

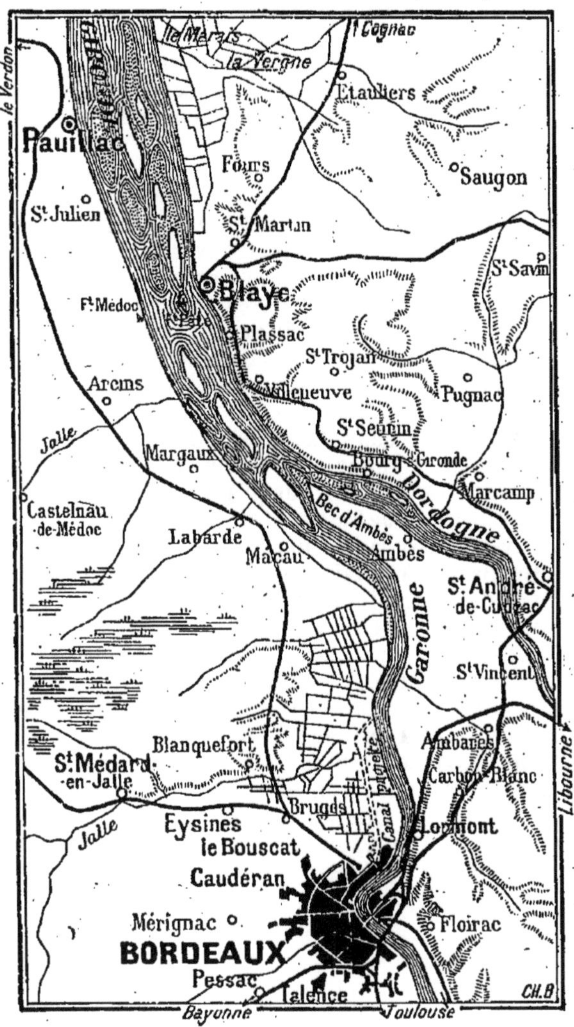

LA GIRONDE.

Noter la traînée d'îles qui prolonge le bec d'Ambès et divise la Gironde en deux chenaux, celui de Blaye et celui du Médoc. Noter aussi la situation de Bordeaux sur la rive concave d'une courbe bien dessinée de la Garonne.

procure à Bordeaux des bénéfices analogues à ceux que notre colonisation en Algérie a donnés à Marseille.

6. *L'Aquitaine est un des principaux foyers de régionalisme.* — A l'abri du Massif Central, le Bassin Aquitain a vu se développer une civilisation indépendante de la France du Nord : elle se marque par l'existence de dialectes spéciaux, dont l'ensemble constitue la *langue d'oc*, par opposition à la *langue d'oïl* des rives de la Loire et de la Seine.

Au début de notre ère, tandis que la royauté franque s'établissait dans le Bassin Parisien, le Bassin Aquitain voyait prospérer un autre empire : l'*Empire Wisigoth.* Au Moyen Age, durant la guerre de Cent Ans, les Anglais trouvèrent en Guyenne et en Gascogne la base d'opération la plus commode pour lutter contre les Capétiens. Durant les premières guerres religieuses, l'hérésie qui opposa le plus de résistance au catholicisme, soutenu par les rois de France, fut l'hérésie des *Albigeois.* Enfin, pendant les siècles de la monarchie absolue, une seule région maintint jusqu'au bout des assemblées provinciales délibérantes : ce furent les *États de Languedoc.* De même dans l'art et dans la poésie, l'Aquitaine eut des écoles d'architecture indépendantes de l'École gothique, venue du Nord, et leur influence se fit sentir jusqu'à Limoges ; elle eut, au Moyen Age, ses poètes, les *Troubadours*, et plus tard ses assemblées littéraires, qui ont vécu jusqu'à nos jours : les *Jeux Floraux.*

Le Bassin Aquitain a donc, avant la grande union nationale, été un foyer de civilisation presque aussi important que le Bassin Parisien. Son infériorité a été, pour lui, le manque de centre et de capitale. Tandis que, de l'Ile-de-France, l'influence de Paris a rayonné facilement sur toute l'étendue de la grande plaine septentrionale, dont il occupe vraiment le cœur, dans la plaine du Sud il n'y a pas de centre. Sous l'Ancien Régime, le Bassin Aquitain était partagé entre trois provinces qui se faisaient équilibre : le *Languedoc*, qui s'étendait de Toulouse à la Méditerranée ; la *Gascogne*, qui s'allongeait au au centre, du Quercy jusqu'à l'Adour ; la *Guyenne*, qui se groupait autour de Bordeaux. Encore aujourd'hui, ce manque de centre réel s'affirme par l'opposition entre les deux grandes villes de l'Aquitaine : Toulouse et Bordeaux.

XIII. — LES ALPES

Le massif des Alpes Françaises est un des plus hauts de l'Europe, mais il est relativement découpé et varié.

1° Il est découpé par de profondes vallées longitudinales et transversales; ces dernières correspondent avec les vallées du versant italien par des cols relativement accessibles. Les cols et les vallées facilitent la circulation et le commerce à l'intérieur du massif. Les vallées, profondes, abritées, forment de larges bassins séparés entre eux par des étranglements; elles ont de bonne heure favorisé l'élevage et même la culture à l'intérieur des plus hautes montagnes; elles ont abrité de nombreuses populations.

Ces caractères s'affirment aussi bien dans les Grandes Alpes, surtout cristallines, que dans les Basses Alpes, ou Préalpes, qui flanquent les Grandes Alpes vers le Rhône et qui en diffèrent par leur altitude, plus basse, et par leur sol, où dominent les calcaires.

2° Mais le climat, où l'influence desséchante de la Méditerranée s'affirme à mesure que l'on va vers le Sud, établit entre les parties septentrionale, centrale et méridionale du massif des différences dans le régime des eaux, dans la végétation, et dans la vie des populations. De là la division des Alpes, en trois régions, Nord, Centre et Sud : la Savoie, le Dauphiné et la Provence.

1. ***Constitution du Massif Alpin.*** — Les Alpes Françaises sont l'extrémité occidentale du plus grand massif de l'Europe, qui s'étend aussi en partie sur la Suisse, l'Italie et l'Autriche; elles en possèdent le plus haut sommet. Leur formation se rattache à celle de tout le massif des Alpes; toutefois, elles s'en distinguent par deux traits essentiels :

1° *Par leur orientation.* — Tandis que les Alpes Orientales et Centrales s'allongent d'Ouest en Est, dans la zone occidentale ou française le plissement alpin, se heurtant à la zone de résistance du Massif Central, s'est détourné du Nord au Sud. On verra plus loin l'importance de cette orientation pour le climat des Alpes.

2° *Par leur dissymétrie et leur diversité.* — Surplombant à l'Est, presque à pic, la plaine italienne du Pô, les Alpes descendent, par une suite de massifs étagés, vers la plaine française du Rhône. D'autre part, vers le Sud, aux plis alpins se juxtaposent des montagnes ayant une autre origine et d'autres caractères : les Maures, les monts de la Basse-Provence.

Ces deux faits, ainsi que d'autres, aussi importants, de la géographie alpine, s'expliquent par l'histoire de la formation des Alpes. Cette histoire comprend quatre épisodes principaux :

1° **Les Alpes se forment par un long plissement.** — Ce plissement, qui se produisit à l'époque tertiaire, fut lent, mais très énergique. Il projeta vers l'extérieur une série de plis couchés et atténués : la couverture de ces plis, faite de calcaires secondaires, subsiste encore dans cette zone extérieure. A l'intérieur, les plis plus énergiques et plus raides, ont été plus fortement attaqués par l'érosion ; ils ont perdu en partie leur couverture secondaire et laissent apparaître les roches primaires et même primitives, qui se trouvaient jadis en dessous.

2° **Un affaissement se produit dans la zone orientale.** — Cet affaissement a produit un golfe, aujourd'hui comblé et transformé en plaine : la plaine du Pô. Du côté italien, les hauts plissements des Alpes intérieures dominent une plaine.

3° **Des restes de plissements plus anciens subsistent.** — Les plus vieux sont les Maures et l'Esterel, restes d'un continent de l'époque hercynienne, dont la disparition a produit la Méditerranée Occidentale. Les moins vieux sont les Basses Alpes de Provence, extrémité du plissement des Pyrénées, dont elles furent séparées par un effondrement qui produisit le golfedu Lion.

4° **L'érosion glaciaire s'exerça sur presque tout le massif.** — A l'époque glaciaire, de grands glaciers, dont les glaciers actuels ne sont que les restes, s'étendirent sur toute la zone montagneuse et même au-delà, sculptant toutes les vallées de la montagne, poussant leurs moraines jusque près du Rhône.

2. ***Le relief. Grandes Alpes et Préalpes.*** — Le relief des Alpes Françaises présente donc une grande originalité. On peut y distinguer trois zones parallèles, orientées toutes trois du Nord au Sud, et se succédant d'Est en Ouest :

1° *Les Grandes Alpes.* — Elles correspondent à la région où le plissement fut le plus énergique ; elles forment par conséquent le groupe des plus hautes montagnes, série compliquée de massifs très puissants, qui vont du Rhône supérieur à la

Ch. Bonnesseur del. Erhard Frès Sc.

LES ALPES.

Méditerranée. Mais, si l'altitude de tous ces massifs est également haute, la nature de leurs roches est variée.

Dans deux régions l'érosion a mis a nu les **roches primitives** et **cristallines** : l'une, pour la plus grande partie italiennne, est

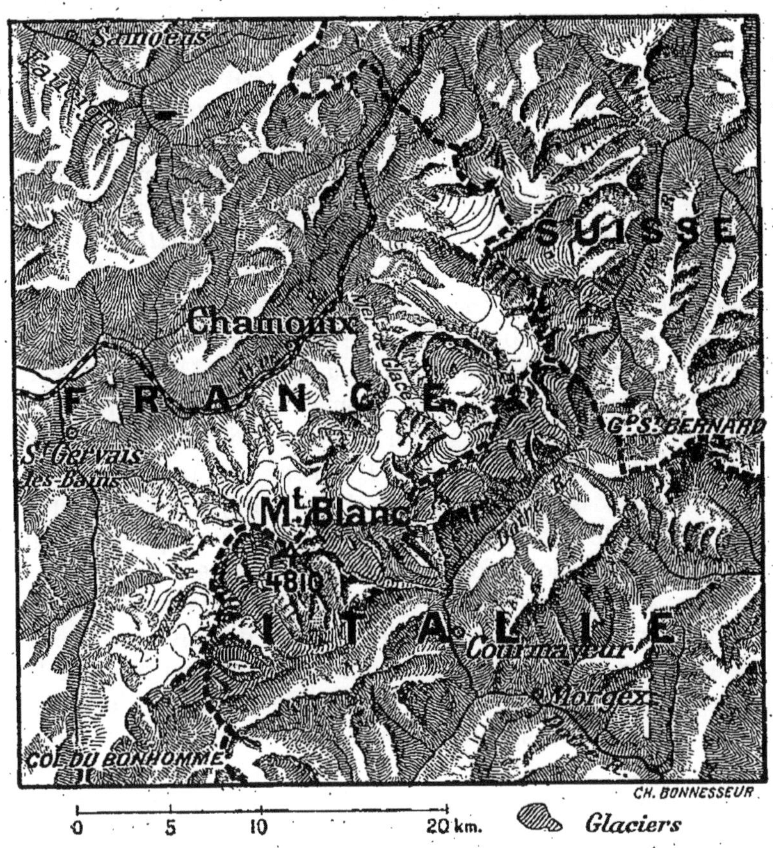

LE MASSIF DU MONT-BLANC.

Le massif du Mont-Blanc, sur la frontière qui sépare la France de l'Italie, forme un grand massif cristallin orienté du sud-ouest au nord-est. Des vallées (vallées de la Doire et de la Dranse à l'est, vallées du Borrent et de l'Arve à l'ouest) et des cols (du Bonhomme, de la Seigne, de Ferret et de Balme) l'isolent complètement. Il mesure 45 kilomètres de longueur sur une largeur de 15. Cette vaste étendue est couverte d'immenses glaciers (d'Argentière, mer de Glace, du Tacul, des Bossons) du milieu desquels surgissent des aiguilles, des sommets et le dôme du Mont-Blanc (4810 m.) point culminant de la France et de l'Europe.

la zone du *Grand Paradis* et du *Mont Viso*; l'autre, intérieure et presque entièrement française, forme les massifs du *Mont Blanc*, de *Belledonne*, des *Grandes Rousses*, du *Pelvoux*. C'est là, donc surtout au Nord, qu'on trouve les masses les plus dures et les plus épaisses, les cimes les plus aiguës.

Dans une troisième zone, qui s'allonge entre les deux précédentes, l'érosion n'a mis à jour que des **roches primaires.** Ce sont des calcaires durs, qui forment des chaînes aiguës, ou des schistes tendres, où vallées et cols se sont profondément creusés. Tels sont les massifs de la *Vanoise*, du *Briançonnais* et du *Queyras*. Cette bande est surtout large au centre.

Enfin, dans une quatrième zone, l'érosion a le plus souvent respecté les **roches jurassiques.** Celles-ci sont surtout des calcaires perméables, formant de hautes montagnes, où l'érosion a taillé des vallées profondes. Telles sont les montagnes du *Devoluy*, les *Hautes Alpes de Provence* et les *Alpes Maritimes.* Cette bande compose presque exclusivement le Sud du Massif.

Ainsi, même dans les Hautes Alpes, on distingue certaines différences de relief entre le Nord, le Centre et le Sud.

2° ***La dépression longitudinale du Lias.*** — Ceinturant vers l'Ouest les Grandes Alpes, on trouve une bande étroite de terrains appartenant à l'étage du Lias, et qui sont surtout des schistes et des marnes tendres. Ils n'ont pas résisté à l'érosion, qui a creusé une longue et large dépression, facilitant la circulation à travers le massif. Cette dépression s'étend depuis le Mont-Blanc jusqu'aux abords des Alpes de Provence.

3° ***Les Préalpes.*** — Elles correspondent à la zone externe, où le plissement fut moins intense et forma des plis peu énergiques et presque couchés. Leurs massifs sont plus bas que les Grandes Alpes; ils ont parfois l'allure de plateaux; dans l'ensemble, l'érosion a respecté la couverture des calcaires crétacés, ne les sculptant que dans le détail. Tels sont les Massifs du *Chablais*, du *Faucigny*, des *Bauges*, de la *Chartreuse*, du *Vercors* et du *Diois*.

A ces trois zones, proprement alpines, il faut ajouter :

4° ***Les massifs annexes.*** — On a vu que, au Sud-Est, les plissements alpins sont flanqués par les *Petits Alpes de Provence*, chaînes calcaires peu accentuées, aux plissements orientés Est-Ouest, et par les *Massifs des Maures et de l'Esterel*, masses cristallines compactes et usées.

En somme, les hauts sommets, qui se trouvent surtout dans les massifs cristallins, sont principalement nombreux dans le Nord et le Centre. Mais c'est aussi dans ces régions que l'on trouve les dépressions les plus continues, les plus propres à la circulation et à l'établissement des populations.

3. ***La structure. Les vallées et les cols.*** — Malgré leur épaisseur et leur hauteur, les Alpes n'opposent pas au commerce ou au peuplement un obstacle comparable aux Pyrénées. Elles doivent cet avantage au nombre et aux caractères géographiques de leurs vallées et de leurs cols.

On peut, à ce point de vue, distinguer trois groupes de dépressions :

1° **Les vallées transversales.** — Elles ont été creusées par les eaux descendant normalement des plus hauts sommets de l'intérieur vers les plaines du pourtour. Elles ont naturellement une pente plus douce sur le long versant français qui descend au Rhône que sur le brusque versant italien qui descend au Pô. Les anciens glaciers ont jadis suivi ces vallées jusqu'aux points où elles aboutissaient en plaine. Ils ont creusé, dans les parties où les vallées traversent des roches tendres, de vastes et profonds bassins, favorables à l'établissement des populations en pleine montagne. Telles sont les vallées de la *Dranse*, de l'*Arve*; de la *haute* et de la *basse Isère* et de ses affluents, l'*Arc*, la *Romanche* et le *haut Drac*; de la *haute* et de la *basse Durance* et de ses affluents, le *Guil* et l'*Ubaye*, etc.

2° **Les cols qui relient les vallées transversales du versant français soit aux vallées italiennes soit entre elles.** — Bien qu'occupés par les neiges en hiver, ces cols, élargis et abaissés par l'antique action glaciaire, sont plus accessibles que les cols pyrénéens. C'est ainsi que les vallées italiennes sont unies à l'Arve par le *col du Grand Saint-Bernard*; à l'Isère, par le *Petit Saint-Bernard*; à l'Arc, par le *Mont Cenis*; à la Durance, par le *Mont Genèvre*; à l'Ubaye, par le *col de Larche*. C'est ainsi, d'autre part, que le *col du Bonhomme* unit l'Arve à l'Isère; le *Mont Iseran*, l'Isère à l'Arc; les *cols du Galibier* et *du Lautaret*, l'Arc à la Romanche, etc.

3° **La série des vallées longitudinales.** — Elles correspondent à la dépression liasique et sont occupées par des tronçons des principales rivières énumérées plus haut : l'*Isère moyenne*, le *Drac inférieur* et *moyen*, la *Durance moyenne*. Elles forment aussi une ligne de communication basse, large et continue entre toutes les vallées transversales qui descendent des Hautes Alpes, celles du Sud exceptées.

Le nombre et la coordination des vallées alpines explique que la population y soit nombreuse et active. Une étude régionale des Alpes doit insister sur les vallées.

4. Le climat. Les régions naturelles des Alpes. — Si le relief permet d'établir quelques différences entre le Nord, le Centre et le Sud des Alpes Françaises, ces différences sont accentuées par le climat.

1° Le **Nord** a le climat des montagnes de l'Europe Océanique : hivers très rudes, avec d'abondantes chûtes de neige; étés assez chauds dans les vallées, frais aux hautes altitudes, avec d'abondantes pluies d'orage. De là, en somme, une humidité abondante, qui détermine une riche végétation forestière aux altitudes moyennes, des glaciers étendus et nombreux aux altitudes supérieures, et qui dote les cours d'eau d'un débit puissant, plus fort au printemps, c'est-à-dire à l'époque de la fonte des neiges, et en été, c'est-à-dire à l'époque des pluies, plus faible en hiver, c'est-à-dire à l'époque du gel et des neiges.

2° Le **Centre** a un climat analogue, mais altéré déjà par l'influence de la Méditerranée, qui pénètre par les vallées du Rhône et de ses affluents. Si la température est la même, l'humidité est de moins en moins abondante vers le Sud : si la neige tombe assez abondamment en hiver, les pluies d'été disparaissent et sont remplacées par des pluies d'automne, averses brusques, fortes et très rapides. De là une végétation forestière de moins en moins riche du Nord au Sud, des montagnes de plus en plus nues et ravinées (Devoluy, du latin *Devolutum*, signifie : la montagne en ruines). De là des glaciers de plus en plus rares, et des cours d'eau au régime de plus en plus inégal : crues de printemps (fonte des neiges) et d'automne (pluies) séparées par deux périodes de sécheresse, l'hiver et l'été.

3° Le **Sud** est entièrement soumis au régime méditerranéen : hivers tièdes, sauf aux hautes altitudes, et peu neigeux; étés chauds et secs; pluies brusques et espacées en automne et au printemps. De là l'humidité faible, la végétation clairsemée, l'absence de glaciers, le caractère torrentiel des cours d'eau.

Ces différences de climat rendent les conditions de vie très variables dans les trois régions. Aussi, malgré les divisions du relief alpin dans le sens de la longitude, c'est dans le sens de la latitude que les habitants, groupés par les nécessités d'une vie commune, ont formé jadis des états ou des provinces qui sont de véritables régions naturelles :

1° Au Nord, la *Savoie*;

2° Au Centre, le *Haut Dauphiné*;

3° Au Sud, la *Haute Provence*.

1. LE GRAVE, PRÈS DE LA MURE.
Type de village alpestre. Remarquer la différence existant entre le versant tourné au soleil, qui a des cultures et le village, et le versant de l'ombre qui n'a que des bois.
(Photo Corcelle.)

2. TRAVAUX DE CORRECTION SUR LE RION BOURDOU.
Par la construction de barrages, la pente est modérée et la force du courant est brisée.

3. LA ROUTE DU LAUTARET AU GALIBIER.
(Photo Boulanger.)

5. ***La Savoie.*** — Comme tout le massif, la Savoie comprend une zone de Hautes Alpes et une zone de Préalpes.

1° ***Dans les Hautes Alpes***, de riches forêts de sapins et de hêtres couvrent les pentes moyennes; les hauts sommets forment des alpages ou pâturages d'été; le fond alluvial des vallées porte de belles prairies naturelles, qui fournissent du fourrage artificiel pour l'hiver. Aussi l'élevage des bêtes à cornes et la fabrication des fromages sont-ils la ressource essentielle des populations des vallées: *vallées de la Dranse* et *de l'Arve, de l'Arly* et *du Doron*, et surtout **Tarentaise**, ou *vallée de la Haute Isère*, et **Maurienne**, ou *vallée de l'Arc*. Ces deux dernières vallées sont les principales routes entre la basse Savoie et l'Italie. C'est là que l'on trouve les principales villes : *Moutiers*, en Tarentaise; *Saint-Jean-de-Maurienne*, en Maurienne.

Les longs chômages qu'impose l'hiver ont fait naître, sur quelques points, l'industrie de l'horlogerie, et partout l'émigration saisonnière vers les villes (ramoneurs, maçons, etc.).

2° ***Entre Hautes Alpes et Préalpes***, la dépression liasique est arrosée par l'*Arly* et l'*Isère*. Assez étroite dans cette région, elle présente toutefois, outre ses cultures et ses prairies, l'avantage de former une voie de communication commode entre Haute et Basse Savoie. De là l'importance d'*Albertville*, au point où la Tarentaise se termine dans la dépression.

3° ***Dans les Préalpes***, aux masses plus basses, formées de calcaires plus perméables, l'humidité du climat maintient, comme dans les Hautes Alpes, prairies, forêts, alpages aux diverses altitudes. L'élevage et la fabrication des fromages sont la grande ressource du *Chablais*, du *Faucigny* et des *Bauges*. Cette dernière industrie est mieux organisée que dans les Hautes Alpes pour la production en gros et pour le commerce grâce à l'esprit d'association de la population. En outre, les cultures sont florissantes dans les larges vallées transversales qui séparent les massifs et où s'allongent les *lacs d'Annecy* et *du Bourget*, et sur les collines du *Salève* et des *Bornes* qui descendent vers le lac Léman et vers le Rhône.

La vie plus aisée et le commerce plus intense que dans les Hautes Alpes expliquent la densité plus forte de la population. Les villes sont plus riches. Elles sont installées soit dans les

1. UN ALPAGE D'ÉTÉ DANS LES ALPES.

Entre les forêts de montagnes, qui s'élèvent jusqu'à 2000 mètres environ, et les neiges éternelles qui ne descendent guère au-dessous de 2800 mètres, les Alpes possèdent de beaux pâturages, où les vaches laitières paissent tout l'été, ne regagnant les étables des villages, dans les vallées, que pour passer l'hiver. (Photo Boulanger.)

2. UN CHALET EN SAVOIE.

Il repose sur quatre piliers de pierre. Les murailles sont formées de troncs de sapin équarris, reliés par des chevilles. Entre les assises on dispose un lit de mousse sèche pour arrêter l'air extérieur. Le toit est à forte pente pour faciliter le glissement de la neige. A l'intérieur, il y a un rez-de-chaussée qui sert d'étable, un premier étage renfermant la cuisine et les chambres, un grenier rempli de fourrage et de bois. (Photo Corcelle.)

vallées transversales : **Chambéry**, *Annecy*, soit près du Léman et du Rhône : *Thonon*, *Saint-Julien*.

Riche en stations estivales recherchées (*Évian*, *Samoens*, *Saint-Gervais*, *Chamonix*), la Savoie est traversée par une **grande route entre France et Italie.** Un chemin de fer l'emprunte, qui, de Culoz, par Chambéry, *Modane* et le *tunnel du Mont-Cenis*, conduit à Turin. Elle explique la destinée politique des **comtes de Savoie**, qui, après avoir jadis possédé le Jura Méridional, se sont tournés vers le Piémont et ont uni sous leur sceptre l'Italie entière.

5. ***Le Haut Dauphiné.*** — Le Haut Dauphiné comprend une zone de Hautes Alpes et une zone de Préalpes séparées par la dépression liasique. Ici, cette dernière a de l'ampleur et joue un rôle essentiel dans la vie du pays.

1° Les ***Hautes Alpes*** du Dauphiné comprennent, comme celles de Savoie, de très hauts massifs séparés par des vallées transversales : vallées de la *Romanche* et du *haut Drac*, affluents de l'Isère; vallées de la *haute Durance* et de ses affluents. Chacune forme un centre de peuplement et de vie pastorale, qui a sa petite capitale : l'**Oisans**, ou vallée de la Romanche, avec *Bourg d'Oisans*; le **Champsaur**, ou vallée du Haut Drac; le **Briançonnais**, ou groupe des vallées des affluents supérieurs de la Durance, qui confluent près de *Briançon*; le **Queyras**, ou vallée du Haut Guil, avec *Mont-Dauphin*; l'**Embrunois**, ou vallée de la Moyenne Durance, avec *Embrun*; enfin, la **vallée de Barcelonnette**, ou de l'Ubaye, avec la ville de ce nom.

Dans la zone septentrionale de ces montagnes, même végétation et même genre de vie que dans les Alpes de Savoie : élevage du gros bétail et industries laitières; industries d'hiver (travail du bois, etc.). Mais dans la zone méridionale, le climat, de plus en plus sec, ne permet la forêt et les frais alpages qu'à l'*hubac*, ou versant abrité du soleil; l'*adroit*, ou versant ensoleillé, porte quelques cultures, quelques maisons, ou parfois est complètement aride et dénudé. Les bêtes à cornes sont plus rares, et les alpages servent aux moutons, qui transhument en été de la Provence.

L'émigration est active, surtout dans le Sud, dont les habitants émigrent pour longtemps et jusqu'en Amérique. Au Nord,

1. SAINT-ANDRÉ : LE FRESNAY.

Type des vallées alpestres. Elles traversent tout le massif et permettent à la vie d'y circuler facilement. En outre, grâce à la force motrice des torrents, elles sont couvertes aujourd'hui d'établissements industriels importants. Les Alpes sont la région de France la plus riche en houille blanche.

2. LE GRAND SOM, DANS LE MASSIF DE LA CHARTREUSE.

Un des sommets principaux des Alpes de la Grande-Chartreuse, sur les confins de la Savoie et du Dauphiné. C'est le type des montagnes pastorales, couvertes de forêts et de pâturages, verdoyantes et fraîches. Au pied du Grand Som, dans un coin de douce solitude, se trouve le couvent fameux de la Grande-Chartreuse, qui fut fondé par S. Bruno. (Photo Neurdein.)

elle est d'autant plus restreinte, qu'aux ressources agricoles s'ajoutent, grâce à l'initiative de Grenoble, des industries très prospères : la production de la force électrique par les eaux des torrents et son transport à distance ; des scieries mécaniques, des papeteries et cartonneries. On trouve même des forges à *Allevard*.

2° Dans les *Préalpes*, comme dans les Hautes Alpes, la sécheresse méditerranéenne s'affirme vers le Sud. Tandis que, dans le massif de la *Chartreuse*, prospèrent l'élevage et l'industrie laitière, le *Vercors*, déjà plus sec, a un troupeau beaucoup moins riche et ne retient une population assez abondante que grâce aux tissages nés sous l'influence de Lyon (voir ci-dessous). Quant au *Diois*, ses croupes sèches sont pâturées par les moutons ; seules, les vallées y sont plus humides et plus fertiles, comme la vallée de la Drôme où se trouve *Die*.

3° La ***dépression liasique*** est ici très vaste. Dans le Nord, elle forme le **Grésivaudan**, fertilisé par les eaux et par les alluvions de la *Moyenne Isère* : c'est une riche terre de culture et d'élevage, qui ouvre la route vers les hautes vallées de la Savoie. Dans le Sud, la dépression est arrosée par le Drac, qui passe près de *La Mure*, et par un affluent de la Durance, qui passe à *Gap* ; elle ouvre ainsi la route entre Isère et Durance, entre Dauphiné et Provence, entre Grenoble et Marseille.

Grenoble (77 000 hab.), au point de jonction de l'Isère et du Drac, au point de convergence de toutes les routes qui descendent de la montagne dauphinoise, doit son importance au commerce entre Lyon et la montagne, pour lequel elle joue le rôle d'intermédiaire, et aux industries qui lui sont nées de ses rapports avec Lyon, cité de la soie, et avec la montagne, qui lui fournit la peau de ses moutons et de ses chèvres, le bois de ses forêts, la force de ses torrents : ces industries sont le tissage, la ganterie, la bijouterie, la papeterie, la force électrique, etc.

Le Haut Dauphiné est la portion essentielle d'une province, le **Dauphiné**, qui fut de bonne heure rattachée à la France.

6. ***Les Alpes de Provence.*** — Si les Alpes de Savoie constituent l'intégralité, et les Alpes du Dauphiné la portion essentielle de deux grandes provinces françaises, les Alpes de Provence ne sont qu'une annexe de la Provence active et peuplée qui s'étend sur les plaines du bas Rhône et sur les côtes méditerranéennes. C'est avec elles qu'on les étudiera. (Voir *La Provence*, chap. XVI).

1. LE GLACIER D'ARGENTIÈRE.

Les Alpes, comme les Pyrénées, ont été jadis presque entièrement recouvertes par d'immenses glaciers. Ils ont usé certains de leurs sommets en hauts plateaux presque privés d'accidents, que couvrent les pâturages (v. ci-dessus l'alpage, p. 317). Ils ont creusé leurs vallées en larges bassins, aujourd'hui couverts d'alluvions, où l'on trouve prés et cultures. Mais, à la différence des Pyrénées, les Alpes ont encore gardé de beaux glaciers de vallées, surtout dans le massif du Mont-Blanc.

(Photo Granger.)

2. L'ARC A LANSLEBOURG.

L'Arc descend de la région du Mont-Cenis et se jette dans l'Isère. Sa vallée est très inclinée : aussi l'Arc coule-t-il très vite, comme toutes les rivières des montagnes. La vallée creusée par l'Arc est la Maurienne; elle aboutit dans le Grésivaudan et conduit ainsi du Mont-Cenis au Rhône, d'Italie en France.

Lectures.

1. *L'élevage des bêtes à cornes indigènes et des moutons transhumants est la grande ressource des Alpes.* — Beaucoup plus que les cultures, plus même que l'exploitation des forêts, l'élevage est la grande ressource de la région des Alpes. Mais il faut bien distinguer entre deux élevages : celui des bêtes à cornes et celui des moutons.

1° **L'élevage des bêtes à cornes** est surtout répandu dans la Savoie, moins déjà en Dauphiné, pas du tout dans les Alpes méri-

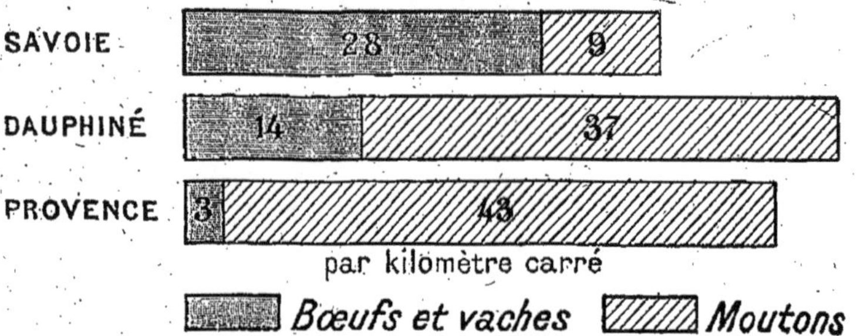

BŒUFS ET MOUTONS DANS LES ALPES.

Les Alpes de Savoie, plus humides, ont des pâturages qui se prêtent a l'élevage du gros bétail : on y compte environ 3 bœufs pour 1 mouton. Les Alpes de Provence, beaucoup plus sèches, ne conviennent guère qu'à l'élevage du mouton : on y compte à peu près 14 moutons pour 1 bœuf ; il y vient, en outre, de la Camargue et de la Crau un grand nombre de moutons transhumants.

dionales : la Haute-Savoie et la Savoie sont les deux départements de France qui possèdent le plus de bêtes à cornes ; les Hautes-Alpes et les Basses-Alpes, les deux départements qui en possèdent le moins. Pour cet élevage, les populations associent, dans une utilisation fort bien comprise, les basses vallées et les hauts alpages. En hiver, les bêtes restent à l'étable, nourries du foin récolté sur les prairies artificielles qui, de plus en plus, prennent la place des cultures dans les fonds humides et fertiles des vallées. En été, les troupeaux montent sur les alpages, où ils pâturent en plein air, de mai à la fin de septembre, gardés par les populations des vallées, qui ont là-haut leurs villages d'été, ou *mayens* ; c'est là que l'on fait le fromage. Les troupeaux savoyards sont, en effet, élevés plus pour le laitage que pour la boucherie : l'industrie fromagère de Savoie est la première de France après celle du Jura. Les habitants commencent à pratiquer l'organisation coopérative en *fruitières*, qui a si bien réussi dans le Jura (v. p. 335).

2° **L'élevage des moutons** est surtout répandu dans les Alpes Méridionales. La plupart de ces moutons sont, d'ailleurs, des moutons transhumants, appartenant aux habitants des pays bas et secs de la *Crau* et de la *Camargue*, où ils demeurent à l'étable en hiver. En été, ils montent estiver sur les alpages des Alpes de Provence, et même du Dauphiné; certains, plus rares, poussent jusqu'en Savoie. Les voies ferrées sont utilisées pour le transport de ces moutons. Ils redescendent à l'hiver. Le nombre des moutons transhumants était ainsi, jadis, très considérable et vraiment excessif; aujourd'hui, on peut l'estimer à 300 000.

La transhumance a des inconvénients : 1° le mouton est un animal destructeur : il arrache l'herbe, il ne la coupe pas; là où il est passé, le pâturage est détruit pour longtemps; 2° ce qu'il fait pour l'herbe, il le fait pour l'arbre naissant; il empêche donc le *reboisement*, qui est une des premières nécessités pour un pays que les habitants ont jadis défriché avec excès. Il est donc vrai que, dans une certaine mesure, la transhumance « détériore » la montagne.

Mais il faut reconnaître que *la transhumance présente aussi quelques avantages* : 1° elle permet aux habitants des Alpes Méridionales de vivre, grâce au loyer que les propriétaires des troupeaux paient à ceux des montagnes où ils viennent estiver; 2° elle permet également de vivre aux habitants de la Crau et de la Camargue, pays aux étés torrides, qui ne pourraient garder leurs troupeaux s'ils n'avaient à leur disposition ces pâturages saisonniers; 3° et surtout, il n'est pas prouvé que, sur ces montagnes calcaires de climat sec, les pâturages pourraient jamais nourrir un bétail plus exigeant que les moutons; il n'est pas plus prouvé que le reboisement réussirait partout également : facile à l'hubac des vallées, sur le versant abrité, il est plus difficile et plus problématique à l'adroit, sur le versant exposé aux rayons ardents du soleil.

Donc, *ce qui est surtout blâmable, c'est l'abus, et non pas l'usage*. Il faut limiter la transhumance, le nombre des moutons et les espaces qui leur sont réservés, ne lui permettre que les territoires (beaucoup plus nombreux qu'on ne l'a dit) dont on ne peut faire aucun autre usage; il serait imprudent de la supprimer.

2. ***Les Alpes sont une région de circulation commerciale et de défense militaire.*** — Grâce aux vallées de la Savoie et du Dauphiné et à la côte méditerranéenne, les Alpes ont toujours été une grande voie de circulation entre Midi français et Midi italien, entre pays océaniques et pays méditerranéens. Leurs passages ont permis les invasions des Gaulois du Brennus et des Carthaginois d'Hannibal en Italie, des Romains de Jules César en Gaule. D'autres armées, plus récemment, les franchirent : celles de Charles VIII, au XVe siècle; de Bonaparte, sous le Directoire (passage du Saint-Bernard); de Napoléon III, en 1859. — Aujourd'hui, encore, elles forment une région de défense militaire : de nombreux forts commandent toutes les vallées. Les trois centres stratégiques sont, aux points de convergence des principales vallées : *Grenoble*, à l'entrée du Grésivaudan; *Briançon*, au débouché des vallées du Briançonnais; *Nice*, qui commande la route de la côte (pour cette dernière ville, voir le chap. XVI, *Les régions méditerranéennes*).

Pour la circulation commerciale, il ne faut point méconnaître que les Alpes, malgré la facilité, d'ailleurs relative, des communications leur opposent un obstacle. Cet obstacle a été toutefois surmonté, grâce à un système de routes, dont la construction a été inaugurée sous Napoléon Ier, et qui passent par le *Petit Saint Bernard*, le *Mont Cenis*, le *Mont Genèvre* et le *col de Larche* et aussi par deux voies ferrées, dont l'une, *Marseille-Gênes*, traverse le massif des Maures, puis suit la côte; dont l'autre, *Paris-Turin*, après avoir emprunté les dépressions de Chambéry et de la Maurienne, perce la haute montagne par le *tunnel du Mont Cenis* (1870). Cette voie ferrée, longtemps la seule transalpine, a vu son importance décroître à la suite du percement de tunnels plus centraux : le *tunnel du Saint Gothard*, le *tunnel du Simplon*, qui raccordent plus directement l'Europe Septentrionale à la Méditerranée. On projette de percer un tunnel sous le Mont Blanc.

A l'intérieur des Alpes françaises, une grande voie ferrée *Chambéry-Grenoble-Marseille* emprunte la dépression liasique et les vallées longitudinales de l'Isère (Grésivaudan), du Drac et de la Durance.

3. ***C'est par les vallées que s'est faite l'unité politique des pays alpins.*** — Les vallées sont la portion vitale des Alpes, non seulement par les facilités qu'elles offrent à la circulation, mais par les conditions relativement favorables auxquelles y est soumise la vie humaine : climat relativement tempéré, permettant certaines cultures; prairies artificielles, donnant d'excellents rendements dans les fonds; routes naturelles vers les hauts pâturages d'été. Aussi la population des vallées alpestres est-elle assez dense : elle dépasse parfois 50 habitants au kilomètre carré, dans les vallées intérieures (Tarentaise, Maurienne, Briançonnais); elle atteint et dépasse 70, dans les vallées extérieures plus larges (près de 100 dans le Grésivaudan).

Cette population se groupe généralement en villages ou villes, édifiés sur le versant bien exposé des vallées, c'est-à-dire le versant ensoleillé en Savoie, le versant abrité dans le Midi. Chaque vallée, ou chaque section d'une vallée (quand celle-ci est divisée par des étranglements) a ainsi sa ville ou ses villes : *Moutiers*, en Tarentaise; *Albertville*, au débouché de celle-ci; *Saint-Jean-de-Maurienne* et *Modane*, en Maurienne; *Briançon*, en Briançonnais; *Barcelonnette*, dans la vallée de l'Ubaye; *Gap*, dans une dépression sèche. Ces villes des hautes vallées ne dépassent jamais 10 000 habitants. Dans les vallées extérieures des Préalpes, les villes sont plus fortes : *Annecy*, *Chambéry* et surtout *Grenoble*, capitale du riche Grésivaudan.

Ainsi chaque vallée ou chaque ensemble de vallées à son individualité; chacune a formé jadis un petit État. C'est dans la Maurienne qu'est née la puissance des *comtes de Savoie*, les « portiers des Alpes », descendus plus tard dans la plaine du Pô, maîtres du Piémont, aujourd'hui rois d'Italie. C'est autour du Grésivaudan que s'est formé le *Dauphiné*. Nice est devenue le cœur d'un autre État féodal, le *comté de Nice*, dont les artères sont les vallées qui pénètrent les Alpes Maritimes (Var, Paillon, Verdon, etc.). De même le *Briançonnais*, formé d'un complexe de vallées qui confluent toutes dans la haute Durance, constituait une seigneurie, dont les maîtres tenaient une clef des Alpes et régnaient aussi bien sur le versant français que sur le versant italien, où ils possédaient les *vallées d'Exilles, de Fenestrelle, d'Aoste*.

La plupart de ces États alpestres se distinguaient des États pyrénéens par leur tendance à ne point rester isolés et comme repliés sur

POINTS DE GROUPEMENT DE LA POPULATION DANS LES ALPES FRANÇAISES.

Dans les montagnes, les principales agglomérations, bourgs et villes, sont situées : 1° au débouché des cols où l'on franchit la chaîne ; 2° aux confluents des rivières et des vallées. Ainsi, dans les Alpes Françaises, Modane et Bourg-Saint-Maurice marquent les débouchés dans la vallée des routes du Mont-Cenis et du Petit-Saint-Bernard ; Chambéry commande le passage qui, entre le massif des Bauges et celui de la Grande-Chartreuse, mène de la vallée du Rhône dans celle de l'Isère et qui est suivi aujourd'hui par la grande ligne de Paris à Turin ; Moutiers et Albertville marquent les confluents de l'Isère avec le Doron, le Bozel et l'Arly ; Grenoble marque celui de l'Isère, avec son gros affluent, le Drac.

eux-mêmes, mais, au contraire, à déborder, par les vallées, sur les plaines de bordure, soit vers l'Italie, soit vers la France : l'histoire des maisons princières qui y sont nées en est la preuve.

4. *Grenoble est la grande ville des Alpes.* — Grenoble n'est pas seulement la capitale du Dauphiné: c'est la grande ville des Alpes.

Elle doit son importance originelle au pont jeté là sur l'Isère et par où passait la route, qui, venant de Lyon, remontait par le Grésivaudan vers la Savoie; par le Drac, l'Oisans et le Champsaur, vers le Haut Dauphiné. Toutes les routes unissant l'Italie du Pô à la France du Rhône aboutissent là. De là le *rôle militaire* de premier ordre joué de tout temps par Grenoble : le royaume de France ne fut sûr de sa frontière savoyarde que lorsqu'il eut acquis cette clef du Dauphiné, et aujourd'hui Grenoble est le camp retranché le plus important de notre frontière du Sud-Est. De là aussi son *rôle commercial*. Point de contact entre le bas pays et les hautes vallées de montagne, Grenoble est un marché de premier ordre pour les produits industriels et les céréales dont la montagne a besoin et pour les produits spéciaux que la montagne vend aux bas pays : fromages, peaux, etc. Elle est le nœud le plus important des voies ferrées qui pénètrent la montagne ou qui la longent jusqu'à l'Italie et jusqu'à Marseille.

Enrichie par sa situation même, Grenoble, le jour où elle a ajouté l'industrie au commerce, est devenue une grande ville, une de ces *capitales régionales* comme on en trouve sur quelques points de la France. Ce fut d'abord la fabrication des gants, grâce à la peau des chevreaux et des agneaux importés des montagnes sèches du Sud; puis la papeterie, grâce au bois des montagnes humides du Nord. Enfin et surtout, Grenoble a demandé, dans ces dernières années, aux torrents de la montagne dauphinoise la force motrice qui, transformée en électricité, en *houille blanche*, actionne, grâce aux capitaux des Grenoblois et sous leur direction, bien des usines des hautes vallées ou de la banlieue grenobloise : cartonneries, ganteries, usines métallurgiques et tissages, ces derniers, de plus en plus nombreux, nés du voisinage de Lyon.

XIV. — LE JURA

Le Jura est un massif plissé. Il a une altitude élevée et un climat rude. Mais l'existence de nombreuses dépressions longitudinales et transversales, que l'on appelle vals et cluses, y favorise l'établissement des populations dans des sites abrités et surtout les échanges commerciaux entre ces populations et l'extérieur.

D'autre part, les reliefs s'étagent dans le Jura Français, depuis le bas Revermont de l'Ouest jusqu'aux hautes chaînes de l'Est, en passant par les plateaux du Centre, Cet étagement détermine une certaine variété dans les ressources, d'ailleurs abondantes du massif : vignobles, élevage, exploitation du bois.

Ces deux circonstances expliquent la prospérité et la densité assez forte des populations jurassiennes, qui ont su joindre aux ressources de leur sol le bénéfice de certaines industries très actives.

1. ***Constitution du Jura.*** — Le Jura n'appartient qu'en partie au territoire français. Son rebord oriental appartient à la Suisse; toute sa zone septentrionale, à la Bavière.

C'est une chaîne plissée, contemporaine des plissements alpins, dont elle est une annexe extérieure. Les plissements, très réguliers se sont produits en même temps que ceux des Alpes, mais, plus éloignés du foyer de plissement, ils sont moins puissants. D'autre part, au Sud et au Nord, se heurtant au Massif Central et aux Vosges, massifs résistants, ils se sont serrés; par conséquent ils ont une assez forte altitude et l'apparence de montagnes. Au contraire, au Centre, ne rencontrant aucun obstacle, ils se sont développés avec plus d'ampleur et moins de vigueur; ils sont beaucoup plus larges et beaucoup plus bas : ils ont l'apparence de plateaux.

De là tous les traits essentiels du Jura:

1° **Son relief.** — Le massif n'est pas très haut dans son ensemble : son point culminant, le *Crêt de la Neige*, dépasse à peine 1400 mètres. Dans la partie française, il forme, au Nord et surtout au Sud, une série de chaînons hauts et pressés, dont les points culminants sont le *Crêt de la Neige*, le *Crêt du Nu*, le *Reculet*, etc. Au Centre, si les plis subsistent à l'Est, surplombant la plaine suisse, ils s'atténuent vers la France, en plateaux larges et bas, s'étageant et descendant vers la plaine de la Saône : *plateaux de Champagnole, de Nozeroy, d'Ornans, de Pontarlier, de Lons-le-Saulnier*. Leur rebord vers la plaine de la Saône forme le *Revermont* et le *Lomont*.

2° **Son sol et sa structure**. — Le sol du Jura est presque entièrement constitué par des calcaires secondaires d'âge jurassique. Ils sont très perméables. L'eau, filtrant à travers ces calcaires et les minant, y a produit tous les accidents de terrains que l'on trouve dans ces sortes de roches. A côté des *vaux*, synclinaux qui s'allongent entre les plis anticlinaux, l'érosion, faisant parfois s'écrouler les *voûtes* de ces plis, forme à leur sommet d'autres dépressions allongées, les *combes*, que domi-

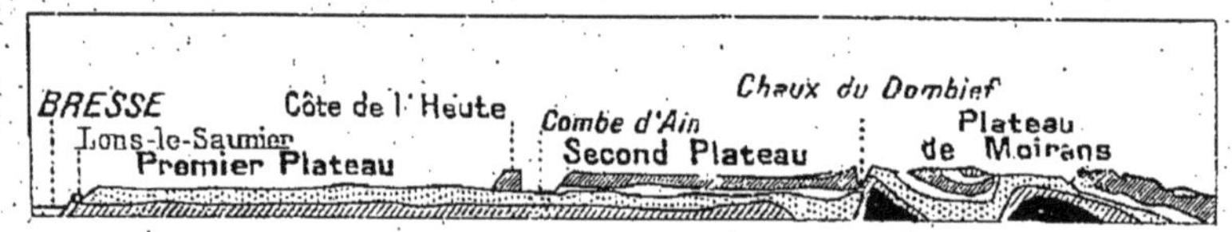

COUPE A TRAVERS LE JURA.

Le Jura est un massif calcaire qui s'est trouvé plissé par les contre-coups du soulèvement alpestre. Toutefois dans sa partie centrale (ici représentée), il comprend aussi des plateaux que les plissements n'ont pas atteints et qui sont par suite restés horizontaux.

nent les *crêts*; ou bien elle a coupé transversalement les plis par des *cluses*, qui unissent les vaux entre eux. Sur les plateaux, les eaux s'engouffrent et disparaissent dans le sol par des *emposieux*; partout les rivières ont des *pertes*, qui surgissent plus loin sous forme de *sources vauclusiennes*, puissantes, mais intermittentes.

3° **Le climat, le régime des eaux et la végétation**. — Le **climat** du Jura est rude, à cause de l'altitude. D'autre part, l'étagement du versant français vers l'Ouest l'expose aux vents atlantiques : de là une humidité qui se manifeste par d'abondantes précipitations neigeuses en hiver et des pluies d'orage en été.

Les **cours d'eau**, qui vont au Rhône, comme la *Valserine*, l'*Ain*, ou à la Saône, comme le *Doubs*, sont de longues rivières serpentant de val en val par les cluses. Ils passent souvent des cluses aux vaux par des chutes ou *sauts*. (Exemple : le *Saut du Doubs*). Ces rivières ont un régime assez régulier, à cause de la perméabilité des calcaires, qui, en temps de séche-

1. LE SAUT DU DOUBS.

Le Doubs est la rivière la plus importante du Jura. Il prend d'abord une direction Sud-Nord, puis Est-Ouest, puis Nord-Est-Sud-Ouest. Dans chacun de ces tronçons son cours est également tourmenté, car il n'a pas une vallée unique. Il coule, comme toutes les rivières jurassiennes, dans une série de larges vaux; mais pour passer de l'un dans l'autre, il traverse d'étroites cluses et parfois des dénivellations assez fortes : de là, à ces passages, des rapides et des chutes. Le saut du Doubs est situé près du village des Brenets, à la frontière franco-suisse. Le Doubs y tombe d'une hauteur de 27 mètres.

(Photo Teulet.)

2. LA VALLÉE DE BAUME-LES-MESSIEURS.

Roches blanches, assises superposées, plateaux terminés par des corniches à pic, au-dessus de talus d'éboulis, qui convergent vers la vallée où les eaux se concentrent. Les plateaux portent des prairies; les bois sont sur les versants, les prés et les villages sont au fond de la vallée.

resse, leur rendent par les sources une partie des eaux absorbées en temps d'humidité par les emposieux. Toutefois, en hiver, ces rivières sont plus irrégulières, à cause de la gelée, qui rend le sol imperméable et qui ne permet d'autres précipitations atmosphériques que la neige. Au printemps, à la fonte des neiges, elles ont, au contraire, de grandes crues.

La **végétation** est très riche, grâce à l'altitude relativement modérée, à l'excellence du sol calcaire et surtout à l'humidité. Les *forêts* (pins et sapins, etc.) couvrent une partie des plateaux et surtout les pentes des chaînes, où elles sont dominées par des *alpages*. Les *champs* s'étagent sur les parties basses des versants des vaux et des cluses. Les fonds des vaux, des cluses et des combes portent d'excellentes *prairies*. Le Jura n'a pas de glaciers, à cause de son altitude médiocre ; il est presque entièrement habitable et exploitable : c'est le seul massif français dans ce cas.

2. ***Divisions du Jura français.*** — **Au point de vue politique,** pas plus que la portion septentrionale du massif, située en territoire germanique, le Jura français, allongé du Nord au Sud, n'a jamais formé une unité politique.

1° Le **Jura Méridional**, formé de plis montagneux hauts et serrés, très étroit, est à peine séparé par la vallée du Rhône des Préalpes de la Savoie et de la Chartreuse, qui sont formées par des plis calcaires analogues aux siens ; de même il communique très facilement avec le centre industriel de Lyon. Il a jadis été rattaché à la *Savoie*, que peuple d'ailleurs la même race des Allobroges, puis à la *Province de Lyon*, à laquelle le relient aujourd'hui des liens économiques très puissants.

2° Le **Jura Central**, plus vaste, dont les plateaux descendent vers la plaine de la Saône et vers la trouée de Belfort, est traversé par quelques routes qui mènent de la plaine de la Saône en Suisse. Il s'est de bonne heure rattaché aux plaines de la Saône et de Belfort, formant avec elles une seule province, qui a les mêmes intérêts, qui est peuplée de la même race : la *Franche-Comté*.

Au point de vue économique, toutefois, on ne trouve pas d'opposition entre le Sud et le Centre du Jura. Au contraire, certaines différences de relief, de climat, de végétation et par conséquent de ressources économiques existent entre les pays bas et accessibles de l'Ouest, et les pays hauts et véritablement

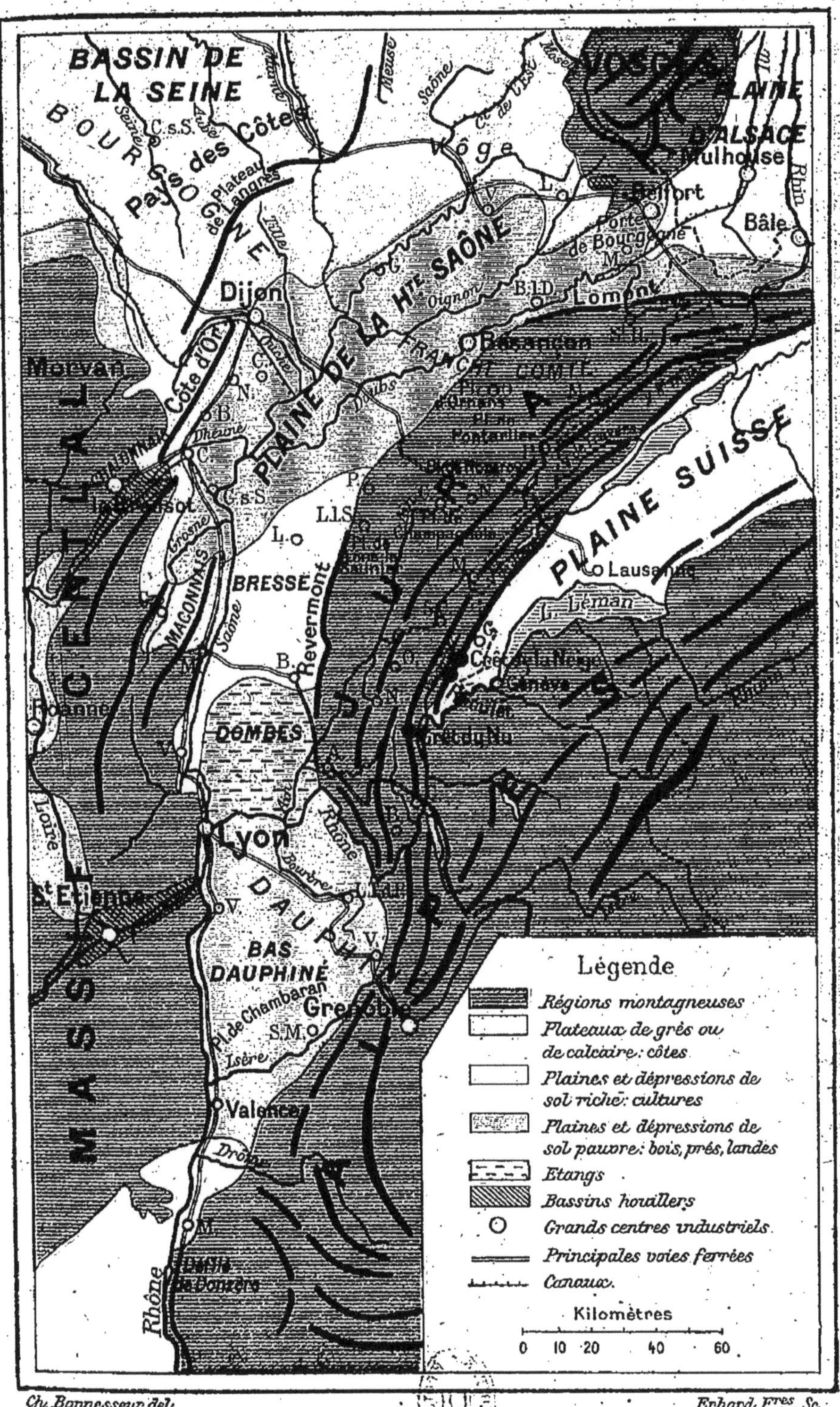

Ch. Bonnesseur del. Erhard Fres. Sc.

LE JURA. — LE BASSIN RHODANIEN.

montagneux de l'Est. On étudiera donc, successivement, d'Est en Ouest :

1° les *chaînes*;

2° les *plateaux*;

3° Le *Revermont*.

5. ***Les chaînes du Jura.*** — Par leur altitude, par leur climat plus rude que celui des plateaux, les hautes chaînes du Jura sont peu favorables à une grande densité de population. Toutefois, dans les vaux abrités existent de nombreux villages, dont les populations vivent, un peu des cultures de seigle et de blé établies sur les versants, beaucoup de l'exploitation des bois et des buissons (buis) situés sur les hautes pentes, et plus encore de l'élevage des bestiaux nourris en hiver avec les fourrages des vallées, en été avec l'herbe des hauts alpages.

A ces ressources végétales s'ajoutent celles de l'industrie : non seulement la fabrication des fromages par les fruitières, organisées comme sur les plateaux (v. ci-dessous), mais des industries nées des longs chômages forcés de l'hiver et de l'abondance du bois : fabrication de jouets de bois, d'horloges en bois, etc. De là est née l'industrie horlogère (fabrication des montres, des pièces détachées d'horlogerie en acier, etc.), aujourd'hui concentrée dans quelques villes usinières. D'autre part, dans le Sud, au voisinage du Rhône, des tissages de soieries, dépendant des fabricants de Lyon, se sont installés là, comme dans toutes les montagnes voisines de cette ville.

Telle est la vie, doublement prospère, de tous les vaux de la montagne jurassienne : *val de Bugey*, *Valromey*, *val de Gex*, *val de Bienne*, *Valserine*, *val de Joux*, *val Travers*, *val Saint-Imier*, etc. Grâce à elle, non seulement l'émigration n'existe pas dans le Jura au même point que dans les autres montagnes, mais on trouve dans les villes industrielles une certaine émigration d'ouvriers suisses et italiens.

Les villes, assez nombreuses et assez populeuses pour un pays de montagnes, sont, soit des villes industrielles, situées dans les vaux : *Gex*, *Belley*, *Oyonnax*, *Saint-Claude*, *Morez*, *Saint-Hippolyte*, soit des villes commerçantes, situées dans les cluses, sur les routes qui traversent le Jura. Certaines de ces routes sont aujourd'hui doublées de chemins de fer unissant la France à la Suisse ou à l'Italie. Les villes de cluses sont : *Nantua*, *Pontarlier*, *Morteau*.

4. Les plateaux du Jura. — Les plateaux du Jura sont d'autant plus bas qu'ils sont plus rapprochés de la bordure extérieure du massif : le *plateau de Nozeroy* a une altitude de 850-900 m. ; le *plateau de Champagnole*, 650-758 m. ; les *plateaux d'Ornans* et *de Lons-le-Saulnier*, 500-600 m.

Ils forment de vastes bombements, creusés par les emposieux, et dont certaines dépressions, où se sont accumulées les argiles

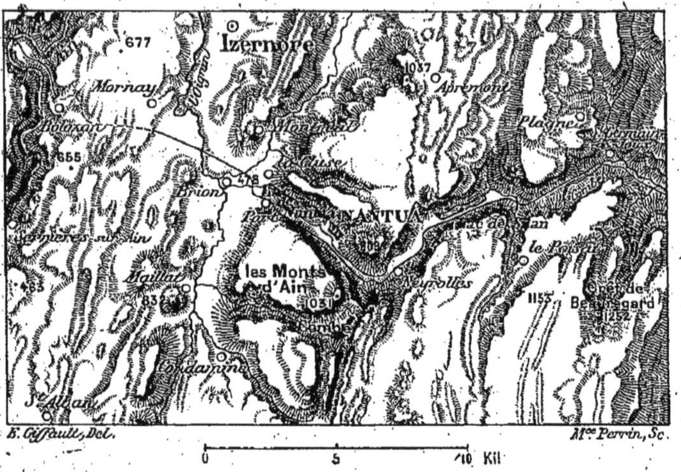

CARTE DE LA CLUSE DE NANTUA.

Dans le Jura, une cluse est une gorge étroite qui coupe transversalement tout un chaînon montagneux : c'est ce que montre bien la carte qui représente la cluse de Nantua. Les cluses ont naturellement rendu les plus grands services pour les communications puisqu'elles permettent de couper les montagnes. La cluse de Nantua donne passage à la voie ferrée de Paris-Bourg à Genève.

de décomposition, forment des tourbières. Mais la plus grande partie est occupée par des bois et par des pâturages. Là plus encore que dans la montagne, les agglomérations, assez populeuses, vivent très aisément de l'exploitation en commun de leurs bois de sapins et de la production en commun des *fromages de Gruyère*, produits dans des établissements appelés *fruitières* qui centralisent parfois le lait de toute la commune.

Plus agglomérée sur les parties les plus calcaires et les plus perméables du plateau, plus éparse dans certaines dépressions marneuses, la population vit surtout dans des gros bourgs, marchés de bétail, de fromage et de bois : *Champagnole*, *Nozeroy*, *Ornans*.

1. LA COMBE DE MIJOUX.

Une combe est une dépression qui s'est creusée sur l'emplacement de l'ancienne voûte d'un pli. Elle est dominée de chaque côté par les flancs de l'ancienne voûte; ceux-ci forment des crêts qui dominent la combe. Le fond même de la combe est encore à une altitude assez élevée, beaucoup plus élevée que le fond des vaux qui s'allongent de chaque côté du pli. Mais comme elle est relativement abritée, elle possède de beaux pâturages, et l'on y trouve des habitants, du bétail et des maisons

2. NANTUA.

Une cluse est une coupure étroite et profonde, qui sectionne un pli et fait communiquer deux vaux. Elle est parfois, comme à Nantua, partiellement occupée par un lac. Elle sert de passage aux routes : nous avons vu qu'à Nantua elle est utilisée par la voie ferrée qui va de Bourg-en-Bresse à Genève. (Ph. Boulanger.)

5. ***La bordure du Jura.*** — Les plateaux du Jura dominent la plaine de la Saône et la trouée de Belfort par une côte plus ou moins abrupte, dont les principaux escarpements sont le *Revermont*, au Sud, et le *Lomont*, au Nord. Ces côtes, bien exposées, dont l'altitude ne s'élève que rarement au-dessus de 400 m., sont favorables aux cultures et même à la vigne (*vins d'Arbois* et *de Château-Chalon*). Elles sont striées par des vallées peu profondes, ou *reculées*, qui descendent vers la plaine : leur fond, abrité et chaud, porte au Sud des champs de maïs, qui annoncent la Bresse, et au Nord des prairies, qui annoncent la plaine de la haute Saône.

Ligne de contact entre la plaine et la montagne, cette série de côtes est jalonnée par une série de villes situées soit sur des pitons avancés, soit au fond de reculées. Ce sont d'anciennes forteresses, qui défendent l'accès de la plaine, et des marchés agricoles importants : *Lons-le-Saulnier*, *Poligny*, *Arbois*, *Salins*, *Baume-les-Dames*, *Montbéliard*. La principale est **Besançon** (57000 hab.), camp retranché important qui commande le débouché de la vallée du Doubs, ville industrielle et commerçante (horlogerie) qui concentre les produits fabriqués de la montagne. Besançon est l'ancienne capitale de la province de **Franche-Comté**, qui s'étendait à la fois sur le Jura Central et sur les plaines de la haute Saône.

6. ***Traits communs à tout le Jura.*** — Malgré les traits particuliers aux différentes régions du Jura, tout le massif possède, en somme, certains traits communs, qui le distinguent autant des autres massifs français que des plaines qui l'entourent :

1° Une **densité de population** relativement forte : 57 hab. par kilomètre carré, ce qui est beaucoup pour une région montagneuse ;

2° La **prédominance de l'élevage** et de l'**exploitation du bois** sur les cultures ;

3° Une **industrie**, concentrée sur certains points et très active ;

4° Une **circulation commerciale** assez active à travers le massif, favorisée par la coordination des vaux et des cluses et concentrée aujourd'hui sur *trois voies ferrées*. Ces voies ferrées unissent la plaine de la Saône à la plaine Suisse, par le Nord vers Bâle et Berne, par le Centre vers *Neuchâtel* et Lausanne, et par le Sud vers Genève.

Lectures.

1. ***Le Jura est le massif français le plus peuplé.*** — Les montagnes sont, en général, pour la population des *régions de dispersion*, la vie et la circulation y étant moins faciles qu'en plaine. Cependant, diverses conditions peuvent accroître la population d'un massif montagneux : 1° si son altitude n'est pas trop haute et si les portions du massif situées au-dessus de la limite des forêts et des bons pâturages est faible ou nulle ; — 2° s'il a des vallées bien abritées des intempéries, et possédant un sol suffisamment drainé pour l'établissement de prairies artificielles ; — 3° s'il a des forêts abondantes, fournissant de belles perspectives aux industries du bois ; — 4° s'il a de nombreux moyens naturels de communications : vallées larges, col bas ; — 5° s'il a des richesses minières. Or, les quatre premières de ces conditions se trouvent réunies dans le Jura, les trois premières surtout ; en outre, à défaut de gisements miniers, le Jura possède de nombreuses chutes d'eau constituant une abondante réserve de houille blanche. Aussi le Jura est-il très peuplé ; la densité moyenne de l'ensemble du massif (et non des seules vallées, comme pour les Alpes) atteint 57 habitants au kilomètre carré.

Cette population est évidemment plus dense dans les bons pays de la bordure (*Revermont*), où poussent les céréales et la vigne ; mais les « plateaux » et surtout la « montagne » sont très suffisamment peuplés. Les habitants, comme dans tout pays calcaire aux sources rares, sont groupés en villes ou en gros villages : ceux de la montagne, dans les vallées ou au débouché des cluses, par où se font les relations de vallée à vallée (de là l'importance de villes comme *Nantua*, *Pontarlier*, près des cluses du même nom, où passent routes et chemins de fer) ; ceux du plateau, au milieu des pâturages, où, pendant la belle saison, paissent les troupeaux groupés autour des « granges ».

La population du Jura est très spéciale parmi les populations montagnardes ; elle se distingue aussi des populations des plaines environnantes, plaine suisse ou plaine de la Saône. Race forte, énergique, pénétrée de l'esprit d'initiative et d'association, elle a formé de bonne heure de petits États qui ont joué un rôle important dans l'histoire de l'Est de la France : le *Bugey*, le *Valromey* et surtout la **Franche-Comté**, qui sut garder son originalité sous les dominations diverses, bourguignonne, espagnole, puis française.

2. ***La production et l'industrie laitière sont bien organisées dans le Jura.*** — L'activité, l'initiative et l'esprit d'association des populations du Jura ont fait merveille dans ce massif, dont elles ont su amener les ressources naturelles au maximum de rendement.

L'elevage est le premier produit du pays. Il se fait dans les mêmes conditions que dans les Alpes : estivage sur les hauteurs ; hivernage à l'étable, où les bestiaux sont nourris avec le foin des prés des vallées. Là aussi l'élevage a surtout pour but la production laitière et l'industrie fromagère, organisée d'après le principe de l'association, grâce aux *fruitières*. La fruitière est un établissement où se fabrique le fromage, surtout de l'espèce dite de Gruyère. Elle est la propriété commune de tous les fermiers de la région ; chaque jour, ils y portent leur lait, qui est vérifié et pesé à l'entrée ; le fromage une fois fait, on attribue à chaque propriétaire un poids de fromage proportionnel à la quantité de lait qu'il a fournie. Cette fabrication en commun offre à de petits propriétaires tous les avantages de la grande industrie : propreté, habileté de la main-d'œuvre par suite de l'habitude, perfectionnement technique, abaissement des frais généraux.

3. ***Les montagnes du Jura possèdent deux industries, l'une d'origine ancienne et localisée dans le Centre : l'horlogerie ; l'autre d'origine récente et localisée dans le Sud : le tissage.*** — L'industrie dans le Jura est née de la nécessité de procurer à une population nombreuse du travail et du profit pendant les mois d'hiver, où chôme le travail des prés et des bois. Ce fut donc, d'abord, uniquement une petite industrie à domicile : *taille du cristal de roche*, fabrication de *jouets* et d'*objets de bois*, de *ressorts de montres*, de *pièces d'horlogerie*, que les plus habiles montaient même sur place et que les autres portaient à des usines. Puis, l'esprit d'initiative et d'association agissant là comme dans la fabrication du fromage, ce qui n'était qu'un travail supplémentaire d'hiver est devenu une source régulière de profit : des usines se sont installées dans certaines villes, à Saint-Claude, à Morez (petite métallurgie, fabriques d'engrenages, émaillerie, lunetterie). Le Jura possède aujourd'hui une nombreuse population ouvrière.

Ainsi les Jurassiens ont su s'adapter de très bonne heure aux conditions de vie que leur imposait le pays, et ils ont su en tirer parti. Conséquence : les pays de montagne sont, en général, des régions d'émigration ; le Jura est plutôt une *région d'immigration* ; les centres horlogers attirent un assez grand nombre de Suisses et d'Allemands.

Mais ce n'est pas tout. A cette industrie très ancienne et née pour ainsi dire du sol, de son bois, de la nécessité d'employer les longues journées inactives de l'hiver, est venue s'en ajouter une autre, sous l'influence de la grande métropole voisine : Lyon Il s'est produit ici ce que nous avons vu se produire dans le Beaujolais, le Lyonnais, le Vivarais et le Dauphiné : les fabricants lyonnais ont « annexé » le Sud du Jura. Aujourd'hui, on trouve dans les vaux et les cluses du Bugey et du Valromey, des filatures et des tissages de soie, actionnés par la force motrice des eaux dévalant des montagnes environnantes, et qui font la fortune d'une série de petites villes et de gros bourgs usiniers. A côté des anciennes villes jurassiennes, rénovées par cette industrie, comme Ambérieu et Nantua, on peut trouver toute une série de gros bourgs, qui doivent, sinon leur naissance, du moins leur population croissante (2000, 3000 habitants) à l'industrie nouvelle : tels sont Saint-Rambert, Thenay, etc.

Ce lien économique, nouvellement créé, entre le Jura Méridional et la grande capitale du Sud-Est, suffit à expliquer pourquoi cette région, jadis reliée à la Savoie par un lien politique, se trouve aujourd'hui sous la dépendance économique de Lyon.

1. SALINS-LES-BAINS.

Type d'agglomération fréquente dans le Jura. Au fond d'une vallée étroite, entre les rebords de plateaux abrupts, la petite ville s'allonge parallèlement au torrent, ses maisons étagées sur les dernières pentes du versant oriental, le plus ensoleillé. Outre ses vins, Salins a d'importantes scieries et un établissement de bains fréquenté. Au fond, le mont Poupet. (Photo Figuet.)

2. SAINT-CLAUDE.

Saint-Claude est un type d'agglomération dans les montagnes du Jura, analogue à celui qui est décrit ci-dessus. Mais ici, la ville, qui a connu de bonne heure toutes les petites industries dont vivent les montagnards en hiver, a vu ces industries se développer et devenir de grandes industries : horlogerie, taille des pierres précieuses, fabrique d'objets en bruyère et en buis (tabletterie, pipes, etc.)

1. LES BASSINS DU DOUBS PRÈS DE MORTEAUX.

La vue représentant le Saut du Doubs (p. 327) montre un des deux aspects que présente la vallée du Doubs dans le Jura : l'aspect tourmenté et encaissé. Celle-ci montre, au contraire, l'autre aspect : l'aspect évasé et calme. Des biefs succèdent aux étranglements. Le Doubs qui était torrentiel s'étale en de larges bassins dont les eaux, tranquilles et profondes, reflètent de gras pâturages, de vastes sapinières, de grandes pentes de roches striées de verdure.

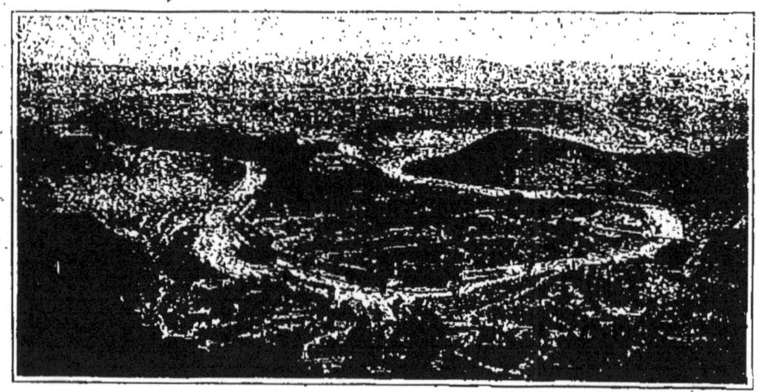

2. BESANÇON.

Besançon est bâtie sur la plaine d'alluvions entourée par une boucle du Doubs, dont une citadelle occupe le col : de là vient la valeur de la forteresse, la ville étant défendue de toutes parts. Quant à son importance économique, elle vient de ce que, située d'une part à la limite du Jura et sur la vallée la plus importante qui en débouche, d'autre part à proximité de la trouée de Belfort qui est la porte de la Franche-Comté, Besançon commande les accès de la Bourgogne, par la trouée ou par la montagne. (Photo Robardet.)

4. *La structure du Jura est relativement favorable à l'établissement de villes et à la circulation.* — Le Jura est de tous les massifs français celui qui est le plus riche en villes. Sans parler des villes antiques, nées de l'existence de mines de sel, comme Salins, Lons-le-Saulnier, dont le nom indique suffisamment l'origine, et des villes forteresses, comme Besançon (l'antique *Vesontio*), comme Montbéliard, qui gardent la sortie des vallées jurassiennes sur le bas pays, la structure même du Jura désignait certains points de l'intérieur pour devenir des lieux de concentration populeuse.

Parmi ceux-ci, les plus importants sont les cluses, par où sont toujours passées les routes qui traversent le Jura et qui, à notre époque, présentent l'intérêt nouveau d'être favorables à l'établissement d'usines, parce qu'elles possèdent la force motrice la plus employée dans le Jura : la « houille blanche ». En effet, les eaux des rivières au point où elles passent d'un val dans un autre par une cluse, s'y trouvent plus resserrées; elles sont par conséquent plus rapides et douées d'une plus grande puissance. De là le nombre des villes usinières installées dans des cluses : souvent la ville, comme Morez, ne comprend qu'une longue rue, qui est la cluse elle-même.

D'autre part, grâce à sa structure étagée sur le versant français, le Jura n'a jamais vécu isolé de la plaine de la Saône, et les relations commerciales ont toujours été actives entre agriculteurs de la Bresse et fromagers ou forestiers du plateau ou de la montagne. Aujourd'hui, les relations entre la plaine de la Saône et la plaine suisse ou l'Italie au travers du Jura sont assurées par les *voies ferrées* de *Dijon* à *Berne* et à *Lausanne*, par la cluse de Pontarlier, le val Travers ou le col de Jougne; de *Bourg* à *Genève*, par la cluse de Nantua, de *Bourg* à *Chambéry* (vers Turin), par les cluses d'Ambérieu et de Culoz.

Il faut noter cependant que la disposition en chaînons parallèles est peu favorable aux communications ; la rareté des cluses oblige souvent les voies ferrées, comme les routes, à escalader les chaînons par de fortes pentes, qui augmentent le coût du transport des marchandises comme des voyageurs, ou à les traverser sous des tunnels très coûteux à établir (*tunnel du Mont-d'Or*). C'est là le seul inconvénient qui entrave légèrement le développement économique de cette région montagneuse, si favorisée à tous autres égards.

XV. — LES PLAINES DE LA SAONE ET DU RHONE[1]

Le sillon étroit que creusent la Saône et le Rhône entre les plissements Alpes-Jura et le Massif Central, n'a d'unité ni par le sol, ni par le climat, ni par la valeur économique. Il ne constitue pas une région naturelle ; il n'a jamais constitué une unité politique.

On y distingue, en effet :

1° La plaine de la Saône et les plateaux et côtes qui l'environnent, où s'opposent la portion occidentale, qui appartient à la Bourgogne, la portion nord-orientale, qui appartient à la Franche-Comté, et la portion sud-orientale, qui est reliée par la vie politique et par les nécessités économiques à Lyon.

2° La vallée du Rhône, où s'opposent les plaines septentrionales, qui se rattachent au Dauphiné, et les plaines méridionales, qui se rattachent à la Provence.

Toutefois, un double lien unit ces régions disparates :

1° Le faisceau des communications qu'elles nouent entre la Méditerranée, d'une part, et les pays du Nord, Bassin Parisien ou pays rhénans, de l'autre ;

2° La dépendance plus ou moins étroite dans laquelle nombre d'entre elles se trouvent à l'égard du grand centre industriel de la région : Lyon.

Constitution du bassin Saône-Rhône. — Le sillon creusé par la Saône et le Rhône Inférieur n'a ni l'ampleur ni la structure régulière que l'on trouve dans les Bassins Parisien et Aquitain. L'étroitesse de cette zone déprimée et la variété des régions qui la composent s'expliquent par certains faits de l'histoire géologique que l'on peut réunir en deux groupes.

1° **La constitution de la plaine de la Saône.** — Entre la bordure du *Massif Central*, le *Jura* et les *Vosges*, a existé, après les plissements alpins, une cuvette déprimée, occupée par un lac. Ce lac était entouré par les trois massifs indiqués ci-dessus, et, dans les intervalles qui les séparaient l'un de l'autre, par des croupes de calcaires jurassiques redressées à l'époque

1. Voir la carte en couleurs,

des plissements alpins : ces croupes forment aujourd'hui la *Côte d'Or* et le *plateau de Langres*, entre Massif Central et Vosges ; le *Seuil de Bourgogne*, ou *trouée de Belfort*, entre Vosges et Jura.

Le même lac était fermé au Sud par les moraines et les masses d'alluvions descendues des grands glaciers alpins. Ces amas de graviers et d'argiles sableuses constituent aujourd'hui la *plaine de la Dombes*, au Nord du Rhône actuel, et la *plaine du Bas-Dauphiné*, au Sud du Rhône actuel.

Enfin, dans les eaux de ce lac, les rivières descendant des massifs environnants entassèrent des alluvions ; ces dépôts se continuèrent quand le lac se fut vidé, par le Sud, dans la vallée du Rhône. Or, ils diffèrent de nature suivant les massifs d'où ils ont été amenés : des Vosges sont descendus des sables granitiques, qui couvrent, au Nord, une partie des *plaines de la Haute Saône* ; du Jura sont descendus des limons calcaires qui constituent, à l'Est, la *plaine de la Bresse*.

Ainsi, l'ancien lac, aujourd'hui vidé et devenu la *plaine de la Saône*, comporte des régions très différentes par la nature et par les ressources du sol.

2°. **La constitution du bassin du Rhône inférieur.** — Après l'affaissement méditerranéen qui produisit le golfe du Lion, un grand golfe marin allongé continuait celui-ci entre Alpes et Monts du Vivarais. Il fut longtemps séparé du lac de la Saône par les moraines et les alluvions glaciaires du Bas-Dauphiné.

A la fin de l'ère tertiaire, grâce à une série de mouvements de terrains et de captures de rivières, la communication fut établie entre le lac de la Saône et le golfe du Rhône : à travers le Bas-Dauphiné, le lac se vida dans le golfe ; le golfe fut peu à peu comblé par les alluvions des rivières qui affluent de la plaine de la Saône et des montagnes du pourtour.

Ainsi fut constitué le bassin du Rhône Inférieur, qui comprend, au Nord, la *plaine du Bas-Dauphiné*, où dominent les alluvions d'origine glaciaire, et au Sud, sur l'emplacement de l'ancien golfe, les *plaines de la Basse-Provence*, où dominent les alluvions d'origine fluviale.

1. LA PLAINE DE LA SAONE.

1. ***Le Nord-Est. La plaine de la Haute-Saône. La trouée de Belfort. La Franche-Comté.*** — Entre les plateaux calcaires du Jura et l'extrémité du Plateau Lorrain, qu,

forme les hauteurs gréseuses et boisées de la *Vôge*, la plaine de la Haute Saône, drainée par la *Saône* et par le cours inférieur du *Doubs* et de l'*Ognon*, est un complexe de buttes calcaires, découpées par l'érosion des eaux courantes, et de dépressions et de vallées, où se sont accumulés les sables granitiques et les argiles descendus des Vosges.

1° **Sur les buttes calcaires** se trouvent les villes, qui com-

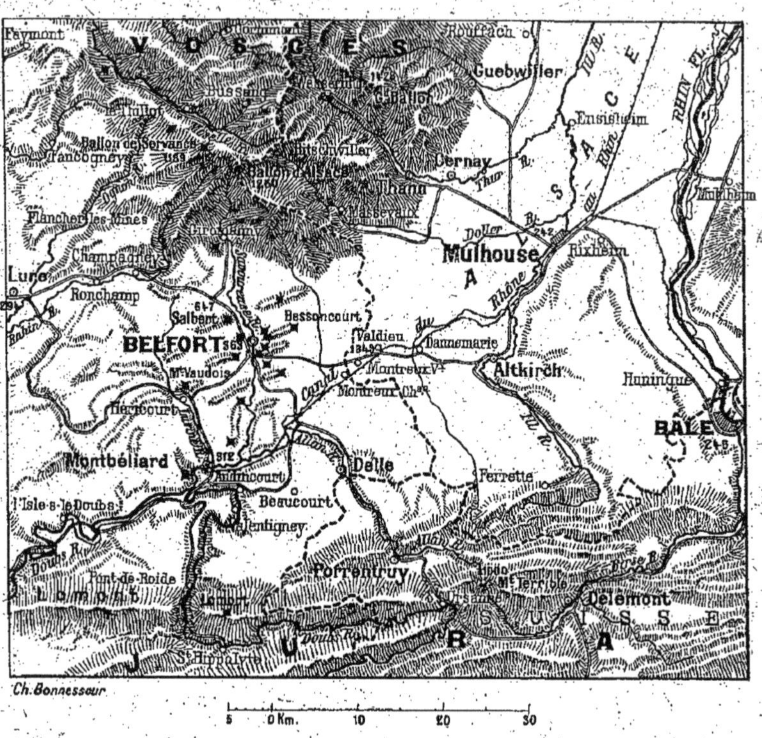

LA TROUÉE DE BELFORT.

Entre les Vosges qui se terminent par le Ballon d'Alsace haut de 1250 mètres, et le Jura dont les régions calcaires atteignent encore 1000 mètres au Mont-Terrible, la trouée de Belfort, qui n'a que 345 mètres au point de partage des eaux, ouvre une importante voie de communication entre la plaine de la Saône et celle du Rhin, c'est-à-dire entre la Bourgogne et l'Alsace.

mandent la plaine, et les champs cultivés qui les alimentent. Les principales sont *Vesoul*, *Gray* et *Lure*.

2° **Dans les dépressions sableuses et argileuses** s'étendent soit des bois assez maigres, soit des *waivres*, ou pâturages plus ou moins marécageux.

De structure découpée, de ressources variées, mais assez maigres, cette région a beaucoup moins d'importance par sa production que par sa situation, qui en fait un passage important entre la Lorraine et les pays du Rhône, entre le Bassin de Paris et les plaines du Rhin et de la Suisse.

Elle se rattache ainsi à la **trouée de Belfort**, ou **Porte de Bourgogne et d'Alsace**, qui, entre Vosges et Jura, présente, dans un espace plus resserré (20 km.), les mêmes traits physiques et les mêmes ressources. A ces ressources il faut toutefois ajouter ici l'industrie métallurgique et textile, au voisinage du *bassin houiller de Ronchamp*. Lieu de passage et d'échanges, limite de races et champ de conflits, cette région possède une ville importante, à la fois camp retranché de premier ordre et place commerciale : **Belfort**.

La Haute Saône a, dès le Moyen Age, formé une seule province avec les plateaux et les chaînes du Jura Central, vers lequel conduisent certaines de ses routes, et avec la région de Belfort qui est sa principale sortie vers les pays germaniques. Cette province qui a été une des premières frontières de l'État français vers le Rhin est la **Franche-Comté**; sa capitale, *Besançon* (v. ci-dessus, le *Jura*, p. 334 et 338), se trouve à la sortie de la trouée du Doubs.

2. ***Le Nord-Ouest. Les côtes et la plaine de Bourgogne.*** — Entre les terres cristallines du Morvan et les terres de la Haute Saône s'étend la **Haute Bourgogne**, qui forme la transition et le passage entre le Bassin Parisien et le Bassin de la Saône. Ce passage comprend deux gradins : un plateau, qui se termine par une série de côtes, et une plaine, qui forme la portion nord-occidentale du bassin de la Saône.

1° *La région des plateaux.* — Ces plateaux calcaires, que l'on appelle dans le pays la *Montagne*, s'étendent depuis le *plateau de Langres* (v. ci-dessus, p. 76), au Nord, jusqu'aux hauteurs du *Châlonnais*, au Sud, ces derniers s'appuyant aux hauteurs cristallines du Morvan. La Montagne est découpée par les vallées des rivières, dont les unes vont au bassin de la Seine (*Seine*, *Aube*, *Marne*), les autres au bassin de la Saône (*Grosne*, *Dheune*, *Ouche*, *Tille*). Le climat y est assez rude ; le sol, sec et boisé possède quelques grandes forêts (p. ex. la *forêt de Cluny* dans le Châlonnais) ; les cultures sont rares.

Seules les **vallées**, qui portent dans le pays le nom de *combes*, abritent quelques cultures (céréales, fourrages et surtout houblon) et ont une certaine importance à cause des routes qu'elles ouvrent entre les bassins de la Seine, de la Saône et de la Loire.

Les principales de ces routes sont : 1° celle qui unit la Marne à la Saône, et que commande *Langres* (voir ci-dessus, p. 76) ; 2° celle qui unit la Seine à la Saône par l'Ouche, et qui passe par *Châtillon-sur-Seine* ; 3° celle qui unit la Loire à la Saône par la dépression de la Bourbince et de la Dheune, et qui débouche à *Chagny*.

2° *Les côtes*. — La Montagne domine la plaine de la Saône par une série de **côtes**, dont la plus importante est la *Côte d'Or*. Ces côtes, bien exposées à l'Est, portent un des **vignobles** les plus anciens et les plus riches de France : les principaux crus se trouvent sur les *côtes de Beaune, de Nuits* et sur la *Côte d'Or*. Au pied des côtes se trouvent les villes, dont la principale ressource est la vente des vins : *Beaune*, *Nuits*.

Parmi elles, **Dijon** (76000 hab.) a pris une importance spéciale parce qu'elle est au débouché de la route et de la voie ferrée qui unissent Paris à Lyon, par les vallées de la Seine et de l'Yonne, de l'Ouche et de la Saône. Devenue le grand marché agricole de la région, elle concentre les vins de la côte, le houblon des vallées, les bois du Morvan, le bétail du Morvan. Elle a vu naître dans sa banlieue une série d'industries, qui utilisent les produits de la campagne environnante (vinification, brasserie, produits alimentaires divers).

3° ***La plaine***. — Dotée des mêmes caractères physiques que la plaine de la Haute Saône, cette portion du bassin est occupée en partie par des buttes calcaires et surtout par des plaques de sables granitiques descendus des Vosges et du Morvan. Celles-ci sont occupées soit par des forêts (*forêt de Citeaux*), soit par des prairies d'élevage. Ce pays, plus pauvre que la côte, ne doit son importance qu'à la Saône, près de laquelle se trouvent les marchés, dont le principal est *Chalon-sur-Saône*.

Région de passage et de vignobles, riche de son commerce et de ses produits, la *Haute Bourgogne* fut jadis le centre d'une province opulente et peuplée, le **Duché de Bourgogne**, qui forma le lien entre les pays de la Seine et ceux du Rhône. Il s'annexa les pays de l'Yonne, de la Seine et de l'Aube Supérieures qui les continuent au Nord-Ouest, dont les calcaires

1. LE VIGNOBLE BOURGUIGNON. COTEAUX DE MELIN, PRÈS MEURSAULT.

La principale richesse de la Bourgogne est son vignoble, qui couvre le flanc oriental des plateaux calcaires, les « côtes », comme on dit, depuis le Chalonnais jusqu'à la Côte d'Or : côte de Beaune, côte de Nuits, etc. Les crus fameux s'y succèdent sur une longueur de 40 kilomètres. (Photo Ronco.)

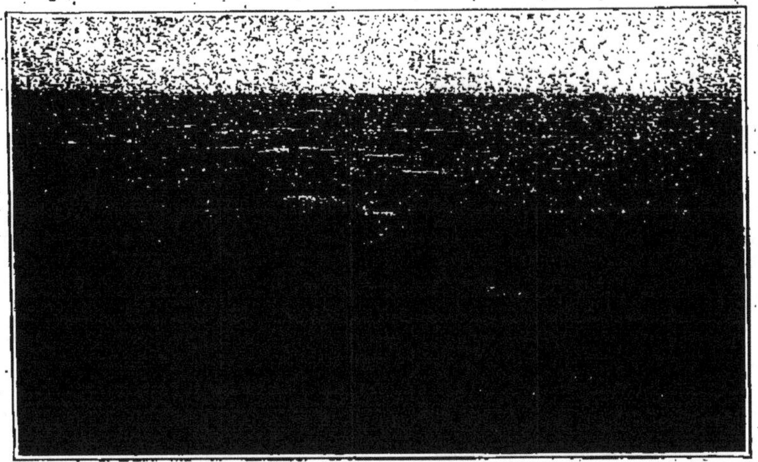

2. LA DOMBES.

La Dombes est une vaste étendue plane, couverte par les alluvions d'anciens glaciers : graviers, sables, argile. Toutes ces alluvions sont infertiles, la plupart sont imperméables. Pays d'étangs et de landes, que l'on s'efforce d'assécher, d'assainir et de fertiliser. (Phot. Gallois.)

portent aussi des vignes (v. p. 110); ces pays constituent la *Basse Bourgogne*.

4. *Le Sud. Le Mâconnais, la Bresse et la Dombes.* — Au Sud, le bassin de la Saône est plus resserré entre les plis du Jura et les hauteurs du Beaujolais, que flanquent les collines calcaires du Mâconnais. Il forme une plaine dont le sol est essentiellement constitué de limons fertiles, alluvions descendues des hauteurs calcaires qui l'entourent.

Mais, à l'extrémité méridionale, les glaciers alpins ont jadis

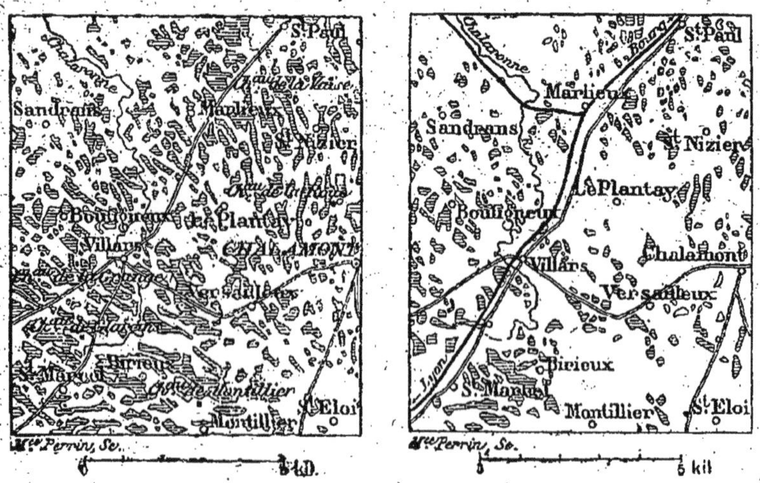

LA DOMBES EN 1850 ET EN 1900. L'ŒUVRE DE DESSÈCHEMENT.

étalé des graviers infertiles qui constituent une région beaucoup plus pauvre. Il faut donc distinguer entre les régions de calcaires et de limons : la *Bresse* et le *Mâconnais*, et les régions de graviers infertiles : la *Dombes*.

1° La **Bresse**, vaste plateau, au sous-sol marneux recouvert de limons, à la fois humide et gras, s'étend du Jura jusqu'aux collines calcaires du **Mâconnais**, qui continuent vers le Sud, le Châlonnais et la Côte d'Or et flanquent à l'Est les monts du Beaujolais. Pays uniquement agricole, elle produit des *céréales* (élevage de la *volaille*, grâce au maïs), des *betteraves* et des *légumes*; le Mâconnais possède un bon *vignoble* (vins de *Moulin à Vent*, etc.). — La population, assez dense, est peu groupée. Les villes sont, soit des marchés agricoles, au centre du plateau : *Bourg*, *Louhans*; soit, au pied du vignoble, des marchés pour les grands crus et des stations de la ligne Paris-Marseille : *Mâcon, Villefranche*.

2° La **Dombes** est couverte d'alluvions caillouteuses et de débris de moraines; de là un sol infertile et des étangs naturels, qui furent imprudemment multipliés au Moyen Age par la population en vue de l'élevage du *poisson*. Très insalubre de ce fait, elle est très peu peuplée. Aujourd'hui, le desséchement, la mise en culture et la repopulation progressent de pair, mais lentement.

2. LA VALLÉE DU RHONE.

1. ***Lyon***. — Lyon (523000 hab.) est une des plus grandes villes, le centre de la plus grosse agglomération urbaine de la France, après Paris, avec Lille. Elle doit son importance à sa situation géographique et à sa puissance industrielle.

1° **A sa situation géographique**. — Bâtie sur un éperon formé par le confluent de la Saône et du Rhône, Lyon a dû sa première importance à sa *situation militaire et commerciale*, entre la Bourgogne et la Méditerranée, entre les vallées alpestres qui conduisent en Italie, et les dépressions du Massif Central, qui conduisent vers l'Atlantique. Aussi, dès l'époque romaine, fut-elle la capitale des Gaules, la tête des routes stratégiques et commerciales qui rayonnaient de là vers toutes les parties du pays.

De nos jours, l'importance stratégique de Lyon n'est que secondaire et ne se rattache qu'au secteur des Alpes dont elle est le dernier camp retranché; mais son **importance commerciale** n'a fait que croître depuis le moyen âge : elle est, en effet, au croisement des routes qui unissent Marseille, Genève, Turin, Paris, Nantes et Bordeaux, c'est-à-dire les principaux marchés de la Méditerranée Occidentale et de la France Océanique.

2° **A sa puissance industrielle**. — Mais surtout, Lyon est devenue la *capitale industrielle* de tout le Sud-Est français. Elle le doit à l'*industrie de la soie*. Celle-ci, importée d'Italie au XVIe siècle, s'est développée merveilleusement à Lyon, surtout à la suite de l'extension des plantations de mûriers et de l'élevage des vers à soie dans le Vivarais et dans les Cévennes (v. ci-dessus, p. 236). Depuis longtemps, la soie nationale ne suffit plus à l'industrie lyonnaise, qui achète les soies de l'Extrême-Orient, du Levant et de l'Italie. Lyon est le premier centre de soierie du monde, avant Milan et Zurich. L'ancienne ville militaire, dont la population a décuplé, a débordé de toutes parts hors de ses frontières naturelles.

Les « fabriques », c'est-à-dire les entrepôts de soieries de Lyon, ne s'alimentent pas seulement aux tissages de la ville : depuis un siècle toutes les campagnes environnantes, dans un rayon de 100 kilomètres, travaillent pour elles.

2. ***La plaine du Bas Dauphiné.*** — Au sud de Lyon, la vallée du Rhône est resserrée entre les hauteurs cristallines des Monts du Lyonnais et du Vivarais d'une part et les terrasses du Bas Dauphiné de l'autre.

Les terrasses du Bas Dauphiné, assez basses, sont constituées par les alluvions des torrents qui descendirent jadis des Alpes et qui entassèrent et étalèrent alors dans le golfe rhodanien les cailloutis et les graviers qu'elles en avaient arrachés. Par-dessus ces graviers, les grands glaciers ont étendu des argiles et des boues encore plus infertiles ; leurs moraines forment les seuls accidents de la plaine. De là les étendues stériles ou boisées, comme le *plateau de Chamboran*, que découpent les vallées des rivières : *Bourbre*, *Isère*, *Drôme*, etc.

Ce pays de sol pauvre, de climat encore rude (car l'influence méditerranéenne s'arrête plus au Sud, au *défilé de Donzère*), est couvert de bois et de landes, où pâturent moutons et chèvres. Toutefois, il possède deux richesses :

1° Les **vallées**, fertiles et cultivées, sont couvertes d'arbres fruitiers. Telles sont, particulièrement, les *bassins de Valence*, *de Valloire* et *du Tricastins*. C'est là que l'on trouve les villes, antiques marchés agricoles : *La Tour-du-Pin*, *Voiron*, *Saint-Marcellin*, *Romans* et surtout, dans la vallée du Rhône, *Vienne*, **Valence** et *Montélimar*.

2° **L'industrie du tissage**, actionnée par la force électrique amenée du Haut Dauphiné, est née récemment, sous l'impulsion de Lyon, dans la portion voisine de cette ville.

3. ***Les plaines de la Basse-Provence.*** — Au Sud du défilé de Donzère commencent les plaines de la Basse Provence. Elles sont assez semblables par le sol à celles du Bas Dauphiné. Mais elles en diffèrent grandement par leur climat méditerranéen, qui y permet d'autres cultures, une autre vie. On l'étudiera avec celle des autres régions méditerranéennes (Voir le chap. XVI).

I. LYON.

Lyon est une des très grandes villes de France, la troisième par le nombre des habitants. Elle est d'abord née sur les pentes des hauteurs qui dominent la rive droite de la Saône et du Rhône : la colline de Fourvières, sur la rive droite de la Saône, est le berceau de Lyon. Entre Saône et Rhône (que l'on voit dans cet ordre de droite à gauche), et surtout sur la rive gauche du Rhône, s'est développée la ville industrielle. (Phot. Léo et Antonin Boulade.)

2. LE RHONE A CRUSSOLS, APRÈS LE CONFLUENT DE L'ISÈRE.

De Lyon jusque vers Avignon, le Rhône est loin d'être un fleuve tranquille et paisible. Sa vallée est le plus souvent étroite ou étranglée par des éperons rocheux. Quelques plaines, mais peu étendues, s'ouvrent çà et là le long de son cours. Presque toujours, d'un côté ou de l'autre, son lit est dominé par des contreforts des Alpes ou du Vivarais.

Lectures.

1. ***La Bourgogne est une ancienne formation politique. Elle a survécu aux circonstances historiques qui l'ont fait naître, parce qu'elle joue un rôle économique spécial dans la France moderne.*** — Le nom de Bourgogne a une origine historique : il désigne le pays occupé par les *Burgondes*. Cette race, d'origine germanique, était encore, sous l'empereur Dioclétien, au IVe siècle de notre ère, établie entre l'Elbe et le Rhin. Au Ve siècle, au moment des invasions germaniques, ses tribus se mirent en marche, et, par la trouée qui sépare les Vosges du Jura, elles vinrent s'établir dans les plaines de la Saône et sur les plateaux entre Saône et Seine, repoussant vers le Sud de la Saône et vers le Morvan les Séquanes et les Éduens, anciens détenteurs du pays. La Bourgogne était fondée.

Sauf à l'époque où Louis le Pieux partagea son empire et fit entrer la Bourgogne dans un État qui s'étendait de la Meuse au Bas-Rhône, la Lotharingie (voir ci-dessus, p. 82), la Bourgogne, quelques variations qu'aient subies ses frontières, a toujours eu son cœur et ses régions essentielles sur les mêmes territoires. Royaume, puis duché; duché indépendant, puis duché réuni à la couronne de France sous Louis XI; unie à la Franche-Comté, puis séparée d'elle dès le XIVe siècle; englobant la Bresse et le Bugey, puis séparée de ces pays ar la division administrative du XVIIe siècle; s'étendant progressivement sur le Châlonnais, le Mâconnais, une partie du Morvan, — la Bourgogne, royaume, duché, puis province, a toujours eu son centre dans les plateaux calcaires qui s'étendent entre Morvan et Lorraine et dans les bas pays que traversent les rivières qui en descendent et qui vont les unes à la Seine, les autres à la Saône.

Ce sont, en effet, ces pays qui constituent son originalité et qui lui font jouer un rôle spécial dans la vie économique de la France : rôle de producteur, grâce aux vins ; rôle d'intermédiaire surtout, entre le cœur de la France du Nord : Paris, et les foyers essentiels de la France du Sud-Est et de la Méditerranée : Lyon et Marseille.

2. ***Les vins de la Bourgogne sont une des richesses de la France.*** — Comme producteur, la Bourgogne est avant tout le pays du vin : même la Basse Bourgogne et les pays de l'Yonne, qui produisent les crus renommés de *Chablis*. Mais c'est surtout dans la Haute Bourgogne, sur les côtes qui dominent les plaines de la Saône, depuis Chalon-sur-Saône jusqu'à Dijon, que se trouvent les crus les plus célèbres : côte du **Chalonnais**, avec *Mercurey*; côte de **Beaune**, avec *Meursault*, *Volnay*, *Pommard*, *Corton*; côte de **Nuits**, avec *Romanée-Conti*, *Clos-Vougeot*, *Chambolle*, *Chambertin*, — ces deux dernières côtes constituant la **Côte d'Or**.

Les vins de Bourgogne s'exportent dans presque tous les pays, mais surtout à Paris, dans la France du Nord, et plus encore en Belgique. Des rapports commerciaux très étroits se nouèrent au XVe siècle entre les riches Flandres et l'opulente Bourgogne à l'époque où elles étaient réunies sous la monarchie éphémère de Charles le Téméraire. Ils se sont continués depuis : ils firent jadis, pour une grande part, la fortune des foires de Champagne (v. ci dessus, p. 116): ils expliquent comment, dans notre réseau ferré centralisé, où les grandes lignes tendent surtout vers Paris, un service régulier unit Dijon à Lille, à travers la Champagne.

3. ***La Franche-Comté est une formation historique, qui doit à son caractère de province-frontière d'avoir gardé son unité.*** — Si l'on considère la nature des régions qui constituent la Franche-Comté, on constate qu'elles n'ont aucune unité. La Franche-Comté comprend, en effet, *une partie* du Jura (le Sud lui échappe : il a fait partie jadis de la Savoie, il appartient aujourd'hui à la région économique qui dépend de Lyon), *une partie* de la plaine de la Saône (l'Ouest lui échappe et appartient à la Bourgogne). Si l'on considère la race des habitants qui la peuplent, on constate de même que rien ne la distingue de ses voisins : si les Séquanes, d'abord, et les Burgondes, ensuite, peuplèrent le Jura Comtois, la plaine comtoise, ils s'établirent également sur la partie bourguignonne de la plaine de la Saône, comme sur les plateaux et les côtes de la Bourgogne.

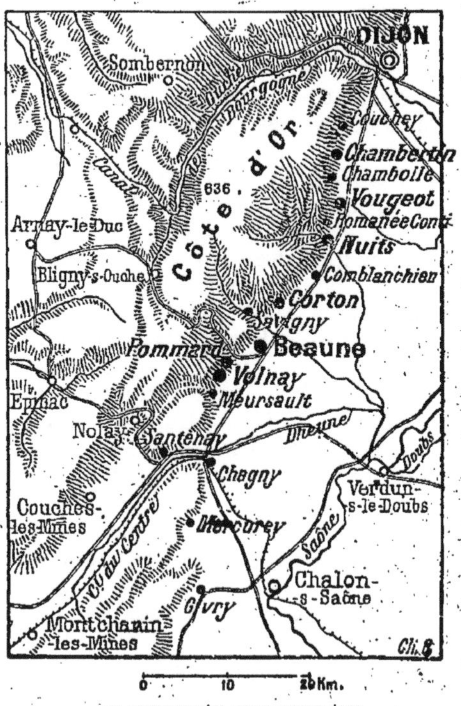

LE VIGNOBLE BOURGUIGNON.

Les vins de Bourgogne sont très renommés. Ils sont fournis par les vignobles qui couvrent le flanc oriental de la Côte d'Or et du Mâconnais, depuis Dijon jusque vers Lyon.

Et pourtant, de très bonne heure, dès l'époque de la domination romaine, on discerne, entre Bourgogne et pays du Rhin, une province qui n'a guère changé de limites et qui comprend le Jura Central (chaînes et plateaux), la portion voisine de la plaine de la Haute Saône et la trouée de Belfort. Cette province porte des noms différents suivant les époques : c'est, dans l'antiquité, le *pays des Séquanes*; c'est, au Moyen Age, l'*archevêché de Besançon*; c'est, au XIVe siècle, *la Comté* de Bourgogne, qu'on distingue nettement du duché; c'est, ensuite, après que Louis XI a conquis le duché, la *Franche-Comté*, indépendante du royaume, puis rattachée à lui et formant une intendance spéciale. Toujours la même capitale : Besançon, l'antique

Vesontio. Et, en plein XIXe siècle, après la division de la France en départements, un philosophe socialiste épris de décentralisation, Proud'hon, qui était Franc-Comtois, ne rêvait-il pas la constitution d'une *République des Séquanes*, avec les mêmes frontières et la même capitale?

Quelle est donc la raison persistante de cette unité de la Franche-Comté? Ce n'est ni sa richesse, qui est médiocre, ni sa production, qui est variée, — mais son double caractère de passage commercial et de province-frontière : *passage* entre pays de France et pays germaniques de Suisse, par des routes qui datent de l'époque romaine, et qui conduisent de Langres à Bâle, de Besançon à Pontarlier et aux plaines de l'Aar; — *frontière* entre France et Allemagne, entre terres de Royaume et terres d'Empire, où la civilisation française et latine a eu définitivement l'avantage et fait reculer le Germain.

4. ***Lyon doit son importance commerciale à sa situation géographique.*** — La ville de Lyon est située à un carrefour. Dans la plaine que le Rhône et la Saône ont déblayée au milieu des alluvions glaciaires descendues des Alpes, ou au voisinage extrême de cette plaine, aboutissent, en effet, le Rhône, qui vient de Suisse et descend à la Méditerranée; la Saône, par où l'on remonte vers la Côte d'Or et le Bassin Parisien; l'Ain, par où l'on pénètre au cœur du Jura; l'Isère, dont la vallée conduit au Mont Cenis et dans les plaines de l'Italie septentrionale; le Gier, par où l'on remonte vers le Furens et la Haute Loire; la Dheune, par où l'on remonte vers la Bourbince et vers la Loire Moyenne. La multiplicité des routes naturelles qui convergent vers ce point suffit à expliquer pourquoi les Romains, quand ils eurent conquis la Gaule, établirent à Lyon la borne d'où partaient les *voies romaines* qui gagnaient les points extrêmes du pays, vers l'Aquitaine, vers la Bretagne et vers la Belgique.

Lyon est devenu, de très bonne heure, un vaste entrepôt, où se faisaient les échanges entre l'Italie et les provinces méditerranéennes, d'une part, les provinces de la Loire, de la Seine et du Nord, de l'autre. Ce commerce, aujourd'hui, s'est transformé et amplifié, depuis que Lyon est devenu le grand centre de soierie que l'on étudiera plus bas. Le rayon commercial de Lyon dépasse de beaucoup la France. La ville achetait jadis la soie brute aux Cévennes et au Vivarais, à l'Italie, au Levant; aujourd'hui, les *fabricants* lyonnais achètent leur stock principal à la Chine et au Japon. Elle vendait jadis ses soieries surtout en France et dans l'Europe Centrale; aujourd'hui, les fabricants lyonnais exportent dans le monde entier, et autant dans le Nouveau Monde que dans l'Ancien.

5. ***Lyon est le premier foyer du monde pour la fabrication des soieries.*** — La grande industrie moderne a été favorisée à Lyon par l'existence de la houille dans le bassin voisin de Saint-Etienne, par la facilité d'amener la houille du Nord au moyen des canaux qui relient le réseau de la Seine à la Saône, enfin, à notre époque, par l'abondance de la force électrique que fournissent les torrents des montagnes environnantes et qu'on appelle la *houille blanche*.

Mais la grande industrie n'a été que la transformation et l'amplification d'une industrie qui existait auparavant à Lyon et dans sa banlieue : celle de la soierie. Cette industrie est née d'abord grâce à Sully, le ministre de Henri IV, qui l'importa d'Italie en France.

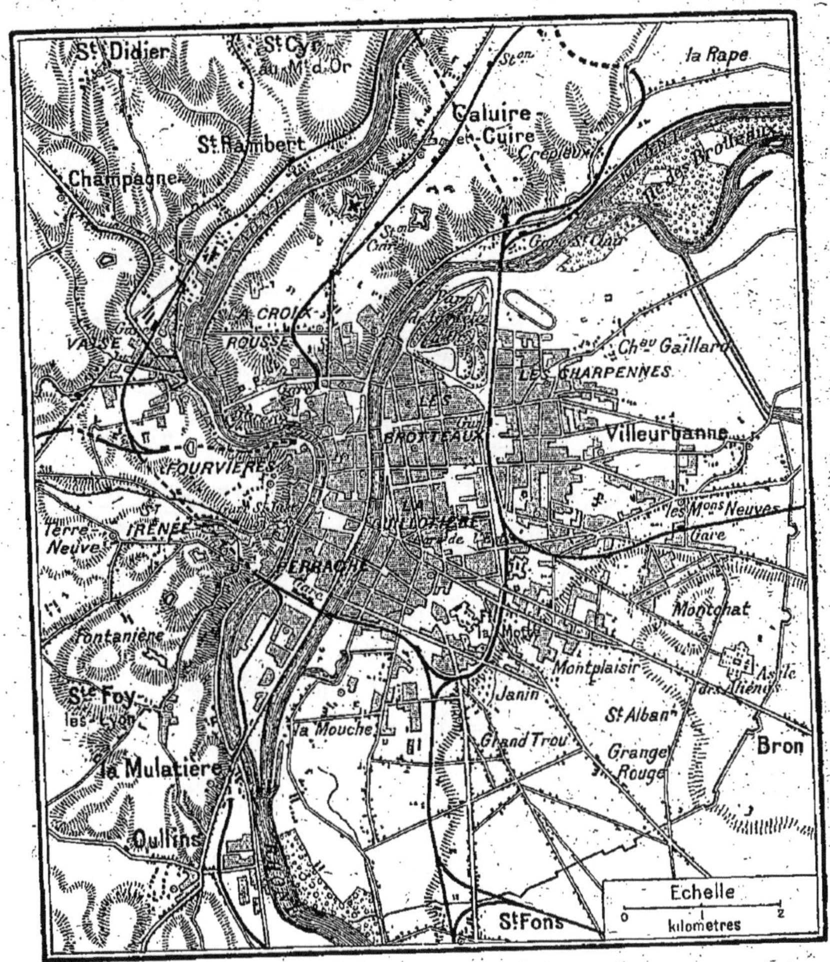

LE SITE DE LYON.

Le premier Lyon occupa la colline de Fourvières sur la rive droite de la Saône. La ville s'étendit de là sur la presqu'île comprise entre la Saône et le Rhône (quartiers de la Croix Rousse et de Perrache). Les derniers agrandissements se sont faits sur la rive gauche du Rhône où sont des quartiers modernes, des rues se coupant régulièrement à angles droits (quartiers des Brotteaux, de la Guillotière).

Mais, dès cette époque, Lyon l'emportait sur les autres centres où Sully créa la soierie, par exemple sur Tours, grâce à la facilité de se procurer de la soie dans les Cévennes et en Italie. Aujoud'hui, Lyon est le grand centre de la soierie française et le premier du monde.

Il y a longtemps que le tissage n'est plus localisé dans la ville et même dans ses faubourgs. On a vu comment elle a gagné Saint-Etienne, et de là les régions montagneuses et les plaines du Beaujolais, du Vivarais, du Forez, et même du Velay. Mais il en est de même dans les Alpes du Dauphiné, dans le Jura Méridional. Partout les villages ont appris à tisser sur des *métiers à bras*, à domicile, la

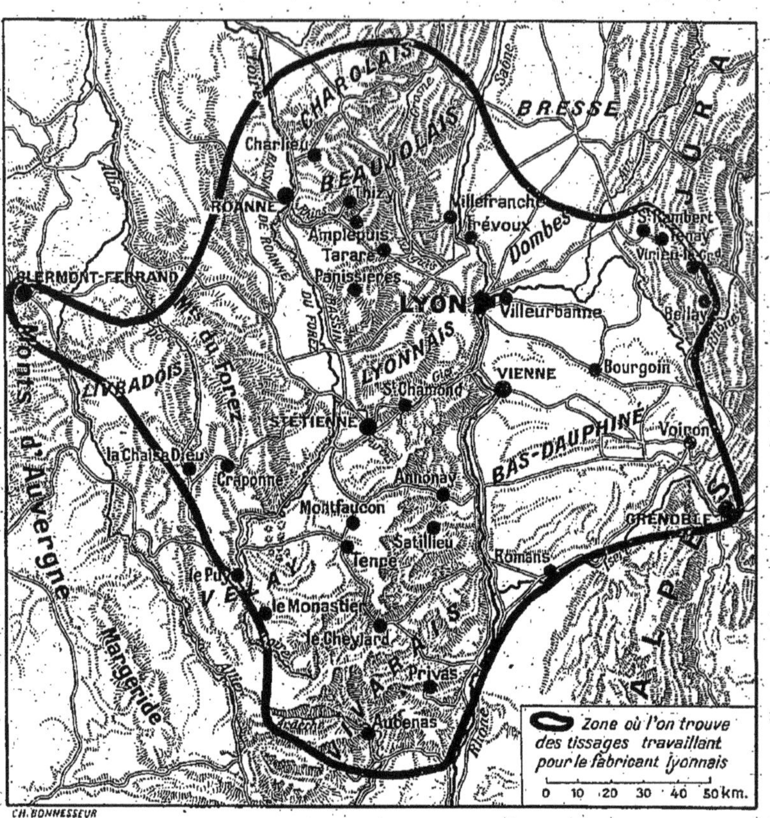

INFLUENCE DE LYON.

soie pour Lyon; puis, grâce à l'utilisation de la force des torrents, ces métiers sont devenus mécaniques; aujourd'hui, des usines s'installent au bord des torrents. On compte ainsi environ 20 000 métiers à bras et 10 000 métiers mécaniques battant pour le compte de Lyon dans les départements du *Rhône*, de *Saône-et-Loire*, du *Puy-de-Dôme*, de la *Loire*, de la *Haute-Loire*, de l'*Ardèche*, du *Gard*, de l'*Isère* et de l'*Ain*. Lyon tient sous sa dépendance économique un territoire qui englobe la région stéphanoise et qui s'étend jusqu'à Grenoble. Bourg, Roanne, Clermont-Ferrand et Aubenas.

XVI. — LA RÉGION MÉDITERRANÉENNE.

La région méditerranéenne s'oppose à tout le reste de la France par les caractères très particuliers de son climat, de ses cours d'eau, de sa végétation. Elle les doit à l'influence de la Méditerranée.

Malgré ces caractères communs, il y faut distinguer trois régions, qui s'opposent par la structure des côtes et par le relief intérieur :

1° Le Bas Languedoc, qui est régulier, monotone, et dont la partie la plus vivante est la plaine intérieure, ou vignoble;

2° La Provence, qui est accidentée, découpée, et dont la partie la plus vivante est la côte;

3° La Corse, qui est une île, et qui participe à l'Est des traits du Languedoc, à l'Ouest des traits de la Provence.

Outre l'intérêt qu'elle présente par les traits géographiques originaux qu'elle doit à la Méditerranée, la région méditerranéenne joue dans notre pays un rôle commercial de premier ordre qu'elle doit également à cette mer et qui explique la puissance du port de Marseille.

1. ***Le climat, le régime des eaux, la végétation des régions méditerranéennes.*** — Quelle que soit leur structure, quelle que soit leur population, en France comme dans tous les autres pays d'Europe, d'Asie et d'Afrique, les régions méditerranéennes se distinguent par un certain nombre de traits communs qu'elles doivent précisément à l'influence de la Méditerranée : ces traits portent sur le climat, le régime des eaux, la végétation.

1° *Le climat.* — La **température** des hivers y est tiède, parce que l'influence de la mer, qui est partout adoucissante, l'est plus encore ici : la Méditerranée, parce qu'elle est une mer fermée, forme une masse d'eau plus chaude que les mers ouvertes qui se trouvent à la même latitude. La température des étés est très élevée.

Les **vents** soufflent de la mer en été, car la Méditerranée est, en cette saison, un centre de hautes pressions atmosphériques par rapport aux terres surchauffées qui l'entourent. Ces vents marins alternent avec des bourrasques de vent chaud et sec (*sirocco*), qui viennent des déserts de l'Afrique du Nord. — En hiver, des montagnes qui encadrent les plaines du bassin de la Méditerranée et qui sont alors très froides (Pyrénées, Massif Central, Alpes) descendent des courants de vents froids et secs (*tramontane* du Roussillon, *cers* du Languedoc, *mistral* de la Provence). Ces vents continentaux alternent avec des tempêtes, provoquées sur le golfe du Lion par les basses pressions atmosphériques qui règnent alors sur la mer, puisqu'elle est, en cette saison, plus chaude que les plaines de la côte.

Les **pluies** sont relativement peu abondantes. Les pluies presque nulles pendant les mois d'été : en effet, parmi les vents soufflant en cette saison les uns sont secs, comme le sirocco; les autres comme les vents marins, apportent une humidité qui, au contact d'une terre surchauffée, s'évapore au lieu de se condenser en pluie. Les pluies sont plus abondantes en automne, en hiver ou au printemps; elles tombent en violentes ondées, pendant les tempêtes; elles alternent avec les jours clairs et secs où soufflent le mistral, le cers ou la tramontane.

2° *Les cours d'eau.* — Le régime des cours d'eau déterminé par un tel climat est excessivement irrégulier: presque tous sont des torrents. Presque à sec pendant la longue sécheresse de l'été, ils ont, en hiver, des crues subites, courtes et énormes, plus dévastatrices qu'utiles. Ces crues sont d'autant plus torrentielles que, des montagnes qui enserrent le bassin méditerranéen, presque tous les cours d'eau descendent rapidement et directement vers la mer : ils ont une pente très forte.

Tel est le régime de tous les cours d'eau proprement méditerranéens de notre sol : *Tech*, *Têt*, *Agly*; *Aude*, *Orb*, *Hérault*, *Vidourle*; *Arc*, *Argens* et *Var*. Le **Rhône** lui-même, bien que son cours supérieur appartienne à d'autres régions dont le climat influe sur son régime, participe au régime méditerranéen grâce aux affluents du cours inférieur, qui sont des torrents : *Ardèche*, *Cèze*, *Gard*; *Drôme* et *Durance*.

3° *La végétation.* — La végétation méditerranéenne est celle d'un pays sec, où les pluies, non seulement sont rares, mais sont réparties en une seule saison et tombent en averses qui s'écoulent brusquement dès qu'elles sont tombées : aussi l'eau de pluie pénètre-t-elle à peine dans le sol et lui est peu utile.

1. LA VALLÉE DU DOUX.

En aval de Lyon, le Rhône, on l'a vu, suit un couloir souvent rétréci entre des éperons rocheux, sur sa rive droite notamment, où tombent à pic les derniers escarpements du Vivarais, couronnés de ruines d'antiques châteaux forts. Ces escarpements ne s'entr'ouvrent que pour donner passage aux torrents descendus de la montagne (Doux, Érieux, Ouvèse).

2. LES BORDS DU GARDON.

Dans cette région on perçoit nettement l'influence méditerranéenne : les pentes sont couvertes de garrigues sèches, où le calcaire blanc transparaît. Ces garrigues ont le même aspect depuis la région du Gard jusqu'aux Corbières, dominant la plaine languedocienne qu'on verra plus bas (*p. 363*). (Photo Hitier.)

La **végétation arbustive** est maigre : peu de forêts, beaucoup de *garrigues* et de *mâquis*, c'est-à-dire de régions où les arbres, disséminés et de petite taille, forment des buissons plutôt que des bois. Principales espèces : le *pin maritime* et le *pin sylvestre*, le *cèdre*, le *chêne-vert*, et le *chêne-liège*, l'*eucalyptus*, l'*olivier*, l'*amandier*, le *mûrier*.

La **végétation herbacée**, elle aussi, est maigre et rare. L'herbe n'est pas permanente : elle ne pousse qu'après la pluie et disparait pendant la saison sèche. Elle forme des *steppes* et non des prairies.

Les **produits utilisables** sont certaines céréales, notamment l'*orge* et le *blé dur*, puis la *vigne*, les *feuilles de mûrier* pour l'élevage des *vers à soie*, les *olives*, les *amandes*. Tous les *fruits* et les *légumes* de nos régions réussissent merveilleusement sur les points où l'on peut leur donner de l'eau par irrigation.

2. *La structure des régions méditerranéennes. Leur division.* — Si ces traits communs sont l'essentiel des pays méditerranéens et font qu'on doit les grouper dans une étude particulière, cependant, par leur structure et par leur relief, ils diffèrent assez entre eux pour qu'on y distingue plusieurs régions naturelles.

Cette différence de structure et de relief s'explique par l'histoire du bassin de la Méditerranée occidentale. Celle-ci comporte trois faits essentiels :

1° **L'existence d'un ancien continent primaire**, contemporain et symétrique du continent hercynien. — Aujourd'hui disparu, il a laissé des fragments, des témoins : notamment, pour le territoire français, la grande île de la *Corse*, le massif des *Maures* et l'*Esterel*.

2° **De grands effondrements et des plissements tertiaires.** — Les effondrements ont produit la Méditerranée proprement dite, c'est-à-dire, dans notre région, le *golfe de Gênes* et ses abords, mer très profonde. Les plissements ont produit de hautes montagnes : les *Alpes* et les *Pyrénées*, qui, à cette époque, n'étaient pas séparées.

3° **Des mouvements postérieurs plus faibles** : légers affaissements, qui, separant les Pyrénées des Alpes, ont produit une mer sans profondeur : le *golfe du Lion* ; légers exhaussements, qui, entre Pyrénées et Alpes, ont produit une plaine basse : la plaine du *Bas Languedoc*.

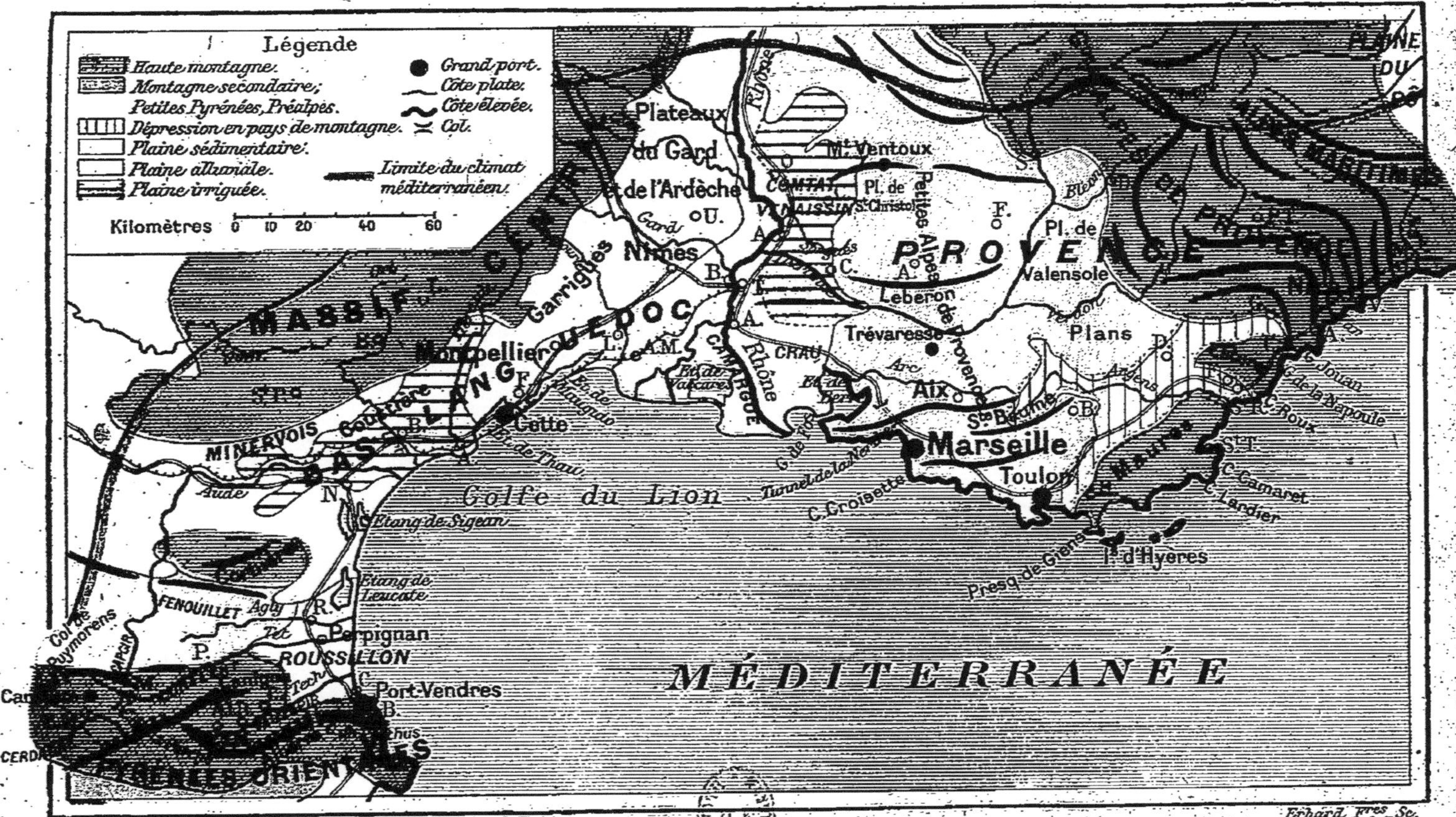

LA RÉGION MÉDITERRANÉENNE.

Ainsi cette histoire explique que, dans la zone méditerranéenne de la France, on doive distinguer trois groupes de régions différentes :

1° **Un groupe de régions planes** : ce sont les *plaines du Bas Languedoc* ;

2° **Un groupe de régions accidentées**, où alternent bassins déprimés et hautes montagnes : ce sont les *Pyrénées-Orientales* (déjà étudiées plus haut, p. 278-280) et la *Provence* ;

3° **Une île** : la *Corse*.

1. LE BAS LANGUEDOC.

1. ***Constitution du Bas Languedoc.*** — Le Bas Languedoc est constitué d'abord par des **plateaux** assez bas de calcaires tertiaires, analogues à ceux qui constituent le Seuil du Lauraguais. Ils se prolongent depuis ce seuil jusqu'au Rhône, au pied des Cévennes et des monts du Vivarais.

Lors de la formation du golfe du Lion, l'extrémité de ces plateaux dessinait une côte assez découpée. Mais, depuis cette époque, les alluvions venues du Rhône, entraînées et étalées par un courant marin qui se dirige du Rhône vers l'Ouest, ont formé au pied du plateau une **plaine alluviale**, faite de graviers et de sables. Cette plaine, ou *Coustière*, se termine par une **côte** alluviale, bordée d'étangs.

2. ***Les plateaux intérieurs.*** — Constitués par des roches perméables, soumis au climat méditerranéen, ces plateaux sont très secs et découpés par les vallées d'un certain nombre de torrents : Aude, Orb, Hérault, Vidourle, Gard, Cèze, Ardèche. Toutefois, l'inégalité de leur relief et des facilités qu'ils offrent pour l'irrigation les rend inégalement productifs et habités.

1° Au Sud-Ouest, le **Minervois** forme une série de collines, faiblement ondulées. Les premières pentes des collines et les versants des vallées sont couverts de vignes, qui donnent des vins estimés. Les croupes des collines portent, en hiver, une herbe suffisante pour la pâture des moutons qui, en été, transhument dans les Causses. De là le tissage de la laine, qui prospère dans de petites villes situées au contact avec la montagne, comme *Lodève*, *Saint-Pons* (v. ci-dessus, p. 258), et comme ***Bédarieux***, située plus en avant dans le Minervois.

2° Au Centre, les **Garrigues** forment des croupes plus

hautes, plus sèches et plus nues, couvertes de chênes rabougris qu'a clairsemés un déboisement ancien. Aucune culture; population très faible. Les Garrigues sont seulement traversées par les bergers et les troupeaux transhumants, qui vont et viennent suivant les saisons entre la plaine et la montagne.

3° Au Nord-Est, les **plateaux du Gard et de l'Ardèche** sont aussi très secs, mais toutefois plus fertiles. Dans les vallées, on plante le mûrier et l'on élève les vers à soie. On mouline dans le pays, la soie produite par les cocons. De là la prospérité relative (malgré la concurrence des soies italiennes) des magnaneries et des moulinages, dans tous les villages qui s'étendent entre Alais (v. ci-dessus, p. 236) et *Uzès*. De plus, dans les campagnes environnant cette ville, on cultive le blé.

3. ***La plaine ou Coustière. Le vignoble.*** — Entre les plateaux et la côte, s'étagent des terrasses planes, constituées soit par des calcaires (surtout vers l'intérieur), soit par des graviers (surtout vers la côte), qui forment ce que l'on appelle la *Coustière*.

Ces terrasses, perméables et sèches, ont des étés lumineux et torrides, mais peuvent être irriguées. Elles présentent les meilleures conditions pour toutes les cultures méditerranéennes, et jadis elles les possédaient toutes. De nos jours, à la suite de la crise phylloxérique qui dévasta, il y a trente ans, tous les vignobles de France, les vignes, nouvellement replantées, du Bas-Languedoc donnèrent de tels bénéfices que partout on substitua la vigne aux autres cultures. Aujourd'hui, les plaines bas-languedociennes sont couvertes de vignes et ne produisent que du vin. Elles sont exposées à tous les risques de la culture unique : vente insuffisamment abondante quand la récolte est trop faible, vente insuffisamment rémunératrice quand la récolte est trop abondante et que le prix du vin baisse à l'excès. Les vignes s'étendent jusqu'aux bords de la mer. Quelques bons crus sont produits autour de *Lunel* et de *Frontignan*.

Les villes de la région sont de grands marchés de vins : ce sont *Narbonne*, *Béziers*, et surtout **Montpellier** (80000 hab.) et **Nîmes** (80000 hab.). Ces deux dernières doivent leur antique prospérité, aujourd'hui renouvelée par le commerce du vin, à leur situation sur la route et sur la ligne ferrée qui unit deux débouchés de premier ordre : à l'Ouest, le Seuil de Naurouze et le bassin de la Garonne; à l'Est, la vallée du Rhône.

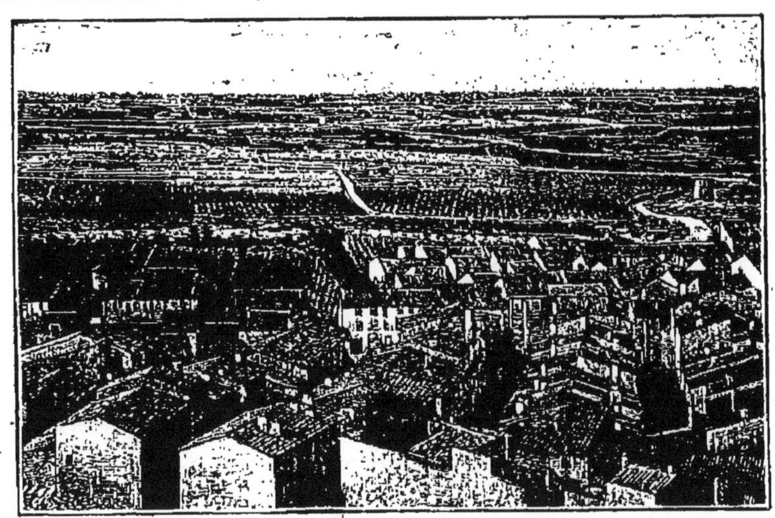

1. LA PLAINE DU LANGUEDOC PRÈS DE LEUCATE.

Entre les Garrigues et la mer, la plaine du Bas Languedoc étend ses alluvions, ses calcaires et ses graviers, uniformément recouverts aujourd'hui par les vignes qui s'étendent jusqu'aux étangs côtiers et au milieu desquelles émergent les gros villages, groupés autour des puits. (Photo Brun.)

2. CETTE.

Créée sous Louis XIV pour servir au débouché du canal du Midi sur la Méditerranée, Cette est un port artificiel uniquement garanti par des jetées. La ville s'étend sur une langue d'alluvions peu à peu accumulées par la mer, et qui ont rattaché à la terre ferme une ancienne île rocheuse : cette île forme aujourd'hui une « montagne » qui domine la ville et d'où cette vue est prise.

4. La Côte. — La côte du Bas-Languedoc est plate et monotone comme la plaine qu'elle termine. C'est un type parfait de **côte alluviale** : les seuls pointements rocheux qu'on y trouve (*Montagne d'Agde, Montagne de Cette*) sont d'anciennes îles rattachées au continent par les alluvions; les **étangs** très nombreux et très vastes qui la bordent (*étangs de Leucate, de Sigean, de Thau, de Mauguio*) sont d'anciens golfes, aujourd'hui presque

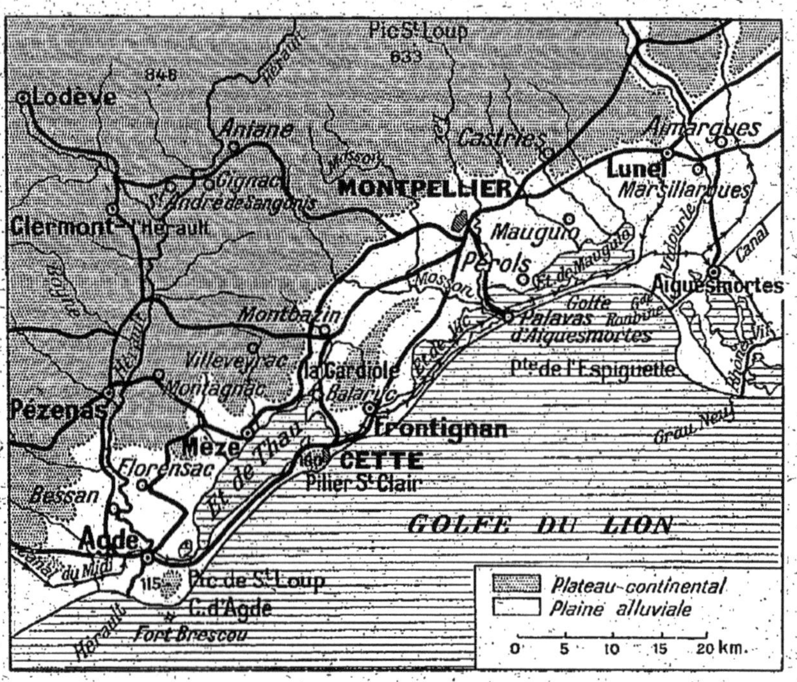

CÔTE DU LANGUEDOC.

complètement séparés de la mer par des cordons alluviaux et communiquant difficilement avec elle par des chenaux étroits et ensablés : les *graus*.

Cette côte, plate, sableuse et sans indentation, est peu favorable à la vie maritime. Les seules ressources qu'on y trouve sont :

1° *Les salines.* — Le sel se récolte en été, quand l'évaporation des marais est le plus intense. Le travail est surtout fait par des montagnards, qui descendent, à cette saison, de la Lozère et des Cévennes.

2° *La pêche.* — Pêche du thon et des autres poissons méditerranéens, sur les étangs ou sur la mer libre. Elle est surtout faite par des Corses et par des Italiens immigrés.

3° *La vigne.* — On a vu que le vignoble s'étend jusqu'à la mer. Là encore la vigne est la principale ressource de la population indigène.

D'autre part les vins sont la principale marchandise entreposée et importée par le seul port de la région : **Cette**, port artificiel, sur l'étang de Thau, au débouché du canal des Deux-Mers. C'est à la fois un grand marché pour les vins du Languedoc et pour les vins d'Algérie, qu'on y débarque pour les expédier vers le Nord.

2. LA PROVENCE.

1. **Constitution de la Provence.** — La Provence est constituée par un ensemble de pays beaucoup plus variés que le Bas Languedoc. Elle comprend, en effet :

1° **Des régions montagneuses de types variés.** — A l'Ouest, les *Petites Alpes de Provence*, extrémité orientale des plis pyrénéens, plissées et basses ; à l'Est, les *Grandes Alpes de Provence* et les *Alpes Maritimes*, extrémité méridionale des plissements alpins, plissées et hautes ; au Centre, les *Maures* et l'*Esterel*, restes d'un ancien continent primaire, usés, sans plis apparents, mais encore élevés.

2° **Des plaines de types variés.** — Après la rupture des plissements pyrénéens qui produisit le golfe du Lion, celui-ci s'étendit d'abord beaucoup plus loin vers le Nord, entre Massif Central et Alpes, formant un long golfe (v. ci-dessus, p. 341). Celui-ci fut reconquis au continent par trois étapes successives : l'émersion, au fond du golfe, de terrains calcaires, qui formèrent les plaines du *Comtat* ; puis le comblement de la partie médiane par les alluvions grossières et caillouteuses d'un torrent descendu des Alpes, qui formèrent la *plaine de la Crau;* enfin le comblement de la portion externe par les alluvions fines et sableuses d'un grand fleuve, le Rhône, dont le delta forme la *plaine de la Camargue.*

3° **Des côtes de types variés.** — Aux trois masses montagneuses énumérées ci-dessus correspondent trois bandes de côtes hautes et découpées, mais de type différent. A la plaine de la Camargue correspond un quatrième type de côte, basse, alluviale, rappelant la côte languedocienne.

2. ***Les plaines provençales.*** — Les plaines provençales sont, en somme, le terminus vers la mer du Bassin Rhodanien (v. ci-dessus, p. 349). Mais elles se distinguent essentiellement de la partie septentrionale de ce bassin par leur climat et par leurs produits méditerranéens.

Le climat, très sec, empêche la terre d'être productive, à moins que les habitants n'y établissent des canaux d'irrigation. D'autre part, ceux-ci sont plus ou moins faciles à installer et donnent des résultats plus ou moins heureux selon la nature du sol des plaines. Aussi l'état de l'agriculture et la densité de la population varient-ils beaucoup dans les trois plaines provençales que nous avons distinguées.

1° ***Les plaines du Comtat.*** — De sol calcaire assez riche, ces plaines ont été mises en culture de bonne heure. Près du *Rhône* et de ses affluents, *Aygues*, *Sorgues*, *Durance*, l'irrigation a permis l'installation de véritables jardins, qui produisent en abondance légumes et fruits de primeur pour l'exportation vers les grandes villes du Nord. Ces cultures ont remplacé celle de la garance, pratiquée jadis. En arrière, dans les régions qui s'appuient à la montagne, s'étendent des garrigues plus sèches, semées de chênes, aux pieds desquels on récolte des truffes, et de buissons, où l'on cueille la lavande et le thym.

La richesse agricole de cette région explique la prospérité des marchés qui se trouvent soit dans la grande vallée, soit près de la montagne au débouché des vallées secondaires : *Orange* et **Avignon** sur le Rhône; *Carpentras*, *Apt*, *Cavaillon*.

2° ***La Crau.*** — La Crau est une plaine de cailloux, ancien delta de la Durance qui se jetait alors directement dans la mer, Sèche et aride, elle ne dut longtemps sa prospérité qu'aux troupeaux de moutons qui transhument en été vers les Alpes du Dauphiné et surtout aux routes qui, de toute antiquité, l'ont traversée pour unir la Provence maritime à Lyon, et qui y firent naître des villes populeuses et commerçantes. En outre, aujourd'hui, grâce à l'irrigation, les plantations d'oliviers y ont merveilleusement réussi, et la Crau exporte ses olives ou son huile à Marseille.

Cette nouvelle fortune a ressuscité les villes situées sur le Rhône en bordure de la Crau, et qui avaient jadis des foires célèbres: *Arles*, *Tarascon* et *Beaucaire*.

1. LA FONTAINE DE VAUCLUSE.

La fontaine de Vaucluse, qui donne naissance à la Sorgues, est une de ces sources (elles portent d'ailleurs le nom de sources vauclusiennes) fréquentes en pays calcaires, qui ne donnent de l'eau que par intermittence au moment des pluies, les eaux infiltrées dans le calcaire, rejaillissant à la base. Au fond, ruines du château de Pétrarque, qui a chanté la fontaine.

2. AVIGNON.

Située sur le Rhône, un peu en amont de son confluent avec la Durance, Avignon a de beaux monuments : les plus fameux sont les murailles crénelées et le château-forteresse qui fut la demeure des papes au quatorzième siècle. Sous Avignon, le Rhône est divisé en deux bras qui enserrent l'île de la Barthelasse.

3. PYRAMIDE DE SEL DANS LA CAMARGUE.

3° *La Camargue.* — La Camargue, ou delta du Rhône, forme une plaine de sables, pénétrée par le sel marin qui y tue la végétation. Elle est à peine colmatée et enferme encore une vaste lagune : l'*étang de Vaccarès*. Le Rhône, peu navigable par le *Grand Rhône*, ne l'est plus du tout par le *Petit Rhône*, ce qui explique la décadence de l'ancien port du Moyen Age qui est situé sur ses bords : *Aigues-Mortes*.

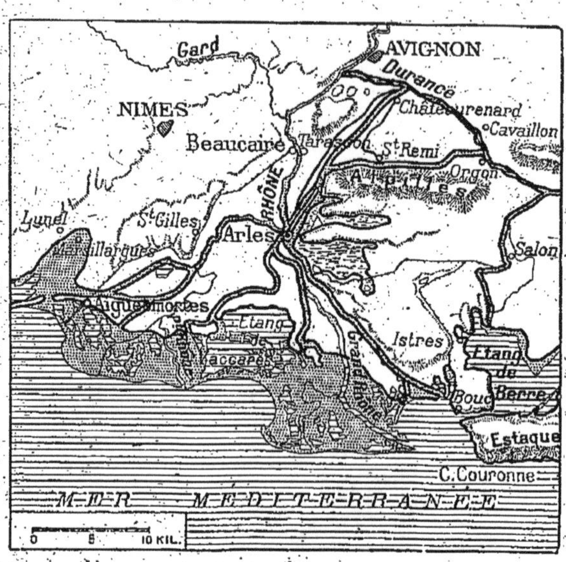

LE DELTA DU RHÔNE A L'ÉPOQUE ROMAINE ET AUJOURD'HUI.

Le Rhône jette à la mer d'énormes masses d'alluvions, amenées des Alpes et des autres montagnes bordières, qui la comblent peu à peu vers les embouchures. Ces apports qui, à une époque ancienne, ont comblé l'ancien golfe marin du Rhône, ont déjà modifié beaucoup le contour de la côte méditerranéenne depuis l'époque romaine. Sur certains points, notamment du côté du Grand Rhône qui est le plus abondant des bras du fleuve, le gain de la terre n'est pas inférieur à 10 kilomètres. De même, plus à l'Ouest, l'ancien port d'Aigues-Mortes a été isolé de la mer. La ligne noire indique le tracé du rivage à l'époque romaine; la partie couverte d'un grisé à petits points représente le gain de la terre sur la mer.

Sans importance agricole ou commerciale, désert de sable ou marécage, la Camargue a été jusqu'à notre époque une région inexploitée, dépeuplée, contenant seulement quelques salines et hospitalisant quelques troupeaux de taureaux sauvages. Mais, par des travaux de drainage et d'irrigation analogues à ceux des Flandres, on est en train d'en dessaler les terres et de la transformer : elle devient un pays d'élevage et se peuple lentement.

3. ***Les Montagnes Provençales.*** — Les montagnes provençales sont, en somme, le terminus vers la mer du plissement alpin. Mais elles se distinguent essentiellement des Alpes du Dauphiné et de Savoie par leur climat méditerranéen, qui a

1. LA COLLINE DES BAUX.

Les plis calcaires, orientés d'Est en Ouest, dont les stries répétées forment les Petites Alpes de Provence, ont été démantelés et comme décharnés par les alternatives de sécheresse et de pluies torrentielles qui caractérisent le climat méditerranéen. Châteaux de jadis et villages d'aujourd'hui se sont perchés au sommet ou étagés sur les flancs de ces ruines naturelles; c'est seulement à leur pied, dans des bassins alluviaux, que l'on trouve la terre végétale, l'eau des sources, la végétation : quelques herbages, des oliviers et des cultures maraîchères.

(Phot. Neurdein.)

2. LE PLAN DE CAUSSOLS.

Les « plans » de Provence rappellent les Causses : altitude élevée (le plan de Caussols est à 1100 mètres environ), monotonie du relief horizontal, calcaire perméable où les eaux se perdent, sécheresse, nudité, solitude.

donné à ses eaux un régime torrentiel, raviné les montagnes. déterminé une végétation de pays sec.

D'autre part, situées à l'extrémité du plissement alpin, les Grandes Alpes de Provence se soudent, par des plateaux d'un type particulier, à des massifs plus bas et très différents, les Petites Alpes de Provence, les Maures et l'Esterel, qu'il faut étudier à part.

1° *Les Petites Alpes de Provence.* — Elles forment des alignements calcaires assez bas, orientés Est-Ouest, comme les Pyrénées Orientales auxquelles elles étaient jadis reliées. Leurs pentes sont couvertes par des mâquis et par de maigres pâtures à moutons : tels sont les alignements du *Ventoux*, du *Léberon*, de la *Trévaresse*, de la *Nerthe* et de la *Sainte-Beaume*.

Entre ces hauteurs, de larges dépressions alluviales sont devenues, grâce à l'irrigation, des jardins de cultures analogues à ceux des plaines provençales voisines. L'une d'entre elles, la vallée de l'*Arc*, ouvre une route commerciale de premier ordre entre le Bas Rhône et la Provence Intérieure. Ces deux faits expliquent la prospérité relative des petites villes situées dans les dépressions : *Manosque*, *Forcalquier*, *Sisteron*, et la grandeur antique de la ville de la vallée de l'Arc, **Aix**, lieu de contact entre la Provence des plaines et la Provence des montagnes, ancienne capitale de tout le pays.

2° *Les plateaux.* — De vastes étendues calcaires, appelées *plans* dans le pays, s'étendent entre les trois zones montagneuses de la Provence. Monotones, perméables, secs et nus, coupés par de profondes gorges comme celles de la vallée du *Verdon*, ils rappellent les causses. Comme eux, ils sont peu peuplés et seulement utilisés pour la pâture des moutons. Tels sont les *plateaux de Saint-Christol*, *de Valensol*, le *plan de Canjuers*, etc.

3° *Les Maures et l'Estérel.* — Masses très anciennes de granite et de phorphyre, les Maures et l'Estérel sont des massifs usés, mais encore élevés, épais, peu pénétrables, couverts d'un mâquis qui en rend l'exploitation difficile. Dans l'intérieur, ils sont presque déserts.

Mais ils sont ceinturés par une bande de schistes primaires, à la fois plus tendres et plus fertiles; l'érosion y a creusé une

1. LE DÉVOLUY.

Type de montagne méditerranéenne : le climat sec et les averses torrentielles, qui dévalent brusquement des pentes, ont ruiné et raviné la montagne, presque privée de végétation. Le Dévoluy est une montagne en ruines. Son nom lui vient du latin « Devolutum », qui signifie ruine. (Photo Allemand.)

2. LA BLÉONE A DIGNE.

Type de rivière méditerranéenne. La vue est prise pendant l'été : la rivière est réduite à quelques filets liquides au milieu d'un vaste lit de graviers et de cailloux. Vienne une averse d'automne : toute la vallée est envahie par une nappe d'eau écumante et grondante. (Photo Constans et Davin.)

vaste dépression, qui, de part et d'autre, aboutit à la mer. Toute pénétrée par le climat méditerranéen, facilement irrigable, cette dépression produit des olives, des vins, des légumes, des fruits et surtout des fleurs. C'est ce qui explique la prospérité des deux villes qui se trouvent à ses deux extrémités vers la mer : *Grasse*, à l'Est (industrie des parfums), et *Hyères*, à l'Ouest.

D'autre part, la portion intérieure de cette dépression, sillonnée par l'*Argens*, continue vers l'Est la route tracée à l'Ouest par l'Arc. Cette route est la plus importante de la Provence ; elle unit les plaines du Rhône avec le golfe de Gênes. De là l'importance des petites villes qui en sont à proximité : *Draguignan* et *Brignolles*.

2° *Les Grandes Alpes de Provence et les Alpes Maritimes.* — Elles continuent vers le Sud la zone intérieure des Grandes Alpes du Dauphiné. A l'Ouest du massif cristallin du *Mercantour*, elles dessinent de hauts alignements calcaires, orientés Nord-Sud, séparés par des vallées très raides et abruptes, où dévalent des torrents qui parfois coupent les chaînes par des cluses : telles sont la *Durance Moyenne*, la *Bléone*, le *Haut Verdon*, le *Var* et la *Roya*.

De climat très sec, ces montagnes ne portent de végétation que sur le versant abrité du soleil, ou *hubac* ; sur le versant exposé au soleil, ou *adroit*, elles sont dénudées. Les vallées elles-mêmes sont trop étroites pour que la culture ou la circulation y soit possible, sauf dans quelques bassins intérieurs, où l'on trouve alors les produits méditerranéens (céréales, olivier, élevage des moutons) et quelques villes : *Castellane*, *Digne*, *Puget-Théniers*.

Pauvres et situées à l'écart des grandes routes commerciales, ces régions isolées ne font aucun progrès et se dépeuplent : leur population émigre soit définitivement vers les villes de la côte, soit pour une longue période vers l'Amérique.

4. La Provence Maritime. — La côte provençale est la région essentielle de la Provence. Sans doute, à la limite de la plaine, le delta offre une côte plate, rectiligne, marécageuse et d'ailleurs peu fixée, par conséquent inutilisable et déserte. Mais la longue bande de côtes qui correspond aux diverses montagnes provençales présente un double avantage :

1° Elle est *très découpée*, apte à la pêche et au commerce.

1. ENTRÉE DE LA CLUS DE SAINT-AUBAN.

Les chaines dénudées des Alpes de Provence sont ravinées par des torrents au débit prodigieusement inégal, qui ont scié des gorges, ou clus, taillées comme à l'emporte-pièce. Mais ici la puissance intermittente des inondations a été moins efficace que l'action plus modeste mais plus continue des eaux dans le Jura : le creusement de la cluse n'est pas achevé. (Phot. Prudent.)

2. LE VILLAGE DE GOURDON.

Type de village fréquent dans cette région, où les invasions furent nombreuses dans les siècles passés (p. ex. au seizième siècle). Les habitants avaient juché leurs villages sur les sommets, où ils pouvaient plus facilement braver une attaque. Gourdon domine la vallée du Loup, à l'Est de Grasse.

2° Elle est *très abritée* du Nord et exposée à la douce influence de la Méditerranée. C'est un séjour pour l'élection des produits méditerranéens, qui y prospèrent sur des cultures en terrasses : vigne, olivier, orangers, fleurs. Ces trois derniers donnent lieu aux deux industries du pays : la fabrication de l'huile et celle des parfums.

Pourtant, par leur structure et plus encore par leur situation, ces côtes n'ont pas partout la même importance économique.

1° ***La côte des Grandes Alpes.*** — La portion de côte qui s'étend depuis la frontière italienne jusqu'à l'Esterel, est formée par une coupure nette, brusque et perpendiculaire des hauts alignements montagneux qui descendent du Nord. Les chaînes calcaires forment de hauts promontoires blancs, très proéminents, tandis que les dépressions se terminent par des baies vastes et profondes : *rade de Menton*, *rade de Villefranche*, *rade de Nice*, *golfe Jouan*.

Cette côte est très peuplée, et son peuplement augmente très rapidement, ainsi que sa prospérité. La cause en est moins dans ses ressources naturelles, pourtant grandes (pêche, culture des fleurs, de l'olivier, industrie des parfums, etc.) que dans sa beauté pittoresque et dans la douceur de ses hivers, qui en ont fait une région d'hivernage d'une réputation mondiale, sous le nom de **côte d'Azur**. De là un afflux de population cosmopolite : les uns viennent pour jouir du pays, les autres pour servir dans les hôtels ou bénéficier des commerces de luxe qu'entraîne la présence des hiverneurs. Dans ce dernier groupe il faut surtout noter les *Italiens*, qui sont presque aussi nombreux que les Français dans l'ancien *Comté de Nice*. Grande prospérité dans les villes côtières : *Menton*, *Beaulieu*, *Villefranche*, *Antibes*, *Cannes* et surtout **Nice** (142 000 hab.).

2° ***La côte des Maures et de l'Estérel.*** — La portion de côte qui correspond au massif cristallin rappelle par sa structure la côte méridionale de la Bretagne : des promontoires de granite ou de porphyre (*cap Roux*, *cap Camarat*, *cap Lardier*) se prolongent au large par des îles, les **îles d'Hyères** (*îles Porquerolles*, *Port Cros*, *du Levant*), et enserrent de vastes baies creusées dans les schistes plus tendres : *golfes de la Napoule* et *de Saint-Tropez*, *rades d'Hyères* et *de Toulon*. Les alluvions, entraînées par les courants, ont réuni quelques anciennes îles au rivage, sous forme de presqu'îles (*presqu'île de Giens*).

1. CALANQUE D'OULE.

A l'est du Rhône, entre Marseille et les Maures, le littoral méditerranéen forme une suite de criques, dont la plupart sont étroites, sinueuses et pénètrent cependant fort avant vers l'intérieur : ce sont les calanques. Ces ouvertures profondes et étroites de la côte rappellent un peu les fjords de Norvège, les rias d'Espagne, et plus encore les rivières ou « abers » de Bretagne, dont on a vu ci-dessus une reproduction. Plus à l'Est, vers Toulon et Nice, les calanques se font plus rares et sont remplacées par de vastes baies, par des rades. (Photo Léger.)

2. LA RADE DE VILLEFRANCHE.

Près de Nice, les Alpes bordent de si près la mer, sur laquelle elles se terminent en promontoires escarpés, qu'on n'a pu y établir le long du littoral qu'une route en corniche. Au pied de ces promontoires, qui abritent des villes d'hiver, la Méditerranée est profonde et forme des rades très sûres. Celle de Villefranche reçoit jusqu'au ras de la côte les plus grands navires de guerre. (Ph. Prudent.)

Adossée à un massif âpre et désert, isolée de la route du Rhône à Nice qui passe plus au Nord, au moins dans les Maures, cette côte n'a point de commerce et commence à peine à attirer les hiverneurs. On n'y trouve que de nombreux villages de pêcheurs. Seules les deux baies des extrémités, correspondant à la dépression cultivée et fréquentée qui ceinture le massif, possèdent des villes : *Saint-Raphaël* et *Fréjus*, à l'Est, et surtout, à l'Ouest, **Toulon** (104 000 hab.), notre premier port de guerre, avec ses annexes (*La Seyne*, *Tamaris*, etc.).

3° *La côte des Petites Alpes de Provence.* — La portion de côte qui correspond aux Petites Alpes de Provence comporte autant de caps aigus, ou *becs*, que ces montagnes ont de chaînons (*cap Croisette*, *pointe de Martigues*, etc.); autant de baies étroites et profondes, ou *calanques*, qu'il y a de dépressions entre ces chaînons. Chaque calanque abrite un village ou des maisons de pêcheurs. Tel est le caractère de la côte provençale jusqu'au *golfe de Fos*, qui se prolonge par le vaste *étang de Berre*.

Comme les chaînes et les dépressions qu'elles terminent, les grandes baies de cette portion de la côte provençale sont, pour la plupart, orientées d'Est en Ouest; elles s'ouvrent donc vers la vallée du Rhône, qui fait communiquer la Méditerranée avec la France du Nord. C'est ce qui explique l'importance commerciale de Marseille.

5. ***Le rôle économique de la Provence. Marseille.*** — La Provence intérieure et la plus grande partie de la côte provençale sont situées en dehors des grandes routes commerciales. Mais la région marseillaise est, au contraire, le lien entre la France du Nord et la Méditerranée, puisque le delta du Rhône n'est favorable à l'installation d'aucun port.

Marseille (550 000 hab.), avec ses annexes, comme *la Ciotat*, est le plus grand port français, le cinquième port de l'Europe, le neuvième du monde. Il doit son importance aux deux faits suivants :

1° *A sa situation entre l'Europe septentrionale et la Méditerranée.* — A ce point de vue, il est concurrencé, mais non dépassé, par le port italien de Gênes, depuis que les voies transalpines du Saint-Gothard et du Simplon unissent directement ce port aux pays de la mer du Nord.

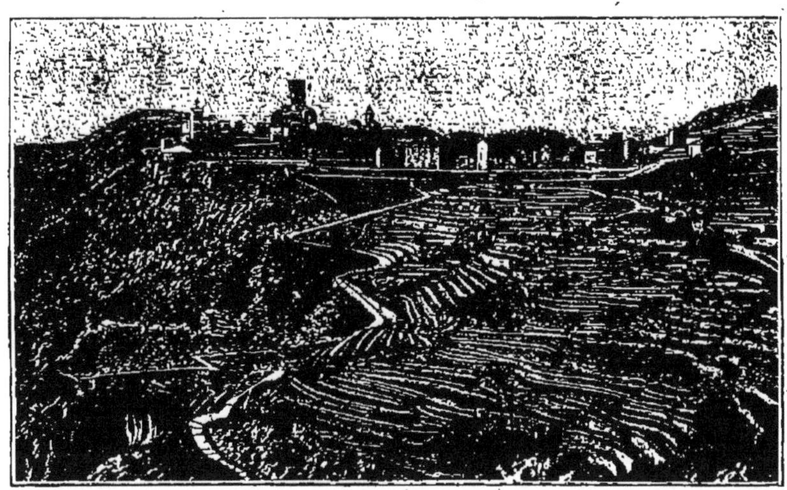

1. LA TURBIE. CULTURES EN TERRASSES.

A 2 kilomètres et demi du littoral, la Turbie (Alpes-Maritimes) est située à 500 mètres d'altitude, sur le haut d'un éperon montagneux. Remarquer les gradins qui s'étagent au-dessous du village : ce sont des murettes de pierres échelonnées et soutenant autant de petits jardins qu'on cultive en légumes, en arbres fruitiers. Elles retiennent la terre végétale, qui, sans elles, serait entraînée par les pluies torrentielles. (Photo Neurdein.)

2. MONACO ET MONTE-CARLO.

Avec les primeurs et les fleurs, — plus qu'elles encore, — la grande richesse de la Provence maritime, c'est la beauté lumineuse de sa Côte d'Azur : Cannes, Nice, Menton, Monte-Carlo, etc., sont parmi les plus riches stations balnéaires de France. (Photo Neurdein.)

2° *Au commerce français avec les colonies françaises d'Afrique et d'Extrême-Orient* : Algérie-Tunisie-Maroc, Afrique Occidentale Française ; Madagascar et Indochine (par le canal de Suez). Il importe les produits de ces pays (vins, blé, riz, laine, olives, arachides, coprah, soie, etc.), dont certains lui ont permis de se créer une industrie spéciale (minoterie, huilerie, savonnerie), qui compte parmi les plus puissantes de la France.

3. LA CORSE.

1. *Le sol.* — La Corse est une grande île de 8750 kmq. Elle est située à 170 km. des côtes de France, à 80 km. des côtes italiennes.

A. Son ***sol*** est constitué essentiellement par un fragment du continent très ancien auquel appartenaient également les Maures et l'Estérel. Comme eux, la Corse est constituée :

1° Par un **massif de granite et de porphyre**, à l'Ouest et au Centre, formant des montagnes usées, mais assez élevées (*Monte Cinto*, 2700 m.), massif coupé de vallées abruptes, mais s'élargissant parfois en bassins intérieurs : le principal est le *bassin de Corte*, non loin de la vallée du *Golo*.

2° Par des **terrains schisteux** et des **plaines alluviales** à l'Est. Les terrains schisteux, au Nord-Est, forment des alignements plus bas que les roches cristallines : tels sont les monts qui dominent Bastia. Les alluvions forment des plaines marécageuses : la principale est la *plaine d'Aléria*.

B. Ses ***côtes*** présentent la même opposition que le relief entre l'Est et l'Ouest :

1° **A l'Ouest**, côte granitique, abrupte et découpée (*golfes d'Ajaccio, de Sagone, Saint-Florent*), prolongée par des îles (*îles Sanguinaires, île Rousse*) : côte de type provençal ;

2° **A l'Est**, côte schisteuse ou alluviale, monotone ou plate, semée de lagunes : côte de type languedocien.

C. Le ***climat*** et la ***végétation*** sont de type méditerranéen, mais, à cause de la latitude plus basse, ils se rapprochent plus de ceux de l'Algérie que de ceux de la Provence : la chaleur est plus forte, les hivers plus doux, les étés absolument secs.

(Phot. Guittard.)

1. VICO. — 2. DÉFILÉ DE SCALA SANTA REGINA. — 3. AJACCIO.

A 180 kilomètres de la côte française, la Corse est très peu connue : montagneuse, sauvage, traversée par des torrents en des défilés profonds, elle a des forêts de chênes verts et des châtaigniers, des maquis et, sur le bord de la mer, comme à Ajaccio, une végétation d'orangers, de cédratiers et de palmiers. L'intérieur de la Corse est assez difficilement accessible.

(Phot. Guillard.)

1° **Dans les plaines**, on trouve les espèces africaines : l'*aloès*, le *palmier*, l'*oranger*.

2° **Dans les montagnes**, au-dessus de la zone de la *vigne*, de l'*olivier* et du *blé*, on trouve le *châtaignier*, le **mâquis** de *chênes-lièges*, de *lentisques*, de *myrtes*, etc., puis des pacages à moutons.

CARTE DE LA CORSE.

2. ***La population.*** — Isolée dans la mer, située en dehors des grandes routes commerciales qui sillonnent la Méditerranée, la Corse a une population peu nombreuse (300000 hab., 33 au kilomètre carré), dont la majeure partie sur la côte. Elle y vit, d'ailleurs, sauf sur de rares points, beaucoup plus de cultures et de plantations médiocres (olivier, châtaignier) ou de vie pastorale (chèvres et moutons) que de pêche ou de commerce. Cette population est pauvre, fidèle aux pratiques du passé. Elle concilie l'attachement à son sol avec l'habitude traditionnelle d'émigrer.

La Corse possède deux villes sur la côte : **Bastia** et **Ajaccio**. Dans l'intérieur, *Sartène* et *Corte* sont de gros bourgs.

Lectures.

1. ***Il y a des traits communs à toutes les terres, à toutes les populations qui bordent la Méditerranée.*** — Tandis que les régions méditerranéennes de la France se distinguent très nettement de toutes les autres régions de notre pays, elles présentent des liens de parenté saisissants avec toutes les autres régions que baigne la Méditerranée : partout même sol, même climat, même paysage, mêmes ressources, même genre de vie. Le berger de la Provence vit comme le Kabyle de l'Algérie ou le montagnard du Péloponèse ; le cultivateur du Roussillon pratique l'irrigation comme l'Espagnol des *huertas* de Valence ou le Fellah du delta du Nil.

Le premier trait commun aux pays méditerranéens, c'est le manque de houille. Il entraîne avec lui l'absence de toute grande industrie, sauf autour des grands ports, comme Marseille, où la houille anglaise arrive facilement.

Le second, c'est l'abondance de côtes articulées, riches en ports naturels. Elle est due aux plissements tertiaires qui ceinturent une grande partie du bassin méditerranéen. Jointe à l'étroitesse de la mer, aux facilités relatives que la navigation y rencontre, cette circonstance explique le grand nombre de petits ports de pêche tout autour de la Méditerranée et aussi l'activité des relations commerciales par cabotage, dans une zone où l'âpreté des montagnes entrave sur bien des points la circulation par terre.

Enfin et surtout, le trait distinctif de toutes ces régions, c'est leur climat. Climat chaud, aux étés lumineux, aux hivers doux, favorisant les cultures les plus riches qui soient au monde : blé et vigne, légumes, fruits, fleurs, etc., et expliquant l'intensité de la vie agricole et paysanne chez toutes les populations méditerranéennes.

Mais cela ne suffit pas à faire comprendre la vie des populations méditerranéennes et pourquoi, à côté de régions prospères et surpeuplées, il s'en trouve de misérables, presque désertes. La nature, dans ces pays, n'a pas que des sourires. Les étés sont excessivement secs, au point que, pour bien des plantes, la saison de la « vie ralentie » et de la mort apparente (chute des feuilles, arrêt de la sève, etc.) n'est pas, comme dans le Nord, l'hiver, mais bien l'été. Pendant l'hiver, de brusques et énormes averses, succédant à l'aridité estivale, transforment les minces cours d'eau en torrents redoutables, qui dégradent les pentes des montagnes, leur enlèvent la terre végétale, transforment les plaines côtières en marécages incultes, où règne la fièvre.

Trop d'eau en hiver, pas assez en été ; — des pentes montagneuses dénudées et stériles par manque de terre végétale ; — des plaines inondées et inhabitables par excès d'eau stagnante : telles sont les conditions que rencontre le paysan méditerranéen, s'il n'y met bon ordre. Comment peut-il transformer ce sol ingrat sous un ciel lumineux ? Par l'irrigation, qui assèche les marécages et amène l'eau dans les déserts; et aussi par l'aménagement de terrasses sur les pentes, où la terre végétale est ainsi retenue : tout un travail patient, qui demande non point seulement l'initiative de quelques-uns, mais l'organisation de tous. C'est à ses cultures en terrasses que la Provence doit sa prospérité, comme la Kabylie. Grâce à l'organisation de « syndicats de l'eau » formés entre tous les paysans, économisant l'eau, frappant de peines sévères ceux qui n'entretiennent pas les canaux ou les détournent à leur profit, le Roussillon est devenu la terre bénie des primeurs, tout comme les huertas espagnoles, comme certaines plaines des environs de Naples et de Sicile, ou comme l'Égypte. Par l'absence d'organisation, par le défaut de travail humain, d'autres plaines d'Italie et presque toutes celles d'Asie Mineure, fertiles dans l'antiquité, sont redevenues pour un temps des déserts ou des marais insalubres.

Sur les bords de la Méditerranée, la nature est généreuse, à condition que le travail humain sache trouver le secret de sa générosité.

2. ***Dans le Bas-Languedoc se trouve l'exemple le plus absolu de monoculture qui existe en France.*** — La plaine du Bas Languedoc est actuellement une « mer de vignes ». Depuis trente ans, la culture de la vigne s'est de plus en plus étendue, au point de chasser toutes les autres. Les causes du triomphe de la « monoculture » sont de deux ordres :

1° **Causes d'ordre géographique.** Le sol, fait de calcaires ou de graviers secs, et le climat, très chaud et sec, favorisent la vigne.

2° **Causes d'ordre économique et historique.** — Vers le milieu du XIXe siècle, la création du réseau de voies ferrées, en facilitant l'exportation du vin, a suscité un premier essor de la vigne. Après 1875, le phylloxéra a frappé tout le vignoble français ; le Languedoc en a relativement moins souffert que les régions de grands crus, Bourgogne et Bordelais ; il a pu retrouver plus rapidement la qualité de ses vins, parce qu'elle était plus médiocre ; la nécessité de replanter en *plants américains* lui était moins dommageable qu'aux régions de vins plus fins. De là la prospérité du vignoble languedocien entre 1880 et 1890. La culture des céréales fut alors abandonnée, les oliviers arrachés pour faire place à la vigne.

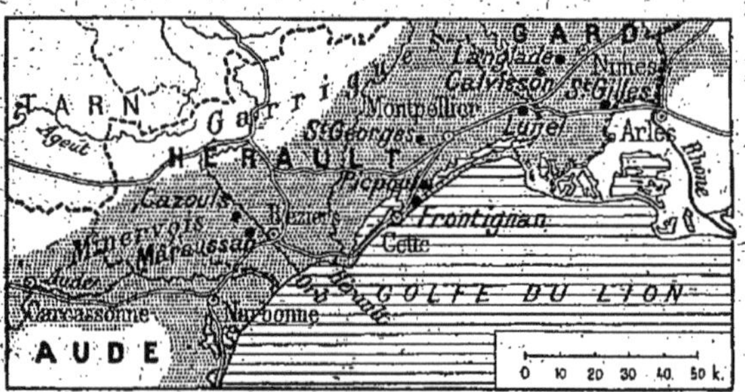

LA VIGNE DANS LE BAS-LANGUEDOC.

Elle y occupe, entre les Garrigues et la côte, tout le Bas-Pays. Des crus renommés s'y récoltent (vins de Lunel et de Frontignan, etc.). Toutefois, l'importance vinicole du Bas-Languedoc tient moins à la qualité des vins produits qu'à leur quantité.

L'extension de la vigne a transformé le Languedoc. Entre 1850 et 1870, puis entre 1880 et 1890, des fortunes considérables se sont rapidement édifiées grâce à la vente du vin. La population du pays ne suffisant pas au travail nécessité par cette production intense, des montagnes environnantes, Pyrénées Orientales, Corbières, Cévennes, Lozère, Causses, Vivarais les habitants émigrèrent en foule, pour se louer, à l'année, comme « vignerons » dans les « mas » languedociens, sous la direction d'un *pairé* ou d'un *ramonet*. Au moment de la vendange, une armée de 300 000 vendangeurs, hommes, femmes, enfants, descend de ces montagnes pour trois semaines. Ainsi à la *transhumance* des moutons méditerranéens, allant estiver sur les hauteurs, répond une *émigration* des montagnards, venant travailler dans la plaine. Ainsi s'affirme et se fortifie le lien de solidarité économique qui unit le haut et le bas pays.

La monoculture présente, sans contredit, quelques avantages : elle permet d'utiliser complètement les aptitudes spéciales d'une région.

Le Bas-Languedoc n'est, d'ailleurs, pas la seule région du Midi où la monoculture triomphe : la plaine du Comtat-Venaissin s'est spécialisée dans les cultures maraîchères et les primeurs; de même le Roussillon. Mais nulle part la monoculture n'est aussi forte qu'en Languedoc; nulle part aussi, les effets désastreux qu'elle peut avoir ne se sont manifestés avec tant de brutalité. Depuis 1890, les autres vignobles français se sont reconstitués et sont en pleine activité; les vins d'Algérie viennent concurrencer les vins indigènes sur le marché français; lors des années de vendanges abondantes, il y a surproduction et mévente des produits languedociens; les vignerons restent dans la misère auprès de leurs caves pleines. Le danger est périodique et grave; le remède serait le retour à une culture plus variée, mais l'arrachage de la vigne est coûteux, et de nouvelles cultures (particulièrement celle de l'olivier) demanderaient plusieurs années avant de devenir rémunératrices.

3. ***Les plaines provençales sont en voie de transformation.*** — Depuis vingt ans, certaines plaines provençales ont été transformées, d'autres sont en voie de transformation.

C'est dans les plaines du Comtat qu'il y avait encore le moins à faire. En effet, leur sol est naturellement riche; avec le Rhône et ses affluents, l'eau est proche, et l'irrigation est facile. De tout temps ces plaines avaient produit en grande abondance céréales, olives, vins. Orange, dans l'antiquité, Avignon, la ville des papes, au Moyen Age, sont des témoins de cette prospérité proverbiale. Encore au début du XIXe siècle, le Comtat s'était spécialisé dans la production d'une plante de teinture qui donnait alors de beaux bénéfices, mais à laquelle les teintures chimiques font aujourd'hui une concurrence désastreuse : la garance. Ici la transformation, la régénération de l'agriculture s'est faite facilement, par ces deux moyens : 1° l'augmentation des canaux d'irrigation, grâce à des dérivations de la Durance ou de quelques autres rivières; 2° et surtout l'organisation ample et méthodique de la production et du commerce des légumes de primeurs.

On sait (voir: *Cours de seconde, Troisième Partie, Chapitre II*) que le commerce des *denrées périssables* est un des grands faits de la vie économique moderne. Les grandes villes industrielles du Nord sont d'énormes mangeuses de légumes et de fruits, comme elles sont des mangeuses de viandes, d'œufs, de laitages, de poissons, etc., toutes denrées périssables, qui se gâtent rapidement. Grâce à l'organisation des transports rapides, sur mer ou par voies ferrées, les pays les plus lointains les pourvoient : la viande vient depuis l'Australie et l'Argentine, les laitages depuis la Sibérie et le Canada, les œufs depuis la Chine. Or, légumes et fruits ne connaissent pas de terre qui leur soit plus féconde que les plaines méditerranéennes, à condition qu'elles soient bien irriguées et que des transports rapides et commodes les relient aux grands centres de consommation. Grâce à l'organisation des transports et à la construction des canaux, le Comtat est devenu un des meilleurs fournisseurs de Marseille, de Lyon et même de Paris, en melons, en artichauts, en tomates, en aubergines, en cerises, en prunes, en abricots, etc.

La Crau a presque achevé une évolution analogue. Grâce aux eaux de la Durance, s'insinuant par mille veines nouvelles dans la terre fertile, mais desséchée, l'ancienne lande à moutons s'est couverte d'olivettes, qui alimentent les huileries de Marseille. Et voici que la Camargue, elle-même, suit l'exemple. Terre détrempée par l'eau de mer, « terre amphibie » comme on a dit de la Flandre Maritime, elle a l'ambition de devenir, comme cette dernière, un vaste *polder* à élevage, et c'est à des Flamands émigrés qu'on a confié les travaux de drainage nécessaires, dans lesquels ils sont passés maîtres.

4. *Marseille est notre premier port de commerce.* — Le port de Marseille doit tout d'abord son importance à sa situation géographique, face au couloir du Rhône, qui est le trait d'union entre la France du Nord et la Méditerranée. C'est ce qui explique qu'il y a toujours eu là un port et un entrepôt prospères, d'abord phénicien, puis grec et phocéen, puis romain. Mais au Moyen Age et jusqu'au XVIIe siècle Marseille subit une longue éclipse, effet de la concurrence des ports italiens, notamment de Venise; effet de l'occupation de la Méditerranée Occidentale par les pirates barbaresques qui, de leurs repaires de la côte algérienne, y guettaient les navires commerçants; effet de la découverte de l'Amérique, qui, attirant le grand commerce vers l'Atlantique, fit la fortune du Havre, de Nantes, de la Rochelle et de Bordeaux.

La fortune revint à Marseille au XIXe siècle. La conquête de l'Algérie par les Français libérait la Méditerranée occidentale des pirates et y restaurait le commerce. Notre établissement dans ce pays, puis en Tunisie, puis au Soudan, rendait ce commerce surtout intéressant pour notre pays, partant pour nos ports méditerranéens, notamment pour le mieux situé, Marseille. Enfin et surtout, le percement de l'isthme de Suez, en 1869, par un Français, Ferdinand de Lesseps, refit de la Méditerranée une des grandes routes du monde, unissant le premier foyer industriel du globe : l'Europe occidentale, à la plus puissante aire de peuplement et de production agricole du globe : l'Inde et l'Extrême-Orient. De ces circonstances nouvelles Marseille fut la première à profiter : en 1880, elle était incontestablement le plus grand port de la Méditerranée.

Depuis cette date, l'antique marché phocéen dut subir quelques vicissitudes dont il sortit à son avantage.

Marseille est situé à l'extrémité de l'isthme le plus court et le plus accessible qui unit la mer du Nord à la Méditerranée : par le Bassin Parisien et le Bassin Rhodanien cet isthme est presque tout entier en plaines, laissant le Jura et les Alpes à l'Est. De bonne heure, des voies ferrées le parcoururent, toutes favorables au commerce marseillais, utilisées par les marchandises originaires ou à destination de la France du Nord, de la Belgique, de l'Angleterre et même de l'Allemagne. Mais vint le percement des tunnels au travers des Alpes et l'établissement de voies ferrées unissant plus directement encore les pays du Nord à la Méditerranée par Gênes, puis par Trieste. De ce jour, Marseille vit son commerce baisser au profit de ses deux rivales du golfe de Gênes et de l'Adriatique.

A ce double danger elle a paré aujourd'hui. Tout en contribuant pour sa part au même commerce que les deux ports rivaux (importation du riz, de la soie, du thé d'Extrême-Orient, des blés hindous et russes, des pétroles du Caucase, des fruits, des laines et des cotons du Levant), elle s'est créé deux spécialités qui la mettent hors de pair :

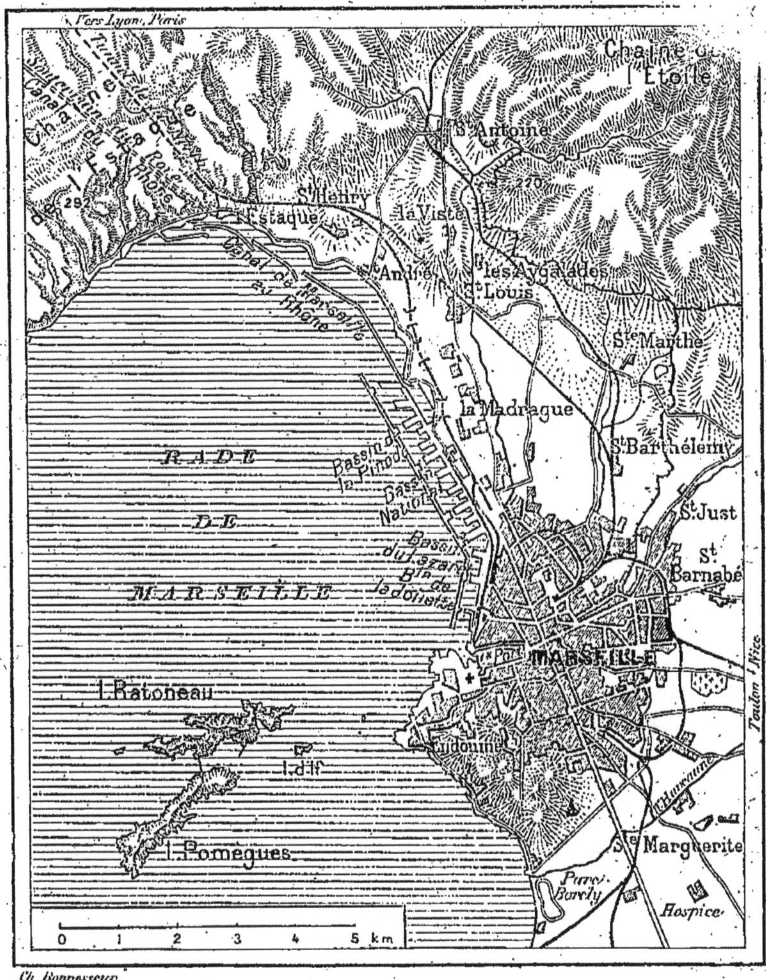

Ch. Bonnesseur

LE PORT DE MARSEILLE.

Il comprit d'abord uniquement le Vieux Port, au milieu même de la ville de Marseille; mais, à mesure que le commerce s'est développé, il a fallu créer de nouveaux bassins qui s'échelonnent sur la côte septentrionale jusque vers l'Estaque. L'ouverture d'un canal qui doit unir Marseille au Rhône et franchira l'Estaque sous un long tunnel, sera pour Marseille une cause nouvelle de progrès et d'extension.

1° le commerce avec nos colonies d'Afrique ; l'importation des blés, des vins et des primeurs d'Algérie, des huiles, des blés et des phosphates de Tunisie; des arachides, de l'huile de palme, des cuirs et du caoutchouc de notre Afrique tropicale et de Madagascar; 2° et surtout la création de puissantes industries, qui transforment une grande partie des matières premières que le port reçoit : minoteries, fabriques de pâtes alimentaires et rizeries; huileries et savonneries, fabriques de stéarines, de glycérine, etc.; raffineries de pétrole, usines à engrais chimiques, etc.

Ainsi, grâce à son industrie, la ville de Marseille fait vivre, à elle seule, en grande partie, son propre port. Elle est devenue par là non seulement le plus grand importateur, mais le plus grand exportateur pour notre empire colonial. On comprend que les plus récents congrès coloniaux français se soient tenus à Marseille.

5. ***Toulon est notre premier port de guerre.*** — Notre grand port militaire est situé à l'extrémité occidentale de la côte des Maures, dans le fond d'une grande baie presque complètement fermée par la presqu'île du cap Cépet. Il comprend deux rades : l'une extérieure, la *Grande Rade*; l'autre intérieure, la *Petite Rade*, séparée de la première par l'avancée rocheuse du *Mourillon*. C'est au fond de la Petite Rade que se trouve l'agglomération toulonnaise, avec ses faubourgs ouvriers, depuis le Mourillon jusqu'à *la Seyne*.

L'ensemble représente plus de 130 000 habitants. Or, comme à Brest, il n'y a là aucun commerce autre que le commerce local : les marchés ne servent qu'à alimenter la population toulonnaise en légumes, en fruits, en viande; les navires de commerce qui y touchent ne débarquent que des denrées alimentaires pour la ville, ou encore de la houille. La population toulonnaise ne vit que de la marine de guerre.

Elle en vit, d'abord, comme port militaire. Depuis que, par suite des arrangements politiques avec l'Angleterre et de notre établissement colonial dans toute l'Afrique du Nord, la Méditerranée est devenue le séjour habituel de notre principale flotte de guerre, Toulon est notre premier port militaire. Par sa profondeur, par ses abris naturels et par ses forts (*Fort Saint-André*, *Fort Faron*, etc.), c'est un port militaire excellent.

Elle en vit, ensuite, comme arsenal. L'arsenal primitif, qui se trouvait immédiatement à l'Ouest de la ville, s'étend maintenant à l'Est, sur le Mourillon, et s'allonge, d'autre part, autour de la Petite Rade, jusqu'à la Seyne. Il fait vivre plus de 9000 employés, dont plus de 5000 ouvriers. Il fabrique, non seulement des cuirassés français et étrangers, mais des chaudières.

6. ***La Corse est une « montagne dans la mer ».*** — Dans les études régionales qui précèdent on a, maintes fois, pu constater que les régions montagneuses sont loin de manquer de ressources, mais que ces ressources ne peuvent être exploitées que lorsque les montagnes sont sillonnées et reliées aux plaines environnantes par des voies de communication permettant l'exportation de leurs produits. Ce sont les voies ferrées qui ont fait de l'Auvergne, du Jura, de la Savoie, de grandes régions d'élevage et de production laitière. Ce sont elles qui y ont permis, ainsi que dans les Pyrénées, l'établissement de stations estivales fréquentées, qui sont une richesse pour

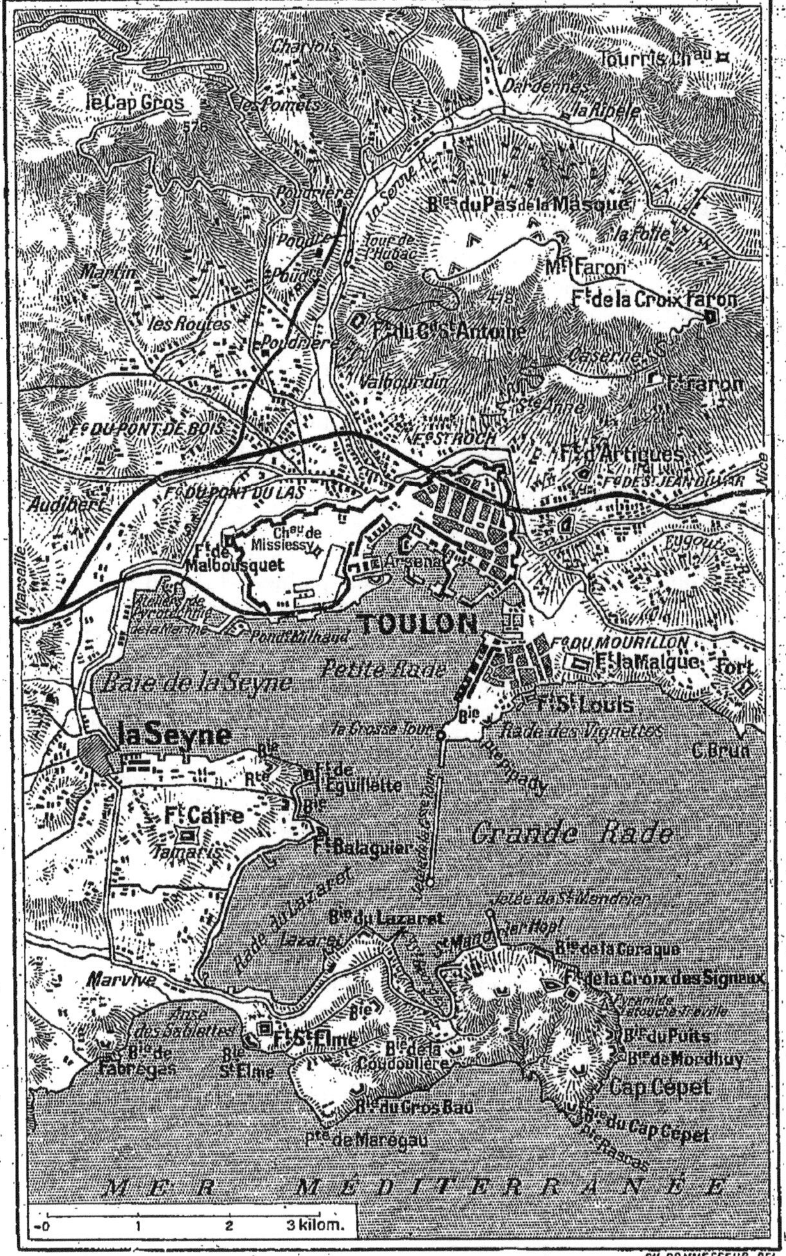

LE PORT MILITAIRE DE TOULON.

Le port militaire de Toulon est le plus important des cinq ports de guerre français, parce que situé sur la Méditerranée où la France a de très grands intérêts Il est au fond d'une rade, moins vaste mais aussi sûre que celle de Brest.

le pays. Ce sont elles qui, donnant la richesse à ces montagnes, y ont tempéré, sinon supprimé, l'émigration.

Or, la Corse est une « montagne », mais une montagne isolée au milieu de la mer, demeurée sauvage, presque inconnue, n'ayant avec les ports français que des relations médiocres, assurées par quelques médiocres bateaux, aboutissant à des ports mal construits. Quelles sont les conséquences de cet isolement?

1° **Les beautés de la Corse sont peu connues.** — C'est à peine si les touristes connaissent les beautés sans pareilles de la côte corse, l'île Rousse, les îles Sanguinaires, le golfe de Porto et les calanques de Piana, le golfe d'Ajaccio, le rocher de Bonifacio. Ils ignorent presque complètement ses beautés intérieures, les gorges du Golo, du Tavignano, de la Restonica, les grandes forêts de pins laricis d'Aïtone ou d'Evisa, etc., vers lesquelles il n'y a point de routes et très peu de voies ferrées étroites et lentes pour les conduire, aucune station confortable pour leur faciliter les étapes.

2° **Les ressources de la Corse sont peu exploitées.** — Les Corses sont surtout des pasteurs, élevant des moutons et des chèvres : la laine, le laitage. Voici leurs principales ressources, avec les châtaignes et les olives. Les environs de Bastia, le cap Corse et la Balagne sont les seules régions qui témoignent d'un sérieux effort agricole. Drainées et irriguées, les plaines du Sud-Est pourraient être d'admirables jardins de primeurs; elles sont désertes, infestées de *malaria*. Les quelques moissons de la Corse sont surtout faites par des immigrants saisonniers, les Lucquois; les Corses ne s'y intéressent guère. Les côtes de la Corse sont très poissonneuses : ce sont surtout les Italiens qui viennent y pêcher le thon et la sardine.

3° **La Corse est peu civilisée.** — En dehors des quelques ports, Ajaccio, Bastia, la population corse vit dans des bourgades perchées au-dessus des vallées, chaque vallée formant une communauté indépendante : ce sont les *pieve*. Fidèles aux mœurs antiques, ces véritables tribus pastorales n'ont subi en aucune manière l'influence des dominations qui se sont succédé dans l'île : celle des Sarrasins, puis celle de Pise, puis celle de Gênes. Après un siècle et demi, c'est à peine si l'action française s'y fait sentir.

4° **La Corse est un foyer d'émigration.** — Comme dans toute montagne isolée et livrée à elle-même, la population, ne pouvant vivre des ressources du sol, émigre. Les administrations publiques et l'armée abondent en émigrés corses. La plupart d'entre eux vivraient plus à l'aise dans leur pays, si, comme il le mérite, il était mieux connu, mieux relié au reste de la France, mieux exploité.

TROISIÈME PARTIE

LA NATION FRANÇAISE

ORGANISATION POLITIQUE ACTIVITÉ ÉCONOMIQUE[1]

I. — POPULATION ACTUELLE DE LA FRANCE

La population de la France, de densité moyenne, de nombre presque stationnaire, est caractérisée par un équilibre relatif entre la population urbaine et la population rurale, par une émigration extérieure faible et par une émigration intérieure forte.

1. ***Population et densité.*** — En France, la population est dénombrée régulièrement tous les cinq ans. Le dernier recensement (1911) a dénombré 39 601 000 habitants, soit une densité moyenne de 74 habitants au kilomètre carré.

1° *Pour la population totale*, la France vient au cinquième rang des puissances européennes : sa population est, en effet, inférieure à celle de la Russie (133 millions), de l'Allemagne (65), de l'Autriche-Hongrie (51), de l'Angleterre (45); elle est supérieure à celle de l'Italie (35) et de l'Espagne (19).

2° *Pour la densité*, la France vient au quatrième rang des grandes puissances européennes : la densité de sa population est en effet, inférieure à celle de la population britannique (143), de la population italienne (123), de la population allemande (120). Elle est également inférieure à celle de la population belge (255)

1. Voir : *Cours de Troisième*, p. 176-262.

et de la population hollandaise (182); mais ces deux petits pays ne peuvent être justement comparés avec les grands pays européens qui forment des ensembles bien plus complexes.

2. ***Accroissement.*** — De 1901 à 1911, la France a gagné au total 640 000 habitants, soit un gain de 64 000 en moyenne par an.

Cette augmentation est relativement très faible, cinq à dix fois plus faible que dans les autres grands pays européens qu'en Russie, qu'en Italie, qu'en Allemagne et même qu'en Angleterre. La France qui, vers 1800, venait au second rang en Europe pour la population (après la Russie), ne vient plus aujourd'hui qu'au cinquième rang.

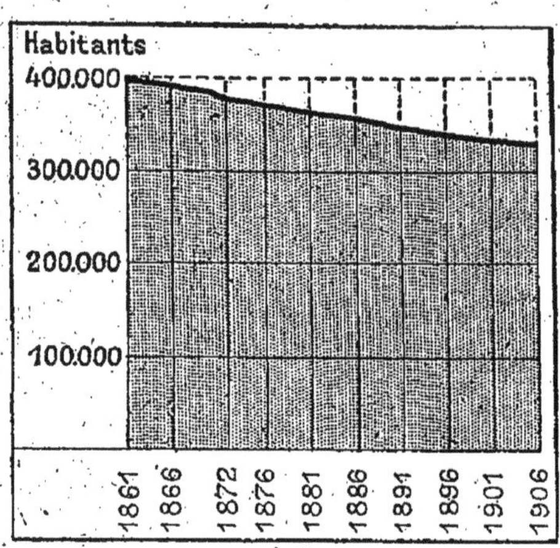

POPULATION DU DÉPARTEMENT DE L'EURE (1861-1906).

Le département de l'Eure, comme presque toute la Normandie, représente une région en voie de dépeuplement. De 1861 à 1906, le nombre de ses habitants a diminué d'un cinquième.

La situation est d'autant plus grave que, s'il y a un léger accroissement, celui-ci est dû moins à l'excès très faible des naissances sur les décès qu'à l'excès assez important de l'**immigration** des étrangers sur l'**émigration** des Français.

2. ***Les mouvements de la population.*** — **L'émigration** des Français à l'étranger est peu abondante; elle est assez étroitement localisée, soit aux points de départ, soit au point de destination. Les pays de France d'où l'on émigre le plus hors de France sont les *pays méditerranéens*, le *Cantal*, le *pays basque* et les *Alpes*. Les émigrants français se dirigent surtout vers l'*Algérie-Tunisie*, les *autres colonies*, l'*Espagne*, l'*Amérique du Sud* et l'*Amérique du Centre*.. Annuellement, la France n'envoie pas plus de 15 000 émigrants vers les pays étrangers.

L'**immigration** des étrangers en France est plus abondante. Elle provient surtout d'*Italie*, de *Belgique* et des *pays slaves*.

Ces pays nous envoient surtout des ouvriers agricoles, des ouvriers du bâtiment et des mineurs. Ces émigrants se dirigent surtout vers *Paris*, les *régions de grandes cultures*, les *régions*

LA POPULATION DE PARIS.

On a dit que les Français émigraient à Paris. En effet, sur 100 habitants de Paris, on compte seulement 39 Parisiens de naissance, tandis qu'il y a 50 à 51 provinciaux de naissance et 10 à 11 étrangers.

industrielles et la *côte provençale*. Annuellement, la France reçoit de 30 000 à 40 000 immigrants des pays étrangers.

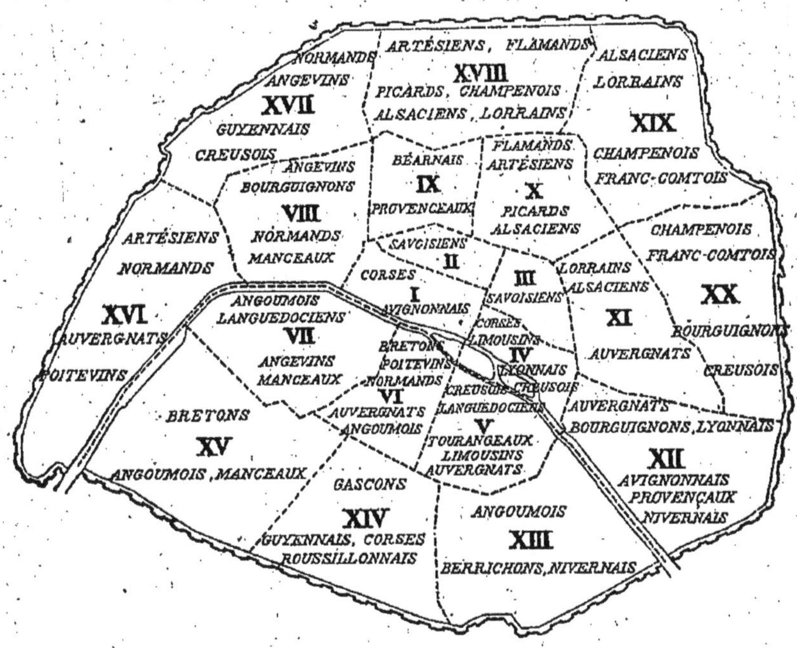

RÉPARTITION DE LA POPULATION DE PARIS DANS CHAQUE ARRONDISSEMENT, D'APRÈS LA RÉGION D'ORIGINE.

Les **migrations intérieures**, de pays à pays, sont beaucoup plus importantes. Elles sont soit *saisonnières* ou *périodiques*, avec retour au pays natal, soit *définitives*. Elles drainent les populations des pays pauvres (*Bretagne intérieure* et *Massif Central*) vers les pays riches, et, plus généralement, les populations des régions agricoles vers les régions industrielles. Parmi les centres qui exercent l'attraction la plus forte, il faut d'abord citer Paris et sa banlieue. On trouve à Paris des originaires de toutes les régions françaises en très grand nombre.

3. ***Population rurale et population urbaine.*** — A l'intérieur de chaque région, un autre mouvement enlève une partie de la population des campagnes pour la donner aux villes.

La **population rurale** de la France, c'est-à-dire celle qui habite des communes de moins de 3 000 habitants, représentait au milieu du XIXe siècle, au moins les *trois quarts* de la population totale. Aujourd'hui, elle n'en représente plus que les *trois cinquièmes*.

La **population urbaine**, c'est-à-dire celle qui habite des communes de plus de 3 000 habitants, bien qu'elle soit encore inférieure à la population rurale, marque un progrès rapide.

Cet exode des populations des campagnes vers les villes est général dans tous les pays d'Europe où s'est créée une grande industrie. Malgré tout, elle est beaucoup moins sensible en France que dans la plupart des autres pays industriels. Les villes de France sont, en général, d'étendue moyenne. Notre pays n'a que 15 villes de plus de 100 000 habitants ; le Royaume-Uni en a 43, l'Allemagne, 47.

4. ***Variation de la densité avec les régions.*** — La densité varie avec les régions.

Régions les plus peuplées : les grandes régions de commerce et d'industrie (*région parisienne* et *région lyonnaise*, *Nord*, *Est*, *bassins industriels du Centre*, *Rouen-Le Havre*, *Nantes-Saint-Nazaire*, *Bordeaux*, *Marseille*) et certaines côtes (*Bretagne*, *Provence*).

Régions moyennement peuplées : les pays d'agriculture riche (*Bassins Parisien*, *Aquitain*, *Rhodanien*; *Limagne*, *Languedoc*).

Régions les moins peuplées : les pays d'agriculture pauvre (*Massif Central*, *Pyrénées*, *Alpes*, *Dombes*, *Landes*, *Lannemezan*, *Sologne*).

Les **villes** sont nombreuses ; la plupart ont une population moyenne.

Lectures.

1. ***La France possède des régions de population agglomérée et des régions de population éparse.*** — Les services du recensement en France appellent, dans chaque commune, *population agglomérée* celle qui habite au chef-lieu de la commune, et *population éparse* celle qui vit dans les sites plus ou moins éloignés de ce chef-lieu, *hameaux, écarts, fermes isolées*, etc. Les conditions de la vie moderne tendent de plus en plus à la concentration des populations : nécessité pour l'ouvrier d'habiter près de son usine, etc. Aussi, sur la population totale de la France, un tiers seulement des habitants sont comptés comme population éparse, et même cette proportion est rarement atteinte dans les régions industrielles.

Pourtant, dans 10 départements, la population éparse dépasse cette proportion moyenne. Ces départements se trouvent tous dans le *Massif Central*, dans les *Hautes Alpes*, dans les *Landes* et dans la *Sologne*, enfin dans le *Massif Armoricain* (Bretagne, région des Bocages Normand, Manceau et Vendéen), c'est-à-dire dans des régions purement agricoles dont le sol, cristallin ou argileux, est imperméable : les sources et les eaux courantes y sont nombreuses ; les habitants, trouvant partout de quoi s'alimenter en eau, peuvent espacer leurs maisons. Au contraire, dans des régions aussi purement agricoles, mais dont le sol est perméable et dont les sources sont rares, comme la Beauce ou la Champagne, la population demeure très agglomérée.

2. ***L'inégalité de la population entre les diverses régions de la France s'est fortement accentuée à l'époque moderne.*** — Il y a actuellement des régions de la France qui se dépeuplent au profit d'autres régions plus favorisées.

D'une façon générale, les régions qui se dépeuplent sont les régions purement agricoles, ce qui s'explique par deux faits : 1° l'introduction des machines agricoles, qui nécessitent moins de main-d'œuvre que le travail à la main de jadis ; 2° la substitution partielle de l'élevage à la culture des céréales, à laquelle fait du tort la concurrence des blés de Hongrie, de Russie et d'Amérique.

Les régions dont la population augmente sont les régions industrielles, grâce à la constitution de la grande industrie, dont les usines demandent toujours plus d'ouvriers.

Les causes de ce double mouvement ont donc agi surtout pendant la seconde moitié du XIXe siècle. C'est à cette époque, en effet, que les « pays neufs » grands producteurs de céréales se sont développés et que la grande industrie a pris la place prépondérante qu'elle occupe aujourd'hui. On conçoit donc que les gains, d'une part, et les pertes, de l'autre, soient bien plus accentués pendant la seconde moitié du XIXe siècle que pendant la première. Pendant la première, le gain moyen des régions industrielles dépasse rarement 10 habitants au kilomètre carré, et l'on ne constate une faible dépopulation que dans le Bassin Aquitain et en Normandie; les autres régions agricoles sont stationnaires. Pendant la seconde, le gain des régions indus-

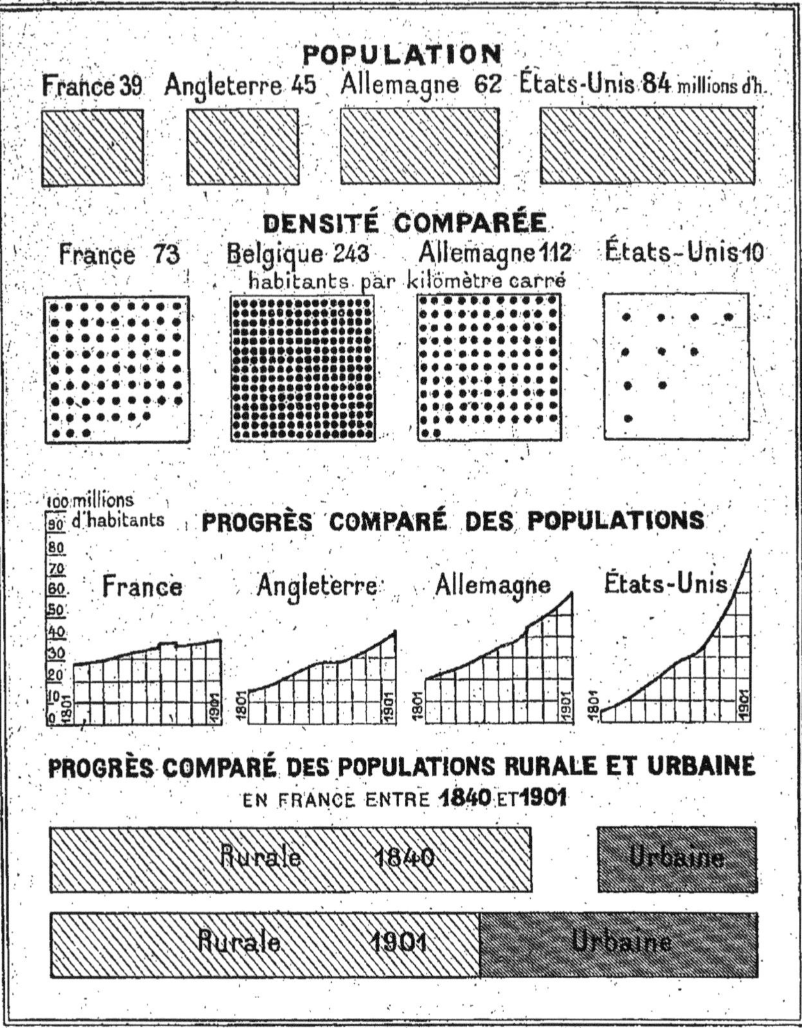

LA POPULATION DE LA FRANCE.

trielles peut s'estimer de 100 à 500 habitants au kilomètre carré, et les pertes s'étendent à presque toutes les régions agricoles, exception faite seulement pour les pays de vignobles : Languedoc, Bourgogne, Bordelais, vallée de la Loire.

3. ***En France, l'émigration de certaines régions alimente en hommes le reste du territoire.*** — L'émigration

intérieure est beaucoup plus considérable en France que l'émigration à l'étranger. Pourtant, malgré une recrudescence très sensible depuis l'établissement des chemins de fer, elle ne sévit pas également dans toutes nos campagnes. Même à l'intérieur de sa patrie, le Français demeure relativement sédentaire. La France ne comporte que certaines régions d'où l'émigration intérieure soit très forte. Ce sont :

1° Des **régions pauvres**, dont le sol ne peut nourrir tous les enfants sans des profits supplémentaires qu'ils vont chercher en travaillant à l'extérieur : tels sont la *Bretagne*, le *Massif Central*, le *Jura*, les *Alpes* et les *Pyrénées*. Ainsi, par exemple, 15 000 à 18 000 Bas-Bretons, principalement des parties intérieures, les plus pauvres, vont chaque été dans la Campagne de Caen, dans la Beauce et en Normandie pour les travaux de la moisson.

2° Des **régions purement agricoles**, où l'attrait qu'exerce à notre époque le travail industriel sur un grand nombre de Français ne peut se satisfaire sur place : tels sont la *Normandie* et le *Bassin Aquitain*.

Parmi les centres qui exercent la plus forte attraction sur ces émigrants, le premier est, de beaucoup, **Paris et sa banlieue** : sur 100 habitants, on y trouve 61 émigrés, provinciaux ou étrangers. Certains métiers à Paris se recrutent presque tout entiers parmi les immigrés de certaines régions. Tels sont les cochers et les charretiers de l'Aveyron, les brocanteurs du Cantal, les gens de service et les nourrices du Morvan et du Cantal, les ramoneurs et les fumistes de la Savoie et du Puy-de-Dôme, les débitants de boissons du Cantal et de l'Aveyron, et surtout les tailleurs de pierres et les maçons de la Marche et du Limousin ; sur 14 000 maçons habitant Paris, 5800 sont originaires de la Creuse, 2300 de la Haute-Vienne, 1100 de l'Indre, c'est-à-dire de trois départements appartenant à ces provinces.

Mais, en outre, certains émigrants de chacun de ces « pays d'émigration » se dirigent vers d'autres régions plus voisines et qui ont besoin de bras. — Tandis que la région parisienne absorbe près de la moitié des émigrants bretons et plus des trois cinquièmes des émigrants normands, elle en prend moins aux autres régions, dont les émigrants vont aussi : ceux du Jura, dans les régions industrielles du Lyonnais et de l'Est ; ceux des Alpes, dans le Lyonnais et en Provence ; ceux des Pyrénées et du Bassin Aquitain, vers Toulouse et Bordeaux ; ceux du Massif Central, soit vers le Lyonnais, soit vers les vignobles du Bas Languedoc.

Sauf la Normandie et certaines parties du Bassin Aquitain, où l'exode est un fléau, ces foyers d'émigration sont pauvres : « sortir du pays » pour gagner sa vie est une nécessité ; beaucoup d'émigrants, partant seulement pour quelques années ou même pour une saison, rapportent leur gain sur le sol natal ; là, les populations, loin de mourir de l'émigration, en vivent dans une certaine mesure. L'émigration, ainsi comprise, est une application normale de la loi de solidarité naturelle qui veut que les pays riches et les pays pauvres d'une nation échangent entre eux ce qu'ils possèdent en excès : les pays pauvres, des hommes et de la main-d'œuvre ; les pays riches de la matière première et des produits fabriqués.

II. — ORGANISATION POLITIQUE ET ADMINISTRATIVE DE LA FRANCE

La France est un état centralisé. L'importance des divisions politiques et administratives y est secondaire.

1. ***Organisation politique.*** — La France est une **république centralisée**. Le *pouvoir exécutif* appartient au *Président de la République*, assisté des *ministres*, qu'il choisit en s'inspirant de l'opinion de la majorité des députés et des sénateurs. Le *pouvoir législatif* appartient au *Sénat* et à la *Chambre des députés*. Pouvoir exécutif et pouvoir législatif régissent l'administration française.

Cette centralisation administrative, cause indirecte de la centralisation intellectuelle et artistique, a produit l'agglomération de population et l'importance économique de **Paris**.

2. ***Grandes divisions administratives.*** — Les divisions des divers ordres administratifs ne coïncident pas entre elles.

Pour l'**administration civile**, la France est divisée en *départements* (il y en a 86); les départements, en *arrondissements*; les arrondissements, en *cantons*; les cantons, en *communes*.

Pour la **justice**, chaque canton a un *juge de paix*; chaque arrondissement, un *tribunal de première instance*; chaque département, une *cour d'assises*. Les départements forment 26 groupes, qui constituent le ressort de 26 *cours d'appel*.

Pour l'**instruction publique** (enseignement *primaire* : écoles primaires; *secondaire* : lycées et collèges; *supérieur* : Universités), chaque arrondissement a un *inspecteur primaire*; chaque département, un *inspecteur d'Académie*. Les départements sont groupés en 17 *Académies* et 17 *Universités*.

Pour l'**armée de terre**, la France (avec l'Algérie) comprend 21 *corps d'armée* et 2 *gouvernements militaires*; pour l'**armée de mer**, elle comprend 5 *préfectures maritimes*.

De toutes ces divisions, seule la division en **départements** intéresse indirectement la géographie, parce qu'elle est la base de notre organisation fiscale et économique. **Elle est peu géographique**, les départements ayant été arbitrairement constitués.

3. ***La défense du territoire.*** — Les frontières de la France étaient, avant la guerre de 1914, défendues par des fortifications, qui devaient appuyer la défense mobile, armée et flotte.

A. Les **frontières continentales** étaient défendues :

1° Au **Sud-Ouest**, par le massif peu franchissable des Pyrénées, séparation naturelle de la France et de l'Espagne. Seuls, les accès que vallées et cols ouvrent aux deux extrémités étaient défendues par des places fortes aujourd'hui sans importance : *Bayonne*, à l'Ouest ; *Perpignan*, à l'Est.

2° Au **Sud-Est**, du côté de l'Italie, par les massifs des Alpes et par des forts ou des places fortes barrant les principales vallées et surtout leurs points de convergence : *Nice*, *Briançon*, *Grenoble* ; en arrière, le grand camp retranché de **Lyon**.

3° A l'**Est**, du côté de la Suisse, pays neutre, par les alignements du Jura et par quelques forts qui barrent les cluses les plus importantes : l'*Écluse*, qui barre la cluse du Rhône ; *Joux*, qui barre la cluse du Doubs à Pontarlier ; en arrière, le camp retranché de **Besançon**.

4° Au **Nord-Est**, du côté de l'Allemagne, comme les principaux points de faîte des Vosges avaient été donnés à ce pays en 1871, la défense dut se concentrer au débouché des vallées qui descendent des Vosges ou des trouées qui limitent ce massif au Nord et au Sud. De là une série de forts, groupés autour des grands camps retranchés de **Belfort, Épinal, Toul, Verdun.** Ils ont prouvé leur efficacité pendant la grande guerre.

5° Au **Nord**, la neutralité de la Belgique aurait dû garantir une frontière d'ailleurs difficile à fortifier. Cependant, par crainte d'une agression déloyale utilisant le territoire de la Belgique, quelques camps retranchés jalonnaient cette frontière : *Maubeuge*, *Lille*, *Dunkerque*.

6° **Autour de Paris**, quelques camps retranchés avancés commandaient les passages et les avenues les plus commodes : *Dijon*, *Langres*, *Reims*, *Laon*, **Paris** même est le centre d'un camp retranché de 130 km. de tour.

B. Les **frontières maritimes** étaient défendues :

1° Par la **défense fixe**, comprenant les forts qui défendent nos cinq grands ports militaires (*Cherbourg*, **Brest**, *Lorient*, *Rochefort*, **Toulon**) et les plus importants des ports de commerce ;

2° Par la **défense mobile**, attachée à chaque port et pouvant se porter sur les points faibles ou les zones attaquées : garde-côtes, torpilleurs, sous-marins, mines sous-marines.

TABLEAU DES DÉPARTEMENTS

[Les départements sont groupés par anciennes provinces. Les noms marqués en *italiques*, à la suite de chaque département, indiquent, le plus exactement possible, les régions naturelles ou les portions de régions naturelles auxquelles leur territoire appartient].

FLANDRE. — **Nord.** — Ch.-l. LILLE. — S.-p. : Dunkerque, Hazebrouck, Douai, Valenciennes, Cambrai, Avesnes (*plaine du Nord*).

ARTOIS. — **Pas-de-Calais.** — Ch.-l. ARRAS. — S.-p. : Saint-Pol, Montreuil, Boulogne, Saint-Omer, Béthune (*Artois, Boulonnais, plaine du Nord*).

PICARDIE. — **Somme.** — Ch.-l. AMIENS. — S.-p. : Abbeville, Péronne, Doullens, Montdidier (*plaine picarde*).

NORMANDIE. — **Seine-Inférieure.** — Ch.-l. ROUEN. — S.-p. : Le Havre, Yvetot, Dieppe, Neufchâtel (*Basse Seine et pays de Caux*).

— **Calvados.** — Ch.-l. CAEN. — S.-p. : Bayeux, Pont-Lévêque, Lisieux, Falaise, Vire (*Normandie Centrale*).

— **Manche.** — Ch.-l. SAINT-LÔ. — S.-p. : Cherbourg, Avranches, Coutances, Valognes, Mortain (*Cotentin et Bocage Normand*).

— **Orne.** — Ch.-l. ALENÇON. — S.-p. : Argentan, Domfront, Mortagne (*Normandie Centrale et collines de Normandie et du Perche*).

— **Eure.** — Ch.-l. EVREUX. — S.-p. : Pont-Audemer, Louviers, Bernay, Les Andelys (*Normandie Centrale et Orientale*).

ILE-DE-FRANCE. — **Seine-et-Oise.** — Ch.-l. VERSAILLES. — S.-p. : Pontoise, Mantes, Rambouillet, Corbeil, Etampes (*Région parisienne*).

— **Seine.** — Ch.-l. PARIS. (*Paris et sa banlieue immédiate*).

— **Seine-et-Marne.** — Ch.-l. MELUN. — S.-p. Meaux, Coulommiers, Provins, Fontainebleau (*Région parisienne*).

— **Oise.** — Ch.-l. BEAUVAIS. — S.-p.: Compiègne, Clermont, Senlis (*Picardie et région parisienne*).

— **Aisne.** — Ch.-l. LAON. — S.-p.: Soissons, Château-Thierry, Saint-Quentin, Vervins (*Région parisienne, Picardie, et Thiérache*).

CHAMPAGNE. — **Ardennes.** — Ch.-l. MÉZIÈRES. — S.-p. : Rocroi, Sedan, Rethel, Vouziers (*Ardenne et confins septentrionaux de la Champagne*).

— **Marne.** — Ch.-l. CHALONS-SUR-MARNE. — S.-p. : Reims, Sainte-Menehould, Épernay, Vitry-le-François (*Champagne*).

— **Aube.** — Ch.-l. TROYES. — S.-p. : Arcis-sur-Aube, Nogent-sur-Seine, Bar-sur-Aube, Bar-sur-Seine (*Champagne et pays de Bar*).

— **Haute-Marne.** — Ch.-l. CHAUMONT. — S.-p. : Vassy, Langres (*Confins méridionaux de la Lorraine et plateau de Langres*).

LORRAINE. — **Meuse.** — Ch.-l. BAR-LE-DUC. — S.-p. : Montmédy, Verdun, Commercy (*Lorraine et pays de Bar*).

— **Meurthe-et-Moselle.** — Ch.-l. NANCY. — S.-p. : Toul, Briey, Lunéville, (*Lorraine, Ardennes et Vosges*).

— **Vosges.** — Ch.-l. ÉPINAL. — S.-p. : Saint-Dié, Remiremont, Mirecourt, Neufchâteau (*Vosges et Lorraine*).

ALSACE. — **Belfort.** — Ch.-l. BELFORT (*Seuil de Belfort*).

FRANCHE-COMTÉ. — **Haute-Saône.** — Ch.-l. VESOUL. — S.-p. : Gray, Lure (*Haute plaine bourguignonne et Vosges*).

— **Doubs.** — Ch.-l. BESANÇON. — S.-p. : Montbéliard, Baume-les-Dames, Pontarlier (*Jura*).

— **Jura.** — Ch.-l. LONS-LE-SAUNIER. — S.-p. : Dôle, Poligny, Saint-Claude, (*Jura*).

BOURGOGNE. — **Côte-d'Or.** — Ch.-l. DIJON. — S.-p. : Châtillon-sur-Seine, Beaune, Semur (*Côte d'Or, plateau de Langres et Auxois*).

— **Yonne.** — Ch.-l. AUXERRE. — S.-p. : Sens, Joigny, Tonnerre, Avallon (*Pays de l'Yonne et Avallonnais*).

— **Saône-et-Loire.** — Ch.-l. MACON. — S.-p. : Autun, Charolles, Chalon-sur-Saône, Louhans (*Mâconnais, Morvan, Charolais et Bresse*).

— **Ain.** — Ch.-l. BOURG. — S.-p. : Trévoux, Belley, Gex, Nantua (*Bresse, Dombes et Jura*).

LYONNAIS. — **Loire.** — Ch.-l. SAINT-ÉTIENNE. — S.-p. : Roanne, Montbrison (*Massif Central, Lyonnais et Beaujolais, plaine et monts du Forez*).

— **Rhône.** — Ch.-l. LYON. — S.-p. : Villefranche (*Massif Central, Lyonnais et Beaujolais*).

SAVOIE. — **Haute-Savoie.** — Ch.-l. ANNECY. — S.-p. : Thonon, Saint-Julien, Bonneville (*Alpes de Savoie*).

— **Savoie.** — Ch.-l. CHAMBÉRY. — S.-p. : Albertville, Moutiers, Saint-Jean-de-Maurienne (*Alpes de Savoie*).

DAUPHINÉ. — **Isère.** — Ch.-l. GRENOBLE. — S.-p. : La Tour-du-Pin, Saint-Marcellin, Vienne (*Alpes du Dauphiné, Bas-Dauphiné, Plaine du Rhône*).

— **Drôme.** — Ch.-l. VALENCE — S.-p. : Montélimar, Die, Nyons (*Plaine du Rhône, Basses Alpes du Dauphiné et de Provence*).

— **Hautes-Alpes.** — Ch.-l. GAP. — S.-p. : Briançon, Embrun (*Hautes Alpes du Dauphiné*).

COMTAT VENAISSIN. — **Vaucluse.** — Ch.-l. AVIGNON. — S.-p. : Orange, Carpentras, Apt (*Plaine du Rhône et Petites Alpes de Provence*).

PROVENCE. — **Basses-Alpes.** — Ch.-l. DIGNE. — S.-p. : Barcelonnette, Forcalquier, Sisteron, Castellane (*Petites et Grandes Alpes de Provence*),

— **Var.** — Ch.-l. DRAGUIGNAN. — S.-p. : Brignoles, Toulon (*Petites Alpes de Provence, Massif des Maures, Côte provençale*).

— **Bouches-du-Rhône.** — Ch.-l. MARSEILLE. — S.-p. : Arles, Aix (*Côtes, plaine et collines de Provence*).

COMTÉ DE NICE. — **Alpes-Maritimes.** — Ch.-l. NICE. — S.-p. : Grasse, Puget-Théniers (*Côtes et Grandes Alpes de Provence*).

CORSE. — **Corse.** — Ch.-l. AJACCIO. — S.-p. : Bastia, Corte, Sartène, Calvi (*Corse*).

LANGUEDOC. — **Haute-Loire.** — Ch.-l. LE PUY. — S.-p. : Yssingeaux, Brioude (*Massif Central : plaine et monts du Velay, Limagne de Brioude*).

— **Lozère.** — Ch.-l. MENDE. — S.-p. : Marvejols, Florac (*Massif Central : Causses, Cévennes et Lozère*).

— **Ardèche.** — Ch.-l. PRIVAS. — S.-p. : Tournon, Largentière (*Plaine du Rhône et Massif Central : Vivarais*).

— **Gard.** — Ch.-l. NIMES. — S.-p. : Uzès, Alais, Le Vigan (*Bas Languedoc et Massif Central : Cévennes*).

— **Tarn.** — Ch.-l. ALBI. — S.-p. : Gaillac, Lavaur, Castres (*Bordure du Massif Central, Bassin Aquitain et Seuil de Naurouze*).

— **Hérault.** — Ch.-l. MONTPELLIER. — S.-p. : Béziers, Lodève, Saint-Pons (*Bas Languedoc, Massif Central : Cévennes et Montagne Noire*).

— **Aude.** — Ch.-l. CARCASSONNE. — S.-p. : Castelnaudary, Limoux, Narbonne, (*Seuil de Naurouze, Corbières et Bas Languedoc*).

— **Haute-Garonne** — Ch.-l. TOULOUSE. — S.-p. : Muret, Villefranche-de-Lauraguais, Saint-Gaudens (*Bassin Aquitain et Pyrénées*).

ROUSSILLON. — **Pyrénées-Orientales.** — Ch.-l. PERPIGNAN. — S.-p. : Prades, Céret (*Plaine du Roussillon, Corbières et Pyrénées*).

COMTÉ DE FOIX. — **Ariège.** — Ch.-l. FOIX. — S.-p. : Pamiers, Saint-Girons (*Pyrénées et Bassin Aquitain*).

BÉARN ET NAVARRE. — **Basses-Pyrénées.** — Ch.-l. PAU. — S.-p. : Orthez, Bayonne, Oloron, Mauléon (*Pyrénées*).

GUYENNE ET GASCOGNE. — **Hautes-Pyrénées.** — Ch.-l. TARBES. — S.-p. Bagnères-de-Bigorre, Argelès (*Pyrénées*).

— **Gers.** — Ch.-l. AUCH. — S.-p. : Condom, Lectoure, Lombez, Mirande (*Bassin Aquitain : Lannemezan et Armagnac*).

— **Landes.** — Ch.-l. MONT-DE-MARSAN. — S.-p. : Dax, Saint-Sever (*Bassin Aquitain : Chalosse et Landes*).

— **Lot-et-Garonne.** — Ch.-l. AGEN. — S.-p. : Marmande, Villeneuve-sur-Lot, Nérac (*Bassin Aquitain*).

— **Tarn-et-Garonne.** — Ch.-l. MONTAUBAN. — S.-p. : Moissac, Castelsarrazin (*Bassin Aquitain*).

— **Aveyron.** — Ch.-l. RODEZ. — S.-p. : Villefranche-de-Rouergue, Espalion, Millau, Sainte-Affrique (*Massif Central : Rouergue, Aubrac et Causses*).

— **Lot.** — Ch.-l. CAHORS. — S.-p. : Gourdon, Figeac (*Confins du Massif Central et du Bassin Aquitain, Quercy*).

— **Dordogne.** — Ch.-l. PÉRIGUEUX. — S.-p. : Nontron, Sarlat, Ribérac, Bergerac (*Confins du Massif Central et du Bassin Aquitain, Périgord*).

— **Gironde.** — Ch.-l. BORDEAUX. — S.-p. : Blaye, Libourne, La Réole, Bazas, Lesparre (*Bassin Aquitain : Bordelais et Landes*).

AUVERGNE. — **Cantal.** — Ch.-l. AURILLAC. — S.-p. : Mauriac, Murat, Saint-Flour (*Massif Central : Haute Auvergne*).

— **Puy-de-Dôme.** — Ch.-l. CLERMONT-FERRAND. — S.-p. : Riom, Issoire, Thiers, Ambert (*Massif Central : Haute Auvergne, Limagne, monts du Forez*).

LIMOUSIN. — **Corrèze.** — Ch.-l. TULLE. — S.-p. : Ussel, Brive (*Massif Central : Bas Limousin*).

— **Haute-Vienne.** — Ch.-l. LIMOGES. — S.-p. : Bellac, Rochechouart, Saint-Yrieix (*Massif Central : Bas Limousin et Limousin occidental*).

MARCHE. — **Creuse.** — Ch.-l. GUÉRET. — S.-p. : Aubusson, Bourganeuf, Boussac (*Massif Central : Montagne de Limousin et Marche*).

ANGOUMOIS. — **Charente.** — Ch.-l. ANGOULÊME. — S.-p. : Ruffec, Cognac, Barbezieux, Confolens (*Pays des Charentes et Massif Central*).

AUNIS ET SAINTONGE. — **Charente-Inférieure.** — Ch.-l. LA ROCHELLE. — S.-p. : Rochefort, Saint-Jean-d'Angely, Saintes, Marennes, Jonzac (*Marais poitevin et pays des Charentes*).

POITOU. — **Vienne.** — Ch.-l. POITIERS, — S.-p. : Châtellerault, Montmorillon, Civray, Loudun (*Plaine du Poitou, Marais et Bocage vendéens*).

— **Deux-Sèvres.** — Ch.-l. NIORT. — S.-p. : Melle, Parthenay, Bressuire (*Plaine du Poitou, Marais et Bocage vendéens*).

— **Vendée.** — Ch.-l. LA ROCHE-SUR-YON. — S.-p. : Les Sables-d'Olonne, Fontenay-le-Comte (*Vendée : Bocage, Plaine et Marais*).

BOURBONNAIS. — **Allier.** — Ch.-l. MOULINS. — S.-p. : La Palissé, Gannat, Montluçon (*Massif Central: Marche, Sologne bourbonnaise, Limagne*).

NIVERNAIS. — **Nièvre.** — Ch.-l. NEVERS. — S.-p. : Cosne, Clamecy, Château Chinon (*Bassin Parisien et Morvan*).

BERRY. — **Cher.** — Ch.-l. BOURGES. — S.-p. : Saint-Amand, Sancerre (*Berry*).

— **Indre.** — Ch.-l. CHATEAUROUX. — S.-p. : Issoudun, Le Blanc, La Châtre (*Berry*).

ORLÉANAIS. — **Loiret.** — Ch.-l. ORLÉANS. — S.-p. : Gien, Pithiviers, Montargis (*Bassin Parisien : Sologne, vallée de la Loire, Beauce et Gâtinais*).

— **Loir-et-Cher.** — Ch.-l. BLOIS. — S.-p. : Vendôme, Romorantin (*Bassin Parisien : Petite Beauce, vallée de la Loire et Sologne*).

— **Eure-et-Loir.** — Ch.-l. CHARTRES. — S.-p. ; Châteaudun, Dreux, Nogent-le-Rotrou (*Bassin Parisien : Beauce, Perche et Normandie*).

TOURAINE. — **Indre-et-Loire.** — Ch.-l. TOURS. — S.-p. : Chinon, Loches (*Bassin Parisien : Touraine*).

MAINE. — **Mayenne.** — Ch.-l. LAVAL. — S.-p. : Mayenne, Château-Gontier (*Bassin Parisien, Bocage Manceau*).

— **Sarthe.** — Ch.-l. LE MANS. — S.-p. : Mamers, Saint-Calais, La Flèche (*Bassin Parisien : Champagne mancelle*).

ANJOU. — **Maine-et-Loire.** Ch.-l. ANGERS. — S.-p. : Baugé, Saumur, Segré, Cholet (*Bassin Parisien : Vallée de la Loire ; Bocage angevin et Bocage vendéen*).

BRETAGNE. — **Loire-Inférieure.** — Ch.-l. NANTES. — S.-p. : Saint-Nazaire, Paimbœuf, Ancenis, Châteaubriant (*Pays nantais, Bocage vendéen et Bretagne*).

— **Ille-et-Vilaine.** — Ch.-l. RENNES. — S.-p. : Saint-Malo, Fougères, Vitré, Montfort, Redon (*Bretagne*).

— **Morbihan.** — Ch.-l. VANNES. — S.-p. : Lorient, Pontivy, Ploërmel (*Bretagne*).

— **Côtes-du-Nord.** — Ch.-l. SAINT-BRIEUC. — S.-p. : Dinan, Guingamp, Lannion, Loudéac (*Bretagne*),

— **Finistère.** — Ch.-l. QUIMPER. — S.-p. : Brest, Morlaix, Châteaulin, Quimperlé (*Bretagne*).

***Cours d'appel* (*26*).** — **Paris** (cour de cassation), Douai, Amiens, Rouen, Caen, Nancy, Besançon, Dijon, Bourges, Orléans, Angers, Rennes, Poitiers, Limoges, Riom, Lyon, Chambéry, Grenoble, Aix, Nimes, Montpellier, Toulouse, Agen, Bordeaux, Pau, Bastia, Alger.

***Académies* (*17*).** — Paris, Lille, Caen, Nancy, Besançon, Dijon, Rennes, Poitiers, Clermont-Ferrand, Lyon, Chambéry, Grenoble, Aix, Montpellier, Toulouse, Bordeaux, Alger.

***Corps d'Armée* (*21*).** — Gouvernement militaire de Paris, Gouvernement militaire de Lyon, 1. Lille, 2. Amiens, 3. Rouen, 4. Le Mans, 5 Orléans, 6. Châlons-sur-Marne, 7. Besançon, 8. Bourges, 9. Tours, 10. Rennes, 11. Nantes, 12. Limoges, 13. Clermont-Ferrand, 14. Grenoble, 15. Marseille, 16. Montpellier, 17. Toulouse. 18. Bordeaux, 19. Alger, 20. Nancy, 21. Épinal.

Lectures.

1. *La division en départements n'a jamais eu de justification géographique. Les raisons d'ordre économique et politique qui l'ont déterminée disparaissent lentement.* — Les départements ne correspondent pas à des régions naturelles : il suffit de parcourir la liste des départements ci-dessus et des régions naturelles auxquelles ils correspondent pour comprendre que la plupart des départements comprennent des parties de plusieurs régions naturelles et que la plupart des régions naturelles sont réparties entre plusieurs départements. Prenez un département comme Saône-et-Loire : il comprend une partie du Morvan, une partie de la dépression Dheune-Bourbince, une partie du Charolais, une partie des côtes du vignoble bourguignon, une partie de la vallée de la Saône, une partie de la Bresse. Prenez une région naturelle comme la Picardie : elle se partage entre trois départements, la Somme, l'Aisne et l'Oise.

En réalité, la division en départements, qui fut l'œuvre de l'Assemblée Constituante en 1791, fut inspirée par des raisons d'ordre politique et d'ordre économique qui disparaissent lentement.

1° *Des raisons d'ordre politique.* — Il y avait intérêt, en un temps où la Révolution créait un régime nouveau, à briser l'ancien cadre des provinces, à créer des territoires directement rattachés au Centre par un préfet, qui représentait le gouvernement et avait pleins pouvoirs. Les préfets pouvaient faire exécuter facilement leur ordres, même si leur département était situé aux extrémités du territoire lequel, à cette époque, se trouvaient à plusieurs journées de voyage de la capitale. Les préfets devaient avoir sous leur administration un territoire assez restreint pour que leurs ordres fussent exécutés rapidement et qu'ils pussent, au besoin, le parcourir. Or, aujourd'hui, la rapidité des voyages par chemin de fer ou par voitures automobiles, la rapidité plus grande encore des transmissions télégraphiques font qu'on peut administrer plus facilement un territoire plus étendu. De plus, la division du pays en une marqueterie de territoires restreints peut présenter des inconvénients pour le commerce.

2° *Des raisons d'ordre économique.* — Il y a cent ans, par suite de la lenteur des communications, le commerce, dans chaque région, se faisait dans un rayon assez court. Chaque petite circonscription avait son marché : c'était le chef-lieu d'arrondissement, souvent même le chef-lieu de canton. Aujourd'hui, avec la facilité des déplacements, avec la formation des grands magasins dans les grandes villes, etc., le commerce se fait avec plus d'ampleur. Une ville comme Nancy, comme Dijon, comme Limoges ou comme Clermont-Ferrand, reçoit la visite de paysans et de citadins, qui viennent y faire leurs emplettes de toute la Lorraine, de toute la Bourgogne, de tout le Limousin, de toute l'Auvergne. Ainsi se sont constituées de vastes régions naturelles, ayant leur capitale et présentant, en dépit de la division administrative encore maintenue, une réalité économique que jamais les départements n'ont eue.

2. ***Les frontières continentales de la France sont inégalement défendues par des forts.*** — Une carte des défenses de la France au début de la guerre de 1914 montre que, du côté des Pyrénées, des Alpes et du Jura, ces défenses, peu nombreuses, consistent le plus souvent en simples forts d'arrêt bâtis sur un rocher commandant une vallée. Au contraire, sur la frontière Nord-Est, entre le Jura et la mer du Nord, il y a un nombre considérable de fortifications, et quelques-unes de ces fortifications constituent de vastes camps retranchés capables d'abriter des armées entières.

Pourquoi ces différences?

Les Pyrénés, les Alpes et le Jura sont des frontières naturellement fermées. On a vu, en effet, que les *Pyrénées* ont l'apparence d'un mur élevé et très difficile à franchir, sauf à ses deux extrémités près de l'Atlantique (col de Roncevaux et Somport) et près de la Méditerranée (cols de la Perche et du Perthus); que les *Alpes* plus hautes, mais traversées par de larges vallées, sont plus naturellement faciles à franchir que les Pyrénées, mais que leurs vallées divergent du côté français, circonstance peu favorable pour une invasion étrangère; que le *Jura*, beaucoup moins élevé que les Alpes et les Pyrénées, se compose de plusieurs alignements parallèles qui se dressent comme autant de remparts pour arrêter des envahisseurs. A quoi bon multiplier les forteresses pour défendre des frontières que la nature a si bien pourvues elle-même?

Au contraire, la frontière du Nord-Est, entre le Jura et la mer du Nord est une frontière ouverte. Au début de la guerre de 1914, la ligne-frontière ne se confondait que sur une faible longueur, dans les Vosges méridionales, avec une barrière naturelle. Partout ailleurs elle traversait des plateaux ou des plaines qu'elle divisait arbitrairement. Bien plus, toutes les rivières qui coulent de ce côté, Moselle, Meuse, Sambre, Escaut, Lys, coupaient perpendiculairement cette ligne frontière et constituaient autant de voies de pénétration, de routes d'invasion. Il était donc aussi nécessaire de protéger la France de ce côté par des forts qu'il l'était peu de construire de gros ouvrages de défense sur les autres frontières.

L'histoire appuie, du reste, cette manière de voir. Il y a eu, sans doute, des tentatives, mais peu nombreuses et rarement heureuses, pour envahir la France du côté des Pyrénées, du côté des Alpes (se rappeler notamment l'invasion manquée de la Provence sous François Ier et les campagnes de Catinat sous Louis XIV) et du côté du Jura. Au contraire, à tous les moments de l'histoire, on s'est battu sur la frontière du Nord-Est, et les champs de bataille s'y rencontrent, pour ainsi dire, à chaque pas, depuis Bouvines (sous Philippe-Auguste), Mézières (sous François Ier), Saint-Quentin (sous Henri II), Corbie (sous Richelieu), Rocroi et Lens (sous Mazarin), Malplaquet et Denain (sous Louis XIV), jusqu'aux luttes de la Révolution (siège de Lille, Jemmapes, Wattignies, Longwy et Verdun, Landau et Strasbourg), à celles de l'Empire vaincu (1814 et 1815), à la guerre franco-allemande (Wissembourg et Strasbourg, Metz) et à la guerre de 1914. Aucune autre frontière n'eut plus besoin d'organisations défensives pour arrêter l'ennemi.

III. — LES VOIES DE COMMUNICATION

La France ne possède qu'une région utilement desservie par un réseau de voies navigables.

La France est couverte d'un réseau de voies ferrées complet, mais trop centralisé.

1. ***Le réseau routier.*** — La France a un réseau de routes excellent. Celui-ci, momentanément déserté à la suite de la création des chemins de fer, est en train de reprendre une grande animation, depuis que s'est développée la traction par voitures automobiles.

Pour les grandes relations, les **routes nationales** (la France en a 38 000 km.) et même les **routes départementales** (la France en a plus de 15 000 km.) rendent de grands services. Pour la circulation locale, la France possède plus de 230 000 km. de *chemins de grande communication* et de *chemins vicinaux*. Les premiers surtout sont carrossables, même pour les lourds charrois.

Loin de nuire à ces chemins, les voies ferrées et les voies navigables sont une condition essentielle de leur activité commerciale. Ce sont, en effet, les routes et les chemins qui se raccordent à l'une d'entre elles ou qui les prolongent que le commerce fréquente naturellement le plus.

2. ***Les voies navigables.*** — La France possède 13 450 kilomètres de voies navigables, *cours d'eau* naturellement navigables ou transformés par l'homme, mais surtout *canaux latéraux* et *canaux de jonction.*

1° **Ce réseau n'est pas complet.** — Certaines régions sont dépourvues de voies navigables, naturelles ou artificielles. Telles sont les Vosges, le Massif Central, les Alpes, le Jura, les Pyrénées...

Même parmi nos grands fleuves, la Loire n'est navigable en aucune saison en amont de Tours; la Garonne ne l'est guère plus; le Rhône, entre Lyon et la mer, est trop rapide pour que la navigation soit commode, surtout à la remonte. Seule, la Seine et ses principaux affluents constituent un réseau de navigation commode.

Donc, dans les trois premiers fleuves, la nécessité se pose de canaux latéraux; seule la Garonne en possède un. Dans le bassin de la Seine, il n'y avait besoin que de canaux de jonction : presque tous les canaux de jonction essentiels existent.

2° **Il est peu cohérent.** — Certaines régions ont des voies navigables suffisantes, mais sans lien avec les voies navigables des autres régions. Par exemple, en Bretagne, le canal de Nantes à Brest rendrait des services plus grands s'il était raccordé à une Loire navigable; dans l'Ouest, la Charente n'est raccordée ni avec la Loire, ni avec la Garonne; dans le Sud, le canal des Deux Mers ne se raccorde pas à un Rhône rendu navigable par la canalisation. De même la communication est indirecte, incommode avec la Saône et le Rhône.

Il n'y a de réseau cohérent que dans le Nord et dans l'Est de la France, entre la Seine, ses grands affluents et les rivières du Nord (Escaut, Lys, Sambre) et de l'Est (Sambre, Meuse, Moselle). Encore ce réseau accuse-t-il une grave imperfection : il manque là un canal de jonction entre les deux régions si actives du Nord (Sambre) et de l'Est (Meuse et Moselle).

3° **Il est peu homogène.** — Même dans les régions les mieux pourvues, les canaux, qui ont été construits à des époques différentes, n'ont ni profondeur, ni largeur, ni dimensions d'écluses identiques.

3. ***Les voies navigables du Nord-Est.*** — En somme, la **région du Nord et de l'Est** est la seule qui soit bien desservie par ses voies navigables. Celles qui transportent le plus de marchandises sont : 1° RIVIÈRES : *Seine, Oise, Marne, Escaut, Scarpe, Lys, Sambre, Meuse, Moselle.* — 2° CANAUX : les *canaux d'Aire, de la haute Deule, de la Sensée, de Saint-Quentin,* qui unissent le réseau de la Seine aux rivières du Nord : le *canal de la Marne au Rhin,* qui unit le réseau de la Seine à l'Est et à l'Europe Centrale; le *canal du Centre,* qui unit le réseau de la Seine et de la Loire à la plaine de la Saône et à Lyon.

Les principaux ports intérieurs sont : 1° **Paris,** le premier port de France, fort bien relié à la mer par la Seine, au Nord par l'Oise, à l'Est par la Marne et le canal de l'Ourcq. Chaque année, il voit embarquer ou débarquer sur ses quais un poids de marchandises et de matériaux qui vaut une fois et demie le poids des marchandises embarquées et débarquées à Marseille. — 2° **Rouen,** point terminus de la navigation maritime et point initial de la navigation fluviale sur la Seine, qui est comme l'avant-port de Paris. — 3° **Dunkerque,** à la fois port de mer et port intérieur, *Vendin* (canal de la Deule), *Denain*; *Béthune*, sur le vaste réseau navigable du Nord. — 4° **Lyon**, *Montceau-les-Mines*, dans la région desservie par le canal du Centre et par la Saône.

Les matières transportées par les voies navigables sont les

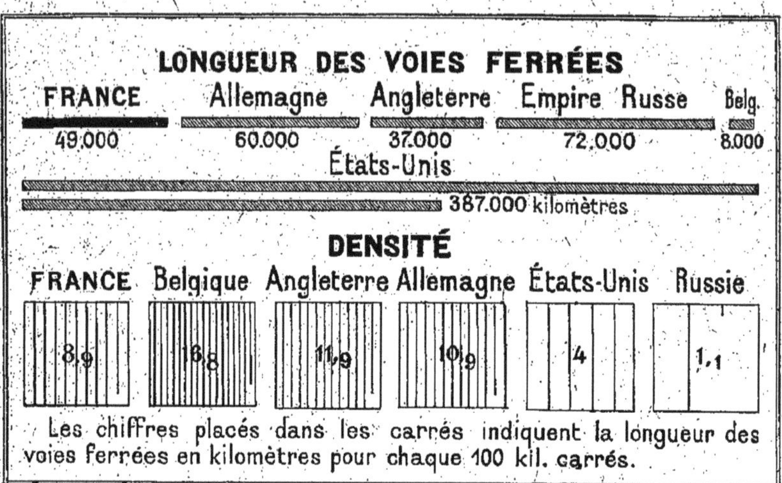

LES VOIES FERRÉES EN FRANCE.

matières lourdes et peu coûteuses, qui ne peuvent supporter un prix de transport élevé et qui ne souffrent pas de la lenteur du trafic par eau : la houille et les minerais, la pierre et le bois, le sable, les céréales et le vin.

4. ***Les voies ferrées.*** — La France, avec 493 000 km. de voies ferrées (9 km. pour 100 kilomètres carrés de territoire), occupe un rang très honorable en Europe et dans le monde.

Son réseau est divisé en 6 portions, dont une administrée par l'**État**, les cinq autres par des **compagnies** à monopole : *Nord*, *Est*, *Paris-Lyon-Méditerranée*, *Orléans*, *Midi*. Elle possède, en outre, administrés par des Compagnies locales, plus de 6 000 km. de chemins de fer d'intérêt local et de tramways sur route.

Ce réseau est très centralisé : presque toutes les grandes lignes, pourvues de trains nombreux et rapides, partent de Paris; c'est là un avantage pour la capitale; mais c'est un sérieux inconvénient pour les communications directes entre les provinces.

TABLEAU
DES GRANDES LIGNES DE CHEMINS DE FER

RÉSEAUX	LIGNES	PASSAGES NATURELS utilisés.	TRAVAUX D'ART surmontant des obstacles naturels.	PROLONGEMENTS vers l'étranger.
1° Grandes lignes partant de Paris :				
NORD	Paris-Calais . . .	»	»	Londres (traversée 1 heure).
	Paris-Lille. . . .	»	»	Bruxelles.
	Paris-Maubeuge.	»	»	Liége, Cologne, Berlin et Pétrograd.
EST	Paris-Longwy. .	Couloir de la Meuse (Ardenne).	»	»
	Paris-Strasbourg.	Col de Saverne (Vosges)	»	Vienne et Constantinople.
	Paris-Belfort. . .	Trouée de Belfort (Vosges-Jura)	»	Vienne et Constantinople, par Bâle.
ÉTAT	Paris-Brest. . . .	»	Viaduc de Morlaix (284 m.)	»
	Paris-Cherbourg.	»	»	Escale des steamers entre l'Allemagne et les États-Unis.

RÉSEAUX	LIGNES	PASSAGES NATURELS utilisés.	TRAVAUX D'ART surmontant des obstacles naturels.	PROLONGEMENTS vers l'étranger.
ÉTAT (suite).	Paris - Le Havre (Embranchement sur Dieppe). . . .	»	»	Angleterre (traversée : 3 h. 1/4) et États-Unis.
P.-L.-M.	Paris - Marseille.	Couloir du Rhône.	Tunnels de Blaisy-Bas (Côte-d'Or) et de la Nerthe (Monts de Provence).	Toutes les lignes de navigation méditerranéennes.
	Avec embranchements :			
	Dijon-Berne . . .	Cluse de Pontarlier, Val Travers.	»	Suisse.
	Mâcon - Genève.	Cluse de de Nantua.	»	Suisse.
	Mâcon-Turin. . .	Cluse d'Ambérieu, vallée de Chambéry, Maurienne.	Tunnel du Mont - Cenis (Alpes).	Italie.
	Marseille-Nice. .	Côte.	Nombreux tunnels (Alpes).	Italie.
	Paris-Nîmes. . .	Limagne (Massif Central).	»	»

RÉSEAUX	LIGNES	PASSAGES NATURELS utilisés.	TRAVAUX D'ART surmontant des obstacles naturels.	PROLONGEMENTS vers l'étranger.
ORLÉANS	Paris-Toulouse.	»	»	»
	Paris-Bordeaux.	Seuil du Poitou.	»	»
	Paris-Quimper, par Nantes . .	»	»	»
MIDI	Prolongement de Bordeaux-Bayonne. . . .	Col d'Idiazabal (Pyrénées).	»	Espagne centrale.
	Prolongement Neussargues-Béziers	»	Viaduc de Garabit (Truyère).	»
	Prolongement de Nîmes-Barcelone.	Côte des Pyrénées orientales	»	Espagne (Catalogne).
	2° *Lignes ne passant pas par Paris :*			
NORD et EST	Calais-Bâle (Amiens, Reims, Langres, Bâle).	»	»	Angleterre, Belgique et Suisse.
ORLÉANS et P.-L.-M.	Bordeaux-Lyon (Limoges). . .	Limagne, bassin du Forez.	Tunnel de Noirétable (Monts du Lyonnais).	
NORD	Bordeaux-Cette Toulouse . . .	Seuil de Naurouze.	»	»

Lectures.

1. ***Les conditions naturelles et les conditions économiques ne sont favorables au commerce par eau que dans une partie de la France.*** — Les voies navigables de la France sont presque toutes concentrées dans la portion septentrionale de la France, dans le Bassin Parisien et les régions du Nord et de l'Est. Il y a, à cela, deux ordres de raisons :

1° **Des raisons naturelles et permanentes.** — C'est là seulement que se trouvent réunies toutes les conditions physiques qui déterminent une navigation facile pendant tout le cours de l'année : les reliefs atténués, les sols en grande majorité perméables, les pluies suffisantes et assez également réparties au cours de l'année, qui donnent aux rivières un lit large et profond, un débit abondant, un régime régulier, et qui permettent d'unir ces voies naturelles entre elles par des canaux sans frais excessifs d'établissement (seuils à creuser) ou d'usage quotidien (alimentation, écluses, etc.).

2° **Des raisons économiques et actuelles.** — C'est dans ces régions de France que se trouvent le plus grand nombre d'agglomérations industrielles : Nord, région parisienne, Est, Basse-Seine. Les trois dernières doivent demander à la première, à la Belgique et à l'Angleterre une portion du combustible qu'elles emploient. On a donc tout fait pour profiter des facilités qu'offrait la nature.

Pourtant, même dans ces régions, notre réseau navigable souffre :

1° De la *différence des canaux en largeur et en profondeur* ;

2° De l'*exploitation défectueuse* de certains d'entre eux ;

3° De leur *raccordement défectueux avec les voies ferrées.*

Un effort est donc désirable pour faire disparaître ces défauts. Ailleurs, il faut noter de **grands projets**, destinés à doter la France d'un réseau complet : *canal latéral au Rhône*, qui créerait une voie continue du Havre et de Paris à la Méditerranée ; *canalisation de la Loire*, qui permettrait de drainer vers Nantes et Saint-Nazaire les produits de l'Europe Centrale à destination de l'Amérique, et réciproquement ; *amélioration du cours de la Garonne* ; enfin création d'un réseau unissant *l'Adour à la Garonne, à la Charente et à la Loire.* De tous ces projets, le premier a les plus grandes chances d'aboutir.

2. ***La centralisation excessive du réseau ferré sert Paris et dessert certaines grandes villes de province.*** — Le réseau ferré de la France est comme un vaste réseau sanguin dont toutes les artères et les veines affluent à un seul cœur et refluent d'un seul cœur, qui est Paris. Le résultat pour notre capitale est excellent : toutes les ressources des provinces, tous leurs habitants peuvent s'y rendre avec facilité ; s'il en résulte peut-être un excès de population et un commerce trop concentré, les avantages, pour Paris, l'emportent sur les inconvénients, et Paris est, grâce à son réseau ferré, le centre qui donne l'impulsion à toute la machine française, le foyer qui s'alimente de toute la richesse française.

Mais cet excès de centralisation du réseau ferré présente, pour beaucoup de provinces, de grands désavantages. Prenons un exemple : les Vosges possèdent, aujourd'hui, de nombreux tissages de coton très actifs. Le coton est importé des pays exotiques. Il se débarque au Havre, port français, comme à Hambourg, port allemand. Or, malgré leur répugnance à se servir de la voie allemande (beaucoup de ces industriels sont des Alsaciens émigrés), les tisseurs des Vosges font venir par là une partie de leur coton, parce que, en dépit de la distance plus grande, le textile arrive plus vite par Hambourg ; par le Havre, il lui faut passer par trois réseaux différents : l'État, le Nord et l'Est, et il n'y a pas de ligne continue évitant le centre parisien, où le produit s'attarde.

C'est seulement à une époque récente que certaines grandes villes ont pu obtenir d'être unies entre elles par les voies ferrées rapides et directes : Lille à Dijon et à Lyon, Lyon à Bordeaux, Bordeaux à Toulouse et à Marseille. Mais essayez, l'*Indicateur des Chemins de fer* en main, de calculer le temps qu'il faudra à des voyageurs et, à plus forte raison, à des marchandises, pour se rendre de Nantes à Marseille ou à Dijon, de Dunkerque à Briey ou à Rouen, du Havre à Tours ou à Orléans, et vous saisirez sur le vif les inconvénients d'un réseau ferré centralisé à l'excès.

3. ***La marine marchande, qui met la France en relations avec la plus grande partie du monde, n'est pas aussi prospère qu'il le faudrait.*** — Sur la moitié de son pourtour, la France est baignée par la mer. C'est par la mer que s'établissent ses relations commerciales avec de nombreux pays voisins, ainsi qu'avec l'Amérique et les autres parties du monde. De là, la nécessité pour elle d'une marine marchande importante.

Or, la marine marchande de la France a été trop négligée. Elle compte aujourd'hui juste autant de navires qu'il y a 50 ans. Sans doute, les bateaux sont à vapeur, tandis que ceux de jadis étaient à voiles. Les bateaux actuels font deux ou trois voyages contre un jadis. En réalité, avec le même nombre de bateaux, la marine française représente une activité deux à trois fois plus grande que jadis.

Mais, pendant ce temps, les marines marchandes concurrentes se développent sans arrêt. Il y a trente ans, la marine marchande française venait au second rang, après celle de l'Angleterre. Aujourd'hui, avec ses 1 400 000 tonneaux, elle est au sixième rang, après les marines de l'Angleterre (11 500 000 t.), des Etats-Unis (7 500 000 t.), de l'Allemagne (2 800 000 t.), du Japon (1 600 000 t.), et même de la Norvège (1 500 000 t.).

Il y a là, pour la France, une cause d'infériorité que la guerre actuelle a mise en lumière. Il faut que, revenue à la paix, la France donne tous les soins à sa marine marchande, si elle veut garder et développer son rôle dans le commerce du monde et tirer de ses colonies tout le profit qu'elles peuvent lui donner.

IV. — L'AGRICULTURE EN FRANCE. LES FORÊTS. LA PÊCHE

La France est surtout un pays agricole. Elle est un des premiers producteurs de céréales du monde. Elle produit en outre en abondance vin, betteraves, fruits, légumes et pommes de terre, outre certaines cultures industrielles. Elle a un élevage intensif et un troupeau nombreux. Les forêts sont en voie d'accroissement. Au contraire, la pêche suffit à peine à la consommation du pays.

1. ***La France pays agricole.*** — La France est un des pays les mieux doués du monde pour une production agricole abondante et variée. Elle possède, en effet, une grande variété de sols, et l'on y trouve toutes les nuances du climat tempéré, depuis le climat méditerranéen, propre à la vigne et à l'olivier, jusqu'au climat océanique, propre aux pâturages et à l'élevage.

Les **travaux des hommes** ont augmenté cette richesse naturelle :

1° *Par le défrichement, l'irrigation, le drainage et l'assainissement des régions incultes* (Sologne, Dombes, Landes, Crau, Camargue);

2° *Par l'amendement des sols pauvres*, et particulièrement le chaulage des sols dépourvus de calcaire (Bretagne, Limousin, Morvan);

3° *Par le perfectionnement de l'outillage agricole et l'emploi des machines*, qui permet la *culture intensive*, mais qui est souvent entravé par le morcellement de la propriété : un petit propriétaire n'est pas assez riche pour acquérir des machines. Pour en acquérir en commun, il faut aux petits propriétaires un esprit d'association qui est loin d'exister partout.

2. ***Les céréales.*** — La France possède en abondance toutes les céréales de la zone tempérée : le *seigle* et le *sarrasin*, sur les sols pauvres en calcaire (Bretagne, Massif Central, etc.); l'*orge* et l'*avoine*, dans les pays les plus froids (Nord, Bassin de Paris) ou les plus secs (Midi); le *maïs*, dans les régions à la fois chaudes et bien arrosées (Bassin Aquitain, Bresse).

Mais le **blé** surtout constitue pour elle une grande richesse. Il est cultivé presque partout, et sa culture intensive donne des rendements qui varient de 13 à 28 hl. à l'hectare.

Les **grandes régions productrices de blé** sont les plaines aux riches limons (car le blé demande beaucoup d'éléments fer-

Terres arables	Vignes	Forêts	Prés	Terr. incultes
48%	4%	18%	12%	18%

RÉPARTITION DU SOL DE LA FRANCE.

Les terres arables et les vignes occupent plus de la moitié de la superficie de la France; les forêts et les prés en occupent, en outre, près d'un tiers. La proportion des terres incultes (montagnes, landes, cours d'eau, chemins, propriétés bâties) ne représente qu'un sixième de l'étendue totale.

tilisants), aux pluies de printemps abondantes et aux étés chauds (car le blé a besoin d'eau au moment où la graine germe et de soleil au moment où le grain mûrit). Ce sont : dans le Bassin de Paris, la *Beauce*, la *Brie*, la *Picardie*; dans le Massif Central, la *Limagne* ; dans le Sud-Ouest, les *plaines toulousaines* ; dans l'Est, la *Bresse*.

La **production annuelle** varie entre 7 et 10 millions d'hecto-

PRINCIPAUX PAYS PRODUCTEURS DE BLÉ

en 1909 (millions de tonnes)

FRANCE	Etats-Unis	Russie	Inde
9,7	20	19	10

PRINCIPAUX PAYS PRODUCTEURS DE VIN

en 1908 (millions d'hectolitres)

FRANCE	Italie	Espagne
61	54	19

LES DEUX GRANDS PRODUITS FRANÇAIS : LE BLÉ, LE VIN.

litres. Il n'y a que trois pays dans le monde qui en produisent plus : la Russie, les États-Unis et l'Inde. Tous trois sont infiniment plus étendus.

Comme les Français mangent beaucoup de pain, la France a, cependant, juste assez de blé pour sa consommation; même, les années de mauvaise récolte, il lui faut en importer.

3. ***Les autres cultures alimentaires.*** — La France possède en abondance presque tous les produits alimentaires qui se trouvent dans la zone tempérée. Grâce à son orge et au houblon du Nord et de l'Est, elle produit assez de *bière* pour la consommation des populations qui usent ordinairement de cette boisson (Flandre et Hainaut, Est). De même pour le *cidre*, grâce aux pommiers de la Normandie et du Massif Armoricain.

Mais il y a quatre catégories de produits agricoles d'alimentation qui constituent pour elle une vraie richesse, parce qu'ils fournissent la matière d'une exportation très fructueuse. Ce sont la vigne, la betterave, les légumes et fruits, les pommes de terre.

1° *La vigne* — Très éprouvé par le phylloxéra entre 1875 et 1887, le vignoble français est aujourd'hui reconstitué. C'est le vignoble le plus étendu et le plus riche du monde : la France produit en moyenne chaque année de 50 à 60 millions d'hectolitres ; ses seuls concurrents sérieux, qui lui sont d'ailleurs bien inférieurs, sont l'Italie, l'Espagne et l'Algérie.

Le vignoble français comprend trois catégories de pays producteurs. Les uns produisent surtout des **vins de crû**, très appréciés, d'un prix très élevé, qui s'exportent dans le monde entier : ce sont la *Bourgogne*, la *Champagne* et le *Bordelais*. Les autres, tout en possédant quelques produits de choix, fournissent surtout des **vins de consommation courante**, qui se vendent à l'intérieur de la France : tels sont le *Bas Languedoc* et les *pays de la Loire*. Enfin, d'autres transforment la plus grande partie de leur récolte en **eaux-de-vie** : tels sont les *Charentes* (Cognac) et l'*Armagnac*.

2° *La betterave sucrière.* — Depuis que la fabrication du sucre de betterave s'est répandue, tous les pays d'Europe ont essayé de produire de la betterave, afin de ne pas dépendre des pays tropicaux pour leur alimentation en sucre. La France tient en Europe un rang honorable pour la production du sucre de betterave, immédiatement après l'Allemagne, la Russie et l'Autriche-Hongrie. Elle peut en vendre un stock assez considérable à l'Angleterre, à l'Espagne, à l'Italie.

La betterave demande un climat assez humide et surtout un sol très riche. Les régions où on la cultive en grand sont les plaines couvertes de riches limons qui se trouvent dans le Nord de la France (*Hainaut*, *Picardie*), la *Beauce* et la *Limagne*.

3° *Les cultures maraîchères et fruitières.* — Les légumes et les fruits constituent une vraie richesse pour la France. On en trouve presque partout une quantité suffisante pour la consommation locale. Mais il y a en outre des régions qui ont fait de ces cultures une véritable industrie et qui exportent en quantité considérable leurs légumes et leurs fruits soit vers les grandes villes, soit vers les pays voisins (Angleterre, Belgique, Allemagne).

Pour les **légumes**, il faut citer : la *banlieue de Paris*; certains points des côtes (Bretagne); les régions de « marais » drainés et aménagés, comme les *hortillons de la Somme*, le *Marais Poitevin*, etc., et surtout les plaines alluviales du Midi, comme le *Roussillon*, le *Comtat Venaissin*, les *plaines provençales*, où, grâce à l'irrigation, ils représentent une vraie fortune.

Pour les **fruits**, outre certains fruits qui peuvent se conserver, qui sont très nourrissants et qu'on trouve surtout sur les sols pauvres (par exemple, les *châtaignes* et les *noix* du Massif Central et du Dauphiné), certaines régions cultivent pour l'exportation les *pommes* et les *poires* (Normandie et Bretagne, Limagne, bassin de Brive), les *prunes* (Agenais), les *pêches* et les *cerises* (pays du Midi, etc.).

Enfin, il y a un fruit qui est particulièrement précieux pour la France : c'est l'**olive**. L'olivier réussit dans toute la région méditerranéenne. Pour la production et l'exportation d'huile d'olive, la France vient immédiatement après l'Italie, l'Espagne et l'Algérie-Tunisie.

4° *Les pommes de terre.* — Sans être aussi abondante en France que dans certains pays d'Europe où il y a beaucoup plus de sols pauvres (comme, par exemple, l'Allemagne), la pomme de terre est une grande ressource pour les sols sablonneux et secs. Elle réussit particulièrement bien sur les sables granitiques de la Bretagne et du Massif Central (Limousin, Marche, Forez), qui, avant qu'on l'eût répandue, étaient stériles. La France en exporte en Angleterre.

4. **Cultures industrielles.** — Outre la betterave, on peut citer, parmi les cultures industrielles qui réussissent en France :

1° Certains **textiles communs**, comme le *lin* et le *chanvre*. Mais, pour le premier surtout, la France n'en produit pas assez aujourd'hui pour son industrie.

2° Un **textile précieux** : la *soie*, qui provient de l'élevage des vers à soie, mais dont l'existence dépend d'un arbre, le *mûrier*, dont la feuille nourrit les vers à soie. (Or le mûrier ne produit des feuilles comestibles au printemps, saison où les vers en ont besoin, que dans la zone de climat méditerranéen). Les pays producteurs de soie sont : le Vivarais, les Cévennes et la Provence. Ils produisent à peine 4 pour 100 du stock de soie dont l'industrie française a besoin.

5. ***L'élevage.*** — Étant donné le prix élevé de la terre, des prés comme des champs, l'élevage, pour donner à nos paysans un bénéfice certain, doit être intensif, tout comme les cultures. La France a un troupeau composé des différentes espèces de bestiaux qui peuvent vivre dans la zone tempérée. Il est remarquable beaucoup plus encore par la qualité des espèces et la valeur des animaux que par la quantité.

1° ***Les bêtes à cornes.*** — Les bêtes à cornes sont au nombre de plus de 14 millions. Seules, la Russie et l'Allemagne en possèdent un plus grand nombre en Europe.

Les **principales régions** où l'élevage se pratique avec le plus de succès sont : 1° les plaines très grasses et très humides des bords de la Manche, où l'air est trop humide et le soleil trop rare pour que les céréales mûrissent bien : *Flandre Maritime*, *Normandie Occidentale*, *côtes bretonnes*, *Vendée*; 2° les montagnes bien arrosées, comme le *Limousin* et l'*Auvergne*, le *Charolais* et le *Morvan*, dans le Massif Central ; les *Vosges*, le *Jura*, les *Alpes de Savoie*, les *Pyrénées Occidentales*.

Toutes ces régions produisent du lait et fabriquent soit des fromages (surtout dans le Jura et en Auvergne), soit du beurre (surtout en Normandie et en Bretagne). Pour l'exportation des bœufs bons à fournir de la viande de boucherie aux grandes villes, il faut surtout citer la Normandie, le Morvan, le Charolais, le Limousin et le Cantal.

La France produit assez de viande de boucherie pour sa consommation ; elle produit plus de fromage et plus de beurre qu'elle n'en consomme.

2° ***Les moutons.*** — Les moutons représentent un troupeau de 17 millions de têtes ; seules, en Europe, la Russie, l'Angleterre et la péninsule des Balkans en produisent un plus grand nombre.

Les **deux principales zones** d'élevage du mouton sont : 1° le *Midi méditerranéen*, où, pendant la sécheresse de l'été, les animaux transhument et vont pâturer dans les hautes terres environnantes (Pyrénées Orientales, Causses, Alpes de Provence, etc.); 2° dans le Centre et dans le Nord, les *pays de sol pauvre*, soit de sol cristallin, comme le *Limousin*, la *Bretagne*, etc., soit de sol crayeux, comme la *Champagne Pouilleuse*, la *Picardie*, le *pays de Caux*, etc. Mais en outre, dans les pays de cultures, chaque ferme a un troupeau de moutons qu'on garde à l'étable jusqu'à la moisson (pour qu'il ne détériore pas les champs) et qui pâturent dans les champs en automne : on trouve ainsi de nombreux moutons en *Beauce*, en *Brie*, dans le *Toulousain*, etc.

Le troupeau de moutons français fournit assez de viande pour la consommation du pays. Mais pour la laine, il ne produit pas le dixième de ce que consomment les tissages français.

3° *Les élevages secondaires.* — Les élevages secondaires sont celui des **chevaux** (3 millions de têtes), surtout actif en *Normandie*, dans le *Perche*, en *Bretagne* et en *Limousin*, et celui des **porcs** (7 millions de têtes environ), surtout actif dans les pays de sol pauvre, comme la *Bretagne*, le *Limousin*, la *Margeride* et la *Lozère*, ou dans ceux où on peut les engraisser pour l'exportation avec du maïs, comme la *Bresse* et la *Gascogne*.

6. ***Les forêts de France.*** — Comme tous les pays très civilisés, la France a traversé une période où l'on a défriché le sol, peut-être d'une façon exagérée, pour le mettre en cultures. Aujourd'hui, un sixième seulement du sol de la France est occupé par des forêts.

Les **forêts subsistantes** se trouvent soit dans les montagnes bien arrosées (*Vosges, Jura, Alpes de Savoie et du Dauphiné, Pyrénées Occidentales, Monts du Forez*), soit dans les plaines où le sol est trop mauvais pour que les cultures y réussissent (par exemple, dans le Bassin de Paris, les grandes *forêts de Fontainebleau*, de *Compiègne*, etc.). Les bois de ces forêts sont surtout des chênes dans les sols calcaires, des châtaigniers, des noyers et des pins dans les sols siliceux, des peupliers dans les sols humides, des sapins aux hautes altitudes. La plupart donnent de bons bois de construction.

La destruction exagérée des forêts présentait, surtout sous les climats secs du Midi, de grands désavantages : dégradation du sol, irrégularité des torrents, etc. D'autre part, les plantations d'arbres peuvent assécher et assainir des régions marécageuses, rendre fertiles des régions stériles : aussi, depuis trente ans, a-t-on reboisé ou boisé un certain nombre de régions en France.

Les **forêts nouvellement créées** se trouvent soit dans des montagnes anciennement boisées et où la végétation arbustive avait été détruite, comme les *Cévennes*, certaines parties des *Pyrénées*, soit, surtout, dans des plaines jadis marécageuses ou stériles, comme les *Landes*, la *Sologne*, la *Champagne Pouilleuse*, etc. Les arbres que l'on y plante sont surtout des pins : ils donnent un bois peu précieux, mais très utile pour le boisement des galeries de mines, la construction des poteaux télégraphiques, des traverses de chemins de fer, etc., et pour la papeterie. Malgré tout, la France, comme tous les pays industriels, ne produit pas assez de bois pour ses besoins.

7. ***La pêche***. — La France n'a pas une vie maritime assez développée pour que la pêche y ait la même importance qu'en Angleterre, en Norvège ou même en Hollande. Toutefois, son développement côtier sur la Manche et l'Atlantique, au voisinage d'une mer riche en bancs de poissons comme la mer du Nord, et d'autre part les traditions qui entraînent, chaque année, depuis des siècles, nos marins vers les pêcheries d'Islande et de Terre-Neuve, maintiennent à la France un rang honorable pour la pêche parmi les pays de l'Europe Occidentale.

La France possède près de 100 000 pêcheurs de mer, surtout nombreux sur les côtes de la Flandre, de la Bretagne et de la Provence.

Les **régions de pêche** où l'on trouve des Français sont :

1° Les *côtes de France*, et surtout les *côtes bretonnes*, où l'on pêche la sardine, dont les bancs passent malheureusement avec une certaine irrégularité, et les *côtes gasconnes* ;

2° La *Méditerranée*, où l'on pêche, entre autres poissons, la sardine et le thon ;

3° La *mer du Nord*, où l'on pêche surtout le hareng ;

4° La *côte de l'Afrique Occidentale*, du Maroc au Sénégal, où l'on pêche sardines, thons et crustacés ;

5° Les *abords de l'Islande et de Terre-Neuve*, où l'on pêche surtout la morue.

La France consomme un peu plus de poissons que ses pêcheurs ne lui en apportent. Les **principaux marchés à poissons** sont : *Boulogne*, *Dieppe*, *Saint-Malo*, *La Rochelle* et *Bordeaux*.

Lectures.

1. ***La civilisation moderne a, sinon détruit, du moins modifié les effets des conditions naturelles sur l'agriculture.*** — C'est surtout en matière de culture que l'homme dépend étroitement du sol qu'il habite et que le mot de Bacon est vrai : « On ne triomphe de la nature qu'en lui obéissant ». Les aptitudes végétales d'un pays dépendent avant tout de son climat : température moyenne, durée des saisons chaude et froide, abondance et fréquence des pluies, distribution des pluies au cours des saisons. Dans un pays de la zone tempérée, comme la France, où le climat se trouve à peu près partout favorable à tous les produits de cette zone, la nature du sol importe plus encore : terrains imperméables ou perméables, riches ou pauvres en éléments fertilisants, meubles ou compacts, s'échauffant plus ou moins facilement. Il y a là pour l'agriculture des conditions générales, que l'homme ne peut supprimer; mais, s'il semble impuissant à modifier le climat, il peut, en quelque mesure, modifier le sol qu'il travaille.

La civilisation moderne, à ce point de vue, a sensiblement modifié les conditions de l'agriculture dans notre pays :

1° Par l'**emploi des machines agricoles** (*charrues, semoirs, moissonneuses, faucheuses, batteuses*, etc.). Cet emploi, à vrai dire, n'est encore généralisé que dans les grandes propriétés des pays agricoles riches (Nord, Brie, Beauce, etc.). Presque partout il est gêné par le morcellement de la propriété foncière : un petit propriétaire ne peut acheter pour lui seul ni utiliser pratiquement ces machines coûteuses. Le remède est dans l'association, dont l'esprit, sauf quelques heureuses exceptions (laitiers du Jura, vignerons du Languedoc), commence à peine à se manifester dans nos campagnes.

2° Par l'**enseignement agricole** : il y a un *professeur d'agriculture* par département; on a créé des *fermes-écoles*, des *écoles d'agriculture*, qui répandent les principes d'une exploitation rationnelle; les *instituteurs* des villages sont de précieux auxiliaires des spécialistes.

3° Par le **drainage** de certaines régions imperméables : *Sologne, Brenne, Landes, Camargue, Dombes*.

4° Par l'**irrigation** : certaines régions méditerranéennes, trop sèches, sont devenues de véritables « huertas » (jardins), où réussissent également la vigne, les fruits et les cultures maraîchères : *Roussillon, Comtat Venaissin, plaine de Valence*.

5° Par la **conquête des plaines maritimes** sur la mer : drainage des eaux d'infiltration marine, construction de digues protectrices, colmatage progressif des anciens sols marécageux et formation lente des polders : — tels sont les moyens multiples par lesquels l'homme a peu à peu conquis à la culture la *Flandre Maritime*, les *Bas-Champs* picards, la *Baie du Mont-Saint-Michel*, les *Marais Breton* et *Poitevin* ;

6° Par les **amendements** et les **engrais** : transformation de certaines régions pauvres (*côte bretonne*), chaulage des régions granitiques du Massif Central, marnage de la Sologne et de la Champagne Pouilleuse, enfin *plantations de pins*, qui, une fois défrichées, donnent des sols riches pour y permettre la culture des céréales.

7° Par le **progrès des moyens de transport**, et particulièrement la création du *réseau des chemins de fer* permettant l'importation des engrais sur les sols déshérités, ainsi que l'exportation des produits agricoles vers les grands centres de production.

2. ***Dans certaines régions françaises, on remarque une tendance à la spécialisation agricole et le recul des cultures devant l'élevage.*** — Jusqu'à la fin du XVIIIe siècle, la rareté des moyens de transport et les barrières que l'octroi intérieur élevait entre chaque province obligeaient les pays de France à se suffire à eux-mêmes et à s'alimenter avec leurs propres ressources. Aussi, quelles que fussent leurs aptitudes végétales, la plupart d'entre eux s'efforçaient de tirer de leur sol tous les produits agricoles de première nécessité. C'est ainsi que chaque pays avait ses champs de lin et de chanvre, pour le tissage. Mais surtout on s'efforçait de cultiver le blé partout. Or le « blé tendre », que connaissait seul l'ancienne France, veut pour donner des rendements satisfaisants, un sol riche et profond, un printemps humide, un été chaud; hors de ces conditions, la culture en est difficile et les rendements dérisoires; il était paradoxal, au point de vue géographique, de le cultiver dans des régions comme le Massif Central.

Au XIXe siècle, les conditions générales de l'agriculture française se sont trouvées modifiées par trois grands faits économiques :

1° La **suppression des douanes intérieures**, permettant à chaque province de trouver au dehors, sans avoir à payer des droits excessifs, les produits que son sol ne donne point naturellement, et d'exporter une partie des produits auxquels ses aptitudes naturelles la destinent;

2° Le **développement des voies de communication**, qui a accru ces deux facilités;

3° La **concurrence des pays neufs**, *États-Unis*, *Argentine*, *Australie*, qui produisent dans des conditions moins coûteuses, en quantités plus considérables, et par conséquent à des tarifs moins élevés, soit des céréales, soit du bétail. Cette concurrence ne permet plus à nos agriculteurs de lutter, même sur nos propres marchés, garantis pourtant par nos tarifs douaniers, qu'en demandant à leurs terres les seuls produits pour lesquels elles sont faites, pour lesquels elles fournissent des rendements suffisants en qualité et en quantité.

De là vient qu'en France on distingue :

1° En général, une **tendance à la spécialisation** : abandon ou diminution des cultures de blé dans certains pays, soit en faveur de la vigne (*Bas Languedoc*), soit en faveur des cultures industrielles (*betterave sucrière dans le Nord*), soit en faveur de l'élevage;

2° En particulier, le **recul de la culture devant l'élevage**, notamment devant l'élevage des bêtes à cornes : celui-ci doit alimenter en *viandes* et en *produits laitiers* les grandes agglomérations industrielles.

L'élevage a fait de grands progrès. Il est devenu plus rationnel, grâce à une sélection judicieuse des races. D'autre part, à l'intérieur même de l'élevage, on peut distinguer une division du travail et une spécialisation : par exemple, dans le Cantal et dans le Limousin, on garde les vaches laitières ; mais, après avoir nourri les jeunes veaux pendant un ou deux ans, on les envoie dans le Poitou ou dans le Bassin Aquitain, grandir et travailler la terre ; puis, pendant le temps nécessaire, on les laisse s'engraisser au repos, dans des prés d'embouche, et on les envoie à la boucherie.

L'élevage ainsi compris se substitue entièrement aux cultures dans certaines régions que leurs conditions naturelles rendaient particulièrement aptes à cette transformation : la *Normandie*, le *Nivernais*, le *Charolais*, le *Limousin*, le *Cantal*, l'*Aubrac*, le *Velay*, la *Lozère*. Dans ces régions, il contribue à **l'émigration** des campagnards vers les villes, car il exige beaucoup moins d'ouvriers que la culture. — Dans d'autres régions, l'élevage coexiste avec la culture, par exemple, dans les grandes régions agricoles du *Nord* : le bétail y reste à l'étable, nourri avec le foin des prairies artificielles et avec les déchets des cultures industrielles, tels que la pulpe de la betterave, qui reste après qu'on en a tiré le sucre.

ÉTENDUE DU TERRITOIRE CULTIVÉ

11	24	65
de moins de 5 ha.	de 5 à 20 ha.	de plus de 20 hectares

pour 100 du territoire cultivé est contenu dans des propriétés

NOMBRE DES PROPRIÉTAIRES

52	36	12
de moins de 5 hectares	de 5 à 20 ha.	de plus de 20 ha.

pour 100 des propriétaires fonciers possèdent en France des propriétés

LA PROPRIÉTÉ EN FRANCE.

1. ÉTENDUE DES PROPRIÉTÉS. — 2. NOMBRE DES PROPRIÉTAIRES.

3. ***La France est un pays de petite propriété rurale.*** — L'agriculture est l'une des principales sources, on peut même dire la principale, de la fortune de la France.

Or, un fait capital règle son développement : la France est *un pays de petite propriété*. Dans certains pays, — telle l'Angleterre, — la terre appartient à un petit nombre de propriétaires qui possèdent chacun des domaines extrêmement étendus : on cite certains propriétaires qui auraient des domaines occupant, d'un seul tenant, l'étendue d'un de nos départements français. Au contraire, en France, on compte un très grand nombre de propriétaires : plus de 8 millions ; par suite, un très grand nombre de propriétés n'ont qu'une assez faible étendue : 11 pour 100 environ de la France sont occupés par des propriétés de moins de 5 hectares.

Cet état de choses présente certains avantages pour l'agriculture. Le paysan qui cultive sa propre terre pour lui-même et pour sa famille, l'aime plus étroitement, la soigne de plus près, et en tire plus, en travaillant dans les mêmes conditions, qu'un mercenaire embauché à la solde d'autrui.

Mais, d'autre part, les petits propriétaires, disposant de faibles capitaux, sont souvent à la merci d'une mauvaise récolte et ne peuvent résister à plusieurs mauvaises années consécutives. Ils ne peuvent non plus recourir aux procédés dispendieux de la culture scientifique : machines, irrigation en grand, engrais chimiques, qui augmentent tant les rendements.

L'association seule leur permettrait de se procurer ces avantages et de se protéger contre les hasards des saisons. On commence à la pratiquer, et on la pratique de plus en plus, en quelques régions (*fruitières* du Jura, de la Savoie, etc.) ; mais ces associations, très développées en certains autres pays, ne sont encore qu'une exception en France.

4. *La question du reboisement se pose à l'état aigu dans certaines régions françaises.* — Les forêts couvrent à peine un cinquième du territoire français, si l'on comprend certaines régions de la zone méditerranéenne couvertes par le maquis. Ces forêts sont très inégalement réparties sur notre sol. On peut en distinguer quatre espèces :

1° **Les forêts naturelles de plaine.** — Le Bassin Parisien est à ce point de vue le mieux doté. Dans les régions de sol siliceux (grès ou sable), peu favorable à la culture, subsistent les grandes *forêts de Fontainebleau, de Compiègne, de Rambouillet, de la Puisaye, d'Orléans*, etc.

2° **Les forêts artificielles de plaine.** — Elles ont été plantées par l'homme, dans les régions sableuses, inutilisables pour la culture, afin, d'une part, d'être mises en coupe réglée et de fournir ainsi une industrie au pays, et, d'autre part, de donner de bonnes terres à l'agriculture, en enrichissant l'humus de leurs débris pendant un certain nombre d'années. Les espèces employées pour les boisements sont surtout les pins. Ces plantations, on l'a vu, ont transformé la *Sologne* et les *Landes* ; elles sont en train de transformer la *Champagne Pouilleuse*.

3° **Les forêts naturelles de montagne.** — La forêt est, avec le pâturage, la ressource essentielle des hautes montagnes. De belles forêts, sagement exploitées, couvrent l'*Ardenne*, les *Vosges*, le *Jura*, le *Morvan* et certaines portions de la *Savoie*, du *Dauphiné*, du *Massif Central*. Les essences s'étagent suivant la hauteur : le *chêne*, au bas ; puis le *hêtre*, puis le *pin* et le *mélèze*, de plus en plus rabougris avec l'altitude. Dans les forêts du Massif Central, au sol surtout siliceux, c'est le *châtaignier* qui domine ; le *noyer* abonde.

4° **Les forêts artificielles de montagne.** — Elles sont l'œuvre du reboisement, qui s'impose comme une nécessité à une grande partie des *Alpes*, du *Massif Central* et des *Pyrénées*. Ces montagnes ont été déboisées d'une façon exagérée par les populations, pour agrandir le domaine des cultures et surtout des pâtures. Le profit immédiat était certain; mais les conséquences lointaines furent désastreuses.

La forêt procure, en effet, à la montagne un double profit :

1° Un **profit direct** : soit par l'alimentation des populations, certaines ayant comme fonds de nourriture la *châtaigne* (Limousin, Lozère, Cévennes), soit par l'*exploitation du bois*, d'autant plus rémunératrice à notre époque que les réserves de bois du monde s'épuisent et que certaines industries, comme la *papeterie*, en font une consommation de jour en jour plus grande.

2° Un **profit indirect** et peut-être encore plus important, par la *conservation de la montagne* et la *régularisation des eaux courantes*. En effet, les racines des arbres retiennent sur les pentes la *terre végétale* : sans elles, cette terre est bien vite emportée par les eaux courantes, laissant à nu la roche, aride et inutile. D'autre part, aux périodes de pluie, la forêt absorbe une partie de l'*humidité* : elle la rendra aux époques de sécheresse, mais elle la retient au moment où les torrents, grossis à l'excès, dévastent tout sur leur passage : en diminuant leur force vive, elle joue donc encore un rôle préservateur.

La plaine qui s'étend au pied de la montagne dévastée souffre presque autant qu'elle du déboisement. En effet, les crues exagérées peuvent y causer de terribles inondations. D'autre part, les alluvions, entraînées en trop grande masse, encombrent peu à peu les rivières et diminuent leur navigabilité. C'est en partie au déboisement des Pyrénées, des Corbières et du Massif Central qu'il faut attribuer les inondations terribles de la Garonne à Toulouse et l'ensablement de certaines parties de son lit jusqu'à Bordeaux. Ces grandes villes sont donc intéressées au reboisement.

On a vu, à propos de la transhumance dans les Alpes, que la question du reboisement ne se présente pas partout avec la même simplicité (p. 321); il n'en reste pas moins vrai que le reboisement s'impose dans la plus grande partie des Pyrénées, de la Lozère, du Vivarais et des Cévennes.

V. — L'INDUSTRIE FRANÇAISE

La France a une grande industrie assez prospère, mais localisée dans certaines régions. Les seules industries extractives importantes portent sur la houille et le fer. L'industrie métallurgique, les industries textiles et les industries alimentaires sont dans une situation satisfaisante. Mais surtout la France triomphe dans un certain nombre d'industries de luxe.

1. ***La grande industrie.*** — La France occupe un rang honorable dans la production industrielle, après le Royaume-Uni, les États-Unis et l'Allemagne.

Son infériorité à l'égard de ces trois États lui vient :

1° *De sa pauvreté relative en houille* : 4 pour 100 seulement de la production mondiale ; il lui faut en acheter à ses voisins ;

2° *De sa pauvreté en matières premières* : elle ne possède en abondance qu'une seule richesse métallique : le minerai de fer. Elle est toutefois riche en textiles (laine, lin) et en betterave sucrière.

Cette pauvreté relative en combustible et en matières premières fait que les principaux centres industriels de la France, très localisés, se trouvent : soit dans les *régions houillères* ; soit dans les *régions riches en matières premières* (fer, lin, laine, betterave) ; soit dans les *régions riches en voies navigables*, qui permettent un transport peu coûteux des matières premières lourdes ; soit au *voisinage des grands ports*, qui rendent des services pour l'importation des matières premières.

2. ***Les industries extractives. La houille et le fer.*** — La France possède un peu de *cuivre*, un peu de *plomb*, un peu de *zinc*, un peu d'*or*, etc. ; mais l'ensemble de ces métaux secondaires ne représente pas 3 pour 100 de sa production minière. Tout le reste est représenté par la houille et le fer.

1° La **houille** n'est que moyennement abondante en France : 38 millions de tonnes seulement, le sixième de la production allemande, le septième de la production anglaise. Le *bassin du Nord*, à lui seul, fournit plus des deux tiers de cette production ; le reste est surtout fourni par les *bassins du Massif Central.*

La France n'a pas assez de houille pour son industrie : sa production ne représente que les deux tiers de sa consommation.

2° Le **fer** est très abondant en France. Aujourd'hui la France tient le troisième rang dans le monde pour la production du minerai de fer, après les États-Unis et l'Allemagne, avec une légère avance sur l'Angleterre. Ses mines semblent devoir s'épuiser beaucoup moins vite que celles de l'Allemagne.

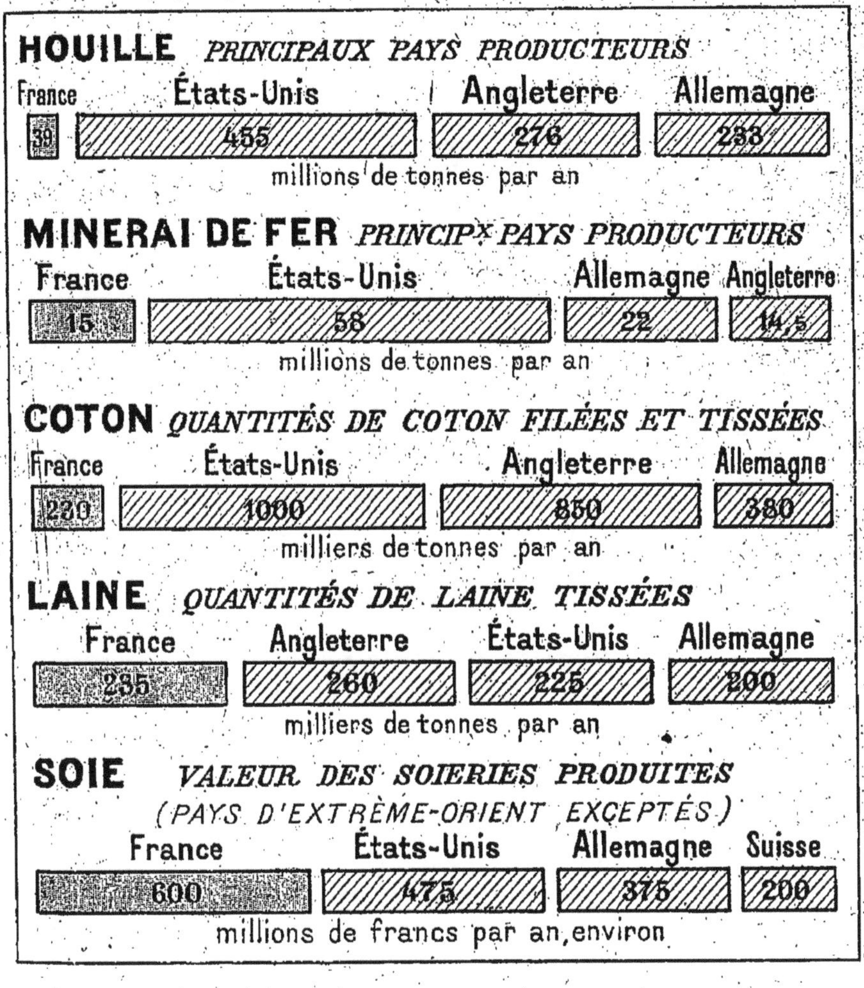

HOUILLE *PRINCIPAUX PAYS PRODUCTEURS*

France	États-Unis	Angleterre	Allemagne
39	455	276	233

millions de tonnes par an

MINERAI DE FER *PRINCIPX PAYS PRODUCTEURS*

France	États-Unis	Allemagne	Angleterre
15	58	22	14,5

millions de tonnes par an

COTON *QUANTITÉS DE COTON FILÉES ET TISSÉES*

France	États-Unis	Angleterre	Allemagne
230	1000	850	380

milliers de tonnes par an

LAINE *QUANTITÉS DE LAINE TISSÉES*

France	Angleterre	États-Unis	Allemagne
235	260	225	200

milliers de tonnes par an

SOIE *VALEUR DES SOIERIES PRODUITES*
(PAYS D'EXTRÊME-ORIENT EXCEPTÉS)

France	États-Unis	Allemagne	Suisse
600	475	375	200

millions de francs par an, environ

L'ACTIVITÉ INDUSTRIELLE COMPARÉE DE LA FRANCE.

A elles seules, les *mines de Lorraine* produisent les neuf dixièmes du minerai de fer français; le reste est fourni par les mines de la *Normandie*, des *Pyrénées ariégeoises*.

Par suite de sa pauvreté en houille, la France produit beaucoup plus de minerai de fer que son industrie n'en peut transformer. Elle en vend à ses voisins.

3. ***Les industries métallurgiques.*** — Grâce à sa richesse en fer, la France a une métallurgie prospère ; mais cette prospérité serait bien plus grande si la houille était plus abondante.

Dans la production métallurgique, il faut distinguer deux catégories de produits :

1° La **fonte**, c'est-à-dire le fer brut, obtenu par la fonte du minerai dans les hauts fourneaux. Comme les hauts fourneaux brûlent au coke, qui est plus léger et moins coûteux à transporter que le minerai, la fonte se fabrique surtout près des mines de fer. La *Lorraine* produit les sept dixièmes du stock français.

2° La **métallurgie** proprement dite, c'est-à-dire le travail du fer et de l'acier : *aciérie, fabrication de machines, d'armes, d'outils, ferronnerie, quincaillerie*, etc. Pour cette fabrication, le combustible est la houille. Comme le fer est un produit plus précieux que la houille, il supporte mieux qu'elle les frais d'un déplacement par chemin de fer. La production métallurgique est donc surtout localisée dans les régions houillères : dans le *Nord* (Denain, Anzin, Valenciennes), autour du *Creusot*, de *Saint-Étienne*, d'*Alais*, de *Decazeville*, de *Commentry*, etc. En dehors de ces régions, on la trouve dans la *banlieue parisienne* et dans les grands centres de constructions navales : *Nantes* et *Le Havre, Lorient* et *Brest, Bordeaux, Toulon*, etc.

4. ***Les industries alimentaires.*** — Puissance agricole de premier ordre, la France possède de belles industries alimentaires. Il en est que l'on trouve partout en France : *minoterie, vinification, brasserie*, etc. Il en est d'autres qui sont plus localisées et qui servent à l'exportation vers les grandes villes du territoire ou vers les pays voisins. Les principales sont :

1° Les **sucreries** du *Nord* de la France ;

2° Les **beurreries** et **fromageries** de *Normandie*, de *Flandre* et de *Bretagne*, du *Jura*, du *Cantal* et des *Causses* ;

4° Les **huileries** de la *région marseillaise*.

5° Les **conserves de poissons**, et particulièrement de sardines, de la *Bretagne* et de la *région nantaise* ;

5° Les **conserves de légumes et de viandes**.

5. ***Les industries textiles.*** — La France a toujours été un grand pays de tissage : en effet, elle a produit de bonne heure tous les textiles de la zone tempérée que l'on employait en

Europe (lin et chanvre, laine), et elle a été une des premières à employer les textiles des pays chauds qui donnent les tissus les plus luxueux ou les plus répandus : la soie et le coton. Aujourd'hui, elle occupe soit le premier, soit un des premiers rangs pour toutes les grandes catégories de tissages :

1° Pour les **lainages**, elle ne le cède qu'à l'Angleterre. La grande région lainière est le *Nord* (Lille, Roubaix, Tourcoing, Fourmies); puis viennent les régions de *Reims*, *Sedan*, *Amiens*, *Rouen-Elbeuf*.

2° Pour les **toiles de lin**, elle ne le cède qu'à la Russie. La grande région linière est le *Nord* (Lille, Armentières, Valenciennes, Cambrai).

3° Pour les **cotonnades**, elle ne le cède qu'aux États-Unis, à l'Angleterre et à l'Allemagne; encore sa production annuelle représente-t-elle une valeur, sinon une quantité, supérieure à celle de l'Allemagne. Les grandes régions cotonnières sont : le *Nord* (Lille, Roubaix, Tourcoing, Cambrai), la *région rouennaise*, les *Vosges*; pour la bonneterie, la *Champagne*; pour la passementerie, la région de *Roanne* et de *Saint-Étienne*.

4° Pour les **soieries**, elle est incontestablement au premier rang; presque tout est produit par *Lyon* et par les régions qui l'environnent (Dauphiné, Bresse, Beaujolais, Forez, Velay, Vivarais).

Les **tissus** et les **vêtements fabriqués** représentent, à eux seuls, plus du tiers des exportations de la France.

6. ***Les industries de luxe.*** — Ce qui fait l'originalité de la production industrielle de la France, c'est toute une catégorie de produits de grande valeur, qu'elle doit, non à quelque ressource naturelle, mais à l'ingéniosité de ses savants et au goût de ses artistes. Ces produits, elle les vend très cher et elle les vend dans le monde entier. Les principaux sont, par ordre de valeur croissante :

1° Les *tissus* et *objets en caoutchouc*;

2° Les *automobiles* et *aéroplanes*;

3° Les *produits chimiques*;

4° Les *parfums*;

5° Les *articles de couture et de mode*;

6° Enfin et surtout l'ensemble des *articles de Paris* (meubles, bijoux, bibelots, jouets), qui ont une réputation mondiale.

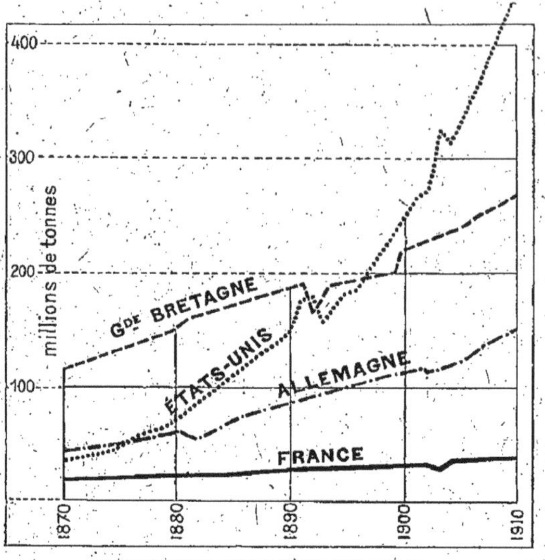

PRODUCTION HOUILLÈRE DU MONDE.

DÉVELOPPEMENT ÉCONOMIQUE COMPARÉ DE LA FRANCE.

Parmi les indices qui permettent d'apprécier le mieux l'activité industrielle de ces pays, il semble qu'on puisse en citer quatre principaux, savoir : 1° la production houillère, la houille proprement dite n'étant plus la seule source de force motrice, mais restant la principale, le pain de l'industrie, ainsi qu'on l'a nommée; 2° la production de la fonte, point de départ des industries métallurgiques; 3° le travail du coton, c'est-à-dire la transformation du coton brut en colonnades; 4° enfin, le travail de la laine.

PRODUCTION HOUILLÈRE. — *La France a, malheureusement pour elle, relativement peu de houille. Aussi, bien que sa production annuelle n'ait cessé d'augmenter régulièrement de 1870 à 1910, vient-elle de plus en plus loin derrière l'Allemagne, la Grande-Bretagne, et surtout les Etats-Unis, dont la production est devenue plus de 12 fois supérieure à celle de notre pays. C'est là, pour la France, une grande infériorité, qu'elle compense, il est vrai, en partie, par la force de ses nombreuses chutes d'eau (houille blanche). Remarquer, comparativement à la lenteur de la production houillère de la France, l'accroissement plus marqué et sensiblement parallèle de la Grande-Bretagne et de l'Allemagne, ainsi que l'essor prodigieux des Etats-Unis.*

PRODUCTION DE LA FONTE. — *La France est restée longtemps stationnaire dans cette branche de l'activité industrielle. Jusque vers 1895, alors que ses trois rivales, et surtout les Etats-Unis et l'Allemagne, augmentaient considérablement leur production, celle de la France variait à peine : conséquence de la pauvreté du pays en houille, la houille étant nécessaire pour fondre le minerai. En ces dernières années, la production de la fonte a beaucoup augmenté : conséquence de la mise en exploitation, des minerais des bassins de Briey et de Longwy, que leur teneur en phosphore avait fait longtemps juger inutilisables; et conséquence de la découverte de gisements en Normandie. Cette production de la fonte serait plus considérable si, par suite du manque de houille, la France n'était obligée d'exporter une forte partie de son minerai de fer à l'état brut.*

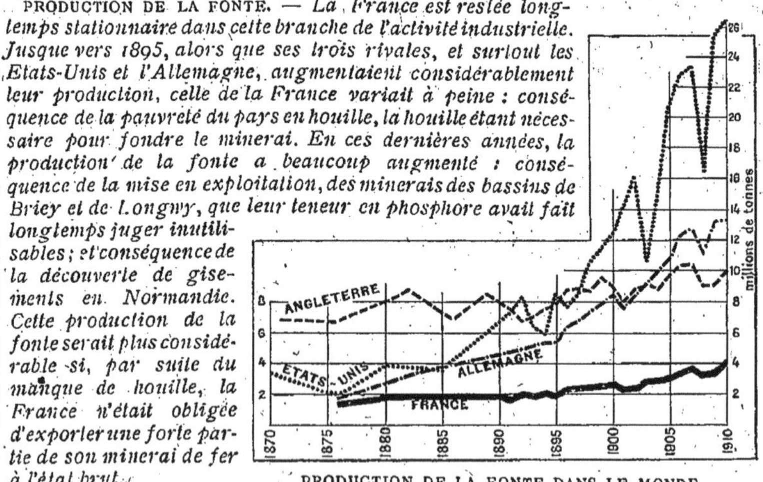

PRODUCTION DE LA FONTE DANS LE MONDE.

TRAVAIL DU COTON DANS LE MONDE. — *Ce qui est remarquable surtout dans le graphique relatif à cette question, c'est la progression très peu marquée de l'industrie cotonnière française, alors que dans les autres pays, et surtout en Angleterre et aux États-Unis, ses progrès ont été considérables et continuent à l'être.*

TRAVAIL DE LA LAINE DANS LE MONDE. — *La France tient dans cette industrie un rang des plus honorables, grâce à des progrès considérables depuis 40 ans (elle a plus que doublé sa production depuis 1870) : l'Angleterre seule lui est supérieure pour la quantité de laine traitée.*

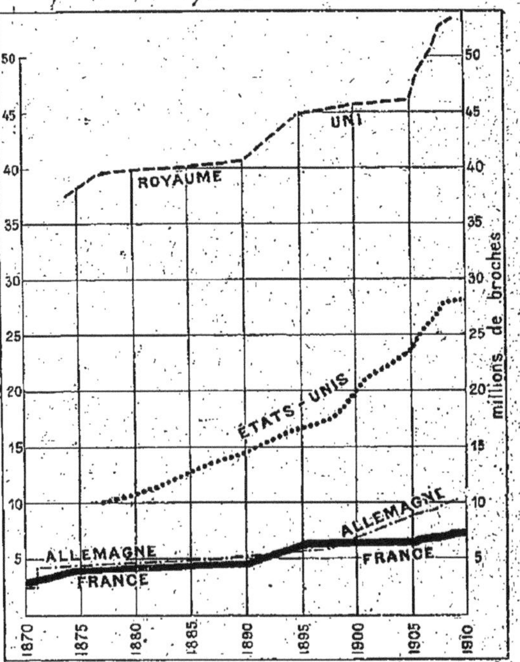

TRAVAIL DU COTON DANS LE MONDE.

CONCLUSION. — *Au point de vue industriel, la France se classe au quatrième rang des puissances mondiales; elle vient après l'Angleterre, les États-Unis et l'Allemagne. Son infériorité à l'égard de ces trois pays lui vient principalement de sa pauvreté relative en houille; elle n'est que parcimonieusement dotée de ce charbon qui est encore, dans l'état actuel de la science, la condition principale du travail industriel. A cause de cela, elle est mal outillée pour la concurrence des industries qui produisent les objets en grande masse (par exemple, les cotonnades), ainsi que pour celle des industries métallurgiques. Elle est importante surtout dans les industries de luxe et de demi-luxe, où la qualité de goût et d'habileté de la main-d'œuvre suppléent, en partie au moins, au défaut de matière première.*

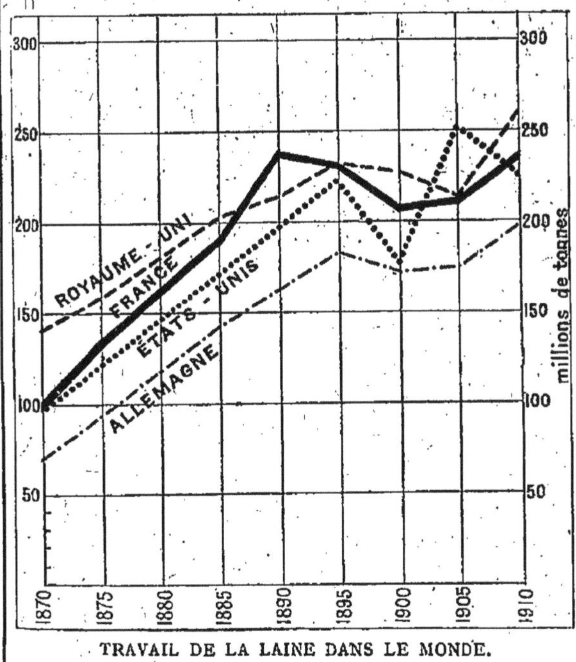

TRAVAIL DE LA LAINE DANS LE MONDE.

Lectures.

1. ***Parmi les forces motrices naturelles, la houille noire est, en France, trop localisée et insuffisante. Mais la houille blanche et la houille verte peuvent lui apporter un sérieux appoint.*** — La houille est encore, à l'heure actuelle, le combustible essentiel, la plus grande source de force motrice utilisée dans l'industrie. Elle emploie aujourd'hui en France 160 000 ouvriers, dont 115 000 travaillent au fond des mines et 45 000 à l'air libre ou, comme disent les mineurs, « sur le carreau de la mine ». La production houillère de la France ne se présente pas dans des conditions aussi bonnes que celle des autres grands pays industriels :

1° **Par la quantité de charbon produite.** — 39 millions de tonnes par an, contre 455 aux Etats-Unis, 276 en Grande-Bretagne, 238 en Allemagne, 40 en Autriche-Hongrie, 23 dans la très petite Belgique. La France doit acheter annuellement 20 millions de tonnes, à l'Angleterre, à la Belgique, à l'Allemagne.

2° **Par les conditions d'extraction.** — La tonne de houille amenée sur le carreau de la mine coûte 16 à 18 francs; en Allemagne, elle en coûte 10 seulement.

3° **Par la situation des mines.** — Elles sont concentrées dans deux régions : le Nord et la bordure orientale du Massif Central. Or,

HOUILLE : PRINCIPALES RÉGIONS FRANÇAISES

Nord et Pas-de-Calais	Loire	Bourgogne et Nivernais	Gard
24,9 millions de tonnes	3,7	2	2

PRINCIPALES RÉGIONS HOUILLÈRES DE FRANCE.

malgré les efforts de l'homme, cette dernière région est mal reliée au reste de la France; au contraire, en Angleterre, toutes les houillères se trouvent à portée d'excellentes voies navigables ou maritimes qui apportent à peu de frais la houille dans toutes les régions de l'archipel britannique ou vers les ports d'exportation.

Mais une autre force motrice a l'avenir pour elle : c'est la **houille blanche**, c'est-à-dire la force utilisable des chutes d'eau. Une chute d'eau de 10 mètres, qui donne 150 litres d'eau à la seconde, fournit une force motrice égale à 20 chevaux-vapeur; ce travail mécanique représente, d'autre part, l'énergie électrique nécessaire pour rendre incandescentes 375 lampes de 10 bougies. La houille blanche est, depuis plusieurs années, utilisée pour produire la *force mécanique* et la *lumière*. Or les ressources hydrauliques de nos montagnes sont déjà en partie exploitées : les *Alpes du Dauphiné* possèdent plus du quart des forces hydrauliques employées en France; elles alimentent des papeteries, pourvoient à l'éclairage des villes; dans les *monts du*

Lyonnais et du *Beaujolais*, elles actionnent les métiers des tisseurs.

Enfin, on commence à utiliser, notamment en *Normandie*, la force des rivières de plaine : c'est la **houille verte.**

2. ***Le tissage du coton s'est développé dans des régions qui fournissaient à l'origine la matière première du tissage de la laine.*** — Les grandes régions de tissage du coton se trouvent : 1° dans le Nord, 2° dans la Picardie et la Normandie, 3° dans la Champagne, 4° dans la région de Roanne, 5° dans les Vosges.

Dans les trois premières de ces régions, elle s'est juxtaposée à l'**industrie lainière**, qui y était née grâce aux nombreux moutons de la Flandre, de la Picardie et du Caux, de la Champagne Pouilleuse. Aux temps modernes, c'est surtout la laine d'Argentine et d'Australie qui l'alimente. D'autre part, quand l'usage du **coton** s'est développé en Europe, l'industrie nouvelle s'est installée dans les régions où se trouvaient déjà une *population* et un *outillage* prêts pour les travaux du tissage. Vers Roanne, en outre, l'industrie cotonnière, spécialisée surtout dans les rubans et les velours, s'est substituée à l'industrie de la soierie de Lyon et de Saint-Etienne.

Ainsi, le coton, matière ouvrable, originaire des régions exotiques, est travaillé dans certaines régions de la France par le phénomène que les économistes appellent la **substitution du textile.**

3. ***Par suite du changement de combustible, l'industrie métallurgique s'est transformée et déplacée au cours du XIXe siècle.*** — Dans l'ancienne France, l'industrie métallurgique était plus éparpillée qu'à l'époque moderne. Les forges s'installaient partout où se trouvaient, même en petite quantité, le *fer* et le combustible alors employé, le *bois*. C'est ainsi qu'au milieu des forêts s'installèrent les forges du *Berry*, du *Nivernais*, du *Bassigny*, de la *Lorraine*, de l'*Ariège*, et de bien d'autres lieux. Le nombre des localités qui portent en France le nom de *Forges* ou de *Ferrières* atteste l'éparpillement ancien de cette industrie.

De nos jours, la formation de la grande industrie et la substitution de la houille au bois comme combustible ont transformé la métallurgie. Elle s'est concentrée. Les petites forges des bois ont disparu. De grandes usines métallurgiques se sont développées :

1° Soit dans les **régions houillères** : dans le *Nord*, dans les *régions du Creusot* et *de Saint-Etienne*, etc. ;

2° Soit dans les **régions de minerais** : la *Lorraine*, la *Normandie*, le *Nivernais*, etc.

D'autre part, elle s'est spécialisée. La Lorraine est presque seule à fournir en France des *fers* et des *aciers bruts*; les autres régions fabriquent surtout des produits ouvrés : *articles forgés*, *quincaillerie*, *locomotives*, *automobiles*, etc. Dans ce dernier cas, le prix de la matière première n'est plus qu'un accessoire : l'important, c'est le combustible et la main-d'œuvre. Ce fait explique la prospérité de l'industrie métallurgique dans nos régions houillères et sa survivance dans certaines régions (Berry, Nivernais, Centre, Ariège), malgré l'épuisement grandissant ou total du minerai qui l'avait fait naître.

VI. — LE COMMERCE EXTÉRIEUR DE LA FRANCE

La France tient un rang très honorable dans le commerce du monde. Elle importe surtout des produits alimentaires et des matières premières. Elle exporte surtout des produits alimentaires et des objets manufacturés.

1. *Le commerce de la France.* — Le commerce de la France est annuellement de *plus de* 15 *milliards de francs.* Il n'est inférieur qu'à ceux de la Grande-Bretagne, de l'Allemagne et des États-Unis; ses progrès sont plus lents que les leurs. Les causes de cette infériorité et de cette lenteur relative, sont de deux ordres :

1° Le **commerce de transit,** entre l'Océan Atlantique et la Méditerranée, a été atteint par le percement du Gothard, du Simplon et par la construction des autres voies transalpines, soit dans les Alpes Centrales, soit même dans les Alpes Orientales. Ces voies ont détourné sur Gênes, Trieste et même Salonique une partie des marchandises jadis embarquées ou débarquées à Marseille.

2° Le **commerce d'importation et d'exportation** a été atteint par le développement de centres industriels nouveaux, en Allemagne, aux États-Unis, et par la mise en culture de pays neufs, comme les États-Unis, le Canada, l'Argentine, l'Australie, l'Inde, l'Afrique Australe.

2. *Objets et buts de notre mouvement commercial.* — Comme les autres États très civilisés de l'Europe Occidentale, nous importons surtout des *produits alimentaires* et des *matières premières*; nous exportons surtout des *objets manufacturés.*

Mais, grâce à la richesse agricole de notre pays, nous exportons aussi certains *produits alimentaires,* assez rares et de haut prix, chez nos voisins. D'autre part, notre production spéciale dans les industries de luxe donne aussi à nos exportations un caractère qui les différencie très nettement des exportations que font nos grands voisins industriels, Angleterre, Belgique, Allemagne, Suisse.

Nous importons :		de :	par :
MATIÈRES ALIMENTAIRES	*Blé*	Russie, Algérie, Argentine.	Marseille.
	Riz	Indochine.	Marseille.
	Sucre de canne et rhum	Antilles.	Saint-Nazaire.
	Vin	Algérie.	Marseille et Cette.
	Moutons	Algérie.	Marseille.
	Thé	Extrême-Orient.	Marseille.
	Café	Brésil, La Réunion, Ethiopie.	Bordeaux, Saint-Nazaire, Le Havre, Marseille.
MATIÈRES PREMIÈRES	*Lin*	Russie.	Marseille et Dunkerque.
	Coton	Etats-Unis, Egypte, Inde.	Dunkerque, Le Havre, Marseille.
	Laine	République Argentine, Australie, Angleterre.	Dunkerque. Le Havre, Bordeaux, Marseille
	Soie	Chine, Japon, Italie.	Marseille.
	Jute	Inde.	Marseille.
	Cuirs	République Argentine, Brésil, Chili, Maroc.	Le Havre, Bordeaux.
	Houille	Angleterre, Belgique, Allemagne.	Dunkerque, canaux.
	Pétrole	Etats-Unis, Russie.	Le Havre, Marseille.
	Caoutchouc	Brésil, Afrique Equatoriale, Indes.	Le Havre, Marseille.
	Bois et pâte de bois	Norvège, Suède, Russie.	Dunkerque.
	Oléagineux et huile	Afrique Occidentale, Tunisie.	Marseille, Bordeaux.
	Engrais chimiques	Chili, Algérie et Tunisie.	Bordeaux, Marseille.
	Denrées coloniales (poivre, cannelle, cacao)	Tous pays exotiques.	Tous les grands ports.
Objets manufacturés		Angleterre, Allemagne, etc.	

	Nous exportons :	*vers :*	*par :*
MATIÈRES ALIMENTAIRES	**Vin**	Angleterre, Belgique, Allemagne, Russie, etc.	Bordeaux, Rouen.
	Huile.	Angleterre et monde méditerranéen.	Marseille.
	Produits laitiers (beurre et fromage). .	Angleterre.	Ports de la Manche.
	Légumes et fruits.	Angleterre.	Id.
MATIÈRES PREMIÈRES	**Minerai de fer**.	Angleterre, Belgique, Allemagne.	Canaux et Caen.
OBJETS MANUFACTURÉS	**Toiles** de lin et de coton. . . .	Europe Occidentale et États-Unis.	Le Havre, Dunkerque.
	Lainages. . .	Afrique et colonies.	Marseille, Le Havre.
	Cotonnades. .	Afrique et colonies.	Marseille, Le Havre.
	Soieries . . .	Monde entier.	
	Métallurgie. . .	Afrique et colonies.	Marseille, Dunkerque.
	Sucre de betterave.	Angleterre.	Dunkerque.
	Articles de Paris.	Monde entier.	

3. ***Principaux marchés***. — Nos principaux marchés sont :

1° Sur la Méditerranée, **Marseille**, qui doit son développement actuel, d'abord, à sa situation sur la Méditerranée, qui est une des plus grandes routes maritimes du globe ; ensuite, à la création de notre empire colonial d'Afrique et d'Extrême-Orient, dont les lignes de navigation aboutissent naturellement à Marseille. C'est le seul grand port que la France possède sur la Méditerranée. Ses rivaux sur cette mer sont *Gênes* et *Trieste*.

2° Sur la Manche et sur la mer du Nord, **Le Havre** et **Rouen**, qui doivent leur importance à leur situation sur l'estuaire de la Seine, et au lien que ce fleuve crée entre eux et Paris ; **Dunkerque**, qui doit son importance à sa liaison avec la puissante région industrielle du Nord. Leurs rivaux de l'Europe Atlantique sont *Londres* et *Liverpool*, *Anvers*, *Hambourg*.

3° Sur l'océan Atlantique, les ports d'estuaires : ceux de la Loire, **Nantes** et **Saint-Nazaire** ; celui de la Garonne, **Bordeaux**. Ils sont moins actifs parce qu'ils ne sont en rapports directs qu'avec une partie secondaire de notre empire colonial (Maroc, Afrique Occidentale, Antilles) et parce qu'ils ne se trouvent pas en contact avec de grandes régions industrielles. Mais leur importation grandit avec celles de nos colonies de l'Afrique Occidentale. D'autre part, leur commerce spécial n'a guère à craindre la concurrence des grands ports étrangers de la mer du Nord ni de la Méditerranée.

3° A côté de ces grands marchés maritimes, il faut citer les grands marchés intérieurs. Ce sont toutes les grandes villes qui ont quelque industrie et alimentent le commerce d'une grande région naturelle, c'est-à-dire : *Amiens, Troyes, Nancy, Dijon, Caen, Limoges, Clermont-Ferrand, Saint-Étienne, Grenoble, Toulouse, Montpellier*. Mais parmi ces marchés intérieurs, il faut faire une place spéciale à la capitale, **Paris**, un des premiers marchés du monde, à **Lyon** et aux grandes villes du Nord : **Lille, Roubaix, Tourcoing.**

4. *Principaux fournisseurs et principaux clients de la France.* — La France fait naturellement la plus grande partie de son commerce avec ses voisins et avec ses colonies. Mais il y a d'autres États qui font également beaucoup d'affaires avec elle, soit qu'ils lui fournissent des matières premières et des produits alimentaires dont elle a besoin, soit qu'eux-mêmes aient besoin des produits de luxe, dont elle a, pour ainsi dire, le monopole.

1° Les **principaux fournisseurs** sont : parmi les voisins, l'*Angleterre*, l'*Allemagne*, la *Belgique*, la *Suisse*, l'*Italie* ; parmi les colonies, l'*Algérie-Tunisie*, l'*Indochine Française*, l'*Afrique Occidentale Française;* parmi les grands pays lointains, la *Russie*, les *États-Unis*, l'*Argentine*, l'*Australie*, la *Chine* et le *Japon*.

2° Les **principaux clients** sont : parmi les voisins, l'*Angleterre* (qui nous achète un cinquième de ce que nous vendons au monde), la *Belgique*, l'*Allemagne*, l'*Italie*, la *Suisse*, l'*Espagne;* parmi les colonies, l'*Algérie-Tunisie-Maroc*, l'*Afrique Occidentale Française*, *Madagascar*; parmi les pays lointains, les *États-Unis* et la *République Argentine*.

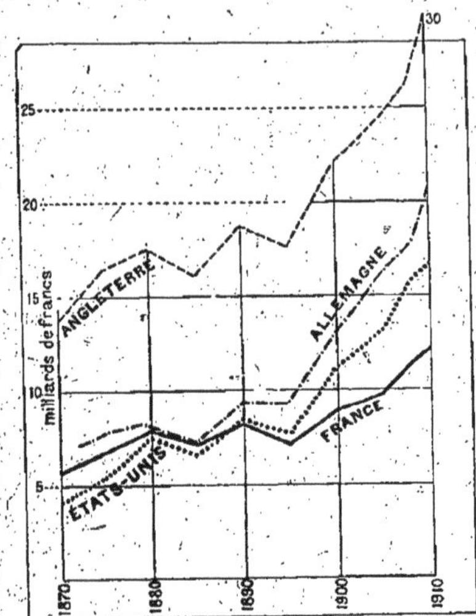

COMMERCE EXTÉRIEUR COMPARÉ DE LA FRANCE ET DES PRINCIPAUX PAYS.

La France venant en 1914 au quatrième rang de tous les pays pour l'importance de son commerce extérieur, les pays qui la précédaient étaient l'Angleterre, l'Allemagne et les États-Unis, dont le chiffre d'affaires variait entre 18 et 30 milliards de francs, alors que celui de la France ne dépasse pas 15 milliards. Beaucoup plus peuplés que la France, ces trois grands pays produisent plus (voir p. 244 et 245 les schémas relatifs à la production industrielle) et en même temps consomment plus que nous. Par conséquent, tant aux importations (nécessités de l'alimentation, plus grand appel de matières premières pour l'industrie) qu'aux exportations (exportation plus grande des objets fabriqués), ils doivent faire et ils font effectivement un commerce plus considérable. Le commerce extérieur de la France a pourtant plus que doublé depuis 1871.

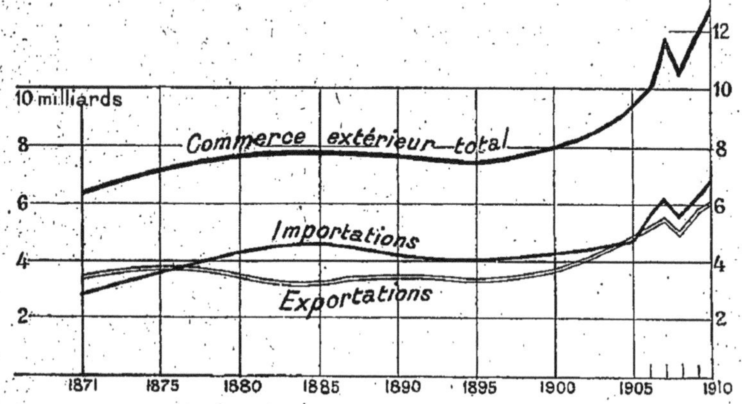

VARIATION DU COMMERCE EXTÉRIEUR DE LA FRANCE DEPUIS 1871.

En 1871, le commerce extérieur total de la France dépassait à peine 6 milliards de francs; il atteint aujourd'hui la somme de 15 milliards; il a donc plus que doublé depuis lors. Il faut noter d'ailleurs que les progrès de ce commerce extérieur ne sont devenus très sensibles qu'à partir de l'année 1900 : auparavant, il avait augmenté lentement d'année en année, et même, après 1890, il avait baissé légèrement par suite de l'application de tarifs douaniers protectionnistes. A noter que les importations et les exportations ont participé à peu près également au progrès de l'ensemble, et qu'en somme il n'y a pas entre elles de grandes différences, pendant le cours de ces quarante années.

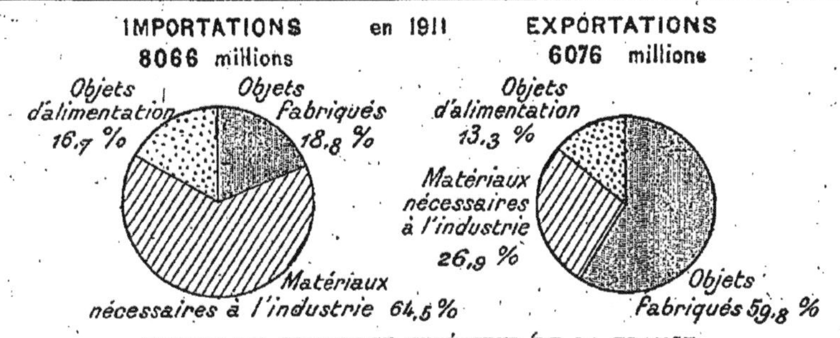

NATURE DU COMMERCE EXTÉRIEUR DE LA FRANCE.

Les importations sont supérieures, mais relativement de peu, aux exportations. Comme dans les pays les plus avancés en civilisation, les importations comprennent surtout des matériaux nécessaires à l'industrie (houille, minerais divers, et autres matières premières : laine, coton, soie grège, etc.). Au contraire, les exportations comprennent principalement des objets fabriqués (tissus, confections, nouveautés, machines).

A QUI NOUS VENDONS

Gde Bret.	Allem.	Belg.	E.U.	Col. Fr^ses	Divers
20,1	13,1	16,8	6,2	13,5	30,3

pour cent

A QUI NOUS ACHETONS

Gde Bret.	Allem.	Belg.	Et.-Un.	Col. Fr^ses	Divers
12,4	12,1	6,8	10,3	11	47,4

pour cent

CLIENTS ET FOURNISSEURS DE LA FRANCE.

Les clients et fournisseurs de la France, ce sont principalement : 1° les grands pays industriels du monde (Angleterre, États-Unis, Allemagne), avec lesquels nous sommes liés par une sorte de solidarité économique; 2° les pays voisins de la France et notamment la Belgique; 3° enfin, les colonies françaises, à qui nous achetons de préférence les produits tropicaux qu'elles produisent, et qui constituent pour nos exportations des marchés privilégiés. — L'examen de nos chiffres d'affaires avec les divers pays du globe montre que, avec certains pays, l'échange commercial est tout à notre avantage : c'est, en particulier, le cas pour la Grande-Bretagne et pour la Belgique, à qui nous vendons beaucoup plus que nous ne leur achetons.

LE COMMERCE EXTÉRIEUR DE LA FRANCE.

Lectures.

1. ***Qu'achète la France agricole et que vend-elle?*** — La France est un grand pays agricole. De tous les États de l'Europe Occidentale, comme l'Angleterre, la Belgique, etc., qui ont une forte industrie et une nombreuse population ouvrière, elle est le seul qui puisse *à peu près* nourrir sa population avec le produit de ses cultures : elle possède assez de céréales, assez de viande de boucherie,

assez de légumes, assez de produits laitiers, beurres et fromages, assez de vin pour sa consommation. De tous ces produits elle n'achète qu'occasionnellement à l'étranger, certaines années de mauvaise récolte.

Au contraire, elle vend chaque année une partie de ses produits agricoles à l'étranger, et les meilleurs et les plus chers : vins fins de Bourgogne, de Bordelais et de Champagne, qui s'exportent dans le monde entier, et surtout dans les pays riches de l'Europe et des Amériques; légumes et fruits de primeurs, fleurs du Midi, qui s'exportent en Angleterre, en Belgique, en Allemagne; beurre, œufs, pommes de terre, oignons de Bretagne et de Normandie, qui s'exportent en Angleterre, etc. Nous remarquons déjà ici ce que nous constaterons également pour le commerce extérieur des produits manufacturés : ce que la France vend surtout au dehors, ce ne sont pas des produits de consommation courante et à bon marché, mais des produits de choix et d'un prix élevé, des *produits de luxe.*

Remarquons, d'autre part, que, malgré la richesse et la variété de ses produits agricoles, la France ne peut se passer de l'étranger. Elle souffrirait moins, à ce point de vue, d'une interruption de son commerce extérieur que n'importe quelle autre grande puissance industrielle de l'Europe, mais elle souffrirait. Non seulement, en effet, elle a besoin des produits d'alimentation de la zone tropicale, que son climat ne saurait produire : café, thé, cacao, poivre, vanille, etc., mais il y a certaines matières premières d'industrie, d'origine végétale ou animale, dont elle ne produit pas un stock suffisant pour les manufactures, ou qu'elle ne produit pas du tout. Il lui faut demander un très gros complément de ses ressources de laine à l'Argentine et à l'Australie; de soie, à l'Extrême-Orient; de lin, à la Russie; d'huiles, aux pays tropicaux où l'on trouve l'arachide, le palmier à huile et le cocotier. Il lui faut demander tout ce dont elle a besoin en coton, en caoutchouc, en jute, aux pays producteurs de la zone tropicale.

2. ***Qu'achète la France industrielle et que vend-elle?*** — L'industrie française est née de certaines ressources du sol français, mais plus encore d'un certain nombre d'autres circonstances : l'*initiative* et l'*intelligence des commerçants français*, l'existence de *capitaux puissants* (les plus puissants après ceux de l'Angleterre), qui se sont engagés dans les industries, enfin la *science française*, qui a donné au machinisme industriel des moyens nouveaux pour aider la *main-d'œuvre* nécessaire à toute industrie, et plus encore le *goût français* qui a su créer dans certaines branches d'industrie (modes, bijouterie, ameublement, etc.), des modèles qui l'emportent sur les produits similaires de l'étranger.

Là se trouve l'explication du mouvement commercial que la grande industrie a déterminé dans notre pays.

Elle a déterminé une forte importation de toutes les matières premières qu'elle nécessite et dont nous produisons une quantité insuffisante ou nulle : la houille, anglaise, belge et allemande; le pétrole, américain ou russe; puis les textiles, laines d'Argentine et d'Australie; lin de Russie; coton d'Amérique, d'Egypte, de l'Inde; soie d'Extrême-Orient; jute de l'Inde; caoutchouc des pays tropicaux; bois de

Scandinavie; cuivre d'Espagne et d'Amérique; nitrates du Chili; nickel de Nouvelle-Calédonie et du Canada, etc. Il n'y a pas, dans le monde, un seul grand pays industriel qui importe autant de matières premières, ni surtout une aussi grande variété. Il n'y a qu'une seule matière première d'industrie dont nous ayons un excès : le minerai de fer.

Mais, d'autre part, nos exportations industrielles sont, sinon supérieures (il s'en faut), du moins très différentes de celles de l'Angleterre, de l'Allemagne, des Etats-Unis et des autres pays manufacturiers. Sans doute, nous exportons un grand nombre de produits communs : cotonnades et lainages, machines et armes, quincaillerie, etc., surtout dans les pays sans industrie de la Méditerranée et dans nos colonies. Mais ce qui fait la force de notre exportation industrielle, c'est ce qui fait aussi le caractère spécial et hors de pair de notre industrie : les produits d'art et de luxe, dus au goût français, meubles et bibelots d'art, soieries de prix, bijoux et robes, articles de Paris, etc. C'est à ce titre que tous les pays civilisés et riches sont nos tributaires, et que les autres pays industriels ne peuvent nous faire concurrence.

3. ***Notre commerce doit parer à deux inconvénients.*** — Notre commerce est normal, étant données les ressources de notre pays. Il se développera d'autant plus que nous saurons faire preuve d'initiative et de méthode dans nos rapports commerciaux avec les pays étrangers, par l'organisation de nos consulats, de comptoirs commerciaux, par l'encouragement aux bons voyageurs de commerce, etc. Il ne présente que deux problèmes qui peuvent devenir inquiétants :

1° D'autres pays riches tendent à créer chez eux des industries de luxe, par conséquent à nous priver de leur clientèle : c'est ainsi que les Etats-Unis fabriquent aujourd'hui des soieries. A nos industriels de parer, par la qualité artistique de leurs produits, à cette concurrence.

2° Nous achetons beaucoup de matières premières à des pays étrangers de la zone tropicale, quand nous pourrions les acheter aux colonies que nous possédons dans cette zone, si nous les encouragions à les produire en quantité suffisante. Exemples : le caoutchouc que nous achetons au Brésil et dont nous pourrions multiplier les plantations dans notre Afrique Équatoriale et en Indochine; le coton, que nous achetons en Amérique et en Egypte, et que nous commençons seulement à planter au Soudan; le jute qui nous vient de l'Inde et dont nous pourrions tout aussi bien encourager la plantation en Indochine, etc.

Accroître le commerce de la France avec ses colonies lointaines avec ses colonies nouvelles, c'est là un problème dont on comprendra l'importance en étudiant l'Empire colonial français.

QUATRIÈME PARTIE

L'EMPIRE COLONIAL FRANÇAIS

I. — VUE GÉNÉRALE DE L'EMPIRE COLONIAL FRANÇAIS

La France est une des premières puissances coloniales du monde. Son empire, de création relativement récente, comporte, à côté de régions en plein rendement, d'autres régions dont l'essor économique commence à peine.

1. ***Étendue de l'empire colonial français.*** — L'empire colonial français mesure plus de *11 millions de kilomètres carrés* (18 fois la superficie de la France) et contient *50 millions d'habitants* (un quart de plus que la population française). Il dépasse de beaucoup les empires coloniaux des Pays-Bas, de l'Allemagne et du Portugal, et ne le cède qu'à celui de la Grande-Bretagne, cinq fois plus étendu et sept fois plus peuplé.

2. ***Sa formation récente.*** — Sous l'Ancien Régime, la France a possédé un immense empire colonial, acquis en deux siècles à partir de la période des grandes découvertes : Canada, région du Mississipi, Antilles, Guyane, Sénégal, Inde. Ce premier empire colonial fut perdu presque en totalité au cours de guerres malheureuses contre l'Angleterre, vers le milieu du XVIIIe siècle.

La France a conquis un nouvel empire colonial au XIXe siècle : sous **Louis-Philippe** (conquête de l'*Algérie*); plus tard, sous **Napoléon III** (conquêtes de la *Cochinchine* et du *Cambodge*); enfin, et surtout, sous la **3e République** (conquêtes de la *Tunisie*, de l'*Annam* et du *Tonkin*; du *Nord-Ouest africain* et de l'*Afrique Équatoriale*; de *Madagascar* acquisition du *Maroc*).

De fondation récente, d'étendue énorme, cet empire entre à peine dans la période d'organisation; néanmoins, la plupart des pays qui le composent commencent déjà à se transformer.

3. ***Les colonies françaises.*** — L'empire colonial de la France comprend :

1° En Afrique : l'**Afrique du Nord** (*Maroc, Algérie, Tunisie*), l'**Afrique Occidentale Française** (*Sahara, Sénégal,*

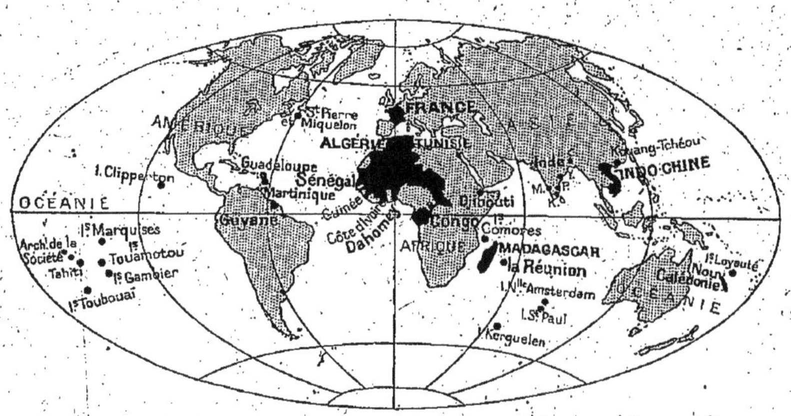

L'EMPIRE COLONIAL FRANÇAIS.

L'empire colonial de la France comprend deux centres principaux de possessions : 1° l'Afrique du Nord (Maroc-Algérie-Tunisie, l'Afrique Occidentale et l'Afrique Equatoriale); 2° l'Indochine française (Cochinchine, Cambodge, Annam, Tonkin, Laos). Il comprend, en outre, quelques petits territoires : Saint-Pierre et Miquelon, Martinique et Guadeloupe, Guyane en Amérique; Madagascar et la Somalie française (Djibouti), en Afrique; cinq villes dans l'Inde; plusieurs archipels dans l'Océanie (Nouvelle-Calédonie, Archipel de la Société, Marquises, Toubouaï, etc.).

Soudan), l'**Afrique Équatoriale Française, Madagascar**, le territoire de *Djibouti*, les *Comores*, la *Réunion*;

2° En Asie : l'**Indochine Française** (Tonkin, Annam et Laos, Cochinchine, Cambodge); les cinq *Établissements français de l'Inde* (Pondichéry, Chandernagor, Yanaon, Karikal, Mahé);

3° En Océanie : la *Nouvelle-Calédonie*; un certain nombre d'*îles de la Polynésie*;

4° En Amérique : *Saint-Pierre et Miquelon*, la *Guadeloupe* et la *Martinique*, la *Guyane Française*.

Ce tableau montre que la France possède **deux grandes régions de colonisation**, savoir : 1° l'*Afrique*, avec de vastes territoires (Maroc-Algérie-Tunisie, Afrique Occidentale et Équatoriale, Madagascar); la France est le pays d'Europe qui a le plus grand domaine colonial en Afrique; 2° l'*Extrême-Orient*, avec les colonies de l'Indochine Française.

Ces colonies ne sont pas (sauf l'Algérie-Tunisie-Maroc et l'intérieur de Madagascar) des *colonies de peuplement*, car : 1° l'émigration française est, on l'a vu, très restreinte; 2° quelques-unes de ces colonies sont déjà très suffisamment peuplées, et des nouveau-venus pourraient difficilement s'y établir en

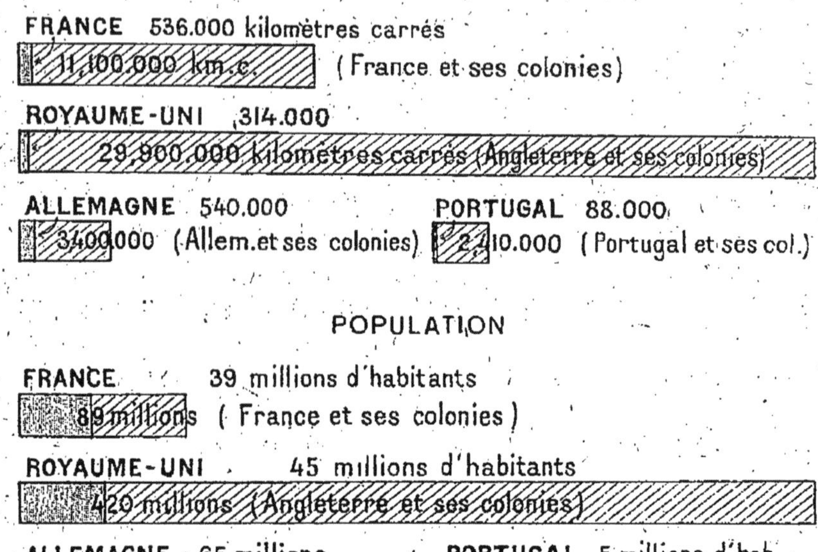

IMPORTANCE COMPARÉE DES EMPIRES COLONIAUX DE QUELQUES PUISSANCES.

L'empire colonial français ne le cède qu'à l'empire colonial du Royaume-Uni qui est, d'ailleurs, considérablement plus étendu et plus peuplé. L'empire colonial français compte 11 millions de kilomètres carrés et 50 millions d'habitants.

nombre; 3° leur climat, dans les unes chaud et humide, dans les autres chaud et d'une sécheresse excessive, ne convient pas aux Européens et s'oppose à leur séjour permanent; 4° en raison de ce climat, leur végétation comporte, presque exclusivement, soit des forêts peu pénétrables, soit des déserts.

Mais parmi ces colonies, celles qui sont déjà assez peuplées et dont les populations ont des besoins, et celles qui possèdent des ressources abondantes peuvent offrir un vaste champ au commerce et à l'action civilisatrice de notre pays : ce sont des *colonies d'exploitation*.

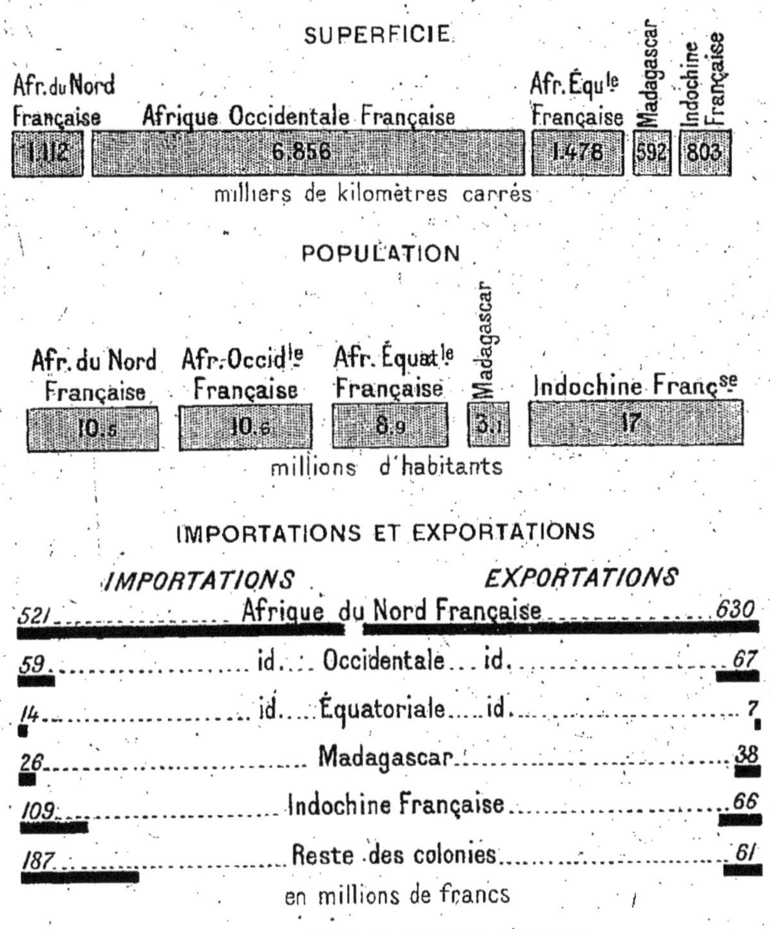

SUPERFICIE

Afr. du Nord Française 1.112 — Afrique Occidentale Française 6.856 — Afr. Équle Française 1.478 — Madagascar 592 — Indochine Française 803

milliers de kilomètres carrés

POPULATION

Afr. du Nord Française 10.5 — Afr. Occidle Française 10.6 — Afr. Équatle Française 8.9 — Madagascar 3.1 — Indochine Françse 17

millions d'habitants

IMPORTATIONS ET EXPORTATIONS

IMPORTATIONS		EXPORTATIONS
521	Afrique du Nord Française	630
59	id. Occidentale id.	67
14	id. Équatoriale id.	7
26	Madagascar	38
109	Indochine Française	66
187	Reste des colonies	61

en millions de francs

TABLEAU DE L'EMPIRE COLONIAL FRANÇAIS.

1. SUPERFICIE DES PRINCIPALES COLONIES. — 2. POPULATION DES MÊMES COLONIES. 3. LEURS IMPORTATIONS ET LEURS EXPORTATIONS.

Cinq colonies françaises sont plus étendues que la France elle-même : l'Afrique occidentale française (12 à 13 fois plus étendue que la France), l'Afrique équatoriale française, l'Afrique du Nord française, l'Indochine française et Madagascar. Mais aucune d'elles n'est a beaucoup près aussi peuplée, celle qui compte le plus d'habitants, l'Indochine française, n'en ayant que 17 millions. Ces colonies sont en majeure partie des colonies d'exploitation ; elles achètent en France la plupart des importations dont elles ont besoin et nous vendent leurs produits, et contribuent ainsi aux progrès du commerce extérieur français. Toutefois une seule de ces colonies jusqu'à ce jour a pris un développement commercial déjà important : c'est l'Afrique du Nord française (Algérie, Tunisie, Maroc), dont la mise en valeur se poursuit d'une manière régulière et relativement assez rapide.

II. — L'AFRIQUE DU NORD

L'Afrique du Nord, qu'on appelle aussi Afrique Mineure, Berbérie ou Maghreb, appartient presque entièrement à la France. Par sa situation, par son climat, par ses produits, elle est la transition naturelle entre notre Midi, océanique ou méditerranéen, et nos possessions de l'Afrique tropicale.

Douée d'une unité incontestable, qu'elle doit surtout à sa structure et à son relief, elle est néanmoins divisée, au point de vue du régime colonial, en trois territoires. Or, cette division politique est corroborée, dans une certaine mesure, non seulement par l'histoire, mais par les conditions du climat, par le caractère des produits et par la situation économique :

1° Au Centre, l'Algérie, notre plus ancienne colonie dans cette région, dont la prospérité, longtemps entravée par certains désavantages naturels et par des erreurs administratives, est aujourd'hui complète;

2° A l'Est, la Tunisie, protectorat plus récent, dont le rendement rapide a été favorisé par des avantages naturels et par un régime politique excellent;

3° A l'Ouest, le Maroc, sur lequel la France vient d'établir son protectorat, et qui, par sa situation océanique, doit compléter dans l'empire colonial français le rôle de l'Algérie et de la Tunisie méditerranéennes.

1. *Unité de l'Afrique du Nord.* — L'*Afrique du Nord,* appelée *Afrique Mineure* à l'époque romaine, a été aussi appelée à l'époque moderne par les Européens *Berbérie*, du nom d'un peuple qui en occupe les portions essentielles, et par les indigènes *Maghreb*.

Plusieurs traits sont communs à tout son territoire, bien qu'aucun d'eux ne soit absolument identique à l'Ouest, au Centre et à l'Est. Ce sont : la structure et le relief, le climat et la végétation, les produits miniers, le peuplement et la civilisation.

1° *La structure et le relief.* — L'Afrique du Nord est essentiellement constituée par une série de plissements qui ont eu leur paroxysme à l'époque tertiaire et qui sont donc contemporains des plissements alpins. Orientés d'Ouest en Est, ils

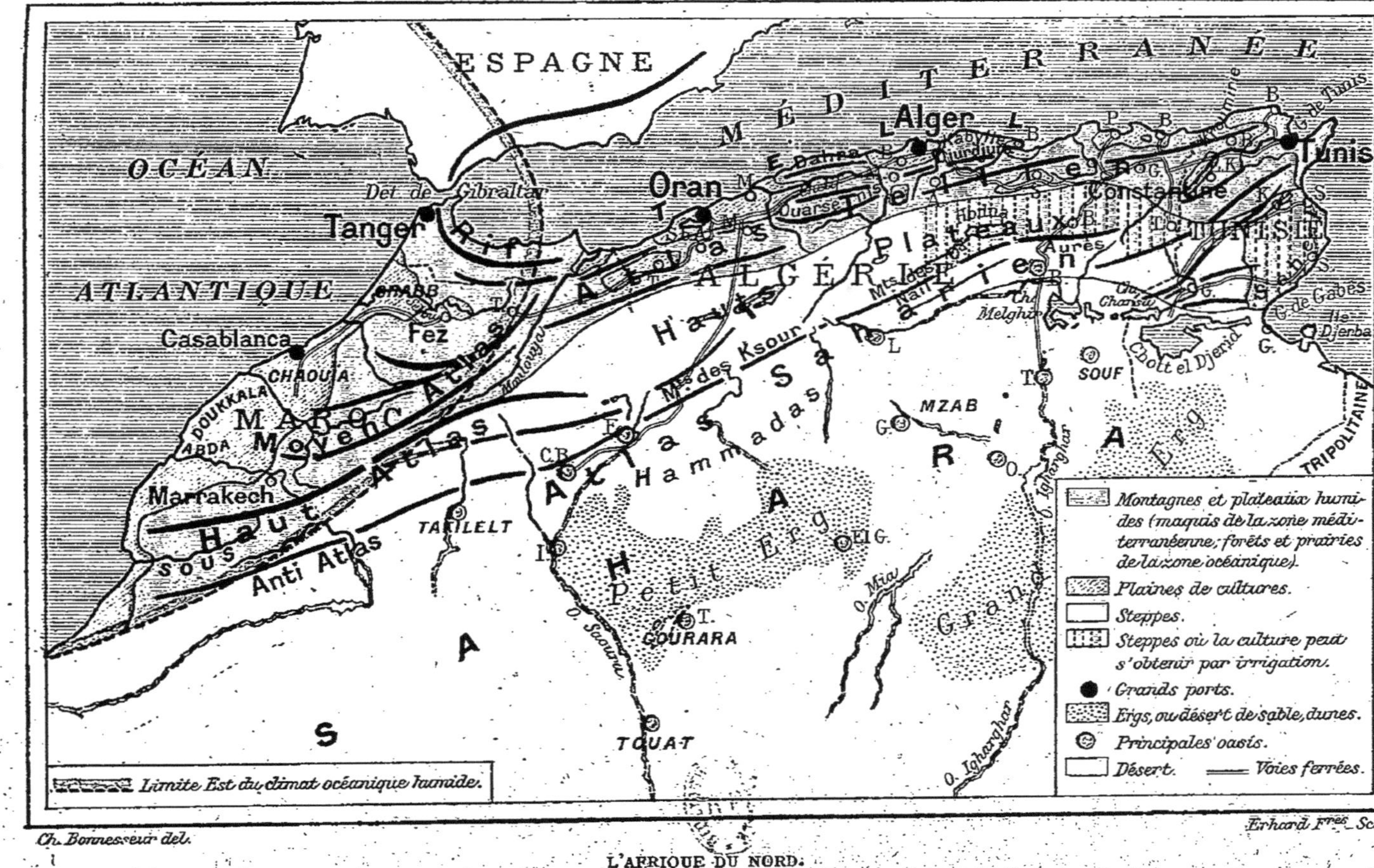

L'AFRIQUE DU NORD.

prolongent les sierras espagnoles, au delà du détroit de Gibraltar, et les chaînes de l'Apennin, au delà de la mer Tyrrhénienne : ce sont les **plis de l'Atlas**. Ils entourent des **plaines** relativement rares et fragmentées, qui s'ouvrent sur les deux versants océanique et méditerranéen. Ils enserrent entre leurs faisceaux de **hauts plateaux** intérieurs, en général beaucoup plus vastes que les plaines côtières. Ils dominent, vers l'intérieur de l'Afrique, le **désert du Sahara**.

Toutefois, *à l'Ouest*, les plaines maritimes sont larges; les massifs, hauts et compliqués, portent de vastes champs de

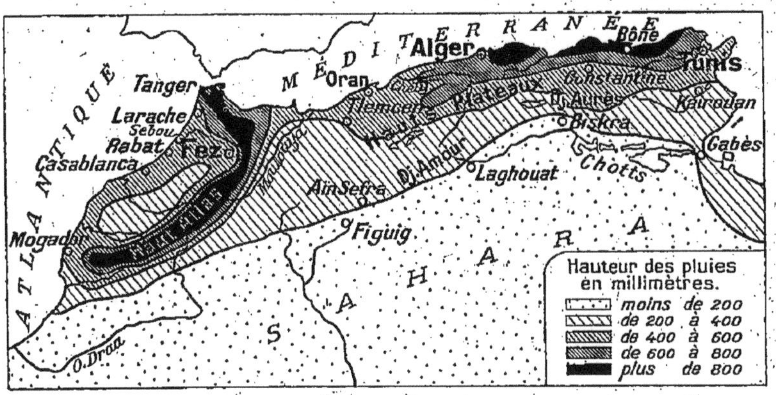

DISTRIBUTION DES PLUIES DANS L'AFRIQUE DU NORD.

neige et de glaciers, importante réserve d'humidité pour les rivières; les hauts plateaux sont peu étendus. *Au Centre*, les plaines sont étroites, les chaînes se réduisent à deux lignes, d'assez médiocre altitude, qui se rapprochent de plus en plus vers l'Est; les plateaux deviennent plus larges. *A l'Est*, les deux chaînes se confondent, flanquées de plaines sur les deux bords; les hauts plateaux n'existent pas.

2° ***Le climat et les produits végétaux***. — Le climat, assez humide sur les versants montagneux exposés à la mer et voisins d'elle, y détermine une végétation riche et y permet la vie agricole. Sur les hauts plateaux, séparés de la mer par des chaînes qui interceptent l'humidité, le climat est plus sec et plus continental, la vie pastorale est seule permise. Dans le Sahara, éloigné de la mer et séparé d'elle par une double muraille de monts, règnent le climat et la végétation désertiques.

Toutefois, *à l'Ouest*, l'influence maritime qui s'exerce est celle de l'Océan : d'où un climat beaucoup plus humide et plus égal. *Au Centre*, l'influence maritime qui s'exerce est celle de la Méditerranée : d'où un climat très chaud et peu humide. *A l'Est*, l'influence méditerranéenne s'exerce sur deux faces du pays, sur la côte septentrionale et sur la côte orientale : elle pénètre donc plus profondément dans le pays qu'au Centre.

3° ***Les produits miniers.*** — Dépourvue de houille, l'Afrique du Nord possède de nombreux métaux : fer, cuivre, zinc, et un excellent engrais minéral : le phosphate.

Toutefois, la situation économique actuelle fait que ces richesses ne commencent à être reconnues et exploitées que dans l'Est et dans le Centre. Dans l'Ouest, elles sont encore peu connues et totalement inexploitées.

4° ***La population et la civilisation indigènes.*** — L'Afrique du Nord est peuplée surtout par deux races établies là antérieurement à l'occupation française : les **Berbères**, qui y vivaient dès l'antiquité et qui se sont concentrés de préférence dans les régions humides et cultivables, et les **Arabes**, qui s'y sont établis au début du Moyen Age et qui sont plus nombreux dans les régions sèches, de vie nomade et pastorale. Berbères et Arabes forment la population indigène du Maghreb. Les uns et les autres sont **musulmans**, ce qui crée des problèmes communs à notre politique coloniale dans toutes les régions du Maghreb.

Toutefois, dans les régions humides de l'Ouest, les Berbères cultivateurs sont naturellement plus nombreux que dans l'Est ; dans l'Est, ils sont plus nombreux que dans le Centre, parce que les terres sèches y sont plus rares. La proportion des Arabes est à l'inverse : moins forte à l'Est que dans le Centre, moins forte à l'Ouest qu'à l'Est. De plus, les populations de l'Ouest forment, dans le monde musulman, un groupe dissident sous la suzeraineté religieuse du sultan du Maroc.

2. ***Division de l'Afrique du Nord.*** — Ainsi les principales différences naturelles que l'on note dans l'Afrique du Nord se montrent entre les régions maritimes et les régions intérieures, que séparent des chaînes orientées d'Est en Ouest. Toutefois, de la côte occidentale à la côte orientale on note des différences secondaires.

Or, par l'histoire comme par l'état actuel de la colonisation, les différences essentielles sont entre l'*Ouest*, qui forme le **Maroc**, le *Centre*, qui forme l'**Algérie**, et l'*Est*, qui forme la **Tunisie**. Il y a là trois territoires coloniaux différents, que, malgré leur unité générale, il convient d'étudier séparément.

1. L'ALGÉRIE

1. ***Les trois régions naturelles de l'Algérie.*** — Partie centrale du Maghreb, l'Algérie est sillonnée d'Ouest en Est par deux séries de plissements parallèles qui la séparent en trois parties : le Tell, les Hauts-Plateaux et le Sahara.

1° *Le Tell.* — Au Nord, le Tell est formé par l'**Atlas Tellien**, qui comprend les grands massifs (alt. moyenne 2000 m.) du *Dahra*, de la *Kabylie* (*Djurdjura*), de la *Medjerda*, de l'*Ouarsenis*. Ils sont séparés entre eux par des **plaines côtières** (*plaines d'Oran*, *de la Mitidja* ou *d'Alger*, *de Bône*), par de **hautes plaines intérieures** (*plaines de Tlemcen* et *de Sidi-bel-Abbès*, *de Mascara*, *de Médéa* et *d'Aumale*) et par des **vallées longitudinales** (vallées du *Chélif* et du *Sahel*). A l'état naturel, les plaines côtières étaient sableuses et couvertes de marécages, ou *chebkas*; les hautes plaines étaient bien drainées et couvertes de limons fertiles. Les premières ne sont devenues cultivables que par le travail des hommes. Les secondes l'étaient naturellement.

Le **climat** est méditerranéen; étés chauds et secs, hivers assez humides et tièdes avec des variatfons appréciables : on a justement défini l'Algérie un pays froid où le soleil est chaud.

Les **cours d'eau** issus de montagnes sans neiges persistantes et sans glaces, et alimentés par des pluies faibles, sont des oueds, n'ayant de l'eau qu'en saison pluvieuse : *oued Chélif*, *oued Sahel*; une seule rivière est un peu abondante : la *Seybouse*.

La **végétation** est méditerranéenne : **forêts** ou **maquis** de *cèdres*, *cyprès*, *aloès*, *figuiers de Barbarie*, *eucalyptus*, *chênes-verts* et *chênes-lièges*, épars sur les pentes des montagnes qui regardent vers la mer. Les **produits méditerranéens** y réussissent : *céréales*, *olivier*, *vigne*.

2° *Les Hauts Plateaux.* — Au centre, les Hauts Plateaux,

entre Atlas Tellien et **Atlas Saharien** (principal massif : l'*Aurès*), sont de hautes surfaces peu ondulées, formées par les débris qu'entraînèrent les eaux des montagnes du Nord et du Sud.

Climat rude et continental, avec grandes variations entre les saisons et pluies rares. Les **eaux**, peu abondantes, ont rarement pu se frayer un passage vers la mer et vont se perdre dans des **chotts**, ou lagunes salées, qui s'évaporent peu à peu. Le principal est le *bassin du Hodna*, à l'Est.

La **végétation** comporte des *buissons* et surtout des *steppes* à l'herbe maigre, bonnes pour le petit bétail. Seul produit rémunérateur : l'*alfa*. Toutefois, dans l'Est, les montagnes plus rapprochées condensent une humidité abondante et permettent d'irriguer le sol des plateaux. C'est ainsi que, autour du Hodna, on trouve quelques terres fertiles. De même les *hautes plaines de Constantine*, *de Sétif* et *de Batna*.

3° *Le Sahara algérien.* — Au Sud, le Sahara est formé, soit de *hamadas*, hauts plateaux pierreux, surtout à l'Ouest; soit d'*ergs*, grandes dunes de sable, surtout au Sud ; soit de *chotts*, dépressions lagunaires, surtout à l'Est. Ceux-ci se raccordent aux chotts tunisiens et reçoivent les eaux de l'Ouest et du Sud par les *oueds Mia*, *Igharghar* et *Djedi*. Certains de ces oueds se perdent dans le désert et s'y prolongent par un cours souterrain dont on peut recueillir les eaux en forant des puits. Ce sont des routes naturelles pour les caravanes.

Le climat est continental, absolument sec avec de grandes variations de température.

La végétation se réduit à une *steppe* très pauvre ou disparaît devant le *désert*, sauf autour des points d'eau, où les *palmiers-dattiers* se groupent en oasis et permettent la culture des céréales (*dourah*).

En somme, les régions naturelles de l'Algérie présentent des *espaces cultivables*, surtout nombreux dans les plaines telliennes; des *forêts*, surtout nombreuses dans les montagnes telliennes, les unes et les autres étant d'ailleurs éparses et mêlées à des *steppes*. Celles-ci, beaucoup plus étendues que les terres cultivables et les forêts, occupent la plus grande partie des hauts plateaux et des versants méridionaux des montagnes.

Quant aux **ressources minières**, elles consistent surtout en gisements abondants de fer (*Beni Saf*, à l'Ouest; *Edough*, *Ouenza*, à l'Est), de cuivre, de zinc, et de phosphate (région de *Tebessa*).

1. FORÊT DE CÈDRES, PRÈS DE TENIET-EL-HAAD.

Le Tell, dans les parties les plus humides de ses montagnes, possède de belles forêts, qui disputent le terrain au mâquis. Mais les arbres qu'on y trouve sont spéciaux aux pays de climat méditerranéen : cèdres, oliviers, chênes-verts et chênes-lièges, etc. (Phot. Geiser.)

2. VILLAGE KABYLE DANS LA DJURDJURA.

A l'Est d'Alger, la Kabylie est un pays couvert de montagnes d'une altitude dépassant rarement 2000 mètres, mais très confuses et très sauvages. Le peuple kabyle a tiré un remarquable parti de ce sol si rude. La Kabylie est un verger d'oliviers ; des champs d'orge et de seigle y prospèrent. Pour conserver plus de place à la culture, les Kabyles bâtissent leurs villages sur des éminences ; on les distingue de loin à leur entourage de figuiers de Barbarie ou de jujubiers sauvages, arbustes épineux qui constituent une sérieuse protection. (Phot. Lévy.)

2. ***Le peuplement et la colonisation.*** — L'Algérie est à la fois une colonie de peuplement et une colonie d'exploitation.

La ***population*** comprend, en effet, à côté d'un élément indigène numériquement prépondérant, un élément européen nombreux.

1° **Les indigènes.** — Ils représentent, par le nombre, la grande majorité de la population : 4 740 000, soit 86 p. 100. Les deux éléments principaux sont : 1° les *Berbères* (1 084 000), dont les principaux représentants sont les *Kabyles*, surtout groupés dans le Tell et dans les régions agricoles : ils sont sédentaires, actifs et industrieux ; 2° les *Arabes* (3 656 000), dont un fort contingent est répandu sur les Hauts Plateaux et dans les montagnes intérieures, dans les régions de pastorat : ils sont nomades, indolents et fatalistes ; 3° la *population des villes, Juifs, Turcs, Maures*, amalgame de descendants des anciens occupants du sol. Numides, Phéniciens, Romains, Vandales et Visigoths ; ils sont surtout aptes au commerce.

2° **Les Européens.** — Ils sont en tout 752 000, soit 14 p. 100. Par le nombre et par l'importance au point de vue colonial, les principaux sont les *Français* (304 000 Français d'origine et 258 000 naturalisés) : ils possèdent la plus grande partie du sol avec les indigènes. Puis viennent les étrangers : *Espagnols* (135 000), surtout nombreux à l'Ouest, dans la région d'Oran ; *Italiens* (36 000) et *Maltais*, surtout nombreux à l'Est, dans la région de Bône et de Constantine.

L'établissement des Français a commencé par la prise d'Alger (1830), s'est continué par celle de l'intérieur (1840-1848), puis de la Kabylie (1850-1858), mais n'a donné pleinement ses fruits qu'après l'organisation du régime colonial par la Troisième République.

Le ***régime colonial*** a, en effet, varié. Longtemps soumise au régime de l'occupation militaire, puis gouvernée civilement, mais étroitement rattachée à la métropole, l'Algérie jouit aujourd'hui d'une certaine autonomie administrative.

Bien pourvue de routes, elle possède 3 200 km. de voies ferrées : une grande **ligne ferrée**, utilisant les dépressions longitudinales du Tell, d'où partent des embranchements dont deux atteignent le Sahara, au Touat, et à Biskra. Mais l'Algérie n'a aucune voie d'eau navigable et peu de bons ports.

C'est grâce à son autonomie administrative et à son organisation économique que l'Algérie a pu devenir un grand pays producteur, la plus riche de nos colonies africaines.

3. ***Les divisions administratives et les régions naturelles.*** — A l'époque où elle était très étroitement rattachée à la métropole, l'Algérie fut, comme celle-ci, divisée en **départements**. Ils subsistent encore. Ils sont au nombre de trois :

1° Le **département d'Oran**, ch. l. *Oran* ; s. p. : *Mascara*, *Mostaganem*, *Sidi-bel-Abbès* et *Tlemcen* ;

2° Le **département d'Alger**, ch.-l. *Alger* ; s. p. : *Miliana*, *Médéa*, *Orléansville* et *Tizi-Ouzou* ;

3° Le **département de Constantine**, ch. l. *Constantine* ; s. p. : *Bône*, *Bougie*, *Guelma*, *Philippeville*, *Sétif*, *Batna*.

Se succédant d'Ouest en Est, ces départements contiennent chacun une portion de Tell, une portion de Hauts Plateaux, une portion de Sahara. Mais la vie des habitants, la production et le commerce sont naturellement identiques, quel que soit le département, dans tout le Tell, dans tous les Hauts Plateaux et dans tout le Sahara Algérien.

4. ***Le Tell algérien.*** — Région de montagnes et de plaines alternées, bordées par la mer, le Tell algérien est devenu une grande région de production végétale et de culture, grâce à son climat suffisamment humide, à l'ingéniosité kabyle, qui y a depuis longtemps organisé l'irrigation, et à la colonisation française, qui a perfectionné cette irrigation et assaini les plaines côtières par des drainages.

1° **Sur les pentes des massifs**, suffisamment arrosées, les forêts fournissent certains bois d'ébénisterie et surtout le liège. Sur les plus basses pentes poussent les oliviers, une des grandes richesses de l'Algérie. Ce sont deux excellents produits d'exportation.

2° **Dans les vallées et les hautes plaines intérieures**, de sol limoneux et bien irrigué, on cultive surtout les céréales, soit les céréales très anciennement cultivées par les indigènes : le mil, le dourah, l'orge et le blé dur, — soit les céréales introduites par les Européens : l'avoine et le blé tendre. Non seulement elles alimentent les populations du Tell et de l'intérieur, mais elles ont favorisé l'élevage des chevaux, et un stock chaque année plus considérable est exporté.

3° **Dans les plaines côtières**, de sol graveleux et sec, on pratique surtout la culture de la vigne, introduite par les Français. La vigne est aujourd'hui le principal produit algérien d'exportation : l'Algérie est le premier producteur de vin du monde après la France, l'Italie et l'Espagne. En outre, on pratique avec succès pour l'exportation les cultures de fruits (mandarines, oranges) et de légumes (primeurs).

Cette production agricole intensive, jointe à quelques exploitations minières, explique la prospérité du Tell et la densité de sa population. Cette population, uniquement sédentaire, est groupée soit dans des villages agricoles dont les uns sont anciens (*ksour*), les autres récents (*colonies*), soit dans des villes. Les villes de la côte sont : **Alger** (172 000 h.), le premier port du Maghreb et de l'Afrique, grand port de commerce et grand port d'escale sur la route de l'Atlantique à Suez; **Oran** (123 000 hab.), grand port; *Arzeu*, *Mostaganem*, *Ténès*, *Dellys*, *Bougie*, *Philippeville*, **Bône**. Les villes des plaines intérieures sont : *Tlemcen*, *Sidi-bel-Abbès*, *Mascara*, *Orléansville*, *Miliana*, *Médéa*, *Blida*, *Sétif* et **Constantine**, sur la pente des Hauts Plateaux.

ALGER.

5. ***Les Hauts Plateaux algériens.*** — De climat beaucoup plus sec et plus excessif que le Tell, les Hauts Plateaux sont moins propices aux cultures. Elles s'y sont pourtant beaucoup développées sur les plateaux plus resserrés de la région de

1. UN MARCHÉ ARABE A BOGHARI, SUR LES HAUTS PLATEAUX.

Le Tell est la région agricole de l'Algérie, la région où poussent le blé, l'olivier, la vigne, etc. Les Arabes nomades des Hauts-Plateaux échangent leurs moutons et leurs chevaux, et aussi l'alfa contre les produits alimentaires du Tell. Boghari est à la limite des Hauts Plateaux et du Tell.

2. UNE RUE DE TLEMCEN.

Tlemcen est une des capitales de la vieille Algérie, dans une des hautes plaines intérieures du Tell, un des greniers algériens depuis l'époque romaine.

Constantine irrigués avec les eaux qui descendent de l'Aurès (les plaines qui entourent le Hodna comportent de nombreux champs de dourah), et, plus à l'Ouest, grâce à la pratique des procédés de culture en terre sèche.

De même, les versants montagneux qui encadrent les Hauts Plateaux ont des forets plus rares que les versants montagneux du Tell, qui sont exposés au vent de la mer. Toutefois l'Aurès, bien arrosé, porte sur ses pentes des chênes-lièges et des oliviers.

Mais la principale ressource des **steppes** des Hauts Plateaux est, avec la plantation de l'alfa, textile assez grossier, l'élevage des moutons, dont les troupeaux se déplacent au cours de l'année à la recherche de l'herbe, chacun sur un territoire de parcours limité, immuable. La viande et la laine des moutons sont de bons produits d'exportation. Les autres animaux d'élevage, chevaux et chèvres, sont secondaires ; l'élevage du bœuf est presque impossible.

Les Arabes des Hauts Plateaux forment une population clairsemée, groupée en tribus demi nomades, qui suivent leurs troupeaux dans la steppe, échangeant les produits de leur élevage (viande, laine, tapis et les tissus d'alfa), contre les céréales et l'huile du Tell. Peu d'agriculteurs sédentaires ; peu de marchés fixes. Le principal est dans l'Est : *Batna* Les exploitations de phosphate se groupent autour de *Tébessa*.

6. ***Le Sahara Algérien***. — Peu habitable et peu habité comme tous les déserts, le Sahara Algérien se distingue toutefois du reste du grand désert par le nombre relativement important des **oasis** : elles s'échelonnent le long des rivières qui descendent de l'Atlas ou le long de leurs prolongements souterrains : *oasis du Mzab, de Biskra, de Ouargla, de Ghardaïa, d'Aïn-Sefra, du Touat*.

La population, très rare, comprend deux éléments :

1° Les **agriculteurs des oasis**, qui, sous les palmiers, cultivent des céréales pour leur consommation, ravitaillent les caravanes qui passent et exportent des dattes ;

2° Les **Nomades du désert**, qui sont des *Touareg*, éleveurs de dromadaires et convoyeurs de caravanes. La police française a supprimé ce qui était jadis leur ressource essentielle : le pillage ou le rançonnement des caravanes.

Peu peuplé, peu productif, le Sahara Algérien pourra avoir une grande importance commerciale le jour où une voie ferrée unirait l'Algérie au Soudan.

1. GHARDAIA.

Ghardaïa est un de ces marchés du Sahara, né à la limite du désert, grâce à existence de puits et d'une oasis de palmiers. C'est une des antiques étapes où 'arrêtent les caravanes de Touareg, qui font le commerce entre le Sahara et la Méditerranée. (Phot. Geiser.)

2. UN CAMPEMENT DE NOMADES DEVANT LA PALMERAIE DE COLOMB-BÉCHAR

Les palmeraies des oasis, habitées par des cultivateurs sédentaires, sont aussi es marchés où les nomades du désert viennent acheter dattes et dourah, vendre apis en poils de chameaux, cuirs, armes, etc. (Phot. Geiser.)

7. ***Le commerce de l'Algérie.*** — Pays surtout agricole, l'Algérie exporte des vins, de la viande et de la laine, du blé et de l'orge, de l'huile, du liège, de l'alfa, des primeurs. Dénuée de houille et sans grande industrie, elle exporte ses minerais à l'état brut : fer et phosphates, zinc et plomb. Elle importe de

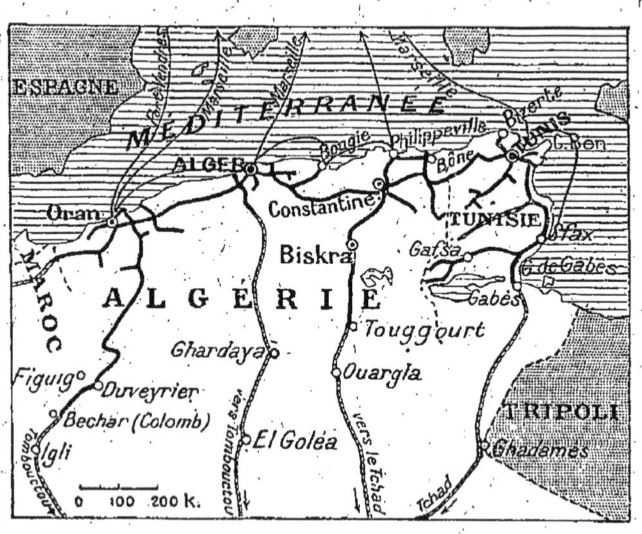

VOIES FERRÉES DE L'ALGÉRIE-TUNISIE.

Comme l'Algérie et la Tunisie n'ont pas de voies navigables, les voies ferrées sont indispensables pour le développement économique de ces pays. Si l'on excepte la grande ligne Oran-Alger-Constantine-Tunis, qui court parallèlement à la côte de la Méditerranée, les voies ferrées de l'Algérie-Tunisie sont dirigées vers l'intérieur, perpendiculairement à la Méditerranée. Elles ont pour raison d'être : les unes, l'exploitation des mines (phosphates notamment) ou de l'alfa; les autres, la pénétration de l'Afrique intérieure. Plusieurs amorces de grandes lignes, dirigées vers le Niger (Tombouctou) et le lac Tchad, sont déjà construites jusqu'à la limite du désert.

la houille et des produits fabriqués. Le commerce algérien est dès maintenant très considérable : il dépasse annuellement un milliard de francs, dont les quatre cinquièmes avec la France.

En pleine voie de développement, l'Algérie a devant elle un très brillant avenir.

2. LA TUNISIE

1. ***Les régions naturelles de la Tunisie.*** — Le territoire de la Tunisie se distingue de celui de l'Algérie en ce qu'il est moins étendu (125000 kmq.), en ce qu'il a deux faces baignées par la mer et que l'humidité et la fertilité s'étendent plus profon-

1. ALGER.

Très ancienne ville, dominée par les maisons blanches du quartier indigène de la Kasbah, Alger est devenue un des plus grands ports de la Méditerranée. Elle exporte une grande partie des produits algériens, et, en outre, elle est devenue un port d'escale où s'arrêtent, pour prendre du charbon, beaucoup des grands steamers qui vont d'Europe Occidentale en Extrême-Orient.

2. ORAN.

Oran est le second port de l'Algérie. Il exporte les blés, les vins, l'alfa de l'Oranie; il commence à exporter aussi quelques produits du Maroc oriental.

dément dans l'intérieur; enfin, en ce qu'il est plus éloigné de la France et beaucoup plus rapproché de l'Italie (*détroit de Sicile* : 138 km.), ce qui influe sur son peuplement et sur son commerce.

L'existence de deux versants côtiers et l'union des deux Atlas en un seul dans le Nord de la Tunisie, font que les régions naturelles ne sont pas les mêmes en Tunisie qu'en Algérie. On peut y distinguer : au Nord, une Tunisie montagneuse, intérieur et côtes; au Sud, une Tunisie plate, intérieur et côtes.

1° La *Tunisie montagneuse*, au Nord, comprend une double région côtière : **le Tell**, très escarpé et très découpé au Nord, mais encadrant à l'Est de vastes plaines côtières : les principales sont les *plaines de Tunis* et *de la Medjerda*. Le climat y est méditerranéen, chaud et humide; toutes les cultures méditerranéennes y sont possibles.

A l'intérieur s'étendent les **massifs de la Kroumirie**, formés par la jonction des deux Atlas, hauts, épais, compliqués, mais arrosés par des pluies très abondantes, à cause de leur double exposition aux vents de mer, et couverts de très épaisses forêts. Ils sont découpés par des **vallées** et de **hautes plaines** alluviales; la principale est la *plaine du Kef* ; elles sont favorables aux céréales. De plus ces massifs renferment d'abondants gisements de fer et de cuivre.

2° La *Tunisie plate*, au Sud, comprend une double zone côtière : d'abord, le **Sahel**, côte plate, comportant encore quelques pointements rocheux et quelques baies, limitant un pays encore assez arrosé pour que les plantations méditerranéennes y réussissent, notamment l'olivier: puis, vers le Sud, la **côte du golfe de Gabès**, absolument plate et sableuse, limitant un golfe sans fond d'où émerge à peine la basse *île de Djerba*. Cette côte est sèche et sans végétation, mais ses eaux sont très poissonneuses (thons, sardines).

Dans l'intérieur, au Sahel correspond une **steppe**, faiblement ondulée, mais déjà très sèche, où la seule culture possible est celle de l'alfa, le seul élevage possible celui du mouton. Au golfe de Gabès correspond le **désert**, le Sahara, occupé en partie par le *chott Djerid* et possédant quelques oasis. Mais là encore on trouve une ressource minière : d'abondants gisements de phosphate.

2. ***Peuplement et colonisation.*** — Jadis occupée par les mêmes peuples que l'Algérie, qu'elle avait attirés par une plus

1. FORÊTS D'OLIVIERS EN TUNISIE.

2. EXPLOITATION DES MINES DE PHOSPHATES A GAFSA.

3. LE PORT DE BIZERTE. (Photo Laurent.)

grande étendue de terres cultivables, la Tunisie possède 1 900 000 hab., soit 16 par kilomètre carré.

1° Les **indigènes** sont 1 706 000, soit 90 p. 100. On peut y distinguer les mêmes races qu'en Algérie, avec les mêmes caractères et la même répartition : les **Berbères** (dont les principaux sont les *Kroumirs*), les **Arabes**, les **Maures** et les **Juifs**, ces deux derniers groupes dans les villes. Comme les terres humides et cultivables sont plus nombreuses qu'en Algérie, la proportion des Berbères est plus forte.

2° Les **Européens** sont 194 000, soit 10 p. 100. A côté de **Francais**, assez nombreux (46 000) et occupant une place prépondérante, les **Italiens** représentent le plus fort contingent (88 000); puis viennent les *Maltais* et les *Israélites*.

Soumise à notre protectorat depuis 1881, la Tunisie est gouvernée théoriquement par un bey indigène ; elle est placée pratiquement sous le contrôle et la gestion d'un résident général français. Sous ce contrôle, les indigènes ont gardé leurs biens, leurs tribunaux, leurs impôts spéciaux. Ils ne sont pas gênés par l'administration française ; l'ordre qui règne dans le pays grâce à elle y facilite le commerce.

Dotée de bonnes routes dans le Tell et dans le Sahel, la Tunisie possède en outre 1 200 km. de **voies ferrées**, comprenant une *ligne côtière*, sur laquelle s'embranchent des lignes unissant les principaux ports aux principaux marchés de l'intérieur : *Tunis-Constantine*, *Tunis-le Kef*, *Sousse-Kairouan*, *Sfax-Gafsa*.

Grâce à ces trois éléments de prospérité : population, régime administratif, voies de communication, toutes les régions naturelles de la Tunisie sont en pleine production.

3. ***Le Tell tunisien et l'arrière-pays montagneux.*** — La région du Tell tunisien et son arrière-pays montagneux se sont prêtés dès l'antiquité à la culture, grâce à leur climat et à leurs facilités d'accès. Ancien grenier de Rome, ces régions ont gardé, depuis l'antiquité, des populations berbères, qui ont su y maintenir les bonnes pratiques de l'agriculture, et notamment d'excellentes méthodes d'irrigation dans les parties trop sèches du territoire. L'occupation française n'a fait qu'augmenter le contingent des travailleurs agricoles et perfectionner les méthodes de culture; mais le plus grand nombre des terres restent exploitées et possédées par des indigènes.

1° **Dans le Tell**, les cultures les plus répandues sont la vigne, les fruits, les olives, mais surtout les céréales, c'est-à-dire l'orge, le dourah et le blé. Cette prédominance des céréales tient au climat assez humide, à la richesse des sols, aux habitudes anciennes des agriculteurs indigènes et aussi au voisinage de l'Italie, qui manque de blé, car elle a un sol en partie montagneux et aride et une population très dense : c'est un client proche et accessible.

2° **Dans la montagne**, les Kroumirs pratiquent, dans les fonds et sur les pentes des hautes plaines et des vallées, de savantes cultures de céréales. Le bois des forêts et le liège commencent à s'exporter en France. Enfin les mines de fer, de plomb, de zinc et de cuivre sont entrées récemment dans une période d'exploitation assez active.

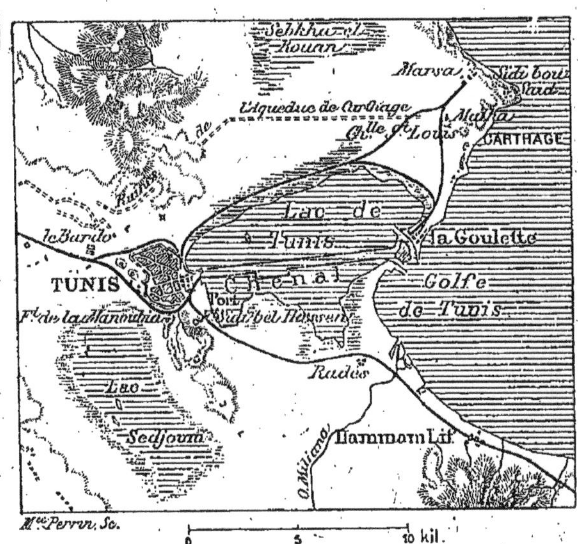

TUNIS ET CARTHAGE.

Tunis a succédé à l'ancienne Carthage. Carthage était bâtie sur un promontoire donnant directement sur la mer, à 15 ou 20 kilomètres environ de la ville actuelle de Tunis. Celle-ci est située, en arrière, au fond d'un arrière-golfe s'ouvrant sur le golfe de Tunis par le chenal de la Goulette. Du côté de la terre, Tunis est protégée par une lagune marécageuse (lac Sedjoum). A l'époque des pirateries qui ont si longtemps dévasté la Méditerranée, Tunis se trouvait ainsi à l'abri, tant du côté de la terre que du côté de la mer.

Cette région est la plus complètement cultivée, la plus prospère et la plus peuplée de la Tunisie. Les grands marchés agricoles de l'intérieur sont : *le Kef*, *Béja* et *Soukahras*. Quant à la région côtière, avec le port militaire de *Bizerte*, elle possède la capitale de la Tunisie, **Tunis** (227 000 hab.), qui est un très grand port (avant-port : *la Goulette*) d'exportation et d'importation et qui est une véritable métropole : Tunis a été en effet, depuis le Moyen Age, le centre de la civilisation indigène ; elle est aujourd'hui le centre de l'action française dans le pays.

4. *Le Sahel et la steppe. Le Sahara et sa côte.* — Le Sud de la Tunisie, plat et sec, se prête moins au peuplement et à la culture que le Nord. Aussi, avant le protectorat français, contenait-il beaucoup moins de cultures et de plantations que de territoires de parcours pour les troupeaux, beaucoup moins de Berbères et de sédentaires que d'Arabes et de nomades. Or les colons européens, trouvant la plus grande partie des terres du Nord occupées par les indigènes, ont été en grand nombre attirés par les terres libres du Sud, où leur activité patiente et savante a su créer de nouvelles ressources.

1° **Dans la région du Sahel et son arrière-pays,** les steppes sont restées aux mains des tribus arabes nomades et leur principale ressource demeure, avec l'alfa, l'élevage des moutons et des chevaux. Mais le Sahel a été irrigué et consacré à l'arbre auquel son climat sec convient le mieux : l'olivier. Aujourd'hui le Sahel est la région de la Méditerranée la plus productive en huile. D'autre part, dans l'intérieur, entre *Tebessa* et *Gafsa*, de très riches mines de phosphate ont été mises en exploitation et sont en pleine production.

Aujourd'hui, la région comprend, autour des mines, dans les olivettes et sur la côte, une population d'indigènes et d'Européens sédentaires, beaucoup plus importante que les Nomades. A côté du marché intérieur de *Kairouan*, ville sainte des Arabes fanatiques, on trouve *Gafsa*, la ville du phosphate, et les deux ports de *Sousse* et de *Sfax*, grands exportateurs d'huile et de phosphate.

2° **Dans le désert et sur sa côte,** les ressources sont plus rares, la population est clairsemée. A l'intérieur, quelques oasis et quelques tribus nomades. Sur la côte et dans l'île de Djerba, quelques villages de pêcheurs, pour la plupart fréquentés et peuplés seulement par des Italiens et des Maltais à l'époque du passage des thons et des sardines.

5. ***Le commerce de la Tunisie.*** — Comme l'Algérie et pour les mêmes raisons, la Tunisie est presque exclusivement un pays agricole. Toutefois sa production est plus abondante et moins variée : elle exporte surtout des céréales et de l'huile. A cause du manque de houille, elle n'a pas de grande industrie (sauf quelques savonneries), et elle exporte ses minerais à l'état brut, de même que ses phosphates.

Le tout représente un commerce très actif (225 millions de fr.), qui a quadruplé en 25 ans. Ce commerce augmentera encore par la mise en valeur de jour en jour plus complète de tout le pays.

Le commerce tunisien se fait avec la France pour près des trois cinquièmes. Mais l'Italie, à cause de sa proximité et des exportations de céréales, et l'Angleterre, à cause des exportations de phosphate et des importations de houille, y prennent une part plus grande qu'en Algérie.

3. LE MAROC

1. ***Les régions naturelles du Maroc.*** — Le Maroc, ou portion occidentale du Maghreb, a une superficie qui dépasse 500 000 kmq. Il est plus étendu que l'Algérie. On peut y distinguer quatre régions principales.

1° *Les confins algéro-marocains.* — Cette région est, au delà de la frontière de l'Algérie, la continuation vers l'Ouest des trois régions que l'on a distinguées dans l'Algérie même. On y trouve donc : 1° un **Tell** côtier, découpé par des plaines et par des vallées, bien arrosé, propre aux cultures ; 2° des **Hauts Plateaux** centraux, entre les deux Atlas, doués d'un climat plus rude et surtout plus sec, propres au pastorat ; 3° enfin, au Sud, une portion du **Sahara**, région désertique, possédant quelques oasis, dont les principales sont celles du *Tafilelt.*

Ces divers régions des confins algéro-marocains sont unies entre elles par la *Moulouia*, fleuve qui coule du Sud au Nord et dont la vallée est unie au Maroc intérieur et atlantique par des dépressions dont la plus importante est la *dépression de Taza.* Les confins algéro-marocains ont moins d'importance par eux-mêmes que par les communications qu'ils ouvrent entre l'Algérie et le Maroc proprement dit.

2° *Le Rif.* — Le Rif est une chaîne en arc de cercle, qui borde la côte de la Méditerranée depuis le *détroit de Gibraltar* jusqu'à l'embouchure de la Moulouia : elle prolonge directement en Afrique la Sierra Nevada d'Espagne.

Montagne abrupte, très humide et boisée, le Rif forme une barrière entre la Méditerranée et l'intérieur du Maroc. Vers la côte des promontoires escarpés isolent quelques petites plaines cultivables : la *plaine de Tétouan*, la *plaine de Mélilla*.

3° *Le Maroc intérieur.* — L'intérieur du Maroc proprement dit est constitué par deux chaînes importantes, orientées du Sud-Ouest au Nord-Est et par conséquent parallèles à la côte méditerranéenne : au Sud, le **Haut Atlas**, élevé de plus de 4000 mètres (qui se prolonge en Algérie par l'Atlas Saharien) ; au Nord, le **Moyen Atlas** (qui se prolonge en Algérie par l'Atlas Tellien). Ces deux chaînes sont séparées et entrecoupées par des vallées et par des dépressions ; elles sont flanquées vers l'Atlantique par de **hautes plaines**, qui descendent en gradins vers le Maroc atlantique.

Toute cette région est donc exposée aux vents de l'Atlantique, qui la dotent d'un climat égal et humide. Les montagnes, qui condensent beaucoup de pluies, sont couvertes de forêts. Les hautes plaines, plus sèches, sont arrosées par les eaux abondantes qui descendent des montagnes et qui forment de puissantes rivières : *Oued Sebou, Bou R'greg, Oum er Rebbia, Oued Tensift.* A côté de quelques steppes, qui ne peuvent servir qu'aux moutons, on y trouve de gras pâturages, excellents pour l'élevage des bêtes à cornes, et des terres riches, ou *amris*, qui produisent toutes les céréales.

4° *Le Maroc Atlantique.* — Entre les Hautes Plaines et la côte s'étendent une série de basses plaines : leurs terres noires, ou *tirs*, analogues à celles de tant de plateaux limoneux d'Europe, et suffisamment arrosées par les pluies, sont très favorables à la culture des céréales (orge, blé, maïs). Telles sont, du Nord au Sud, les *plaines du Gharb, de la Chaouïa, des Doukkala, des Abda* et *du Sous.*

En somme, grâce à l'étagement des terres vers l'Océan, les deux régions essentielles du Maroc sont beaucoup plus favorables à l'agriculture que l'Algérie et même que la Tunisie. Quant aux ressources minières, on les croit importantes en fer et en cuivre, notamment dans la région du Sous; mais elles sont peu connues.

2. ***Le peuplement du Maroc.*** — Il est difficile de connaître actuellement la population du Maroc ; il est probable qu'elle ne représente pas plus de 5 millions d'habitants.

Comme dans le reste du Maghreb, on y distingue des **Berbères** et des **Arabes**, outre les *Maures* des villes. Toutefois, les

2. PANORAMA DE FÈS, CAPITALE DU MAROC.

La ville de Fès, capitale du Maroc du Nord, se compose, à proprement parler, de deux villes : Fès-el-Bali (Fès-la-Vieille) et Fès-el-Djedid (Fès-la-Neuve), distantes l'une de l'autre d'un demi-kilomètre, mais reliées ensemble par un long faubourg. La vue représente Fès-la-Vieille. La ville est située sur les pentes des deux rives de l'Oued-Fès qui se fraie un passage à travers les montagnes vers l'Oued Sebou, lequel se jette dans l'Atlantique. Fes s'allonge aussi sur le passage qui joint, entre les montagnes, les pays de l'Atlantique à l'Algérie.

1. MARCHÉ DE ZA, AU MAROC.

Za est situé dans la vallée de l'Oued Za, affluent de la Moulouya. La vallée, comme la plupart des vallées marocaines, est richement arrosée et verdoyante d'arbres, de prairies et de cultures. Sur le marché, on trouve non seulement des chevaux et des moutons, comme en Algérie, mais des bœufs, qui sont le signe de pâturages plus riches, d'un climat moins sec.

Arabes sont moins nombreux que les Berbères. D'autre part, on y trouve un assez fort contingent de *Nègres*, amenés comme esclaves par la traite, qui a duré jusqu'à l'intervention française, c'est-à-dire jusqu'aux premières années du XXe siècle.

Cette population est très inégalement répartie :

1° Le **Rif** est peuplé de tribus de montagnards, sauvages et indépendants, qui, jusqu'à la récente occupation espagnole, rançonnaient les rares peuplades agricoles des plaines côtières. Quelques ports, peu importants pour le commerce : *Ceuta*, en face de Gibraltar, *Tétouan*, *Mélilla*. Cette région isolée, actuellement peu peuplée et peu productive, est occupée par les Espagnols.

2° Les **confins algéro-marocains** possèdent quelques tribus d'agriculteurs berbères dans le Tell, d'Arabes nomades sur les Plateaux, de Touareg et de cultivateurs dans les oasis du Sud. Mais, jusqu'à ces dernières années, l'instabilité politique et les conflits incessants ont entravé le double rôle que ce pays doit jouer par ses productions, analogues à celles de l'Algérie, et surtout par le commerce qui a commencé et qui doit se développer entre l'Algérie et le Maroc. L'occupation française a commencé de transformer cette région. Les principaux centres sont : *Oudjda* et *Taza*, sur la route d'Oran à Fès.

3° Le **Maroc intérieur** possède des tribus nomades, vivant de l'élevage du mouton et du cheval, dans les steppes intérieures, les plus sèches. Mais on y trouve de puissants groupements agricoles, qui vivent de l'élevage des bœufs et de la culture des céréales : blé dur, orge, dourah et sorgho. Déjà cette région exporte une partie de ses bœufs et de son orge vers la France. L'industrie même y est active (maroquinerie, dentelles, tapis, cuivres) et se développe sous notre protectorat.

Plus rapprochée des centres d'exportation, la région septentrionale du Maroc intérieur est plus prospère et plus peuplée que la région méridionale. Les deux principaux marchés sont les deux capitales du pays : **Fès**, dans le Nord ; **Marrakech**, dans le Sud, véritable oasis soudanienne au pied du Haut Atlas. Autre ville importante, **Meknès**, le Versailles marocain.

4° Le **Maroc océanique** est la région la plus productive, la plus civilisée et la plus peuplée du Maroc. Chaque plaine forme un foyer d'élevage et de production agricole ; chacune a sur la côte un ou plusieurs ports d'exportation. Ce sont : pour le Gharb, **Tanger**, *Larache*, *Kénitra* et **Rabat** ; pour la Chaouïa, **Casa-**

blanca et *Mazagan*; pour les Doukkala, *Saffi*; pour les Abda, *Mogador*; pour le Sous, *Agadir*.

Jusqu'au début du XXe siècle, la plupart de ces ports, peu accessibles et manquant de quais, ont végété : seul le port international de Tanger faisait un commerce important. Depuis l'occupation française, Rabat se développe; Kénitra, port de création toute récente, et Casablanca ont une activité de grands ports.

5. ***Le protectorat. La situation économique actuelle. L'avenir.*** — Le Maroc a longtemps souffert de l'anarchie, le sultan du Maroc étant moins un souverain politique qu'un chef religieux, à qui certaines tribus payaient une redevance (elles formaient le « pays d'obéissance », *blad es maghzen*), tandis que d'autres le lui refusaient (elles formaient le « pays de révolte », *blad es siba*).

Aujourd'hui, hors la ville de **Tanger**, qui est internationale, et hors deux zones soumises au **protectorat espagnol** (l'une au Nord comprenant le Rif et Larache, l'autre au Sud comprenant Ifni), le Maroc accepte le **protectorat français**. Sous la souveraineté du sultan, le pays est régi par un *résident général*, qui a soumis les tribus hostiles et qui organise systématiquement la vie économique par l'organisation de ports, par la construction de routes et de voies ferrées. Toutes les grandes artères de communication sont en voie d'achèvement.

Le progrès économique est déjà très sensible. Outre les anciennes industries indigènes énumérées plus haut et revivifiées par notre action, l'industrie est représentée par des minoteries, des forges et la grande cimenterie de Casablanca. L'agriculture s'étend de plus en plus, et le Maroc prend place parmi les pays exportateurs de céréales. Ajoutons **la pêche** (poissons et crustacés), très abondante sur les côtes marocaines, malheureusement aléatoire, à cause du manque d'abris. La plus grande partie du commerce du Maroc se fait aujourd'hui avec la France, soit vers Bordeaux, soit vers Marseille; puis viennent l'Angleterre et l'Espagne.

Le Maroc, qui a profité de l'expérience acquise en Algérie et en Tunisie, est un pays de grand avenir. Avant tout, il semble devoir compléter le rôle de fournisseurs agricoles que jouent à l'égard de la France les autres pays de l'Afrique du Nord.

Lectures.

1. ***Le peuplement blanc en Algérie-Tunisie est loin d'être uniquement français.*** — Il y a en Algérie 752 000 Européens, qui comprennent : 304 000 Français d'origine, 170 000 étrangers, 258 000 naturalisés. Or, d'après la loi de 1889, sont naturalisés Français, dès leur naissance, sans que les parents le demandent, les fils d'étrangers nés sur le sol de l'Algérie. A 21 ans, s'ils n'ont pas réclamé, la naturalisation est définitive. Il y a donc, en réalité, à l'heure actuelle en Algérie, 428 000 Européens de sang étranger contre 304 000 Français. En Tunisie, sur 194 000 Européens, il n'y a que 46 000 Français. Les étrangers établis en Algérie-Tunisie sont surtout des Latins, soit des Espagnols et des Mahonnais, surtout dans les

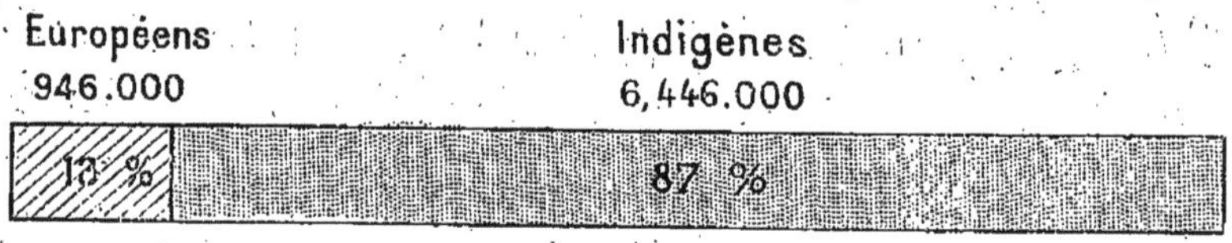

POPULATIONS DE L'ALGÉRIE-TUNISIE.

Les indigènes (Berbères ou Kabyles, Arabes) sont dans la proportion d'environ 7 contre 1 Européen. Néanmoins, le pays est très peu peuplé pour son étendue.

provinces d'Oran et d'Alger ; soit des Italiens et des Maltais, surtout dans la province de Constantine et en Tunisie : dans ce dernier pays, les Italiens sont deux fois plus nombreux que les Français.

Y a-t-il là un danger pour la colonisation française? La faible natalité de la population française et la facilité relative de la vie dans la métropole font que, malgré l'agrément du climat, l'émigration française est de moins en moins forte. Or, pour les travaux des champs, pour les travaux publics (routes, voies ferrées, aménagement des ports) qui se développent, pour les travaux des mines qui commencent, l'Algérie-Tunisie *a besoin* de main-d'œuvre ouvrière. Elle a donc besoin d'émigration étrangère.

D'autre part, les Espagnols et les Italiens qui viennent en Algérie-Tunisie sont pauvres. Seuls les Mahonnais et les Maltais apportent un pécule, qu'ils emploient à acheter quelque jardin dans la banlieue des villes pour cultiver fruits et légumes : ce sont les maraîchers du pays. Pour la plus grosse part, les autres émigrants étrangers ne peuvent que s'embaucher pour les gros travaux ; ils sont ouvriers agricoles, terrassiers, manœuvres, mineurs, charretiers, pêcheurs, etc. Quant à la terre cultivable, elle est surtout devenue la propriété des émigrants français, qui apportaient avec eux quelque argent. La terre, en effet d'après la loi de 1903, est *vendue* aux colons; mais on leur fait toujours une *concession gratuite* d'un lot voisin du lot acheté. On les encourage ainsi à travailler une terre où ils ont mis tout leur avoir. D'autre part, presque toutes les entreprises industrielles qui ont été constituées, si elles ont souvent comme ouvriers des Espagnols ou des Italiens, sont entre les mains de capitalistes français, d'ingénieurs et de contre-maîtres français. Pour l'agriculture comme pour l'industrie, les Français fournissent l'élément dirigeant; les étrangers fournissent la main-d'œuvre subalterne.

Ainsi s'est constituée, à côté de la main-d'œuvre étrangère demeurée à un plan inférieur, une classe active et prospère de colons français, qui régissent le travail, tiennent le sol et la richesse, collaborent aujourd'hui à la gestion de la colonie, constituent la *classe dirigeante*, donnent au pays sa langue, sa civilisation, ses institutions. De même

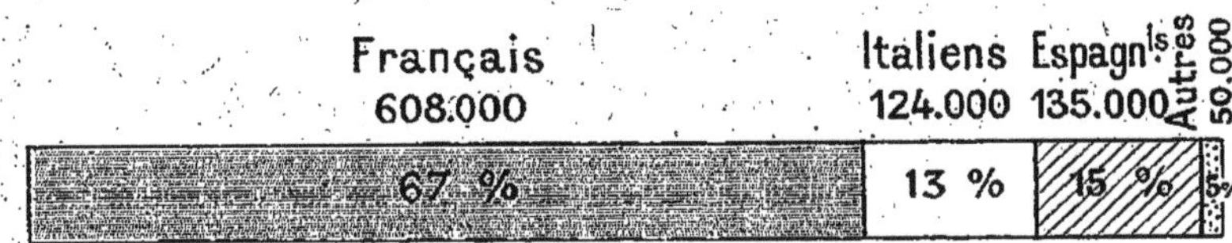

LES EUROPÉENS EN ALGÉRIE-TUNISIE.

Sur 100 Européens établis en Algérie-Tunisie on compte 67 Français, 15 Espagnols et 13 Italiens (ceux-ci nombreux surtout en Tunisie).

que les États-Unis, l'Australie, le Canada sont, malgré toute émigration présente et à venir, des sociétés anglo-saxonnes, de même l'Algérie-Tunisie constitue et constituera, quoi qu'il arrive, une société française.

2. ***L'Algérie a déjà connu trois systèmes d'administration; le troisième est le meilleur.*** — La colonisation française en Algérie a commencé avec la conquête, en 1830, depuis moins d'un siècle. Mais l'administration de l'Algérie s'est modifiée profondément au fur et à mesure que notre prise de possession du pays progressait. On peut distinguer trois phases successives :

1° **Première phase.** — Jusqu'en 1870, c'est-à-dire tant que dura à peu près la conquête, l'Algérie fut considérée comme un *royaume arabe*, territoire conquis, occupé par des troupes, et auquel il s'agissait de faire rendre le plus possible, sans aucune tentative d'assimilation. Résultat : profitant de nos revers de 1870, les indigènes, qui ne voyaient aucun intérêt à l'occupation française, profitèrent de notre affaiblissement momentané pour s'unir dans une formidable insurrection, qui fut étouffée au prix de grands efforts et de beaucoup de sang : ce fut l'insurrection de la Grande Kabylie, presque aux portes d'Alger.

2° **Deuxième phase.** — Après 1870, revirement complet. On veut *assimiler* complètement l'Algérie à la France. On la divise en départements avec des préfets, qui doivent, de leurs bureaux, administrer, de la même façon que les communes françaises, des indigènes dont la moitié sont nomades. On rattache tous les services au Ministère de l'Intérieur français, dont le gouverneur n'est que l'agent intermédiaire, sans initiative et sans responsabilité ; la moindre décision doit venir de Paris. Les impôts payés par l'Algérie entrent indistinctement dans le grand budget de la France. Résultat : le développement économique de l'Algérie est paralysé par une bureaucratie lointaine; les colons se désintéressent de leur colonie, éloignés qu'ils sont de sa gestion, ne pouvant ni parler, ni même, s'ils parlent, se faire entendre. Enfin, les Arabes nomades échappent à l'administration préfectorale: il faut noter, en effet, que chacun des trois départements algériens est aussi étendu que quinze à vingt départements français; par suite, l'identification de la colonie avec la métropole ne pouvait être et n'a été en réalité qu'une apparence.

3° **Troisième phase.** — Enfin, depuis 1892, on a mis en pratique un troisième système : celui de *l'autonomie financière*. Sous la haute direction du gouverneur, le budget, constitué *par* les impôts de l'Algérie, est dépensé *pour* l'Algérie, selon les décisions d'un corps algérien, les *Délégations financières*, composé d'élus des villes et d'indigènes, qui représentent soit les agriculteurs Kabyles, soit les nomades. Ce système a donné les meilleurs résultats : il a permis l'essor économique de l'Algérie. C'est avec lui qu'ont commencé les travaux publics qui la transforment : 3100 kilomètres de chemins de fer, amélioration des ports, exploitation des mines et notamment des mines de phosphates, les plus riches du monde entier. En même temps, on a créé pour les Hauts-Plateaux des *administrateurs de communes mixtes*, sortes de « sous-préfets à cheval », qui se déplacent pour suivre les Arabes soumis à leur juridiction, leur rendre la justice, répartir les impôts, empêcher ou réprimer tout désordre.

3. ***La vigne est la grande création de la colonisation française dans le Tell algérien.*** — Les indigènes de l'Algérie sont musulmans : il leur est défendu par leur religion de boire du vin, aussi bien que toute autre boisson fermentée. Quand les Français s'établirent dans le Tell, la vigne n'y était pas cultivée. Les vallées et les hautes plaines intérieures occupées par les Kabyles et par les Arabes cultivateurs ne possédaient que des champs de céréales, des plantations d'oliviers et d'alfa, c'est-à-dire des produits nécessaires à la vie indigène, puisqu'il n'y avait pas de commerce avec l'extérieur.

Les colons algériens devaient chercher de bonne heure des cultures capables de leur donner des produits d'exportation. Or, après 1870, la crise du phylloxéra, qui frappa tous les vignobles français, fit du vin, boisson nationale, un bon produit à importer en France. D'autre part, comme les hautes plaines et les vallées intérieures étaient en grande partie occupées par des cultivateurs indigènes qu'on ne pouvait songer à déposséder, c'est dans les plaines maritimes d'Oran, de la Mitidja, de Bougie, de Bône, de Philippeville, que les colons durent s'établir. Une fois drainées, asséchées, assainies, ces plaines montrèrent un sol graveleux, sec et chaud, plus apte aux plantations de vigne qu'à toute autre culture.

Tout concourait donc à la création du vignoble algérien. Il se développa rapidement : en 1850, l'Algérie n'avait pas 1000 hectares de vigne; elle en a maintenant 200000. Les vins d'Algérie s'améliorent tous les jours; ils peuvent faire concurrence aux vins du Midi. Sur le marché français, Alger, Oran et les autres ports d'Algérie expédient chaque année, vers Cette, vers Bordeaux, vers Rouen et Paris, d'énormes quantités de vin, principalement lorsque la récolte de vignobles du Languedoc a été mauvaise. En 1910, l'exploitation des vins d'Algérie a atteint une valeur de 200 millions de francs : cette année-là, elle représentait plus des deux cinquièmes des exportations totales du pays.

4. ***Les plantations d'oliviers sont nombreuses en Algérie et surtout en Tunisie, dans le Tell et dans le Sahel.*** — Dans les montagnes du Tell, sur les collines du Sahel, on trouve partout l'olivier à l'état sauvage au-dessus de 200 mètres d'altitude. C'est un des arbres typiques du *maquis* de cette côte d'Afrique, avec le chêne-liège et le chêne-vert; partout on retrouve son feuillage vernissé, armé contre l'évaporation, qui est si dommageable aux plantes dans cette atmosphère sèche.

D'ailleurs, l'huile est un des produits alimentaires les plus recherchés par toutes les populations méditerranéennes. Aussi, bien avant l'occupation française, dès l'antiquité, l'olivier était-il « greffé », cultivé dans l'Afrique du Nord et capable de produire des fruits à l'huile abondante. Encore aujourd'hui, en Algérie, les deux tiers des oliviers greffés et productifs appartiennent à des indigènes. Un Kabyle consomme, en moyenne, 15 litres d'huile par an; un Arabe, presque autant. Aussi, bien que l'Algérie produise beaucoup d'huile d'olive, — environ 250 000 hectolitres, — elle n'en exporte pas le tiers; encore achète-t-elle en échange plus de 100 000 hectolitres d'huile de graines.

Tout autre est la situation de la Tunisie. Quand les colons européens y sont arrivés, après le traité de protectorat de 1885, ils ont trouvé le Tell presque entièrement occupé par les cultivateurs indigènes; les terres disponibles ne pouvaient suffire au grand nombre des nouveaux colons. Or, plus au Sud, dans le Sahel, on trouvait des terres, moins riches à la vérité, mais qui, à l'époque romaine, grâce à l'irrigation, portaient des cultures; c'est l'invasion arabe qui avait, au Moyen Âge, chassé les cultivateurs et supprimé les cultures. Là les colons français trouvaient les plus grands espaces disponibles. Or, le Sahel, plus sec que le Tell, est la terre idéale de l'olivier. Si l'on a pu dire que, comme le Bas Languedoc, la Mitidja ou l'Oranie est une « mer de vignes », le Sahel tunisien est une « olivette » continue : les oliviers, serrés dans la région côtière, qui est plus humide, espacés dans l'intérieur, qui est plus sec, ne disparaissent nulle part.

Aussi la Tunisie, sur un territoire plus restreint, possède plus d'oliviers greffés que l'Algérie; elle produit autant d'huile que l'Algérie, et surtout elle *exporte* la moitié de son stock, sans compter ce que les usines de Sousse et de Sfax transforment en savon. C'est elle qui est le meilleur fournisseur de Marseille.

5. ***La question de l'eau est primordiale en Algérie et en Tunisie.*** — Ce qui est vrai des régions méditerranéennes de la France, est, à plus forte raison, vrai des régions méditerranéennes de l'Afrique : la terre y est exceptionnellement fertile, mais à condition que l'homme sache la travailler; alors il sera payé de sa peine au centuple. Mais si l'homme y reste oisif, elle retourne à la stérilité.

Pourquoi est-elle fertile? Parce qu'elle est sous un climat sec. Le sol algérien comprend, dans le Tell, de nombreux sels fertilisants : la chaux, la potasse, les phosphates. Imaginez ce même sol sous un climat humide : les eaux courantes, très abondantes, le pénètrent dans sa portion superficielle, dissolvent une grande partie des sels fertilisants et les entraînent. Sous un climat sec, rien de pareil : les sels ne sont pas dissous et restent en place, prêts à accomplir leur fonction fécondante. On a pu dire, — et ce n'était pas une boutade paradoxale, — que certains sols du désert porteraient de plus belles récoltes que la Beauce, *si l'on pouvait les arroser*.

Mais la sécheresse du climat rend vaine cette belle richesse du sol, *si l'homme n'intervient pas*. A lui d'économiser l'eau que le ciel donne trop parcimonieusement; à lui de retenir l'eau des oueds en crue par des barrages, pour la distribuer pendant la sécheresse aux terres assoiffées; à lui de forer des puits artésiens pour capter les nappes souterraines; à lui de distribuer judicieusement ces eaux sur un grand rayon autour de leur source, par tout un réseau de canaux d'irrigation.

Or, ce travail d'économie, de recherche et de distribution de l'eau qui s'appelle l'irrigation, les Romains l'ont inauguré dans le Tell; et, après eux, les Berbères, Kroumirs ou Kabyles, l'ont continué et même perfectionné. Quand les Français arrivèrent, ils n'avaient rien à en apprendre. On trouve, en Kabylie, les mêmes canaux, les mêmes règles d'irrigation, les mêmes « tribunaux de l'eau » que dans notre pays, en Roussillon ou en Provence, qu'en Espagne, en Grèce ou en Égypte. Tant il est vrai que, quelle que soit la race, et pourvu qu'elle soit laborieuse, les mêmes conditions naturelles lui inspirent les mêmes habitudes et les mêmes règles de travail.

6. ***Les Hauts-Plateaux sont une région de pastorat et de nomadisme.*** — Les Hauts-Plateaux ont un aspect monotone. Leur surface est constituée par des débris que les eaux ont entraînés des montagnes du Nord et du Sud. A les voir de loin, on dirait une vaste plaine sans un plissement. Cependant, les eaux y ont sculpté des détails, de molles ondulations, des ravins, des lits d'oueds desséchés, de larges cuvettes où les eaux s'amassent en lagunes salées, plus ou moins étendues suivant la saison, et bordées en été de nappes de sel.

Les Hauts-Plateaux n'ont pas l'heureux climat du Tell. L'Atlas tellien arrête la plupart des nuages et des brises venues de la mer. De là un climat excessif. En hiver, le thermomètre descend à—5° et même à—10°. Il s'y produit des gelées jusqu'en mai et juin, gelées d'arrière-saison funestes aux cultures; puis viennent des chaleurs de 45 degrés. Toute l'année soufflent des vents violents, poussiéreux, brûlants en été : tels le simoun et le sirocco.

Sécheresse, gelées de printemps, avec le fléau des sauterelles, déterminent la nature de la végétation. Peu de céréales, ni vignes ni oliviers, ni forêts; rien qu'une maigre végétation arbustive : jujubiers sauvages, térébinthes épineux, tamariniers, genévriers, arbres des sols pauvres. Sur d'immenses étendues croissent des touffes d'*alfa* : c'est une sorte de jonc dont on confectionne du papier, des

1. LES GORGES DE L'OUED EL-ABIOD.

L'Algérie est le pays des oueds, torrents sans eau pendant la saison sèche, qui, après la pluie, roulent un flot grondant et fangeux sur un lit de cailloux.

2. LE GRAND DISTRIBUTEUR D'EAU DE TIMIMOUN.

L'eau est rare en Algérie intérieure. Mais une sage distribution par les canaux d'irrigation fait naître, au milieu des sables désertiques, des oasis, des jardins de palmiers, de fruits et de céréales. (Phot. Geiser.)

cordages, des chapeaux et des paniers ; on le coupe en juin ; il commence à repousser après les premières pluies, en novembre.

Les Hauts-Plateaux sont une zone de pâturages. L'élevage le plus développé est celui du mouton, le plus sobre de nos animaux domestiques. Mais les années de sécheresse ont parfois décimé cruellement les troupeaux algériens : on a vu le nombre des moutons tomber en quelques mois de 11 millions à 6 ou même 5 millions seulement. Afin de rendre impossibles ces catastrophes, on crée de plus en plus, sur les Hauts-Plateaux, des points d'eau, ou *r'dïr*, en cimentant, pour conserver l'eau des puits, le fond des cuvettes naturelles du sol et en les recouvrant de branches qui diminuent l'intensité de l'évaporation. Si le nombre des moutons algériens augmentait, la France pourrait trouver en Algérie une partie de la laine qu'actuellement elle achète à la République Argentine et à l'Australie.

Une seule ville, Batna, sur les Hauts-Plateaux. Comme dans toutes les régions au sol pauvre, où les troupeaux doivent se déplacer pour trouver leur nourriture, la vie nomade y est presque seule possible. Les Arabes y vivent sous la tente, groupés en *douars*.

C'est surtout dans l'Est, autour du Hodna, au pied de l'Aurès, là où l'humidité est plus abondante, que les cultures par irrigation sont possibles. Dans l'Ouest, l'une des régions les mieux irriguées est la plaine de Hennaya, et, d'une manière générale, le pays de Tlemcen, véritable verger d'oliviers, de figuiers, d'abricotiers, de cerisiers, de noyers, à l'ombre desquels les cultures de toute sorte prospèrent.

Depuis quelques années, on pratique, dans les régions voisines des Tells d'Alger et d'Oran, les méthodes de culture en terre sèche. L'étendue cultivable a ainsi été notablement accrue, mais les cultures ont le résultat fâcheux d'empêcher l'élevage des moutons, la vraie richesse de ces pays secs.

7. ***La région océanique du Maroc est riche par son sol et par son sous-sol.*** — Les plaines du Maroc, tournées vers l'Océan, ont du climat méditerranéen la douceur de la température, puisqu'elles se trouvent comprises entre la latitude de Tunis et celle du Caire. Mais elles sont mieux arrosées que les plaines voisines de l'Algérie et de la Tunisie. Au Maroc, les cours d'eau, au contraire des oueds algériens, gardent de l'eau toute l'année : circonstance favorable pour l'agriculture.

A ce premier avantage elles en joignent un second : leur sol est excellent. En bien des points, les pluies abondantes ont décomposé la partie superficielle des grès du sol. L'humus, résultat de la décomposition des végétaux, s'y est mêlé. Le tout a formé des zones de terres meubles et riches, que l'on appelle les *tirs* et les *amri* ; ce sont autant de régions d'élection pour les cultures riches : céréales (orge, blé, maïs), légumes, vignes et fruits, lin, coton même. L'élevage (chevaux, vaches, moutons, chèvres) y prospère.

Aussi les ressources agricoles du Maroc sont-elles grandes et ne peuvent-elles que s'accroître par la paix que notre protectorat a instaurée au Maroc. Déjà chaque plaine océanique a des marchés agricoles et des ports par où s'exportent ses produits : le Gharb a *Tanger*, *Kénitra* et *Rabat* ; la Chaouïa, *Casablanca* ; les Doukkala,

1. USINE DE PHOSPHATE D'AIN-KESSA.

Les Hauts-Plateaux algériens et tunisiens abondent en gisements de phosphates de chaux, principalement dans la région de Tebessa (Algérie), à Gafsa et à Metlaoui (Tunisie). L'Algérie-Tunisie est le premier pays du monde pour ce produit qui permet de régénérer les sols épuisés.

2. CHARGEMENT DES BALLES D'ALFA.

L'alfa est une sorte de jonc qui croît en touffes sur les Hauts-Plateaux de l'Afrique Mineure. Il commence à pousser en novembre, après les premières pluies : on le coupe en juin. Il sert à confectionner du papier, des cordages, des chapeaux, des paniers. On l'exporte notamment en Angleterre.

Saffi; les Abda, *Mogador*; le Sous, *Agadir*. L'importance de ces ports augmentera très sensiblement le jour où de bonnes routes remplaceront partout les mauvaises pistes qui les relient à leur hinterland, et où, mieux aménagés sur une côte rude et inhospitalière, ils seront devenus plus facilement abordables en tout temps. C'est pourquoi l'on s'occupe si activement au Maroc de tous les travaux publics (voies ferrées de Casablanca vers Marrakech, de Casablanca à Rabat, de Rabat Salé à Fès; routes modernes; ports de Casablanca, de Kénitra, etc.) Le progrès réalisé depuis 1912 est, à cet égard, considérable.

Outre ses richesses agricoles, le Maroc océanique possède deux ressources notables. Sur la côte, les pêcheries (thon, homards et langoustes) sont déjà fréquentées par nos marins bretons, saintongeais et basques. Dans l'intérieur, des gisements de fer, de cuivre ont été reconnus, notamment dans la région du Sous, et tout donne à penser que la prospection plus complète du pays en révélera beaucoup d'autres.

Un fait parle en faveur de la richesse du Maroc : c'est l'importance de l'immigration. A côté des Français, il est venu, depuis l'établissement de notre protectorat, des Espagnols, des Italiens, en grand nombre, et aussi des Grecs, des Portugais, des Anglais, des Américains. Avant la guerre de 1914, le nombre des arrivées dépassa 2000 en certaines semaines.

8. ***Quel est notre avenir au Maroc?*** — Malgré le mauvais état de la plupart des ports, malgré la rareté des routes intérieures, le commerce marocain a déjà progressé sous le protectorat français. Le mouvement des ports, entre 1910 et 1912, a doublé : il a passé de 100 à 200 millions de fr. A cette dernière somme il faut ajouter les quelque 30 millions du commerce que le Maroc fait avec l'Algérie : Oran est, en quelque manière, un port marocain. Dès la première année de notre protectorat, malgré les troubles intérieurs, le commerce du Maroc avait dépassé celui de la Tunisie.

Mais ce n'est là qu'un début, et il est possible qu'un jour le commerce marocain dépasse celui de l'Algérie elle-même. Quand les ports marocains seront outillés, et quand sera achevé le réseau marocain, quand l'immigration aura accru encore la main d'œuvre, toutes les terres fertiles de l'intérieur et de la zone océanique pourront exporter leurs produits vers l'Europe occidentale, comme vers la Méditerranée. A l'Europe Occidentale leurs pâturages fourniront du gros bétail; aux pays de la Méditerranée, elles donneront du blé, de la viande, des poissons; du liège, des minerais et du cuir.

Si l'on réserve les ressources minières, encore trop imparfaitement connues, pour qu'on puisse parler d'elles avec quelque certitude, on peut dire que l'avenir de la civilisation au Maroc repose sur deux ressources fondamentales : la culture des céréales, surtout du blé; l'élevage du bétail, surtout des bœufs. Ainsi le Maroc, producteur de blé et de viande, complétera, pour le bien de la métropole, l'Algérie, productrice de blé et de vin, et la Tunisie, productrice de blé et d'huile.

Mais les travaux publics ici sont essentiels. Un gros effort a été commencé et se continue, notamment par la construction de voies ferrées reliant l'intérieur du pays à la côte.

III. — L'AFRIQUE OCCIDENTALE FRANÇAISE

L'Afrique Occidentale Française comprend une très grande partie du Soudan Occidental, depuis la côte de Guinée et du Sénégal jusqu'au Sahara et au lac Tchad. De toutes les colonies européennes du Soudan Occidental, elle seule est à la fois continue, très étendue, très peuplée.

Dans cette région, on passe par transitions, entre le Sud et le Nord, du climat équatorial au climat tropical et subtropical, de la forêt-vierge à la savane herbeuse, à la steppe et au désert. La population comprend également des éléments variés par la race et par l'aptitude à se civiliser : Touareg et Maures, de race blanche; Sénégalais, Soudanais et Bantous, de race noire. Le territoire le plus cultivable est la savane herbeuse du Soudan; la population la plus civilisable est celle des Nègres Soudanais qui l'habitent.

Formant aujourd'hui une seule colonie, ayant une direction unique, un budget commun, un réseau coordonné de voies de communication, l'Afrique Occidentale Française est une de nos colonies les plus prospères.

1. ***Structure de l'Afrique Occidentale.*** — Entre les plis de l'Atlas et le golfe de Guinée, l'Afrique Occidentale est constituée par un **plateau**, dont le centre est déprimé et se marque par deux cuvettes : l'une, encore occupée par un lac en voie de dessèchement, le *lac Tchad*; l'autre, traversée par la boucle que décrit le Niger vers le Nord et par les lacs et marais qui l'entourent : lac *Faguibine*, etc.

Ce plateau se relève sur presque tous ses bords. Au Nord, on trouve de véritables rides montagneuses : massifs du *Tibesti*, *Ahaggar*, etc. Au Sud, il surplombe de plusieurs centaines de mètres la large **plaine côtière de Guinée**, les hauts plateaux du *Fouta-Djalon* (1230 m.), du *Labbé*, de *Khong*, du *Mossi* et du *Bornou*. Seul le bord occidental est bas et se prolonge par la **plaine côtière du Sénégal et de Mauritanie**, qui est également basse jusqu'à l'Atlantique.

Les **côtes** de l'Afrique Occidentale se divisent, par suite, en trois portions distinctes :

1° **A l'Ouest**, correspondant à la plaine de Mauritanie et du Sénégal, s'étend une côte basse, alluviale, bordée de cordons littoraux et où aboutissent des estuaires, notamment celui du fleuve Sénégal. Un seul bon port naturel, abrité par un ancien îlot volcanique rattaché au continent par des sables : c'est la *baie de Dakar* ; elle est en territoire français.

2° **Au Sud-Ouest**, correspondant à la zone où la côte sectionne perpendiculairement les hauts plateaux du Sud, s'étend une côte haute et découpée, riche en îles, en estuaires profonds, en baies hospitalières : les deux principales sont les *baies de Konakry* et *de Freetown* ; la première est en territoire français.

3° **Au Sud**, sur le bord du golfe de Guinée et terminant la plaine de Guinée, s'étend une côte basse et plate, la *Côte de Guinée*. Les embouchures des fleuves y sont ensablées, et les meilleurs abris qu'on y trouve sont des lagunes séparées de la mer par des cordons littoraux et unies à elle par des marigots. Les plus profondes sont celles qui bordent la *Côte d'Ivoire* et la *Côte des Esclaves*, ou *Dahomey*; elles sont en territoire français.

2. ***Le climat et les eaux.*** — Située dans les zones équatoriale, tropicale et subtropicale, l'Afrique Occidentale a presque partout une température chaude et égale ; seul, le Nord intérieur, très sec, a des températures qui varient entre le jour et la nuit. Quant au ***régime des pluies***, il varie suivant les latitudes.

1° **Au Sud**, dans la plaine de Guinée, très proche de l'Équateur, règne le *régime équatorial* : chaleur lourde et continue, pluies excessivement abondantes (3 m. par an), réparties dans les deux saisons où le soleil passe au zénith, le printemps et l'automne.

2° **Au Centre**, sur le plateau et jusqu'à la dépression centrale, c'est le *régime tropical* : la température est plus fraîche sur les hauteurs, plus chaude dans la dépression. Quant aux pluies, elles sont encore assez abondantes, mais se font de plus en plus rares à mesure que l'on s'avance vers le Nord : déjà, dans la région du Sénégal et du Tchad, elles sont très faibles (40 cm. par an). Elles tombent pendant la seule saison où le soleil passe au zénith : l'été.

3° **Au Nord**, le climat est encore chaud, mais absolument sec. C'est le régime désertique qui s'étend jusqu'au pied de l'Atlas.

GALL.-MAUR., CL. DE 1re. — 481-482.

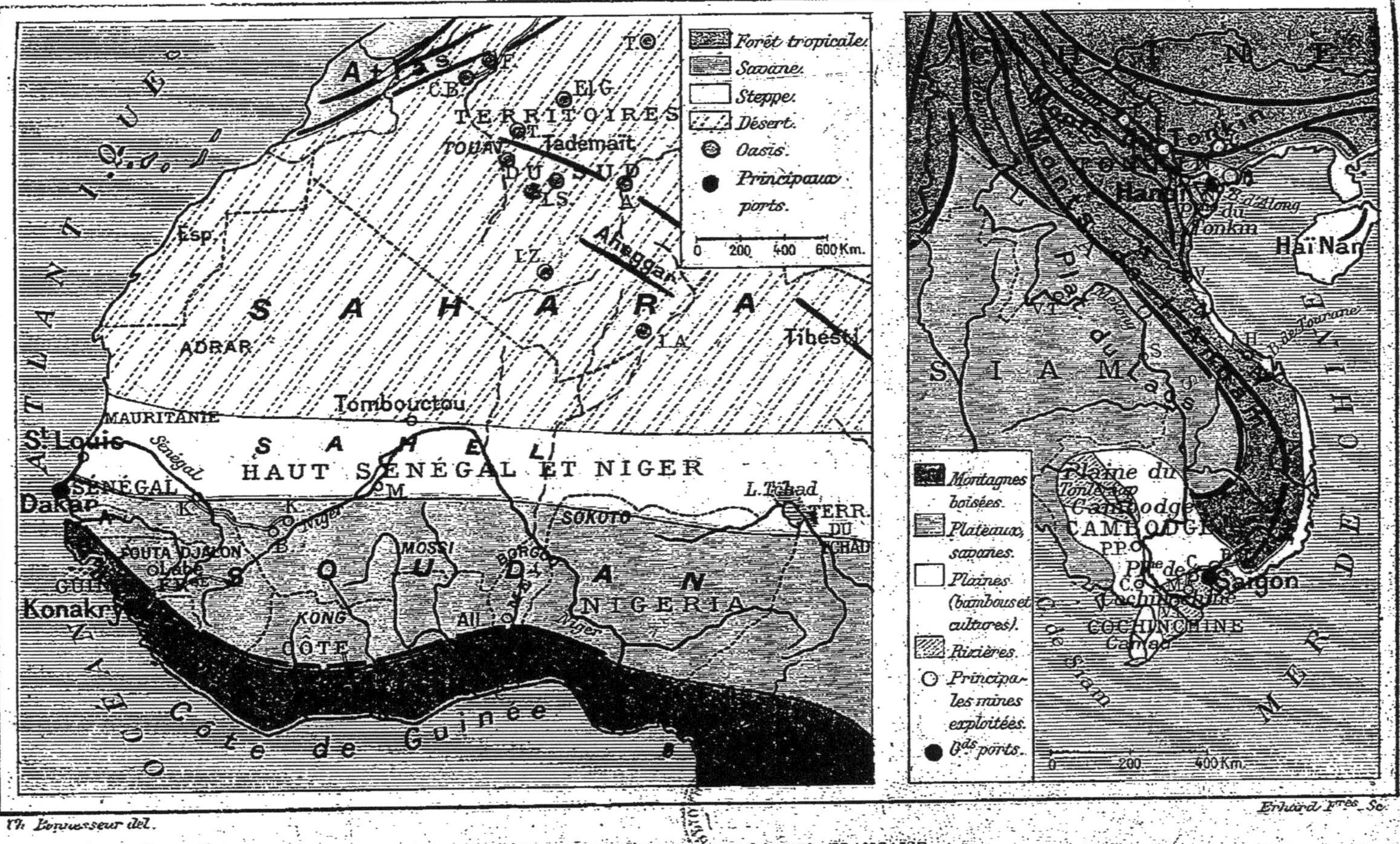

Th. Bonnesseur del.

Erhard Fres Sc.

AFRIQUE OCCIDENTALE ET INDOCHINE FRANÇAISE

Le *régime des cours d'eau* varie également avec les zones de latitude.

1° **Dans la zone équatoriale**, des fleuves puissants descendent des rebords des hauts plateaux : ils sont courts, torrentiels, coupés de chutes et de rapides, inutilisables pour la navigation.

2° **Dans la zone tropicale et subtropicale** coulent des cours d'eau moins riches et surtout moins réguliers : ils ont de fortes crues à la saison des pluies, mais aussi des maigres accentués à la saison sèche ; ils sont peu navigables pendant cette dernière saison. Le principal est le *Sénégal*, en territoire français.

3° **Dans la zone désertique**, il n'y a que des *oueds* intermittents, qui se perdent dans les sables ou dans le lac Tchad.

Un grand fleuve traverse à deux reprises toutes les zones de l'Afrique Occidentale : c'est le **Niger**, un des plus grands et des plus puissants fleuves de l'Afrique. Son cours supérieur et son cours moyen appartiennent à la France ; son cours inférieur, à l'Angleterre. Il forme une série de biefs navigables, mais séparés entre eux par des rapides : il peut donc servir aux communications intérieures de chaque région, mais non aux communications des diverses régions entre elles.

En somme, ici comme dans le reste de l'Afrique, il n'y a pas de bonnes voies navigables.

5. ***Les zones de végétation et les régions naturelles.*** — Ce sont les différences de climat qui font les différences de végétation et tracent les grandes divisions naturelles. On en peut distinguer quatre, du Sud au Nord.

1° ***La plaine côtière de Guinée.*** — Très chaude et très humide, elle est entièrement occupée par la **forêt-vierge**, très dense, aux arbres géants, aux nombreuses lianes et autres plantes parasites. La circulation et le défrichement en vue de la culture y sont difficiles. Les principaux produits forestiers que l'on peut y recueillir sont le *caoutchouc*, le *coprah*, produit du cocotier, et l'*huile de palme*. Les produits cultivés qu'on peut y obtenir sont le *cacao*, la *canne à sucre*, le *café*, etc. Enfin, on peut y chasser l'éléphant et recueillir l'*ivoire*.

2° ***Le Soudan.*** — Le plateau du Soudan a un climat tropical humide. Il est surtout couvert par une **savane** d'herbes très hautes, coupée de bouquets de bois. Les richesses forestières n'y manquent donc pas. Mais les principales ressources que le Soudan peut offrir sont, sur les plateaux les plus hauts et les plus frais, l'*élevage des bêtes à cornes*; dans les régions plus basses et plus chaudes, les *céréales* (blé, orge, dourah, millet); enfin, dans les fonds de vallées, le *café*, le *cacao* et le *coton*.

3° ***Le Sahel.*** — Les indigènes appellent ainsi la bande de terres qui borde le désert (*Sahel* signifie « rivage ») et qui a un régime tropical déjà sec. Elles sont baignées par le Sénégal, par la boucle supérieure du Niger et par le lac Tchad. Elle est couverte par une **steppe**, où l'herbe est très rare en saison sèche, et qui ne peut nourrir que des troupeaux nomades, se déplaçant quand l'herbe est épuisée. Mais, au voisinage des cours d'eau ou des lacs, dans les régions qui s'inondent naturellement à la saison des pluies ou que l'on peut irriguer par des canaux de dérivation, le Sahel est propre à l'élevage du gros bétail et surtout à la culture intensive des *céréales* et du *coton*. De plus, on trouve dans cette région une plante qui produit une huile abondante : l'*arachide*.

4° ***Le Sahara.*** — Du Niger à l'Atlas s'étend le Sahara, c'est-à-dire le **désert**. Toutefois, sur les plateaux et les massifs que l'on y trouve (plateaux du *Tassili*, du *Tidikelt*; massifs du *Tibesti* et de l'*Ahaggar*) et près de la mer (plaine de *Mauritanie*) il pleut quelquefois, et l'on trouve des steppes. D'autre part, le long des oueds, et notamment le long de l'*Oued-Saoura* et de l'*Oued-Mia*, on trouve des lignes d'**oasis** : *oasis du Touat*, d'*In-Salah*, etc. Plateaux et oueds forment les étapes qui jalonnent les routes sahariennes entre nos deux possessions de l'Algérie et du Soudan.

4. *La population de l'Afrique Occidentale.* — A cause de son climat tropical, l'Afrique Occidentale ne peut servir aux Européens de colonie de peuplement. Seule, la population indigène peut y travailler. Or, cette population comporte deux éléments : un blanc et un noir.

Le Sahara est peuplé de **Touareg** : ce sont des Berbères blancs. La Mauritanie et le Sahel sont surtout peuplés par des **Maures**, également blancs. Le Soudan nourrit des **Nègres soudanais**, qui peuplent aussi partiellement le Sahel, et qui se divisent en une multitude de tribus : *Sénégalais*, *Ouolofs*, *Mandingues*, etc. Dans la forêt, on trouve des **Nègres Bantous**, plus arriérés.

Les Touareg et les Maures sont des musulmans fanatiques,

1. BINGERVILLE.

Les lagunes qui, sur beaucoup de points, bordent la côte d'Afrique, ressemblent à nos étangs de la côte du Languedoc : elles communiquent avec la haute mer par d'étroites passes. Partout les lagunes de ce genre sont malsaines au moment des chaleurs, qui font fermenter les boues de leurs rives. En Afrique, sous le soleil tropical, elles sont pestilentielles, néfastes aux Européens. Mais elles sont les seuls abris de la côte de Guinée.

2. VÉGÉTATION DE SAVANE, SUR LA BÉNOUÉ.

La région des savanes, en Afrique, forme la région intermédiaire entre la forêt équatoriale et la steppe, vestibule du désert. La savane est une vaste prairie d'herbes gigantesques, assez hautes pour qu'un cavalier y disparaisse; elle est semée de bouquets d'arbres près des rivières.

nomades, pillards et cruels. Les Soudanais sont sédentaires et dociles; ils peuvent être bons porteurs, ouvriers agricoles ou soldats; la plupart sont païens; quelques-uns sont convertis à l'islam.

Entre la zone des Blancs et celle des Noirs, vivent des **Métis** (*Foulahs* ou *Toucouleurs*), islamisés et fanatiques.

Avant la colonisation, la plupart de ces populations étaient groupées par le hasard des conquêtes en royaumes éphémères, qui ne survivaient guère à leurs fondateurs. L'action coloniale de la France et de l'Angleterre a fait disparaître ces royaumes et supprimé le fléau qui dépeuplait le pays : la traite des esclaves.

Quant aux Nègres Bantous de la forêt guinéenne, ils vivent par petits groupes disséminés et très sauvages.

5. ***La colonisation française.*** — Dans cette immense zone de l'Afrique, l'empire colonial français s'étend sur un territoire continu de 6 millions de kmq. et de 10 millions d'habitants, englobant et séparant les unes des autres certaines colonies étrangères, moins importantes.

Cet immense empire contient des colonies très anciennes : notre premier établissement au Sénégal date de 1626. Dès 1854, *Faidherbe* organise cette colonie. Mais l'extension du domaine français s'est faite entre 1890 et 1900, grâce à la conquête du Dahomey en 1892, aux explorations de *Galliéni*, *Binger*, *Monteil*, à notre entrée à Tombouctou et à l'organisation des régions environnantes par les colonnes *Bonnier* et *Joffre*, en 1896.

L'**Afrique Occidentale Française** forme aujourd'hui une seule colonie, administrée par un gouverneur général et ayant comme capitale **Dakar** (18000 hab.), le grand port de la région. Elle est divisée, pour les commodités de l'administration, en cinq colonies, administrées par des lieutenants-gouverneurs, et en deux territoires. Ce sont :

1° **La colonie du Sénégal.** — Elle s'étend sur la portion du Sahel que traverse le fleuve Sénégal et qui aboutit à la côte. Elle produit en abondance les céréales et les arachides. Grâce au fleuve et aux voies ferrées qui l'unissent à la côte et au Niger, elle a de grandes facilités d'exportations. Outre Dakar, on y trouve un grand port à l'embouchure du Sénégal : **Saint-Louis**, et un marché important sur le fleuve, à l'intérieur : *Kayes*.

2° **La colonie du Haut-Sénégal et Niger.** — Elle s'étend sur la portion du Sahel qui va des sources du Sénégal au Tchad par la boucle du Niger. La portion arrosée et irriguée par le Niger, par ses lacs et par ses affluents est productive (élevage, céréales, coton, arachides). Les exportations se faisaient jadis par des caravanes qui traversaient le Sahara vers la Méditerranée. Elle se font aujourd'hui vers Dakar, par les voies ferrées et par les tronçons navigables du Niger et du Sénégal. Les principaux marchés sont : **Tombouctou**, *Mopti*, *Bammako* et *Koulikoro*.

3° La **Guinée Française** s'étend au Sud-Ouest, sur la portion découpée de la côte, sur une partie de la forêt côtière et sur les plateaux humides du Fouta-Djalon et du Labbé. Elle exporte des produits forestiers : fruits, huile de palme, coprah, kola, caoutchouc, et des produits du plateau : céréales, cuirs et bétail. Sa ville principale est le port de **Konakry**, relié au haut Niger par une voie ferrée.

4° La **Côte d'Ivoire** comprend une portion des mêmes zones (forêts côtières, haut plateau de Khong) et donne les mêmes produits. Toutefois, la côte est moins hospitalière et la construction d'une voie ferrée moins avancée. Les exportations se font par les ports de *Grand-Bassam* et de *Bingerville*, sur les lagunes.

5° La **colonie du Dahomey** présente les mêmes traits géographiques que la précédente. Ses exportations se font par *Porto-Novo*.

6° Le **territoire civil de Mauritanie** et le **territoire militaire du Tchad** s'étendent sur une partie du Sahara. La pacification en est terminée, et la période d'organisation économique commence.

6. ***La situation économique.*** — Grâce à l'unité d'organisation, à un réseau ferré et navigable bien coordonné et en voie d'achèvement, à la pacification qui a supprimé la traite des esclaves et favorisé l'accroissement de la population, l'Afrique Occidentale Française est une colonie très prospère.

Son commerce dépasse déjà 160 millions de francs ; plus de la moitié se fait avec la France, que des services réguliers, partant de Bordeaux, unissent à Dakar et à Konakry. Les principaux produits exportés sont les arachides, l'huile de palme et le caoutchouc. Les produits d'avenir sont le coton du Sahel, le bétail du Soudan, le cacao de la zone forestière.

L'avenir économique de l'Afrique Occidentale Française est illimité.

Lectures.

1. ***Dans l'Afrique Occidentale, le régime des pluies passe, par transitions, entre le Sud et le Nord, du régime équatorial au régime désertique.*** — La côte de Guinée est voisine de l'Equateur, le Nord du Sahara est voisin de la zone méditerranéenne. De là une grande variété de climats dans cette immense région; elle ne tient ni à des oppositions dans la température, qui est partout élevée, ni à des différences d'altitude, mais à des variations dans le régime des pluies, lequel dépend presque uniquement de la latitude.

Toute la zone équatoriale (et ceci intéresse non seulement la côte de Guinée de l'Afrique Occidentale, mais plus encore la région du Gabon et du Moyen Congo, que l'on étudiera au chapitre suivant) reçoit des pluies très abondantes. Un soleil ardent y évapore l'eau en quantité considérable. Cette eau évaporée forme de gros nuages qui, arrivés dans les couches supérieures et plus froides de l'atmosphère, s'y résolvent en pluie. Cette eau de pluie retombée sur le sol est de nouveau évaporée, se condense de nouveau en nuages, et constamment la même série de phénomènes se reproduit. Pendant les deux saisons où le soleil passe au zénith, il pleut ainsi tous les jours. Ainsi, jusqu'au 10e degré de latitude Nord, il y a chaque année deux saisons pluvieuses et deux saisons sèches : une saison pluvieuse qui atteint son maximum en mai, au moment où le soleil est vertical dans sa course apparente de l'équateur vers le tropique du Nord; une petite saison sèche vers juillet ; une seconde saison pluvieuse dont le centre est septembre, quand le soleil qui revient vers l'équateur est de nouveau vertical; enfin une longue saison sèche, correspondant au moment où le soleil s'est éloigné vers l'hémisphère Sud. Les nuages et les pluies se déplacent avec le cours apparent du soleil. Ces pluies équatoriales ne vont pas sans accompagnement d'orages violents : lorsque les marins arrivent par la côte du Sénégal dans le golfe de Guinée, ils entrent, disent-ils, dans le « pot au noir ». Pendant plusieurs heures consécutives, généralement dans l'après-midi, ce sont de véritables déluges. Aussi la quantité d'eau que reçoit la zone équatoriale est-elle considérable : pendant le cours d'une année, elle atteindrait une épaisseur moyenne de 4 mètres. La France, qui est suffisamment arrosée, ne reçoit que 80 centimètres en moyenne par an. Avec les 4 mètres qui y tombent, la zone équatoriale africaine forme une sorte de marécage perpétuellement humide, dont les mousses, quand on les presse, suent l'eau comme des éponges.

A mesure qu'on s'éloigne de la zone équatoriale vers le Nord, l'importance des pluies diminue. Il n'y a plus qu'une saison pour les pluies : elles tombent au moment où le soleil brille verticalement, au zénith. La saison des pluies est suivie d'une saison sèche plus ou moins prolongée.

Au delà des Tropiques, les pluies se raréfient, deviennent nulles ou tout au moins exceptionnelles. Il y arrive des nuages, mais à mesure qu'ils s'approchent de ces zones subtropicales, on les voit s'éclaircir, se dissiper, disparaître, bus en quelque sorte par l'air surchauffé. Ainsi le ciel toujours nuageux des régions équatoriales fait place insensiblement, graduellement, à un ciel implacablement clair. C'est le ciel du Sahara. Dans le Sahara, on a vu des sécheresses de 20 ans à In-Salah, de 25 ans au Touat, de plus longue durée encore dans le désert libyque. Peu de rosées. L'air est si sec qu'il arrive à certains jours de pluie un fait curieux; l'eau qui tombe des nuages est absorbée par les couches d'air qu'elle traverse et n'arrive pas même jusqu'au sol qui demeure sec. L'eau que les voyageurs portent dans des gourdes s'évapore à travers le cuir. Il pleut cependant dans le Sahara, mais rarement et irrégulièrement. Cette sécheresse explique les caractères extrêmes du climat saharien. Les nuits y sont froides; la terre gèle sous un ciel d'une pureté merveilleuse, et les sources des montagnes s'y couvrent souvent d'une mince pellicule glacée. Mais, dès que le soleil apparaît, la température se relève. Dès huit ou neuf heures du matin, la chaleur devient forte, accablante ; elle ne cesse de monter jusqu'à trois ou quatre heures de l'après-midi; et c'est alors que se produit, dans les couches d'air surchauffé, le phénomène du mirage.

2. ***Dans l'Afrique Occidentale, le régime des eaux, lacs ou fleuves, n'est pas partout favorable à la vie agricole; il n'est nulle part favorable aux relations commerciales étendues.*** — De l'Atlas au golfe de Guinée, les eaux de pluie, qui tombent en quantités si variables avec les régions forment des eaux stagnantes ou des eaux courantes.

1° **Les eaux stagnantes.** — Les masses principales de ces eaux stagnantes se trouvent au Nord du Soudan, dans la zone sahéienne : ce sont le *lac Tchad* et la série de marécages qui communique avec la boucle septentrionale du Niger et qu'on appelle le *Faguibine* et le *lac Débo*. L'origine de ces nappes d'eau peu profondes résulte de la configuration générale du continent africain, qui forme plusieurs cuvettes juxtaposées. Les eaux, ne pouvant franchir le rebord montagneux qui sépare l'intérieur de la côte, se sont amassées au fond des cuvettes; elles y ont formé des lacs généralement peu profonds, sortes de marécages ou d'inondations permanentes. Certains de ces lacs, comme le Tchad, sont salés ou saumâtres. Ils sont alimentés par des rivières, dont les unes sont permanentes et les autres temporaires, car ils sont situés au contact de la zone humide et de la zone sèche. Aussi leur surface peut-elle varier beaucoup d'une saison à l'autre. Pendant la saison chaude et sèche, l'eau s'évapore en masse, laissant des plaques de sel qui couvrent les bords des lacs. Outre les lacs Tchad et Debo, qui sont très vastes, on peut citer les lacs qui sont situés sur les Hauts-Plateaux algériens ou dans le Sahara septentrional, au Sud de l'Algérie et de la Tunisie, et qu'on nomme *chotts* ou *chebkas*.

2° **Les eaux courantes.** — Comme tous les fleuves africains, les fleuves de l'Afrique Occidentale, — même le plus puissant, le Niger, — n'offrent à la navigation que des voies insuffisantes, parce que leur cours est tourmenté.

C'est la conséquence de la disposition du relief. On a vu plus haut que le plateau intérieur de l'Afrique Occidentale est creux et qu'il se relève sur le pourtour. En allant de la mer vers le centre du pays, on trouve successivement : 1° une région de plaines très plates : c'est la région côtière ; — 2° un rebord montagneux : c'est pour les fleuves une région de chutes ou de cataractes ; — 3° une plate-forme centrale dont le niveau est relativement bas sans être toujours régulier : les eaux des fleuves s'y attardent, y forment des marécages ou des lacs. Il en résulte que, au lieu d'être des « chemins qui marchent », nos fleuves africains, comme on l'a spirituellement remarqué, sont trop souvent des « chemins qui s'arrêtent » ou des « chemins qui butent ». Ils ne sont navigables que par tronçons.

Dans l'Afrique Occidentale, le cas le plus remarquable est celui du Niger, qui prend sa source près du rebord montagneux, dans le Fouta-Djalon, mais que la pente entraîne vers l'intérieur du pays, où il s'étale dans la région du Faguibine et de la boucle du Niger. Il n'en sort que pour franchir la zone des hauteurs de la Nigeria Anglaise, par une série de cataractes infranchissables. Aussi l'embouchure du Niger n'est pas la sortie naturelle du Niger moyen. Le Niger, comme le Nil et le Zambèze, se termine par plusieurs bras enserrant un delta. Ce delta, formé de terres alluviales et constamment humides, est malsain. Les bras du fleuve, encombrés par les dépôts de vases, sont peu profonds et reçoivent difficilement les navires qui ont un assez fort tonnage. La difficulté de la navigation et l'insalubrité des côtes s'unissent ainsi pour décourager le commerce.

Quelques fleuves de la côte de Guinée se terminent près de la mer par des lagunes. Ces lagunes ont été séparées de l'Océan par des dépôts de boue et de sable dont la végétation s'est emparée et qui ne laissent entre la lagune et la mer que d'étroits et peu profonds passages. Aussi sont-elles peu favorables à la navigation : d'une part, les navires y entrent difficilement ; d'autre part, encombrées de sables et de boues, embarrassées de palétuviers, elles sont des foyers permanents d'émanations putrides, des réceptacles de reptiles et d'insectes malfaisants, des lieux pestilentiels dont le séjour est néfaste aux Européens.

Enfin, un autre phénomène rend dangereux l'accès d'un grand nombre de fleuves de l'Afrique Occidentale : c'est le phénomène de la barre, qui, comme aux embouchures des rivières marocaines, existe à l'entrée du fleuve Sénégal et sur presque toute la côte du golfe de Guinée. La barre est une succession de deux ou trois grosses vagues, sortes de bourrelets liquides que séparent de grands creux. Elle se forme sur les côtes concaves, dans les estuaires ou à l'entrée des lagunes, au point de rencontre des eaux fluviales qui descendent vers la mer et des eaux marines qui remontent dans le fleuve ou dans la lagune. Ces gros bourrelets sont assez forts pour chavirer de petites embarcations. Les navires d'un certain tonnage n'ont pas à redouter pareil danger ; mais, comme la mer se creuse fortement entre les bourrelets au passage de la barre, ils courent le risque de toucher le fond et de s'abîmer.

3. *Outre la forêt côtière, savanes, brousses, steppes*

1. RAPIDES DU NIGER. — 2. LE NIGER A NIAMÉ.

Le Niger n'a pas moins de 4150 kilomètres de longueur; il forme l'artère principale de l'Afrique Occidentale. Malheureusement la valeur de cette artère varie beaucoup d'un point à un autre. Le Niger est tronçonné par plusieurs lignes de rapides qui en brisent l'unité. Dans l'intervalle de ces rapides, s'étendent des biefs où le fleuve, lent, large, profond, se prête merveilleusement à la navigation : ainsi pendant plus d'un millier de kilomètres en amont de Tombouctou, où il peut être sillonné par un service régulier de bateaux à vapeur. Mais la traversée des rapides est souvent presque impossible; la navigation se trouve interrompue. Un même bateau, d'une certaine importance, ne peut naviguer sans interruption depuis l'endroit où le Niger devient navigable jusqu'à son embouchure. Le Niger n'est navigable que par tronçons.

se partagent le Soudan. — La forêt équatoriale occupe toute la région congolaise et s'allonge sur la plaine côtière de Guinée : nous en verrons la description plus bas (p. 505). Vers le Nord, elle s'éclaircit. Les arbres se groupent en bois dans les vallées profondes, en bouquets dans les endroits humides, en rangées ou « galeries » le long des cours d'eau, qu'ils bordent d'un mur verdoyant et protègent contre l'évaporation. Les marécages se couvrent de roseaux hauts de plusieurs mètres, joncs, papyrus qui poussent si dru que l'accès du marais est impossible.

Entre les bouquets d'arbres et les bois, sur toute la plaine et le plateau, se développent des herbes, des graminées, qui, à la saison des pluies, poussent avec une vigueur surprenante. En peu de semaines, elles atteignent 5 à 6 mètres. Sur de vastes surfaces de plusieurs milliers de kilomètres carrés, le sol est occupé par des herbes de même couleur, de même hauteur, de même aspect, car les espèces ne s'y mêlent pas comme en Europe. Elles sont en masses tellement épaisses que par endroits les animaux refusent d'y pénétrer. Mais ces graminées se flétrissent vite à la saison sèche. Elles deviennent très inflammables ; la plus petite étincelle suffit à les mettre en feu. L'incendie ravage alors des espaces considérables, mais la cendre laissée sur le sol le fertilise ; l'année suivante, les grandes herbes ne repoussent qu'avec plus de fougue. Que les pluies arrivent, et toute trace de dévastation disparaît.

Ces grandes étendues couvertes de parcs, de bouquets de bois, d'immenses champs de graminées, c'est la *savane*. La savane est la formation végétale la plus intéressante pour les colons. Ils s'emparent des clairières, y pratiquent l'élevage des troupeaux, y cultivent l'arachide, la canne à sucre, le café, y font pousser le manioc et les céréales, non pas celles de nos pays, mais celles des Tropiques, millet, sorgho. Le cotonnier y croît à l'état sauvage ; il vient très bien partout.

Les arbres sont en terrain moins favorable que dans la région équatoriale ; une fois défrichées, les forêts ne se reconstituent pas vite ; les champs abandonnés par les nègres restent longtemps sans végétation forestière. Les géants disparaissent. Il ne subsiste guère que l'énorme et disgracieux baobab au tronc renflé en forme de courge. Plus de larges feuilles sur les arbres ; les essences épineuses apparaissent. Mais ces arbres de la savane secrètent des gommes précieuses : la gomme arabique, la gomme copal.

Si l'on s'éloigne assez de l'équateur, il arrive un moment où, l'humidité diminuant, l'arbre n'a plus la force de se développer. On ne trouve plus que des arbrisseaux, des buissons épineux croissant en fourrés épais : acacias, mimosas qui « ne servent à rien et ne donnent pas même d'ombre ». Les graminées vivaces disparaissent ; une herbe rare et maigre couvre la plaine. C'est la brousse, c'est la steppe. La *brousse* est un fourré de maigres arbustes épineux. La *steppe* est une savane aux herbes maigres et temporaires.

4. *Le Sahara est le type classique du désert.* — Brousse et steppe annoncent le désert ; elles le précèdent. Elles n'en sont pas séparées par une limite bien nette. Qu'une saison soit exceptionnellement pluvieuse, et la brousse empiète sur le désert ; au contraire,

1. VILLAGE MOUDANG.

La forme des villages et des habitations des nègres d'Afrique varie beaucoup d'un peuple à l'autre. L'une des plus curieuses est celle des villages des Moundang, qui habitent au sud du lac Tchad, où ils ont été visités par le commandant Lenfant. Le village est entouré d'un mur continu, que flanquent des tours surmontées de coupoles ou de terrasses qui servent de greniers. Mur et tours sont bâtis en pisé. On établit généralement les villages, soit dans des clairières, soit sur des terrasses naturelles où l'on ne craint pas l'envahissement des eaux.

2. DAKAR.

Dakar est un port tout moderne, né de l'expansion française au Soudan. C'est le plus grand port de l'Afrique Occidentale Française, escale fréquentée par les paquebots qui vont d'Europe en Afrique équatoriale ou en Australie.

qu'une année un peu plus sèche vienne, et c'est le désert qui empiète sur la brousse. Un peu plus ou un peu moins d'eau suffit à faire avancer ou à faire reculer la limite mouvante du désert. Ce « territoire contesté », sans cesse disputé entre la steppe et le désert, c'est ce que les indigènes appellent le *Sahel*, c'est-à-dire le « rivage » du désert.

Le désert n'est pas absolument privé de végétation, mais sa végétation est rare, très peu variée et très particulière. Seulement un petit nombre d'espèces subsiste; l'absence ou l'insuffisance d'humidité tue les autres. Les plus vivaces demeurent, mais, pour pouvoir vivre, se transforment. Leurs racines prennent des dimensions exceptionnelles, afin de pouvoir aller puiser au loin, en surface ou en profondeur, les sucs et l'eau dont la plante a besoin. Pour une main de hauteur au-dessus du sol, certaines plantes ont parfois plusieurs mètres de profondeur de racines. D'autre part, leurs feuilles sont coriaces, épaisses, luisantes, vernissées comme du métal, de sorte que le soleil a moins de prise sur elles et ne peut. par évaporation, pomper l'eau qu'elles enferment et qui leur est indispensable. Elles sont couvertes parfois de poils et d'épines. Certaines contiennent des réserves d'eau, même parfois d'eau salée. D'autres sécrètent une huile qui, en s'évaporant, enveloppe la plante d'une buée protectrice contre l'ardeur du soleil, et par suite contre le dessèchement. La plupart du temps, les feuilles se transforment en épines ou poussent si petites qu'on ne voit de loin que les branches de l'arbre : tel est l'acacia à gomme. Les tiges sont courtes, ramassées, dures. Ces plantes épineuses, grisâtres ou d'un vert sombre, sont clairsemées et ne voilent qu'à peine l'aridité des sables qui, de loin, paraissent nus.

Mais cette stérilité du désert n'est pas irrémédiable. Ce n'est pas la terre végétale qui manque, sauf exception. Le désert n'est pauvre que parce qu'il est sec. Qu'une pluie exceptionnelle vienne mouiller la terre. et en quelques jours le sol se couvre d'un véritable tapis de verdure. Que l'eau jaillisse en puits artésien ou affleure en nappe à la surface du sol, et tout autour du puits ou de la source une végétation luxuriante se développe, les palmiers croissent en bouquets : « Le palmier, dit un proverbe arabe, vit les pieds dans l'eau et la tête dans le feu ». Sur tous les points d'eau du désert, il prend une importance considérable. En effet, il ne donne pas seulement ses fruits, sa sève dont on fait une boisson, le tissu fibreux qui sert à fabriquer des cordages, son bois, ses branchages. Il forme écran du côté du soleil; il protège la terre contre une ardeur excessive et laisse encore passer assez de lumière et de chaleur pour qu'à son ombre poussent des figuiers, d'autres arbres fruitiers autour desquels s'enroule la vigne, et plus bas, sur le sol, des champs de légumes, de trèfle, d'orge.

Les îles de verdure, les *oasis*, ainsi formées, peuvent rivaliser de fraîcheur avec les régions les plus fertiles de l'ancien monde. Mais leur richesse se paie : tandis que le désert est très sain, l'oasis humide exhale des miasmes de fièvre. Les oasis sont disséminées sur toute la surface du Sahara; elles y forment « comme les mouchetures d'une peau de panthère ». Elles sont assez nombreuses dans la moitié occidentale du désert, c'est-à-dire sur le territoire qui dépend de la France, au Sud de l'Algérie, de la Tunisie et même au Sud du territoire italien de la Tripolitaine : oasis du *Mzab*, du *Gourara*, du

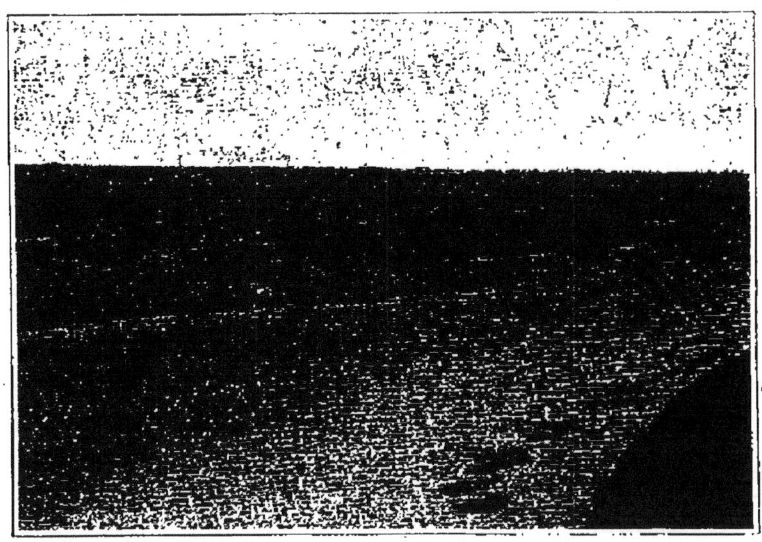

1. DUNES DE SABLE AU SAHARA.

2. LE SAHARA VU DU COL DE SFA.

Le Sahara a un relief aussi varié qu'aucun autre pays : montagnes, plateaux, vallées, dépressions. Mais, faute d'eau, les vallées sont sèches; c'est à peine si quelques suintements d'eau y entretiennent çà et là quelques bouquets de palmiers. Que sa surface consiste en plateaux pierreux ou en étendues sableuses, aucune végétation ne voile l'aridité de son sol. Le col de Sfa, au Sud de l'Algérie, est situé sur la limite des Hauts-Plateaux et du Sahara (non loin de Biskra).

Touat, de l'*Ahaggar*, au Sud de l'Algérie; oasis de *Ghadamès*, au Sud de la Tunisie; oasis du *Fezzan*, de *Koufra* et du *Tibesti*, au Sud de la Tripolitaine.

Il n'y a naturellement qu'un très petit nombre d'habitants dans le désert proprement dit, où l'homme est obligé de mener la vie nomade. Mais les oasis sont souvent très peuplées. Quelques-unes d'entre elles renferment plusieurs villages et même de petites villes. On en cite d'assez étendues qui n'ont pas moins de 10 000 habitants. Ceux-ci vivent de la culture du sol. Ils pratiquent aussi quelques industries, fabrication d'étoffes en poils de chèvre ou de chameaux, confection

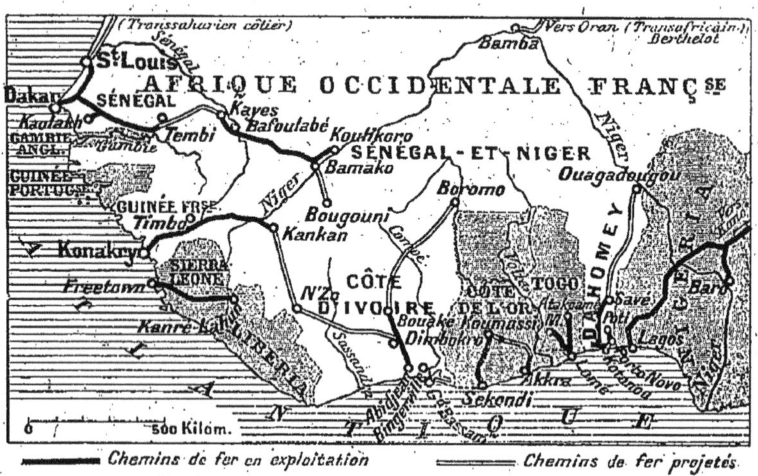

LES VOIES FERRÉES DE L'AFRIQUE OCCIDENTALE FRANÇAISE.

Il y en a quatre principales qui partent de la côte et visent toutes le bassin du Niger dont les ressources sont importantes et variées. Les quatre têtes de ces lignes sur la mer sont, du Nord au Sud, les ports de Dakar, Konakry, Abidjean, sur la baie de Bingerville, et de Kotonou. Elles progressent assez lentement vers l'intérieur; toutefois, elles atteignent déjà le Niger en deux points. La ligne de Konakry à Kankan doit être prolongée de manière à rejoindre la ligne d'Abidjean à la boucle du Niger. On compte beaucoup sur ces voies ferrées pour le développement de notre grande possession nigérienne.

de nattes et d'objets en cuir. Les produits sont exportés vers le dehors par les caravanes qui traversent le désert à dos de chameau, en suivant les lignes d'eau. Le chameau est l'animal indispensable pour la traversée du désert.

5. ***Les voies ferrées sont nécessaires au développement économique du Soudan.*** — Les voies de communication, — fleuves, routes ou voies ferrées, — sont une des conditions principales du développement économique de tout pays.

Au Soudan, les fleuves sont de médiocres voies de navigation. Coupés de rapides, trop peu profonds pendant la saison sèche, terminés par des embouchures difficilement praticables, ils comportent des biefs plus ou moins longs, que la batellerie indigène utilise avec profit pour un commerce local; mais ils ne forment pas des voies commodes, permanentes et continues de pénétration. Le Sénégal, que sa situation semble désigner pour pénétrer de la côte dans le bassin du Niger, n'est pas navigable plus de trois mois par an sur la partie utilisable de son cours.

Les routes ne rendent pas plus de services. D'ailleurs, les routes du Soudan ne répondent guère à ce que nous entendons par ce mot en Europe. La route soudanaise, — et cela est d'autant plus vrai qu'on s'éloigne des grands centres, — n'est le plus souvent qu'une simple piste, qui serpente en lacets et dont l'entretien, par suite de l'abondance des précipitations atmosphériques, laisse la plupart du temps à désirer. Le transport des marchandises ne peut être effectué qu'exceptionnellement par voitures ou même à dos de bêtes de somme; très fréquemment elles ne sont utilisées que pour le portage, dont les inconvénients sont multiples et qui coûte très cher. Un porteur transporte une charge d'environ 30 kilogrammes, à une vitesse moyenne de 20 à 25 kilomètres par jour, pour un prix de 0 fr. 50. Le transport d'une tonne de caoutchouc de Sikasso, un des centres de production, à Bammako où aboutit le chemin de fer, — il y a 340 kilomètres de Sikasso à Bammako — revient ainsi par portage à 250 francs. Par voie ferrée, le transport de cette tonne de caoutchouc ne coûterait pas plus de 10 à 12 francs.

La construction de voies ferrées s'impose donc pour amener les produits du Soudan jusqu'à la mer et jusqu'aux marchés européens dans des conditions de bon marché suffisantes. C'est pour cela que tous les États européens qui possèdent des territoires dans le Soudan poursuivent activement l'exécution des chemins de fer. En 1914, l'Afrique Occidentale Française en avait 3000 kilomètres.

6. ***Quel est l'avenir de l'Afrique Occidentale Française?*** — L'Afrique Occidentale Française tire sa richesse et attend pour l'avenir une richesse plus grande encore de ses multiples ressources végétales : *ressources arbustives, élevage, cultures.*

1° Les **ressources arbustives** se trouvent d'abord dans la forêt guinéenne. Là elles sont déjà en pleine exploitation : les bois d'ébénisterie, le caoutchouc et l'huile de palme sont les principaux produits d'exportation de la colonie. Mais, même dans l'intérieur, on trouve des plantes dont le produit n'est pas négligeable : arachides dans le bassin du Sénégal; gomme au nord de ce fleuve. L'arachide — la *pistache de terre*, comme on l'appelle, parce que ses fruits se développent sous terre, — dont les graines (cacahuètes) donnent une huile blanche utilisable pour beaucoup d'usages industriels, est devenue un très important article de commerce; on l'exporte surtout à Marseille, où elle est utilisée pour la fabrication de savons, d'huiles et de matières grasses.

2° L'**élevage** s'est développé tout naturellement. Il existait depuis longtemps vers le centre de la boucle du Niger, et, en particulier, dans le pays de Mossi : élevage du mouton et (la terrible mouche tsé-tsé, dont la piqûre est mortelle aux bêtes à cornes, n'y existant pas) élevage des bœufs et des vaches. Mais, faute de moyens d'exporter le bétail ou les produits animaux, cet élevage végétait. Depuis que le chemin de fer Koulikorô-Dakar permet d'exporter facilement la laine, l'élevage du mouton a doublé. De même, l'élevage du bœuf dans le Mossi.

Les régions plus méridionales, Dahomey et Côte d'Ivoire, sont pour ainsi dire interdites à l'élevage. La chaleur humide du climat, les multiples insectes qui torturent les animaux, la mouche tsé-tsé, les herbes vénéneuses des grandes forêts sont des obstacles; sauf la chèvre, les bestiaux, en nombre infime, ne parviennent à vivre qu'au prix d'une dégénérescence profonde. Tous ces pays manquent de vivres, et c'est ce qui explique qu'on y trouve les derniers anthropophages. Or, le commerce européen y vient chercher l'huile de palme, des bois précieux et autres produits de prix : l'argent n'y manque donc pas, et le bétail y atteint une valeur fort élevée. Grâce aux routes et aux voies ferrées, les éleveurs du Mossi trouvent donc là un gros écoulement pour leurs bestiaux. Il était naturel que l'élevage se développât chez eux.

3° Enfin des **cultures**, anciennes et nouvelles, s'y étendent peu à peu.

Parmi les premières, il faut citer le riz, qui réussit remarquablement dans la région du lac Débo, sur le Niger, où, presque sans travail, il donne un produit comparable aux riz de l'Extrême-Orient. On ne le cultivait jadis que pour la consommation locale; on le cultive maintenant aussi pour l'exportation.

Parmi les secondes, le caféier, le cacaoyer et la canne à sucre donnent des espérances; la culture du tabac semble assurée d'un grand avenir. Mais il faut réserver une mention spéciale pour celle du *coton*. A une époque où toutes les puissances industrielles cherchent à développer la culture du coton sur les territoires qu'elles possèdent, il est intéressant de noter que le coton réussit bien au Soudan, qu'il y donne des produits de bonne qualité utilisables pour l'industrie. Aussi travaille-t-on à en développer de plus en plus la culture dans les terres riveraines du Niger moyen.

La France trouve donc au Soudan d'importants produits pour ses industries, et c'est ce qui explique les progrès réalisés par les ports de l'Afrique Occidentale Française, et principalement par celui de Dakar, resté le plus actif, et par celui de Konakry, qui, fondé en 1890, renferme aujourd'hui plus de 10000 habitants.

IV. — L'AFRIQUE ÉQUATORIALE FRANÇAISE

La colonie de l'Afrique Équatoriale Française représente un domaine qui, entre le bassin du Congo et le massif du Cameroun, s'étend de la côte du Gabon jusqu'au lac Tchad.

Il comprend des régions naturelles susceptibles d'un développement économique très varié : 1° la région du Gabon et du Moyen Congo, de climat équatorial et de végétation forestière, pays d'ivoire et de caoutchouc; 2° la région du Chari et du Tchad, de climat tropical, de savane et de steppe, pays de céréales et d'élevage.

Les progrès de la colonisation française dans ce riche territoire n'ont réellement commencé que dans les premières années du XXe siècle.

1. Les régions naturelles de l'Afrique Équatoriale Française. — Notre grande colonie de l'Afrique Équatoriale Française s'étend depuis la côte du Gabon jusqu'au lac Tchad, entre les hauts massifs du Cameroun et de l'Adamaoua, d'une part, et le bassin déprimé du Congo, d'autre part. Elle comporte trois régions naturelles distinctes.

1° **La région côtière du Gabon.** — Cette région forme une bande parallèle à la *côte du Gabon*. Elle comprend :

1° A l'intérieur, une série de hauteurs, les *monts de Cristal*, qui s'allongent parallèlement à la côte, mais assez loin d'elle, et qui ne sont autre chose que le rebord soulevé du plateau intérieur du Moyen Congo;

2° A l'extérieur, la *plaine du Gabon*, qui s'étend, plate et alluviale, jusqu'à une côte presque partout alluviale et sableuse. Cette côte est bordée de deltas (*delta de l'Ogooué*), de lagunes, d'anses (*anse du Gabon*), au milieu desquelles dominent de rares pointements rocheux (*cap Lopez*, *Pointe Noire*).

Le climat est équatorial, c'est-à-dire très chaud et très humide : les pluies (4 m. en moyenne par an) tombent en deux saisons, printemps et automne. La forêt équatoriale, très haute, très épaisse, riche en lianes et en plantes parasites, couvre les pentes des monts de Cristal et une partie de la plaine. On y trouve les arbres et les plantes à caoutchouc, les palmiers à huile. Les produits que l'on peut obtenir par cultures sont le cacao, la canne à sucre, etc. L'élevage du gros bétail y est impossible, à cause de la mouche tsé-tsé.

2° **Le plateau du Moyen Congo.** — Le plateau du Moyen

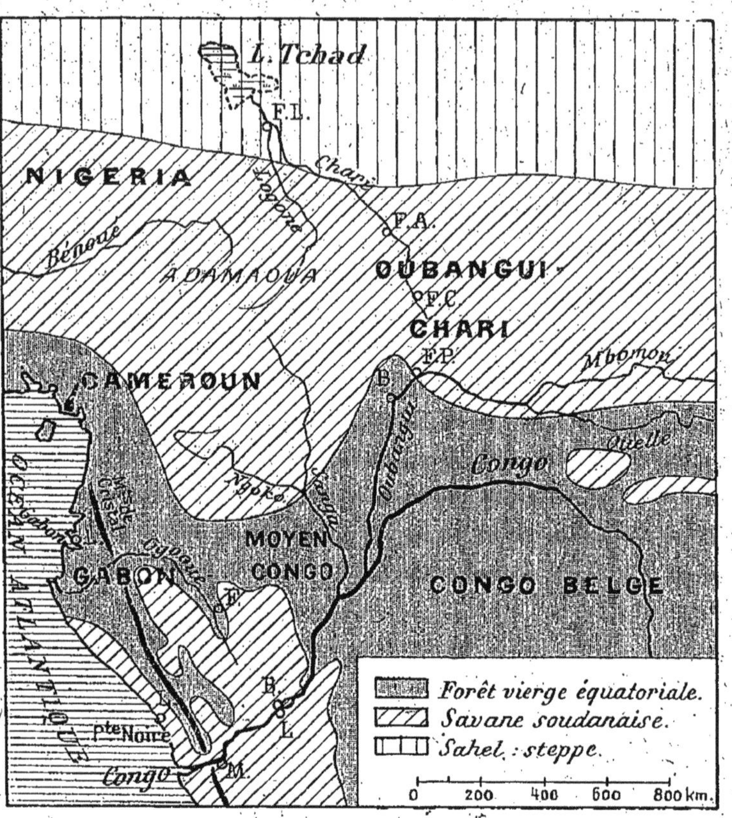

L'AFRIQUE ÉQUATORIALE FRANÇAISE.

Congo s'étend depuis les Monts de Cristal, qui en forment le rebord extérieur, jusqu'au bassin du Chari. C'est un bombement gréseux, dont les pluies tropicales ont décomposé la surface en une argile rouge et peu fertile, la *latérite*. S'inclinant vers le Nord et vers le Sud, il envoie ses eaux soit à la mer, par des torrents rapides comme l'*Ogooué*, qui font brèche à travers les Monts de Cristal, soit au Congo, par des affluents directs,

1. LA FORÊT CONGOLAISE. — 2. SAVANE DE L'OUHAMÉ.

Dans notre Afrique équatoriale, chaude et humide, la végétation présente deux formes principales :

1° Dans les parties les plus humides, la forêt, aux arbres énormes et pressés les uns contre les autres, où l'homme est comme perdu ;

2° Dans les parties moins humides, la savane, prairie aux herbes immenses, hautes comme un homme. Des arbres en bouquets isolés la parsèment. La chasse y est active ; les cultures et l'élevage y sont presque partout possibles. L'Ouhamé est sur la route entre le Congo et le lac Tchad.

comme la *Sanga*, ou par des affluents indirects, qui grossissent l'*Oubangui*.

Le climat est encore ici équatorial. Toutefois, les pluies se font moins abondantes à mesure que l'on se dirige vers le Nord. Aussi, tandis que les régions de la Sanga et du bas Oubangui sont couvertes par la forêt-vierge, le Nord ne porte qu'une épaisse savane, où l'on trouve encore un caoutchouc spécial (le « caoutchouc d'herbe »), mais où l'on peut cultiver les céréales (maïs, sorgho, riz), le café, et où l'élevage est possible.

3° **Le plateau du Chari et du lac Tchad.** — Au Nord, le plateau, s'inclinant de plus en plus vers l'intérieur, devient un bassin déprimé, qui se raccorde au Soudan Occidental par la cuvette du *lac Tchad*. Il devient ainsi une plaine qui est drainée par le *Chari* et par ses affluents, dont le principal est le *Logone*. Elle est limitée au Nord par les plateaux du *Baguirmi* et du *Ouadaï*.

Le climat est encore tropical et humide au Sud ; on n'y connaît qu'une seule saison de pluie : l'été, comme au Soudan. Il devient subtropical et sec au Nord : il n'y a que quelques jours et il n'y tombe que quelques gouttes de pluie en été, comme au Sénégal. Aussi, tandis que le Sud est couvert par la *savane soudanaise*, aux hautes herbes, propice aux cultures et à l'élevage de troupeaux sédentaires, le Nord est occupé par la *steppe sahélienne*, à l'herbe rare et passagère, où l'on ne peut faire de cultures que par irrigation et pratiquer l'élevage qu'en déplaçant les troupeaux à la recherche de l'herbe.

2. ***Peuplement et colonisation***. — L'Afrique-Équatoriale Française possède une population indigène assez nombreuse, assez variée par la race et surtout par le genre de vie. Elle comprend :

1° **Des Nègres Bantous.** — On les trouve dans toute la région du Gabon et du Moyen Congo. Ceux du Gabon sont industrieux, bons agriculteurs ; ils savent travailler le fer, pratiquent le commerce et sont susceptibles de civilisation ; la tribu la plus active est celle des *Fans*. Ceux du Moyen Congo, réfugiés surtout dans la zone frontière, sont groupés en petits clans, vivent surtout de chasse et de pêche ; ils sont sauvages et souvent anthropophages ; la tribu la plus redoutable est celle des *Pahouins*.

1. LE STANLEY-POOL.

C'est une sorte de lac formé par le Congo en amont des montagnes littorales où il est coupé de rapides. Le Congo s'y étale et s'y endort. C'est sur le Stanley-Pool que les Belges ont établi leur principale station dans cette région : Léopoldville, point d'attache de la flottille qui circule sur le Congo et ses affluents. Sur la rive opposée du Stanley-Pool s'élève Brazzaville, l'une des stations les plus importantes de l'Afrique Équatoriale Française.

2. LE CHARI A FORT-LAMY.

Un fleuve large, mais peu profond, et déjà encombré de ces amas d'herbes flottantes (analogues à celles du Nil que les Anglais appellent le Sudd*), qui entravent la circulation. Toutefois, aux hautes eaux, le Chari forme une voie navigable qui unit les deux régions de notre colonie. Et la route le longe en temps de sécheresse.*

2° **Des Nègres Soudanais et des Maures blancs.** — On les trouve les uns et les autres dans la région du Chari et du Tchad ; ils ont les mêmes traits distinctifs que leurs congénères de l'Afrique Occidentale.

Quant aux **Européens**, ils sont très rares : le climat, mortel aux habitants des latitudes tempérées, leur interdit le séjour permanent dans la zone proprement équatoriale. Dans l'intérieur, la difficulté des communications a, jusqu'à ce jour, retardé l'exploitation coloniale.

Notre établissement dans cette région est dû aux grandes explorations de *Savorgnan de Brazza*, de *Mizon*, de *Crampel* et de la mission *Foureau-Lamy*. Aujourd'hui, l'Afrique Équatoriale Française forme une **colonie unique**, administrée par un gouverneur et divisée en **trois territoires**, que gèrent des lieutenants-gouverneurs, et qui correspondent aux trois régions naturelles indiquées plus haut :

1° **Le Gabon**, dont les principaux marchés sont : *Libreville* et *Loango*, sur la côte; *Franceville*, à l'intérieur; *Brazzaville*, sur le Congo;

2° **Le Moyen Congo**, dont les principaux marchés sont : *Ouesso*, sur la Sanga; *Bangui*, sur l'Oubangui;

3° **L'Oubangui-Chari-Tchad**, dont les principaux marchés, jalonnant la route commerciale du Congo au Tchad, sont : *Fort-Possel*, sur l'Oubangui; *Fort-Crampel*, *Fort-Archambault* et *Fort-Lamy*, sur le Chari.

3. ***La situation économique.*** — L'Afrique Équatoriale Française n'atteint pas la prospérité de son voisin, le Congo Belge : 1° parce qu'elle est moins étendue et moins riche en forêts et en caoutchouc ; 2° parce qu'elle n'est pas traversée par un grand fleuve navigable; 3° parce qu'elle n'est qu'une faible portion de notre empire colonial et ne peut attirer qu'une faible partie de notre effort ; 4° parce que, pour l'instant, elle manque de voies ferrées, défaut qu'un projet en voie d'exécution fera disparaître à brève échéance.

Pour l'instant, le Gabon seul possède des plantations de cacao et d'épices. Du Gabon et du Moyen Congo on exporte les produits de la forêt : le caoutchouc, l'ivoire, l'huile de palme, le coprah, quelques bois d'ébénisterie. Ce commerce, encore assez faible, se fait surtout avec la France et surtout par le port de Bordeaux.

Lectures.

1. ***La région congolaise est le domaine de la forêt-vierge.*** — Très chaude et très humide, la région congolaise est le domaine de la forêt-vierge.

La forêt équatoriale africaine est une forêt prodigieuse, à double et triple étage. Des arbres gigantesques se dressent au milieu d'une mer de verdure et se rejoignent. Ils pointent vers le ciel, cherchant l'air et la lumière. Ce sont des bananiers, des palmiers à huile, des acajous, des ébéniers, des bombax ou fromagers. Le fromager, qui n'est pas beaucoup plus gros que les autres, atteint 8 ou 10 mètres de diamètre ; il a 50 ou 60 mètres de haut. Une maison haute comme deux de nos maisons de cinq étages superposées serait encore ombragée par lui. Ses graines ressemblent à un fromage, d'où son nom. Dans son tronc les indigènes creusent des barques qui peuvent contenir 100 hommes.

Sous la voûte de ces grands arbres se pressent les troncs et les ramures d'arbres moindres, qui sont pourtant encore plus grands que les plus grands arbres de nos régions. A leurs branches grimpent ou adhèrent des lianes enchevêtrées, inextricables, aux tiges énormes, au feuillage si épais qu'elles forment en retombant un rideau, ou plutôt un mur de verdure. Sur le sol poussent des plantes aux larges feuilles, d'un vert riche, couvertes de fleurs très grandes. Ces fleurs ont des formes bizarres, des couleurs vives, des senteurs violentes. Le sol est noir, mou, spongieux, couvert de mousses. Il est fait de débris de plantes en décomposition et baigne dans les buées d'une lourde et chaude vapeur.

Le feuillage de ces trois étages de verdure est si épais, si serré, qu'il protège le sol comme un toit, et que les rayons du soleil n'arrivent pas à le percer. Les régions inférieures de la forêt sont ainsi dans une obscurité presque complète. Deux voyageurs ne s'aperçoivent pas à quelques pas de distance. Ils sont dans les « ténèbres de l'Afrique ». S'ils parlent, le son de la voix arrive assourdi comme un appel lointain. La nuit et un silence pesant règnent éternellement dans la forêt équatoriale. Du reste, nulle route, nul chemin, nul sentier. Les seuls passages tracés, lorsqu'il en existe, sont des pistes analogues à celles des animaux sauvages ; elles serpentent capricieusement, péniblement, et se perdent vite. C'est à coups de hache, au prix d'efforts incessants, qu'on peut s'y ouvrir passage, et encore les tranchées ainsi faites se referment vite derrière le voyageur, sous la vigoureuse poussée des branches et des lianes. Les cours d'eau eux-mêmes sont cachés sous un épais manteau de branchages qui se rejoignent au-dessus de leur lit ; c'est seulement aux endroits où ils sont coupés de cascades qu'on peut les apercevoir.

Et la forêt ne s'étend pas seulement sur quelques hectares. Elle est trois ou quatre fois au moins plus étendue que la France. Stanley a voyagé trois mois à travers la forêt du Congo sans en voir la fin, et c'est avec un véritable sentiment de délivrance, dit-il, qu'il retrouva, au bord du plateau, l'air libre, la lumière et le soleil.

2. ***Dans la région du Congo français, pas d'élevage possible. Mais il y a des cultures d'avenir, et l'ivoire et le caoutchouc sont, pour le présent, de bonnes ressources.*** — Lorsqu'on songe à l'avenir dont est susceptible la région du Congo, on voit que seul l'élevage semble devoir y être toujours assez précaire, par suite de la présence de la mouche tsé-tsé, dont la piqûre est mortelle à plusieurs espèces, sinon à toutes les espèces animales. « Le sociologue est effrayé, a-t-on dit, quand il réfléchit à la somme de calamités dont cet insecte a été la source pour la misérable Afrique. » En effet, ces calamités sont : l'impossibilité d'élever du bétail, le manque de viande de boucherie, la nécessité de plier une énorme partie de la population à la tâche abrutissante du portage; enfin, la diffusion foudroyante de ce mal qu'on appelle la *maladie du sommeil*, qui cause d'effrayants ravages dans l'Afrique Équatoriale.

Quant aux **cultures**, l'homme aura toujours de la peine à défricher, pour la mettre en culture, la grande forêt équatoriale tout entière; mais il pourra introduire dans les clairières la plupart des cultures qui aiment la chaleur et l'humidité. Des plantations de cacaoyers ont été créées et prospèrent dans la zone littorale du Congo Français, notamment dans la plaine alluviale qui entoure le cap Lopez. Il ne sera pas difficile d'y développer la culture du caféier, qui y croît à l'état sauvage. Le manioc, le bananier, les arachides, qui sont au nombre des principales plantes alimentaires du pays, pourront y devenir facilement l'objet d'une culture très importante.

La région du Congo pourra donc offrir, quelque jour, d'importantes ressources à la colonisation. Malheureusement, son climat très malsain favorise peu l'établissement des Européens, et il s'écoulera longtemps encore avant qu'elle soit arrivée à ce stade de développement. Pour l'instant, elle a deux ressources principales, l'ivoire et le caoutchouc. On a défini le Congo « un cimetière d'ivoire et une mine de caoutchouc ».

L'ivoire provient des dents ou défenses d'un certain nombre de gros animaux : éléphants, rhinocéros. Il donna d'abord lieu à un commerce extrêmement actif qui était alimenté : 1° par la chasse de ces animaux; 2° par des réserves d'ivoire que les indigènes avaient pendant longtemps enfouies dans des cachettes. Cet ivoire était exporté vers les ports d'Europe, et notamment vers le port belge d'Anvers, qui était ainsi devenu le grand marché de l'ivoire. Aujourd'hui, l'importance de ce commerce diminue d'année en année. Les réserves sont épuisées. D'un autre côté, les éléphants et les rhinocéros pourchassés tendent à disparaître.

Au contraire, la production du **caoutchouc** augmente rapidement. Le caoutchouc est la sève de certaines plantes, qui se coagulent à l'air libre. On sait que le caoutchouc est de plus en plus demandé sur le marché européen, où il sert à un grand nombre d'usages, notamment dans les industries électriques et automobiles. Or le Congo Français, comme le Congo Belge, possède trois espèces de caoutchouc : 1° le *caoutchouc d'arbre*, qui l'on obtient en incisant le tronc de certains arbres; 2° le *caoutchouc de liane*, que l'on obtient en incisant ou en coupant certaines lianes et en les broyant; 3° le *caoutchouc d'herbe*, que l'on obtient en arrachant les racines de certaines herbes et en les broyant. Les deux premières espèces se trouvent dans la forêt-vierge; la troisième se trouve dans la savane qui couvre le Nord des plateaux intérieurs.

De là une abondante production de caoutchouc. Sans doute elle gagnerait souvent à être faite avec une intelligence, un soin et une méthode dont nombre d'indigènes sont incapables : par exemple, ils arrachent trop souvent les lianes qu'ils pourraient inciser, parce que ce procédé est plus expéditif; mais il est ruineux pour l'avenir. Pourtant, telle quelle, la production est, pour l'instant, satisfaisante. Le plus grand danger qui la menace est la concurrence du *caoutchouc de plantation*, que les Anglais ont développé dans leurs possessions d'Extrême-Orient, notamment en Malaisie : ce caoutchouc est de qualité moindre, mais il s'obtient plus facilement. Aussi le prix du caoutchouc a-t-il baissé sur le marché européen, et les producteurs congolais en souffrent, tout comme ceux du Brésil. Mais l'industrie moderne demande des stocks de plus en plus considérables de caoutchouc, et la crise ne saurait être que passagère.

3. ***L'Afrique Équatoriale Française en est encore à la période des projets pour les voies ferrées.*** — De Libreville ou de Loango à Brazzaville, les transports ne peuvent se faire actuellement qu'à l'aide du portage : on se sert de convois de 300 à 500 hommes, qui portent sur la tête des charges pesant 25 kilogrammes environ; on paie un homme 30 francs pour transporter un charge de Loango à Brazzaville. Cette pauvreté des moyens de transports paralyse l'essor économique de notre colonie.

Divers projets de voies ferrées ont été maintes fois proposés. On a commencé en juillet 1914 l'exécution d'un triple projet comprenant :

1° Une *ligne de Pointe-Noire à Brazzaville*; elle drainerait une partie des produits du Congo Belge;

2° Une *ligne de Libreville à Ouesso* (région de la Sanga, affluent navigable de l'Oubangui);

3° Une *ligne de l'Oubangui à Fort-Crampel.*

En attendant l'exécution de ces voies ferrées, les régions voisines du fleuve Congo et de l'Oubangui sont seules assez bien desservies, grâce à la navigabilité de ces cours d'eau, sur lesquels circulent des flottilles de petits vapeurs, dont les machines brûlent comme combustible l'huile de palme et l'huile d'arachide.

V. — MADAGASCAR

La grande île de Madagascar, située dans l'Océan Indien, au large de la côte d'Afrique, a une forme massive. Son climat est influencé par les vents de l'Océan Indien sur sa côte orientale, par le voisinage de l'Afrique sur sa côte occidentale. Un vaste plateau intérieur forme la transition entre ces deux climats : le premier est très sec et le second très humide.

De là une variété de végétation, qui, jointe à l'existence de richesses minérales, présente de multiples ressources à la colonisation française. Celle-ci peut aussi trouver un appui dans les multiples éléments de la population malgache : les uns sont d'origine africaine ; les autres, d'origine malaise.

Le développement économique, de date récente, est en progrès. Il s'oriente de plus en plus vers le commerce avec la France et avec l'Afrique Australe.

1. ***Le sol de Madagascar.*** — La grande île de Madagascar a une superficie de 592 000 kmq., supérieure à celle de la France. Elle est située dans l'Océan Indien, au Sud-Est de l'Afrique, dont elle n'est séparée que par le *canal de Mozambique*, qui a seulement 300 km. de large, mais 3000 m. de profondeur.

Par son **histoire géologique**, Madagascar ne se rattache pas à l'Afrique, dont elle fut séparée dès les temps secondaires, mais à l'Inde Méridionale et à l'Australie avec lesquelles elle ne forma longtemps qu'un seul continent. Celui-ci, s'affaissant à la fin de l'ère tertiaire pour céder la place à l'Océan Indien, a laissé trois témoins : la presqu'île du Dekkan, l'Australie et Madagascar.

De cette histoire résultent :

1° **Le caractère très archaïque de la flore et de la faune de Madagascar.** — Si le Dekkan a été rattaché à l'Asie par le comblement de la plaine du Gange, Madagascar, comme l'Australie, est demeurée une masse isolée. Séparée de l'Afrique depuis le début des temps secondaires, elle n'a pu recevoir les espèces végétales et animales, de plus en plus élevées dans l'échelle des êtres, qui sont nées et se sont propagées dans tout l'Ancien Continent au cours des plus récentes époques géologiques. C'est ainsi que, avant l'arrivée des Européens, il n'existait à Madagascar aucune espèce de grand mammifère.

2° **La structure, la nature et le relief du sol.** — Débris d'un très ancien continent, qui fut longuement usé par l'érosion avant d'être fragmenté par des affaissements, Madagascar a un relief assez monotone.

Elle est constituée essentiellement par un **haut plateau,** qui comporte en son centre des dépressions, et dont les deux principales masses sont : au Nord, l'*Imérina ;* au Sud, le *Betsiléo.* D'une altitude moyenne de 1000 à 1500 m., elles sont séparées l'une de l'autre par une série de **massifs volcaniques,** dont le principal est l'*Ankaratra* (*Mont Tsiafajavona* 2600 m.). Les éruptions qui les produisirent furent le résultat de fractures contemporaines de l'effondrement de l'Océan Indien.

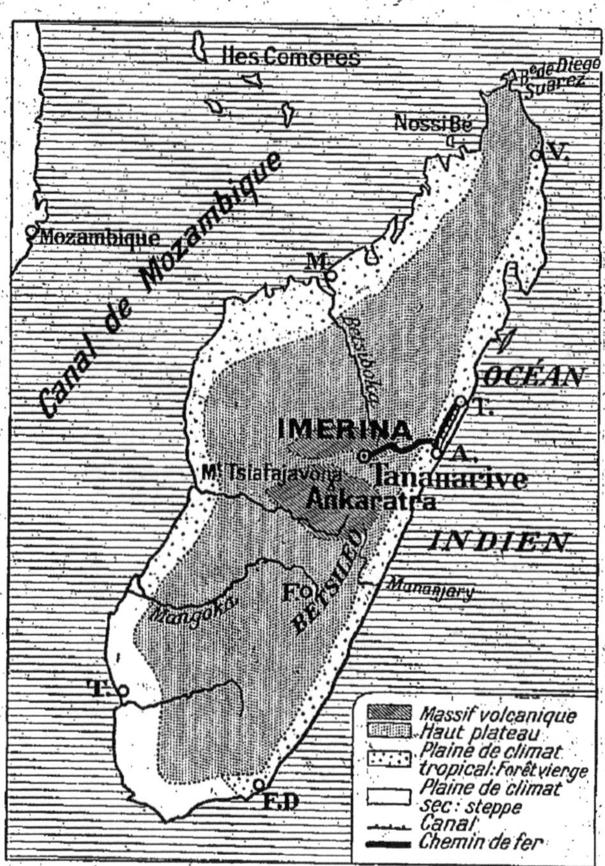

MADAGASCAR.

Les hauts plateaux sont constitués par des roches anciennes, cristallines ou gréseuses, qui, sous l'action des pluies tropicales, se sont décomposées à la surface en une argile rougeâtre, ou *latérite*, pauvre en chaux, en phosphore et en phosphate, et peu fertile. Mais les alluvions accumulées par les eaux dans les dépressions, ainsi que les roches éruptives des massifs sont des sols féconds. D'autre part, les sols cristallins contiennent des ressources minières, surtout de l'or.

Sur le pourtour du plateau, des **plaines alluviales** s'étalent, sauf au Nord, où le plateau se termine par une côte abrupte et découpée (*baie de Diégo-Suarez*). A l'Est, ces plaines sont dominées par le rebord élevé du plateau et se terminent par une côte plate et très marécageuse. A l'Ouest, elles sont plus larges et se raccordent presque insensiblement avec le plateau intérieur, qui s'incline vers elles; leur côte est plate et très sableuse.

2. ***Le climat, les eaux et la végétation.*** — Une île aussi vaste, aussi massive et orientée vers deux centres de climat aussi différents que l'Afrique du Sud et l'Océan Indien, a nécessairement un climat et des ressources assez variés.

On distingue quatre *zones climatiques* :

1° La **côte orientale**, exposée pendant l'hiver austral (notre été) à l'alizé de l'Océan Indien, et pendant l'été austral (notre hiver) à une mousson qui vient de l'Inde en passant sur cet Océan, a des pluies abondantes en toutes saisons; elle est chaude, humide, marécageuse, malsaine; on l'a surnommée « le cimetière des Européens ».

2° La **côte sud-occidentale**, abritée par les hautes terres aussi bien contre l'alizé d'hiver que contre la mousson d'été, est chaude, mais sèche et aride, désertique.

3° La **côte nord-occidentale**, que le relief intérieur abrite de l'alizé d'hiver, mais non de la mousson d'été, n'a de pluies qu'en été, mais est chaude, marécageuse et malsaine.

4° Le **haut plateau intérieur**, seul, a un climat tempéré grâce à l'altitude : température fraîche, pluies d'été, propre à l'élevage et à la culture.

En somme, sauf dans le Sud-Ouest, le climat est assez humide pour entretenir des **eaux** abondantes, qui, pour une part, alimentent certaines **lagunes** logées dans les dépressions intérieures du plateau, et, pour une autre part alimentent des **fleuves** puissants, rapides et torrentiels : *Manambolo*, *Mangoka*, *Betsiboka*, etc.

La *végétation* varie avec l'altitude, l'exposition et le climat.

1° La **forêt tropicale** occupe toute la plaine côtière orientale; elle y est haute, épaisse, obscure, très difficilement pénétrable, presque inhabitable; elle se prolonge jusque dans la

1. LE PLATEAU D'ANTSIRABE.

Climat salubre à cause de l'altitude (1000-1500 m.); savane; cultures.

2. LA BAIE DE DIEGO-SUAREZ.

Une des rares portions bien découpées de la côte.

3. LE CHEMIN DE FER DE TAMATAVE.

Le seul chemin de fer de l'île : il unit Tananarive au port de Tamatave. Par là sont exportés la plupart des produits du plateau : or, cuir, riz, raphia, etc.

mer par des forêts demi noyées de *palétuviers*. Dans la plaine du Nord-Ouest, elle est moins dense et plus pénétrable. Elle contient des arbres et des lianes à *caoutchouc* et beaucoup de palmiers utiles, notamment le *palmier à huile* et le *palmier raphia*, dont les fibres fournissent un assez bon textile.

2° La **savane** occupe le haut plateau. Drues, épaisses et hautes, ses herbes offrent d'excellents pâturages. Dans les parties sèches, on peut cultiver le *café*; dans les dépressions humides, le *riz* et la *canne à sucre* ; sur les pentes qui descendent vers les plaines côtières, le *cacao* et le *coton*.

3° La **steppe** et le **buisson désertique** occupent la plaine côtière du Sud-Ouest, avec quelques bouquets de palmiers raphias. On n'y peut guère élever que des moutons et recueillir que quelques gommes parfumées. Mais c'est là que se trouvent les principaux districts miniers.

Le peuplement et la colonisation. — La population de Madagascar (2 600 000 hab.) ne représente guère qu'une densité faible : 4 à 5 hab. au kilomètre carré. Elle ne contient presque plus d'autochtones, mais seulement deux races d'envahisseurs venues, soit de l'Afrique, soit de la Malaisie. Ce sont :

1° Des **Nègres**, *Sakalaves, Betsiléo, Antaïmorona*, répandus aujourd'hui surtout sur les côtes et dans la portion méridionale du plateau;

2° Les **Hovas** ou **Antaïmérinas**, conquérants de race malaise, venus depuis sept siècles et établis sur l'Imérina, d'où ils ont conquis toute l'île : bien qu'ils soient en minorité, ils dominent et exploitent la majorité nègre, grâce à leur organisation hiérarchique et à leur cohésion.

Les Européens ne sont que 9000.

Conquise par la France en 1895, Madagascar est devenue une colonie d'exploitation assez prospère, grâce à l'établissement de routes carrossables, d'un chemin de fer qui unit la capitale intérieure, Tananarive, au port de Tamatave, et à la création ou à l'amélioration de certains ports.

4. Les régions de peuplement et de production. — Actuellement, la région du plateau est plus peuplée et plus productive que les plaines côtières.

1° Le **plateau** est relativement très habité : il comprend la majeure partie des indigènes, notamment des Hovas, et presque la totalité des Européens. La céréale la plus cultivée est le riz, dont les Hovas font leur nourriture, et qui, malgré la grande consommation locale, est un produit d'exportation. On y cultive également le manioc, le maïs, le tabac, le café. Et surtout l'on y développe l'élevage des bœufs, qui s'exportent déjà vers l'Afrique Australe, alimentent quelques usines de conserves à *Diégo Suarez* et pourront devenir un excellent produit d'exportation.

Les villes principales sont : **Tananarive** (62 000 hab.), la capitale, située dans une dépression intérieure, près d'une rizière dont les produits nourrissent la ville, et *Fianarantsoa.*

2° Les **plaines de l'Est et du Nord-Ouest** sont malsaines et peu peuplées. Mais on commence à exploiter partiellement leurs riches produits : le caoutchouc, les bois d'ébénistérie. Dans les zones défrichées, on a inauguré ou repris les cultures de cacao et de vanille. De plus, c'est dans les alluvions des rivières que l'on recherche l'or entraîné des filons du plateau par les eaux courantes. Enfin, les ports les plus accessibles de cette côte servent de points de pénétration vers l'intérieur. C'est ainsi que, à côté des ports secondaires de *Mananjary* et de *Vohémar*, on trouve deux ports plus importants : **Tamatave**, à l'Est ; **Majunga**, au Nord-Ouest.

3° La **plaine du Sud-Est**, bien que très sèche, possède une population noire assez nombreuse, qui s'y est réfugiée loin des Hovas. On y trouve du raphia et surtout on peut y élever des moutons ; le troupeau est déjà très nombreux. Cette côte, qui regarde vers l'Afrique Australe, croît en importance en même temps que le commerce de notre colonie avec la colonie anglaise. Nous y avons organisé un bon port : *Tulléar.*

5. ***La situation économique.*** — Le commerce de Madagascar est encore relativement faible, mais il progresse sans arrêt. Il dépasse 80 millions de francs. Les principaux produits d'exportation sont l'or, le caoutchouc, les cuirs, le raphia, le bétail sur pied, le riz, le café et la vanille. Les importations portent sur tous les produits fabriqués et sur la houille.

La France fait les trois cinquièmes des exportations et les trois quarts des importations malgaches. Mais, à mesure que la production du riz et que l'élevage du bétail se développent, l'Afrique Australe Anglaise, dont les régions minières se surpeuplent rapidement et dont les ressources agricoles sont limitées, fait un appel plus pressant aux exportations de Madagascar. C'est là qu'est, pour une bonne part, l'avenir de notre colonie.

Lectures.

1. ***Madagascar est pour la France une bonne colonie d'exploitation.*** — Madagascar n'est pas et ne saurait être, à proprement parler, une colonie de peuplement : une partie de son sol, la plaine côtière, ne se prête pas au séjour prolongé des Européens, soit par excès d'humidité (c'est le cas de l'Est et du Nord-Ouest), soit par excès de sècheresse (c'est le cas du Sud-Ouest). D'autre part, les Malgaches, Nègres ou Hovas, sont assez nombreux pour cultiver leur sol et, sous la direction intelligente des Français, centupler sa production actuelle.

Toutefois, comme colonie d'exploitation, Madagascar présente, pour nous autres Européens, des conditions exceptionnelles. Le plateau intérieur est parfaitement habitable; on peut y pratiquer toutes les cultures qui, avec l'exploitation des produits de la forêt (bois et caoutchouc), doivent enrichir le commerce de la grande île : riz, textiles, etc., sans compter l'élevage.

En fait, les colons ont déjà appris le chemin de Madagascar. Entre 1896 et 1910, Madagascar a reçu 4500 colons français, qui ont reçu ou acheté des concessions de terres dont l'ensemble représente une superficie de 530 000 hectares, c'est-à-dire la superficie moyenne d'un département français. Sans doute, ce n'est pas le centième de la superficie de l'île; mais c'est de là que sortent déjà presque tous les produits d'exportation de Madagascar. A ne considérer que la partie cultivable des hauts plateaux habitables, on peut dire que la colonisation y trouverait sans peine, — et sans gêner les indigènes, — un domaine trente fois plus étendu à exploiter.

2. ***Le plateau intérieur est la région essentielle de notre colonie.*** — Altitude et fraîcheur, atmosphère saine, humidité suffisante, larges espaces de terres excessivement fertiles dans des dépressions couvertes d'alluvions et dans des régions de sol volcanique : telles sont les conditions exceptionnelles que le plateau intérieur de Madagascar offre à la colonisation française. En particulier, il est favorable à la culture du riz : c'est l'existence d'une grande rizière, établie dans une dépression humide du plateau, qui a fait de Tananarive une grande ville, en permettant de nourrir sa population. Le coton, le café, le caoutchouc réussissent dans les basses altitudes, mais il ne semble pas que l'avenir de Madagascar soit dans le développement de ces cultures tropicales; la culture du mûrier, avec son complément, l'élevage du ver à soie, les céréales et surtout l'élevage des bœufs prospèrent dans les parties les plus hautes.

Déjà les progrès accomplis sont grands sur le plateau, tout au moins dans la région de Tananarive. En 1902, Madagascar était obligé d'acheter 15000 tonnes de riz en Extrême-Orient; en 1910, elle en a vendu 8600 tonnes à la France. Son troupeau de bœufs dépasse déjà 4 millions de têtes, et elle peut disposer de 400000 bêtes par an pour l'exportation et la boucherie; on fabrique des conserves de viande à

Diego-Suarez. Le Mozambique, le Cap, la Réunion achètent au plateau malgache de la viande. Et on essaie sur le plateau les cultures du maïs, du café, de la vigne. Dans les parties sèches, on élève déjà un troupeau imposant de moutons.

Ainsi donc, si la côte malgache rappelle ici le Congo, là le Sahara, la France pourra faire du plateau central de Madagascar un autre Soudan, sinon une autre Algérie.

3. ***Le développement des voies de communication contribuera plus que tout à l'essor économique de Madagascar.*** — Jusqu'à ces dernières années, les transports à Madagascar furent difficiles, pénibles et coûteux, parce que :

1° Madagascar n'a aucun cours d'eau navigable, sauf sur de faibles longueurs, vers les embouchures ;

2° Le pays n'avait que des pistes, entretenues très irrégulièrement, où les voyageurs étaient portés en *filanzane*, où les transports se faisaient à dos d'homme (la faune indigène ne comprend aucun animal porteur).

Le transport d'une tonne de marchandises entre Tamatave et Tananarive coûtait 1200 francs. Jamais, dans ces conditions, Madagascar n'aurait réussi à acquérir la moindre importance économique.

L'un des efforts principaux du gouvernement français a été de travailler au développement des voies de communication, afin d'améliorer cette situation. Il a fait construire :

1° Le *canal des Pangalanes*, long de 100 kilomètres, le long de la côte orientale, à travers les lagunes situées au Sud de Tamatave ;

2° Des *routes*, dont les deux principales unissent Tananarive d'une part à Tamatave, son port de la côte orientale, de l'autre à Majunga, son port de la côte occidentale. Un autre réseau, moins important, se développe autour de Fianarantsoa, la deuxième ville du plateau ; quelques-unes de ces routes sont assez bien faites pour pouvoir être desservies par des services d'automobiles ;

3° Une *voie ferrée*, qui unit Tananarive à Tamatave, et qui doit être complétée par une autre ligne desservant le plateau au Sud de Tananarive.

L'établissement de cette voie ferrée fut une entreprise difficile, car nombreux étaient les obstacles à surmonter : 1° obligation d'escalader le rebord oriental élevé et abrupt du plateau : d'où nécessité d'un grand nombre de travaux d'art (tunnels, remblais, viaducs), fort coûteux ; 2° difficulté d'exécuter des terrassements et des remblais sur le versant oriental du plateau, exposé aux tornades de l'Océan Indien, qui, à la saison des pluies, y déversent des eaux torrentielles : il a fallu, pendant la construction, refaire à plusieurs reprises certains travaux d'art importants qui avaient été emportés par des orages. Ces difficultés ont été vaincues. Depuis 1909, des trains relient Tananarive à la côte orientale. Le prix de transport de la tonne est aujourd'hui dix fois moins élevé qu'avant l'établissement du chemin de fer. Les rapports du plateau avec les pays du dehors se sont trouvés singulièrement facilités.

4. ***L'avenir du commerce de Madagascar est, en***

partie, dans l'Afrique Australe. — Actuellement, Madagascar fait presque tout son commerce avec la France. C'est à elle qu'elle envoie et qu'elle continuera à envoyer, par Tamatave ou par Majunga, son caoutchouc, ses peaux, son café, son coton, son or, sa soie.

Mais, de l'autre côté du canal de Mozambique, se trouve une région qui doit, dans l'avenir, jouer un grand rôle dans la prospérité de notre colonie : c'est l'Afrique du Sud. Surpeuplée, grâce à ses mines, qui, d'autre part, absorbent presque toute la main-d'œuvre disponible, celle-ci manque de produits alimentaires. Déjà, aujourd'hui, les troupeaux des Boers ne suffisent plus à l'alimenter, ni en viande, ni en produits de laiterie qu'il faut importer, à grands frais, d'Europe. L'élevage malgache trouvera là, à proximité, un excellent champ d'exportation pour ses troupeaux. Par contre, Madagascar n'a pas d'industrie, faute de houille ; la houille du Cap doit l'alimenter.

Le gouvernement français a compris le profit qu'on pouvait tirer de ce double besoin, et le port de Tulléar, sur la rive Sud-Ouest, qui regarde l'Afrique du Sud, vient d'être aménagé. Il a, sans doute, en perspective, un bel avenir.

VI. — L'INDOCHINE FRANÇAISE[1]

L'Indochine Française est constituée par la portion occidentale (la plus vaste) de la péninsule indochinoise, située tout entière dans l'Asie des moussons.

Elle n'a ni unité de structure, ni unité de peuplement. C'est pourquoi il est légitime d'y distinguer, malgré une certaine unité de climat, différents territoires coloniaux, qui furent, d'ailleurs, jadis des États indépendants les uns des autres : le Tonkin, l'Annam, le Laos, le Cambodge et la Cochinchine.

Dans ces régions, les foyers essentiels de peuplement, de production et d'activité commerciale sont les plaines alluviales et notamment les deltas : plaine du Cambodge, delta du Mé-Kong, delta du Fleuve Rouge.

Dans ses parties riches, plaines et deltas, l'Indochine est hostile au peuplement des Européens; mais elle offre à leur exploitation de grandes ressources agricoles et même minières. Elle est notre colonie la plus prospère après l'Afrique Mineure et l'Afrique Occidentale Française.

1. ***Structure de l'Indochine Française.*** — Le territoire de l'Indochine Française occupe une superficie de 720 000 kilomètres carrés, c'est-à-dire une fois et demie la superficie de la France. C'est la portion orientale de la péninsule de l'Indochine.

Sa structure, assez compliquée, s'explique par les traits essentiels suivants :

1° Un **plateau ancien**, reste de l'ancien socle continental qui occupait l'emplacement de l'Asie à l'époque primaire, subsiste encore partiellement à l'intérieur, usé, aplani et coupé de failles et de vallées : c'est le *plateau du Laos*.

2° Des **plissements récents**, contemporains des plissements alpins, c'est-à-dire d'âge tertiaire, et prolongeant vers l'Est les plis de l'Himalaya et de la Chine Méridionale, se sont formés au Nord du Laos. Les uns se sont moulés autour de ce plateau et le contournent à l'Est; ils ont une direction Nord-Sud : ce sont les *chaînes de l'Annam*. Les autres, au Nord, prolongent plus directement les monts de la Chine Méridionale; ils ont une direction Ouest-Est : ce sont les *chaînes du Tonkin*.

1. Voir la carte, p. 481.

3° Des **plaines alluviales** se sont formées, grâce au comblement, par les apports des fleuves, des golfes qui occupaient les portions effondrées du plateau ou les intervalles entre les plis montagneux. C'est ainsi que, au pied méridional du Laos, on trouve la *plaine du Cambodge*; entre le Laos et les chaînes de l'Annam, le delta du Mékong, ou *plaine de Cochinchine*; entre les chaînes de l'Annam et celles du Tonkin, le delta du Fleuve Rouge, ou *plaine du Tonkin*.

Les **côtes** de l'Indochine sont assez variées. Aux plaines deltaïques correspondent des côtes basses et sableuses. Mais les chaînes du Tonkin et de l'Annam sont bordées par des côtes rocheuses, limitant une mer profonde, riche en caps, en écueils, en baies : *baie d'Along*, *baie de Tourane*, etc.

2. ***Le climat et les eaux***. — Par sa situation entre l'Océan Indien et l'Océan Pacifique, l'Indochine a un ***climat*** entièrement soumis au régime des *moussons*, vents saisonniers qui soufflent de la mer vers l'Asie Centrale en été, de l'Asie Centrale vers la mer en hiver. Mais la différence d'orientation fait que les **pluies** ne tombent pas dans la même saison sur les différents versants :

A l'Ouest (plaine du Cambodge, tournée vers l'océan Indien), c'est la mousson de l'Océan Indien qui apporte la pluie, en été.

A l'Est (côtes du Tonkin), la mousson qui vient de l'Asie septentrionale en hiver, ayant passé sur la mer de Chine avant d'aborder cette côte, y apporte quelques pluies ; mais, auparavant, la mousson d'été, qui vient du Pacifique, a apporté des pluies d'été, moins violentes toutefois que les pluies amenées par la mousson de l'Océan Indien dans la région Ouest.

Au Sud, la Cochinchine, participant, grâce à son orientation, des deux régimes, a deux saisons de pluies (été et hiver), se traduisant par des précipitations très abondantes (3 m. par an).

Enfin, vers l'intérieur, l'influence de la mousson ne se fait plus sentir, et les plateaux du Laos sont très secs.

Il y a aussi une certaine variété dans le régime des **températures**. Le régime tropical, à chaleur forte et continue, n'existe que dans le Sud, en Cochinchine et au Cambodge. Au Tonkin l'été est un peu moins chaud, l'hiver notablement plus froid, et l'écart entre les deux saisons est sensible.

Un dernier trait important de ce climat est la fréquence et la violence des *cyclones*, ou *typhons*, aux époques où la mousson change de direction : ils sont dangereux pour la navigation.

1. LA BAIE D'ALONG.

Type de côte correspondant aux chaînes du Tonkin. Au contraire, au delta du Tonkin correspond une côte plate et rectiligne. (Photo Dr Le Play.)

2. LE PALAIS ROYAL DE PNOM-PENH.

Pnom-Penh est la capitale du Cambodge, dont la civilisation, déjà ancienne, rappelle à la fois celles de l'Inde et de la Chine.

3. RIZIÈRE AU TONKIN.

Les *cours d'eau* sont abondants en toute saison, avec des crues très marquées pendant la saison des pluies : ils inondent alors les plaines et les deltas et exercent une profonde influence sur les cultures. Tels sont les nombreux fleuves, rapides et courts, qui descendent des chaînes vers la côte de l'Annam, et les deux grands fleuves du pays : au Nord, le **Fleuve Rouge**, ou **Song-Koï**, avec ses deux affluents, la *Rivière Claire* et la *Rivière Noire*; à l'Ouest et au Sud, le **Mékong**, un des plus grands fleuves de l'Asie, dont le cours inférieur communique avec l'immense lagune du **Tonlé-Sap**; dans son delta, il reçoit la *Donnaï*.

S'ils rendent de grands services aux cultures, ces fleuves en rendent peu à la navigation et à la circulation de la mer vers l'intérieur. En effet, non seulement ils se terminent par des deltas ensablés, mais ils sont coupés de nombreux rapides qui les sectionnent en biefs navigables isolés, utilisables pour le commerce local, non encore pour le commerce général.

3. ***La végétation et les ressources minières.*** — Les différences de relief, se répercutant par certaines différences de climat, introduisent de frappants contrastes dans la végétation et les ressources des régions naturelles de l'Indochine.

1° La **forêt tropicale** couvre les chaînes montagneuses arrosées par la mousson. Cette forêt est surtout dense et touffue dans les chaînes méridionales de l'Annam; elle couvre aussi certaines parties des plaines non défrichées. Les espèces les plus précieuses sont les arbres à *caoutchouc*, le *cèdre*, le *camphrier*, le *bois de fer* et l'*arbre à laque*.

Dans le Cambodge et la Cochinchine, certaines parties sèches des plaines contiennent des forêts de *bambous*, dont le bois est employé pour toutes les constructions indigènes; les régions inondées par le Mékong possèdent des *forêts noyées*; les bras des deltas des fleuves, des *forêts de palétuviers*, qui contribuent à les rendre impraticables.

2° La **savane** aux hautes herbes, ou **jungle**, se trouve dans les parties les plus sèches des plaines; c'est la *région des cultures*, et particulièrement, dans les parties inondées périodiquement par les fleuves, la *région des rizières*.

3° Enfin, une véritable **steppe**, à l'herbe rare et non permanente, couvre le Laos, où la forêt est limitée aux vallées humides des fleuves. La culture, à cause du manque d'eau, y est difficile; c'est la région de l'élevage.

Il y a donc une grande opposition de ressources végétales entre les montagnes, les plaines alluviales et le plateau. A cette opposition s'ajoute celle des ressources minérales, nulles dans les plaines, rares sur le plateau (un peu d'or), abondantes, au contraire, dans les chaînes, particulièrement dans celles du Tonkin, où l'on trouve de riches mines de houille et de fer.

4. *Le peuplement et la colonisation.* — L'Indochine Française possède environ 16990000 habitants, soit 21 au kilomètre carré. Cette population, très dense dans les rizières des plaines, est très disséminée dans les forêts des montagnes et dans les steppes du plateau.

La ***population indigène***, qui comprend presque la totalité des habitants, contient, isolés sur le plateau, des représentants de races anciennes : les *Moï* et les *Lolo*. Mais elle est surtout représentée par deux races, qui ont une antique civilisation :

1° Les **Khmers**, que l'on trouve surtout au Cambodge, dont la civilisation, la religion et même la race ont subi fortement l'influence des Hindous ;

2° Les **Annamites**, les plus nombreux (12 millions), qui occupent la Cochinchine, l'Annam et le Tonkin ; ils sont de race jaune ; ce sont des agriculteurs excellents, capables d'assimilation.

En outre, des **Chinois**, très nombreux, se trouvent soit dans les villes, où ils font la banque, le commerce et tous les petits métiers urbains, soit dans les régions nouvellement conquises à la culture sur les marécages.

La ***colonisation*** française a dans le pays une origine très ancienne. Notre premier établissement, dans la baie de Tourane, date de 1797 ; notre occupation de la Cochinchine, de 1863-1867 ; notre occupation sur l'Annam et le Tonkin, de 1873 et 1885. Enfin, par des traités plus récents avec le Siam et avec l'Angleterre, nous avons étendu notre frontière jusqu'au Mékong et même au delà.

Aujourd'hui, le **gouvernement général de l'Indochine Française** groupe sous une même unité de direction (budget commun, travaux publics coordonnés, etc.) les territoires suivants :

1° le **protectorat du Tonkin**, cap. *Hanoï* ;
2° le **protectorat de l'Annam**, cap. *Hué* ;
3° le **protectorat du Cambodge**, cap. *Pnom-Penh* ;
4° la **colonie de Cochinchine**, cap. *Saïgon* ;

5° les **territoires du Laos.**

5. ***Le Tonkin.*** — On distingue dans le Tonkin :

1° Au centre, le **delta du Song-Koï**, ou *fleuve Rouge*, et de son affluent, la *Rivière Noire*, vaste plaine alluviale, de climat tempéré, avec une saison froide et une saison chaude, bien irriguée, très fertile. C'est une terre d'élevage et de rizières. D'autre part, la colonisation y a découvert, au contact de la montagne, une nouvelle source de richesses : d'abondantes mines de houille, à *Hongay*, près de la baie d'Along. Elles sont en pleine exploitation. C'est la région surpeuplée du Tonkin (400 hab. au kmq.), la région des villes : **Hanoï** (114000 hab.), *Haï-Phong*, *Nam-Dinh*.

2° Sur le pourtour, les **montagnes du Tonkin** (les 9/10 du Tonkin), encore mal connues, mais certainement très hautes, ont un hiver rude, des rivières torrentielles coulant de rapides en défilés. Elles constituent une région forestière et malsaine, peu habitée, précieuse toutefois par ses mines de fer (à *Lao-Kay*) et d'étain (à *Cao-Bang*), et plus encore par les routes qu'elle ouvre vers les riches terres de la Chine Méridionale (Yunnan), qui sont bien plus près de Haï-Phong que des ports chinois. Un chemin de fer remonte cette vallée jusqu'à *Yunnan-Sen*, en territoire chinois, et fait dès aujourd'hui de Haï-Phong un des ports d'exportation de la Chine.

6. ***L'Annam.*** — Près de deux fois étendu comme le Tonkin et moitié moins peuplé, l'Annam est presque tout entier occupé par des hauts plateaux et des montagnes (de 1000 à 2500 m.), coupés de cols assez hauts et occupés soit par des landes, soit par des forêts; le climat y est rude, les rivières torrentielles. Quelques parties des côtes sont découpées en baies : la principale est la *baie de Tourane*. Cependant, en bien des points, la côte est formée par une plaine basse, alluviale, marécageuse et malsaine, mais fertile et couverte de rizières.

La population y est presque entièrement concentrée; les montagnes sont presque désertes. Capitale : *Hué*.

7. ***Le Cambodge. Le Laos.*** — Le Cambodge est une région plane, au climat chaud, traversée par le **Mékong**, qui vient du Tibet et n'est navigable que dans sa partie cambodgienne. Il s'y bifurque, et une partie de ses eaux va au *Tonlé-Sap*, que ses atterrissements comblent peu à peu.

Terre chaude et fertile en riz et en blé, le Cambodge est

depuis longtemps le centre d'une vieille civilisation : la civilisation *Khmer*. Capitale : **Pnom-Penh**.

En arrière s'étendent les plateaux du **Laos**, encore peu connus et peu exploités, mais qui s'annoncent comme d'excellentes terres pour l'élevage.

8. ***La Cochinchine.*** — La Cochinchine est la région la plus petite de l'Indochine Française : elle est formée par le **delta du Mékong**, terre basse, chaude, marécageuse et malsaine, mais d'une fertilité merveilleuse. Elle est par excellence le pays des rizières. Aussi est-elle très peuplée. Les villes sont : **Saïgon** (248000 hab., avec la ville chinoise de *Cholon*), *Mytho*, *Vinh-Long*, *Chaudoc*.

L'impossibilité de franchir tous les rapides du Mékong vers la Chine Méridionale a déçu l'espoir de faire de Saïgon le grand débouché de cette riche contrée. Mais la Cochinchine est, après la Birmanie Anglaise sa voisine, le plus gros exportateur de riz du monde.

9. ***La situation économique de l'Indochine.*** — Colonie d'exploitation et non de peuplement, l'Indochine Française est la plus puissante de nos colonies après les pays de l'Atlas et l'Afrique Occidentale Française. Sa prospérité augmentera encore avec l'achèvement des réseaux routier et ferré, qui sont en très bonne voie de construction.

Si l'exploitation minière commence à peine, si l'industrie est limitée aux travaux de certains artisans (objets de laque, d'ivoire, etc.), si certains produits végétaux, qui pourraient rapporter beaucoup, sont encore dans la période des essais (caoutchouc, coton, coprah, mûrier et élevage des vers à soie), en revanche, l'extraction de la houille enrichit déjà le Tonkin ; la pêche est très active sur toutes les côtes, et certaines plantations et cultures sont en plein rendement : le manioc, le poivre, le thé, la canne à sucre, un textile : la ramie, et surtout le riz.

Le commerce de l'Indochine Française atteint annuellement 530 millions de francs : les exportations l'emportent sur les importations, et le transit originaire ou à destination du Yunnan augmente chaque année. Les principaux produits d'exportation sont : le riz (les trois cinquièmes des exportations), le poisson, les denrées coloniales et la houille. La plus grande partie du commerce se fait avec la Chine, la France, l'Angleterre et le Japon.

Lectures.

1. ***Le Mékong est un très grand fleuve, mais une voie imparfaite.*** — Le Mékong est un des très grands fleuves qui descendent des montagnes de l'Asie Intérieure vers les plaines côtières de l'Asie des Moussons. Comme le Gange et l'Indus, comme l'Irraouaddi et la Ménam, il apporte à ces plaines alluviales les masses d'eau qui permettent de les irriguer et d'en tirer les plus riches récoltes qui soient au monde. Mais, de même aussi que ces autres fleuves, il s'en faut qu'il rende à la navigation autant de services qu'aux cultures, tout au moins sur une grande partie de son cours.

Le **cours supérieur** du Mékong traverse à leur origine toute la série de chaînes intérieures qui, divergeant en éventail vers l'extérieur, forment les montagnes du Tonkin et de l'Annam. Il y traverse une série de vallées allongées entre les chaînes, passant de l'une à l'autre par des *cluses* étroites qui coupent les chaînes et où il s'engouffre et dévale, de chutes en rapides : parmi ceux-ci, les plus connus sont les rapides de *Louang-Prabang*. Toute cette portion du cours est peu navigable, tout au moins en amont du coude que le fleuve fait près de *Vien-Tiane*.

Au delà commence le **cours moyen**. Là le fleuve coule au travers du plateau de Laos. Il s'y est taillé une vallée assez large, et son cours serait assez paisible, n'étaient les formidables crues qui arrivent de la montagne à la saison des pluies de mousson (l'été) et surtout les rapides et les chutes qui se produisent sur tous les points où le fleuve, pour creuser sa vallée, s'est heurté à un banc de roches dures : rapides et chutes de *Kemmarat*, qui se poursuivent sur plus de 150 kilomètres, de *Kong* (15 kilomètres), de *Préapâtang* (50 kilomètres). Les chutes de Kong sont les moins longues, mais les plus rudes, les seules qui soient demeurées infranchissables jusqu'à ce jour.

A la sortie de Laos commence le **cours inférieur**. Le fleuve s'étale dans la double plaine alluviale du Cambodge et de la Cochinchine. Sa largeur ne nuit pas à sa navigabilité, tant est forte la masse d'eau qu'il entraîne. A *Pnom-Penh* (les Cinq-Bras), il se divise. Deux bras vont au *Tonle-Sap*, immense zone d'eaux et de terres détrempées, où l'on distingue la *Plaine de Boue*, le *Petit Lac* et le *Grand Lac* : à l'époque des crues, les eaux, refluant du fleuve, quintuplent la zone inondée, qui, en temps de sécheresse, a encore 140 kilomètres de long sur 30 de large. Deux autres bras descendent vers la mer et ne tardent pas à former l'immense *delta de la Cochinchine*, où afflue la *Donnaï*, la rivière de Saïgon, et qui n'a pas moins de 600 kilomètres de côté.

Dans cette zone basse et détrempée, non seulement les nombreux bras du fleuve sont navigables, mais ils forment les meilleures routes du pays : c'est par eux que le riz est véhiculé jusqu'aux entrepôts et aux rizeries de Saïgon. Mais, même dans la zone moyenne, les travaux du gouvernement français ont amélioré les conditions de la navigation : entre les biefs navigables ils ont réussi, par des dragages et

1. VALLÉE SUPÉRIEURE DU MÉKONG.

Le Mékong prend sa source dans le Tibet. Son cours supérieur se déroule au fond d'une étroite vallée. Un sentier peu praticable le longe; pas de bourgs; le pays est pauvre et désert. Tel est l'aspect de la partie de l'Indochine confinant au Tibet.

2. LE MÉKONG PRÈS DE TIANGRI.

Plus au Sud, le Mékong descend vers la mer par plans successifs, séparés les uns des autres par des régions de rapides.

des élargissements, à atténuer, sinon à supprimer nombre de rapides. Aujourd'hui, on trouve dans l'intérieur une ligne de navigation continue de 500 kilomètres, entre Vien-Tiane et Savannaket. Un chemin de fer tourne les chutes de Kong. Malgré le temps perdu au double transbordement, le voyage de Saïgon à Vien-Tiane, qui demandait naguère 42 jours, n'en demande plus que 20. Un service régulier de chaloupes à vapeurs est assuré par les *Messageries fluviales de Cochinchine*, qui sont entre les mains de Chinois émigrés.

2. ***Les deltas sont les régions essentielles de l'Indochine.*** — Les fleuves de l'Indochine ont déçu les premiers occupants européens du pays, Français ou Anglais. Quand, en effet, la France et l'Angleterre envoyèrent des missions, l'une sur le Mékong et le Song-Koï, l'autre sur la Salouen et l'Irraouaddi, c'était pour trouver à la remonte des voies de pénétration vers les riches pays de la Chine Méridionale. Or tous ces fleuves sont coupés de rapides; aucun ne constituera jamais par lui-même une bonne voie de commerce; c'est le chemin de fer qui remplira cet office.

Mais ce que l'Indochine n'a pas donné comme pays de passage, elle l'offre en compensation sur son sol même. Les fleuves, mauvaises routes pour les Occidentaux entreprenants, leur donnent, par contre, à cultiver les immenses étendues de leurs deltas. Ceux-ci ont tout pour une intense production agricole : climat continûment chaud, alluvions très fertiles, eau très abondante, surabondante même en certains points. Sur ces points se trouve une forêt demi-aquatique de palétuviers et d'autres plantes amphibies, difficile à défricher et insalubre. Mais dans les parties plus continentales et moins détrempées, on trouve les terres idéales pour l'établissement des rizières. Ces deltas, comme celui du Gange, sont divisés en rectangles dessinés par des levées de terre, œuvre des indigènes. Sur les levées se trouvent les habitations ; dans le rectangle, en contre-bas, est la rizière, où l'on peut facilement amener l'eau du bras de fleuve voisin pour la pousse du riz, et d'où on peut l'enlever avec autant de facilité pour la maturation de la céréale. Tel est l'aspect de la basse région du Tonlé-Sap, ou Cambodge, et du delta du Mékong, qui n'est autre chose que notre Cochinchine. Grâce à leurs rizières, elles représentent, après la Birmanie Anglaise, un des plus gros exportateurs de riz du monde, et, tout en nourrissant une des agglomérations de population les plus denses du globe, elles exportent une partie de leur riz vers la France, Java et la Chine.

3. ***Le riz est la grande richesse de l'Indochine.*** — Le riz est le grand produit de la culture indochinoise : au Tonkin, les rizières couvrent 900 000 hectares; au Cambodge, 675 000; en Cochinchine, 1 500 000, c'est-à-dire les trois quarts de la superficie cultivée, plus du quart de la superficie totale. C'est là l'œuvre des indigènes, mais singulièrement accrue par l'action du gouvernement français; entre 1897, année où fut établi le fameux projet de colonisation du gouverneur Doumer, et 1907, l'extension des rizières en Cochinchine a quadruplé. Et ce n'est pas fini : on a entrepris le desséchement et le défrichement de la grande *péninsule de Camau*, au Sud-Ouest de

1. LA PORTE DE CHINE, AU NORD DU TONKIN.

Poste-frontière séparant notre Tonkin de la Chine, qui y exerçait précédemment une sorte de protectorat. Il barre complètement la route, ou plutôt le sentier qui relie les deux pays.

2. LE CHEMIN DE FER DE YUNNAN.

Ce chemin de fer remonte la vallée du Fleuve Rouge et pénètre dans le Yunnan, riche province de la Chine méridionale, où il atteint Yunnan-sen. Grâce à lui, notre port tonkinois de Haïphong commence à faire une part appréciable du commerce extérieur de la Chine du Sud.

la Cochinchine, qui, pour l'instant, est couverte de marais et de palétuviers.

Le riz est la principale matière des échanges indochinois. L'Indochine en exporte chaque année plus d'un million de tonnes; la plus grande partie s'exporte par Saïgon, soit vers la Chine, soit vers Java, soit vers Marseille et la France. La valeur de ces exportations de riz représente environ 170 millions de francs par an : elle met l'Indochine Française au troisième rang dans le monde pour l'exportation du riz, immédiatement après l'Inde Anglaise et le Siam.

VOIES DE COMMUNICATION EN INDOCHINE.

Le riz en Indochine est donc une grande culture; c'est même la seule grande culture. Malgré les essais de nos colons, qui progressent, les autres cultures ne comptent presque pas aux exportations. L'Indochine Française est-elle donc exposée aux dangers de la culture unique, comme le Brésil avec le café ou notre Languedoc avec la vigne? Non, car une céréale qui constitue le fond de la nourriture de plus de 500 millions d'hommes (Chine, Japon, Indochine, Malaisie, Inde, etc.) trouvera toujours des acheteurs.

4. *L'Indochine Française a un réseau ferré en bonne voie d'exécution.* — La mise en valeur d'un pays comme l'Indochine nécessitait la création d'un réseau ferré très complet. En effet, les côtes présentent des abris nombreux et des rades profondes, qui rendent faciles les communications avec les pays étrangers : c'est une de ces baies, la baie de Tourane, dans l'Annam, qui a abrité le premier établissement français en Indochine. Mais, à l'intérieur du pays, si les fleuves présentent des sections navigables très utiles, leur navigation n'est pas possible d'une manière continue; elle est morcelée, on l'a vu, par des barrages, des rapides et des chutes. Les chemins de fer rendront donc les plus grands services pour faciliter les communications à travers l'Indochine.

Un emprunt émis en 1898 a permis de construire 1600 kilomètres de voies ferrées à travers l'Indochine Française.

Ce réseau, quand il sera achevé, comprendra : 1° une grande ligne-tronc, déjà nommée le *Transindochinois* destinée à unir Hanoï à Saïgon, c'est-à-dire les différentes parties de notre colonie, le Tonkin à la Cochinchine à travers l'Annam : — 2° des prolongements d'Hanoï vers les provinces méridionales de la Chine ; — 3° des embranchements transversaux reliant le Transindochinois, au Mékong à travers les chaînes annamites, et destinés à être prolongés à l'Ouest, vers le Siam et vers la Birmanie, qui possèdent déjà, l'un et l'autre, des réseaux ferrés assez développés.

La carte ci-contre montre à la fois le plan du réseau ferré projeté et l'état d'avancement des travaux en cours. La grande ligne centrale n'est encore construite que sur deux ou trois sections de son parcours (près de Saïgon, puis de Tourane à Hué, enfin de Vinh à Hanoï). Les prolongements vers la Chine sont en exploitation, et la ligne d'Hanoï à Laokay atteint même la ville de Yunnan-sen, capitale de la province chinoise du Yunnan. Le plan projeté est donc en bonne voie d'exécution.

5. ***L'Indochine est loin de faire avec la France tout le commerce dont elle est capable.*** — L'Indochine Française pourrait être un des principaux fournisseurs de la France. Or il s'en faut, à l'heure actuelle, qu'il en soit ainsi. Elle fait à peine un peu plus du quart de son commerce avec la France. De toutes nos grandes colonies, elle est la seule qui prenne si peu de part à notre vie économique. Pourquoi ? A cause de l'éloignement, sans doute : la Chine, notamment, lui achète une bonne partie de son riz, son poisson, ses bois, etc. Mais aussi un grand nombre de produits tropicaux, dont notre commerce de denrées alimentaires et notre industrie ont grand besoin, n'occupent encore qu'une place très secondaire dans la production de notre colonie.

Si l'Indochine Française nous fournit 45 pour 100 du riz et 30 pour 100 du thé que nous achetons chaque année au dehors, la proportion tombe à 7 pour 100 pour le maïs, à 1 pour 100 pour le caoutchouc, puis au chiffre dérisoire de 2 pour 1000 pour la soie, 1 pour 1000 pour le coton, 0,5 pour 1000 pour les graines oléagineuses. Chaque année, la France achète une quantité de jute dépassant la valeur de 230 millions de francs : tandis que l'Inde Anglaise lui en vend plus de 200 millions, l'Indochine Française ne lui en vend pas tout à fait un.

C'est dans la multiplication des cultures autres que le riz, en dehors des deltas et des plaines alluviales, qu'est le secret pour améliorer et développer les rapports commerciaux entre la France et sa grande colonie d'Extrême-Orient.

VII. — LES COLONIES SECONDAIRES

En dehors de ses grandes colonies, la France possède un certain nombre de colonies secondaires :

1° En Afrique, le territoire de Djibouti;

2° Dans l'Océan Indien, la Réunion, les Comores et Nossi-Bé, plus cinq territoires dans l'Inde;

3° Dans l'Océan Pacifique, la Nouvelle-Calédonie, plus un certain nombre d'archipels;

4° En Amérique, les îles Saint-Pierre et Miquelon, la Martinique et la Guadeloupe (ou Antilles Françaises) et la Guyane Française.

Comme toutes les petites colonies, celles-ci nous offrent, avec un appoint de ressources, des points d'appui et des escales pour nos navires de guerre ou de commerce.

1. EN AFRIQUE

Le territoire de Djibouti. — Le territoire de Djibouti, ou Somalie Française, comprit d'abord le *territoire d'Obok*, acquis en 1855, puis fut agrandi en 1885, par l'annexion de la *baie de Tadjourah*, à la sortie de la mer Rouge, sur le golfe d'Aden.

Plat, sablonneux, de climat chaud et sec, et par conséquent désertique, il doit son importance à deux causes :

1° *A sa situation*, sur la sortie méridionale de la mer Rouge;

2° *A la proximité de l'empire d'Abyssinie.*

Sa capitale, le port de **Djibouti** (15000 hab.), a une double importance : comme port d'escale, pour nos navires allant dans l'Océan Indien et l'Extrême-Orient; comme marché terminus des caravanes, qui apportent les produits désertiques des *pays somalis* et *gallas* (gommes, encens) et surtout les produits des *hautes terres éthiopiennes* (café, coton, ivoire, etc.).

Un *chemin de fer* le relie à celles-ci; construit depuis six ans jusqu'à Harar, il a atteint Addis-Ababa, capitale de l'Abyssinie, en 1915.

2. DANS L'OCÉAN INDIEN

1. ***Les Comores et Nossi-Bé.*** — Au Nord-Ouest de Mada-

gascar, la France possède les **îles Comores**, notamment le protectorat de la *Grande Comore*, et l'**île de Nossi-Bé.**

Ces îles, montagneuses et volcaniques, ont un sol très fertile. Exposées à la mousson de l'Océan Indien, elles ont d'abondantes pluies d'été (pendant l'été de l'hémisphère austral : de décembre à mars). La végétation est luxuriante, et toutes les cultures tropicales y sont possibles Les plus répandues sont la vanille et la canne à sucre. Mais la principale importance de ces îles vient de ce qu'elles commandent l'entrée septentrionale du canal de Mozambique.

Elles comptent 97 000 habitants, analogues par l'origine et par le degré de civilisation à ceux de Madagascar.

2. ***La Réunion***. — La Réunion est une des *îles Mascareignes*, la plus étendue et la plus peuplée après *l'île Maurice*, qui appartient à l'Angleterre.

Située à 780 km. à l'Est de Madagascar (la distance qui sépare Marseille d'Alger), la Réunion forme un **massif montagneux**, d'origine volcanique, dominé par le *Piton des Neiges* (3069 m.), qu'entourent d'anciens cratères effondrés et dessinant des cirques intérieurs (*cirques de Cilaos* et *de Salazie*). Des rivières torrentielles y ont taillé des ravins très profonds, à l'issue desquels ils ont déposé, tout le long de la côte, une ceinture de **plaines alluviales** cultivables, dont la largeur varie en général entre 5 et 10 kilomètres.

Le **climat**, chaud et humide, est favorable à la végétation : l'île était couverte de forêts à l'arrivée des Européens. Les colons ont abattu les arbres pour les remplacer par des cultures : canne à sucre, café, vanille, cacao, épices, vigne, quinquina. Comme beaucoup de nos colonies secondaires de la zone tropicale, la Réunion souffre de l'excessive extension donnée aux plantations de canne à sucre, dont le produit se vend mal en Europe depuis les progrès de la fabrication du sucre de betterave.

Occupée par la France vers 1650 et colonisée sous le nom d'*île Bourbon*, la Réunion compte aujourd'hui une population de 173 000 habitants, qui, pour les trois quarts, sont des *Blancs Créoles*, descendants des anciens colons. Des *Nègres*, d'origine africaine, des *Hindous* et quelques *Chinois*, importés pour le travail des plantations, constituent le reste des habitants qui sont presque exclusivement répartis sur le pourtour de l'île où se trouvent les villes : *Saint-Denis*, *Saint-Paul*, *Saint-Pierre*, etc. Elles sont unies par une *route*, dite *de ceinture*, qui fait tout le tour de l'île, et par une voie ferrée qui dessert près des deux tiers de la côte.

5. ***Les territoires de l'Inde.*** — La France a eu, au XVIIIe siècle, un grand empire colonial dans l'Inde. Elle l'a perdu, au profit de l'Angleterre, à la suite de la Guerre de Sept Ans (traité de Paris, 1763).

Depuis lors, nous n'y possédons plus que cinq comptoirs sans avenir, savoir :

1° **Sur la côte occidentale**, ou **de Malabar** : *Mahé*;

2° **Sur la côte orientale**, ou **de Coromandel** : *Chandernagor*, près de Calcutta, sur un des bras du Gange ; *Yanaon*, à l'embouchure du Godavéry ; *Pondichéry*, non loin de la grande ville anglaise de Madras ; *Karikal*, au Sud de l'embouchure du fleuve Caveri.

Pondichéry est le plus important de ces cinq territoires qui, du reste, n'ont plus pour la France qu'un intérêt historique : 1° parce qu'ils sont peu étendus et peu peuplés (en tout 282 000 hab.) ; 2° parce que, comme il était naturel, les Anglais ont cherché, en construisant leurs voies ferrées, à avantager leurs propres possessions et non pas les nôtres, qui se trouvent très mal reliées avec l'intérieur du pays.

3. DANS L'OCÉAN PACIFIQUE

1. ***L'Océanie Française.*** — Comme plusieurs grandes puissances mondiales, et notamment comme l'Angleterre (notre empire en Océanie est le plus important après le sien), la France possède dans l'Océan Pacifique un certain nombre d'archipels et d'îles.

Ces îles sont dues à deux faits géologiques différents : le volcanisme et les constructions coralligènes. Selon qu'elles sont dues à l'un ou à l'autre, elles diffèrent par la structure, par la nature du sol et par les ressources :

1° **Le volcanisme.** — Cette portion troublée du globe a été le théâtre de grandes éruptions, sous la mer ou à ciel libre ; les laves des volcans ont agrandi le territoire de nombreuses îles, ou constitué à elles seules une poussière d'îlots, de constitution uniquement volcanique, par conséquent de relief montueux, mais de sol très fertile.

2° **Les constructions coralligènes.** — Les coraux, colonies de petits animaux agglomérés, entourés d'une carapace calcaire que l'on ne trouve que sous les latitudes tropicales et dans les régions superficielles de l'Océan, ont édifié sur des socles sous-marins des constructions qui aujourd'hui émergent sous forme d'îlots minuscules et multiples. Les plus curieux sont les *atolls*, qui consistent en une couronne de coraux émergés, entourant une lagune intérieure peu profonde et qui finit par se combler. A la différence des îlots volcaniques, les îlots coralliens sont de relief plat et de sol plus pauvre.

Par tous les autres traits, toutes les îles de l'Océanie se ressemblent :

1° **Par le climat.** — Situées dans la zone équatoriale, exposées à l'alizé qui leur apporte l'humidité océanique, elles ont toutes un climat très chaud et très humide. Toutefois, dans les îles accidentées, le versant orienté *au vent* reçoit naturellement plus d'eau ; le versant abrité, ou situé *sous le vent*, est plus sec.

2° **Par la végétation et la faune.** — Elle est luxuriante et comporte de riches forêts, aux espèces tropicales. Toutefois, les îlots coralliens sont plus secs et plus pauvres que les îlots volcaniques ; la culture y est difficile ; l'arbre presque uniquement répandu est le *cocotier*. La faune est pauvre, sauf pour les oiseaux, les poissons et les crustacés.

3° **Par la population.** — De bonne heure, les courants et les vents réguliers ont incité les populations à la navigation, aux échanges, aux migrations. De là, partout, même vie, pêche et culture, mêmes mœurs, mêmes habitudes commerciales et même langues étroitement parentes les unes des autres. Ces habitants sont des *Polynésiens* bruns ou des *Mélanésiens* noirs. Les premiers sont plus civilisables que les seconds.

2. ***Les deux groupes d'îles.*** — Ainsi dans les îles d'origine volcanique se rencontrent toutes les conditions favorables aux cultures tropicales et à l'exploitation minière. Au contraire les îles d'origine coralligène ne peuvent guère servir que de ports d'escale.

Or la France possède un certain nombre d'archipels et d'îlots situés pour la plupart dans la Polynésie, savoir : les îles *Mar-*

quises ou *Nouka-Hiva*, les îles *Rapa*, *Gambier*, *Toubouaï*, *Touamotou*, formées presque exclusivement d'atolls et de constructions coralligènes; et deux archipels plus importants : les **îles de la Société** et la **Nouvelle-Calédonie**, avec les îles *Loyauté*, formées de roches volcaniques.

Le premier groupe nous fournit des escales importantes sur la route maritime qui unit l'Indochine Française à l'Australie, et surtout sur la route qui unit le canal de Panama à la Nouvelle-Zélande. Le second groupe nous fournit de véritables colonies d'exploitation.

3. ***La Nouvelle Calédonie.*** — Longue de 430 kilomètres et large de 40 à 60, la Nouvelle-Calédonie est toute montagneuse, bien que peu élevée (point culminant : *mont Humboldt*, 1684 m.). Les montagnes volcaniques se dressent sur son socle de roches anciennes (quartz, granites, schistes, micachistes, etc.), qui sont très riches en minerais (*or*, *cuivre*, *plomb*, *fer*, et surtout *nickel*) et qui conviennent autant au pâturage qu'à la culture.

Le **climat**, chaud et doux, permet de cultiver tous les végétaux, légumes et fruits de l'Europe et des tropiques : blé, maïs, canne à sucre, café, vanille, etc. Mais l'éloignement de l'île, la difficulté des transports, l'insuffisance et la cherté de la main-d'œuvre sont de gros obstacles à son développement économique.

Aussi, pour l'instant, la seule production importante de la Nouvelle-Calédonie est celle de ses mines de nickel. La Nouvelle-Calédonie était naguère encore le premier pays du monde entier pour la production du nickel. Le Canada occupe maintenant le premier rang à la suite de la découverte de gisements puissants; mais la Nouvelle-Calédonie vient toujours la seconde avec une production de 140 tonnes métriques, qui représente le cinquième environ de la production mondiale.

La **population** (50 000 hab.) se compose de deux éléments à peu près égaux en nombre : 1° des indigènes, les *Canaques*, Polynésiens plus ou moins mélangés, en voie de disparition; 2° des *blancs*, colons, soldats, surveillants, déportés, libérés.

Capitale : *Nouméa*.

4. ***Les îles de la Société.*** — Elles se composent de deux groupes : les **îles Sous le Vent** (*Raïatéa*) et les **îles au Vent** (*Tahiti*, *Mooréa*).

Tahiti, la principale de toutes, est une île montagneuse (*pic*

Orohema, 2237 m.), volcanique, au climat tiède et salubre, boisée et propre aux cultures des pays chauds. Elle compte 10 000 habitants, dont 8500 indigènes, ou *Maoris*, race aimable et bienveillante. Chef-lieu : *Papeete*, dont le port est appelé à prendre de l'importance par suite de l'ouverture de la route de Panama.

4. EN AMÉRIQUE

1. *Les Antilles Françaises*. — La France posséda jadis presque la totalité des Petites Antilles. Elle ne possède plus que la **Martinique** et la **Guadeloupe**, cette dernière flanquée des petites îles, de la *Désiderade*, de *Marie-Galante* et des *Saintes*. Ces deux îles se ressemblent par leur structure volcanique, leur climat, leur développement économique, leur population :

1° ***Structure volcanique***. — Les Antilles Françaises sont l'œuvre de volcans sous-marins, qui se sont dressés sur le soubassement d'un ancien arc montagneux aujourd'hui effondré, et dont l'alignement des Petites Antilles ressuscite la forme. Peu à peu les matières éruptives ont émergé et formé les îles actuelles. De là leur caractère montagneux, les volcans en activité que l'on y trouve encore et les fréquents tremblements de terre qui les secouent.

La **Martinique** est constituée par trois masses volcaniques alignées, séparées par deux dépressions. Les rivières en descendent en éventail. Celle du Nord, la *Montagne Pelée*, est un volcan encore en activité, dont une terrible éruption, en 1902, a détruit la ville de *Saint-Pierre*.

La **Guadeloupe** est constituée par deux masses, dont la première seule, la *Basse-Terre*, est montagneuse et volcanique. La seconde, la *Grande-Terre*, unie à la première par l'*isthme* étroit *de la Pointe-à-Pitre*, est une basse plate-forme de calcaire, en partie corallien.

2° ***Climat***. — Situées dans la zone tropicale, visitées par le vent alizé qui souffle de l'Océan, les Antilles Françaises ont un climat chaud et humide. L'année y est divisée en trois saisons, aux limites pour la plupart du temps assez incertaines : 1° une saison fraiche, de décembre à mars ; 2° une saison chaude et sèche, d'avril à juillet ; 3° une saison chaude et pluvieuse, l'hivernage, de juillet à décembre : saison d'orages fréquents, de pluies torrentielles, parfois d'ouragans et de cyclones.

3° *Développement économique*. — Le sol volcanique, très riche, et le climat, dans l'ensemble très favorable à la végétation, font des Antilles Françaises des pays essentiellement agricoles. L'industrie elle-même y est étroitement liée à l'agriculture.

La culture principale est celle de la *canne à sucre*, qui alimente, dans l'une et l'autre île, des usines fabriquant du sucre cristallisé, qui est ensuite raffiné en France. En outre, des rhummeries produisent, au moyen de sirops et de mélasses fermentées, le *tafia*, qui, après un certain temps de conservation dans des conditions spéciales, devient le *rhum*. La plupart des autres cultures visent également à l'exportation : celle du *cacaoyer*, qui prospère aux basses altitudes et qui tend à se développer; celle du *caféier*, qui réussit sur les pentes moyennes, mais disparaît lentement par suite de la maladie de la plante et aussi par suite de la concurrence des cafés brésiliens; celle du *tabac*, du *vanillier*, etc.

Les cultures vivrières sont la *patate*, la *banane*, quelques céréales, des nombreux légumes et de nombreux fruits.

L'ouverture du canal de Panama, mettant la Martinique et la Guadeloupe sur le chemin qui y mène d'Europe, ne peut que favoriser leur développement et accroître leur importance.

4° ***Population***. — La population des Antilles Françaises se compose de *Blancs Créoles*, descendants des anciens colons français ; de *Nègres*, descendants des anciens esclaves importés d'Afrique avant la suppression de la traite des nègres, et de *Mulâtres*, métis des uns et des autres.

La **Martinique** a 182 000 hab., soit 184 par kilomètre carré, avec, comme chef-lieu, *Fort-de-France*.

La **Guadeloupe** a 190 000 hab., soit 102 par kilomètre carré, avec, comme villes principales, *Basse-Terre* et *Pointe-à-Pitre*.

2. ***La Guyane Française***. — La Guyane Française, dans l'Amérique du Sud, constitue, avec la *Guyane Hollandaise* et la *Guyane Anglaise*, le **massif des Guyanes**. Cette masse de terres cristallines, très anciennement émergée, aux reliefs encore hauts mais usés, forme un vaste dos de pays (*monts Tumuc-Humac*), d'où les eaux descendent vers la mer des Antilles par le *Maroni*, l'*Oyapok*, ou vers l'Amazone par ses affluents de rive gauche. Le versant antillais constitue le territoire des Guyanes. Il des-

cend par terrasses jusqu'à la **plaine côtière**, alluviale, marécageuse et malsaine.

Le **climat** est chaud, à cause de la latitude tropicale, et très humide, à cause de l'exposition aux vents alizés. La **forêt tropicale** couvre toutes les pentes et offre à l'exploitation de multiples ressources : *bois précieux, quinquina, caoutchouc*. La **savane** couvre les plateaux des hauteurs et se prête à un facile élevage. Enfin, toutes les cultures tropicales peuvent y réussir : canne à sucre, cacao, vanille, dans les régions les plus basses et les plus chaudes; café, coton, maïs, sur les pentes plus sèches et plus fraîches.

Or aucune de ces ressources n'est réellement exploitée. La Guyane est peu peuplée : 35 000 hab. dont 30 000 Nègres et Peaux-Rouges, 5000 Blancs et Mulâtres. Elle pourrait être une bonne colonie d'exploitation, elle n'est qu'une *colonie pénitentiaire*, dont le chef-lieu est *Cayenne*, dans une île du littoral. Elle exporte seulement de l'or (9 millions de francs par an).

5. ***Saint-Pierre et Miquelon***. — Au large de l'Amérique du Nord et de Terre-Neuve, les îlots de Saint-Pierre et de Miquelon sont tout ce qui nous reste de notre ancienne colonie du Canada, perdue, comme l'Inde, à la suite de la guerre de Sept ans (traité de Paris, 1763).

Fragments d'un ancien plateau cristallin, comme Terre-Neuve, de sol stérile, de climat très rude et très humide, ces îlots n'ont qu'une population de 6500 habitants, surtout pêcheurs. Mais ils servent d'escales et d'abris aux bateaux qui viennent, de nos côtes de la Manche et de l'Océan, pour pêcher la morue dans les eaux de Terre-Neuve.

Lecture.

1. ***Nos colonies et les grandes routes maritimes du globe***. — Pour une grande puissance industrielle et commerçante, les colonies servent d'abord de terres d'exploitation : elles lui fournissent les matières premières et les produits alimentaires dont elle a besoin; elles lui achètent ses produits fabriqués. A ce point de vue, plusieurs de nos petites colonies complètent admirablement le rôle des grandes : il suffit d'indiquer le nickel, que nous donne la Nouvelle-Calédonie; le sucre et le rhum, que nous expédient la Réunion et les Antilles, en attendant le caoutchouc, le coton, etc., que doit nous donner un jour la Guyane.

D'autre part, les colonies servent d'escales et de points d'appui aux vaisseaux de commerce ou de guerre de la métropole. A ce point de vue encore, si, dans notre empire, nous ne trouvons rien de comparable au réseau d'escales hors de pair dont l'empire anglais couvre toutes les mers du globe, on peut dire que nos lignes d'escale sont de beaucoup les premières après celles-là :

1° **Sur la route de la Méditerranée et de l'Océan Indien, par Suez,** la principale escale de charbonnage dans la Méditerranée est *Alger*; à la sortie de la mer Rouge, nous avons *Djibouti*; vers Madagascar, les *Comores* et *Nossi-Bé*; vers l'Extrême-Orient même, les *villes de l'Inde* et, en Chine du Sud, au delà de *Saïgon*, *Lei-Tchéou*.

2° **Sur la route de l'Atlantique Sud,** vers le Congo et l'Afrique Australe, *Dakar* est une grande escale, et ne dit-on pas que, lorsque le *Transafricain* futur traversera l'Algérie, le Sahara et le Soudan, *Konakry* pourra être un port d'embarquement vers l'Amérique du Sud?

3° **Sur les routes du Pacifique,** nous avons la *Nouvelle-Calédonie* et de nombreuses *îles polynésiennes*.

4° Enfin, **sur la route de Panama**, qui, par le canal interocéanique, unit le monde de l'Atlantique à l'Extrême-Orient et à l'Australie, nous sommes également bien placés : la *Martinique* et la *Guadeloupe* sont sur la route la plus directe entre l'Europe Occidentale et le canal; les îles *Gambier* et *Tahiti* sont sur la route la plus directe entre le canal et l'Australie.

2. ***Tableau des principales lignes de navigation qui relient la France à ses colonies.*** — Les principales colonies de la France sont : l'Algérie-Tunisie-Maroc, l'Afrique Occidentale Française, l'Afrique Equatoriale Française, Madagascar et la Réunion, l'Indochine Française, la Nouvelle-Calédonie, les Antilles Françaises (Martinique et Guadeloupe) et la Guyane. Voici quelles sont les lignes de navigation qui les relient à la métropole, les ports où aboutissent ces lignes, la durée moyenne du parcours :

COLONIES	PORT d'embarquement dans la Métropole	PORT DE DÉBARQUEMENT dans la Colonie	DURÉE du parcours
Algérie	Marseille	Alger	20 heures
Tunisie	Marseille	Tunis	40 heures
Maroc	Bordeaux	Casablanca	60 heures
Afrique Occidentale Française	Bordeaux	Dakar (Sénégal)	9 jours
		Konakry (Guinée)	14 jours
		Grand-Bassam (Côte d'Ivoire)	16 jours
	Marseille	Dakar	11 jours
		Konakry	13 jours
		Grand Bassam	18 jours
Afrique Équatoriale Française	Marseille	Libreville	24 jours
		Loango	27 jours
Madagascar et la Réunion	Marseille	Diégo-Suarez (Madagascar)	3 jours
		Tamatave (Madagascar)	25 jours
		St-Denis (la Réunion)	27 jours
Indochine Française	Marseille	Saïgon (Cochinchine)	24 jours
		Haïphong (Tonkin)	31 jours
Nouvelle Calédonie	Marseille	Nouméa	38 jours
Antilles Françaises et Guyane Française	St-Nazaire	Basse-Terre (Guadeloupe)	10 jours
		Fort de France (Martinique)	17 jours
		Cayenne (Guyane)	19 jours

CONCLUSION

La France a sa place marquée parmi les principales puissances du monde.

Pour l'étendue, elle n'est point comparable aux États-Unis; même avec son empire colonial, elle reste notablement inférieure à l'Empire Britannique. De même pour la population, avec ses 39 millions d'habitants, elle est fort au-dessous des États-Unis (100 millions) et de l'Empire Britannique (environ 420 millions).

Au point de vue économique, la France ne peut supporter la comparaison avec les principaux pays producteurs : l'Angleterre, les États-Unis, la dépassent de beaucoup comme puissances industrielles et commerçantes; la France ne lutte avantageusement avec elles que dans les industries de luxe et de demi-luxe. Par contre, à l'exception des États-Unis, qui ont une variété et une abondance de ressources incomparables, la France l'emporte sur les autres pays pour l'agriculture; en temps normal, elle se suffit presque complètement à elle-même; avec l'amélioration de ses méthodes de culture, elle cesserait tout à fait d'être tributaire des pays étrangers pour son alimentation, et même elle trouverait dans les produits de son agriculture un important surcroît pour son commerce d'exportation.

Dans l'ensemble, la France apparaît comme un pays heureusement doué, et comme l'un des plus civilisés du globe. Ses richesses agricoles naturelles attestent l'excellence de son sol et de son climat; sa production industrielle, importante malgré l'insuffisance de ses ressources minérales, atteste un pays plus raffiné que la plupart des autres.

La France fut civilisée avant presque toutes les autres puissances de l'Europe et du monde moderne. La France excelle dans l'art et dans les travaux de la pensée. Elle est certainement à la tête de l'humanité par les idées qu'elle a répandues dans le monde. Dans le concert des grandes puissances, elle représente plus particulièrement les idées de liberté, de justice, d'humanité, de progrès. Par suite, son action sur le monde est considérable; aucune secousse violente ne peut l'agiter (nous le voyons aujourd'hui) sans provoquer un ébranlement autour d'elle et dans le monde entier. Les étrangers civilisés en conviennent, et c'est le plus bel éloge à lui adresser : on ne conçoit point le monde sans la France.

TABLE DES CARTES ET GRAVURES

LES CARTES EN COULEURS SONT INDIQUÉES EN CARACTÈRES GRAS, LES CARTES EN NOIR EN CARACTÈRES ITALIQUES.

TABLE DES MATIÈRES

PREMIÈRE PARTIE

LES ÉLÉMENTS DU SOL FRANÇAIS

DEUXIÈME PARTIE

LES RÉGIONS NATURELLES DE LA FRANCE

TROISIÈME PARTIE

LA NATION FRANÇAISE

QUATRIÈME PARTIE

L'EMPIRE COLONIAL FRANÇAIS

76381. — Imprimerie LAHURE, rue de Fleurus, 9, Paris.

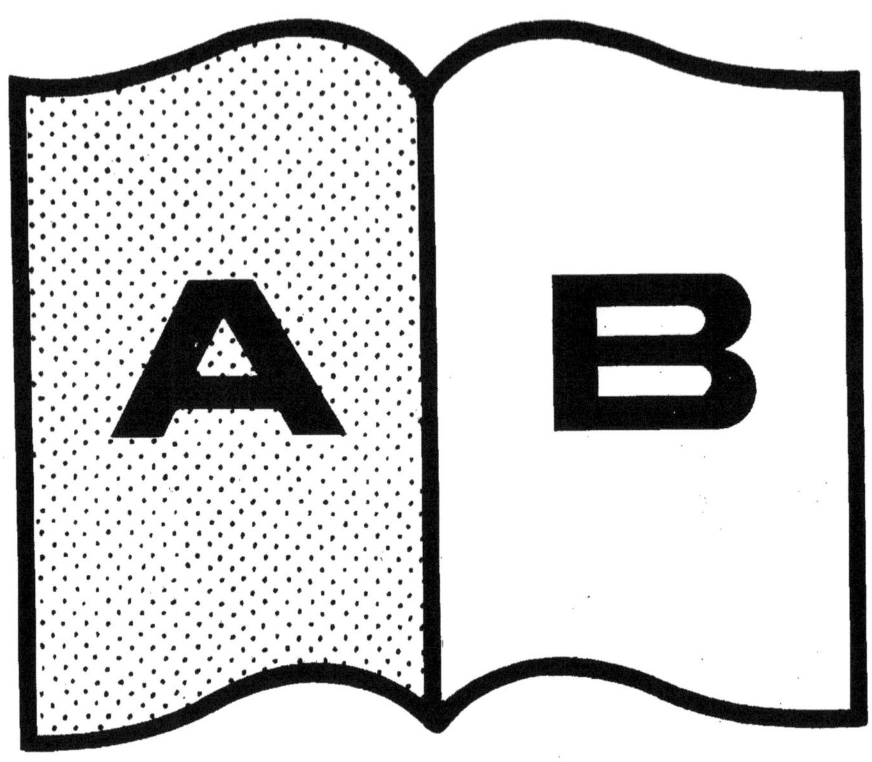

Contraste insuffisant

www.ingramcontent.com/pod-product-compliance
Ingram Content Group UK Ltd.
Pitfield, Milton Keynes, MK11 3LW, UK
UKHW020150250726
13967UKWH00002B/972

9 782012 886568